2025年版全国一级建造师执业资格考试用书

市政公用工程管理与实务

全国一级建造师执业资格考试用书编写委员会　编写

中国建筑工业出版社

图书在版编目（CIP）数据

市政公用工程管理与实务 / 全国一级建造师执业资格考试用书编写委员会编写. -- 北京：中国建筑工业出版社，2025.1. --（2025年版全国一级建造师执业资格考试用书）. -- ISBN 978-7-112-30653-4

Ⅰ. TU99

中国国家版本馆CIP数据核字第2024KN7027号

责任编辑：余　帆
责任校对：李美娜

2025年版全国一级建造师执业资格考试用书

市政公用工程管理与实务

全国一级建造师执业资格考试用书编写委员会　编写

*

中国建筑工业出版社出版、发行（北京海淀三里河路9号）
各地新华书店、建筑书店经销
北京市密东印刷有限公司印刷

*

开本：787毫米×1092毫米　1/16　印张：34　字数：822千字
2025年1月第一版　　2025年1月第一次印刷
定价：**88.00**元（含增值服务）
ISBN 978-7-112-30653-4
（44045）

如有内容及印装质量问题，请与本社读者服务中心联系
电话：（010）58337283　　QQ：2885381756
（地址：北京海淀三里河路9号中国建筑工业出版社604室　邮政编码：100037）

版权所有　翻印必究

请读者识别、监督：
　　本书封面印有网上增值服务码，环衬为有中国建筑工业出版社水印的专用防伪纸，封底印有专用溯源码，扫描该码可验真伪。
　　举报电话：（010）58337026；举报QQ：3050159269
本社法律顾问：上海博和律师事务所许爱东律师

序

为了加强建设工程项目管理，提高工程项目总承包及施工管理专业技术人员素质，规范施工管理行为，保证工程质量和施工安全，根据《中华人民共和国建筑法》《建设工程质量管理条例》《建设工程安全生产管理条例》和国家有关执业资格考试制度的规定，2002年，人事部和建设部联合颁布了《建造师执业资格制度暂行规定》（人发〔2002〕111号），对从事建设工程项目总承包及施工管理的专业技术人员实行建造师执业资格制度。

注册建造师是以专业工程技术为依托、以工程项目管理为主的注册执业人士。注册建造师可以担任建设工程总承包或施工管理的项目负责人，从事法律、行政法规或标准规范规定的相关业务。实行建造师执业资格制度后，我国大中型工程施工项目负责人由取得注册建造师资格的人士担任。建造师执业资格制度的建立，将为我国拓展国际建筑市场开辟广阔的道路。

按照《建造师执业资格制度暂行规定》（人发〔2002〕111号）、《建造师执业资格考试实施办法》（国人部发〔2004〕16号）和《关于建造师资格考试相关科目专业类别调整有关问题的通知》（国人厅发〔2006〕213号）的规定，本编委会组织全国具有较高理论水平和丰富实践经验的专家、学者，依据"一级建造师执业资格考试大纲（2024年版）"，编写了"2025年版全国一级建造师执业资格考试用书"（以下简称"考试用书"）。在编撰过程中，遵循"以素质测试为基础、以工程实践内容为主导"的指导思想，坚持"模块化与系统性相结合，理论性与实操性相结合，指导性与实用性相结合，一致性与特色化相结合"的修订原则，旨在引导执业人员提升理论水平和施工现场实际管理能力，切实达到加强工程项目管理、提高工程项目总承包及施工管理专业技术人员素质、规范施工管理行为、保证工程质量和施工安全的目的。

本套考试用书共14册，书名分别为《建设工程经济》《建设工程项目管理》《建设工程法规及相关知识》《建筑工程管理与实务》《公路工程管理与实务》《铁路工程管理与实务》《民航机场工程管理与实务》《港口与航道工程管理与实务》《水利水电工程管理与实务》《矿业工程管理与实务》《机电工程管理与实务》《市政公用工程管理与实务》《通信与广电工程管理与实务》《建设工程法律法规选编》。本套考试用书既可作为全国一级建造师执业资格考试学习用书，也可供从事工程管理的其他人员学习使用和高等学校相关专业师生教学参考。

考试用书编撰者为高等学校、行业协会和施工企业等方面的专家和学者。在此，谨向他们表示衷心感谢。

在考试用书编写过程中，虽经反复推敲核证，仍难免有不妥甚至疏漏之处，恳请广大读者提出宝贵意见。

全国一级建造师执业资格考试用书编写委员会

前　　言

根据《一级建造师执业资格考试大纲（市政公用工程）》（2024年版），本书编写委员会在2024年版全国一级建造师执业资格考试用书《市政公用工程管理与实务》的基础上，依据最新发布的国家相关标准及法规文件，对相关内容进行了更新及修订，同时对考试用书中的案例内容进行了修改完善。

市政公用工程技术包括道路、桥梁、隧道、轨道交通、给水排水厂站、管道、综合管廊、垃圾处理、海绵城市建设、基础设施更新等专业内容，涵盖面广，专业知识丰富。本书修编以大纲为依据，对大纲中的各知识点进行简明、扼要和适度的论述，力求做到理论与实践相结合，重点放在工程实践应用；同时在广泛征集各方面意见和建议的基础上，对近几年市政工程应用较多的专业工程、专业技术进行了补充。考虑到读者在施工技术内容学习中的整体性需求，将各专业工程的质量及安全控制要点与施工技术内容整合编写；在法律法规内容中补充了相关的管理规定，以及近几年国家发布的强制性标准中与市政工程专业相关的技术标准和安全标准；项目管理部分增加了工程总承包管理、绿色建造等相应内容。

本书紧密结合国家法规、政策的发布、实施状况及相关主管部门颁布的一系列新规范、标准，对施工现场常用技术进行了系统性描述，突出了市政工程中项目管理人员应关注的质量及安全控制要点，质量及安全策划、事故预防、绿色建造、节能环保等内容。

本书在编写的过程中得到了业内专家、学者的关注和支持，本书编写委员会在此一并表示诚挚的感谢。

本书既可以作为一级建造师考试的考前指导用书，亦可供市政公用工程技术人员、管理人员在工作和学习中参考。

限于编者水平，书中难免存在不妥和疏漏之处，请广大读者随时将发现的问题和意见反馈出版社，以供今后修订时参考。

网上免费增值服务说明

为了给一级建造师考试人员提供更优质、持续的服务，我社为购买正版考试图书的读者免费提供网上增值服务，增值服务分为文档增值服务和全程精讲课程，具体内容如下：

☞ **文档增值服务：** 主要包括各科目的备考指导、学习规划、考试复习方法、重点难点内容解析、应试技巧、在线答疑，每本图书都会提供相应内容的增值服务。

☞ **全程精讲课程：** 由权威老师进行网络在线授课，对考试用书重点难点内容进行全面讲解，旨在帮助考生掌握重点内容，提高应试水平。课程涵盖全部考试科目。

更多免费增值服务内容敬请关注"建工社微课程"微信服务号，网上免费增值服务使用方法如下：

1. 计算机用户

2. 移动端用户

注： 增值服务从本书发行之日起开始提供，至次年新版图书上市时结束，提供形式为在线阅读、观看。如果输入兑换码后无法通过验证，请及时与我社联系。

客服电话：4008-188-688（周一至周五 9：00—17：00）

Email：jzs@cabp.com.cn

防盗版举报电话：010-58337026，举报查实重奖。

网上增值服务如有不完善之处，敬请广大读者谅解。欢迎提出宝贵意见和建议，谢谢！

读者如果对图书中的内容有疑问或问题，可关注微信公众号【建造师应试与执业】，与图书编辑团队直接交流。

建造师应试与执业

目 录

第1篇　市政公用工程技术

第1章　城镇道路工程··············1
1.1　道路结构特征··············1
1.2　城镇道路路基施工··············8
1.3　城镇道路路面施工··············15
1.4　挡土墙施工··············32
1.5　城镇道路工程安全质量控制··············37

第2章　城市桥梁工程··············44
2.1　城市桥梁结构形式及通用施工技术··············44
2.2　城市桥梁下部结构施工··············63
2.3　桥梁支座施工··············78
2.4　城市桥梁上部结构施工··············80
2.5　桥梁桥面系及附属结构施工··············100
2.6　管涵和箱涵施工··············108
2.7　城市桥梁工程安全质量控制··············111

第3章　城市隧道工程与城市轨道交通工程··············130
3.1　施工方法与结构形式··············130
3.2　地下水控制··············142
3.3　明（盖）挖法施工··············151
3.4　浅埋暗挖法隧道施工··············182
3.5　钻爆法隧道施工··············198
3.6　盾构法隧道施工··············208
3.7　TBM法隧道施工··············215
3.8　城市隧道工程与城市轨道交通工程安全质量控制··············222

第4章　城市给水排水处理厂站工程··············236
4.1　给水与污水处理工艺··············236
4.2　厂站工程施工··············239

4.3 城市给水排水处理厂站工程安全质量控制 ··· 252

第 5 章　城市管道工程 ·· 257
5.1 城市给水排水管道工程 ·· 257
5.2 城市燃气管道工程 ·· 274
5.3 城市供热管道工程 ·· 291
5.4 城市管道工程安全质量控制 ·· 307

第 6 章　城市综合管廊工程 ··· 315
6.1 城市综合管廊分类与主要施工方法 ·· 315
6.2 城市综合管廊施工技术 ·· 318

第 7 章　垃圾处理工程 ·· 324
7.1 生活垃圾填埋施工 ·· 324
7.2 生活垃圾焚烧厂施工 ··· 334
7.3 建筑垃圾资源化利用 ··· 340

第 8 章　海绵城市建设工程 ··· 345
8.1 海绵城市建设技术设施类型与选择 ·· 345
8.2 海绵城市建设施工技术 ·· 349

第 9 章　城市基础设施更新工程 ·· 358
9.1 道路改造施工 ·· 358
9.2 桥梁改造施工 ·· 365
9.3 管网改造施工 ·· 370

第 10 章　施工测量 ··· 378
10.1 施工测量主要内容与常用仪器 ··· 378
10.2 施工测量及竣工测量 ··· 381

第 11 章　施工监测 ··· 386
11.1 施工监测主要内容、常用仪器与方法 ·· 386
11.2 监测技术与监测报告 ··· 387

第 2 篇　市政公用工程相关法规与标准

第 12 章　相关法规 ··· 394
12.1 工程总承包相关规定 ··· 394
12.2 城市道路管理的有关规定 ··· 396

12.3　城镇排水和污水处理管理的有关规定 ………………………………… 396
12.4　城镇燃气管理的有关规定 …………………………………………… 398

第13章　相关标准 …………………………………………………………… 399

13.1　相关强制性标准的规定 ……………………………………………… 399
13.2　技术安全标准 ………………………………………………………… 403

第3篇　市政公用工程项目管理实务

第14章　市政公用工程企业资质与施工组织 ……………………………… 409

14.1　市政公用工程企业资质 ……………………………………………… 409
14.2　施工项目管理机构 …………………………………………………… 413
14.3　施工组织设计 ………………………………………………………… 417

第15章　工程招标投标与合同管理 ………………………………………… 432

15.1　工程招标投标 ………………………………………………………… 432
15.2　工程合同管理 ………………………………………………………… 441
15.3　建设工程承包风险管理及担保保险 ………………………………… 447

第16章　施工进度管理 ……………………………………………………… 450

16.1　工程进度影响因素与计划管理 ……………………………………… 450
16.2　施工进度计划编制与调整 …………………………………………… 453

第17章　施工质量管理 ……………………………………………………… 460

17.1　质量策划 ……………………………………………………………… 460
17.2　施工质量控制 ………………………………………………………… 462
17.3　竣工验收管理 ………………………………………………………… 471

第18章　施工成本管理 ……………………………………………………… 474

18.1　工程造价管理 ………………………………………………………… 474
18.2　施工成本管理 ………………………………………………………… 480
18.3　工程结算管理 ………………………………………………………… 488

第19章　施工安全管理 ……………………………………………………… 492

19.1　常见施工安全事故及预防 …………………………………………… 492
19.2　施工安全管理要点 …………………………………………………… 498

第 20 章　绿色建造及施工现场环境管理 ··· 522
20.1　绿色建造 ·· 522
20.2　施工现场环境管理 ·· 528

第1篇　市政公用工程技术

第1章　城镇道路工程

1.1　道路结构特征

第1章
看本章精讲课
做本章自测题

1. 城镇道路分类

（1）根据道路在道路网的地位、交通功能、对沿线的服务功能划分，可分为快速路、主干路、次干路及支路（见表1.1-1）。

表1.1-1　路面结构的设计使用年限（年）

道路等级	路面结构类型		
	沥青路面	水泥混凝土路面	砌块路面
快速路	15	30	—
主干路	15	30	—
次干路	15	20	—
支路	10	20	10（20）

注：砌块路面采用混凝土预制块时，设计年限为10年；采用石材时，为20年。

（2）根据路面材料可分为沥青路面、水泥混凝土路面和砌块路面。

沥青路面又分为沥青混凝土、沥青贯入式和沥青表面处治路面，沥青混凝土适用于各交通等级道路；沥青贯入式与沥青表面处治路面适用于支路、停车场。

水泥混凝土路面又分为普通混凝土、钢筋混凝土、连续配筋混凝土与钢纤维混凝土路面，适用于各交通等级道路。

砌块路面又可分为石材、预制混凝土砌块等路面，适用于支路、广场、停车场、人行道与步行街。

（3）根据路面力学性能可分为柔性路面和刚性路面。

（4）根据道路使用功能可分为机动车道、非机动车道、人行道（见图1.1-1、图1.1-2）。

2. 城镇道路分级

《城市道路工程设计规范》CJJ 37—2012在充分考虑道路在城市道路网中的地位、交通功能及对沿线服务功能的基础上，将城镇道路分为快速路、主干路、次干路与支路四个等级。

快速路，又称城市快速路，完全为交通功能服务，是解决城市大容量、长距离、快速交通的主要道路。

主干路以交通功能为主，为连接城市各主要分区的干路，是城市道路网的主要骨架。

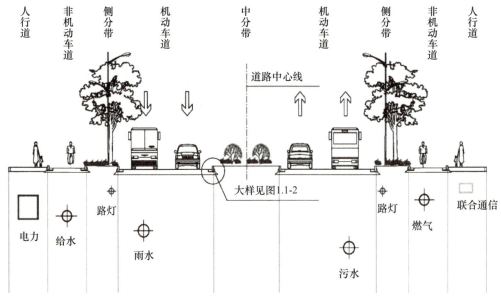

图 1.1-1 道路标准横断面图

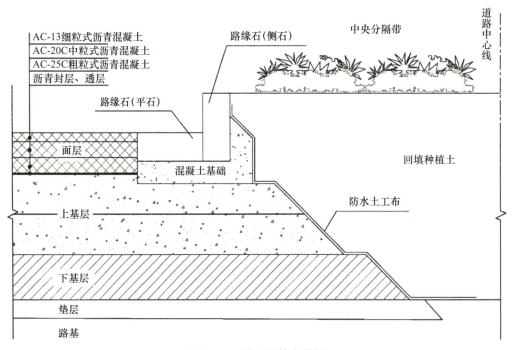

图 1.1-2 路面结构大样图

次干路是城市区域性的交通干道,为区域交通集散服务,兼有服务功能,结合主干路组成干路网。

支路为次干路与居住小区、工业区、交通设施等内部道路的连接线路,解决局部地区交通,以服务功能为主。

3. 城镇道路结构分层

道路结构自上而下包括路面结构层、路基(见图 1.1-3)。

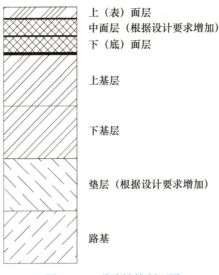

图 1.1-3 道路结构断面图

道路路面的基本结构层一般为面层、基层、垫层（有设计要求时基层下加垫层）三个主要层次。当路面各层的厚度较大时，面层可分为上（表）面层、中面层和下（底）面层，基层分为上基层、下基层等。

面层直接承受汽车车轮的作用并直接受阳光、雨雪、冰冻等温度和湿度及其变化的作用，应具有足够的结构强度、高温稳定性、低温抗裂性以及抗疲劳、抗水损害能力；为保证交通安全和舒适性，面层还应有足够的抗滑能力及良好的平整度。

基层主要起承重作用，应具有足够的强度和扩散荷载的能力并具有足够的水稳定性。

垫层的主要作用为改善土基的湿度和温度状况，保证面层和基层的强度稳定性和抗冻胀能力，扩散由基层传来的荷载应力，以减小土基所产生的变形。垫层应具有一定的强度和良好的水稳定性。

1.1.1 道路路基结构特征

1. 路基分类

根据材料不同，路基可分为土方路基、石方路基、特殊土路基。路基断面形式有：路堤——路基顶面高于原地面的填方路基；路堑——全部由地面开挖出的路基（又分全路堑、半路堑、半山峒三种形式）；半填半挖路基——横断面一侧为挖方，另一侧为填方的路基（见图 1.1-4）。

2. 路基填料的要求

高液限黏土、高液限粉土及含有机质的细粒土，不适于做路基填料。因条件限制而必须采用上述土做填料时，应掺加石灰或水泥等结合料进行改善。

地下水位高时，宜提高路基顶面标高。在设计标高受限制，未能达到中湿状态的路基临界高度时，应选用粗粒土或低剂量石灰或水泥稳定细粒土做路基填料，同时应采取在边沟下设置排水渗沟等降低地下水位的措施。

岩石或填石路基顶面应铺设整平层。整平层可采用未筛分碎石和石屑或低剂量水泥稳定粒料，其厚度视路基顶面不平整程度而定，一般为 100~150mm。

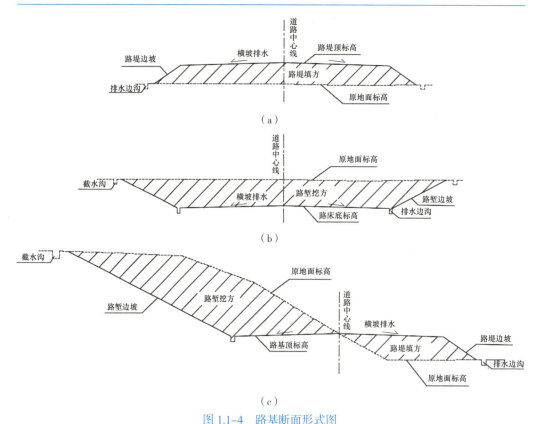

图 1.1-4　路基断面形式图
（a）路堤一般断面图；（b）路堑一般断面图；（c）半填半挖路基一般断面图

3. 路基的功能和性能要求

（1）路基既为车辆在道路上行驶提供基础条件，也是道路的支撑结构物，对路面的使用性能有重要影响。路基应稳定、密实、均质，对路面结构提供均匀的支承，即路基在环境和荷载作用下不产生不均匀变形。

（2）性能主要指标：路基整体稳定性和变形量控制。

1.1.2　道路路面结构特征

1. 沥青路面结构组成特点

1）路面结构组成

路面结构自下至上由垫层、基层、面层组成（见图 1.1-3）。

（1）垫层

垫层是介于基层和路基之间的层位，主要设置在温度和湿度状况不良的路段上，以改善路面结构的使用性能。在季节性冰冻地区路面结构厚度小于最小防冻厚度要求时，设置防冻垫层可以使路面结构免除或减轻冻胀和翻浆病害。以下路段按设计要求设置垫层：

① 季节性冰冻地区的中湿或潮湿路段。

② 地下水位高、排水不良，路基处于潮湿或过湿状态的路段。

③ 水文地质条件不良的土质路堑，路床土处于潮湿或过湿状态的路段。

垫层宜采用砂、砂砾等颗粒材料，小于 0.075mm 的颗粒含量不大于 5%。

(2)基层

① 基层可分为上基层和下基层,基层可采用刚性、半刚性或柔性材料。

② 应根据道路交通等级和路基抗冲刷能力来选择基层材料。在冰冻、多雨潮湿地区,石灰粉煤灰稳定类材料宜用于特重、重交通的下基层。石灰稳定类材料宜用于各类交通等级的下基层以及中、轻交通的基层。热拌沥青碎石宜用于重交通及以上道路的基层;级配碎石可用于中、轻交通道路的下基层及轻交通道路的基层;级配砾石可用于轻交通道路的下基层。

③ 常用的基层材料:

a. 无机结合料稳定粒料:

无机结合料稳定粒料基层属于半刚性基层,包括石灰稳定土类基层、石灰粉煤灰稳定砂砾基层、石灰粉煤灰钢渣稳定土类基层、水泥稳定土类基层、水泥稳定碎石基层等,其强度高,整体性好,适用于交通量大、轴载重的道路。所用的工业废渣(粉煤灰、钢渣等)应性能稳定、无风化、无腐蚀。

b. 级配型材料:

级配型材料基层包括级配砂砾与级配砾石基层,属于柔性基层,可用作城市次干路及其以下道路基层。为防止冻胀和湿软,天然砂砾应质地坚硬,含泥量不应大于砂质量(粒径小于5mm)的10%,砾石颗粒中细长及扁平颗粒的含量不应超过20%。级配砾石用作次干路及其以下道路下基层时,级配中最大粒径宜小于53mm,用作上基层时最大粒径不应大于37.5mm。

(3)面层

① 高级沥青路面面层可划分为上(表)面层、中面层、下(底)面层。

② 面层直接承受行车的作用,用以改善汽车的行驶条件,提升道路服务水平(包括舒适性和经济性),以满足汽车运输的要求。

③ 面层直接同行车和大气相接触,承受行车荷载引起的竖向力、水平力和冲击力的作用,同时又受降水的侵蚀作用和温度变化的影响。

④ 沥青路面面层类型:

a. 热拌沥青混合料面层:

热拌沥青混合料,按空隙率大小将沥青混合料分为密级配、半开级配、开级配三大类。密级配,又可分粗级配型(AC—C)和细级配型(AC—F),空隙率3%~6%。AC型混合料以及骨架型混合料SMA均属于密级配混合料;热拌沥青碎石(AM)是一种半开级配混合料,空隙率8%~15%;OGFC排水沥青混合料是一种开级配沥青混合料,空隙率18%~23%。

b. 温拌沥青面层:

温拌沥青是一种在比同等"热拌沥青"(HMA)温度低20~40℃的温度下生产和施工的沥青。

温拌沥青混凝土是通过在混合前向沥青粘合剂中添加沸石、氧化蜡、沥青乳液,甚至是水来生产的。这可以显著降低拌合和铺设温度,进而降低石油资源的消耗,释放更少的二氧化碳、气溶胶和蒸汽。施工时可在较低温度摊铺,路面可以更快放行;施工季节放宽,尤其适用于较冷的地区。

c. 冷拌沥青混合料面层：

冷拌沥青混合料适用于支路及其以下道路的面层、支路的表面层，以及各级沥青路面的基层、连接层或整平层；冷拌改性沥青混合料可用于沥青路面的坑槽、井周冷补。

d. 沥青贯入式面层：

沥青贯入式面层宜用作城市次干路以下道路面层，其主石料层厚度应依据碎石的粒径确定，厚度不宜超过 100mm。

e. 沥青表面处治面层：

沥青表面处治面层主要起防水层、磨耗层、防滑层或改善碎（砾）石路面的作用，其集料最大粒径应与处治层厚度相匹配。

2）沥青路面结构层的性能要求

（1）垫层性能主要指标

① 垫层宜采用砂、砂砾等颗粒材料，小于 0.075mm 的颗粒含量不宜大于 5%。

② 排水垫层应与边缘排水系统相连接，厚度宜大于 150mm，宽度不宜小于基层底面的宽度。

③ 防冻垫层和排水垫层宜采用砂、砂砾等颗粒材料。半刚性垫层宜采用低剂量水泥、石灰等无机结合稳定粒料或土类材料。

（2）基层性能主要指标

① 应满足结构强度、扩散荷载的能力以及水稳性和抗冻性的要求。

② 不透水性好。底基层顶面宜铺设沥青封层或防水土工织物；为防止地下渗水影响路基，排水基层下应设置由水泥稳定粒料或密级配粒料组成的不透水底基层。

（3）面层路面使用指标

具体指标包括承载能力、平整度、温度稳定性、透水性、水稳定性、抗滑能力、噪声量。

近年我国城市开始修筑降噪排水路面，以提升城市道路的使用功能、减少城市交通噪声。降噪排水路面的面层结构组合一般为：上面层采用 OGFC 沥青混合料，中、下面层等采用密级配沥青混合料。这种组合既满足沥青路面强度高、高低温性能好和平整密实等路用功能，又实现了城市道路排水降噪功能。

2. 水泥混凝土路面结构组成特点

水泥混凝土路面结构的组成包括垫层、基层以及面层。

1）结构特点

（1）垫层

水泥混凝土路面垫层选用的材料和作用参见本书 1.1.2 中 1.1)（1）的相关内容。

（2）基层

① 水泥混凝土道路基层作用：防止或减轻由于唧泥导致的板底脱空和错台等病害；与垫层共同作用，可控制或减少路基不均匀冻胀或体积变形对混凝土面层产生的不利影响；为混凝土面层提供稳定而坚实的基础，并改善接缝的荷载传递能力。

② 基层材料的选用原则：根据道路交通等级和路基抗冲刷能力来选择基层材料。特重交通宜选用贫混凝土、碾压混凝土或沥青混凝土；重交通道路宜选用水泥稳定粒料

或沥青稳定碎石；中、轻交通道路宜选择水泥或石灰粉煤灰稳定粒料或级配粒料。湿润和多雨地区，繁重交通路段宜采用排水基层。

③ 基层的宽度应根据混凝土面层施工方式的不同，比混凝土面层每侧至少宽出300mm（小型机具施工时）或500mm（轨模式摊铺机施工时）或650mm（滑模式摊铺机施工时）。

④ 各类基层结构性能、施工或排水要求不同，厚度也不同。

⑤ 为防止下渗水影响路基，排水基层下应设置由水泥稳定粒料或密级配粒料组成的不透水底基层，底基层顶面宜铺设沥青封层或防水土工织物。

⑥ 碾压混凝土基层应设置与混凝土面层相对应的接缝。贫混凝土基层弯拉强度大于1.5MPa时，应设置与面层相对应的横向缩缝，一次摊铺宽度大于7.5m时，应设置横向缩缝。

（3）面层

① 面层混凝土通常分为普通（素）混凝土、钢筋混凝土、连续配筋混凝土、预应力混凝土等。目前我国多采用普通（素）混凝土。水泥混凝土面层应具有足够的强度、耐久性（抗冻性），表面应抗滑、耐磨、平整。

② 混凝土面层在温度变化影响下会产生胀缩。为防止胀缩作用导致裂缝或翘曲，混凝土面层设有垂直相交的纵向和横向接缝，形成一块块矩形板。一般相邻的接缝对齐，不错缝。每块矩形板的板长按面层类型、厚度并由应力计算确定。

③ 纵向接缝根据路面宽度和施工铺筑宽度设置。一次铺筑宽度小于路面宽度时，应设置带拉杆的平缝形式的纵向施工缝。一次铺筑宽度大于4.5m时，应设置带拉杆的假缝形式的纵向缩缝，纵缝应与线路中线平行。

横向接缝可分为横向缩缝、胀缝和横向施工缝。横向施工缝尽可能选在缩缝或胀缝处。快速路、主干路的横向胀缝应加设传力杆；在邻近桥梁或其他固定构筑物处、板厚改变处、小半径平曲线等处，应设置胀缝。

④ 对于特重及重交通等级的混凝土路面，横向胀缝、缩缝均设置传力杆。在自由边处，承受繁重交通的胀缝、施工缝，小于90°的面层角隅，下穿市政管线路段，以及雨水口和地下设施的检查井周围，应配筋补强。

混凝土既是刚性材料，又属于脆性材料。因此混凝土路面板的构造，以最大限度发挥其刚性特点为目的，使路面能承受车轮荷载，保证行车平顺；同时又要克服其脆性的弱点，防止在车载和自然因素作用下发生开裂、破坏，最大限度提升其耐久性，延长使用年限。

⑤ 抗滑构造——混凝土面层应具有较大的粗糙度，即应具备较高的抗滑性能，以提升行车的安全性。因此可采用刻槽、压槽、拉槽或拉毛等方法形成一定的构造深度。

⑥ 混凝土路面与沥青路面相接时，设置长度不少于3m的过渡段，过渡段路面应采用两种路面呈阶梯状叠合布置。

2）主要原材料选择

（1）重交通以上等级道路、城市快速路、主干路应采用42.5级及以上的道路硅酸盐水泥或硅酸盐水泥、普通硅酸盐水泥；其他道路可采用矿渣硅酸盐水泥，其强度等级不宜低于32.5级。

（2）粗集料应采用质地坚硬、耐久、洁净的碎石、砾石、破碎砾石，技术指标应符合规范要求，粗集料的最大公称粒径，碎砾石不得大于 26.5mm，碎石不得大于 31.5mm，砾石不宜大于 19.0mm；钢纤维混凝土粗集料最大粒径不宜大于 16.0mm。

（3）宜采用质地坚硬，细度模数在 2.5 以上，符合级配规定的洁净粗砂、中砂，技术指标应符合规范要求。使用机制砂时，还应检验磨光值，其值宜大于 35，不宜使用抗磨性较差的水成岩类机制砂。海砂不得直接用于混凝土面层。使用经过净化处理的海砂应符合《海砂混凝土应用技术规范》JGJ 206—2010 的规定。

（4）外加剂应符合《混凝土外加剂》GB 8076—2008 的有关规定，并有合格证。使用外加剂应进行试验，确认符合《混凝土外加剂应用技术规范》GB 50119—2013 的有关规定方可使用。

（5）钢筋的品种、规格、成分，应符合设计和现行国家标准规定，具有生产厂的牌号、炉号、检验报告和合格证，并经复试（含见证取样）合格。钢筋不得有锈蚀、裂纹、断伤和刻痕等缺陷。传力杆（拉杆）、滑动套材质、规格应符合规定。

（6）胀缝板宜用厚 20mm，水稳定性好，具有一定柔性的板材制作，且应经防腐处理。填缝材料宜用硅酮类、聚氨酯类、树脂类、橡胶沥青类、聚氯乙烯胶泥类、改性沥青类填缝材料，并宜加入耐老化剂。

3. 砌块路面结构组成特点
1）砌块路面结构的组成
包括垫层、基层、面层。

2）砌块路面结构特点
（1）垫层和基层

砌块路面垫层和基层选用的材料和作用参见本书 1.1.2 中 1.1）（1）（2）相关内容。

（2）面层

砌块路面铺装的材料种类较多，用于城镇道路路面铺装的砌块路面多为天然石材路面和预制混凝土砌块路面。

① 应具备较高的抗滑性能，以提升行车、行人的安全性。加工材料时可采用刻槽、压槽、拉槽等方法形成一定的构造深度。

② 应具有足够的强度、耐久性（抗冻性）、表面应耐磨、平整。

③ 砌块路面在温度变化较大时会产生胀缩，为防止胀缩作用导致裂缝或翘曲，面层设有垂直相交的纵向和横向接缝，形成一块块矩形或正方形板块，面层胀缩缝位置和基层一致。

1.2 城镇道路路基施工

1.2.1 地下水控制

1. 地下水分类与水土作用
1）地下水分类
（1）地下水是埋藏在地面以下土颗粒孔隙之中以及岩石孔隙和裂隙中的水。土中水具有固、液、气三种形态，其中液态水包括吸着水、薄膜水、毛细水和重力水。毛水可在毛细作用下逆重力方向上升一定高度，在0℃以下仍能移动、积聚，发生冻胀。

（2）从工程地质的角度，根据地下水的埋藏条件又可将地下水分为上层滞水、潜水、承压水（见图1.2-1）。上层滞水分布范围有限，但接近地表，水位受气候、季节影响大，大幅度的水位变化会给工程施工带来困难。潜水分布广，与道路等市政公用工程关系密切。在干旱和半干旱的平原地区，若潜水的矿化度较高且埋藏较浅，应注意土的盐渍化。由于盐渍土可使路基盐胀和吸湿软化，所以路基施工时要做好排水工作，并采用隔离层等措施。承压水存在于地下两个隔水层之间，具有一定的水头高度，一般需注意其向上的排泄，即对潜水和地表水的补给或以上升泉的形式出露。

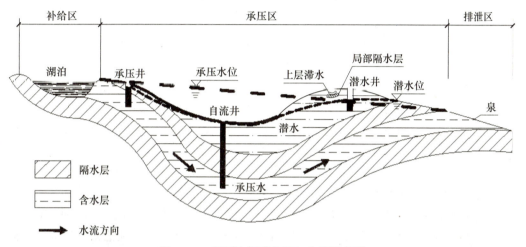

图1.2-1 地下水埋藏条件与分类示意图

2) 水土作用

（1）工程实践表明：在对道路路基施工、运行与维护造成危害的诸多因素中，影响最大、最持久的是地下水。水与土体相互作用，可以使土体的强度和稳定性降低，导致路基或地下构筑物周围土体软化，并可能产生滑坡、沉陷、潜蚀、管涌、冻胀、翻浆等危害。因此，市政公用工程，特别是城镇道路的安全运行必须考虑沿线地下水的类型、埋藏条件及活动规律，以便采取措施保证工程安全。

（2）道路沿线地表水积水及排泄方式、邻近河道洪水位和常水位的变化，也会造成路基产生滑坡、沉陷、冻胀、翻浆等危害。为保证路基边坡的稳定性，应根据当地的具体条件和工程特点，采取防护与加固措施，并注意与当地环境协调。

（3）地下水位和地下水的运动规律，其他形式的水文和水文地质因素对路基或其他构筑物基础的稳定性有影响，也是影响主体结构安全和运行安全的重要因素，需要在工程建设和维护运行中充分考虑。

2. 地下水和地表水的控制

路基的各种病害或变形的产生，都与地表水和地下水的浸湿和冲刷等破坏作用有关。要保证路基的稳定性，提高路基抗变形能力，必须采取相应的排水措施或隔水措施，以消除或减轻水对路基稳定的危害。

1) 路基排水

路基排水分为地面和地下两类。一般情况下可以通过设置各种管渠、地下排水构筑物等办法达到迅速排水的目的。在有地下水或地表水水流危害路基边坡稳定时，可设置渗沟或截水沟。边坡较陡或可能受到流水冲刷时，可设置各种类型的护坡、护墙等。

2）路基隔（截）水

（1）地下水位接近或高于路床标高时，应设置暗沟、渗沟或其他设施，以排除或截断地下水流，降低地下水位。

（2）地下水位或地面积水水位较高，路基处于过湿状态或强度与稳定性不符合要求的潮湿状态时，可设置隔离层或采取疏干等措施。可采用土工织物、塑料板等材料疏干或采取超载预压手段提升承载能力与稳定性。

3）基层与路面排水

（1）基层结构形式要满足设计要求。基层施工中严格控制细颗粒含量，在潮湿路段应采用水稳定性好且透水的基层。对于冻深较大的季节性冻土地区，应采取预防冻胀和翻浆的具体措施。

（2）面层结构除满足设计要求外，应考虑地表水的排放，防止地表水渗入基层；且其总厚度要满足防冻层厚度的要求，避免路基出现较厚的聚冰带导致路面开裂和过大的不均匀冻胀。如果面层厚度不足，可用水稳定性好的砂砾料或隔温性好的材料设置垫层。

4）附属构筑物防水

（1）过街支管与检查井接合部应采取密封措施，防止渗漏水造成路面早期塌陷。

（2）管道与检查井、雨水口周围回填压实要达到设计要求和规范相关规定，防止地表水渗入造成道路破坏。

1.2.2 特殊路基处理

1. 工程用土分类

工程用土的分类方法有很多种，通常采用坚实系数分类方法。

1）一类土，松软土

主要包括砂土、粉土、冲积砂土层、疏松种植土、淤泥（泥炭）等，坚实系数为 0.5~0.6。

2）二类土，普通土

主要包括粉质黏土，潮湿的黄土，夹有碎石、卵石的砂，粉土混卵（碎）石；种植土、填土等，坚实系数为 0.6~0.8。

3）三类土，坚土

主要包括软及中等密实黏土，重粉质黏土，砾石土，干黄土、含有碎石卵石的黄土、粉质黏土；压实的填土等，坚实系数为 0.8~1.0。

4）四类土，砂砾坚土

主要包括坚实密实的黏性土或黄土，含有碎石卵石的中等密实的黏性土或黄土，粗卵石；天然级配砂石，软泥灰岩等，坚实系数为 1.0~1.5。

5）五类土~八类土

五类土是软石，六类土是次坚石，七类土是坚石，八类土是特坚石。

2. 常用路基土的主要性能参数

1）含水率 ω

土中水的质量与干土粒质量之比。

2）天然密度 ρ

土的单位体积的质量。

3）孔隙比 e

土的孔隙体积与土粒体积之比。

4）孔隙率 n

土的孔隙体积与土的体积之比。

5）塑限 ω_p

土由可塑状态转为半固体状态时的界限含水率为塑性下限，称为塑性界限，简称塑限。

6）液限 ω_L

土由可塑状态转为流体状态时的界限含水率为液性上限，称为液性界限，简称液限。

7）塑性指数 I_p

土的液限与塑限之差值，$I_p = \omega_L - \omega_p$。

8）液性指数 I_L

土的天然含水率与塑限之差值对塑性指数之比值，$I_L = (\omega - \omega_p)/I_p$，$I_L$ 可用以判别土的软硬程度；$I_L < 0$ 坚硬、半坚硬状态，$0 \leq I_L < 0.5$ 硬塑状态，$0.5 \leq I_L < 1.0$ 软塑状态，$I_L \geq 1.0$ 流塑状态。

3. 不良土质路基处理

1）不良土质路基处理的分类

按路基处理的作用机理，大致分为：土质改良、土的置换、土的补强三类。土质改良是指用机械（力学）、化学、电、热等手段增加路基土的密度，或使路基土固结，这一方法的原理是尽可能地利用原有路基。土的置换是将软土层换填为良质土如砂垫层等。土的补强是采用薄膜、绳网、板桩等约束住路基土，或者在土中放入抗拉强度高的补强材料形成复合路基以加强和改善路基土的剪切特性。

2）路基处理方法分类

路基处理的方法，根据其作用和原理大致分为六类，见表1.2-1。表中所列各种方法是根据软弱土的特点和所需处理的目的而发展起来的，各种方法的具体选用，应从路基条件、处理的指标及范围、工程费用、工程进度及材料来源、当地环境等多方面进行考虑和研究。

表1.2-1 路基处理的方法

序号	分类	处理方法	原理及作用	适用范围
1	碾压及夯实	重锤夯实、机械碾压、振动压实、强夯（动力固结）	利用压实原理，通过机械碾压、夯击，把表层地基压实；强夯则利用强大的夯击能，在地基中产生强烈的冲击波和动应力，迫使土在动力固结效应下密实	适用于碎石土、砂土、粉土、低饱和度的黏性土、杂填土等，对饱和黏性土应慎重采用

续表

序号	分类	处理方法	原理及作用	适用范围
2	换土垫层	砂石垫层、素土垫层、灰土垫层、矿渣垫层	以砂石、素土、灰土和矿渣等强度较高的材料,置换地基表层软弱土,提高持力层的承载力,扩散应力,减小沉降量	适用于暗沟、暗塘等软弱土的浅层处理
3	排水固结	天然地基预压、砂井预压、塑料排水板预压、真空预压、降水预压	在地基中设竖向排水体,加速地基的固结和强度增长,提升地基的稳定性;加速沉降发展,使基础沉降提前完成	适用于处理饱和软弱土层,对于渗透性极低的泥炭土,必须慎重对待
4	振冲、挤密	振冲挤密、灰土挤密桩、砂桩、砂砾桩、碎石桩、石灰桩、爆破挤密、强夯置换	采用一定的技术措施,通过振动或挤密,使土体的孔隙减少,强度提升;必要时,在振动挤密过程中,回填砂、砾石、碎石、灰土、素土等,在夯坑中回填片块石,碎砾石、卵石与地基土组成复合地基,从而提升地基的承载力,减小沉降量	适用于处理松砂、粉土、杂填土及湿陷性黄土
5	振冲置换及拌入	振冲置换、深层搅拌、高压喷射注浆、石灰桩、CFG 桩等	采用专门的技术措施,以砂、碎石等置换软弱土地基中的部分软弱土,或在部分软弱土地基中掺入水泥、石灰或砂浆等形成加固体,与未处理部分的土组成复合地基,从而提升地基承载力,减小沉降量	黏性土、冲填土、粉砂、细砂等;振冲置换法在不排水剪切强度 $c_U < 20 \text{kPa}$ 时慎用
6	加筋	土工聚合物加筋、锚固、树根桩、加筋土	在地基或土体中埋设强度较大的土工聚合物、钢片等为加筋材料,使地基或土体能承受抗拉力,防止断裂,保持整体性,提升刚度,改变地基土体的应力场和应变场,从而提升地基的承载力,改善变形特性	软弱土地基、填土及陡坡填土、砂土

3) 路基处理常用的方法

考虑到城镇道路地下管线众多、环境、土方资源、工程费用等因素,常用方法如下:

(1) 路基土方掺灰、好土等改良。
(2) 路基土方换填处理(土方、石方、石灰土、水泥土、碎石土、级配碎石等)。
(3) 路基加铺土工格栅、土工布等补强处理。
(4) 抛石挤淤。
(5) 路基打石灰桩挤密土方固化土方处理。
(6) 路基堆载预压和加强压实。

1.2.3 城镇道路路基施工技术

1. 路基施工特点与程序

1) 施工特点

(1) 城市道路路基工程施工处于露天作业,受自然条件影响大;在工程施工区域内的专业类型多、结构物多、各专业管线纵横交错;专业之间及社会之间配合工作多、干扰多,导致施工变化多。尤其是旧路改造工程,交通压力极大,地下管线复杂,行车安全、行人安全及树木、构筑物等保护要求高。

(2) 路基施工以机械作业为主,人工配合为辅;人工配合土方作业时,必须设专人指挥；采用流水或分段平行作业方式。

2）施工项目
城镇道路路基工程包括路基（路床、路堤）的土（石）方、相关的项目有涵洞、挡土墙、路肩、边坡防护、排水边沟、急流槽、各类管线等。

3）基本流程
（1）准备工作

① 按照交通管理部门批准的交通导行方案设置围挡，导行临时交通。

② 开工前，施工项目技术负责人应依据获准的施工方案向施工人员进行技术安全交底，强调工程难点、技术要点、安全措施。使作业人员掌握要点，明确责任。

③ 对已知的测量控制点进行闭合加密，建立测量控制网，再进行施工控制桩放线测量，恢复中线，补钉转角桩、路两侧外边桩等。

④ 施工前，应根据工程地质勘察报告，对路基土进行天然含水率、液限、塑限、标准击实、CBR试验，必要时应做颗粒分析、有机质含量、易溶盐含量、冻膨胀和膨胀量等试验。

（2）地下管线及附属构筑物施工和保护

① 地下管线、涵洞（管）等构筑物是城镇道路路基工程中必不可少的组成部分。涵洞（管）等构筑物可与路基（土方）同时进行，但新建的地下管线施工必须遵循"先地下、后地上""先深后浅"的原则。

② 既有地下管线等构筑物的拆改、加固保护。

③ 修筑地表水和地下水的排除设施，为后续的土、石方工程施工创造条件。

（3）路基（土、石方）施工

开挖路堑、填筑路堤、整平路基、压实路基、修整路床，修建防护工程等。

2. 路基施工要点
1）填土路基
（1）排除原地面积水，清除树根、杂草、淤泥等。应妥善处理坟坑、井穴、树根坑的坑槽，分层填实至原地面高。

（2）填方段内应事先找平，当地面横向坡度陡于1：5时，需修成台阶形式，每层台阶高度不宜大于300mm，宽度不应小于1.0m。

（3）根据测量中心线桩和下坡脚桩，分层填土、压实。

（4）碾压前检查铺筑土层的宽度、厚度及含水率，合格后即可碾压，碾压遵循"先轻后重"原则，最后碾压应采用不小于12t级的压路机。

（5）填方高度内的管涵顶面填土500mm以上才能用压路机碾压。

（6）路基填方高度应按设计标高增加预沉量值。填土至最后一层时，应按设计断面，高程控制填土厚度并及时碾压修整。

（7）性质不同的填料应分类、分层填筑、压实；路基高边坡施工应制定专项施工方案。

（8）路基填筑宜做成双向横坡，一般土质填筑横坡宜为2%～3%，透水性小的土类填筑横坡宜为4%。

（9）液限大于50%、塑性指数大于26的土，以及含水率超标的土，不能直接使用，必须采取技术措施处理，经检查合格后方可使用。

（10）路基填筑时，每层最大压实厚度不宜大于 300mm，顶面最后一层压实厚度应不小于 100mm。

2）挖土路基

（1）路基施工前，应将现况地面上积水排除、疏干，将树根坑、坟坑、井穴等部位进行技术处理。

（2）根据测量中线和边桩开挖。

（3）挖土时应自上向下分层开挖，严禁掏洞开挖。机械开挖时，必须避开构筑物、管线，在距管道边 1m 范围内应采用人工开挖；在距直埋缆线 2m 范围内必须采用人工开挖。挖方段不得超挖，应留有碾压到设计标高的压实量。

（4）压路机不小于 12t 级，碾压应自路两边向路中心进行，直至表面无明显轮迹为止。

（5）碾压时，应视土的干湿程度而采取洒水或换土、晾晒等措施。

（6）过街雨水支管沟槽及检查井周围应用石灰土、石灰粉煤灰砂砾或设计要求的材料填实。

3）石方路基

（1）修筑填石路堤应进行地表清理，先码砌边部，然后逐层水平填筑石料，确保边坡稳定。

（2）先修筑试验段，以确定松铺厚度、压实机具组合、压实遍数及沉降差等施工参数。

（3）填石路堤宜选用 12t 以上的振动压路机、25t 以上轮胎压路机或 2.5t 的夯锤压（夯）实。

（4）路基范围内管线、构筑物四周的沟槽宜回填土料。

（5）路堤填料粒径不应大于 500mm，且不宜超过层厚的 2/3。路床底面以下 400mm 范围内，填料最大粒径不得大于 150mm，其中小于 5mm 的细料含量不应小于 30%。

3. 路基压实作业要点

城市道路路基压实作业要点主要应掌握：依据工程的实际情况，合理调节压实机具、压实方法与压实厚度三者的关系，达到所要求的压实密度。

1）路基材料与填筑

（1）材料要求

① 应符合设计要求和有关规范的规定。路基填料强度（CBR）值应符合设计要求，其最小强度值应符合表 1.2-2 的要求。

表 1.2-2 路基填料强度（CBR）的最小值要求

填方类型	路床顶面以下深度（cm）	最小强度（%）	
		城市快速路、主干路	其他等级道路
路床	0～30	8.0	6.0
路基	30～80	5.0	4.0
路基	80～150	4.0	3.0
路基	>150	3.0	2.0

② 不应使用淤泥、沼泽土、泥炭土、冻土、有机土及含生活垃圾的土做路基填料，填土内不得含有草、树根等杂物，粒径超过 100mm 的土块应打碎。

（2）填筑要求

① 填土应分层进行。下层填土合格后，方可进行上层填筑。路基填土宽度应比设计宽度每侧宽 500mm。

② 对过湿土翻松、晾干，或对过干土均匀加水，使其含水率在最佳含水率范围之内。

2）路基压实施工要点

（1）试验段

① 在正式进行路基压实前，有条件时应做试验段，以便取得路基施工相关的技术参数。

② 试验目的主要有：

a. 确定路基预沉量值。

b. 合理选用压实机具；选用机具考虑因素有道路不同等级、工程量大小、地质条件、作业环境和工期要求等。

c. 按压实度要求，确定压实遍数。

d. 确定路基宽度内每层虚铺厚度。

e. 根据土的类型、湿度、设备及场地条件，选择压实方式。

（2）路基下管道回填与压实

① 当管道位于路基范围内时，其沟槽的回填土压实度应符合《给水排水管道工程施工及验收规范》GB 50268—2008 的规定且管顶以上 50cm 范围内应采用轻型压实机具。

② 当管道结构顶面至路床的覆土厚度不大于 50cm 时，应对管道结构进行加固。

③ 当管道结构顶面至路床的覆土厚度在 50～80cm 时，路基压实时应对管道结构采取保护或加固措施。

（3）路基压实

① 压实方法（式）：分为重力压实（静压）和振动压实两种。

② 土质路基压实应遵循的原则："先轻后重、先静后振、先低后高、先慢后快，轮迹重叠。"压路机最快速度不宜超过 4km/h。

③ 碾压应从路基边缘向中央进行，压路机轮外缘距路基边应保持安全距离。

④ 碾压不到的部位应采用小型夯压机夯实，防止漏夯，要求夯击面积重叠 1/4～1/3。

1.3 城镇道路路面施工

1.3.1 路面结构分类

沥青路面、水泥混凝土路面、砌块路面结构的组成均包括垫层、基层以及面层。

高等级沥青路面面层可划分为上（表）面层、中面层、下（底）面层，基层可分为上基层和下基层。

1.3.2 城镇道路基层施工

1. 常用无机结合料稳定基层特性
基层的材料与施工质量是影响路面使用性能和使用寿命的最关键因素。

1）无机结合料稳定基层
目前大量采用结构较密实、孔隙率较小、透水性较小、水稳性较好、适宜于机械化施工、技术经济较合理的水泥、石灰及工业废渣稳定材料施工基层，这类基层通常被称为无机结合料稳定基层。

2）常用的基层材料
（1）石灰稳定土类基层

① 石灰稳定土有良好的板体性，但其水稳性、抗冻性以及早期强度不如水泥稳定土。石灰土的强度随龄期增长，并与养护温度密切相关，温度低于5℃时强度几乎不增长。

② 石灰稳定土的干缩和温缩特性十分明显，且都会导致裂缝产生。与水泥土一样，由于其收缩裂缝严重，强度未充分形成时表面会遇水软化，容易产生唧浆冲刷等损坏，石灰土已被严格禁止用于高等级路面的基层，只能用作高级路面的底基层。

（2）水泥稳定土基层

① 水泥稳定土有良好的板体性，其水稳性和抗冻性都比石灰稳定土好。水泥稳定土的初期强度高，其强度随龄期增长。水泥稳定土在暴露条件下容易干缩，低温时会冷缩，导致裂缝。

② 水泥稳定细粒土（简称水泥土）的干缩系数、干缩应变以及温缩系数都明显大于水泥稳定粒料，水泥土产生的收缩裂缝会比水泥稳定粒料的裂缝严重得多；水泥土强度没有充分形成时，表面遇水会软化，导致沥青面层龟裂破坏；水泥土的抗冲刷能力低，当水泥土表面遇水后，容易产生唧浆冲刷，导致路面裂缝、下陷，并逐渐扩展。为此，水泥土只用作高级路面的底基层。

（3）石灰工业废渣稳定土基层

① 石灰工业废渣稳定土中，应用最多、最广的是石灰粉煤灰类的稳定土（粒料），简称二灰稳定土（粒料），其特性在石灰工业废渣稳定土中具有典型性。

② 二灰稳定土有良好的力学性能、板体性、水稳性和一定的抗冻性，其抗冻性能比石灰土高很多。

③ 二灰稳定土早期强度较低，但随龄期增长并与养护温度密切相关，温度低于4℃时强度几乎不增长；二灰中的粉煤灰用量越多，早期强度越低，3个月龄期的强度增长幅度就越大。

④ 二灰稳定土也具有明显的收缩特性，但小于水泥土和石灰土，也被禁止用于高等级路面的基层，而只能做底基层。二灰稳定粒料可用于高等级路面的基层与底基层。

⑤ 二灰稳定粒料基层中的粉煤灰，若三氧化硫（SO_3）含量偏高，易使路面起拱，直接影响道路基层和面层的弯沉值。

2. 城镇道路基层施工技术

1）石灰稳定土类基层与水泥稳定土类基层

（1）运输与摊铺

① 拌成的稳定土类混合料应及时运送到铺筑现场。水泥稳定土类材料自搅拌至摊铺碾压成型，不应超过 3h。

② 运输中应采取防止水分蒸发和防扬尘措施。

③ 宜在春末和气温较高季节施工，施工气温应不低于 5℃。

④ 厂拌石灰土类混合料摊铺时路床应润湿，但应避免在雨天施工。

（2）压实与养护

① 压实系数应经试验确定。人工摊铺石灰土时压实系数宜为 1.65～1.70；水泥土的压实系数宜为 1.53～1.58；水泥稳定砂砾的压实系数宜为 1.30～1.35。

② 摊铺好的石灰稳定土应当天碾压成型，碾压时的含水率宜在最佳含水率的允许偏差范围内。水泥稳定土宜在水泥初凝前碾压成型。

③ 直线和不设超高的平曲线段，应由两侧向中心碾压；设超高的平曲线段，应由内侧向外侧碾压。纵、横接缝（槎）均应设直槎。

④ 水泥稳定土类基层宜采用 12～18t 压路机作初步稳定碾压，混合料初步稳定后用大于 18t 的压路机碾压，压至表面平整、无明显轮迹，且达到要求的压实度。当使用振动压路机时，应符合环境保护和周围建筑物及地下管线、构筑物的安全要求。

⑤ 纵向接缝宜设在路中线处，横向接缝应尽量减少。

⑥ 石灰土压实成型后应立即洒水（或覆盖）养护，保持湿润，直至上部结构施工为止；水泥土分层摊铺时，应在下层养护 7d 后方可摊铺上层材料。

⑦ 养护期应封闭交通。

2）石灰粉煤灰稳定砂砾（碎石）基层（也可称二灰混合料）

（1）运输与摊铺

① 运送混合料应覆盖，防止水分蒸发和遗撒、扬尘。

② 施工期的日最低气温应在 5℃以上。

③ 根据试验确定的松铺系数控制虚铺厚度。

（2）压实与养护

① 每层最大压实厚度为 200mm，且不宜小于 100mm。

② 碾压时采用先轻型、后重型压路机碾压，宜在当天碾压成型。

③ 禁止用薄层贴补的方法进行找平。

④ 混合料的养护采用湿养，始终保持表面潮湿，也可采用沥青乳液和沥青下封层进行养护，养护期视季节而定，常温下不宜小于 7d。

3）级配砂砾（碎石）、级配砾石（碎砾石）基层

（1）运输与摊铺

① 运输中应采取防止遗撒、防止水分蒸发和防扬尘措施。

② 宜采用机械摊铺，摊铺应均匀一致，发生粗、细集料离析（"梅花""砂窝"）现象时，应及时翻拌均匀。

③ 压实系数均应通过试验段确定，每层应按虚铺厚度一次铺齐，颗粒分布应均匀，

厚度一致，不得多次找补。

（2）压实与养护

① 碾压前和碾压中应适量洒水，保持砂砾湿润，但不应导致层下翻浆。

② 碾压中对存在过碾压现象的部位，应进行换填处理。级配碎石及级配碎砾石视压实碎石的缝隙情况撒布嵌缝料。

③ 控制碾压速度，碾压至轮迹不大于5mm，表面平整、坚实。基层压实后至面层施工前适量洒水。

④ 未铺装上层前不得开放交通。

3. 土工合成材料的应用

1）土工合成材料

土工合成材料是以人工合成的聚合物为原料制成的各类型产品，是城镇道路岩土工程中应用的一种新型工程材料的总称。

（1）分类

土工合成材料可分为土工织物、土工膜、土工复合材料和土工特种材料等类型。

（2）功能与作用

① 土工合成材料可设置于岩土或其他工程结构内部、表面或各结构层之间，具有加筋、防护、过滤、排水、隔离等功能。

② 当工程中使用土工合成材料兼有其他功能且要考虑这些功能的作用时，还需进行相应项目的校核设计。

2）工程应用

（1）路堤加筋

① 路堤加筋的主要目的是提升路堤的稳定性。当加筋路堤的原地基承载力不足时，应先行技术处理。加筋路堤填土的压实度必须达到路基设计规范规定的压实标准。土工格栅、土工织物、土工网等土工合成材料均可用于路堤加筋，其中土工格栅宜选择强度高、变形小、糙度大的产品。土工合成材料应具有足够的抗拉强度、较高的撕破强度、顶破强度和握持强度等性能。

② 加筋路堤的施工原则是以能够充分发挥加筋效果为出发点。合成材料连接应牢固，受力方向的连接强度不得低于材料设计抗拉强度，其叠合长度不应小于300mm，连接时搭接宽度不得小于150mm。铺设土工合成材料的土层表面应平整，表面严禁有碎、块石等坚硬凸出物。土工合成材料摊铺后宜在48h以内填筑填料，以避免其遭受过长时间的阳光直晒。填料不应直接卸在土工合成材料上面，必须卸在已摊铺完毕的土面上；卸土高度不宜大于1m，以防局部承载力不足。卸土后立即摊铺，以免出现局部下陷。

③ 第一层填料宜采用轻型压路机压实，当填筑层厚度超过600mm后，才允许采用重型压路机。边坡防护与路堤的填筑应同时进行。

（2）台背路基填土加筋

① 采用土工合成材料对台背路基填土加筋的目的是减少路基与构造物之间的不均匀沉降。加筋台背适宜的高度为5.0~10.0m。加筋材料宜选用土工网或土工格栅。台背填料应有良好的水稳定性与压实性能，以碎石土、砾石土为宜。土工合成材料与填料之间应有足够的摩阻力。

② 土工合成材料与构造物应相互连接，并在相互平行的水平面上分层铺设，加筋材料间距应经计算确定。在路基顶面以下 5.0m 的深度内，间距宜不大于 1.0m。纵向铺设长度宜上长下短，可采用缓于或等于 1∶1 的坡度自下而上逐层增大，最下一层的铺设长度不应小于计算的最小纵向铺设长度。

③ 工艺流程：清地表→地基压实→锚固土工合成材料、摊铺、张紧并定位→分层摊铺、压实填料至下一层土工合成材料的铺设标高。相邻两幅加筋材料应相互搭接，宽度宜不小于 200mm，并用牢固方式连接，连接强度不低于合成材料强度的 60%。台背填料应在最佳含水量时分层压实，每层压实厚度宜不大于 300mm，边角处厚度不得大于 150mm。压实标准按相关规范执行。施工时应设法避免任何机械、外物对土工合成材料造成推移或损伤，并做好台背排水，避免地表水渗入、滞留。

（3）路面裂缝防治

① 采用玻纤网、土工织物等土工合成材料，铺设于旧沥青路面、旧水泥混凝土路面的沥青加铺层底部或新建道路沥青面层底部，可减少或延缓由旧路面对沥青加铺层的反射裂缝，或半刚性基层对沥青面层的反射裂缝。用于裂缝防治的玻纤网和土工织物应分别满足抗拉强度、最大负荷延伸率、网孔尺寸、单位面积质量等技术要求。玻纤网网孔尺寸宜为其上铺筑的沥青面层材料最大粒径的 0.5～1.0 倍。土工织物应能耐 170℃ 以上的高温。

② 用土工合成材料和沥青混凝土面层对旧沥青路面裂缝进行防治，首先要对旧路进行外观评定和弯沉值测定，进而确定旧路处理和新料加铺方案。施工要点是：旧路面清洁与整平，土工合成材料张拉、搭接和固定，洒布粘层油，按设计或规范要求铺筑新沥青面层。

③ 旧水泥混凝土路面裂缝处理要点是：对旧水泥混凝土路面评定，旧路面清洁和整平，土工合成材料张拉、搭接和固定，洒布粘层油，铺沥青面层。为防止新建道路的半刚性基层养护期间的收缩开裂，可将土工合成材料置于半刚性基层与下封层之间，以防止裂缝反射到沥青面层上。施工方法与旧沥青面裂缝防治相同。

（4）路基防护

① 路基防护：

主要包括：坡面防护——防护易受自然因素影响而破坏的土质或岩石边坡；冲刷防护——防护水流对路基的冲刷与淘刷。土质边坡防护可采用拉伸网草皮、固定草种布或网格固定撒草种。岩石边坡防护可采用土工网或土工格栅。沿河路基可采用土工织物软体沉排、土工模袋等进行冲刷防护，以保证路基坚固与稳定。

② 坡面防护：

土质边坡防护的边坡坡度宜在 1∶1.0～1∶2.0 之间；岩石边坡防护的边坡坡度宜缓于 1∶0.3。土质边坡防护应做好草皮的种植、施工和养护工作。施工步骤是：整平坡面，铺设草皮或土工网，草皮养护。易碎岩面和少量的岩崩可采用土工网或土工格栅加固，以裸露或埋藏方式进行防护。岩石边坡防护施工步骤是：清除坡面松散岩石，铺设固定土工网或土工格栅，喷护水泥砂浆，岩面设置排水孔。

③ 冲刷防护：

土工织物软体沉排系指在土工织物上放置块石或预制混凝土块体为压重的护坡结

构,适用于水下工程及预计可能发生冲刷的路基坡面。排体材料宜采用聚丙烯编织型土工织物。土工织物软体沉排防护,应验算排体抗浮、排体压块抗滑、排体整体抗滑三方面的稳定性。土工模袋是一种双层织物袋,袋中充填流动性混凝土、水泥砂浆或稀释混凝土,凝固后形成高强度和高刚度的硬结板块。采用土工模袋护坡的坡度不得陡于1:1。模袋选型应根据工程设计要求和当地土质、地形、水文、经济与施工条件等确定。确定土工模袋的厚度应考虑抵抗弯曲应力、抵抗浮动力两方面因素。土工模袋不允许在沿坡面的分力作用下产生滑动。模袋铺设流程:卷模袋→设定位桩及拉紧装置→铺设模袋。模袋铺设、压稳后,应拉紧上缘固定绳套,防止模袋下滑。模袋铺设后及时充灌混凝土或砂浆并及时清扫模袋表面、滤孔和进行养护。

(5)过滤与排水

可单独使用土工合成材料或与其他材料配合,作为过滤体和排水体用于暗沟、渗沟、坡面防护,支挡结构壁墙后排水,软基路堤地基表面排水垫层,也可用于处治翻浆冒泥和季节性冻土的导流沟等道路工程结构中。

3)施工质量检验

(1)基本要求

① 土工合成材料质量应符合设计或相关规范要求,外观无破损、无老化、无污染。

② 在平整的下承层上按设计要求铺设、张拉、固定土工合成材料,铺设后无皱折、紧贴下承层,锚固端施工符合设计要求。

③ 接缝连接强度应符合要求,上、下层土工合成材料搭接缝应交替错开。

(2)施工质量资料

① 施工质量资料包括材料的验收、铺筑试验段、施工过程中的质量管理和检查验收。

② 由于土工合成材料大多用于隐蔽工程,应加强旁站和施工日志记录。

【案例1.3-1】

1. 背景

某公司中标城市主干路大修工程,除全部路面外另有部分路段的水泥稳定碎石基层换填。基层材料采取厂拌,车辆运输,现场分段摊铺碾压的做法。因早高峰影响交通2h,部分运输车辆未能按时将基层材料运至施工现场,早高峰结束后材料运输恢复正常。现场经过协调迅速将积压车辆的基层材料安排摊铺机加快速度施工,压实后的表面出现局部松散现象;在清除表面松散料后采用贴料法补平,现场监理工程师发现认定为质量隐患,要求项目部采取措施进行整改。

2. 问题

(1)从背景材料分析,基层材料压实后表面出现局部松散的原因是什么?

(2)如何规避早高峰交通影响,确保基层材料按时送达施工现场?

(3)清除表面松散料后采用贴料补平法是否可行?说明原因。

(4)处理基层表面松散的正确做法是什么?

3. 参考答案

(1)基层材料压实后表面出现局部松散的原因有:

① 运输时间过长，材料表面水分蒸发导致含水率偏低无法碾压成型。
② 摊铺速度加快导致材料离析。
（2）调整运输路线、错峰运行；确保拌合厂与摊铺现场信息畅通。
（3）不可行。原因：基层施工中严禁用贴薄层方法整平修补表面。
（4）正确做法：
① 挖除松散部位材料，挖除厚度不小于10cm。
② 换填合格的水泥稳定碎石混合料。
③ 碾压成型。
④ 洒水覆盖养护。

1.3.3　城镇道路面层施工

1. 沥青类混合料面层施工

1）沥青类混合料面层施工

热拌普通沥青混合料路面工艺流程：施工准备→运输→摊铺→接缝处理→压实成型→养护→开放交通。

（1）施工准备

① 透层、粘层、封层：

a. 透层。为使沥青混合料面层与非沥青材料基层结合良好，在基层上喷洒能很好渗入表面的沥青类材料薄层。沥青混合料面层摊铺前应在基层表面喷洒透层油。根据基层类型选择渗透性好的液体沥青、乳化沥青作为透层油。用于石灰稳定土类或水泥稳定土类基层的透层油宜紧接在基层碾压成型后表面稍变干燥，但尚未硬化的情况下喷洒，洒布透层油后，应封闭交通。透层油洒布后的养护时间应根据透层油的品种和气候条件由试验确定。液体沥青中的稀释剂全部挥发或乳化沥青水分蒸发后，应及时铺筑沥青混合料面层。

b. 粘层。在既有结构和路缘石、检查井等构筑物与沥青混合料层的连接面应喷洒粘层油。为加强路面沥青层之间，沥青层与水泥混凝土路面之间的粘结而洒布的沥青材料薄层。粘层油宜采用快裂或中裂乳化沥青、改性乳化沥青，也可采用快凝或中凝液体石油沥青作粘层油。粘层油宜在摊铺面层当天洒布。

c. 封层。铺筑在面层表面的称为上封层，铺筑在面层下面的称为下封层。封层油宜采用改性沥青或改性乳化沥青，封层集料应质地坚硬、耐磨、洁净且粒径与级配应符合要求。

d. 透层、粘层宜采用沥青洒布车或手动沥青洒布机喷洒，喷洒应呈雾状，洒布均匀，用量与渗透深度宜按设计及规范要求并通过试洒确定。封层宜采用层铺法表面处治或稀浆封层法施工。

当气温在10℃及以下，风力超过5级（含5级）时，不应喷洒透层、粘层、封层油。

② 运输与布料：

a. 沥青混合料宜开展绿色运输，合理选择运输工具和线路，改进内燃机技术和使用清洁能源，防止运输过程中的泄漏，减少环境污染，实现节能减排的目标。

b. 为防止沥青混合料粘结运料车车厢板，装料前应喷洒一薄层脱模剂或防粘结剂。运输中沥青混合料上宜用篷布覆盖保温、防雨和防污染。

c. 运料车进入摊铺现场时，轮胎上不得沾有泥土等可能污染路面的脏物，沥青混合料不符合施工温度要求或结团成块、已遭雨淋则不得使用。

d. 应按施工方案安排运输和布料，摊铺机前应有足够的运料车等候。对高等级道路，等候的运料车宜在5辆以上。

e. 运料车应在摊铺机前100～300mm外空挡等候，摊铺时被摊铺机缓缓顶推前进并逐步卸料，避免撞击摊铺机。每次卸料必须倒净，如有余料应及时清除，防止硬结。

（2）摊铺作业

① 机械摊铺：

a. 热拌沥青混合料应采用机械摊铺。摊铺机在开始受料前应在受料斗涂刷薄层隔离剂或防粘结剂。

b. 城市快速路、主干路宜采用两台以上摊铺机联合摊铺，其表面层宜采用多机全幅摊铺，以减少施工接缝。每台摊铺机的摊铺宽度宜小于6m。通常采用两台或多台摊铺机前后错开10～20m呈梯队方式同步摊铺，两幅之间应有30～60mm宽度的搭接，并应避开车道轮迹带，上下层搭接位置宜错开200mm以上。

c. 摊铺前应提前0.5～1h预热摊铺机熨平板使其不低于100℃。铺筑时熨平板振捣或夯实装置应选择适宜的振动频率和振幅，以提升路面初始压实度。

d. 摊铺机必须缓慢、均匀、连续不间断地摊铺，不得随意变换速度或中途停顿，以提升平整度、减少沥青混合料的离析。摊铺速度宜控制在2～6m/min的范围内。当发现沥青混合料面层出现明显的离析、波浪、裂缝、拖痕时，应分析原因，及时予以消除。

e. 摊铺机应采用自动找平方式。下面层宜采用钢丝绳或路缘石、平石控制高程与摊铺厚度，上面层宜采用导梁或平衡梁的控制方式。

f. 最低摊铺温度根据铺筑层厚度、气温、沥青混合料种类、风速、下卧层表面温度等，按规范要求执行。例如，铺筑普通沥青混合料，下卧层的表面温度为15～20℃，铺筑层厚度为小于50mm、50～80mm、大于80mm三种情况下，最低摊铺温度分别是140℃、135℃、130℃。

g. 松铺系数应根据混合料类型、施工机械和施工工艺等通过试铺试压确定。施工中随时检查铺筑层厚度、路拱及横坡，并以铺筑的沥青混合料总量与面积之比校验平均厚度。松铺系数的取值可参考表1.3-1中所给的范围。

表1.3-1 沥青混合料的松铺系数

种类	机械摊铺	人工摊铺
沥青混凝土混合料	1.15～1.35	1.25～1.50
沥青碎石混合料	1.15～1.30	1.20～1.45

h. 摊铺沥青混合料应均匀、连续不间断。摊铺机的螺旋布料器转动速度与摊铺速度应保持均衡。为减少摊铺中沥青混合料的离析，布料器两侧应保持有不少于布料器2/3

高度的混合料。摊铺的混合料，不宜用人工反复修整。

i.具备条件的道路宜采用数字化、网联化、智能化集成的先进施工技术，例如利用卫星定位、三维数据模型（BIM）、激光控制等先进技术手段，结合优化的数据设计实施的智能控制、智能引导、智能摊铺、智能压实、无人化摊铺等。

②人工摊铺：

a.不具备机械摊铺条件时（如路面狭窄部分，平曲线半径过小的匝道或加宽部分以及小规模工程），可采用人工摊铺作业。

b.半幅施工时，路中一侧宜预先设置挡板；摊铺时应扣锹布料，不得扬锹远甩；边摊铺边整平，严防集料离析；摊铺不得中途停顿，并尽快碾压；低温施工时，卸下的沥青混合料应覆盖篷布保温。

（3）压实成型与接缝

①压实成型：

a.沥青路面施工应配备足够数量、状态完好的压路机，选择合理的压路机组合方式，根据摊铺完成的沥青混合料温度情况严格控制初压、复压、终压（包括成型）时机。压实层最大厚度不宜大于100mm，各层压实度及平整度应符合要求。

b.压路机应以慢而均匀的速度碾压，且符合规范要求（见表1.3-2）。

c.碾压温度应根据沥青和热拌沥青混合料种类、压路机、气温、层厚等因素经试压确定。规范规定的碾压温度见表1.3-3。

d.初压应采用钢轮压路机静压1~2遍。初压后检查平整度、路拱，必要时应及时修整。碾压时应将压路机的驱动轮面向摊铺机，从外侧向中心碾压，在超高路段和坡道上则由低处向高处碾压。复压应紧跟初压连续进行。碾压路段长度宜为60~80m。

表1.3-2 压路机碾压速度（km/h）

压路机类型	初压		复压		终压	
	适宜	最大	适宜	最大	适宜	最大
钢筒式压路机	1.5~2	3	2.5~3.5	5	2.5~3.5	5
轮胎压路机	—	—	3.5~4.5	6	4~6	8
振动压路机	1.5~2（静压）	5（静压）	1.5~2（振动）	1.5~2（振动）	2~3（静压）	5（静压）

表1.3-3 热拌沥青混合料的碾压温度

施工工序		石油沥青的标号			
		50号	70号	90号	110号
开始碾压的混合料内部温度，不低于（℃）	正常施工	135	130	125	120
	低温施工	150	145	135	130
碾压终了的表面温度，不低于（℃）	钢轮压路机	80	70	65	60
	轮胎压路机	85	80	75	70
	振动压路机	75	70	60	55
开放交通的路表温度，不高于（℃）		50	50	50	45

e. 密级配沥青混凝土混合料复压宜优先采用重型轮胎压路机进行碾压,以增加密实性,其总质量不宜小于25t。相邻碾压带应重叠1/3~1/2轮宽。对粗集料为主的混合料,宜优先采用振动压路机复压(厚度宜大于30mm),振动频率宜为35~50Hz,振幅宜为0.3~0.8mm。层厚较大时宜采用高频大振幅,厚度较薄时宜采用低振幅,以防止集料破碎。相邻碾压带宜重叠100~200mm。当采用三轮钢筒式压路机时,总质量不小于12t,相邻碾压带宜重叠后轮的1/2轮宽,并不应小于200mm。

f. 终压应紧接在复压后进行。宜选用双轮钢筒式压路机或关闭振动的振动压路机,碾压至无明显轮迹为止。

g. 为防止沥青混合料粘轮,对压路机钢轮可涂刷隔离剂或防粘结剂,严禁刷柴油。亦可向碾轮喷淋添加少量表面活性剂的雾状水。

h. 压路机不得在未碾压成型路段上转向、掉头、加水或停留。在当天成型的路面上,不得停放各种机械设备或车辆,不得散落矿料、油料及杂物。

② 接缝:

a. 路面接缝必须紧密、平顺。上、下层的纵缝应错开150mm(热接缝)或300~400mm(冷接缝)以上。相邻两幅及上、下层的横向接缝均应错位1m以上。应采用3m直尺检查,确保平整度达到要求。

b. 采用梯队作业方式摊铺时应选用热接缝,将已铺部分留下100~200mm宽暂不碾压,作为后续部分的基准面,然后跨缝压实。如半幅施工采用冷接缝时,宜加设挡板或将先铺的沥青混合料刨出毛槎,涂刷粘层油后再铺新料,新料跨缝摊铺与已铺层重叠50~100mm,软化下层后铲走重叠部分,再跨缝压密挤紧。

c. 高等级道路的表面层横向接缝应采用垂直的平接缝,以下各层和其他等级的道路的各层可采用斜接缝或阶梯形接缝。平接缝宜采用机械切割或人工刨除层厚不足部分,使工作缝成直角连接。清除切割时留下的泥水,干燥后涂刷粘层油,铺筑新混合料,接槎软化后,先横向碾压,再纵向充分压实,连接平顺。

(4)开放交通

《城镇道路工程施工与质量验收规范》CJJ 1—2008 规定:热拌沥青混合料路面应待摊铺层自然降温至表面温度低于50℃后,方可开放交通。

2)改性沥青混合料面层施工

改性沥青混合料面层的工艺流程可参照普通沥青混合料路面,改性沥青混合料的运输、摊铺、压实与成型、接缝除满足普通沥青混合料摊铺要求外,还应做到:

(1)运输

运料车卸料必须倒净,如有粘在车厢板上的剩料,必须及时清除,防止硬结。在运输、等候过程中,如发现有沥青结合料滴漏时,应采取措施纠正。

(2)施工

① 摊铺:

a. 在喷洒有粘层油的路面上铺筑改性沥青混合料时,宜使用履带式摊铺机。改性沥青SMA混合料施工温度应经试验确定,一般情况下,摊铺温度不低于160℃。

b. 摊铺速度宜放慢至1~3m/min。松铺系数应通过试验段取得。

c. 摊铺机应采用自动找平方式,中、下面层宜采用钢丝绳或导梁引导的高程控制方式，上面层宜采用非接触式平衡梁。

② 压实与成型：

a. 初压开始温度不低于150℃，碾压终了的表面温度应不低于90～120℃。

b. 摊铺后应紧跟碾压，保持较短的初压区段，使混合料碾压温度不致降得过低。

c. 宜采用振动压路机或钢筒式压路机碾压，不应采用轮胎压路机碾压。OGFC 排水沥青混合料宜采用 12t 以上钢筒式压路机碾压。

d. 振动压实应遵循"紧跟、慢压、高频、低幅"的原则，即紧跟在摊铺机后面，采取高频率、低振幅的方式慢速碾压，这是保证平整度和密实度的关键。压路机的碾压速度参照表1.3-2要求。如发现改性沥青SMA混合料高温碾压有推壅现象，应复查其级配，且不得采用轮胎压路机碾压，以防混合料被搓擦挤压上浮，造成构造深度降低或泛油。

e. 碾压改性沥青SMA混合料过程中应密切注意压实度变化，防止过度碾压。

③ 接缝：

a. 改性沥青混合料路面冷却后很坚硬，冷接缝处理很困难，因此应尽量避免出现冷接缝。

b. 摊铺时应保证充足的运料车次，以满足摊铺的需要，使纵向接缝成为热接缝。在摊铺特别宽的路面时，可在边部设置挡板。在处理横接缝时，应在当天改性沥青混合料路面施工完成后，在其冷却之前垂直切割端部不平整及厚度不符合要求的部分（先用3m直尺进行检查），并冲净、干燥；第二天，涂刷粘层油，再铺新料。

3）温拌沥青混合料面层施工

温拌沥青混合料面层的工艺流程可参照热拌沥青混合料路面，温拌沥青混合料的生产和运输、摊铺、压实与成型除满足热拌沥青混合料摊铺要求外，还应做到以下几点：

（1）温拌沥青的生产和运输

① 表面活性剂类温拌添加剂用量，干法添加型温拌添加剂的掺量一般为最佳沥青用量的5%～6%，湿法添加型温拌添加剂的掺量一般为最佳沥青用量的0.5%～0.8%。

② 沥青降粘类温拌添加剂的掺量一般为最佳沥青用量的3%～4%。

以上两种类型用量均可根据施工温度降幅需求和混合料路用性能指标适当调整。

③ 严格控制矿料、沥青的加热温度，保持混合料的出料温度稳定、均匀。用于温拌施工的温拌沥青混合料出料温度较热拌沥青混合料降低20℃以上。

④ 运料车装料时，应通过前后移动运料车来消除粗细料的离析现象。一车料最少应分两层装载，每层应按3次以上装料。

（2）温拌沥青的施工

① 温拌沥青混合料的基准摊铺温度应满足表1.3-4的要求。

表1.3-4 温拌沥青混合料的基准摊铺温度范围

施工工序	温拌沥青混合料类型			
	温拌石油沥青混合料 WAC、WATB、WATPB	温拌改性沥青混合料 WAC	温拌改性沥青混合料 WSMA、WOGFC、WUTFC	温拌橡胶沥青混合料 WARHM
摊铺温度（℃）	≥115	≥135	≥140	≥145

② 按表 1.3-5 控制温拌沥青混合料的基准初压温度和终压温度。在确认不致产生混合料推移的情况下，压路机应紧跟摊铺机进行初压。振动压路机在混合料温度低于 90℃后不应开振碾压，防止因低温碾压造成石料破损。

表 1.3-5　温拌沥青混合料的基准初压、终压温度

施工工序	温拌沥青混合料类型			
	温拌石油沥青混合料 WAC、WATB、WATPB	温拌改性沥青混合料 WAC	温拌改性沥青混合料 WSMA、WOGFC、WUTFC	温拌橡胶沥青混合料 WARHM
开始碾压温度（℃）	≥110	≥130	≥135	≥140
碾压终了表面温度（℃）	≥60	≥70	≥70	≥70

2. 水泥混凝土路面施工

水泥混凝土路面工艺流程：施工准备→模板安装→钢筋设置→摊铺与振捣→拉毛与切缝→养护→填缝→开放交通。

以下内容主要介绍普通水泥混凝土路面混凝土的运输、浇筑施工、接缝设置及养护等。

1）混凝土运输

（1）应根据施工进度、运量、运距及路况，选配车型和车辆总数。不同摊铺工艺的混凝土拌合物从搅拌机出料到铺筑完成的允许最长时间应符合规定。如施工气温 10~19℃时，滑模、轨道机械施工 2.0h，而三辊轴机组、小型机具施工 1.5h；20~29℃时，前者 1.5h，后者 1.25h；30~35℃时，前者 1.25h，后者 1.0h。

（2）混凝土拌合物出料到运输、铺筑完毕允许最长时间见表 1.3-6。

表 1.3-6　混凝土拌合物出料到运输、铺筑完毕允许最长时间

施工气温*（℃）	到运输完毕允许最长时间（h）		到铺筑完毕允许最长时间（h）	
	滑模、轨道	三辊轴、小机具	滑模、轨道	三辊轴、小机具
5~9	2.0	1.5	2.5	2.0
10~19	1.5	1.0	2.0	1.5
20~29	1.0	0.75	1.5	1.25
30~35	0.75	0.50	1.25	1.0

* 指施工时间的日间平均气温，使用缓凝剂延长凝结时间后，本表数值可增加 0.25~0.5h。

2）混凝土面板施工

（1）模板安装

① 模板应与混凝土摊铺机械相匹配。模板高度应为混凝土板设计厚度。

② 宜使用钢模板，钢模板应顺直、平整，每 1m 设置 1 处支撑装置。如采用木模板，应质地坚实，变形小，无腐朽、扭曲、裂纹，且用前须浸泡，木模板直线部分板厚不宜小于 50mm，每 0.8~1m 设 1 处支撑装置；弯道部分板厚宜为 15~30mm，每 0.5~0.8m 设 1 处支撑装置，模板与混凝土接触面及模板顶面应刨光。模板制作偏差应符合规范规定要求。

③ 模板安装应符合：支模前应核对路面标高、面板分块、胀缝和构造物位置；模板应安装稳固、顺直、平整，无扭曲，相邻模板连接应紧密平顺，不得错位；严禁在基层上挖槽嵌入模板；使用轨道摊铺机应采用专用钢制轨模；模板安装完毕，应进行检验，合格后方可使用；模板安装检验合格后表面应涂脱模剂，接头应粘贴胶带或塑料薄膜等密封。

（2）钢筋设置

钢筋安装前应检查其原材料品种、规格与加工质量，确认符合设计要求与规范规定；钢筋网、角隅钢筋等安装应牢固、位置准确。钢筋安装后应进行检查，合格后方可使用；传力杆安装应牢固、位置准确。胀缝传力杆应与胀缝板、提缝板一起安装。当一次铺筑宽度小于面层宽度时，应设置纵向施工缝，纵向施工缝宜采用平缝加拉杆型。

（3）摊铺与振捣

① 三辊轴机组铺筑混凝土面层时，辊轴直径应与摊铺层厚度匹配，且必须同时配备一台安装插入式振捣器组的排式振捣机；当面层铺装厚度小于150mm时，可采用振捣梁；当一次摊铺双车道面层时应配备纵缝拉杆插入机，并配有插入深度控制和拉杆间距调整装置。

铺筑作业时卸料应均匀，布料应与摊铺速度相适应；设有纵缝、缩缝拉杆的混凝土面层，应在面层施工中及时安设拉杆；三辊轴整平机分段整平的作业单元长度宜为20～30m，振捣机振实与三辊轴整平工序之间的时间间隔不宜超过15min；在一个作业单元长度内，应采用前进振动、后退静滚方式作业，最佳滚压遍数应经过试验段确定。

② 采用轨道摊铺机铺筑时，最小摊铺宽度不宜小于3.75m，并选择适宜的摊铺机型；坍落度宜控制在20～40mm，根据不同坍落度时的松铺系数计算出松铺高度；轨道摊铺机应配备振捣器组，当面板厚度超过150mm，坍落度小于30mm时，必须插入振捣；轨道摊铺机应配备振动梁或振动板对混凝土表面进行振捣和修整，使用振动板提浆饰面时，提浆厚度宜控制在（4±1）mm；面层表面整平时，应及时清除余料，用抹平板完成表面整修。

③ 采用滑模摊铺机摊铺时应布设基准线，清扫湿润基层，在拟设置胀缝处牢固安装胀缝支架，支撑点间距为40～60cm。调整滑模摊铺机各项工作参数达到最佳状态，根据前方卸料位置，及时旋转布料器，横向均匀地两侧布料。振动仓内料位高度一般应高出路面10cm。混凝土坍落度小，应用高频振动、低速度摊铺；混凝土坍落度大，应用低频振动、高速度摊铺。

在摊铺过程中要做到：起步缓慢、机械运行平稳、速度均匀、机组人员配合默契，摊铺机行走速度为1～3m/min，振捣频率为8000～9000r/min。

④ 采用小型机具摊铺混凝土施工时，松铺系数宜控制在1.10～1.25；摊铺厚度达到混凝土板厚的2/3时，应拔出模内钢钎，并填实钎孔；混凝土面层分两次摊铺时，上层混凝土的摊铺应在下层混凝土初凝前完成，且下层厚度宜为总厚的3/5；混凝土摊铺应与钢筋网、传力杆及边缘角隅钢筋的安放相配合；一块混凝土板应一次连续浇筑完毕，并按要求做好振捣。

（4）接缝

① 普通混凝土路面在与结构物衔接处、道路交叉和填挖土方变化处应设胀缝。胀

缝应设置胀缝补强钢筋支架、胀缝板和传力杆。胀缝应与路面中心线垂直，缝壁必须垂直，缝宽必须一致，缝中不得连浆。缝上部灌填缝料，下部安装胀缝板和传力杆。当一次铺筑宽度小于面层加硬路肩总宽度时，应按设计要求设置纵向施工缝。

② 传力杆的固定安装方法有两种。一种是端头木模固定传力杆安装方法，宜用于混凝土板不连续浇筑时设置的胀缝——传力杆长度的一半穿过端头挡板，固定于外侧定位模板中的情形。混凝土拌合物浇筑前应检查传力杆位置；浇筑时，应先摊铺下层混凝土拌合物并用插入式振捣器振实，且应校正传力杆位置后，再浇筑上层混凝土拌合物。另一种是支架固定传力杆安装方法，宜用于混凝土板连续浇筑时设置的胀缝——传力杆长度的一半应穿过胀缝板和端头挡板，并应采用钢筋支架固定就位。浇筑时应先检查传力杆位置，再在胀缝两侧前置摊铺混凝土拌合物至板面，振捣密实后，抽出端头挡板，空隙部分填补混凝土拌合物，并用插入式振捣器振实。胀缝板应连续贯通整个路面板宽度。

③ 缩缝应垂直板面，采用切缝机施工，宽度宜为4～6mm。切缝深度：设传力杆时，不应小于面层厚度的1/3，且不得小于70mm；不设传力杆时不应小于面层厚度的1/4，且不应小于60mm。当混凝土达到设计强度的25%～30%时，采用切缝机进行切割。切割用水冷却时，应防止切缝水渗入基层和土层。

④ 纵缝施工缝有平缝、企口缝等形式。平缝纵缝，对已浇筑混凝土板的缝隙涂刷沥青，避免涂在拉杆上。浇筑邻板时缝的上部压成规定深度的缝槽。企口缝纵缝，宜先浇筑混凝土板凹榫的一边，缝壁涂刷沥青，浇筑邻板时靠缝壁浇筑。纵缝设置拉杆时，拉杆应设置在板厚中间，设置拉杆的纵缝模板，预先根据拉杆的设计位置放样打眼。

⑤ 混凝土板养护期满后，缝槽应及时填缝。灌填缝料前，清除缝内砂石、凝结的泥浆、杂物等。按照设计要求选择填缝料，并根据填缝料品种制定工艺技术措施。浇筑填缝料时缝槽必须干燥、清洁。填缝料的充实度根据施工季节而定，常温施工与路面平，冬期施工宜略低于板面。填缝料应与混凝土缝壁粘附紧密，不渗水。在面层混凝土弯拉强度达到设计强度，且填缝完成前，不得开放交通。

（5）养护

混凝土浇筑完成后应及时进行养护，可采取喷洒养护剂或保湿覆盖等方式；在雨天或养护用水充足的情况下，可采用保湿膜、土工毡、麻袋、草袋、草帘等覆盖物洒水湿养护方式，不宜使用围水养护；昼夜温差大于10℃以上的地区或日均温度低于5℃施工的混凝土板应采用保温养护措施。养护时间应根据混凝土弯拉强度增长情况而定，不宜小于设计弯拉强度的80%，一般宜为14～21d。应特别注重前7d的保湿（温）养护。

（6）开放交通

在混凝土达到设计弯拉强度40%以后，可允许行人通过。在面层混凝土完全达到设计弯拉强度且填缝完成前，不得开放交通。

3. 砌块路面施工

1）天然石材路面施工

（1）天然石材材料要求

天然石材路面的石料力学性能、物理性能及外观质量应符合设计及规范要求。

（2）铺砌施工工序及施工要点

① 施工工序：基层清理→测量放样→试拼试铺→铺干硬性砂浆→铺贴天然石材→拼缝处理→养护。

② 施工要点：

a. 砌筑砂浆中采用的水泥、砂、水应符合规范要求。

b. 铺砌应采用干硬性水泥砂浆，虚铺系数应经试验确定。

c. 铺砌控制基线的设置距离，直线段宜为 5～10m，曲线段应视情况适度加密。

d. 当采用水泥混凝土做基层时，铺砌面层胀缝应与基层胀缝对齐。

e. 铺砌中砂浆应饱满，且表面平整、稳定、缝隙均匀。与检查井等构筑物相接时，应平整、美观，不得反坡。不得用在料石下填塞砂浆或支垫方法找平。

f. 伸缩缝材料应安放平直，并应与料石粘贴牢固。

g. 在铺装完成并检查合格后，应及时灌缝。

h. 铺砌面层完成后，必须封闭交通，并应湿润养护，当水泥砂浆达到设计强度后，方可开放交通。

2）预制混凝土砌块路面施工

预制混凝土砌块可根据工程的要求做成不同的厚度以及各种平面形状、尺寸的砌块，当停车场等有场地绿化要求时，还可以做带各种形状空洞的植草砌块。预制混凝土砌块包括普通型混凝土和连锁型混凝土砌块。

（1）砌块材料要求

砌块的力学性能、物理性能及外观质量应符合设计及规范要求。

（2）铺砌与养护

砌块路面铺砌与养护可参照石材路面，还应注意以下几点：

① 砌块面层与基层之间应设置整平层，整平层可采用预拌干硬性水泥砂浆，铺砌中砂浆应饱满，厚度宜为 30～50mm，虚铺系数应经试验确定。

② 砌块路面表面应平整、防滑、稳固、无翘动，缝线直顺，无反坡积水现象。

③ 铺装完成并检查合格后，及时灌缝，灌缝应饱满。

④ 砌块路面面层勾缝时，应设置胀缝，胀缝间距宜为 20～50m，当采用水泥混凝土做基层时，铺砌面层胀缝应与基层胀缝对齐。

3）方砖步道施工

方砖步道主要应用于人行道铺筑，方砖步道材料、铺砌与养护可参照石材路面，还应注意以下几点：

（1）人行道铺设应以侧石顶面为基准，按照设计横坡和宽度铺设。

（2）人行道施工应与斜坡、踏步、挡土墙等施工结合进行。

（3）曲线段道板砖铺砌，可采用直铺法和扇形铺砌法。通过调整道板砖缝隙宽度进行施工，但缝隙宽度应满足下列要求：

① 弯道外侧的接缝宽度≤6mm。

② 弯道内侧的接缝宽度≥2mm。

（4）无障碍设施应符合以下要求：

① 行进盲道与提示盲道不得混用。

② 盲道必须避开树池、检查井、杆线等障碍物。

③路口处盲道应铺设成无障碍形式。

4. 道路附属构筑物施工

1）路缘石施工

（1）路缘石材料要求

① 路缘石宜采用石材或预制混凝土标准块，并统一由厂家定型加工。

② 路口、隔离带端部等曲线段路缘石，宜按设计弧形加工预制。

③ 石质路缘石应采用质地坚硬的石料加工，强度应符合设计要求，宜选用花岗石。

④ 路缘石力学性能、物理性能及外观质量应符合设计及规范要求。

（2）施工要点

① 路缘石基础宜与相应的基层同步施工。

② 安装路缘石的控制桩，直线段桩距宜为10～15m；曲线段桩距宜为5～10m；路口处桩距宜为1～5m。

③ 路缘石应采用预拌干硬性砂浆铺砌，砂浆应饱满、厚度均匀。路缘石砌筑应稳固、直线段顺直、曲线段圆顺、缝隙均匀；路缘石灌缝应密实，平缘石表面应平顺不阻水。

④ 平石宜从雨水口两侧开始铺设，不得在雨水口位置进行收口；侧石与平石应错缝铺设，不得出现通缝现象。

⑤ 路缘石靠背宜采用现浇混凝土，按照设计图纸高度和宽度立模浇筑。路缘石宜采用M10水泥砂浆灌缝。灌缝后，常温期养护不应少于3d。

⑥ 路口人行道位置应设置缘石坡道，且与周边道路齐平。

2）雨水支管与雨水口施工

（1）雨水口用料要求

① 快速路、主次干道、支路上的雨水口应使用承载能力D级400kN及以上等级铸铁雨水箅盖，街巷雨水口可使用承载能力C级250kN及以上等级钢纤维混凝土雨水箅盖。

② 机动车道及非机动车道雨水口宜采用现浇混凝土雨水口、预制成品雨水口。其他部位可采用砖砌式雨水口。

（2）施工要点

① 雨水支管应与雨水口配合施工。

② 雨水支管、雨水口基底应坚实，现浇混凝土基础应振捣密实，强度符合设计要求。

③ 砌筑雨水口应符合下列要求：

a. 雨水管端面应露出井内壁，其露出长度不应大于2cm。

b. 雨水口井壁，应表面平整，砌筑砂浆应饱满，勾缝应平顺。

c. 雨水管穿井墙处，管顶应砌砖券。

d. 井底应采用水泥砂浆抹出雨水口泛水坡。

④ 雨水支管敷设应直顺，不应错口、反坡、凹兜。检查井、雨水口内的外露管端面应完好，不应将断管端置入雨水口。

⑤ 雨水支管与雨水口四周回填应密实。处于道路基层内的雨水支管应做360°混凝土包封，且在包封混凝土达到设计强度75%前不得放行交通。

⑥ 雨水口不得设置在人行道慢坡、绿化带岛头、出入口等位置。

3）检查井处理施工

（1）车行道上的检查井井盖宜采用承载能力 D 级 400kN 及以上等级的可调式防沉降检查井盖，井盖可插入井座深度宜为 150mm。

（2）检查井井室周边应做好防沉降处理，可在道路结构层以下设置钢筋混凝土承载板。

（3）井盖座的底标高应根据路面厚度、井盖可调高度确定，对于沥青混合料下、中面层需临时开放交通的，应综合考虑临时开放交通、完工状况的井盖可调范围。

（4）井盖座应采用高强度灌浆料灌注固定，井盖闭合方向与车行方向一致。

（5）井盖应与路面浑然一体，表面平整。

【案例 1.3-2】

1. 背景

某公司中标北方一项城镇次干路新建工程。该公司中标后与建设方签订了施工合同并组建了项目部。合同约定开工日期为 6 月 15 日（具体开工日期以发包人书面通知为准），当年 12 月 31 日竣工。建设单位负责所有管线迁移、保护工作，计划 8 月 15 日前完成迁移工作。受管线产权单位影响，管线迁移工作至 9 月 10 日才完成，建设方要求项目部调整施工组织设计，书面通知开工日期为 9 月 15 日，并要求竣工日期不变。为此该项目部做出如下施工部署：

（1）为赶工期项目部要求随管线迁移同步开展路基施工等工作。

（2）施工部署中计划 10 月中旬完成路基施工并于 10 月底前进入路面基层施工，经查询施工期日最低温度为 −1℃，石灰粉煤灰稳定碎石基层采用沥青乳液和沥青下封层养护 3d 后即可进入下一道工序施工。

开始道路面层施工时，日最低气温为 −3℃，最高温度为 +3℃，但天气晴好；经项目部研究，组织施工队突击施工面层以确保计划工期。

为避免影响刚完成的排水管线、防止周围民宅受损，振动压路机作业时降低了振动频率。

工程于 12 月底如期竣工，开放交通。次年 4 月，该道路路面出现成片龟裂，6 月中旬沥青面层开始出现车辙。

2. 问题

（1）项目部做出的施工部署是否符合合同要求，为什么？

（2）指出路面各层结构施工中的不妥之处。

（3）分析道路面层出现龟裂、车辙的主要原因。

3. 参考答案

（1）不符合。未办理开工手续不可以组织施工。

（2）不妥之处主要是：

① 沥青混凝土面层施工时的气温不符合规定，根据相关要求，次干路沥青混凝土面层的施工气温应在 5℃以上；石灰及石灰粉煤灰稳定土类基层宜在冬期开始前 30~45d 停止施工。

② 不符合规范关于基层采用沥青乳液和沥青下封层养护7d的规定。
(3) 道路路面出现龟裂和车辙的主要成因：
① 路面基层采用的是石灰稳定类材料，属于半刚性材料，其强度增长与温度有密切关系，温度低于5℃时强度增长迟缓。开放交通后，在交通荷载作用下，基层强度不足，导致整个路面结构强度不足，出现成片龟裂的质量事故。
② 沥青路面冬期施工时未采取相应措施，导致面层强度不足。
③ 次年6月以后出现车辙，主要原因是振动压路机作业时降低了振动频率，致使沥青混合料的压实度不够，在次年气温较高时，经车轮反复碾压，形成车辙。

1.4 挡土墙施工

1.4.1 挡土墙结构形式及分类

1. 挡土墙类型

在城市道路桥梁工程中常见的挡土墙有现浇钢筋混凝土结构挡土墙、装配式钢筋混凝土结构挡土墙、砌体结构挡土墙、锚杆式挡土墙和加筋土挡土墙。按照挡土墙结构形式及结构特点，可分为重力式、衡重式、悬臂式、扶壁式、柱板式、锚杆式、自立式、加筋土等不同挡土墙。

不同挡土墙结构形式及结构特点简述见表1.4-1。

表1.4-1 挡土墙结构形式及分类

类型	结构示意图	结构特点
重力式砌体挡土墙	（混凝土压顶、浆砌块石挡墙、浆砌块石基础）	① 依靠墙体自重抵挡土压力作用。 ② 一般用浆砌片（块）石砌筑，外观有天然之美。 ③ 形式简单，就地取材，施工方便，造价低。 ④ 人工耗用量大，工效低，工期长，挡土墙高度受限
重力式混凝土挡土墙	（路中心线）	① 依靠墙体自重抵挡土压力作用。 ② 一般采用现场浇筑混凝土或片石混凝土。 ③ 形式简单，就地取材，施工简便
重力式钢筋混凝土挡土墙	（墙趾、钢筋、凸榫）	① 依靠墙体自重抵挡土压力作用。 ② 在墙背设少量钢筋，并将墙趾展宽（必要时设少量钢筋）或基底设凸榫抵抗滑动。 ③ 可减薄墙体厚度，节省混凝土用量

续表

类型	结构示意图	结构特点
衡重式挡土墙	（上墙、衡重台、下墙）	① 上墙利用衡重台上填土的下压作用和全墙重心的后移增加墙体稳定。 ② 墙胸坡陡，下墙倾斜，可降低墙高，减少基础开挖
钢筋混凝土悬臂式挡土墙	（立壁、钢筋、墙趾板、墙踵板）	① 采用钢筋混凝土材料，由立壁、墙趾板、墙踵板三部分组成。 ② 墙高时，立壁下部弯矩大，配筋多，不经济
钢筋混凝土扶壁式挡土墙	（墙面板、扶壁、墙趾板、墙踵板）	① 沿墙长，隔适当距离加筑肋板（扶壁），使墙面与墙踵板连接。 ② 比悬臂式受力条件好，在高墙时较悬臂式经济
带卸荷板的柱板式挡土墙	（立柱、挡板、拉杆、卸荷板底梁、牛腿、基座）	① 由立柱、底梁、拉杆、挡板和基座组成，借卸荷板上的土重平衡全墙。 ② 基础开挖较悬臂式少。 ③ 可预制拼装，快速施工
锚杆式挡土墙	（肋柱、岩层分界线、锚杆、岩石、预制挡板）	① 由肋柱、挡板和锚杆组成，靠锚杆固定在岩体内拉住肋柱。 ② 锚头为楔缝式或砂浆锚杆
自立式（尾杆式）挡土墙	（立柱、预制挡板、拉杆（尾杆）、锚锭块）	① 由拉杆、挡板、立柱、锚锭块组成，靠填土本身和拉杆、锚锭块形成整体稳定。 ② 结构轻便、工程量节省，可以预制、拼装，施工快速、便捷。 ③ 基础处理简单，有利于地基软弱处进行填土施工，但分层碾压需慎重，土也要有一定选择
加筋土挡土墙	（面板、拉筋、填土、基础）	① 加筋土挡墙是填土、拉筋和面板三者的结合体。拉筋与土之间的摩擦力及面板对填土的约束，使拉筋与填土结合成一个整体的柔性结构，能适应较大变形，可用于软弱地基，耐震性能好于刚性结构。 ② 可解决很高（国内有3.6～12m的实例）的垂直填土，减少占地面积。 ③ 挡土面板、加筋条定型预制，现场拼装，土体分层填筑，施工简便、快速、工期短。 ④ 造价较低，为普通挡墙（结构）造价的40%～60%。 ⑤ 立面美观，造型轻巧，与周围环境协调

2. 各类挡土墙结构特性

（1）重力式挡土墙依靠墙体的自重抵抗墙后土体的侧向推力（土压力），以维持土体稳定，多用料石或混凝土预制块砌筑，或用混凝土（片石混凝土）浇筑，是目前城镇道路常用的一种挡土墙形式。

（2）衡重式挡土墙的墙背在上下墙间设衡重台，利用衡重台上的填土重量使全墙重心后移增加墙体的稳定性。

（3）悬臂式挡土墙由底板及固定在底板上的悬臂式立壁构成，主要依靠底板上的填土重量维持挡土构筑物的稳定。

（4）扶壁式挡土墙由底板及固定在底板上的墙面板和扶壁构成，主要依靠底板上的填土重量维持挡土构筑物的稳定。

（5）带卸荷板的柱板式挡土墙是借卸荷板上部填土的重力平衡土体侧压力的挡土构筑物。

（6）锚杆式挡土墙是利用板肋式、格构式或排桩式墙身结构挡土，依靠固定在岩石或可靠地基上的锚杆维持稳定的挡土构筑物。

（7）自立式挡土墙是利用板桩挡土，依靠填土本身、拉杆及固定在可靠地基上的锚锭块维持整体稳定的挡土构筑物。

（8）加筋土挡土墙是利用较薄的墙身结构挡土，依靠墙后布置的土工合成材料减少土压力以稳定的挡土构筑物。

3. 挡土墙结构受力形式

（1）挡土墙结构会受到土体的侧压力作用，该力的总值会随结构与土相对位移和方向而变化，侧压力的分布会随结构施工程序及变形过程特性而变化。挡土墙结构承受的土压力有：静止土压力、主动土压力和被动土压力。

（2）静止土压力（见图 1.4-1a）：若刚性的挡土墙保持原位静止不动，墙背土层在未受任何干扰时，作用在墙上水平的压应力称为静止土压力；其合力为 E_0（kN/m）、强度为 P_0（kPa）。

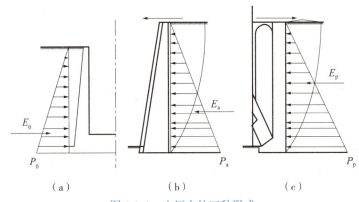

图 1.4-1　土压力的三种形式
（a）静止土压力；（b）主动土压力；（c）被动土压力

（3）主动土压力（见图 1.4-1b）：若刚性挡土墙在填土压力作用下，向背离填土一侧移动，这时作用在墙上的土压力将由静止压力逐渐减小，当墙后土体达到极限平衡，土体开始剪裂，并产生连续滑动面，使土体下滑。这时土压力减到最小值，称为主动土压力。合力和强度分别用 E_a（kN/m）和 P_a（kPa）表示。

（4）被动土压力（见图1.4-1c）：若刚性挡土墙在外力作用下，向填土一侧移动，这时作用在墙上的土压力将由静止压力逐渐增大，当墙后土体达到极限平衡，土体开始剪裂，出现连续滑动面，墙后土体向上挤出隆起，这时土压力增到最大值，称为被动土压力。合力和强度分别用 E_p（kN/m）和 P_p（kPa）表示。

（5）三种土压力中，主动土压力最小；静止土压力其次；被动土压力最大，位移也最大。

1.4.2 挡土墙施工技术

1. 挡土墙施工一般要求

挡土墙基础地基承载力必须符合设计要求，并经检测验收合格后方可进行后续工序施工。施工中应按设计要求施作挡土墙的排水系统、泄水孔、反滤层和结构变形缝。墙背填土应采用透水性材料或设计要求的填料。当挡土墙墙面需立体绿化时，应报请建设单位补充防止挡土墙基础浸水下沉的设计。挡土墙投入使用时，应进行墙体变形观测，并依据观测成果确认挡土墙可否安全使用。

2. 挡土墙施工要点

1）挡土墙基础施工要点

（1）挡土墙钢筋混凝土基础下的桩基础施工方法与设备选择参见本书2.2.2中相关内容。

（2）挡土墙基坑分段开挖，距基坑底30cm，采用人工辅助清底，严禁超挖。达到设计标高后，基坑内施作临时排水沟和集水井，井内安装排水泵抽排地下水，确保基坑底不被水浸泡。对地基承载力进行检测，经验收合格后及时浇筑混凝土垫层。基坑边严禁堆土及堆放建筑材料。

（3）挡土墙基坑采用放坡开挖时，依据地质水文条件，确定边坡坡比，确保基坑边坡稳定。当地下水位较高时，要采取降水排水措施，将地下水位控制在基坑底以下50cm。基坑顶四周设置挡水矮墙和集水沟，防止地表水进入基坑。当挡土墙基坑没有条件放坡开挖时，要采用围护结构对基坑进行支护。

（4）挡土墙基础按设计要求设置结构变形缝。基础与墙身连接应按设计要求设置石榫、插筋，接触面要凿毛，用压力水冲洗干净（人工凿毛时强度宜为2.5MPa，机械凿毛时强度宜为10MPa）。

（5）基础混凝土浇筑前，钢筋、模板应验收合格。模板内污物、杂物应清理干净，积水排干，模板缝隙封闭。混凝土分层浇筑，振捣密实，连续浇筑成型。脱模后及时覆盖保湿养护。

2）现浇（钢筋）混凝土挡土墙施工要点

（1）依据《施工脚手架通用规范》GB 55023—2022要求，搭设施工用脚手架，便于立模和浇筑混凝土施工。

（2）现场绑扎钢筋网的外围两行钢筋交叉点全部用绑丝绑牢，中间部分交叉点可间隔交错扎牢。双向受力的钢筋网，钢筋交叉点全部用绑丝绑牢。钢筋接头宜采用焊接接头或机械连接接头,不得使用闪光对焊。焊接接头应符合《钢筋焊接及验收规程》JGJ 18—2012 的有关规定。机械连接接头应符合《钢筋机械连接技术规程》JGJ 107—2016 有关规定。禁止利用卷扬机拉直钢筋,应使用普通钢筋调直机、数控钢筋调直机调直钢筋。

(3)模板使用前应检查,表面起皮有裂纹、边角破损的模板禁止使用,模板与混凝土接触面要打磨清理干净,刷脱模剂备用,脱模剂选用应符合《混凝土制品用脱模剂》JC/T 949—2021 要求。禁止在施工现场采用拌制砂浆通过切割成型等方式制作的钢筋保护层垫块,应使用专业化压制设备和标准模具生产的钢筋保护层垫块。挡墙预埋泄水管要可靠固定,防止在浇筑混凝土时出现位移,造成泄水管排水功能失效。

(4)挡墙浇筑混凝土要水平分层浇筑,分层振捣密实,分层厚度≤300mm,混凝土要通过导管送入模内,导管出料口距离浇筑面高度≤2m,防止混凝土在落料时离析,影响墙身混凝土质量。大体积混凝土施工要符合《城市桥梁工程施工与质量验收规范》CJJ 2—2008 中 7.10 条的要求。冬期混凝土施工要符合《城市桥梁工程施工与质量验收规范》CJJ 2—2008 中 7.11 条的要求。高温期混凝土施工要符合《城市桥梁工程施工与质量验收规范》CJJ 2—2008 中 7.12 条的要求。当墙身混凝土抗压强度≥2.5MPa,可拆除墙身模板,拆除模板后对混凝土墙身及时进行养护。

(5)采用片石混凝土时,可在混凝土中掺入不多于该结构体积 20% 的片石,片石的抗压强度等级符合设计要求。片石应质地坚硬、密实、无裂纹、无风化,厚度 150~300mm,使用前应清洗干净并饱和吸水。片石随混凝土浇筑分层摆放,净距≥150mm,距结构边缘≥150mm,不触及构造钢筋和预埋件。混凝土采用分层浇筑方式,每层厚度≤300mm,分层振捣,边振捣边加片石,片石埋入混凝土 1/2。严禁采用机械将片石倾倒在混凝土浇筑面上,使用料斗将片石吊运至作业面,然后人工均匀摆放栽砌。

3)装配式挡土墙施工要点

(1)桩板式挡土墙施工要点

① 挡土板预制好后,按各种型号分类存放,并标注类型、尺寸、预制日期等,以防吊装时混淆。

② 挡土板的基底应平整或用混凝土找平,槽形挡土板槽口向外,矩形挡土板主筋在外侧,挡土板与桩的搭接处应平整接触,桩身混凝土强度≥75% 设计强度时,方可安装挡土板。外挂式挡土板上的帮条钢筋通过锚具与桩身预埋连接钢筋焊接,连接完成后,在连接处立模浇筑混凝土,将连接钢筋、帮条钢筋、锚具包封,包封层宽度与桩的宽度相同。

③ 挡土板背后的回填材料及填筑方法均需满足《城镇道路工程施工与质量验收规范》CJJ 1—2008 中的相关要求,回填施工随挡土板逐块安装循环进行。桩板后 2m 内,严禁使用大型碾压机械填筑,要用小型机械夯实。墙后设置砂砾石、砂卵石或土工合成材料反滤层。

(2)自立式(尾杆式)挡土墙施工要点

① 在桩板后一定距离设置钢筋混凝土锚锭块,两者之间设置拉杆,拉杆和锚锭块均埋设在回填土中。依靠填土本身、拉杆及固定在可靠地基上的锚锭块维持挡土墙的稳定。

② 肋柱设置钢拉杆穿过的孔道，孔道做成圆孔或椭圆孔，直径大于钢拉杆直径，空隙填塞水泥砂浆。锚锭块预留拉杆孔，锚锭块、肋柱与拉杆连接处按设计要求防锈。肋柱安装时适当后仰，倾斜度为 20：1，肋柱基础的杯座槽内铺垫沥青砂浆。每个锚锭块的面积不小于 $0.5m^2$ 采用钢筋混凝土预制。拉杆选用螺纹钢筋，直径不小于 22mm、不大于 32mm，两端焊接螺丝杆，穿过挡土板、锚锭块预留孔，装上钢垫板，拧紧螺母。

③ 挡土板采用预制钢筋混凝土槽形板、矩形板或空心板。矩形板厚度不小于 15cm，挡土板与肋柱搭接长度不小于 10cm，挡土板一般高 50cm，板上留有泄水孔，板后设置反滤层。

④ 挡土板后填料采用砂类土、碎石类、砾石类土，以及符合设计要求的细粒土，不得采用膨胀土、盐渍土、酸性土、有机质土。在挡土板底部至顶部以下 0.5m 范围内，填筑不小于 0.3m 厚的渗水材料作为反滤层。

4）砌筑式挡土墙施工要点

（1）施工中宜采用立杆、挂线法控制砌体的位置、高程与垂直度。墙体每日连续砌筑高度不宜超过 1.2m，分段砌筑时，分段位置应设在基础变形缝部位。相邻砌筑段高差不宜超过 1.2m。

（2）砌块应上下错缝、丁顺排列、内外搭接，砂浆应饱满。砌缝应横平竖直，砌缝的宽度，对粗料石应不大于 20mm，对混凝土预制块应不大于 10mm，上下层竖缝错开的距离应不小于 100mm，同时在丁石的上层或下层不宜有竖缝。

（3）砌体的勾缝宜采用凸缝或平缝，浆砌块石的勾缝应嵌入砌缝内 20mm 深。浆砌较规则的块料时，可采用凹缝。勾缝砂浆的强度等级应不低于砌体砂浆的强度等级，且不低于 M10。对流水和严重冲刷的部位应采用高强度等级砂浆。沉降缝嵌缝板安装应位置准确、牢固，缝板材料符合设计要求。浆砌砌体应在砂浆初凝后覆盖、洒水养护 7~14d。养护期避免碰撞、振动或挤压砌体。

1.5 城镇道路工程安全质量控制

1.5.1 城镇道路工程安全技术要点

1. 管线及邻近建（构）筑物的保护

1）管线的保护

城市地下管线多，相互交叉，错综复杂，在工程开工前，应取得施工现场及其毗邻区域内各种地上、地下管线及建（构）筑物的现况翔实资料和地勘、气象、水文观测资料，相关设施管理单位应向施工、监理单位的有关技术管理人员进行详细交底；应研究确定施工区域内地上、地下管线等构筑物的拆移或保护、加固方案，并应形成文件后实施。

施工前应先对管线进行详探，可通过人工开挖探沟，找出地下管线。道路结构以下的管线应先行施工。作业中可能对施工范围内的原地下管线及建（构）筑物造成破坏时，应采取加固或迁移措施。无须迁移的现况管线及设施，应探明位置、设置标识，并采取加固保护措施。施工中，应对加固部位定期检查、维护，确保设施安全稳定。施工区域附近的架空线，在施工期间采取加固电线杆及派专人监护措施，防止挖土或大型机械操作时危及线路正常运作。

2）邻近建（构）筑物的保护

施工前应对周边构筑物进行调查，取得构筑物基础构造、尺寸、与施工场地的距离、平面尺寸、结构形式、建筑物高度等相关数据。采取合理的施工方法和加固措施，避免邻近建筑物发生非预期沉降、开裂和倒塌。在受保护建筑的合适地方设置沉降、位移观察点，根据工程情况进行建筑物的沉降、位移观察，如果有异常情况，则应暂停施工。

2. 道路施工安全控制

1）机械施工

（1）机械作业应设专人指挥，挖掘过程中，指挥人员应随时检查挖掘面和机械周围环境状况，与机械操作工密切配合，确保安全；机械运转时，施工人员与机械应保持安全距离，不得站在驾驶员视线盲区；非操作人员不得进入机械驾驶室，不得触碰机械传动机构。挖掘路堑边缘时，边坡不得留有松动土块，防止土块滚落砸伤人。发现有塌方征兆时，应立即将挖掘机械和施工人员撤至安全地带。

（2）严禁挖掘机等机械在电力架空线路下作业。需在其一侧作业时，垂直及水平安全距离应符合表 1.5-1 的要求。

表 1.5-1 挖掘机、起重机（含吊物、载物）等机械与电力架空线路的最小安全距离

电压（kV）		<1	10	35	110	220	330	500
安全距离（m）	沿垂直方向	1.5	3.0	4.0	5.0	6.0	7.0	8.5
	沿水平方向	1.5	2.0	3.5	4.0	6.0	7.0	8.5

2）填土路基为土质边坡

每侧填土宽度应大于设计宽度 0.5m。碾压高填方时，应自路基边缘向中央进行，且与填土外侧距离不得小于 0.5m。

3）人工配合施工

作业人员之间的安全距离，横向不得小于 2m，纵向不得小于 3m；不得掏洞挖土和在路堑底部边缘休息。

4）道路附属构筑物

应根据道路施工总体部署，由下至上随道路结构层施工，分段、分步完成，不得在道路施工中掩埋地下管道检查井。应在检查井周围设置安全标志，非作业人员不得入内；检查井（室）、雨水口完成后，应立即安装井（室）盖（箅），井（室）盖应与各专业管线相一致，不得混用；未安装井（室）盖（箅）时，应加设临时盖板，并应设置安全防护设施、安全标志。

1.5.2 城镇道路工程质量控制要点

1. 城镇道路工程质量控制指标

1）路基工程质量控制指标

（1）土方路基

土方路基压实度和弯沉值应 100% 合格，纵断面高程、中线偏位、平整度、宽度、

横坡及路堤边坡等应符合要求。

（2）石方路基

挖石路基上边坡必须稳定、严禁有松石、险石。填石路基压实密度应符合试验路段确定的施工工艺，沉降差不应大于试验路段确定的沉降差。

2）路面工程质量控制指标

（1）基层

① 石灰稳定土、水泥稳定土、石灰工业废渣（石灰粉煤灰）稳定砂砾（碎石）等无机结合料稳定基层原材料质量、压实度、7d 无侧限抗压强度等应符合规范规定要求。

② 级配碎石（碎砾石）、级配砾石（砂砾）基层集料质量及级配、压实度、弯沉等应符合规范规定要求。

（2）面层

① 沥青混合料面层压实度对城市快速路、主干路不应小于 96%；对次干路及以下道路不应小于 95%。厚度应符合设计要求，允许偏差为 -5～+10mm。弯沉值不应大于设计要求。

② 水泥混凝土面层的原材料质量、混凝土弯拉强度、混凝土面层厚度、构造深度等应符合设计要求。

③ 铺砌式路面使用的石材质量、外形尺寸应符合设计及规范要求；预制混凝土砌块的强度应符合设计要求。砂浆平均抗压强度等级应符合设计要求、任一组试件抗压强度最低值不应低于设计强度的 85%。

2. 城镇道路工程质量控制

1）施工准备

（1）人员准备

道路工程开工前应建立健全质量、环境、职业健康安全管理体系，并对各类施工人员进行岗位培训，特种作业人员应持证上岗。

（2）技术准备

① 道路工程施工前，应熟悉设计文件、领会设计意图。应进行施工调查及现场核对，根据设计要求、合同条件及现场情况等编制施工组织设计及施工方案并做好技术交底。

② 对拟采用的新技术、新工艺、新材料、新设备的工程项目，应提前做好试验研究和论证工作。道路各层施工前应根据工程特点选定试验路段，以确定机械组合、压实机械规格、松铺厚度、碾压遍数、碾压速度等。

（3）材料准备

① 城镇道路使用的原材料质量应符合设计要求和有关规范的规定，对进场的土、石、石灰、水泥、集料、水、沥青、钢筋等原材料应进行检验，符合要求后方可使用。

② 配合比要符合设计与规范规定。土方路基修筑前应在取土地点取样进行击实试验，确定其最佳含水率和最大干密度。

2）施工质量控制

（1）拌合与运输质量控制

① 城镇道路使用的混合料宜采用厂拌或集中拌制，宜采用强制式搅拌机，且计量

准确、拌合均匀,并根据原材料的含水率变化及时调整拌合用水量。

② 道路材料运输时应采取遮盖、封闭措施防止水分损失和遗撒。混凝土拌合物一般采用混凝土罐车运送,应配备足够的运输车辆,以确保混凝土在规定时间到场。运输车辆要防止漏浆、漏料和离析,夏季高温、大风、雨天和低温天气远距离运输时,应有相应措施确保混凝土质量。

(2) 施工质量控制

① 路基摊铺碾压以前,应测定土的实际含水率,过湿应予以晾晒,过干应加水润湿,控制其含水率在最佳含水率±2%的范围以内。路基应分层填筑,每层最大压实厚度宜不大于300mm,顶面最后一层压实厚度应不小于100mm。在压实过程中应随时检查有无软弹、起皮、推挤、波浪和裂纹等现象,如发现上述情况,应及时采取处治措施。道路边缘、检查井、雨水口周围以及沟槽回填土不能使用压路机碾压的部位,应采用小型夯压机夯实。填土经压实后,不得有松散、软弹、翻浆及表面不平整现象。

② 各类基层施工应符合下列要求:

a. 石灰稳定土基层碾压时压实厚度应与碾压机具相适应,含水率宜在最佳含水率的允许偏差范围内,以满足压实度的要求。严禁用薄层贴补的办法找平。石灰土应湿养,养护期不宜少于7d。养护期间应封闭交通。

b. 水泥稳定土基层宜采用摊铺机械摊铺,自拌合至摊铺完成,不得超过3h。宜在水泥初凝时间到达前碾压成型。分层摊铺时,应在下层养护7d后,方可摊铺上层材料。宜洒水养护,保持湿润。常温下成型后应经7d养护,方可在其上铺筑道路面层。

c. 石灰工业废渣(石灰粉煤灰)稳定砂砾(碎石)基层混合料在摊铺前其含水率宜在最佳含水率的允许偏差范围内。摊铺中发生粗、细集料离析时,应及时翻拌。应在潮湿状态下养护,养护期视季节而定,常温下不宜少于7d。采用洒水养护时,应及时洒水,保持混合料湿润。采用喷洒沥青乳液养护时,应及时在乳液面撒嵌丁料。养护期间宜封闭交通。需通行的机动车辆应限速,严禁履带车辆通行。

d. 级配碎石(碎砾石)、级配砾石(砂砾)基层每层摊铺虚厚度不宜超过30cm。砂砾应摊铺均匀一致,发生粗、细集料集中或离析现象时,应及时翻拌均匀。碾压前应洒水,洒水量应使全部砂砾湿润,且不导致其层下翻浆。碾压过程中应保持砂砾湿润。

③ 沥青混合料铺筑现场应对混合料质量及施工温度进行检查,随时检查厚度、压实度和平整度,并逐个断面测定成型尺寸,并应取样进行马歇尔试验,检测混合料的矿料级配和沥青用量。沥青混合料面层压实度应符合设计要求。

④ 水泥混凝土面层施工时模板选择应与摊铺施工方式相匹配,模板的制作偏差与安装偏差不能超过规范要求。摊铺前应全面检查模板及钢筋设置的位置、传力杆装置等。摊铺时,混凝土混合料由运输车辆直接卸在基层上。卸料时应不使混凝土离析,且应尽可能将其卸成几小堆,便于摊铺,如发现有离析现象,应在铺筑时用铁锹拌均匀,但严禁第二次加水。摊铺厚度应考虑振捣的下落高度、预留高度一般为设计厚度的0.1~0.25倍。宜采用专业振实设备,控制混凝土振捣时间,防止过振。

⑤ 附属构筑物:

a. 路缘石基础宜与相应的基层同步施工。路缘石应以干硬性砂浆铺砌,砂浆应饱满、厚度均匀。路缘石砌筑应稳固、直线段顺直、曲线段圆顺、缝隙均匀;路缘石灌缝应密实，平缘石表面应平顺不阻水。

b. 雨水支管应与雨水口配合施工。雨水支管、雨水口位置应符合设计要求，且满足路面排水要求。雨水支管、雨水口基底应坚实，现浇混凝土基础应振捣密实，强度符合设计要求。

⑥ 严格控制每一道施工工序。施工中应按质量标准严格控制各工序的质量。做到自检、互检、专检，上一道工序不合格绝不允许进行下一道工序的施工。

1.5.3　城镇道路工程季节性施工措施

1. 冬期施工措施

冬期施工期限划分原则：根据当地多年气象资料统计，当室外日平均气温连续5d稳定低于5℃，即进入冬期施工；当室外日平均气温连续5d高于5℃，即解除冬期施工。

1）冬期施工基本要求

（1）应尽量将土方、土基施工项目安排在上冻前完成。

（2）在冬期施工中，既要防冻，又要快速，以保证质量。准备好防冻覆盖和挡风、加热、保温等物资。

2）路基施工

（1）采用机械为主、人工为辅方式开挖冻土，挖到设计标高立即碾压成型。

（2）如当日达不到设计标高，下班前应将操作面刨松或覆盖，防止冻结。

（3）城市快速路、主干路的路基不得用含有冻土块的土料填筑。次干路以下道路填土材料中冻土块最大尺寸不得大于100mm，冻土块含量应小于15%。

3）基层施工

（1）石灰及石灰粉煤灰稳定土（粒料、钢渣）类基层，宜在进入冬期前30~45d停止施工，不应在冬期施工。

（2）水泥稳定土（粒料）类基层，宜在进入冬期前15~30d停止施工。当上述材料养护期进入冬期时，应在基层施工时向基层材料中掺入防冻剂。

（3）级配砂石（砾石）、级配碎石施工，应根据施工环境最低温度洒布防冻剂溶液，随洒布、随碾压。

4）沥青混凝土面层

（1）城市快速路、主干路的沥青混合料面层严禁冬期施工。次干路及其以下道路在施工温度低于5℃时，应停止施工。当风力在6级及以上时，沥青混合料面层不应施工。

（2）粘层、透层、封层严禁冬期施工。

5）水泥混凝土面层

（1）施工中应根据气温变化采取保温防冻措施。当施工现场环境日平均气温连续5d稳定低于5℃，或最低气温低于-3℃时，宜停止施工。

（2）拌合物中不得使用带有冰雪的砂、石料，可加防冻剂、早强剂，搅拌时间适当延长。

（3）混凝土板弯拉强度低于1MPa或抗压强度低于5MPa时，不得受冻。

（4）混凝土板浇筑前，基层应无冰冻、不积冰雪，摊铺混凝土时气温不低于5℃。

（5）尽量缩短各工序时间，快速施工。成型后，及时覆盖保温层，减缓热量损失，使混凝土的强度在其温度降到 0℃前达到规范要求。养护期混凝土面层最低温度不应低于 5℃。

2. 雨期施工措施

1）雨期施工基本要求

（1）加强与气象台站联系，掌握天气预报，安排在不下雨时施工。

（2）调整施工步序，集中力量分段施工。

（3）做好防雨准备，在料场和搅拌站搭雨棚，或施工现场搭可移动的罩棚。

（4）建立完善排水系统，防排结合；并加强巡视，发现积水、挡水处，及时疏通。

（5）道路工程如有损坏，及时修复。

2）路基施工

（1）对于土路基施工，要有计划地组织快速施工，分段开挖，切忌全面开挖或挖段过长。

（2）挖方地段要留好横坡，做好截水沟。坚持当天挖完、压完，不留后患。因雨翻浆地段，要换料重做。雨期开挖路堑，当挖至路床顶面以上 300~500mm 时应停止开挖，并在两侧挖好临时排水沟，待雨期过后再施工。

（3）填方路基填料应选用透水性好的碎石土、卵石土、砂砾、石方碎渣和砂类土等。利用挖方土作填料，含水率符合要求时，应随挖随填，及时压实。含水率过大难以晾晒的土不得用作雨期施工填料。填方地段施工，应按 2%~3% 的横坡整平压实，以防积水。

3）基层施工

（1）对稳定类材料基层，应坚持拌多少、铺多少、压多少、完成多少。

（2）下雨来不及完成时，要尽快碾压，防止雨水渗透。

（3）在多雨地区，应避免在雨期进行石灰土基层施工；石灰稳定中粒土和粗粒土施工时，应采用排除表面水的措施，防止集料过分潮湿，并应保护石灰免遭雨淋。

（4）雨期施工水泥稳定土，特别是水泥土基层时，应特别注意天气变化，防止水泥和混合料遭雨淋。降雨时应停止施工，已摊铺的水泥混合料应尽快碾压密实。路拌法施工时，应排除下承层表面的水，防止集料过湿。

4）面层施工

（1）沥青面层不允许下雨时或下层潮湿时施工。雨期应缩短施工长度，加强施工现场与沥青拌合厂及气象部门联系，做到及时摊铺、及时完成碾压。沥青混合料运输车辆应有防雨措施。

（2）水泥混凝土面层施工前应准备好防雨棚等防雨设施。施工中遇雨时，应立即使用防雨设施完成对已铺筑混凝土的振实成型，不应再开新作业段，并应采用覆盖等措施保护尚未硬化的混凝土面层。

3. 高温期施工措施

（1）高温期施工应编制专项施工方案，明确施工方法、技术措施及质量要求。成立施工紧急情况应急领导小组，负责应急救援工作的指挥、协调工作。合理安排施工作业时间，施工作业应避开高温时段，施工现场配备足量的防暑降温物资，注意食堂卫生以及民工宿舍卫生，确保作业人员身体健康。

（2）高温期土方作业时应控制扬尘，增加洒水频率，适当提高回填材料含水率。加强对道路各层的养护。

（3）高温期混凝土施工应符合以下要求：

① 严控混凝土的配合比，保证其和易性，必要时可适当掺加缓凝剂，特高温时段混凝土拌合可掺加降温材料。尽量避开气温过高的时段，可选早晨、晚间施工。

② 加强拌制、运输、浇筑、抹面等各工序衔接，尽量使运输和操作时间缩短。

③ 加设临时罩棚，避免混凝土遭日晒，减少蒸发量，及时覆盖，加强养护，多洒水，保证正常硬化过程。

④ 采用洒水覆盖保湿养护时，应控制养护水温与混凝土面层表面的温差不大于12℃，不得采用冰水或冷水养护以免造成骤冷导致表面开裂。

⑤ 高温期水泥混凝土路面切缝时机应视混凝土强度的增长情况，比常温施工适度提前。

第 2 章 城市桥梁工程

2.1 城市桥梁结构形式及通用施工技术

2.1.1 城市桥梁结构组成与类型

第 2 章
看本章精讲课
做本章自测题

1. 桥梁基本组成与常用术语

1) 桥梁基本组成

桥梁由上部结构、下部结构、支座系统和附属设施四个基本部分组成。

（1）上部结构（桥跨结构）：线路跨越障碍（如江河、山谷或其他线路等）的结构物。是在线路中断时跨越障碍的主要承载结构。

（2）下部结构：包括桥墩、桥台和墩台基础，是支承桥跨结构的结构物。

① 桥墩：多跨桥的中间支承桥跨结构的结构物。

② 桥台：设在桥的两端，一边与路堤相接，以防止路堤滑塌，另一边则支承桥跨结构的端部。为保护桥台和路堤填土，桥台两侧常做锥形护坡、挡土墙等防护工程。

③ 承台：为承受、分布由墩身传递的荷载，在桩基顶部设置的联结各桩顶的钢筋混凝土平台。

④ 墩台基础：是保证桥梁墩台安全并将荷载传至地基的结构。

（3）支座系统：是在桥跨结构与桥墩或桥台的支承处设置的传力装置，不仅要传递很大的荷载，并且要保证桥跨结构能产生一定的变位。

（4）附属设施：包括桥面系（桥面铺装、防水排水系统、栏杆或防撞栏杆以及灯光照明等）、伸缩缝、桥头搭板和锥形护坡等。

① 桥面铺装（或称行车道铺装）：铺装的平整性、耐磨性、不翘曲、不渗水是保证行车舒适的关键。特别是在钢箱梁上铺设沥青面层时，技术要求甚严。

② 排水防水系统：应能迅速排除桥面积水，并使渗水的可能性降至最低。城市桥梁排水系统应保证桥下无滴水和结构上无漏水现象。

③ 栏杆（或防撞栏杆）：既是保证安全的构造设施，又是有利于观赏的最佳装饰件。

④ 伸缩缝：是桥跨上部结构之间或桥跨上部结构与桥台端墙之间所设的缝隙，用以保证结构在各种因素作用下的变位。为使行车顺适、不颠簸，桥面上要设置伸缩缝构造。

⑤ 灯光照明：现代城市中，大跨径桥梁通常是一个城市的标志性建筑，大多装置了灯光照明系统，构成了城市夜景的重要组成部分。

2) 相关常用术语

（1）净跨径：相邻两个桥墩（或桥台）之间的净距。对于拱式桥是每孔拱跨两个拱脚截面最低点之间的水平距离。

（2）计算跨径：对于具有支座的桥梁，是指桥跨结构相邻两个支座中心之间的距离，对于拱式桥，是指两相邻拱脚截面形心点之间的水平距离，即拱轴线两端点之间的水平距离。

（3）总跨径：多孔桥梁中各孔净跨径的总和，也称桥梁孔径，反映桥下宣泄洪水的能力。

（4）桥梁高度：指桥面与低水位之间的高差，或指桥面与桥下线路路面之间的距离，简称桥高。

（5）桥梁全长：简称桥长，是桥梁两端两个桥台的侧墙或八字墙后端点之间的距离。

（6）桥下净空高度：设计洪水位、计算通航水位或桥下线路路面至桥跨结构最下缘之间的距离。

（7）容许建筑高度：公路或铁路定线中所确定的桥面或轨道顶标高对于通航净空顶部标高之差。

（8）拱轴线：拱圈各截面形心点的连线。

（9）建筑高度：桥上行车路面（或轨顶）标高至桥跨结构最下缘之间的距离。

（10）净矢高：从拱顶截面下缘至相邻两拱脚截面下缘最低点之连线的垂直距离。

（11）计算矢高：从拱顶截面形心至相邻两拱脚截面形心之连线的垂直距离。

（12）矢跨比：计算矢高与计算跨径之比，也称拱矢度，它是反映拱桥受力特性的一个重要指标。

（13）涵洞：用来宣泄路堤下水流的构造物。通常在建造涵洞处路堤不中断。凡是多孔跨径全长不到 8m 和单孔跨径不到 5m 的泄水结构物，均称为涵洞。

2. 桥梁的主要类型

1）城市桥梁主要类型

（1）跨河桥：是为跨越江河水流障碍而修建的桥梁。

（2）跨线桥：是跨越公路、铁路和城市道路等交通线路的桥梁。

（3）高架桥：是指代替高路堤的桥梁，具有疏散交通、降低车流密度，提高运输效率，节省用地功能，一般出现在城市道路建设中。

（4）互通立交桥：是在城市重要交通交会点建立的上下分层、多方向行驶、互不相扰的陆地桥；主要作用是使各个方向的车辆免受路口上的红绿灯管制从而快速通过。

（5）人行天桥：又称人行立交桥。一般建造在车流量大、行人稠密的地段，或者交叉口、广场及铁路上面。人行天桥只允许行人通过，用于避免车流和人流平面相交时的冲突，保障人们安全跨越道路的同时，提升车速，减少交通事故。

（6）廊桥：廊桥是一种有屋檐的桥，具有遮阳避雨、供人休憩、交流、聚会、看风景等用途，有的廊桥还有供人暂居的房间。

2）桥梁其他分类

（1）按受力特点分：

结构工程上的受力构件，拉、压、弯为三种基本受力方式，由基本件组成的各种结构物，在力学上也可归结为梁式、拱式、悬吊式三种基本体系以及它们之间的各种组合。

① 梁式桥又可分为简支梁桥、连续梁桥和悬臂梁桥：

a. 简支梁桥：主梁简支在墩台上，各孔独立工作，不受墩台变位影响。实腹式主梁构造简单，设计简便，施工时可用自行式架桥机或联合架桥机将一片主梁一次架设成功。但简支梁桥各孔不相连续,车辆在通过断缝时将产生跳跃,影响车速的提升。因此,趋向于把主梁做成为简支,而把桥面做成连续的形式。简支梁桥随着跨径增大,主梁内力将急剧增大,用料便相应增多,因而大跨径桥一般不用简支梁。

b. 连续梁桥:主梁连续支承在几个桥墩上,在荷载作用下,主梁在不同截面上有的呈现正弯矩,有的呈现负弯矩,而弯矩的绝对值均较同跨径桥的简支梁小。这样,可节省主梁材料用量。连续梁桥通常是将3～5孔做成一联,在一联内无桥面接缝,行车较为顺适。连续梁桥施工时,可以先将主梁逐孔架设成简支梁然后互相连接成为连续梁。或者从墩台上逐段悬伸加长最后连接成为连续梁。

c. 悬臂梁桥:又称伸臂梁桥。是将简支梁向一端或两端悬伸出短臂的桥梁。这种桥式有单悬臂梁桥或双悬臂梁桥。悬臂梁桥往往在短臂上搁置简支的挂梁,相互衔接构成多跨悬臂梁。有短臂和挂梁的桥孔称为悬臂孔或挂孔,支持短臂的桥孔称为锚固孔。

② 拱式桥的主要承重结构是拱圈或拱肋。这种结构在竖向荷载作用下,桥墩或桥台承受水平推力,同时这种水平推力将显著抵消竖向荷载在拱圈(或拱肋)内引发的弯矩作用。拱桥的承重结构以受压为主,通常用抗压能力强的圬工材料(砖、石、混凝土)和钢筋混凝土等来建造。

③ 刚架桥的主要承重结构是梁(或板)和立柱(或竖墙)整体结合在一起的刚架结构。梁和柱的连接处具有很大的刚性,在竖向荷载作用下,梁部主要受弯,而在柱脚处也具有水平反力,其受力状态介于梁桥和拱桥之间。同样的跨径在相同荷载作用下,刚架桥的正弯矩比梁式桥要小,刚架桥的建筑高度可以降低;但刚架桥施工比较困难,用普通钢筋混凝土修建,梁柱刚结处易产生裂缝。

④ 悬索桥以悬索为主要承重结构,结构自重较轻,构造简单,受力明确,能以较小的建筑高度经济合理地修建大跨度桥。由于这种桥的结构自重轻,刚度差,在车辆动荷载和风荷载作用下有较大的变形和振动。

⑤ 组合体系桥由几个不同体系的结构组合而成,最常见的为连续刚构、梁、拱组合等。斜拉桥也是组合体系桥的一种。

(2) 按桥梁多孔跨径总长或单孔跨径的长度,可分为特大桥、大桥、中桥、小桥。具体分类见表 2.1-1。

表 2.1-1 按桥梁多孔跨径总长或单孔跨径长度分类

桥梁分类	多孔跨径总长 L (m)	单孔跨径 L_0 (m)
特大桥	$L > 1000$	$L_0 > 150$
大桥	$1000 \geqslant L \geqslant 100$	$150 \geqslant L_0 \geqslant 40$
中桥	$100 > L > 30$	$40 > L_0 \geqslant 20$
小桥	$30 \geqslant L \geqslant 8$	$20 > L_0 \geqslant 5$

注:① 单孔跨径系指标准跨径。梁式桥、板式桥以两桥墩中线之间桥中心线长度或桥墩中线与桥台台背前缘线之间桥中心线长度为标准跨径;拱式桥以净跨径为标准跨径。
② 梁式桥、板式桥的多孔跨径总长为多孔标准跨径的总长;拱式桥为两岸桥台起拱线间的距离;其他形式的桥梁为桥面系的行车道长度。

(3) 按主要承重结构所用的材料来分,有圬工桥、钢筋混凝土桥、预应力混凝土桥、钢桥、钢—混凝土组合梁桥和木桥等。

（4）按上部结构的行车道位置分为上承式桥（桥面结构布置在主要承重结构之上）、下承式桥、中承式桥。

2.1.2 桥梁结构施工通用施工技术

1. 模板、支架和拱架的设计、制作、安装与拆除

1）模板、支架和拱架的设计与验算

（1）模板、支架和拱架应结构简单、制造与装拆方便，根据施工过程中的各种控制工况进行设计，应具有足够的承载能力、刚度和稳定性，并应根据工程结构形式、设计跨径、荷载、地基类别、施工方法、施工设备和材料供应等条件及有关标准进行施工设计。

施工设计应包括下列内容：

① 工程概况和工程结构简图。
② 结构设计的依据和设计计算书。
③ 总装图和细部构造图。
④ 制作、安装的质量及精度要求。
⑤ 安装、拆除时的安全技术措施及注意事项。
⑥ 材料的性能要求及材料数量表。
⑦ 设计说明书和使用说明书。

（2）设计模板、支架和拱架时应按表 2.1-2 进行荷载组合。

表 2.1-2 设计模板、支架和拱架的荷载组合表

模板构件名称	荷载组合	
	计算强度用	验算刚度用
梁、板和拱的底模及支承板、拱架、支架等	①+②+③+④+⑦+⑧	①+②+⑦+⑧
缘石、人行道、栏杆、柱、梁板、拱等的侧模板	④+⑤	⑤
基础、墩台等厚大结构物的侧模板	⑤+⑥	⑤

注：表中代号意思如下：
① 模板、拱架和支架自重。
② 新浇筑混凝土、钢筋混凝土或圬工、砌体的自重力。
③ 施工人员及施工材料机具等行走运输或堆放的荷载。
④ 振捣混凝土时的荷载。
⑤ 新浇筑混凝土对侧面模板的压力。
⑥ 倾倒混凝土时产生的水平向冲击荷载。
⑦ 设于水中的支架所承受的水流压力、波浪力、流冰压力、船只及其他漂浮物的撞击力。
⑧ 其他可能产生的荷载，如风雪荷载、冬期施工保温设施荷载等。

（3）验算模板、支架和拱架的抗倾覆稳定时，各施工阶段的稳定系数均不得小于1.3。

（4）验算模板、支架和拱架的刚度时，其变形值不得超过下列要求：
① 结构表面外露的模板挠度为模板构件跨度的1/400。
② 结构表面隐蔽的模板挠度为模板构件跨度的1/250。

③拱架和支架受载后挠曲的杆件,其弹性挠度为相应结构跨度的1/400。
④钢模板的面板变形值为1.5mm。
⑤钢模板的钢楞、柱箍变形值为$L/500$及$B/500$(L——计算跨度,B——柱宽度)。
(5)模板、支架和拱架的设计中应设施工预拱度。施工预拱度应考虑下列因素:
①设计文件规定的结构预拱度。
②支架和拱架承受全部施工荷载引起的弹性变形。
③受载后由于杆件接头处的挤压和卸落设备压缩而产生的非弹性变形。
④支架、拱架基础受载后的沉降。
(6)设计预应力混凝土结构模板时,应考虑施加预应力后构件的弹性压缩、上拱及支座螺栓或预埋件的位移等。
(7)支架的立杆、水平杆步距应根据承受的荷载确定,其构造要求和剪刀撑设置应满足现行规范标准。
(8)支架的地基与基础设计应符合《城市桥梁工程施工与质量验收规范》CJJ 2—2008要求,并应对地基承载力进行计算。

2)支架和拱架搭设

(1)模板工程及支撑体系施工属于危险性较大的分部分项工程,施工前应编制专项方案;超过一定规模时应对专项施工方案进行专家论证。

(2)支架基础必须具有足够承载能力,并应做好地面防水排水处理,地基处理范围应宽出支架搭设范围不小于0.5m,表面采用混凝土硬化处理,严格控制不均匀沉降,满足设计要求。其基础类型、面积和厚度应根据支架结构形式、受力情况、地基承载力等条件确定。用桥梁墩台作为支架基础时,应按最不利荷载组合对桥梁墩台基础及基底进行受力验算。地基处理完毕后进行地基承载力检测,检测合格后方可进行支架搭设。

(3)支架宜采用新型盘扣式钢管支架,结构应具有足够的承载力和整体稳定性,其承载力和稳定性必须进行验算。支架设计时验算应考虑梁体、模板、支架自重,施工荷载,风荷载等荷载效应组合,并应考虑梁体预应力筋张拉等不同工况可能出现的最不利荷载情况;冬期施工时还应考虑雪荷载和保温养护设施荷载;水中施工时还应考虑流水侧压力。

(4)支架应根据施工设计图纸进行制作和安装。所用钢支架或钢构件的规格、质量应符合国家相关标准的规定。承插型盘扣式钢管支架拼装支架时,必须严格掌握可调底托和顶托的可调范围,留在立杆内长度应不少于150mm,防止因"过调"导致底、顶托失稳,同时保证底、顶托自由端长度符合规范要求。严格控制竖杆的垂直度、剪刀撑及扫地杆的间距和数量,保证钢管及支架整体稳定性,翼缘板外侧应设置工作通道。施工用脚手架和便道(桥)不应与支架相连接。

(5)支架安装结束经检查符合要求后,方可进行模板安装。

(6)钢管满堂支架搭设完毕后,支架应进行预压,以检验结构的承载能力和稳定性、消除其非弹性变形、观测结构弹性变形及基础沉降情况。预压加载可按最大施工荷载的60%、80%、100%分三次加载,加载时应对称、分层进行,禁止集中加载、卸载,每级加载完1h后进行支架的变形观测,加载完毕后宜每6h测量一次变形值。预压卸载时间以支架地基沉降变形稳定为原则确定，最后两次沉落量观测平均值之差不大于2mm时，即可终止预压卸载。如采用砂袋或土袋预压，应做好雨天的防水排水工作，防止砂、土袋吸水，加大预压重量。支架预压应按《钢管满堂支架预压技术规程》JGJ/T 194—2009要求，预压支架合格并形成记录。门式钢管支架不得用于搭设满堂承重支架体系。

3）模板制作与安装

（1）支架、拱架安装完毕，经检验合格后方可安装模板；安装模板应与钢筋工序配合进行，妨碍绑扎钢筋的模板，应待钢筋工序结束后再安装；安装墩台模板时，其底部应与基础预埋件连接牢固，上部应采用拉杆固定；模板在安装过程中，必须设置防倾覆设施。

（2）模板与混凝土接触面应平整、接缝严密。组合钢模板的制作、安装应符合《组合钢模板技术规范》GB/T 50214—2013的规定；钢框胶合板模板的组配面板宜采用错缝布置；高分子合成材料面板、硬塑料或玻璃钢模板，应与边肋及加强肋连接牢固。

（3）浇筑混凝土和砌筑前，应对模板、支架和拱架进行检查和验收，合格后方可施工。

（4）墩台、盖梁模板：

① 模板选用：

定型钢模板自身有一定的刚度、强度和稳定性，用槽钢焊成的骨架能增加刚度和强度，同时用钢板作为面板可以提升墩身表面光洁度，还有利于保证墩身混凝土的质量和尺寸精度，增加使用次数。

② 模板的安装：

a. 模板安装前先试拼，试拼合格后编号，之后方在墩位上进行安装。对检查合格的模板进行两次抛光、打磨除锈处理。打磨完成后喷涂桥梁模板专用脱模剂，保证拆模后，混凝土表面达到镜面效果。

b. 墩身上下节模板，采用高强度螺栓连接。安装时模板的接缝不得漏浆（特别是拉筋孔位置），采用双面胶带填塞缝隙。安装底节模板前，检查承台顶高程及外轮廓线，不符合要求时凿除或用砂浆找平处理，以确保墩身模板准确就位及模板的垂直度符合要求。承台顶面与模板联结面要平整、无缝隙，防止水泥浆流失。

c. 模板吊装组拼时，吊点布置要合理，起吊过程中不得发生碰撞，并用配套螺栓与下层模板对应连接，同一水平相邻模板也要按照对应螺栓孔进行连接。直板处留有高强度螺栓对拉孔，螺栓与模板固定好，并上好两端拉杆。专人指挥，按模板编号逐块起吊拼接。

（5）箱梁模板：

箱梁模板分底模、侧模、端模和内模，预制箱梁一般采用定型钢模板；现浇箱梁的模板一般采用高强度且表面光滑的钢模板、胶合板模板、混合模板、木模板、塑料模板等；钢模板、胶合板模板宜采用标准化、系列化和通用化的组合模板。

① 模板制作：

a. 钢模板应按批准的加工图进行制作，成品经检验合格后方可使用。组装前应对零部件的几何尺寸和焊缝进行全面检查，合格后方可进行组装。

b. 制作钢木组合模板时，钢与木之间的接触面应贴紧。面板采用防水胶合板的模板，除应使胶合板与背楞之间密贴外，对在制作过程中裁切过的防水胶合板槎口，应按产品的要求及时涂刷防水涂料。

　　c. 木模板与混凝土接触的表面应刨光且应保持平整。木模板的接缝可制作成平缝、搭接缝或企口缝，当采用平缝时，应有防止漏浆的措施；转角处应加嵌条或做成斜角。

　　d. 采用其他材料制作模板时，其接缝应严密，边肋及加强肋应安装牢固，并应与面板成一整体。

　　② 模板的安装应符合下列要求：

　　a. 模板应按设计要求准确就位，且不宜与脚手架连接。

　　b. 安装侧模板时，支撑应牢固，应防止模板在浇筑混凝土时产生移位。

　　c. 模板在安装过程中，应设置防倾覆的临时固定设施。

　　d. 模板安装完成后，其尺寸、平面位置和顶部高程等应符合设计要求，节点联系应牢固。

　　e. 梁、板等结构的底模板应按设计要求和施工经验设置预拱度。

　　f. 固定在模板上的预埋件和预留孔洞均不得遗漏，安装应牢固，位置应准确。

4) 模板、支架和拱架的拆除

　　(1) 模板、支架和拱架拆除应符合下列要求：

　　① 非承重侧模应在混凝土强度能保证结构棱角不损坏时方可拆除，混凝土强度宜为 2.5MPa 及以上。

　　② 芯模和预留孔道内模应在混凝土抗压强度能保证结构表面不发生塌陷和裂缝时方可拔出。

　　③ 钢筋混凝土结构的承重模板、支架，应在混凝土强度能承受其自重荷载及其他可能的叠加荷载时，方可拆除。

　　(2) 浆砌石、混凝土砌块拱桥拱架的卸落应遵守下列要求：

　　① 浆砌石、混凝土砌块拱桥应在砂浆强度达到设计要求强度后卸落拱架，设计未规定时，砂浆强度应达到设计标准值的 80% 以上。

　　② 跨径小于 10m 的拱桥宜在拱上结构全部完成后卸落拱架；中等跨径实腹式拱桥宜在护拱完成后卸落拱架；大跨径空腹式拱桥宜在腹拱横墙完成（未砌腹拱圈）后卸落拱架。

　　③ 在裸拱状态卸落拱架时，应对主拱进行强度及稳定性验算并采取必要的稳定措施。

　　(3) 模板、支架和拱架拆除应遵循"先支后拆、后支先拆"的原则。支架和拱架应按几个循环卸落，卸落量宜由小渐大。每一循环中，在横向应同时卸落、在纵向应对称均衡卸落。简支梁、连续梁结构的模板应从跨中向支座方向依次循环卸落；悬臂梁结构的模板宜从悬臂端开始顺序卸落。

　　(4) 预应力混凝土结构的侧模应在预应力张拉前拆除；底模应在结构建立预应力后拆除。

2. 钢筋施工技术

1) 钢筋的名称和作用

　　按构件中钢筋所起作用的不同分为：

（1）受力筋：一般承受构件中的拉力，称为受拉钢筋。在梁、柱构件中有时还需要配置承受压力的钢筋，称为受压钢筋。

（2）分布筋：它与板内的受力筋一起构成钢筋的骨架。

（3）架立筋：它与梁内的受力筋一起构成钢筋的骨架。

（4）构造筋：因构件的构造要求和施工安装需要配置的钢筋。架立筋和分布筋也属于构造筋。

（5）箍筋：是构件中承受剪力或扭力的钢筋，同时用来固定纵向钢筋的位置，一般用于梁或柱中。

2）一般要求

（1）钢筋混凝土结构所用钢筋的品种、规格、性能等均应符合设计要求和现行国家标准，其他特殊钢筋应符合其相应产品标准的规定。

（2）钢筋应按不同钢种、等级、牌号、规格及生产厂家分批验收，确认合格后方可使用。

（3）钢筋在运输、储存、加工过程中应防止锈蚀、污染和变形。在工地存放时应按不同品种、规格、分批分别堆置整齐，不得混杂，并应设立识别标志，存放时间宜不超过6个月；存放场地应有防水排水设施，且钢筋不得直接置于地面，应垫高或堆置在台座上，钢筋与地面之间应垫不低于200mm的地楞；顶部采用合适的材料覆盖，防水浸、雨淋。

（4）钢筋进场应按现行国家相关标准的规定，抽取试件做屈服强度、抗拉强度、伸长率、弯曲性能和重量偏差检验，检验结果应符合相应标准的规定。

（5）钢筋的级别、种类和直径应按设计要求采用。当需要代换时，应由原设计单位做变更设计。

（6）预制构件的吊环必须采用未经冷拉的HPB300热轧光圆钢筋制作，不得以其他钢筋替代，且其使用时的计算拉应力应不大于65MPa。

（7）在浇筑混凝土之前应对钢筋进行隐蔽工程验收，确认符合设计要求并形成记录。

3）钢筋加工

（1）钢筋弯制前应先调直。钢筋宜优先选用机械方法调直，且不得使用卷扬机调直。

（2）钢筋下料前，应核对钢筋品种、规格、等级及加工数量，并应根据设计要求和钢筋长度配料。钢筋宜采用数控化机械设备在专用厂房中集中下料和加工，其形状、尺寸应符合设计的要求；加工后的钢筋，其表面不应有削弱钢筋截面的伤痕。下料后应按种类和使用部位分别挂牌标明。

（3）受力钢筋弯制和末端弯钩均应符合设计要求或规范规定。

（4）箍筋末端弯钩形式应符合设计要求或规范规定。箍筋弯钩的弯曲直径应大于被箍主钢筋的直径，且HPB300钢筋不得小于箍筋直径的2.5倍，HRB400钢筋不得小于箍筋直径的5倍，且末端弯钩的弯折角度不应小于135°；弯钩平直部分的长度，一般结构不宜小于箍筋直径的5倍，有抗震要求的结构不得小于箍筋直径的10倍。

（5）钢筋宜在常温状态下弯制，不宜加热。钢筋宜从中部开始逐步向两端弯制，弯钩应一次弯成。

（6）钢筋加工过程中，应采取防止油渍、泥浆等物污染和防止受损伤的措施。

（7）在钢筋加工时采用 BIM 建模技术，可在整体工程建模后，生成钢筋翻样料单，用于钢筋加工，提高加工效率和准确性。

4）钢筋连接

（1）热轧钢筋接头应符合设计要求。当设计无要求时，应符合下列要求：

① 钢筋接头宜采用焊接接头或机械连接接头。

② 机械连接接头的适用范围、工艺要求、套筒材料及质量要求等应符合《钢筋机械连接技术规程》JGJ 107—2016 的有关规定。钢筋连接用套筒应符合《钢筋机械连接用套筒》JG/T 163—2013 的有关规定。

③ 当普通混凝土中钢筋直径等于或小于 22mm，在无焊接条件时，可采用绑扎连接，但受拉构件中的主钢筋不得采用绑扎连接。

④ 钢筋骨架和钢筋网片的交叉点焊接宜采用电阻点焊。

⑤ 钢筋与钢板的 T 形连接，宜采用埋弧压力焊或电弧焊。

（2）钢筋接头设置应符合下列要求：

① 在同一根钢筋上宜少设接头。

② 钢筋接头应设在受力较小区段，不宜位于构件的最大弯矩处。

③ 在任一焊接或绑扎接头长度区段内，同一根钢筋不得有两个接头，在该区段内的受力钢筋，其接头的截面面积占总截面面积的百分率应符合规范规定。

④ 接头末端至钢筋弯起点的距离不得小于钢筋直径的 10 倍。

⑤ 施工中钢筋受力分不清受拉、受压的，按受拉处理。

⑥ 钢筋接头部位横向净距不得小于钢筋直径，且不得小于 25mm。

⑦ 钢筋机械连接接头——在混凝土结构中要求充分发挥钢筋强度或对延性要求高的部位应选用 Ⅱ 级或 Ⅰ 级接头；当在同一连接区段内钢筋接头面积百分率为 100% 时，应选用 Ⅰ 级接头。

⑧ 直螺纹钢筋丝头加工时，钢筋端部应采用带锯、砂轮锯或带圆弧形刀片的专用钢筋切断机切平；镦粗头不应有与钢筋轴线相垂直的横向裂纹；钢筋丝头长度应满足产品设计要求，极限偏差应为 0～2.0p；钢筋丝头采用专用直螺纹量规检验，通规应能顺利旋入并达到要求的拧入长度，止规旋入不得超过 3p（p 为螺纹的螺距）。各规格的自检数量不应少于 10%，检验合格率不应小于 95%。

⑨ 直螺纹接头安装时可用管钳扳手拧紧，钢筋丝头应在套筒中央位置相互顶紧，标准型、正反丝型、异径型接头安装后的单侧外露螺纹不宜超过 2p；对无法对顶的其他直螺纹接头，应附加锁紧螺母、顶紧凸台等措施紧固。

⑩ 直螺纹接头安装后用扭力扳手校核拧紧扭矩，校核用扭力扳手每年校核一次。

⑪ 直螺纹接头现场抽检项目应包括极限抗拉强度试验、加工和安装质量检验。抽检应按验收批进行，同钢筋生产厂、同强度等级、同规格、同类型和同型式接头应以 500 个为一个验收批进行检验与验收，不足 500 个也应作为一个验收批。

5）钢筋骨架和钢筋网的组成与安装

施工现场可根据结构情况和现场运输起重条件，先分部预制成钢筋骨架或钢筋网片，入模就位后再焊接或绑扎成整体骨架。为确保分部钢筋骨架具有足够的刚度和稳定性，可在钢筋的部分交叉点处施焊或用辅助钢筋加固。对集中加工、整体安装的半成品钢筋和钢筋骨架，在运输时应采用适宜的装载工具，并应采取增加刚度、防止扭曲变形的措施。

（1）钢筋骨架制作和组装应符合下列要求

① 钢筋骨架的焊接应在坚固的工作台上进行。

② 组装时应按设计图纸放样，放样时应考虑骨架预拱度。简支梁钢筋骨架预拱度应符合设计和规范规定。

③ 组装时，在需要焊接的位置宜采用楔形卡卡紧，防止焊接时局部变形。

④ 骨架接长焊接时，不同直径钢筋的中心线应在同一平面上。

（2）钢筋现场绑扎应符合下列要求

① 钢筋的交叉点应采用绑丝绑牢，必要时可辅以点焊。

② 钢筋网的外围两行钢筋交叉点应全部扎牢，中间部分交叉点可间隔交错扎牢，但双向受力的钢筋网，钢筋交叉点必须全部扎牢。

③ 梁和柱的箍筋，除设计有特殊要求外，应与受力钢筋垂直设置；箍筋弯钩叠合处，应位于梁和柱角的受力钢筋处，并错开设置（同一截面上有两个以上箍筋的大截面梁和柱除外）；螺旋形箍筋的起点和终点均应绑扎在纵向钢筋上，有抗扭要求的螺旋箍筋，钢筋应伸入核心混凝土中。

④ 矩形柱角部竖向钢筋的弯钩平面与模板面的夹角应为45°；多边形柱角部竖向钢筋弯钩平面应朝向断面中心；圆形柱所有竖向钢筋弯钩平面应朝向圆心。小型截面柱当采用插入式振捣器时，弯钩平面与模板面的夹角不得小于15°。

⑤ 绑扎接头搭接长度范围内的箍筋间距：当钢筋受拉时应小于5d（d为主筋直径），且不得大于100mm；当钢筋受压时应小于10d（d为主筋直径），且不得大于200mm。

⑥ 钢筋骨架的多层钢筋之间，应用短钢筋支垫，确保位置准确。

⑦ 钢筋绑扎时要考虑混凝土下料孔和振捣孔预留。

（3）钢筋的混凝土保护层厚度

钢筋的混凝土保护层厚度，必须符合设计要求。设计无要求时应符合下列要求：

① 普通钢筋和预应力直线形钢筋的最小混凝土保护层厚度不得小于钢筋公称直径，后张法构件预应力直线形钢筋不得小于其管道直径的1/2。

② 当受拉区主筋的混凝土保护层厚度大于50mm时，应在保护层内设置直径不小于6mm、间距不大于100mm的钢筋网。

③ 钢筋机械连接件的最小保护层厚度不得小于20mm。

④ 应在钢筋与模板之间设置垫块，确保钢筋的混凝土保护层厚度，垫块应与钢筋绑扎牢固、错开布置。混凝土垫块应具有不低于结构本体混凝土的强度，并应有足够的密实性。宜采用专业化压制设备和标准模具生产的垫块。

⑤ 混凝土浇筑前，应对垫块的位置、数量和紧固程度进行检查。

3. 混凝土施工技术

混凝土的抗压强度是通过试验得出的，用边长为150mm的立方体试件作为混凝土抗压强度试验的标准尺寸试件。按照《混凝土物理力学性能试验方法标准》GB/T

50081—2019，制作边长为150mm的立方体在标准养护［温度（20±2）℃、相对湿度在95%以上］条件下，养护至28d龄期，用标准试验方法测得的极限抗压强度，称为混凝土标准立方体抗压强度，混凝土的强度等级应按照其立方体抗压强度标准值确定。采用符号C与立方体抗压强度标准值（以N/mm^2或MPa计）表示。

1）一般要求

（1）混凝土强度应按《混凝土强度检验评定标准》GB/T 50107—2010的规定检验评定。

（2）混凝土的强度达到2.5MPa后，方可承受小型施工机械荷载，进行下道工序前，混凝土应达到相应的强度等级。

2）混凝土原材料

（1）混凝土原材料包括水泥、粗细骨料、矿物掺合料、外加剂和水。对预拌混凝土的生产、运输等环节应执行《预拌混凝土》GB/T 14902—2012。配制混凝土用的水泥等各种原材料，其质量应分别符合相应标准。

（2）配制高强度混凝土的矿物掺合料可选用优质粉煤灰、磨细矿渣粉、硅粉和磨细天然沸石粉。

（3）常用的外加剂有减水剂、早强剂、缓凝剂、引气剂、防冻剂、膨胀剂、防水剂、混凝土泵送剂、喷射混凝土用的速凝剂等。

3）混凝土配合比设计

（1）混凝土配合比应采用质量比，并应通过设计和试配选定。试配时应使用施工实际采用的材料，配制的混凝土拌合物应满足和易性、凝结时间等施工技术条件，制成的混凝土应符合强度、耐久性等要求。

（2）混凝土配合比设计应依据《普通混凝土配合比设计规程》JGJ 55—2011进行。

（3）预应力混凝土中的水泥用量不宜大于$550kg/m^3$。

（4）预应力混凝土中严禁使用含氯化物的外加剂及引气剂或引气型减水剂。

（5）预应力混凝土从各种材料引入混凝土中的水溶性氯离子最大含量不宜超过胶凝材料用量的0.06%。

4）混凝土施工

混凝土的施工包括原材料的计量，混凝土的搅拌、运输、浇筑和混凝土养护等内容。

（1）原材料计量

各种计量器具应按计量法的规定定期检定，保持计量准确。在混凝土生产过程中，应注意控制原材料的计量偏差。对骨料含水率的检测，每一工作班不应少于一次。雨期施工应增加测定次数，根据骨料实际含水率调整砂石料和水的用量。

（2）混凝土搅拌

混凝土拌合物应均匀，颜色一致，不得有离析和泌水现象。搅拌时间是混凝土拌合时的重要控制参数，使用机械搅拌时，自全部材料装入搅拌机开始搅拌起，至开始卸料时止，延续搅拌的最短时间应符合表2.1-3的要求。

混凝土拌合物的坍落度应在搅拌地点和浇筑地点分别随机取样检测。每一工作班或每一单元结构物不应少于两次。评定时应以浇筑地点的测值为准。如混凝土拌合物从搅拌机出料起至浇筑入模的时间不超过15min时，其坍落度可仅在搅拌地点检测。在检测坍落度时，还应观察混凝土拌合物的黏聚性和保水性。

表2.1-3　混凝土最短搅拌时间表

搅拌机类型	搅拌机容量（L）	混凝土坍落度（mm）		
		<30	30~70	>70
		混凝土最短搅拌时间（min）		
强制式	≤400	1.5	1.0	1.0
	≤1500	2.5	1.5	1.5

注：① 当掺入外加剂时，外加剂应调成适当浓度的溶液再掺入，搅拌时间宜延长。
② 采用分次投料搅拌工艺时，搅拌时间应按工艺要求办理。
③ 当采用其他形式的搅拌设备时，搅拌的最短时间应按设备说明书的规定办理，或经试验确定。

（3）混凝土运输

① 混凝土的运输能力应满足混凝土凝结速度和浇筑速度的要求，使浇筑工作不间断。

② 运送混凝土拌合物的容器或管道应不漏浆、不吸水，内壁光滑平整，能保证卸料及输送畅通。

③ 混凝土拌合物在运输过程中，应保持均匀性，不产生分层、离析等现象，如出现分层、离析现象，则应对混凝土拌合物进行二次快速搅拌。

④ 混凝土拌合物运输到浇筑地点后，应按规定检测其坍落度，坍落度应符合设计要求和施工工艺要求。

⑤ 预拌混凝土在卸料前需要掺加外加剂时，应在外加剂掺入后采用快挡旋转搅拌罐进行搅拌；外加剂掺量和搅拌时间应有经试验确定的预案。

⑥ 严禁在运输过程中向混凝土拌合物中加水。

⑦ 预拌混凝土从搅拌机卸入搅拌运输车至卸料时的运输时间不宜大于90min，如需延长运送时间，则应采取相应的有效技术措施，并应通过试验验证。

（4）混凝土浇筑

① 浇筑混凝土前，应检查模板、支架的承载力、刚度、稳定性，检查钢筋及预埋件的位置、规格，并作好记录，符合设计要求后方可浇筑。在原混凝土面上浇筑新混凝土时，相接面应凿毛，并清洗干净，表面湿润但不得有积水。

② 混凝土一次浇筑量要适应各施工环节的实际能力，以保证混凝土的连续浇筑。对于大方量混凝土浇筑，应事先制定浇筑方案。

③ 自高处向模板内倾卸混凝土时，其自由倾落高度不得超过2m；当倾落高度超过2m时，应通过串筒、溜槽或振动溜管等设施下落；倾落高度超过10m时应设置减速装置。

④ 混凝土应按一定厚度、顺序和方向水平分层浇筑，上层混凝土应在下层混凝土初凝前浇筑、捣实，上下层同时浇筑时，上层与下层前后浇筑距离应保持1.5m以上。混凝土分层浇筑厚度不宜超过表2.1-4的要求。

⑤ 浇筑混凝土时，应采用振动器振捣。当施工无特殊振捣要求时，可采用振捣棒

进行捣实，插入间距不应大于振捣棒振动作用半径的 1.5 倍，连续多层浇筑时，振捣棒应插入下层拌合物 50～100mm 进行振捣；振捣时不得碰撞模板、钢筋和预埋部件。振捣持续时间宜为 20～30s，以混凝土不再沉落、不出现气泡、表面呈现浮浆为度。浇筑厚度不大于 200mm 的表面积较大的平面结构或构件时，宜采用表面振动成型。

表 2.1-4 混凝土分层浇筑厚度

捣实方法	配筋情况	浇筑层厚度（mm）
用插入式振捣器	—	300
用附着式振捣器	—	300
用表面振捣器	无筋或配筋稀疏时	250
	配筋较密时	150

⑥ 浇筑混凝土时，对预应力筋锚固区及钢筋密集部位，应加强振捣。

⑦ 对先张构件应避免振动器碰撞预应力筋，对后张构件应避免振动器碰撞预应力筋的管道。

⑧ 混凝土运输、浇筑及间歇的全部时间不应超过混凝土的初凝时间。同一施工段的混凝土应连续浇筑，并应在底层混凝土初凝之前将上一层混凝土浇筑完毕。

⑨ 施工缝设置应符合下列要求：

a. 施工缝宜留置在结构受剪力和弯矩较小、便于施工的部位，且应在混凝土浇筑之前确定。施工缝不得呈斜面。

b. 先浇混凝土表面的水泥砂浆和松弱层应及时凿除。凿除时的混凝土强度，水冲法应达到 0.5MPa；人工凿毛应达到 2.5MPa；机械凿毛应达到 10MPa。

c. 经凿毛处理的混凝土面，应清除干净，在浇筑后续混凝土前，应铺 10～20mm 同配合比的水泥砂浆。

d. 重要部位及有抗震要求的混凝土结构或钢筋稀疏的混凝土结构，应在施工缝处补插锚固钢筋或石榫；有抗渗要求的施工缝宜做成凹形、凸形或设止水带。

e. 施工缝处理后，应待下层混凝土强度达到 2.5MPa 后，方可浇筑后续混凝土。

（5）混凝土养护

① 施工现场应根据施工对象、环境、水泥品种、外加剂以及对混凝土性能的要求，制定具体的养护方案，并应严格执行方案规定的养护制度。

② 混凝土施工可采用浇水、覆盖保湿、喷涂养护剂、冬季蓄热养护等方法进行养护；混凝土构件或制品厂生产可采用蒸汽养护、湿热养护或潮湿自然养护等方法进行养护。选择的养护方法应满足施工养护方案或生产养护制度的要求。

③ 洒水养护的时间，采用硅酸盐水泥、普通硅酸盐水泥或矿渣硅酸盐水泥的混凝土，不应少于 7d。掺用缓凝型外加剂或有抗渗等要求以及高强度的混凝土，不应少于 14d。使用真空吸水的混凝土，可在保证强度的条件下适当缩短养护时间。采用涂刷薄膜养护剂养护时，养护剂应通过试验确定，并应制定操作工艺。采用塑料膜覆盖养护时，应在混凝土浇筑完成后及时覆盖严密，保证膜内有足够的凝结水。

④ 对于大体积混凝土，养护过程应进行温度控制，混凝土内部和表面的温差不宜

超过25℃，表面与外界温差不宜大于20℃。

⑤ 当气温低于5℃时，应采取保温措施，不应对混凝土洒水养护。

5）混凝土检验评定

（1）在进行混凝土强度试配和质量评定时，混凝土的抗压强度应采用边长为150mm的立方体标准试件测定。

（2）《混凝土强度检验评定标准》GB/T 50107—2010中规定了评定混凝土强度的方法，包括标准差已知统计法、标准差未知统计法以及非统计法三种。

（3）试件的取样频率和数量应符合下列要求：

① 每100盘，但不超过100m^3的同配合比混凝土，取样次数不应少于一次。

② 每一工作班拌制的同配合比混凝土，不足100盘和100m^3时其取样次数不应少于一次。

③ 当一次连续浇筑的同配合比混凝土超过1000m^3时，每200m^3取样不应少于一次。

（4）对强度等级C60及以上的高强度混凝土，当混凝土方量较少时，宜留取不少于10组的试件，采用标准差未知的统计方法评定混凝土强度。

（5）混凝土试件的立方体抗压强度试验应根据《混凝土物理力学性能试验方法标准》GB/T 50081—2019的规定执行。

4. 预应力混凝土施工技术

1）预应力混凝土定义

预应力混凝土是在结构受到外部承重之前，先对着受拉部位的结构施加一定的压力，用以抵消外部承重带来的混凝土拉应力。而提前施加的压力就是预压应力，简称预应力。这样做的目的是减小拉应力，延缓构件开裂（或者不开裂），从而提升构件的抗裂性能和刚度。

2）预应力混凝土构件的施工方法

（1）先张法。一般用于预制构件，在混凝土灌注前，先将由钢丝、钢绞线或钢筋组成的预应力筋张拉到某一规定应力值，并用锚具锚于台座两端支墩上，接着安装模板、构造钢筋和零件，然后灌注混凝土并进行养护。当混凝土达到规定强度后，放松两端支墩的预应力筋，通过粘结力将预应力筋中的张拉力传给混凝土而产生预压应力。一般用于预制构件。

（2）后张法。用于现浇构件；先浇筑构件，然后在构件上直接施加预应力。一般做法是先安置后张预应力筋成孔的套管、构造钢筋和零件，然后安装模板和浇筑混凝土。预应力筋可先穿入套管也可以后穿。等混凝土达到强度后，用千斤顶将预应力筋张拉到要求的应力并锚于梁的两端，预压应力通过两端锚具传给构件混凝土。为了保护预应力筋不受腐蚀和恢复预应力筋与混凝土之间的粘结力，预应力筋与套管之间的空隙必须用灌浆料灌实。灌浆料除了起防腐作用外，也有利于恢复预应力筋与混凝土之间的粘结力。为了方便施工，有时也可采用在预应力筋表面涂刷防锈蚀材料并用塑料套管或油脂包裹的无粘结后张预应力。后张法在现浇连续箱梁和盖梁中采用较多。

3）预应力筋及管道（孔道）

（1）预应力筋材料要求

① 预应力混凝土结构所采用预应力筋的质量应符合《预应力混凝土用钢丝》GB/T

5223—2014、《预应力混凝土用钢绞线》GB/T 5224—2023、《无粘结预应力钢绞线》JG/T 161—2016 等规范的规定。每批钢丝、钢绞线、钢筋应由同一牌号、同一规格、同一生产工艺的产品组成。

② 新产品及进口材料的质量应符合现行国家标准的规定。

③ 预应力筋进场时，应对其质量证明文件、包装、标志和规格进行检验，并应符合下列要求：

a. 钢丝成批检查和验收，每批钢丝由同一牌号、同一规格、同一加工状态的钢丝组成，每批质量不大于 60t。钢丝应逐盘进行形状、尺寸和表面检查。从检查合格的钢丝中抽取 5%，但不少于 3 盘，进行力学性能试验及其他试验。在检查中，如有某一项检查结果不符合产品标准或合同的要求，则该盘不得交货。并从同一批未经试验的钢丝盘中取双倍数量的试样进行该不合格项目的复验（包括该项试验所要求的任一指标），复验结果即使有一个试样不合格，也不得整批交货，但允许对该批产品逐盘检验，合格产品允许交货。供方可以对复验不合格钢丝进行分类加工（包括热处理）后，重新提交验收。

b. 钢绞线应成批检查和验收，每批钢绞线由同一牌号同一直径、同一生产工艺捻制的钢绞线组成，每批重量不大于 100t。钢绞线应逐卷进行外形尺寸和表面检查。当检验结果出现不符合《预应力混凝土用钢绞线》GB/T 5224—2023 规定时，应从同一批未经检验的钢绞线卷中取双倍数量的试样进行该不合格项目的复验，复验结果均合格，则整批钢绞线予以交货；即使有一个试样不合格，也不应整批钢绞线交货，允许进行逐卷检验，合格者交货。对于复验结果均合格的整批次钢绞线，可以允许对首次检验出现的不合格卷取双倍试样进行该不合格项的复验，如果复验结果均合格，则可随该批次钢绞线交货；如果有一个试样不合格，则该卷钢绞线不应交货。

c. 无粘结预应力筋出厂检验应按批验收，每批产品由同一公称抗拉强度、同一公称直径、同一生产工艺生产的无粘结预应力钢绞线组成，每批产品质量不应大于 60t。外观应逐盘卷检验。当全部出厂检验项目均符合要求时，判定该批产品合格；当检验结果有不合格项目时，则该盘卷无粘结预应力钢绞线不合格，并应从同一批产品中未经试验的无粘结预应力钢绞线盘卷中重新加倍取样进行不合格项目的复检，如复检结果全部合格，判定该批产品余下盘卷合格；否则判定该批产品不合格。

d. 预应力材料必须保持清洁，在存放和运输时应避免损伤、锈蚀和腐蚀。预应力筋和金属管道在室外存放时，时间不宜超过 6 个月。预应力锚具、夹具和连接器应在仓库内配套保管。预应力钢丝应在清洁、干燥，且具备防雨防潮条件下分类贮存。无粘结预应力筋在成品堆放期间，应按不同规格分类堆放在通风良好的仓库中；露天堆放时，不应放置在受热影响的场所，不宜直接与地面接触，并应覆盖防雨布；成盘叠加堆放时，最下盘无粘结预应力钢绞线之上堆放的钢绞线不应超过 1000kg。

（2）预应力筋的制作

① 预应力筋下料长度应通过计算确定，计算时应考虑结构的孔道长度或台座长度、锚（夹）具长度、千斤顶长度、镦头预留量、冷拉伸长值、弹性回缩值、张拉伸长值和外露长度等因素。

② 预应力筋宜使用砂轮锯或切断机切断，不得采用电弧切割。

③ 预应力筋采用镦头锚固时,高强度钢丝宜采用液压冷镦;冷拔低碳钢丝可采用冷冲镦粗;钢筋宜采用电热镦粗,但 HRB500 级钢筋镦粗后应进行电热处理。冷拉钢筋端头的镦粗及热处理工作应在钢筋冷拉之前进行,否则应对镦头逐个进行张拉检查,检查时的控制应力应不小于钢筋冷拉时的控制应力。

④ 预应力筋由多根钢丝或钢绞线组成时,在同束预应力钢筋内,应采用强度相等的预应力钢材。编束时,应逐根梳理直顺不扭转,不得互相缠绕。编束后的钢丝和钢绞线应按编号分类存放。钢丝和钢绞线束移运时支点距离不得大于 3m,端部悬出长度不得大于 1.5m。

(3) 管道与孔道

① 后张法有粘结预应力混凝土结构中,预应力筋的孔道一般由浇筑在混凝土中的刚性或半刚性管道构成。一般工程可由钢管抽芯、胶管抽芯或金属伸缩套管抽芯预留孔道。浇筑在混凝土中的管道应具有足够强度和刚度,不允许有漏浆现象,且能按要求传递粘结力。

② 常用管道为金属螺旋管或塑料(化学建材)波纹管。管道应内壁光滑,可弯曲成适当的形状而不出现卷曲或被压扁。金属螺旋管的性能应符合《预应力混凝土用金属波纹管》JG/T 225—2020 的规定,塑料波纹管性能应符合《预应力混凝土桥梁用塑料波纹管》JT/T 529—2016 的规定。

③ 管道的检验:

a. 管道进场时,应检查出厂合格证和质量保证书,核对其类别、型号、规格及数量,应进行管道外观质量检查、径向刚度和抗渗漏性能检验。检验方法应按有关规范、标准进行。

b. 管道按批进行检验。金属螺旋管每批由同一生产厂家,同一批钢带所制作的产品组成,累计半年或 50000m 生产量为一批。塑料管每批由同配方、同工艺、同设备稳定连续生产的产品组成,每批数量不应超过 10000m。

④ 管(孔)道的其他要求:

a. 在桥梁的某些特殊部位,设计无要求时,可采用符合要求的平滑钢管或高密度聚乙烯管,其管壁厚不得小于 2mm。

b. 管道的内横截面积至少应是预应力筋净截面积的 2.0 倍。不足这一面积时,应通过试验验证其可否进行正常压浆作业。超长钢束的管道也应通过试验确定其面积比。

4) 锚具、夹具和连接器

(1) 基本要求

① 预应力筋用锚具、夹具、连接器和锚垫板表面应无污物、锈蚀、机械损伤和裂纹。

② 锚具应满足分级张拉、补张拉和放张预应力的要求。锚固多根预应力筋的锚具,除应有整束张拉的性能外,尚宜具有单根张拉的可能性。

(2) 验收要求

① 锚具、夹具及连接器进场验收时,应按出厂合格证和质量证明书核查其锚固性能类别、型号、规格、数量,确认无误后进行外观检查、硬度检验和静载锚固性能试验。

② 验收应分批进行,批次划分时,同一种材料和同一生产工艺条件下生产的产品

可列为同一批次。锚具、夹片应以不超过 1000 套为一个验收批。连接器的每个验收批不宜超过 500 套。

③ 静载锚固性能试验：对用于中小桥梁的锚具（夹片或连接器）进场验收，其静载锚固性能可由锚具生产厂提供试验报告。对大桥、特大桥等重要工程、质量证明资料不齐全、不正确或质量有疑点的锚具，在通过外观和硬度检验的同批中抽取 6 套锚具（夹片或连接器），组成 3 个预应力筋锚具组装件，由具有相应资质的专业检测机构进行静载锚固性能试验予以复检。

5）预应力张拉施工

（1）基本要求

① 预应力筋的张拉控制应力必须符合设计要求。

② 预应力筋采用应力控制方法张拉时，应以伸长值进行校核。实际伸长值与理论伸长值的差值应符合设计要求；设计无要求时，实际伸长值与理论伸长值之差应控制在 6% 以内。否则应暂停张拉，待查明原因并采取措施后，方可继续张拉。

③ 预应力张拉时，应先调整到初应力（σ_0），该初应力宜为张拉控制应力（σ_{con}）的 10%～15%，伸长值应从初应力时开始量测。

④ 预应力筋张拉时，应对张拉力、压力表读数、张拉伸长值、锚固回缩及异常情况处理等作出详细记录。

⑤ 预应力筋的锚固应在张拉控制应力处于稳定状态后进行，锚固阶段张拉端预应力筋的内缩量，不得大于设计要求或规范规定。

⑥ 张拉设备的校准期限不得超过半年，且不得超过 200 次张拉作业。张拉设备应配套校准，配套使用。

（2）先张法预应力施工

① 张拉台座应具有足够的强度和刚度，其抗倾覆安全系数不得小于 1.5，抗滑移安全系数不得小于 1.3。张拉横梁应有足够的刚度，受力后的最大挠度不得大于 2mm。锚板受力中心应与预应力筋合力中心一致。

② 预应力筋连同隔离套管应在钢筋骨架完成后一并穿入就位。就位后，严禁使用电弧焊对梁体钢筋及模板进行切割或焊接。隔离套管内端应堵严。

③ 同时张拉多根预应力筋时，各根预应力筋的初始应力应一致。张拉过程中应使活动横梁与固定横梁始终保持平行。

④ 张拉程序应符合设计要求，设计未要求时，其张拉程序应符合表 2.1-5 的要求。

表 2.1-5　先张法预应力筋张拉程序

预应力筋种类	张拉程序
钢筋	0→初应力→1.05 σ_{con}→0.9 σ_{con}→σ_{con}（锚固）
钢丝、钢绞线	0→初应力→1.05 σ_{con}（持荷 2min）→0→σ_{con}（锚固）
	对于夹片式等具有自锚性能的锚具： 普通松弛力筋 0→初应力→1.03 σ_{con}（锚固） 低松弛力筋 0→初应力→σ_{con}（持荷 2min 锚固）

注：① 表中 σ_{con} 为张拉时的控制应力值，包括预应力损失值。
　　② 张拉钢筋时，为保证施工安全，应在超张拉放张至 0.9σ_{con} 时安装模板、普通钢筋及预埋件等。

⑤ 张拉过程中，预应力筋不得断丝、断筋或滑丝。

⑥ 放张预应力筋时混凝土强度必须符合设计要求，设计未要求时，不得低于设计混凝土强度等级值的75%。放张顺序应符合设计要求，设计未要求时，应分阶段、对称、交错地放张。放张前，应将限制位移的模板拆除。

（3）后张法预应力施工

① 预应力管道安装应符合下列要求：

a. 管道应采用定位钢筋牢固地定位于设计位置。

b. 金属管道接头应采用套管连接，连接套管宜采用大一个直径型号的同类管道，且应与金属管道封裹严密。

c. 管道应留压浆孔与溢浆孔；曲线孔道的波峰部位应留排气孔；在最低部位宜留排水孔。

d. 管道安装就位后应立即通孔检查，发现堵塞应及时疏通。管道经检查合格后应及时将其端面封堵，防止杂物进入。

e. 管道安装后，需在其附近进行焊接作业时，必须对管道采取保护措施。

f. 当钢筋和预应力管道或其他主要构件在空间位置上发生干扰时，可适当调整钢筋的位置，以保证钢束管道或其他主要构件位置的准确。钢束锚固处的普通钢筋如影响预应力施工时，可适当弯折，待预应力施工完毕后及时恢复原状。施工中如发生钢筋空间位置冲突，可适当调整其布置，但应确保钢筋的净保护层厚度。

② 预应力筋安装应符合下列要求：

a. 先穿束后浇混凝土时，浇筑混凝土之前，必须检查管道并确认完好；浇筑混凝土时应定时抽动、转动预应力筋。

b. 先浇混凝土后穿束时，浇筑后应立即疏通管道，确保其畅通。

c. 混凝土采用蒸汽养护时，养护期内不得装入预应力筋。

d. 穿束后至孔道灌浆完成应控制在下列时间以内，否则应对预应力筋采取防锈措施：空气湿度大于70%或盐分过大时，7d；空气湿度40%～70%时，15d；空气湿度小于40%时，20d。

e. 在预应力筋附近进行电焊时，应对预应力筋采取保护措施。

③ 预应力筋张拉应符合下列要求：

a. 混凝土强度应符合设计要求，设计未要求时，不得低于强度设计值的75%；且应将限制位移的模板拆除后，方可进行张拉。

b. 预应力筋张拉端的设置应符合设计要求。当设计未要求时，应符合下列要求：曲线预应力筋或长度大于等于25m的直线预应力筋，宜在两端张拉；长度小于25m的直线预应力筋，可在一端张拉。

当同一截面中有多束一端张拉的预应力筋时，张拉端宜均匀交错地设置在结构的两端。

c. 张拉前应根据设计要求对孔道的摩阻损失进行实测，以便确定张拉控制应力值，并确定预应力筋的理论伸长值。

d. 预应力筋的张拉顺序应符合设计要求。当设计无要求时，可采取分批、分阶段对称张拉方式。宜先中间，后上、下或两侧。

e. 张拉过程中，预应力筋不得断丝、断筋或滑丝。

④ 张拉控制应力达到稳定后方可锚固。锚具应用封端混凝土保护，当需较长时间外露时，应采取防锈蚀措施。锚固完毕经检验合格后，方可切割端头多余的预应力筋。

⑤ 在二类以上市政工程项目预制场内进行后张法预应力构件施工不得使用非数控预应力张拉设备。

（4）智能数控张拉技术

智能数控张拉设备指在张拉设备中加装了计算机逻辑数字化电控部件及互联网等技术形成的数控张拉控制和张拉数据传输的施工设备。不依靠人工手动控制，而是利用计算机智能控制技术，通过仪器自动操作，完成预应力筋的张拉施工。由实时张拉数据采集单元、工业遥控单元、千斤顶工作参数检测与传输单元、数据处理单元、存储单元及辅助系统组成。

（5）孔道压浆

① 预应力筋张拉后，应及时进行孔道压浆，多跨连续有连接器的预应力筋孔道，应张拉完一段灌注一段。

② 灌浆前应全面检查预应力筋孔道、灌浆孔、排气孔、泌水管等是否畅通。对抽芯成型的混凝土孔道宜采用水冲洗后灌浆；对预埋管成型的孔道不得用水冲洗孔道，可采用压缩空气清孔。

③ 灌浆前对锚具夹片空隙和其他可能漏浆处需采用高强度等级水泥浆或结构胶等方法封堵，待封堵材料达到一定强度后方可灌浆。采用真空辅助灌浆时，应先将张拉端多余钢绞线切除，并用无收缩砂浆或专用灌浆密封罩将端部封闭。

④ 孔道宜优先采用专用成品灌浆料或专用压浆剂配置的浆体进行灌浆。

⑤ 压浆后应从检查孔抽查压浆的密实情况，如有不实，应及时处理。压浆作业，每一工作班应留取不少于3组试块，标养28d，以其抗压强度作为水泥浆质量的评定依据。

⑥ 压浆过程中及压浆后48h内，结构混凝土的温度不得低于5℃，否则应采取保温措施。当白天气温高于35℃时，压浆宜在夜间进行。

⑦ 孔道内的浆料强度达到设计要求后方可吊移预制构件；设计未要求时，应不低于水泥浆设计强度的75%。

⑧ 在二类以上市政工程项目预制场内进行后张法预应力构件施工不得使用非数控管道压浆设备。

（6）封锚

① 后张法预应力筋锚固后的外露部分应采用机械切割工艺切除。预应力筋的外露长度不宜小于其直径的1.5倍，且不应小于30mm。

② 锚具封闭保护应符合设计要求。当设计无具体要求时，应符合下列要求：

a. 凸出或内凹锚具应采用与预应力结构构件相同强度等级的细石混凝土或无收缩防水砂浆封闭保护。

b. 外露锚具和预应力筋的混凝土保护层厚度：处于一类环境时，不应小于20mm；处于二类环境时，不应小于50mm；处于三类环境时，不应小于80mm。

c. 锚具封闭前应将周围混凝土界面凿毛并冲洗干净，凸出式锚具封锚应配置钢筋网片。

d. 后张无粘结预应力筋锚具封闭前，锚具和夹片应涂防腐蚀油脂，并设置封端塑料盖帽封闭。对处于二类、三类环境条件下的无粘结预应力筋及其锚固系统应达到全封闭保护状态。

e. 锚具封闭后，封锚混凝土或砂浆应密实、无可视裂纹。

2.2 城市桥梁下部结构施工

2.2.1 各种围堰施工要求

1. 围堰施工的一般要求

（1）围堰高度应高出施工期间可能出现的最高水位（包括浪高）0.5~0.7m。

（2）围堰应减少对现状河道通航、导流的影响。对河流断面被围堰压缩而引起的冲刷应有防护措施（包括河岸与堰外边坡）。

（3）堰内平面尺寸应满足基础施工的需要。

（4）围堰应防水严密，不得渗漏。

（5）围堰应便于施工、维护及拆除。围堰材质不得对现状河道水质产生污染。

2. 各类围堰适用范围

各类围堰适用范围见表2.2-1。

表2.2-1 围堰类型及适用条件

围堰类型		适用条件
土石围堰	土围堰	水深≤1.5m，流速≤0.5m/s，河边浅滩，河床渗水性较小
	土袋围堰	水深≤3.0m，流速≤1.5m/s，河床渗水性较小，或淤泥较浅
	木桩竹条土围堰	水深1.5~7.0m，流速≤2.0m/s，河床渗水性较小，能打桩，盛产竹木地区
	竹篱土围堰	水深1.5~7.0m，流速≤2.0m/s，河床渗水性较小，能打桩，盛产竹木地区
	竹、铁丝笼围堰	水深4.0m以内，河床难以打桩，流速较大
	堆石土围堰	河床渗水性很小，流速≤3.0m/s，石块能就地取材
板桩围堰	钢板桩围堰	深水或深基坑，流速较大的砂类土、黏性土、碎石土及风化岩等坚硬河床。防水性能好，整体刚度较强
	钢筋混凝土板桩围堰	深水或深基坑，流速较大的砂类土、黏性土、碎石土河床。除用于挡水防水外还可作为基础结构的一部分，亦可拔除周转使用，能节约大量木材
	套箱围堰	流速≤2.0m/s，覆盖层较薄，平坦的岩石河床，埋置不深的水中基础，也可用于修建桩基承台
	双壁围堰	大型河流的深水基础，覆盖层较薄、平坦的岩石河床

3. 土围堰施工要求

（1）筑堰材料宜用黏性土、粉质黏土或砂质黏土。填出水面之后应进行夯实。填土应自上游开始至下游合龙。

（2）筑堰前，必须将筑堰部位河床上的杂物、石块及树根等清除干净。

（3）堰顶宽度可为1～2m。机械挖基时不宜小于3m。堰外边坡迎水流一侧坡度宜为1:2～1:3，背水流一侧可在1:2之内。堰内边坡宜为1:1～1:1.5。内坡脚与基坑边缘的距离不得小于1m。

4. 土袋围堰施工要求

（1）围堰两侧用草袋、麻袋、玻璃纤维袋或无纺布袋装土堆码。袋中宜装不渗水的黏性土，装土量为土袋容量的1/2～2/3。袋口应缝合。堰外边坡为1:0.5～1:1，堰内边坡为1:0.2～1:0.5。围堰中心部分可填筑黏土及黏性土芯墙。

（2）堆码土袋，应自上游开始至下游合龙。上下层和内外层的土袋均应相互错缝，尽量堆码密实、平稳。

（3）筑堰前堰底河床的处理、内坡脚与基坑边缘的距离、堰顶宽度等相关要求与土围堰相同。

5. 钢板桩围堰施工要求

（1）有大漂石及坚硬岩石的河床不宜使用钢板桩围堰。

（2）钢板桩的机械性能和尺寸应符合规定要求。

（3）施打钢板桩前，应在围堰上下游及两岸设测量观测点，控制围堰长、短边方向的施打定位。施打时，必须备有导向设备，以保证钢板桩的正确位置。

（4）施打前，应对钢板桩的锁口用止水材料捻缝，以防漏水。

（5）施打顺序一般从上游向下游合龙。

（6）钢板桩可用捶击、振动、射水等方法下沉，但在黏土中不宜使用射水下沉方法。

（7）经过整修或焊接后的钢板桩应用同类型的钢板桩进行锁口试验、检查。接长的钢板桩施工时其相邻两钢板桩的接头位置应上下错开。

（8）施打过程中，应随时检查桩的位置是否正确、桩身是否垂直，否则应立即纠正或拔出重打。

6. 钢筋混凝土板桩围堰施工要求

（1）板桩断面应符合设计要求。板桩桩尖角度视土质坚硬程度而定。沉入砂砾层的板桩桩头，应增设加劲钢筋或钢板。

（2）钢筋混凝土板桩的制作，应用刚度较大的模板，榫口接缝应顺直、密合。如用中心射水下沉，板桩预制时，应留射水通道。

（3）目前钢筋混凝土板桩中，空心板桩较多。空心形状多为圆形，用钢管作芯模。板桩的榫口一般圆形的较好。桩尖斜度一般为1:2.5～1:1.5。

7. 套箱围堰施工要求

（1）无底套箱用木板、钢板或钢丝网水泥制作，内设木、钢支撑。套箱可制成整体式或装配式。

（2）制作中应防止套箱接缝漏水。

（3）下沉套箱前，应清理河床。若套箱设置在岩层上时，应整平岩面。当岩面有坡度时，套箱底的倾斜度应与岩面相同，以增加稳定性并减少渗漏。

8. 双壁钢围堰施工要求

（1）双壁钢围堰应作专门设计，其承载力、刚度、稳定性、锚锭系统及使用期等应满足施工要求。

（2）双壁钢围堰应按设计要求在工厂制作，其分节、分块的大小应按工地吊装和移运能力确定。

（3）双壁钢围堰各节、块拼焊时，应按预先安排的顺序对称进行。拼焊后应进行焊接质量检验及水密性试验。

（4）钢围堰浮运定位施工技术要点如下：

① 应对浮运、就位和灌水着床时的围堰稳定性进行验算。

② 浮运宜选择白昼，尽量安排在低水位或水流平稳、无风或小风时进行，保证浮运平稳顺利。

③ 在水深或水急处浮运时，可在围堰两侧设导向船。

④ 在浮运、下沉过程中，围堰露出水面的高度不应小于1m。

⑤ 围堰下沉前初步锚锭于墩位上游处。

⑥ 锚锭体系的锚绳规格、长度应相差不大。锚绳受力应均匀。边锚的预拉力要适当，避免导向船和钢围堰摆动过大或折断锚绳。

⑦ 就位前应对所有缆绳、锚链、锚锭和导向设备进行检查调整，以使围堰落床工作顺利进行，并注意水位涨落对锚锭的影响。

（5）准确定位后，应向堰体壁腔内迅速、对称、均衡地灌水，使围堰落床。

（6）落床后应随时观测水域内流速增大导致的河床局部冲刷，必要时可在冲刷段用卵石、碎石垫填整平，以改变河床土的粒径，减小冲刷深度，增加围堰稳定性。

（7）钢围堰着床后，应加强对冲刷和偏斜情况的检查，发现问题及时调整。

（8）钢围堰浇筑水下封底混凝土之前，应按照设计要求进行清基，并由潜水员逐片检查合格后方可封底。

（9）钢围堰着床后的允许偏差应符合设计要求。当作为承台模板使用时，其误差应符合模板的施工要求。

2.2.2 桩基础施工方法与设备选择

城市桥梁工程常用的桩基础通常可分为沉入桩基础和灌注桩基础，按成桩施工方法又可分为：沉入桩、钻孔灌注桩。

1. 沉入桩基础

常用的沉入桩有钢筋混凝土桩、预应力混凝土桩和钢管桩。

1）沉桩方法及设备选择

沉桩方法和机具应根据桩型、地质条件、水文条件以及施工环境、施工条件等因素确定。

（1）锤击沉桩宜用于砂类土、黏性土。桩锤的选用应根据地质条件、桩型、桩身结构强度、桩的密集程度、单桩竖向承载力、锤的性能及现有施工条件等因素并结合试桩情况确定。桩锤可选用液压锤、汽锤。

（2）振动沉桩宜用于锤击沉桩效果较差的密实黏性土、砾石、风化岩。

（3）在密实的砂土、碎石土、砂砾的土层中用锤击法、振动沉桩法有困难时，可采用射水作为辅助手段进行沉桩施工。在黏性土中应慎用射水沉桩；在重要建筑物附近不宜采用射水沉桩。

（4）静力压桩宜用于软黏土（标准贯入度 $N<20$）、淤泥质土。

（5）钻孔埋桩宜用于黏土、砂土、碎石土且河床覆土较厚的情况。

2）准备工作

（1）沉桩前应掌握工程地质钻探资料、水文资料和打桩资料。

（2）沉桩前必须处理地上（下）障碍物，平整场地，地面承载能力应满足沉桩需求。

（3）应根据现场环境状况采取降噪措施；城区、居民区等人员密集的场所不得进行沉桩施工。

（4）对地质复杂的大桥、特大桥，为检验桩的承载能力和确定沉桩工艺应进行试桩。通过工艺试桩确定施工工艺、机具合适性、技术参数等；承载能力试桩方式选择：特大桥和地质复杂的大、中桥宜采用静压试验方法，一般大、中桥可采用静载试验法。

（5）贯入度应通过试桩或做沉桩试验后会同监理及设计单位研究确定。

（6）用于地下水有侵蚀性的地区或腐蚀性土层的钢桩应按照设计要求做好防腐处理。

（7）沉桩前预制桩的混凝土强度等级应达到设计强度要求。

3）施工技术要点

（1）预制桩的接桩可采用焊接、法兰连接或机械连接，接桩材料工艺应符合规范要求。

（2）沉桩顺序：宜由一端向另一端进行；对于密集桩群，自中间向两端（两个方向）或四周对称施打；根据基础的设计标高，宜先深后浅；根据桩的规格，宜先大后小，先长后短；根据斜坡地形，应先坡顶后坡脚。

（3）沉桩时，桩帽或送桩帽与桩周围间隙应为 5～10mm；桩锤、桩帽或送桩帽应和桩身在同一中心线上；桩身垂直度偏差不得超过 0.5%。

（4）施工中若锤击有困难时，可在管内助沉。

（5）沉桩过程中应加强邻近建筑物、地下管线等的观测、监护。

（6）在沉桩过程中发现以下情况应暂停施工，并应采取措施进行处理：

① 贯入度发生剧变。

② 桩身发生突然倾斜、位移或有严重回弹。

③ 桩头或桩身破坏。

④ 地面隆起。

⑤ 桩身上浮。

（7）锤击沉桩开始时，应控制桩锤的冲击能，低锤慢打，当桩入土一定深度后，可按要求的落距和正常锤击频率进行。桩终止锤击的控制应视桩端土质而定，一般情况下以控制桩端设计标高为主，贯入度为辅，尚应符合下列要求：

① 桩端位于黏性土或较松软土层时，应以标高控制，贯入度作为校核。

② 桩端位于坚硬、硬塑的黏土及中密以上的粉土、砂、碎石类土、风化岩时，应以贯入度控制。当硬层土有冲刷时应以标高控制。

③ 贯入度已达到要求，而桩尖未达到设计标高时，应在满足冲刷线下最小嵌固深度后，继续锤击3阵（每阵10锤），贯入度不得大于设计要求的数值。

（8）振动沉桩前，沉桩机、机座、桩帽应连接牢固，与桩的中心轴线应保持在同一直线上；振动沉桩开始时应采取自重下沉或射水下沉，待桩身稳定后再采用振动下沉，每根桩的沉桩作业应一次完成，中途不宜停顿过久。

（9）射水沉桩应根据土层情况选择高压泵压力和排水量，尚应符合下列要求：

① 在砂类土、砾石土和卵石土层中采用射水沉桩，应以射水为主；在黏性土中采用射水沉桩，应以锤击为主。

② 当桩尖接近设计高程时，应停止射水进行锤击或振动下沉，桩尖进入未冲动的土层中的深度应根据沉桩试验确定，一般不得小于2m。

（10）预钻孔沉桩施工时，当钻孔直径大于桩径或对角线时，沉桩就位后，桩的周围应压注水泥浆。

（11）在"假极限[①]"土中的桩、射水下沉的桩、有上浮的桩均应复打，复打应达到最终贯入度小于或等于停打贯入度。

2. 钻孔灌注桩基础

钻孔或挖孔时，相邻两桩孔不得同时施工，应间隔交错进行作业。

1）准备工作

（1）施工前应掌握工程地质资料、水文地质资料，具备所用各种原材料及制品的质量检验报告。

（2）施工时应按有关规定，制定安全生产、保护环境等措施。

（3）灌注桩施工应有齐全、有效的施工记录。

（4）钻孔场地的准备和选用应根据桩位所处的场地地质和水文情况确定，其平面面积大小应满足钻孔成桩作业的需要，尚应符合下列要求：

① 桩位在旱地时，可在原地清除杂物、平整场地、填土压实形成工作平台。

② 位于浅水区时，宜采用筑岛法施工。

③ 位于深水区时，宜搭设钢制平台；当水位、水流较平稳时，亦可采用浮式工作平台，但不适用于水流湍急或潮位涨落较大的水域。

④ 平台顶面高程应高于桩基施工期间可能出现的最高水位1.0m以上，受波浪影响的水域，尚应考虑浪高的影响。

2）工艺流程

平整场地→桩位放样→埋设护筒→钻机就位→钻进成孔→成孔检查与验收→清孔→安装钢筋笼→安放导管→二次清孔→灌注水下混凝土→拔出护筒→成桩检查。

3）成孔方式与设备选择

依据成桩方式可分为泥浆护壁成孔、干作业成孔、沉管成孔灌注桩及爆破成孔，施工机具类型及土质适用条件可参考表2.2-2。

[①] 在饱和的细、中、粗砂中连续沉桩时，易使流动的砂紧密挤实于桩的周围，妨碍砂中水分沿桩上升，在桩尖下形成水压很大的"水垫"，使桩产生暂时的极大贯入阻力，休止一定时间之后贯入阻力降低，这种现象称为桩的"假极限"。

表 2.2-2　成桩方式与适用条件

序号	成孔方式		设备	适用土质条件
1	泥浆护壁成孔	正循环钻孔灌注桩	正循环钻机	黏性土、粉砂、细砂、中砂、粗砂、含少量砾石、卵石（含量少于20%）的土、软岩
		反循环钻孔灌注桩	反循环钻机	黏性土、砂类土、含少量砾石、卵石（含量少于20%，粒径小于钻杆内径2/3）的土
		冲击钻成孔灌注桩	冲抓钻机、冲击钻机	黏性土、粉土、砂土、填土、碎石土及风化岩层
		旋挖成孔灌注桩	旋挖钻机	
		潜水钻成孔灌注桩	潜水钻机	黏性土、淤泥、淤泥质土及砂土
		钻孔扩底灌注桩	钻机＋扩孔钻头	地下水位以下的填土层、黏性土层、粉土层、砂土层和粒径不大的砂砾（卵）石层，其扩底部设置于较硬（密）实的黏土层、粉土层、砂土层和砂砾（卵）石层
2	干作业成孔	长螺旋钻孔灌注桩	长螺旋钻机	地下水位以上的黏性土、砂土及人工填土非密实的碎石类土、强风化岩
		旋挖成孔灌注桩	旋挖钻机	
		钻孔扩底灌注桩	钻机＋扩孔钻头	地下水位以上的坚硬、硬塑的黏性土及中密以上的砂土风化岩层
3	沉管成孔	锤击沉管成孔桩	锤击沉管桩机	桩端持力层为埋深不超过20m的中、低压缩性黏性土、粉土、砂土和碎石类土
		振动沉管成孔桩	振动沉管桩机	黏性土、粉土和砂土
4	爆破成孔	爆破成孔灌注桩	凿岩钻机	地下水位以上的黏性土、黄土、碎石土、强风化、中风化及微风化岩层

4）泥浆护壁成孔

（1）护筒埋设

① 钻孔前应埋设护筒。护筒可用钢或混凝土制作，应坚实、不漏水。当使用旋转钻时，护筒内径应比钻头直径大20cm；使用冲击钻机时，护筒内径应比钻头直径大40cm。

② 护筒顶面宜高出施工水位或地下水位2m，且宜高出施工地面0.3m。其高度尚应满足孔内泥浆面高度的要求。

③ 护筒埋设深度：在岸滩上，黏性土、粉土不得小于1m，砂性土不得小于2m；当表面土层松软时，护筒应埋入密实土层中不小于0.5m；水中筑岛，护筒应埋入河床面以下1m左右；在水中平台上沉入护筒，可根据施工最高水位、流速、冲刷及地质条件等因素确定沉入深度，必要时应沉入不透水层；受冲刷影响的河床，护筒宜沉入施工期冲刷线以下不小于1.0m，且宜采取措施防止河床冲刷。

④ 护筒埋设允许偏差：顶面中心偏位宜为5cm，护筒倾斜度宜为1%。

（2）泥浆的制备与处理

① 泥浆制备根据施工机具、工艺及穿越土层情况进行配合比设计，宜选用高塑性黏土或膨润土。

② 灌注水下混凝土前，清孔后的泥浆相对密度应小于 1.10；含砂率不得大于 2%；黏度不得大于 20Pa·s。

③ 现场应设置泥浆池和泥浆收集设施。泥浆池包括制浆池、储浆池、沉淀池，宜设在桥的下游，也可设在船上或平台上。

④ 施工期间护筒内的泥浆面应高出地下水位 1.0m 以上；在受水位涨落影响时，泥浆面应高出最高水位 1.5m 以上。

⑤ 泥浆宜在循环处理后重复使用，减少排放量，对重要工程的钻孔桩施工，宜采用泥沙分离器进行泥浆的循环。

⑥ 施工完成后废弃的泥浆应采取先集中沉淀再处理的措施，严禁随意排放污染环境。

（3）正、反循环钻孔

① 泥浆护壁成孔时根据泥浆补给情况控制钻进速度，保持钻机稳定。

② 泥浆循环系统中，正循环回转钻主要的设备是泥浆泵，反循环回转钻实现泥浆循环的方法主要有泵吸、气举、喷射（射流）等方法。

③ 钻进过程中如发生斜孔、塌孔和护筒周围冒浆、失稳等现象时，应先停钻，待采取相应措施后再继续钻进。

④ 在相同的地质、水文、桩径、钻机机械功率等条件下，反循环钻孔在成孔效率、沉渣清除方面比正循环钻孔好，正循环钻孔在泥浆护壁效果方面比反循环钻孔有利。

（4）冲击钻成孔

① 冲击钻开孔时，应低锤密击，反复冲击造壁，保持孔内泥浆面稳定；进入基岩后，应采用大冲程、低频率冲击。

② 应采取有效的技术措施防止扰动孔壁、塌孔、扩孔、卡钻和掉钻及泥浆流失等事故。

③ 每钻进 4～5m 应验孔一次，在更换钻头前或容易缩孔处，均应验孔并应做记录。

④ 排渣过程中应及时补给泥浆。

⑤ 冲孔中遇到斜孔、梅花孔、塌孔等情况时，应采取措施后方可继续施工。

⑥ 稳定性差的孔壁应采用泥浆循环或抽渣筒排渣，清孔后灌注混凝土之前的泥浆指标应符合要求。

（5）旋挖成孔

① 旋挖钻成孔灌注桩应根据不同的地层情况及地下水位埋深，采用不同的成孔工艺，选用相应的钻头。钻进过程中，钻杆应保持垂直稳固，位置准确，控制钻进速度，避免进尺过快造成塌孔埋钻事故。

② 泥浆制备的能力应大于钻孔时的泥浆需求量，每台套钻机的泥浆储备量不少于单桩体积。

③ 成孔前和每次提出钻斗时，应检查钻斗和钻杆连接销子、钻斗门连接销子以及钢丝绳的状况，并应清除钻斗上的渣土。

④ 旋挖钻机成孔应采用跳挖方式，并根据钻进速度同步补充泥浆，保持所需的泥浆面高度不变。

⑤ 孔底沉渣厚度控制指标应符合要求。

5）干作业成孔

（1）长螺旋钻孔

① 钻机定位后，应进行复检，钻头与桩位点偏差不得大于20mm；开孔时下钻速度应缓慢；钻进过程中，不宜反转或提升钻杆。

② 在钻进过程中遇到卡钻、钻机摇晃、偏斜或发生异常声响时，应立即停钻，待查明原因，采取相应措施后方可继续作业。

③ 钻至设计标高后，应先泵入混凝土并停顿10～20s，再缓慢提升钻杆。提钻速度应根据土层情况确定，并保证管内有一定高度的混凝土。

④ 混凝土压灌应连续进行，压灌结束后，应立即将钢筋笼插至设计深度，并及时清除钻杆及泵（软）管内残留混凝土。

（2）钻孔扩底

① 钻杆应保持垂直稳固，位置准确，防止因钻杆晃动引起孔径扩大。

② 钻孔扩底桩施工扩底孔部分虚土厚度应符合设计要求。

③ 灌注混凝土时，第一次应灌到扩底部位的顶面，随即振捣密实；灌注桩顶以下5m范围内混凝土时，应随灌注随振动，每次灌注高度不大于1.5m。

6）清孔

（1）钻孔至设计标高后，应对孔径、孔深、垂直度进行检查，确认合格后即可进行清孔。

（2）清孔时，必须保持孔内水头，防止塌孔。

（3）清孔过程中，应不断置换泥浆，直至开始灌注水下混凝土时停止。

（4）清孔后应对泥浆试样进行性能指标试验。

（5）清孔后的沉渣厚度应符合设计要求；设计无要求时，摩擦桩的沉渣厚度不应大于300mm；端承桩的沉渣厚度不应大于100mm。

（6）钢筋骨架吊入后，水下混凝土灌注前，应再次检查孔内泥浆的性能指标和孔底沉淀厚度，如超过本书2.2.2中2.6）（5）的要求，应进行第二次清孔，直至符合要求后方可灌注水下混凝土。

7）钢筋笼施工要点

（1）钢筋笼制作时，主筋连接，桩身纵向受力钢筋的接头应设置在桩身受力较小处；接头位置宜相互错开，且在35d（d为主筋直筋）的同一接头连接区段范围内钢筋接头不得超过钢筋数量的50%；主筋与箍筋应点焊。

（2）钢筋笼应整体吊装，吊装时不得碰损孔壁。钢筋笼吊放前，必须清除槽底沉渣，孔底沉渣厚度满足设计及规范要求。钢筋笼吊放到设计位置时，应检测其水平位置和高程是否达到设计要求，检测合格后应立即固定钢筋笼，钢筋笼入孔后至浇筑混凝土完毕的时间不超过4h。

（3）钢筋笼在制作、运输、吊装过程中应采用有效措施防止钢筋笼变形。

8）混凝土灌注

（1）桩孔检验合格，吊装钢筋笼完毕后，安置导管灌注混凝土。

（2）混凝土配合比应通过试验确定，必须具备良好的和易性，坍落度宜为180～220mm。其粗骨料粒径不宜大于40mm。

(3)首盘浇筑:初灌量必须保证导管底部埋入混凝土中不应少于1.0m,且连续灌注。

(4)正常灌注混凝土时,导管底部埋于混凝土中深度宜为2~6m。

(5)灌注水下混凝土必须连续施工,中途停顿时间不宜大于30min,并应控制提拔导管速度,每次拆卸导管前均要测量混凝土面高度,计算出导管埋深后拆卸。严禁将导管提出混凝土灌注面。灌注过程中的故障应记录备案。

(6)桩顶混凝土浇筑完成后应高出设计标高0.5~1m,确保桩头浮浆层凿除后桩基面混凝土达到设计强度。

【案例 2.2-1】

1. 背景

某市迎宾大桥工程采用沉入桩基础,承台平面尺寸为5m×30m,布置145根桩,为群桩形式:顺桥方向5行桩,桩中心距为0.8m,横桥方向29排,桩中心距1m;设计桩长15m,分两节预制,采用法兰盘等强度接头。由施工项目部经招标程序选择专业施工队伍进行沉桩作业,在施工组织设计编制和审批中出现了下列情况:

情况一:为了挤密桩间土,增加桩与土体的摩擦力,沉桩顺序定为四周向中心施打。

情况二:为防止桩顶或桩身出现裂缝、破碎,决定以贯入度为主控制。

2. 问题

(1)分析上述方案和做法是否符合规范的规定,若不符合,请说明理由。

(2)在沉桩过程中,遇到哪些情况应暂停沉桩?

(3)在沉桩过程中,如何妥善掌握控制桩端标高与贯入度的关系?

3. 参考答案

(1)方案和做法与规范规定的符合性分析:

①情况一不符合规范规定;理由:沉桩顺序应从中心向四周进行。

②情况二不符合规范规定;理由:沉桩时,一般情况下应以控制桩端设计标高为主,贯入度为辅。

(2)在沉桩过程中,若遇到贯入度剧变,桩身突然发生倾斜、位移或有严重回弹,桩顶或桩身出现严重裂缝、破碎等情况时,应暂停沉桩。

(3)当桩端标高等于设计标高,而贯入度较大时,应继续锤击,使贯入度接近控制贯入度,当贯入度已达到控制贯入度,而桩端标高未达到设计标高时,应在满足冲刷线下最小嵌固深度后继续锤击3阵(每阵10锤),如无异常变化,即可停止;若桩端标高与设计值相差超过规定值,应与设计和监理单位研究决定。

2.2.3 墩台、盖梁施工技术

1. 承台施工

(1)承台施工前应检查桩基位置,确认符合设计要求,如偏差超过检验标准,应会同设计、监理工程师制定措施,实施后方可施工。

(2)在基坑无水情况下浇筑钢筋混凝土承台,如设计无要求,基底应浇筑100mm

厚混凝土垫层。

（3）在基坑有渗水的情况下浇筑钢筋混凝土承台，应有排水措施，基坑不得积水。如设计无要求，基底可铺100mm厚碎石并浇筑50~100mm厚混凝土垫层。

（4）承台混凝土宜连续浇筑成型。分层浇筑时，接缝应按施工缝处理。

（5）水中高桩承台采用套箱法施工时，套箱应架设在可靠的支承上，并具有足够的强度、刚度和稳定性。套箱顶面高程应高于施工期间的最高水位。套箱应拼装严密，不漏水。套箱底板与基桩之间缝隙应堵严。套箱下沉就位后，应及时浇筑水下混凝土封底。

2. 现浇混凝土墩台、盖梁
1) 一般要求

（1）墩台高度较低时可整体浇筑施工，高度较高时可分节段施工。上一节段施工时，已浇筑节段的混凝土强度应不低于2.5MPa。节段的接缝应凿毛处理，其表面的松散层、尘土、石屑等应清理干净。

（2）墩台的钢筋可分节段制作和安装。当采用整体制作、整体安装施工时，在制作、存放、运输和安装时应采取有效措施保证其刚度，避免产生过大的变形。

（3）在模板安装前，应在基础顶面放出墩台的轴线及边缘线；对分节段施工的墩台，首节模板安装的平面位置和垂直度（或倾斜角度）应严格控制。模板在安装过程中应监控其垂直度（或倾斜角度），应有防倾覆的临时措施，且应考虑其抗风稳定性。

（4）浇筑混凝土时，串筒、溜槽的布置应满足分块浇筑的需求，便于混凝土的摊铺和振捣。

（5）作业人员上下梯道宜采用钢管脚手架或专用产品搭设，设置时应固定在已浇筑完成的墩台身上。

（6）高墩柱施工时，混凝土的垂直输送宜采用泵送方式，泵送管可沿已施工完成的墩身或搭设专用支架进行布设，不应布设在塔式起重机和施工电梯上。

2) 重力式混凝土桥台施工

（1）桥台混凝土浇筑前应对基础混凝土顶面做凿毛处理，清除锚筋污锈。

（2）桥台混凝土宜水平分层浇筑，每层高度宜为1.5~2m。

（3）桥台混凝土分块浇筑时，接缝应与桥台截面尺寸较小的一边平行，邻层、分块接缝应错开，接缝宜做成企口形。分块数量：桥台水平截面积在200m^2内不得超过2块；在300m^2以内不得超过3块；每块面积不得小于50m^2。

（4）明挖基础上灌注桥台第一层混凝土时，要防止水分被基础吸收或基顶水分渗入混凝土而降低强度。

（5）大体积混凝土浇筑施工及质量控制，详见本书2.7.2中3.的相关内容。

3) 柱式桥墩施工

（1）模板、支架稳定计算中应考虑风力影响。

（2）墩柱与承台基础接触面应凿毛处理，清除钢筋污锈。浇筑墩台柱混凝土时，应铺同强度等级配合比的水泥砂浆一层。墩台柱的混凝土宜一次连续浇筑完成。

（3）柱身高度内有系梁连接时，系梁应与柱同步浇筑。V形墩柱混凝土应对称浇筑。

（4）采用预制混凝土管做柱身外模时，预制管安装应符合下列要求：

① 基础面宜采用凹槽接头，凹槽深度不得小于 50mm。

② 上下管节安装就位后，应采用四根竖方木对称设置在管柱四周并绑扎牢固，防止撞击错位。

③ 混凝土管柱外模应设斜撑，保证浇筑时的稳定。

④ 管节接缝应采用水泥砂浆等材料密封。

（5）钢管混凝土墩台柱应采用补偿收缩混凝土，一次连续浇筑完成。钢管的焊制与防腐应符合设计要求或相关规范规定。

4）盖梁施工

（1）盖梁施工采用的托架、支架或抱箍等临时支承设施，其结构受力应满足施工要求，且应符合本书 2.1.2 中相关要求。支架可直接支承在承台顶部。

（2）在城镇交通繁华路段施工盖梁时，宜采用整体组装模板、快装组合支架，以减少占路时间。

（3）盖梁为悬臂梁时，混凝土浇筑应从悬臂端开始；预应力钢筋混凝土盖梁拆除底模时间应符合设计要求；如设计无要求时，孔道压浆强度应达到设计强度后，方可拆除底模板。

3. 预制安装桥墩和盖梁

1）预制场地

（1）预制场地应进行规划和设计。

（2）场地的布置应有利于构件的预制、存放、移运和装车（船）的施工作业。

（3）场地内的道路、料场等均应硬化处理，且应有完善的防水、排水系统。

（4）场地内各种临时设施的地基应具有足够的承载能力，必要时应对地基进行加固处理。

（5）场地内应布置相应的构件移运通道，通道的地基应坚固、不沉陷，路面应平整、坚实。

（6）涉及水域中安装的构件，应在预制场地设置构件的运输线路和码头。

2）预制台座

（1）台座的地基应具有足够的承载能力、稳定性和抗变形能力，必要时应对地基进行加固处理。

（2）预制台座可采用混凝土结构和钢结构组合而成，且应与预制构件（节段）底部的预留钢筋和预埋件相适应。

（3）混凝土底座宜通过计算配置必要的受力钢筋，其基础宜采用整体式钢筋混凝土板。

（4）钢结构台座宜采用钢板和型钢制作，且可将预制构件（节段）的底模与台座连接成整体，底模的开孔位置应准确，且应与预制构件（节段）底部的预留钢筋和预埋件相匹配。

（5）预制台座的设置数量宜根据预制构件的施工规模和进度确定。

3）预制安装的一般要求

（1）模板

① 模板宜采用整体式定型钢模板，模板应具有足够的强度、刚度和稳定性。

② 模板应以刚度控制设计，且应满足多次重复使用不变形及预制精度的要求。
③ 模板安装位置应准确，连接应牢固可靠，接缝应严密不漏浆。
④ 底模、侧模均应平整。底模应垂直于预制墩身的中轴线。
⑤ 剪力键（槽）处的模板尺寸应准确，表面应平整。
（2）钢筋、预应力筋
① 钢筋和预应力筋材料的检验、下料、加工、制作、安装、绑扎、连接等应符合本书 2.1.2 中 2. 与 4. 的相关要求。
② 钢筋宜在胎架上制作成钢筋骨架或分片钢筋网后再整体吊装，必要时可增设劲性骨架增强其整体刚度，防止吊运过程中产生变形。
（3）预制混凝土施工
① 每一预制节段的混凝土应一次浇筑完成。
② 浇筑混凝土时，应采取有效措施确保预应力管道和预埋件的位置准确，不发生移位。
③ 混凝土浇筑完成后的养护、拆模等应符合相关要求。

4）桥墩预制

（1）预制节段尺寸与划分
① 高度不大或施工运输能力和安装起重能力足够时，宜采用整体预制、整体安装。
② 预制节段尺寸与划分应符合设计要求；如设计无要求时，宜根据桥墩结构的构造特点以及施工运输能力、安装起重能力和方便性等因素综合考虑确定。
③ 对于水（海）上桥梁，节段尺寸划分时宜将节段之间的接缝设置在浪溅区以上。
（2）桥墩预制
① 桥墩宜采用立式的方式在台座上预制。
② 多节段预制的桥墩，节段安装采用胶接缝连接时，应按底节、中间节、顶节的顺序从下至上匹配预制，也可采用工具式端模匹配预制；节段安装采用湿接缝连接时，节段可分别预制。
③ 节段预制时，应采取有效措施确保线形和外形尺寸准确，垂直度的精度应符合设计要求。
④ 吊装孔的位置和形式应符合设计要求，宜对吊点的受力进行复核和验算。安装施工使用的导向装置和锁定装置的位置应准确，其精度应符合设计要求。
⑤ 桥墩整体预制或顶节墩台（身）预制时，支座垫石的位置以及锚栓孔的位置、直径和深度均应符合设计要求。
（3）预制节段的场内起吊、移运和存放
① 预制节段或整体墩身的场内起吊宜采用门式起重机。当采用其他起重设备起吊时，应有足够的起重能力、稳定性和安全性。
② 起吊用的吊架、吊具和索具等应具有足够的承载能力，且应与构件的构造形式及吊装孔相适应。
③ 节段（构件）起吊时，混凝土的强度应符合设计要求；如设计无要求时，混凝土的强度不得低于设计强度的 75%，后张预应力构件孔道压浆强度应符合设计要求或不低于设计强度的 75%。

④ 预制节段（构件）场内移运时，可采用滑道或轨道式台车进行立式移运，也可采用轮胎式台车、气囊等方式进行移运；节段的中、下部应设置必要的支撑稳定装置，下部与台车应固定牢固，确保移运作业安全。移运前，应对节段的支点受力、稳定性等进行验算。

⑤ 预制节段（构件）宜采用立式的方式存放在台座上，且应采取有效措施确保其稳定，存放时不应产生受力不均、偏斜、倾倒等现象。存放的时间应符合设计要求；如设计无要求时，自混凝土浇筑完成后起算至安装的时间应不少于28d。

5）桥墩运输

桥墩预制节段（构件）的运输包括陆上运输和水上运输。

（1）陆上运输

① 在陆地上运输预制节段（构件）时，宜采用专用运输台车，或采用合适（或经改装）的运输车辆。

② 运输线路的路面应平整、无坑槽，经过的路基和桥涵应有足够的承载能力。

③ 采用立式方式运输节段（构件）时，应将节段（构件）固定在车上，且应采取措施防止节段（构件）倾倒。

④ 采用平卧方式运输节段（构件）时，应对节段（构件）进行可靠的捆绑固定；运输前应对节段（构件）的受力状况进行验算，合理设置支点，在支点处设置缓冲材料，使其受力均匀。

（2）水上运输

① 在水（海）上运输预制节段（构件）时，宜采用自航式运输驳船，其有效使用面积和载重量应满足节段（构件）装载和重量的要求，且应有足够的稳定性。

② 运输前，应对船舶在各种装载和运输工况条件下的强度、稳定性进行验算；必要时，经过分析计算后，可对船体进行加固处理。

③ 在运输船上装载预制节段（构件）时，应设计专用的型钢支架和底座用于固定预制节段（构件），确保预制节段（构件）在各种运输工况条件下的稳定性；运输时不产生移位和倾覆。

④ 水（海）上运输应符合海事和航道行政主管部门的相关规定，确保水（海）上运输安全。

6）桥墩安装

（1）一般要求

① 预制节段（构件）安装使用的起重机械和设备应满足施工吊装能力的需求。在陆地上安装时，宜采用履带式起重机或门式起重机；在水（海）上安装时，宜采用起重船。吊架、吊具和索具应具有足够的承载能力和较好的通用性。

② 辅助安装用的调位装置应具有三维（即高程、平面位移、转角）调节功能，其精度应符合设计要求；导向装置、定位装置和锁定装置等应满足快速实施、安装准确的功能要求。

（2）承台顶设置杯口安装

① 预制构件应与承台基座相匹配，宜采用对号安装，安装时宜在基座的适当位置设置导向装置。

② 安装前，应检查确认各预制构件的尺寸、安装方向以及基座支承面的高程等参数符合设计要求。基座槽口四周与预制构件之间的空隙宜不小于 20mm。

③ 基础杯口的混凝土强度必须达到设计要求，方可进行预制柱安装。杯口在安装前应校核长、宽、高，确认合格。杯口与预制件接触面均应凿毛和清洁处理，预埋件应除锈并应校核位置，合格后方可安装。

④ 预制构件安装就位后，应对其平面位置和竖直度进行检测，确认符合设计要求后，应尽快采用硬木楔或钢楔固定，并加斜撑保持柱体稳定，在确保稳定后方可摘去吊钩。

⑤ 杯口孔内的钢筋设置应符合设计及本书 2.1.2 中 2. 的相关要求。预制构件与基础杯口的湿接头应采用符合设计要求的混凝土，其配合比应进行专门设计并经试验验证。浇筑前应采用淡水充分湿润或涂刷界面剂。湿接头混凝土宜在一天中气温相对较低的时段及无积水状态下浇筑。湿接头混凝土保湿养护时间应不少于 14d。

⑥ 安装后应及时浇筑杯口混凝土，待混凝土硬化后拆除硬楔，浇筑二次混凝土，待杯口混凝土达到设计强度的 75% 后方可拆除斜撑。

（3）胶接缝分节段安装

① 桥墩应按节段匹配预制的顺序，进行匹配安装。安装时宜在下节墩台（身）顶部设置安装导向装置。

② 安装前应对已安装和待安装节段的匹配面进行检查、清理，匹配面应平整、无凸块、无异物、无污染，松散混凝土和浮浆以及尘土、油脂等污染物均应清除干净。涂胶粘剂前，匹配面应就位试拼，且应保持干燥。

③ 安装前应在节段上部设置操作平台，在墩侧的承台上设置作业人员上下梯道。作业平台和梯道宜采用钢结构制作，其结构受力应满足施工要求，且应附着在已安装完成的墩台（身）上，安装应牢固、稳定。

④ 胶粘剂的质量、力学性能和工艺性能应符合设计要求，胶粘剂的配制应符合产品说明书的要求。胶粘剂在使用时宜采用机械拌合，且在使用期间应连续搅拌保持均匀性。胶粘剂应涂抹均匀，覆盖整个匹配面，涂抹厚度宜不超过 3mm。

⑤ 节段起吊安装就位后，应立即检查其平面位置、高程和竖直度，节段之间的剪力键（槽）应密贴，上下桥墩应顺直。各项指标经检测合格后，应对其进行临时固定。

⑥ 对胶接缝施加临时预应力进行挤压时，挤压力宜为 0.2MPa；胶粘剂应在匹配面的全断面挤出，且胶接缝的挤压应在 3h 以内完成；在胶粘剂固化之前应清除被挤出的胶结料。胶粘剂在涂抹和挤压时，应采取措施对预应力孔道的端口处进行防护，防止胶粘剂进入孔道内。

⑦ 预应力张拉和孔道压浆的施工应符合设计及本书 2.1.2 中 4. 的相关要求。孔道压浆完成后应按设计要求浇筑封锚混凝土。

（4）湿接缝分节段安装

① 除顶节桥墩外，应在承台顶面和各节段的顶面设置具有支承功能和导向功能的装置。承台顶面的该类装置可单独预制、单独安装；各节段顶面的该类装置宜与桥墩节段同时预制。

② 节段起吊安装时，通过导向装置使节段缓慢地落在支承装置上；就位后应立即

检查其平面位置、高程和竖直度，经检测合格后，应对其进行临时固定。

③ 湿接头处钢筋的安装绑扎施工应符合设计及本书2.1.2中2.的相关要求。

④ 湿接头处的模板应专门设计。模板板面应与桥墩表面密贴；模板的固定方式应可靠，且应与墩台（身）的构造相适应，安装拆除应方便。

⑤ 湿接头应采用符合设计要求的混凝土，其配合比应进行专门设计并经试验验证。

⑥ 湿接头混凝土的施工质量应严格控制，原材料使用及搅拌时间均应满足规范规定。浇筑时的分层厚度应严格控制在300mm以内；振捣时应根据不同部位，采用不同规格的振捣器；必要时应进行二次振捣。湿接头混凝土宜在一天中气温相对较低的时段浇筑。湿接头混凝土保湿养护时间应不少于14d。

7）预制安装钢筋混凝土盖梁

（1）盖梁的预制安装方式应符合设计要求；设计无要求时，宜根据盖梁的构造特点以及施工的运输能力、起重能力、方便性等因素综合考虑，确定采用整体预制安装或分节段预制安装。

（2）盖梁分节段预制安装时，应采用匹配预制、匹配安装的方式进行施工。

（3）盖梁预制构件的吊点位置应符合设计要求；设计无要求时，应通过计算确定。

（4）预制盖梁安装前，应对接头混凝土面凿毛和清洁处理，预埋件应除锈。

（5）在墩台柱上安装预制盖梁时，应对墩台柱进行固定和支撑，确保稳定。

（6）盖梁就位时，应检查轴线和各部尺寸，预留槽（孔）的位置是否与墩台（身）的相应位置一致，确认合格后方可固定，并浇筑接头混凝土。接头混凝土达到设计强度后，方可卸除临时固定设施。

（7）节段匹配安装盖梁预制构件时，应采取可靠的临时固定措施，在构件精确就位后对其进行临时固定，未固定之前不得将起重机的吊钩松脱。

（8）节段匹配安装时，对接缝处理的施工参见本书2.2.3中3.6）的相关要求。

（9）预应力张拉和孔道压浆的施工应符合设计及本书2.1.2中4.的相关要求。

（10）安装完成进行体系转换时，应符合设计要求的程序和步骤。

4. 重力式砌体桥台、桥墩

1）砌块材料

（1）石料应符合设计要求的类别和强度，石质应均匀、不易风化、无裂纹、无夹层，必要时石料应通过冻融试验，其抗冻性指标应合格。

（2）混凝土预制块的强度等级应符合设计要求，其规格、形状和尺寸应统一，表面应平整。采用轻质混凝土等特殊材料制作预制块时，所用混凝土的配合比应经试验验证后确定。

2）砌体砌筑

（1）砌筑的石料和混凝土预制块应清洗干净，保持湿润。

（2）桥台、桥墩砌筑前，应清理基础，保持洁净，并测量放线，设置线杆。

（3）桥台、桥墩砌体应采用坐浆法分层砌筑，竖缝均应错开，不得贯通。

（4）砌筑墩台镶面石应从曲线部分或角部开始，排列应一丁一顺，砌缝应横平竖直。

（5）桥墩分水体镶面石的抗压强度不得低于设计要求。

（6）砌体的外露面应进行勾缝，宜采用凸缝或平缝；对于较规则的砌块，可采用凹缝。勾缝应在砌体砌筑施工完成并经检验合格后进行。勾缝前应对勾缝位置清理干净、充分湿润，按从上至下的顺序进行。

2.3 桥梁支座施工

2.3.1 支座类型

1. 桥梁支座的作用

桥梁支座是连接桥梁上部结构和下部结构的重要结构部件，位于桥跨结构和垫石之间，它能将桥梁上部结构承受的荷载和变形（位移和转角）可靠地传递给桥梁下部结构，是桥梁的重要传力装置。

桥梁支座的功能要求：首先支座必须具有足够的承载能力，以保证可靠地传递支座反力（竖向力和水平力）；其次支座对桥梁变形的约束尽可能小，以适应梁体自由伸缩和转动的需要；另外支座还应便于安装、养护和维修，必要时可以进行更换。

2. 桥梁支座的分类

（1）按支座变形可能性分类：固定支座、单向活动支座、多向活动支座、减隔震支座。

（2）按支座所用材料分类：钢支座、聚四氟乙烯支座（滑动支座）、橡胶支座（板式、盆式）等。

（3）按支座的结构形式分类：弧形支座、摇轴支座、辊轴支座、橡胶支座、球形钢支座、拉压支座等。

桥梁支座可按其跨径、结构形式、反力值、支承处的位移及转角变形值选取不同的支座。城市桥梁中常用的支座主要为板式橡胶支座和盆式支座等。

2.3.2 支座施工技术

常用桥梁支座施工

1）支座产品

（1）支座属于桥梁专用产品，应由具有相应资质的专业厂家制造。支座的规格、性能应符合设计要求，且应符合相应产品标准的规定。进场时应进行抽检。

（2）支座进场后，应对其规格、数量、产品合格证、出厂性能试验报告等进行检查；对有包装箱保护的支座，应开箱检查并按装箱单核对其规格、部件数量等，无误后重新装入包装箱内封存。检查活动支座时，不得损伤改性聚四氟乙烯板和不锈钢冷轧钢板，同时检查凹槽内是否已注满硅脂。支座检查时不得随意拆卸其上的固定件。

（3）支座应存放在干燥通风的库房内，应垫高、堆放整齐，不得直接置于地面；支座不得与酸、碱、油类、有机溶剂和具有腐蚀性的液体、气体等接触，且应远离热源。运输和装卸时，应采取有效措施防止产生碰撞或损伤。

2）支座施工一般要求

（1）墩台帽、盖梁上的支座垫石和挡块宜二次浇筑，应对其平面位置、顶面高程、平整度、预留地脚螺栓孔和预埋钢垫板等的准确性进行复核检查。垫石混凝土的强度必须符合设计要求。

（2）当实际支座安装温度与设计要求不同时，应通过计算设置支座顺桥方向的预偏量。

（3）支座安装平面位置和顶面高程必须正确，不得偏斜、脱空、不均匀受力。

（4）支座滑动面上的聚四氟乙烯滑板和不锈钢板位置应正确，不得有划痕、碰伤。

（5）活动支座安装前应采用丙酮或酒精液体清洗其各相对滑移面，擦净后在聚四氟乙烯板顶面凹槽内满注硅脂。重新组装时应保持精度。

（6）支座安装时，应分别在垫石和支座上标出纵横向的中心十字线，就位后两者的中心十字线应对准，并应采取有效措施确保支座处于水平状态，其顶面高程应符合设计要求。

（7）调整支座的顶面高程时，应采用钢垫片支垫，支座安装完成后应对支垫处留下的空隙采用环氧树脂砂浆填充密实。

（8）安装单（双）向活动支座时，应确保支座滑板的主要滑移方向符合设计要求。必要时宜考虑环境温度、预应力、混凝土收缩与徐变等因素导致梁长方向的位移变化对支座安装的影响。

（9）支座安装后，支座与墩台顶钢垫板间应密贴，及时拆除支座上的各种临时固定构件和装置，全面核对检查支座的形式、规格和安装方向等是否符合设计要求。

（10）支座安装后，应及时对垫石上的预留螺栓孔采用微膨胀灌浆材料进行填充密实，灌浆材料宜采用环氧树脂砂浆、水泥基灌浆材料等。

3）板式橡胶支座

（1）支座安装前应将垫石顶面清理干净，采用干硬性水泥砂浆抹平，顶面标高应符合设计要求。

（2）支座安装时，应对其顶面和底面进行检查核对，避免反置。对矩形滑板支座，应按产品表面标注的顺桥向和横桥向的方向进行安装。

（3）梁、板安放时应位置准确，且与支座密贴。如就位不准或与支座不密贴时，必须重新起吊，采取垫钢板等措施，并应使支座位置控制在允许偏差内。不得使用撬棍移动梁、板。

4）盆式橡胶支座

（1）现浇梁盆式橡胶支座安装

① 支座安装前检查支座连接状况是否正常，不得松动上下钢板临时连接螺栓。改性聚四氟乙烯板应密封在钢盆内，应排除空气，保持紧密。

② 支座的上、下座板可采用锚固螺栓栓接或焊接在梁体底面和垫石顶面的预埋钢板上。采用电焊连接时，预埋钢垫板应锚固可靠、位置准确，焊接应对称、间断进行，应采取措施防止温度过高烧坏改性聚四氟乙烯板、不锈钢冷轧钢板和周边混凝土；采用螺栓连接时，外露螺杆的高度不得大于螺母的厚度，螺栓预留孔尺寸应符合设计要求。锚固螺栓和焊接部位均应做防腐处理。

③ 墩顶预埋钢板下的混凝土宜分两次浇筑，应从一端灌浆，另一端排气，直至从另一端溢出为止，灌浆应连续进行。预埋钢板不得出现空鼓现象。

④ 支座安装前，应清除预留锚栓孔中的杂物和积水，待支座安装就位后安装灌浆

用模板，确认支座中心位置及标高符合设计要求后，采用重力方式灌浆。

⑤ 灌浆材料终凝后，拆除模板，检查灌浆是否密实、无漏浆，待箱梁混凝土浇筑完毕后，及时拆除各支座的上下钢板临时连接螺栓。

（2）预制梁盆式橡胶支座安装

① 预制梁在生产过程中按照设计位置预先将支座上钢板预埋至梁体内。

② 在施工现场吊装前，将支座固定在预埋钢板上并用螺栓拧紧。

③ 预制梁缓慢吊起，将支座下锚杆对准盖梁上预留孔，缓慢地落梁至临时支撑上，安装支座的同时，在盖梁上安装支座灌浆模板，进行支座灌浆作业。

④ 支座安装结束，检查是否有漏浆处，并拆除各支座上、下连接钢板及螺栓。

2.4 城市桥梁上部结构施工

2.4.1 装配式桥梁施工技术

1. 装配式梁（板）施工准备

对施工现场条件和拟定运输路线进行充分调研和评估，编制装配式梁（板）预制和吊装运输施工方案，选择构件厂（或基地）预制或施工现场预制。在充分调研和技术经济综合分析的基础上确定梁、板架设方法，常用的方法有起重机架梁法、跨墩门式起重机架梁法和穿巷式架桥机架梁法。

2. 装配式梁（板）的预制、场内移运和存放施工技术要求

1）构件预制施工技术要求

先张法梁（板）预制流程：施工准备→张拉台座施工→穿预应力筋、调整初应力→张拉预应力筋→钢筋骨架制作→安装芯模、立侧模→浇筑混凝土→混凝土养护→拆模→放松预应力筋→场内移运、存放。

后张法梁（板）预制流程：施工准备→预制场布置与建设→安装底模、侧模→安装底板、腹板钢筋及预应力管道→安装内模→安装顶板钢筋及预应力管道→安装预应力筋→安装端模→浇筑混凝土→混凝土养护→拆除端模、内模、侧模→预应力筋张拉→预应力管道压浆→封锚→场内移运、存放。

（1）构件预制场的布置应满足预制、移运、存放及架设安装的施工作业要求；场地应平整、坚实。预制场地应根据地基及气候条件，设置必要的排水设施，并应采取有效措施防止场地沉陷。存放砂石料的地面要进行硬化处理。

（2）预制台座的地基应具有足够的承载力。预制台座应采用适宜材料和方式制作，且应保证其坚固、稳定、不沉陷；当用于预制后张法预应力混凝土梁、板时，宜对台座两端及适当范围内的地基进行特殊加固处理。

（3）预制台座的间距应能满足施工作业要求；台座表面应光滑、平整，在 2m 长度上平整度的允许偏差应不超过 2mm，且应保证底座或底模的挠度不大于 2mm。

（4）对预应力混凝土梁、板，应根据设计单位提供的理论拱度值，结合施工的实际情况，正确预计梁体拱度的变化情况，在预制台座上按梁、板构件跨度设置相应的预拱度。当后张预应力混凝土梁预计的拱度值较大时，可考虑在预制台座上设置反拱。

（5）各种构件混凝土的浇筑应符合如下要求：

① 腹板底部为扩大断面的 T 形梁，应先浇筑扩大部分并振实后，再浇筑其上部腹板。

② U 形梁可一次浇筑或分两次浇筑。一次浇筑时，应先浇筑底板（同时腹板部位浇筑至底板承托顶面），待底板混凝土稍沉实后再浇筑腹板；分两次浇筑时，先浇筑底板至底板承托顶面，按施工缝处理后，再浇筑腹板混凝土。

③ 采用平卧重叠法支立模板、浇筑构件混凝土时，下层构件顶面应设临时隔离层；上层构件须待下层构件混凝土强度达到 5.0MPa 后方可浇筑。

④ 箱形截面梁先浇筑底板混凝土，接着顺次浇筑腹板、顶板混凝土。在浇筑时应采取措施防止内膜上浮，一般在底板设置拉杆。

（6）高宽比较大的预应力混凝土 T 形梁和 I 形梁应对称、均衡地施加预应力，并应采取有效措施防止梁体产生侧向弯曲。

（7）禁止使用橡胶充气气囊作为空心梁板或箱形梁的内模。

（8）后张法预应力构件张拉时应使用数控预应力张拉设备，孔道压浆时应使用数控压浆设备。

2）构件的场内移运和存放

（1）对后张法预应力混凝土梁、板，在施加预应力后可将其从预制台座吊移至场内的存放台座上再进行孔道压浆，但必须满足下列要求：

① 从预制台座上移出梁、板仅限一次，不得在孔道压浆前多次倒运。

② 吊移的范围必须限制在预制场内的存放区域，不得移往他处。

③ 吊移过程中不得对梁、板产生任何冲击和碰撞。

（2）构件运输和堆放时，梁式构件应竖立放置，并应采取斜撑等防止倾覆的措施；板式构件不得倒置。支承位置应与吊点位置在同一竖直线上。

（3）梁、板构件移运时的吊点位置应按设计要求；设计无要求时，梁、板构件的吊点应根据计算决定。构件的吊环应顺直。吊绳与起吊构件的交角小于 60° 时，应设置吊架或起吊扁担，使吊环垂直受力。吊移板式构件时，不得吊错上、下面。

（4）构件在脱底模、移运、吊装时，混凝土的强度不得低于设计强度的 75%，后张预应力构件孔道压浆强度应符合设计要求或不低于设计强度的 75%。

（5）存放台座应坚固稳定，且宜高出地面 200mm 以上。存放场地应有相应的防水排水设施，并应保证梁、板等构件在存放期间不致因支点沉陷而遭受损坏。

（6）梁、板构件存放时，其支点位置应符合设计要求，支点处应采用垫木和其他适宜的材料支承，不得将构件直接支承在坚硬的存放台座上；存放时混凝土养护期未满的，应继续洒水养护。

（7）构件应按其安装的先后顺序编号存放，预应力混凝土梁、板的存放时间不宜超过 3 个月，特殊情况下不应超过 5 个月。

（8）当构件多层叠放时，层与层之间应以垫木隔开，各层垫木的位置应设在设计要求的支点处，上下层垫木应在同一条竖直线上；叠放高度宜按构件强度、台座地基承载力、垫木强度以及堆垛的稳定性等经计算确定。大型构件宜为两层，不应超过 3 层；小型构件宜为 6~10 层。

（9）雨期和春季融冻期间，应采取有效措施防止因地面软化下沉导致构件断裂及损坏。

(10) 对台座基础应进行沉降验算、控制整体及不均匀沉降量。存梁台座需进行承载力、稳定性和变形计算，其结构变形应满足所存放混凝土梁的技术要求和规定。

3. 装配式梁（板）的安装

1）技术准备

(1) 编制吊运（吊装、运输）专项方案，并按有关规定进行论证、批准。

(2) 吊运方案应对各受力部分的设备、杆件进行验算，特别是吊车等机具安全性验算，起吊过程中构件内产生的应力验算必须符合要求。梁长25m以上的预应力简支梁应验算裸梁的稳定性。

(3) 按照有关规定进行技术安全交底。

2）施工准备

(1) 应按照起重吊装的有关规定，选择吊运工具、设备，确定吊车站位、运输路线与交通导行等具体措施。

(2) 对操作人员进行培训和考核。

(3) 测量放线，给出高程线、结构中心线、边线，并进行清晰标识。

3）构件的运输

(1) 板式构件运输时，宜采用特制的固定架稳定构件。小型构件宜顺宽度方向侧立放置，并应采取措施防止倾倒；如平放，在两端吊点处必须设置支搁方木。

(2) 梁的运输应顺高度方向竖立放置，并应有防止倾倒的固定措施；装卸梁时，必须在支撑稳妥后，方可卸除吊钩。

(3) 采用平板拖车或超长拖车运输大型构件时，车长应能满足支点间的距离要求，支点处应设活动转盘防止搓伤构件混凝土；运输道路应平整，如有坑洼而高低不平时，应事先处理平整。

(4) 水上运输构件时，应有相应的封仓加固措施，并应根据天气状况安排装卸与运输作业时间，同时应满足水上（海上）作业的相关安全规定。

4）简支梁、板安装

自行式吊车架梁流程：施工准备→运梁道修整→吊车就位→桥梁支座安装→运梁车就位→提梁、横移架梁→梁（板）精确就位→吊车移至下一孔。

架桥机架梁流程：施工准备→架桥机在桥台后拼装→架桥机过孔→运梁车就位→桥梁支座安装→提梁、运梁、架桥机架梁→梁（板）精确就位→架桥机移至下一孔。

(1) 施工现场内运输通道应畅通，吊装场地应平整、坚实。在电力架空线路附近作业时，必须采取相应的安全技术措施。6级（含）以上大风时，停止吊装作业。

(2) 安装构件前必须检查构件外形及其预埋件尺寸和位置，其偏差不应超过设计或规范允许值。

(3) 装配式桥梁构件在脱底模、移运、堆放和吊装就位时，混凝土的强度不应低于设计要求的吊装强度，设计无要求时一般不应低于设计强度的75%。后张法预应力混凝土构件吊装时，其孔道水泥浆的强度不应低于构件设计要求。如设计无要求时，不应低于30MPa。吊装前应验收合格。

(4) 安装构件前，支承结构（墩台、盖梁等）的强度应符合设计要求，支承结构和预埋件的尺寸、标高及平面位置应符合设计要求且验收合格。桥梁支座的安装质量应符合要求，其规格、位置及标高应准确无误。墩台、盖梁、支座顶面清扫干净。

（5）起重机架梁时，严禁斜拉斜吊，严禁轮式起重机吊重物行驶。双机抬吊时，设专人指挥，单机按降效25%作业。门式吊梁车架梁时，前后吊点升降进度一致，慢速行驶，速度不大于5m/min。导梁长度为桥梁跨径两倍另加5～10m引梁。门式起重机架梁时，应将两台门式起重机对准架梁位置，大梁运至门架下垂直起吊，小车横移至安装位置落梁就位。

（6）采用架桥机进行安装作业时，其抗倾覆稳定系数应不小于1.3，架桥机过孔时，应将起重小车置于对稳定最有利的位置，且抗倾覆系数应不小于1.5。风荷载较大时应采取防止横向失稳的措施。

（7）梁、板安装施工期间及架桥机移动过孔时，严禁行人、车辆和船舶在作业区域的桥下通行。

（8）梁板就位后，应及时设置保险垛或支撑将构件临时固定，对横向自稳性较差的T形梁和I形梁等，应与先安装的构件进行可靠的横向连接，防止倾倒。

（9）安装在同一孔跨的梁、板，其预制施工的龄期差不宜超过10d。梁、板上有预留孔洞的，其中心应在同一轴线上，偏差应不大于4mm。梁、板之间的横向湿接缝，应在一孔梁、板全部安装完成后方可进行施工。

（10）对弯、坡、斜桥的梁，其安装的平面位置、高程及几何线形应符合设计要求。

5）先简支后连续梁的安装

（1）临时支座顶面的相对高差不应大于2mm。

（2）施工程序应符合设计要求，应在一联梁全部安装完成后再浇筑湿接头混凝土。

（3）对湿接头处的梁端，应按施工缝的要求进行凿毛处理。永久支座应在设置湿接头底模之前安装。湿接头处的模板应具有足够的强度和刚度，与梁体的接触面应密贴并具有一定的搭接长度，各接缝应严密、不漏浆。负弯矩区的预应力管道应连接平顺，与梁体预留管道的接合处应密封；预应力锚固区预留的张拉齿板应保证其外形尺寸准确且不被损坏。

（4）湿接头的混凝土宜在一天中气温相对较低的时段浇筑，且一联中的全部湿接头应一次浇筑完成。湿接头混凝土的养护时间应不少于14d。

（5）湿接头应按设计要求施加预应力、孔道压浆；浆体达到强度后应立即拆除临时支座，按设计要求的程序完成体系转换。同一片梁的临时支座应同时拆除。

（6）仅为桥面连续的梁、板，应按设计要求进行施工。

【案例2.4-1】

1. 背景

某公司中标承建一座城市高架桥，上部结构为30m预制T梁，共12跨，桥宽29.5m。项目部完成了施工方案编制后，便立即开始了预制场的施工。因为处理T梁预制台座基础沉降影响了工程进度，为扭转工期紧迫的被动局面，项目部加快了生产调度节奏，技术管理细节出现了一些问题：如千斤顶张拉超200次未安排重新标定等；被监理工程师要求停工整顿。

2. 问题

（1）预制场施工方案的编制、审批程序是什么？

（2）预制台座基础应满足哪些要求才能保证不发生沉降？

（3）千斤顶张拉超过 200 次，但钢绞线的实际伸长值与理论伸长值的差值满足规范要求，即 ±6% 以内，千斤顶是否可以不重新标定？

3. 参考答案

（1）预制场的施工方案，由项目技术负责人组织编制，经项目负责人组织讨论优化，在项目负责人批准后，应报企业技术负责人审批，并加盖公章，批准后，施工方案才能实施。

（2）张拉台座基础应具有足够的强度和刚度；台座基础下的地基承载力应满足梁重承载的要求；做好预制场硬化、排水工作。

（3）不可以。依据相关规范的规定，张拉满 6 个月或者张拉次数达到 200 次的千斤顶，必须重新进行标定后方能继续投入使用。

2.4.2 现浇预应力（钢筋）混凝土连续梁施工技术

现浇预应力（钢筋）混凝土连续梁常用的施工技术有支（模）架法和悬臂浇筑法。

1. 支（模）架法

1）支架法现浇预应力混凝土连续梁

施工工艺流程：施工准备→地基处理→支架搭设→模板系统安装→支架加载预压→钢筋、预应力筋及孔道安装→内模安装→混凝土浇筑→混凝土养护→预应力张拉→预应力孔道压浆→落架→拆除支架、模板→清理现场。

（1）支架的地基承载力应符合要求，必要时，应采取加强处理或其他措施。地基处理后，应做地基承载力试验，若沉降量超标，则对地基重新处理，直到满足要求为止。

（2）应有简便可行的落架拆模措施。落架时宜分级循环、对称、有序进行，严控单次卸落量。

（3）各种支架和模板安装后，宜采取措施消除拼装间隙和地基沉降等非弹性变形。

（4）安装支架时，应根据梁体和支架的弹性、非弹性变形，设置预拱度。

（5）支架基础周围应有良好的排水措施，不得被水浸泡。

（6）浇筑混凝土时应采取措施，避免支架产生不均匀沉降。

（7）支架施工前，应编制专项施工方案，内容包括支架平、立、剖面图，支架细部结构详图、支架基础详图，并对支架的整体稳定性、支架的刚度、构件的强度和变形进行验算，按规定做好评审、审批工作。

2）移动模架上浇筑预应力混凝土连续梁

施工工艺流程：施工准备→移动模架拼装→施工放样、预拱度设置→安装底腹板钢筋、预应力筋→安装内模、端头模→绑扎顶板钢筋、接口预埋→混凝土浇筑→混凝土养护至 60% 强度→脱内模→混凝土养护至 80% 强度→初张拉→脱底模、模架下落→混凝土养护至 100% 强度→终张拉、灌浆、封锚→梁端现浇、养护→清理现场。

（1）模架长度必须满足施工要求。

（2）模架应利用专用设备组装，在施工时能确保质量和安全。

（3）浇筑分段工作缝，必须设在弯矩零点附近。

（4）箱梁内、外模板在滑动就位时，模板平面尺寸、高程、预拱度的误差必须控制在容许范围内。

（5）混凝土内预应力筋管道、钢筋、预埋件设置应符合规范规定和设计要求。

（6）移动模架首次拼装后，需做预压加载试验，后续使用无须预压试验。

（7）6级（含）以上大风，禁止移动模架系统。做好移动模架行走状态、立模状态和混凝土浇筑状态应力监控，控制移动模架与变形在合理范围内，确保施工安全和桥梁结构安全。

2. 悬臂浇筑法

悬臂浇筑法是将梁体沿桥梁轴线分成若干段，在桥墩两侧设置工作平台，平衡对称地逐段向跨中悬臂浇筑混凝土梁体，并逐段施加预应力的施工方法。

连续梁悬臂浇筑流程：施工准备→0号块支架搭设、预压→0号块混凝土浇筑→0号块预应力钢束张拉→墩梁临时固结→组拼挂篮→挂篮预压→对称悬臂浇筑1号块→1号块预应力钢束张拉→挂篮前移就位→悬臂浇筑2号块→2号块预应力钢束张拉→挂篮前移就位→下一块段施工→边跨现浇段混凝土浇筑→边跨合龙→解除墩梁临时固结→中跨合龙。

悬臂浇筑的主要设备是一对能行走的挂篮。挂篮在已经张拉锚固并与墩身连成整体的梁段上移动。绑扎钢筋、立模、浇筑混凝土、施加预应力都在其上进行。完成本段施工后，挂篮对称向前各移动一节段，进行下一梁段施工，循序渐进，直至悬臂梁段浇筑完成。

挂篮由主桁承重系统、底篮系统、模板系统、锚固系统、悬吊系统、行走系统、控制系统、工作平台和安全系统组成。

1）挂篮设计与组装要求

（1）挂篮结构主要设计参数应符合下列要求：

① 挂篮质量与梁段混凝土的质量比值控制在0.3~0.5，特殊情况下不得超过0.7。

② 允许最大变形（包括吊带变形的总和）为20mm。

③ 施工、行走时的抗倾覆安全系数不得小于2。

④ 自锚固系统的安全系数不得小于2。

⑤ 斜拉水平限位系统和上水平限位安全系数不得小于2。

（2）挂篮结构设计应符合下列要求：

① 在下列任一条件下不得使用精轧螺纹钢筋吊杆连接挂篮上部与底篮：

a. 前吊点连接。

b. 其他吊点连接：上下钢结构直接连接（未穿过混凝土结构）；与底篮连接未采用活动铰；吊杆未设外保护套。

② 禁止挂篮后锚处设置配重平衡前方荷载。

（3）挂篮组装后，应全面检查安装质量，并应按设计荷载做载重试验，以消除非弹性变形。获得分级荷载下的弹性变形数据，为箱梁悬浇施工线形控制提供依据。

2）浇筑段落

悬浇梁体一般应分四大部分浇筑：

（1）墩顶梁段（0号块）。
（2）墩顶梁段（0号块）两侧对称悬浇梁段。
（3）边孔支架现浇梁段。
（4）主梁跨中合龙段。

3）悬浇顺序及要求

（1）顺序

① 在墩顶托架或膺架上浇筑0号段并实施墩梁临时固结。
② 在0号块段上安装悬臂挂篮，向两侧依次对称分段浇筑主梁至合龙前段。
③ 在支架上浇筑边跨主梁合龙段。
④ 最后浇筑中跨合龙段形成连续梁体系。

（2）要求

① 托架、膺架应经过设计，计算其弹性及非弹性变形。
② 在梁段混凝土浇筑前，应对挂篮（托架或膺架）、模板、预应力筋管道、钢筋、预埋件、混凝土材料、配合比、机械设备、混凝土接缝处理等情况进行全面检查，经有关方签认后方准浇筑。
③ 悬臂浇筑混凝土时，宜从悬臂前端开始，最后与前段混凝土连接。
④ 桥墩两侧梁段悬臂施工应对称、平衡，平衡偏差不得大于设计要求。
⑤ 应控制挂篮轴线两侧的不平衡荷载，防止挂篮偏载过大和内模移位。
⑥ 悬臂浇筑一般应全断面一次浇筑成型。如箱梁断面较大，需分次浇筑时，除按相关要求处理好施工缝外，还应采取措施消除后浇混凝土重力引起的挂篮变形，避免现浇混凝土开裂。

4）张拉及合龙技术要求

（1）预应力混凝土连续梁悬臂浇筑施工中，顶板、腹板纵向预应力筋的张拉顺序一般为上下、左右对称张拉，设计有要求时按设计要求施作。

（2）预应力混凝土连续梁合龙顺序一般是先边跨、后次跨、最后中跨。

（3）连续梁（T构）的合龙、体系转换和支座反力调整应符合下列要求：

① 合龙段的长度宜为2m。
② 合龙前应观测气温变化与梁端高程及悬臂端间距的关系。
③ 合龙前应按设计要求，将两悬臂端合龙段予以临时连接，并将合龙跨一侧墩的临时锚固放松或改成活动支座。
④ 合龙前，在两端悬臂预加压重，并于浇筑混凝土过程中逐步撤除，以使悬臂端挠度保持稳定。
⑤ 合龙宜在一天中气温最低时进行。
⑥ 合龙段的混凝土强度等级宜提升一级，以尽早施加预应力。宜采用微膨胀混凝土或纤维混凝土，增加混凝土的抗裂性。
⑦ 连续梁的梁跨体系转换，应在合龙段及全部纵向连续预应力筋张拉、压浆完成，并解除各墩临时固结后进行。

⑧ 梁跨体系转换时，支座反力的调整应以高程控制为主，反力作为校核。

⑨ 梁墩临时锚固的放松，应均衡对称进行，逐渐均匀释放。在放松过程中，应注意各梁段的高程变化。

5）高程控制要求

预应力混凝土连续梁，悬臂浇筑段前端底板和桥面标高的确定是连续梁施工的关键问题之一，确定悬臂浇筑段前端标高时应考虑：

（1）挂篮前端的垂直变形值。

（2）预拱度设置。

（3）施工中已浇段的实际标高。

（4）温度影响。

因此，施工过程中的监测项目为前三项；必要时，结构物的变形值、应力也应进行监测，保证结构的强度和稳定。

【案例 2.4-2】

1. 背景

某市新建道路跨线桥，主桥长 520m、桥宽 22.15m，桥梁跨线部分三跨为钢筋混凝土预应力连续箱梁，跨径组合为 30m＋35m＋30m，需现场浇筑，进行预应力张拉；其余部分为 22m 简支 T 梁。支架设计为满堂支架形式，部分基础采用加固处理。模板支架有详细的专项方案设计，项目部安排了专业能力较强的施工队伍进行支架施工。在市质量安全监督部门现场检查时发现了以下情况：

（1）施工组织设计经项目负责人审批签字后上报监理工程师审批。

（2）专项方案计算书仅提供了支架的强度验算，验算结果满足规范要求。

（3）由于拆迁影响了工期，项目技术负责人对施工组织设计作了变更，并及时请示项目负责人，经批准后付诸实施。

（4）为加快桥梁预应力张拉的施工进度，从其他工地借来一台千斤顶与项目部现有的一台闲置油泵配套使用。

2. 问题

根据现场情况梳理列出以下四个问题：

（1）施工组织设计审批程序的做法是否正确，应如何办理？

（2）专项方案计算书仅提供支架的强度验算尚不满足要求，予以补充。

（3）变更后的施工组织设计经项目负责人批准是否可以直接付诸实施？说明理由。

（4）从其他工地借用千斤顶与现有设备配套使用违反了哪些规定？

3. 参考答案

（1）不正确。工程施工组织设计应由项目负责人审核，并经施工单位技术负责人审批且加盖企业公章。

（2）支架专项方案应满足刚度、强度、稳定性验算的相关要求。

（3）不可以。经修改或补充的施工组织设计应按审批权限重新履行审批程序。

（4）违反了有关规范中：千斤顶与油泵配套使用，应在进场时进行配套标定的规定。

2.4.3 钢梁施工技术

钢梁施工技术主要有钢梁制造技术和钢梁安装技术。

陆地段简支钢箱梁施工工艺流程：施工准备→制定钢梁分块方案→钢梁在工厂制造→钢梁厂内预拼装、验收→钢梁临时支架安装→吊车就位→钢梁运输到指定位置→现场试吊→永久桥墩顶安装支座、临时支架顶安装砂箱及限位装置→分节段吊装→钢梁精确定位调整→临时固定→节段间焊接→嵌补段焊接→落梁、临时支座拆除、体系转换→焊缝处除锈→钢梁防腐涂装→临时支架拆除→桥面及附属设施安装。

1. 钢梁制造技术要求

（1）钢梁应由具有相应资质的企业制造，并应符合《钢结构工程施工质量验收标准》GB 50205—2020 的有关要求。

（2）钢梁制作基本要求：

① 钢梁制作的工艺流程：包括钢材矫正，放样画线，加工切割，再矫正、制孔，边缘加工、组装、焊接，构件变形矫正，摩擦面加工，试拼装、工厂涂装、发送出厂等。

② 钢梁制造焊接环境相对湿度不宜高于80%。

③ 焊接环境温度：低合金高强度结构钢不得低于5℃，普通碳素结构钢不得低于0℃。

④ 主要杆件应在组装后 24h 内焊接。

⑤ 钢梁出厂前必须进行试拼装，并应按设计和有关规范的要求验收。

⑥ 钢梁出厂前，安装企业应对钢梁质量和应交付的文件进行验收，确认合格。

（3）钢梁制造企业应向安装企业提供下列文件：

① 产品合格证。

② 钢材和其他材料质量证明书和检验报告。

③ 施工图，拼装简图。

④ 工厂高强度螺栓摩擦面抗滑移系数试验报告。

⑤ 焊缝无损检测报告和焊缝重大修补记录。

⑥ 产品试板的试验报告。

⑦ 工厂试拼装记录。

⑧ 杆件发运和包装清单。

2. 钢梁安装技术要求

1）安装方法选择

（1）城区内常用安装方法：吊机整孔架设法、门架吊机整孔架设法、支架架设法、缆索吊机拼装架设法、悬臂拼装架设法、拖拉架设法等。

（2）钢梁工地安装，应根据跨径大小、河流情况、交通情况和起吊能力等条件选择安装方法。

2）安装前准备

（1）支撑体系安装：

临时支撑体系一般采用型钢，如角钢、槽钢、工字钢、H 型钢、钢管等，由立柱和横梁组成,也可采用贝雷片、盘扣支架等;对于分节段钢箱梁安装,则支撑体系设在对接环缝处。

① 支撑体系需根据钢箱梁的加工分段尺寸、重量以及现场施工环境,编制专项施工方案,并进行受力验算,也可纳入钢箱梁专项施工方案,经专家评审,相关单位审批后实施,确保施工安全。

② 临时支架主柱底板与基础预埋钢板牢固连接,支架安装完成后在支架横梁上标注箱梁安装就位控制点、高程控制点。

③ 临时支架旁有交通通行需要的,一方面要做好交通疏导,设立醒目安全警示标识,另一方面在支架外侧做好防撞墙,防止汽车撞击支架体系。

(2)钢梁安装前应对临时支架、支承、吊机等临时结构和钢梁结构本身在不同受力状态下的强度、刚度及稳定性进行验算。

(3)应对桥台、墩顶顶面高程、中线及各孔跨径进行复测,误差在允许偏差范围内方可安装。

(4)应按照构件明细表,核对进场的构件、零件,查验产品出厂合格证及钢材的质量证明书。

(5)对杆件进行全面质量检查,对装运过程中产生缺陷和变形的杆件,应进行矫正。如图 2.4-1 所示。

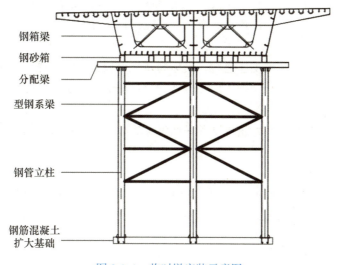

图 2.4-1 临时墩安装示意图

3)安装要点

(1)钢梁安装前应清除杆件上的附着物。摩擦面应保持干燥、清洁。安装中应采取措施防止杆件产生变形。

(2)在满布支架上安装钢梁时,冲钉和粗制螺栓总数不得少于孔眼总数的 1/3,其中冲钉不得多于 2/3。孔眼较少的部位,冲钉和粗制螺栓不得少于 6 个或将全部孔眼插入冲钉和粗制螺栓。

(3)用悬臂和半悬臂法安装钢梁时,连接处所需冲钉数量应按所承受荷载计算确定,且不得少于孔眼总数的 1/2,其余孔眼布置精制螺栓。冲钉和精制螺栓应均匀安放。

（4）高强度螺栓栓合梁安装时，冲钉数量应符合上述要求，其余孔眼布置高强度螺栓。

（5）安装用的冲钉直径宜小于设计孔径0.3mm，冲钉圆柱部分的长度应大于板束厚度；安装用的精制螺栓直径宜小于设计孔径0.4mm；安装用的粗制螺栓直径宜小于设计孔径1.0mm。冲钉和螺栓宜选用Q345碳素结构钢制造。

（6）吊装杆件时，必须等杆件完全固定后方可摘除吊钩。

（7）钢梁安装过程中，每完成一节段应测量其位置、标高和预拱度，不符合要求应及时校正。

（8）钢梁杆件工地焊缝连接，应按设计顺序进行。无设计顺序时，焊接顺序宜为纵向从跨中向两端、横向从中线向两侧对称进行，且须符合《城市桥梁工程施工与质量规范》CJJ 2—2008第14.2.5条规定。

（9）钢梁采用高强度螺栓连接前，应复验摩擦面的抗滑移系数。高强度螺栓连接前，应按出厂批号，每批抽验不小于8套扭矩系数。高强度螺栓穿入孔内应顺畅，不得强行敲入。穿入方向应全桥一致。施拧顺序为从板束刚度大、缝隙大处开始，由中央向外拧紧，并应在当天终拧完毕。施拧时，不得采用冲击拧紧和间断拧紧。

（10）高强度螺栓终拧完毕必须当班检查。每栓群应抽查总数的5%，且不得少于2套。抽查合格率不得小于80%，否则应继续抽查，直至合格率达到80%以上。对螺栓拧紧度不足者应补拧，对超拧者应更换、重新施拧并检查。

4）落梁就位要点

（1）钢梁就位前应清理支座垫石，其标高及平面位置应符合设计要求。

（2）固定支座与活动支座的精确位置应按设计图并考虑安装温度、施工误差等因素确定。

（3）落梁前后应检查其建筑拱度和平面尺寸、校正支座位置。

（4）连续梁落梁步骤应符合设计要求。

5）现场涂装施工要求

（1）防腐涂料应有良好的附着性、耐蚀性，其底漆应具有良好的封孔性能。

（2）上翼缘板顶面和剪力连接器均不得涂装，在安装前应进行除锈、防腐蚀处理。

（3）涂装前应先进行除锈处理。首层底漆于除锈后4h内开始，8h内完成。涂装时的环境温度和相对湿度应符合涂料说明书的规定。当产品说明书无规定时，环境温度宜在5~38℃，相对湿度不得大于85%；当相对湿度大于75%时应在4h内涂完。

（4）涂料、涂装层数和涂层厚度应符合设计要求；涂层干漆膜总厚度应符合设计要求。当规定层数达不到最小干漆膜总厚度时，应增加涂层层数。

（5）涂装应在天气晴朗、4级（不含）以下风力时进行，夏季应避免阳光直射。涂装时构件表面不应有结露，涂装后4h内应采取防护措施。

2.4.4 钢—混凝土组合梁施工技术

1. 钢—混凝土组合梁的构成与适用条件

（1）钢—混凝土组合梁一般由钢梁和钢筋混凝土桥面板两部分组成：

① 钢梁由工字形截面或槽形截面构成，钢梁之间设横梁（横隔梁），有时在横梁之间还设小纵梁。

② 钢梁上浇筑预应力钢筋混凝土，形成钢筋混凝土桥面板。

③ 在钢梁与钢筋混凝土板之间设传剪器，二者共同工作。对于连续梁，可在负弯矩区施加预应力或通过"强迫位移法"调整负弯矩区内力。

（2）钢—混凝土组合梁结构适用于城市大跨径或较大跨径的桥梁工程，目的是减轻桥梁结构自重，尽量减少施工对现况交通与周边环境的影响。

2. 钢—混凝土组合梁施工

1）基本工艺流程

钢梁预制并焊接传剪器→架设钢梁→安装横梁（横隔梁）及小纵梁（有时不设小纵梁）→安装预制混凝土板并浇筑接缝混凝土或支搭现浇混凝土桥面板的模板并铺设钢筋→现浇混凝土→养护→张拉预应力束→拆除临时支架或设施。

2）施工技术要点

（1）钢梁制作、安装应符合本书 2.4.3 的相关规定。

（2）钢主梁架设和混凝土浇筑前，应按设计要求或施工方案设置施工支架。施工支架设计验算除应考虑钢梁拼接荷载外，应同时计入混凝土结构和施工荷载。

（3）混凝土浇筑前，应对钢主梁的安装位置、高程、纵横向连接及施工支架进行检查验收，各项均应达到设计要求或施工方案要求。钢梁顶面传剪器焊接经检验合格后，方可浇筑混凝土。

（4）现浇混凝土结构宜采用缓凝、早强、补偿收缩性混凝土。

（5）混凝土桥面结构应全断面连续浇筑，浇筑顺序：顺桥向应自跨中开始向支点处交汇，或由一端开始浇筑；横桥向应先由中间开始向两侧扩展。

（6）桥面混凝土表面应符合纵横坡度要求，表面光滑、平整，应采用原浆抹面成型，并在其上直接做防水层。不宜在桥面板上另做砂浆找平层。

（7）施工中，应随时监测主梁和施工支架的变形及稳定，确认符合设计要求；当发现异常应立即停止施工并采取措施。

（8）设有施工支架时，必须待混凝土强度达到设计要求且预应力张拉完成后，方可卸落施工支架。

【案例 2.4-3】

1. 背景

某城市立交桥长 1.5km，其中跨越主干道路部分采用钢—混凝土组合梁结构，跨径 47.6m，鉴于安装的钢梁重量大，又在城市主干道上施工，项目部为此制定了分节拼装专项施工方案。在编制的方案中包含工程概况、编制依据、施工工艺技术、施工管理及作业人员配备和分工、验收要求。在编制的施工方案中包含以下措施：

措施一：为保证吊车的安装作业，占用一条慢行车道，选择在夜间时段，自行封路后进行钢梁吊装作业。

措施二：方案对钢梁主体在施工安装过程中不同受力状态下的刚度、强度及稳定性进行了验算。

措施三：经过协商将安全风险较大的临时支架搭设交由钢梁制造专业分包单位实施，并按有关规定收取安全风险保证金。

2. 问题

（1）本工程专项施工方案还缺少哪些主要内容？

（2）项目部拟采取的措施一违反了什么规定？

（3）项目部在措施二中仅对钢梁主体在施工安装过程中不同受力状态下的刚度、强度及稳定性进行了验算，其验算的项目和内容并不齐全，根据背景还应对哪些设施进行验算，补充完整。

（4）从项目安全管理的角度出发，项目部拟采取的措施三不够全面，还应做哪些补充？

3. 参考答案

（1）本工程的专项施工方案还缺少的主要内容有：施工计划、施工安全保证措施、应急处置措施、计算书及相关施工图纸。

（2）项目部拟采取的措施一违反了《城市道路管理条例》（由中华人民共和国国务院令第198号发布，经中华人民共和国国务院令第710号第三次修订）中占用或挖掘城市道路的相关管理规定。

（3）钢梁安装前还应对临时支架、支撑、吊机等临时结构在不同受力状态下的刚度、强度及稳定性进行验算。

（4）还应审查分包方的安全生产许可证和安全生产保证体系；在专业分包合同中应明确分包方安全生产责任和义务；对分包方提出安全要求，并检查、监督整改。

2.4.5 钢筋（管）混凝土拱桥施工技术

1. 拱桥的类型与施工方法

1）主要类型

（1）按拱圈和车行道的相对位置以及承载方式分为上承式、中承式和下承式。

（2）按拱圈混凝土浇筑的方式分为现浇混凝土拱和预制混凝土拱再拼装。

2）主要施工方法

（1）按拱圈施工的拱架（支撑方式）可分为支架法、少支架法和无支架法；其中无支架施工包括缆索吊装、转体安装、劲性骨架、悬臂浇筑和悬臂安装以及由以上一种或几种施工方法的组合。

（2）选用施工方法应根据拱桥的跨度、结构形式、现场施工条件、施工水平等因素，经方案的技术经济比较确定合理的施工方法。

3）拱架种类与形式

（1）拱架种类按材料分为木拱架、钢拱架、竹拱架、竹木混合拱架、钢木组合拱架以及土牛拱胎架。

（2）按结构形式分为排架式、撑架式、扇架式、桁架式、组合式、叠桁式、斜拉式。

（3）在选择拱架时，应结合桥位所处地形、地基、通航要求、过水能力等实际条件进行多方面的技术经济比较。主要原则是拱架应有足够的强度、刚度和稳定性，同时要求取材容易、构造简单、受力明确、制作及装拆方便，并能重复使用。

2. 现浇拱桥施工

1）一般要求

（1）钢管混凝土拱桥、劲性骨架拱桥及钢拱桥的钢构件制造应符合《城市桥梁工程施工与质量验收规范》CJJ 2—2008 第 14 章的有关规定。

（2）装配式拱桥构件在吊装时，混凝土的强度不得低于设计要求；设计无要求时，不得低于设计强度值的 75%。

（3）拱圈（拱肋）放样时应按设计要求设预拱度，当设计无要求时，可根据跨度大小、恒载挠度、拱架刚度等因素计算预拱度，拱顶宜取计算跨度的 1/1000～1/500。放样时，对于水平长度偏差及拱轴线偏差：当跨度大于 20m 时，不得大于计算跨度的 1/5000；当跨度等于或小于 20m 时，不得大于 4mm。

（4）拱圈（拱肋）封拱合龙温度应符合设计要求，设计无要求的，宜在当地年平均温度或 5～10℃时进行。

2）在拱架上浇筑混凝土拱圈

（1）跨径小于 16m 的拱圈或拱肋混凝土，应按拱圈全宽从两端拱脚向拱顶对称、连续浇筑，并在拱脚混凝土初凝前全部完成。不能完成时，则应在拱脚预留一个隔缝，最后浇筑隔缝混凝土。

（2）跨径大于或等于 16m 的拱圈或拱肋，宜分段浇筑。分段位置，拱式拱架宜设置在拱架受力反弯点、拱架节点、拱顶及拱脚处；满布式拱架宜设置在拱顶、1/4 跨径、拱脚及拱架节点等处。各段的接缝面应与拱轴线垂直，各分段点应预留间隔槽，其宽度宜为 0.5～1m。当预计拱架变形较小时，可减少或不设间隔槽，应采取分段间隔浇筑。

（3）分段浇筑程序应符合设计要求，且应对称于拱顶进行。各分段内的混凝土应一次连续浇筑完毕，因故中断时，应将施工缝凿成垂直于拱轴线的平面或台阶式接合面。

（4）间隔槽混凝土浇筑应由拱脚向拱顶对称进行。应待拱圈混凝土分段浇筑完成且强度达到 75% 设计强度并且接合面按施工缝处理后再进行。

（5）分段浇筑钢筋混凝土拱圈（拱肋）时，纵向不得采用通长钢筋，钢筋接头应安设在后浇的几个间隔槽内，并应在浇筑间隔槽混凝土时焊接。

（6）浇筑大跨径拱圈（拱肋）混凝土时，宜采用分环（层）分段方法浇筑，也可纵向分幅浇筑，中幅先行浇筑合龙，达到设计要求后，再横向对称浇筑合龙其他幅。

（7）拱圈（拱肋）封拱合龙时混凝土强度应符合设计要求，设计无要求时，各段混凝土强度应达到设计强度的 75%；当采取封拱合龙前用千斤顶施加压力的方法调整拱圈应力时，拱圈（包括已浇间隔槽）的混凝土强度应达到设计强度。

3. 装配式桁架拱和刚构拱安装

1）安装程序

在墩台上安装预制的桁架（刚架）拱片，同时安装横向联系构件，在组合的桁架拱（刚构拱）上铺装预制的桥面板。

2）安装技术要点

（1）装配式桁架拱、刚构拱采用卧式预制拱片时，为防止拱片在起吊过程中产生扭折，起吊时必须将全片水平吊起后，再悬空翻身竖立。在拱片悬空翻身整个过程中，各吊点受力应均匀，并始终保持在同一平面内，不得扭转。

（2）大跨径桁式组合拱，拱顶湿接头混凝土，宜采用较构件混凝土强度等级高一级的早强混凝土。

（3）安装过程中应采用全站仪，对拱肋、拱圈的挠度和横向位移、混凝土裂缝、墩台变位、安装设施的变形和变位等项目进行观测。

（4）拱肋吊装定位合龙时，应进行接头高程和轴线位置的观测，以控制、调整其拱轴线，使之符合设计要求。拱肋松索成拱以后，从拱上施工加载起，一直到拱上建筑完成，应随时对 1/4 跨、1/8 跨及拱顶各点进行挠度和横向位移的观测。

（5）大跨度拱桥施工观测和控制宜在每天气温、日照变化不大的时候进行，尽量减少温度变化等不利因素的影响。

4. 钢管混凝土拱

1）工艺流程

系梁（加劲梁）施工→钢管拱肋加工、预拼装→拱肋安装、合龙→钢管混凝土压注→吊杆安装→桥面系施工。

2）钢管拱肋制作应符合下列要求

（1）拱肋钢管的种类、规格应符合设计要求，应在工厂加工，具有产品合格证。

（2）钢管拱肋加工的分段长度应根据材料、工艺、运输、吊装等因素确定。在制作前，应根据温度和焊接变形的影响，确定合龙节段的尺寸，并绘制施工详图，精确放样。

（3）弯管宜采用加热顶压方式，加热温度不得超过 800℃。

（4）拱肋节段焊接强度不应低于母材强度。所有焊缝均应进行外观检查；对接焊缝应 100% 进行超声检测，其质量应符合设计要求和现行国家标准规定。

（5）在钢管拱肋上应设置混凝土压注孔、倒流截止阀、排气孔及扣点、吊点节点板。

（6）钢管拱肋外露面应按设计要求做长效防护处理。

3）钢管拱肋安装应符合下列要求

（1）钢管拱肋成拱过程中，应同时安装横向连系，未安装连系的不得多于一个节段，否则应采取临时横向稳定措施。

（2）节段间环焊缝的施焊应对称进行，并应采用定位板控制焊缝间隙，不得堆焊。

（3）合龙口的焊接或栓接作业应选择在环境温度相对稳定的时段内快速完成。

（4）采用斜拉扣索悬拼法施工时，扣索采用钢绞线或高强度钢丝束时，安全系数应大于 2。

4）钢管混凝土浇筑施工应符合下列要求

（1）管内混凝土宜采用泵送顶升压注法施工，由两拱脚至拱顶对称均衡地连续压注完成。

（2）大跨径拱肋钢管混凝土应根据设计加载程序，宜分环、分段并隔仓由拱脚向拱顶对称均衡压注。压注过程中拱肋变位不得超过设计规定。

（3）钢管混凝土应具有低泡、大流动性、收缩补偿、延缓初凝和早强的性能。

（4）钢管混凝土压注前应清洗管内污物，润湿管壁，先泵入适量水泥浆再压注混凝土，直至钢管顶端排气孔排出合格的混凝土时停止。压注混凝土完成后应关闭倒流截止阀。

（5）钢管混凝土的质量检测办法应以超声检测为主，人工敲击为辅。

（6）钢管混凝土的泵送顺序应按设计要求进行，宜先钢管后腹箱。

2.4.6 斜拉桥施工技术

1. 斜拉桥类型与组成

1) 斜拉桥类型

通常分为预应力混凝土斜拉桥、钢斜拉桥、钢—混凝土叠合梁斜拉桥、混合梁斜拉桥、吊拉组合斜拉桥等。

2) 斜拉桥组成

斜拉桥有索塔、钢索和主梁构成。

2. 施工技术要点

1) 索塔施工的技术要求和注意事项

（1）工艺流程：扩大基础及塔座施工→劲性骨架施工→第一节主塔施工→安装爬模系统→爬模浇筑节段施工→多次主塔节段施工（横梁施工）。

（2）索塔的施工可视其结构、体形、材料、施工设备和设计要求综合考虑，选用适合的方法。裸塔施工宜用爬模法，横梁较多的高塔宜采用劲性骨架挂模提升法。

（3）斜拉桥施工时，应避免塔梁交叉施工干扰。必须交叉施工时应根据设计和施工方法，采取保证塔梁质量和施工安全的措施。

（4）倾斜式索塔施工时，必须对各施工阶段索塔的强度和变形进行计算，应分高度设置横撑，使其线形、应力、倾斜度满足设计要求并保证施工安全。

（5）索塔横梁施工时应根据其结构、重量及支撑高度，设置可靠的模板和支撑系统。要考虑弹性和非弹性变形、支承下沉、温差及日照的影响，必要时，应设支承千斤顶调控。体积过大的横梁可分两次浇筑。

（6）索塔混凝土现浇，应选用输送泵施工，超过一台泵的工作高度时，允许接力泵送，但必须做好接力储料斗的设置，并尽量降低接力站台高度。

（7）必须避免上部塔体施工时对下部塔体表面的污染。

（8）索塔施工必须制定整体和局部的安全措施，如设置塔式起重机起吊重量限制器、断索防护器、钢索防扭器、风压脱离开关等；防范雷击、强风、暴雨、寒暑、飞行器对施工影响；防范掉落和作业事故，并有应急的措施；应对塔式起重机、支架安装、使用和拆除阶段的强度与稳定性等进行计算和检查。

2) 主梁施工技术要求和注意事项

（1）斜拉桥主梁施工方法

① 施工方法与梁式桥基本相同，大体上可分为顶推法、平转法、支架法和悬臂法；悬臂法分悬臂浇筑法和悬臂拼装法。由于悬臂法适用范围较广而成为斜拉桥主梁施工最常用的方法。

② 悬臂浇筑法，在塔柱两侧用挂篮对称逐段浇筑主梁混凝土。

③ 悬臂拼装法，是先在塔柱区浇筑（对采用钢梁的斜拉桥为安装）一段放置起吊设备的起始梁段，然后用适宜的起吊设备从塔柱两侧依次对称拼装梁体节段。

（2）混凝土主梁施工方法

① 斜拉桥的零号段是梁的起始段，一般都在支架和托架上浇筑。支架和托架的变形将直接影响主梁的施工质量。在零号段浇筑前，应消除支架的温度变形、弹性变形、非弹性变形和支承变形。

② 当设计采用非塔、梁固结形式时，施工时必须采用塔、梁临时固结措施，必须加强施工期内对临时固结的观察，并按设计确认的程序解除临时固结。

③ 采用挂篮法悬臂浇筑主梁时，挂篮设计和主梁浇筑应考虑抗风振的刚度要求；挂篮制成后应进行检验、试拼、整体组装检验、预压，同时测定悬臂梁及挂篮的弹性挠度、调整高程性能及其他技术性能。

④ 主梁采用悬拼法施工时，预制梁段宜选用长线台座或多段联线台座，每联宜多于5段，各端面要啮合密贴，不得随意修补。

⑤ 大跨径主梁施工时，应缩短双向长悬臂持续时间，尽快使一侧固定，以减少风振时不利影响，必要时应采取临时抗风措施。

⑥ 为防止合龙梁段施工出现的裂缝，在梁上下底板或两肋的端部预埋临时连接钢构件，或设置临时纵向预应力索，或用千斤顶调节合龙口的应力及合龙口长度，并应不间断地观测合龙前数日的昼夜环境温度场变化与合龙高程及合龙口长度变化的关系，确定适宜的合龙时间和合龙程序。合龙两端的高程在设计允许范围之内，可视情况进行适当压重。合龙浇筑后至预应力索张拉前应禁止施工荷载的超平衡变化。

（3）钢主梁施工方法

① 钢主梁应由资质合格的专业单位加工制作、试拼，经检验合格后，安全运至工地备用。堆放应无损伤、无变形、无腐蚀。

② 钢梁制作的材料应符合设计要求。焊接材料的选用、焊接要求、加工成品、涂装等项的标准和检验按有关规定执行。

③ 应进行钢梁的连日温度变形观测对照，确定适宜的合龙温度及实施程序，并应满足钢梁安装就位时高强度螺栓定位所需的时间。

3）拉索

（1）工艺流程

拉索进场验收→斜拉索吊装上桥→拉索安装→张拉、索力检测→索力调整及减振装置安装。

（2）拉索的架设

① 拉索架设前应根据索塔高度、拉索类型、拉索长度、拉索自重、安装拉索时的牵引力以及施工现场状况等综合因素选择适宜的拉索安装方法和设备。

② 施工中不得损伤拉索保护层和锚头，不得对拉索施加集中力或过度弯曲。

③ 安装由外包PE护套单根钢绞线组成的半成品拉索时，应控制每一根钢绞线安装后的拉力差在±5%内，并应设置临时减振器。

④ 施工中，必须对索管与锚端部位采取临时防水、防腐和防污染措施。

（3）拉索的张拉

① 张拉设备应按预应力施工的有关规定进行标定。

② 拉索张拉的顺序、批次和量值应符合设计要求。应以振动频率计测定的索力油压表量值为准，并应视拉索减振器以及拉索垂度状况对测定的索力予以修正，以延伸值作校核。

③ 拉索应按设计要求同步张拉。对称同步张拉的斜拉索，张拉中不同步的相对差值不得大于10%。两侧不对称或设计索力不同的斜拉索，应按设计要求的索力分段同步张拉。

④ 在下列工况下，应采用传感器或振动频率测力计检测各拉索索力值，并进行修正：

a. 每组拉索张拉完成后。

b. 悬臂施工跨中合龙前后。

c. 全桥拉索全部张拉完成后。

d. 主梁体内预应力钢筋全部张拉完成，且桥面及附属设施安装完成后。

e. 拉索张拉完成后应检查每根拉索的防护情况，发现破损应及时修补。

（4）索力调整

① 在施工控制中应根据梁段自重、主梁材料的弹性模量及徐变系数、拉索弹性模量的理论值与实际值之间的差异，对索力进行调整。

② 拉索的拉力误差超过设计要求时，应进行调整，调整时可从超过设计索力最大或最小的拉索开始（放或拉）调整至设计索力。调索时应对拉索索力、拉索延伸量、索塔位移与梁体标高进行监测。

3. 斜拉桥施工监测

1）施工监测目的与监测对象

（1）施工过程中，必须对主梁各个施工阶段的拉索索力、主梁标高、塔梁内力以及索塔位移量等进行监测。

（2）监测数据应及时将有关数据反馈给设计等单位，以便分析确定下一施工阶段的拉索张拉量值和主梁线形、高程及索塔位移控制量值等，直至合龙。

2）施工监测主要内容

（1）变形：主梁线形、高程、轴线偏差、索塔的水平位移。

（2）应力：拉索索力、支座反力以及梁、塔应力在施工过程中的变化。

（3）温度：温度场及指定测量时间塔、梁、索的变化。

2.4.7 悬索桥施工技术

1. 悬索桥组成和各部分作用

（1）悬索桥是以承受拉力的缆索或链索作为主要承重构件的桥梁，主要由主缆、加劲梁、主塔、鞍座、锚碇、吊索等部分组成。悬索桥的主要承重构件是悬索，它主要承受拉力，一般用抗拉强度高的钢材（钢丝、钢缆等）制作。

（2）悬索桥各部分的作用：

主缆是结构体系中的主要承重构件；通过塔顶索鞍悬挂在主塔上并锚固于两端锚

固体中的柔性承重构件。

主塔是悬索桥抵抗竖向荷载的主要承重构件；支承主缆的重要构件。

加劲梁是悬索桥承受风荷载和其他横向水平力的主要构件，防止桥面发生过大的挠曲变形和扭曲变形，主要承受弯曲内力。

吊索是将加劲梁自重、外荷载传递到主缆的传力构件，是连系加劲梁和主缆的纽带。

锚碇是锚固主缆的结构，它将主缆中的拉力传递给地基。

2. 施工技术要点

1）悬索桥施工一般包括以下四大步骤

（1）索塔、锚碇的基础工程施工，同时加工制造上部施工所需构件。

（2）索塔、锚碇施工及上部施工准备。包括塔身及锚体施工、上部施工技术准备、机具和物资准备、预埋件等上部施工准备工作。

（3）上部结构安装。即缆索系统安装，包括主、散索鞍安装，先导索施工，猫道架设，主缆架设，紧缆，索夹安装，吊索安装，主缆缠丝防护等。

（4）桥面系施工。即加劲梁和桥面系施工，包括加劲梁节段安装，工地连接，桥面铺装，桥面系及附属工程施工，机电工程等。

悬索桥施工主要工序包括：基础施工→塔柱和锚碇施工→先导索渡海工程→牵引系统和猫道系统→猫道面层和抗风缆架设→索股架设→索夹和吊索安装→加劲梁架设和桥面铺装施工。

2）锚碇

工艺流程：

（1）重力式锚碇：基坑开挖及周边排水系统施工→锚碇锚固体系施工→绑扎钢筋，安装拉杆→浇筑锚碇混凝土→混凝土养护→锚索张拉→浇筑封锚混凝土。

（2）隧道式锚碇：隧道锚洞开挖→锚碇锚固体系施工→绑扎钢筋，安装拉杆→浇筑锚碇混凝土→混凝土养护→锚索张拉→浇筑封锚混凝土。

3）索塔

工艺流程：

基础及塔座施工→劲性骨架施工→第一节主塔施工→安装爬模系统→主塔节段施工（横梁施工）。

4）索鞍、索夹与吊索

索鞍安装应选择在白天连续完成。安装时应根据设计提供的预偏量就位，在加劲梁架设、桥面铺装过程中应按设计提供的数据逐渐顶推到永久位置。顶推前应确认滑动面的摩阻系数，控制顶推量，确保施工安全。

5）加劲梁

（1）板件、部件及节段组装

① 板件、部件及节段组装应在专用平台或胎架上进行，使用专用夹具或马板进行固定，并按工艺要求施放余量或补偿量，在确保产品组装精度、控制焊接变形的条件下应尽量使用夹具，减少马板的使用数量。

② 组装合格后的板块或部件，应在规定部位打上编号钢印。

（2）试拼装

① 加劲梁应按拼装图进行厂内试拼装，试拼不少于3个节段，按架梁顺序进行试拼装。

② 依据设计图及工艺文件核对每个零件、部件、梁段，不允许使用未经检验或不合格的零部件及梁段参加厂内试拼装。

（3）加劲梁安装

① 加劲梁安装宜从中跨跨中对称地向索塔方向进行。

② 吊装过程中应观察索塔变位情况，宜根据设计要求和实测塔顶位移量分阶段调整索鞍偏移量。

③ 安装合龙段前，必须根据实际的合龙长度，对合龙段长度进行修正。

（4）调试和定位

① 在节段吊装过程中应对箱梁节段接头进行测试，并随时拧紧定位临时螺栓。

② 当节段吊装超过一定数量时，跨中段的挠度曲线趋于平缓，接近设计要求，此时可对该接头进行定位焊，随节段吊装的增加，其他节段的挠度曲线将逐渐趋于平缓，其他节段接头也将就位，可实施定位焊。

6）主缆架设与防护

（1）索股牵引要求：

① 牵引过程中应对索股施加反拉力。

② 牵引最初几根时，应低速牵引，检查牵引系统运转情况，对关键部位进行调整后方能转入正常架设工作。

③ 牵引到对岸，在卸下锚头前必须把索股临时固定。

④ 索股两端的锚头引入锚固系统前，必须将索股理顺，对鼓丝段进行梳理。

⑤ 索股横移时，必须将索股从猫道滚筒上提起，确认全跨径的索股已离开猫道滚筒后，才能横向移到索鞍的正上方。横移时拽拉量不宜过大，索股下方不得有人。

（2）索股锚头入锚后应进行临时锚固。索股应设一定的抬高量，抬高量宜为200~300mm，并做好编号标志。

（3）主缆防护应符合下列要求：

① 主缆防护应在桥面铺装完成后进行。

② 防护前必须清除主缆表面灰尘、油污和水分等，并临时覆盖。待涂装及缠丝时再揭开临时覆盖。

③ 主缆涂装应均匀，严禁遗漏。涂装材料应具有良好的防水密封性和防腐性，并应保持柔软状态，不硬化、不脆裂、不霉变。

④ 缠丝作业宜在二期恒载作用于主缆之后进行，缠丝材料以选用软质镀锌钢丝为宜。缠丝作业应由电动缠丝机完成。

⑤ 钢丝缠绕应紧密均匀，缠丝张力应符合设计要求。

7）施工猫道

（1）猫道形状及各部分尺寸应满足主缆工程施工的需要。猫道宜设抗风缆，上、下游猫道之间宜设置若干人行通道，确保其稳定性。

（2）猫道承重索宜采用钢丝绳或钢绞线。承重索的安全系数不得小于3.0。

（3）边跨和中跨的承重索应对称、连续架设。架设后应进行线形调整。各根索的跨中标高相对误差宜控制在±30mm之内。

（4）猫道面层应从塔顶向跨中、锚碇方向铺设，并且上、下游两幅猫道应对称、平衡地铺设。

（5）中跨、边跨的猫道架设进度，应以塔的两侧水平力差异不超过设计要求为准。在架设过程中必须监测塔的偏移量和承重索的垂度。

（6）加劲梁架设前，应将猫道改吊于主缆上，然后解除猫道承重索与塔和锚碇的连接。

（7）主缆防护工程完成后，方可拆除猫道。

2.5 桥梁桥面系及附属结构施工

2.5.1 桥面系施工

1. 排水设施

（1）桥面应设置纵、横坡及泄水孔，以减少桥面积水，达到防、排结合的目的。除设置纵横坡排水外，桥面需要设置一定数量的泄水管道，以便组成一个完整的排水系统。

（2）汇水槽、泄水口顶面高程应低于桥面铺装层10～15mm，且在泄水口边缘设渗水盲沟。

（3）泄水管下端至少应伸出构筑物底面100～150mm。泄水管宜通过竖向管道直接引至地面或雨水管线，其竖向管道应采用抱箍、卡环、定位卡等预埋件固定在结构物上，其安装施工应符合设计要求，并合理设置其位置，使其不会冲刷基础。

2. 桥面防水系统施工技术

桥面防水系统施工技术要求，包括基层要求及处理、防水卷材施工、防水涂料施工、其他相关要求和桥面防水质量验收。

1）一般要求

（1）防水材料与基层处理剂、胶粘剂、密封胶、其间的胎体增强材料、其上的过渡层和两种复合使用的防水材料之间应具有相容性。

（2）桥面防水施工应符合设计文件的要求。

（3）从事防水施工验收检验工作的人员应具备规定的资格。

（4）防水施工验收应在施工单位自行检查评定的基础上进行。

2）基层要求

（1）基层混凝土强度应达到设计强度的80%以上，方可进行防水层施工。

（2）当采用防水卷材时，基层混凝土表面的粗糙度应为1.5～2.0mm；当采用防水涂料时，基层混凝土表面的粗糙度应为0.5～1.0mm。对局部粗糙度大于上限值的部位，可在环氧树脂上撒布粒径为0.2～0.7mm的石英砂进行处理，同时应将环氧树脂上的浮砂清除干净。

（3）混凝土的基层平整度应小于或等于1.67mm/m。

（4）当防水材料为卷材及聚氨酯涂料时，基层混凝土的含水率应小于4%。当防水材料为聚合物改性沥青涂料和聚合物水泥涂料时，基层混凝土的含水率应小于10%。

（5）基层混凝土表面粗糙度处理宜采用抛丸打磨。基层表面的浮灰应清除干净，并不应有杂物、油类物质、有机质等。

（6）水泥混凝土铺装及基层混凝土的结构缝内应清理干净，结构缝内应嵌填密封材料。嵌填的密封材料应粘结牢固、封闭防水，并应根据需要使用底涂。

（7）当防水层施工时，因施工原因需在防水层表面另加设保护层及处理剂时，应在确定保护层及处理剂的材料前，进行沥青混凝土与保护层及处理剂间、保护层及处理剂与防水层间的粘结强度模拟试验，试验结果应满足规程要求后，方可使用与试验材料完全一致的保护层及处理剂。

3）基层处理

（1）基层处理剂可采用喷涂法或刷涂法施工，喷涂应均匀，覆盖完全，待其干燥后应及时进行防水层施工。

（2）喷涂基层处理剂前，应采用毛刷对桥面排水口、转角等处先行涂刷，然后再进行大面积基层面的喷涂。

（3）基层处理剂涂刷完毕后，其表面应进行保护，且应保持清洁。涂刷范围内，严禁各种车辆行驶和人员踩踏。

（4）防水基层处理剂应根据防水层类型、防水基层混凝土龄期及含水率，结合《城市桥梁桥面防水工程技术规程》CJJ 139—2010中表5.2.4规定选用。

4）防水卷材施工

（1）卷材防水层铺设前应先做好节点、转角、排水口等部位的局部处理，然后再进行大面积铺设。

（2）当铺设防水卷材时，环境气温和卷材的温度应高于5℃，基面层的温度必须高于0℃；当下雨、下雪和风力大于或等于5级时，严禁进行桥面防水层体系的施工。当施工中途下雨时，应做好已铺设卷材周边的防护措施。

（3）铺设防水卷材时，任何区域的卷材不得多于3层，搭接接头应错开500mm以上，严禁沿道路宽度方向搭接形成通缝。接头处卷材的搭接宽度沿卷材的长度方向应为150mm，沿卷材的宽度方向应为100mm。

（4）铺设防水卷材应平整、顺直，搭接尺寸应准确，不得扭曲、皱褶。卷材的展开方向应与车辆的运行方向一致，卷材应采用沿桥梁纵、横坡从低处向高处的铺设方法，高处卷材应压在低处卷材之上。

（5）当采用热熔法铺设防水卷材时，应满足下列要求：

① 应采取措施保证均匀加热卷材的下涂盖层，且应压实防水层。多头火焰加热器的喷嘴与卷材的距离应适中并以卷材表面熔融至接近流淌为度，防止烧熔胎体。

② 卷材表面热熔后应立即滚铺卷材，滚铺时卷材上面应采用滚筒均匀辊压，并应完全粘贴牢固，且不得出现气泡。

③ 搭接缝部位应将热熔的改性沥青挤压溢出，溢出的改性沥青宽度应在20mm左右，并应均匀、顺直封闭卷材的端面。在搭接缝部位，应将相互搭接的卷材压薄，相互搭接卷材压薄后的总厚度不得超过单片卷材初始厚度的1.5倍。当接缝处的卷材有铝箔或矿物粒料时，应清除干净后再进行热熔和接缝处理。

（6）当采用热熔胶法铺设防水卷材时，应排除卷材下面的空气，并应辊压粘贴牢固。搭接部位的接缝应涂满热熔胶，且应辊压粘贴牢固。搭接缝口应采用热熔胶封严。

（7）铺设自粘性防水卷材时应先将底面的隔离纸完全撕净。

（8）卷材的储运、保管应符合《道桥用改性沥青防水卷材》JC/T 974—2005 中的相应规定。

5）防水涂料施工

（1）防水涂料严禁在雨天、雪天、风力大于或等于 5 级时施工。聚合物改性沥青溶剂型防水涂料和聚氨酯防水涂料施工环境气温宜为 -5～35℃；聚合物改性沥青水乳型防水涂料施工环境气温宜为 5～35℃；聚合物改性沥青热熔型防水涂料施工环境气温不宜低于 -10℃；聚合物水泥涂料施工环境气温宜为 5～35℃。

（2）防水涂料配料时，不得混入已固化或结块的涂料。

（3）防水涂料宜多遍涂布。防水涂料应保障固化时间，待涂布的涂料干燥成膜后，方可涂布后一遍涂料。涂刷法施工防水涂料时，每遍涂刷的推进方向宜与前一遍相一致。涂层的厚度应均匀且表面应平整，其总厚度应达到设计要求并应符合规程的规定。

（4）涂料防水层的收头，应采用防水涂料多遍涂刷或采用密封材料封严。

（5）涂层间设置胎体增强材料的施工，宜边涂布边铺胎体；胎体应铺贴平整，排除气泡，并应与涂料粘结牢固。在胎体上涂布涂料时，应使涂料浸透胎体，覆盖完全，不得有胎体外露现象。

（6）涂料防水层内设置的胎体增强材料，应顺桥面行车方向铺贴。铺贴顺序应自最低处开始向高处铺贴并顺桥宽方向搭接，高处胎体增强材料应压在低处胎体增强材料之上。沿胎体的长度方向搭接宽度不得小于 70mm、沿胎体的宽度方向搭接宽度不得小于 50mm，严禁沿道路宽度方向进行胎体搭接以免形成通缝。采用两层胎体增强材料时，上下层应顺桥面行车方向铺设，搭接缝应错开，其间距不应小于幅宽的 1/3。

（7）防水涂料施工应先做好节点处理，然后再进行大面积涂布。转角及立面应按设计要求做细部增强处理，不得有削弱、断开、流淌和堆积现象。

（8）道桥用聚氨酯类涂料应按配合比准确计量、混合均匀，已配成的多组分涂料应及时使用，严禁使用过期材料。

（9）防水涂料的储运、保管应符合《道桥用防水涂料》JC/T 975—2005 中的相应规定。

6）防水层要求

（1）防水层铺设完毕后，严禁车辆在其上行驶和人员踩踏，并防止潮湿与污染。

（2）涂料防水层上严禁直接堆放物品。

（3）防水层上沥青混凝土的摊铺温度应与防水层材料的耐热度相匹配。卷材防水层上沥青混凝土的摊铺温度应高于防水卷材的耐热度；涂料防水层上沥青混凝土的摊铺温度应低于防水涂料的耐热度。

3. 桥面铺装层

1）桥面铺装结构

（1）城市快速路、主干路桥梁和次干路上的特大桥、大桥，桥面铺装大多数采用沥青混凝土，一般为两层：上层为细粒式沥青混凝土，具有抗滑、耐磨、密实稳定的特性；下层为中粒式沥青混凝土，具有传力、承重作用。铺装层厚度不宜小于80mm，粒料宜与桥头引道上的沥青面层一致。

钢筋混凝土桥的桥面铺装一般在沥青混凝土路面铺装层以下设有水泥混凝土整平层，整平层起到保护桥面板和调整桥面标高、平整并借以敷设桥面防水层的作用。水泥混凝土整平层强度等级不应低于C30，厚度宜为70～100mm，并应配有绑扎钢筋网或焊接钢筋网。

当为次干路、支路时，桥梁沥青混凝土铺装层和水泥混凝土整平层的厚度均不宜小于60mm。

钢筋混凝土桥常见的桥面铺装结构如图2.5-1所示。

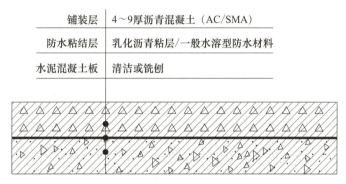

图2.5-1 钢筋混凝土桥桥面铺装结构示意图（单位：cm）

（2）水泥混凝土桥面铺装层具有强度高、耐磨强、稳定性好、养护方便等优点，但接缝多，平整度差影响行车舒适性，且存在修补困难等缺点，目前仅在道路为水泥混凝土路面时采用。

水泥混凝土铺装层的面层厚度不应小于80mm，混凝土强度等级不应低于C40，铺装层内应配有绑扎钢筋网或焊接钢筋网，钢筋直径不应小于10mm、间距不宜大于100mm，必要时可采用纤维混凝土。

（3）钢桥的桥面铺装一般采用沥青混凝土材料。钢桥桥面沥青混凝土铺装结构根据铺装材料的性能、施工工艺、车辆轮压、桥梁跨径与结构形式、桥面系的构造尺寸以及桥梁纵断面线形、当地的气象与环境条件等因素综合分析后确定。钢桥桥面铺装结构如图2.5-2所示。

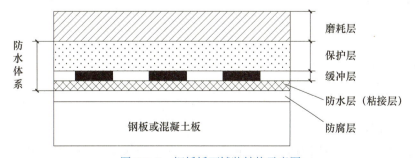

图2.5-2 钢桥桥面铺装结构示意图

钢桥桥面铺装典型结构如图2.5-3所示。

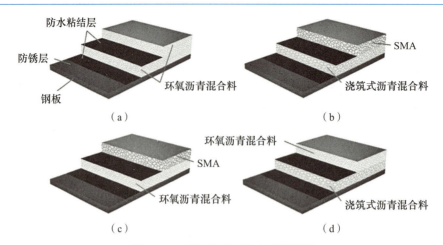

图 2.5-3 钢桥桥面铺装典型结构图
(a)"双层环氧"结构;(b)"浇筑式＋SMA"结构;(c)"环氧 EA＋SMA"结构;
(d)"浇筑式＋环氧 EA"结构

2)桥面铺装材料

常用的桥面铺装材料有普通改性沥青混合料(SMA、AC)、高粘高弹改性沥青混合料(SMA、OGFC)、高弹改性沥青混合料(SMA)、浇筑式沥青混合料(GA)、环氧沥青混合料(EA)、高韧性轻集料混凝土、纤维混凝土和钢筋混凝土等材料。对于混凝土桥面铺装,采用较多的结构形式仍然是普通改性沥青混凝土 AC/SMA 的双层铺装结构。

不同结构桥面铺装常用材料如表 2.5-1 所示。

表 2.5-1　不同结构桥面铺装常用材料

桥面铺装	混凝土桥面铺装				钢桥面铺装		
	水泥混凝土整平层	单层铺装	双层铺装		上层	下层	功能调联层(由剪力钉、钢筋网、混凝土构成)
			上层	下层			
普通改性沥青混合料(AC)			√	√			
普通改性沥青混合料(SMA)			√	√	√	√	
高弹改性沥青混合料(SMA)				√		√	
高粘高弹改性沥青混合料(SMA)		√				√	
高粘高弹改性沥青混合料(OGFC)			√				
浇筑式沥青混合料(GA)					√	√	
环氧沥青混合料(EA)					√	√	
高韧性轻集料混凝土和纤维混凝土	√						√
水泥混凝土、钢筋网	√	√					

3)桥面铺装施工技术

(1)在水泥混凝土桥面铺装沥青混凝土前,应对桥面进行预处理,预处理应包括桥面病害处理、调平、凿毛和清扫干燥等工序,预处理后桥面应平整、粗糙、干燥、清洁。

（2）钢桥面预处理除应进行表面清理外，还应包括喷砂除锈和防腐涂装等工序。钢桥面预处理完成后应及时进行界面功能层施工。

（3）改性普通沥青混合料（SMA、AC）施工参见本书 1.3.3 中 1. 相关内容。

（4）环氧沥青混合料（EA）有热拌环氧沥青混合料和温拌环氧沥青混合料，环氧沥青混合料施工要求如下：

① 摊铺过程中随时检查摊铺层厚度及路拱、横坡，应根据使用混合料总量与面积校验平均厚度。

② 摊铺机应缓慢、匀速、连续不间断摊铺。

③ 摊铺速度不宜超过 3m/min，同时应根据供料能力及混合料容留时间适当调整。

④ 摊铺后的环氧沥青混合料应表面均匀，无离析、波浪、裂缝、拖痕、鱼尾纹等现象。

⑤ 热拌环氧沥青混合料从拌合出料到复压结束时间宜控制在 2h 以内，超过 3h 应废弃；温拌环氧沥青混合料从拌合出料到复压结束时间应符合产品说明书的要求，超过规定时间应废弃。

⑥ 温拌环氧沥青混合料养护期不宜少于 25d，热拌环氧沥青混合料养护期不宜少于 5d。

（5）浇筑式沥青混凝土铺装要求：

① 采用专用摊铺机械摊铺；在摊铺机无法摊铺到的边带、中央分隔带及人行道位置宜采用人工摊铺。

② 摊铺前宜采用不小于摊铺厚度的钢板或木板设置侧向模板。

③ 运输车宜在摊铺机行走方向的前方将混合料卸在桥面板上。摊铺机的布料器应左右移动使熨平板前充满混合料，并应前行摊铺混合料至规定厚度。

④ 接缝应进行预热处理或使用预制贴缝条。

⑤ 摊铺速度宜为 1.5～3m/min，摊铺过程中不应停机待料。

⑥ 混合料应满足摊铺和易性要求。

⑦ 当摊铺中出现气泡或鼓包等缺陷时，应立即用钢针由气泡顶部插入放气。

⑧ 碎石撒布宜采用自行式撒布机撒布，碎石撒布量根据现场试验确定，覆盖率宜控制在 50%～70%，碎石撒布后，应及时压入浇筑式沥青混合料中。

（6）功能调联层与高粘高弹改性沥青（SMA）组合铺装：

① 高韧性轻集料混凝土和纤维混凝土浇筑前，先将钢桥面清理干净，洒水湿润但不得积水，宜采用泵送浇筑。混凝土自由倾落高度不应超过 2m，采用振动梁或平板振动器振捣密实。混凝土浇筑整平后，及时覆盖塑料薄膜或喷洒混凝土塑性阶段水分蒸发抑制剂。硬化后，采用洒水保湿养护，养护时间不应小于 14d。

② 高粘高弹改性沥青（SMA）混合料摊铺温度不应低于 165℃。采用质量 10t 以上的水平振荡钢轮压路机碾压，在边角部位碾压时，采用小型压路机。用于初压开始内部温度不应低于 160℃，碾压终了温度不应低于 90℃，开放交通路表温度不应高于 50℃。

（7）高粘高弹改性沥青混合料（OGFC）使用钢轮压路机碾压时，采用大于 10t 的水平振荡压路机。初压开始内部温度不应低于 160℃，碾压终了温度不应低于 90℃，开放交通路表温度不应高于 50℃。

4. 伸缩装置安装技术

为满足桥面变形的要求，通常在两梁端之间、梁端与桥台之间或桥梁的铰接位置上设置伸缩装置。桥梁伸缩缝的作用在于调节由车辆荷载和桥梁建筑材料所引起的上部结构之间的位移和联结。要求伸缩装置在平行、垂直于桥梁轴线的两个方向均能自由伸缩，牢固、可靠。车辆行驶过时应平顺，无突跳与噪声；要能防止雨水和垃圾泥土渗入阻塞；安装、检查、养护、消除污物都要简易、方便。在设置伸缩缝处，栏杆与桥面铺装都要断开。

桥梁伸缩装置按传力方式和构造特点可分为：对接式、钢制支承式、组合剪切式（板式）、模数支承式以及弹性装置。

1）伸缩装置的性能要求

（1）伸缩装置应能够适应、满足桥梁纵、横、竖三向的变形要求，当桥梁变形使伸缩装置产生显著的横向错位和竖向错位时，要确定伸缩装置的平面转角要求和竖向转角要求，并进行变形性能检测。

（2）伸缩装置应具有可靠的防水、排水系统，防水性能应符合注满水24h无渗漏的要求。

2）伸缩装置储存

伸缩装置不得露天堆放，存放场所应干燥、通风，产品应远离热源1m以外，不得与地面直接接触，存放应整齐、保持清洁，严禁与酸、碱、油类、有机溶剂等接触。

3）伸缩装置施工安装

（1）施工安装前按照设计图纸提供的尺寸，核对梁、板端部及桥台处安装伸缩装置的预留槽尺寸，并检查核对梁、板与桥台间的预埋锚固钢筋的规格、数量及位置。

（2）伸缩装置上桥安装前，按照安装时的气温调整安装时的定位值，并应由安装负责人检查签字后方可用专用卡具将其固定。

（3）伸缩装置吊装就位前，将预留槽内混凝土凿毛并清扫干净，吊装时应按照厂家标明的吊点位置起吊，必要时做适当加强。

（4）安装时，应保证伸缩装置中心线与桥梁中心线重合，伸缩装置顺桥向应对称放置于伸缩缝的间隙上，然后沿桥面横坡方向测量水平标高，并用水平尺或板尺定位，使其顶面标高与设计及规范要求相吻合后垫平。随即，将伸缩装置的锚固钢筋与桥梁预埋钢筋焊接牢固。

（5）浇筑混凝土前，应彻底清扫预留槽，并用泡沫塑料将伸缩缝间隙处填塞，然后安装必要的模板。混凝土强度等级应满足设计及规范要求，浇筑时要振捣密实。

（6）伸缩装置两侧预留槽混凝土强度在未满足设计要求前不得开放交通。

5. 地袱、缘石、挂板

（1）地袱、缘石、挂板应在桥梁上部结构混凝土浇筑支架卸落后施工，其外侧线形应平顺，伸缩缝必须全部贯通，并与主梁伸缩缝相对应。

（2）安装预制或石材地袱、缘石、挂板应与梁体连接牢固。

（3）尺寸超差和表面质量有缺陷的挂板不得使用。挂板安装时，直线段宜每20m设一个控制点，曲线段宜每3~5m设一个控制点，并应采用统一模板控制接缝宽度，确保外形流畅、美观。

6. 护栏设施

（1）栏杆和防撞、隔离设施应在桥梁上部结构混凝土的浇筑支架卸落后进行对称施工，其线形应流畅、平顺，伸缩缝必须全部贯通，并与主梁伸缩缝相对应。

（2）防护设施采用混凝土预制构件，在搬运和安装过程中应对棱角处混凝土采取适当保护措施；安装的砂浆强度应符合设计要求，当设计无要求时，宜采用 M20 水泥砂浆。

（3）预制混凝土栏杆采用榫槽连接时，安装就位后应用硬塞块固定，灌浆固结。塞块拆除时，灌浆材料强度不得低于设计强度的 75%。采用金属栏杆时，焊接必须牢固，毛刺应打磨平整，并及时除锈防腐。

（4）在设置伸缩缝处，栏杆应断开。

（5）防撞墩必须与桥面混凝土预埋件、预埋筋连接牢固，并应在施作桥面防水层前完成。

（6）护栏、防护网宜在桥面、人行道铺装完成后安装。

7. 人行道

（1）人行道结构应在栏杆、地袱完成后，桥面铺装前施工。

（2）人行道下铺设其他设施验收合格后，方可进行人行道铺装。人行道梁、板应采用由里向外的次序铺设。

（3）悬臂式人行道构件必须在主梁横向连接或拱上建筑完成后方可安装。

（4）盲道在施工前应对设计图纸进行会审，根据现场情况，盲道施工不能为了避让树木、电线杆、拉线等障碍物而出现多处转折的现象。

（5）人行道施工应符合《城镇道路工程施工与质量验收规范》CJJ 1—2008 的有关规定。

2.5.2 桥梁附属结构施工

1. 隔声和防眩装置

（1）隔声和防眩装置应在基础混凝土达到设计强度且对焊接预埋件安全性能进行检查后，方可安装。安装前对安装位置放线定位及高程复核，且连接牢固，保证其稳定性。

（2）检查验收隔声与防眩安装质量及外观质量，合格后对间断缝进行填缝处理。并对预埋件、螺栓外露丝杆做防腐处理；施工中应做好半成品、成品材料的保护措施。

（3）防眩板安装应与桥梁线形一致，防眩板的荧光标识面应迎向行车方向，板间距、遮光角应朝向来车方向，板间距、遮光角应符合设计要求。

（4）隔声障加工与安装应符合下列要求：

① 隔声障的加工模数宜由桥梁两伸缩缝之间长度而定。

② 隔声障应与钢筋混凝土预埋件牢固连接。

③ 隔声障应连续安装，不得留有间隙，在桥梁伸缩缝部位应按设计要求处理。

④ 安装时应选择桥梁伸缩缝一侧的端部为控制点，依序安装。

⑤ 5 级（含）以上大风时不得进行隔声障安装。

2. 桥头搭板

（1）现浇和预制桥头搭板，应保证桥梁伸缩缝贯通、不堵塞，且与地梁、桥台锚固牢固。

（2）现浇桥头搭板基底应平整、密实。

（3）预制桥头搭板安装时应在与地梁、桥台接触面铺 20～30mm 厚水泥砂浆，搭板应安装稳固不翘曲。预制板纵向留灌浆槽，灌浆应饱满，砂浆达到设计强度后方可铺筑路面。

3. 防冲刷结构（锥坡、护坡、护岸、海墁、导流坝）

（1）防冲刷结构的基础埋置深度及地基承载力应符合设计要求。锥坡、护坡、护岸、海墁结构厚度应满足设计要求。

（2）干砌护坡时，护坡土基应夯实达到设计要求的压实度。砌筑时应纵横挂线，按线砌筑。需铺设砂砾垫层时，砂粒料的粒径不宜大于 50mm，含砂量不宜超过 40%。施工中应随填随砌，边口处应用较大石块，砌成整齐坚固的封边。

（3）栽砌卵石护坡应选择长径扇形石料，长度宜为 250～350mm。卵石应垂直于斜坡面，长径立砌，石缝错开。基脚石应浆砌。

（4）栽砌卵石海墁，宜采用横砌方法，卵石应相互咬紧，略向下游倾斜。

（5）为防止冲刷破坏，造成海墁甚至护坦的坍陷破坏，应在护坦末端、坡脚及斜坡位置设置防冲槽。

2.6 管涵和箱涵施工

2.6.1 管涵施工技术

涵洞是城镇道路路基工程重要组成部分，涵洞有管涵、拱形涵、盖板涵、箱涵。小型断面涵洞通常用作排水，一般采用管涵形式。大断面涵分为拱形涵、盖板涵、箱涵，用作人行通道或车行道。以下内容主要涉及管涵、拱形涵、盖板涵洞与路基（土方）同步配合施工技术要点，不含道路建成后采用暗挖方法施工的内容。

1. 管涵施工技术要点

（1）管涵是采用工厂预制钢筋混凝土管成品管节做成的涵洞的统称。管节断面形式分为圆形、椭圆形、卵形、矩形等。

（2）当管涵设计为混凝土或砌体基础时，基础上面应设混凝土管座，其顶部弧形面应与管身紧密贴合，垫稳坐实，使管节均匀受力。

（3）当管涵为无混凝土（或砌体）基础、管体直接设置在天然地基上时，应按照设计要求将管底土层夯压密实，并做成与管身弧度密贴的弧形管座，安装管节时应注意保持完整。管底土层承载力不符合设计要求时，应按规范要求进行处理、加固。

（4）管涵的沉降缝应设在管节接缝处。

（5）管涵进出水口的沟床应整理直顺，与上下游导流排水系统连接顺畅、稳固。

（6）采用预制管埋设的管涵施工，应符合《给水排水管道工程施工及验收规范》GB 50268—2008 有关规定。

（7）管涵出入端墙、翼墙应符合《给水排水构筑物工程施工及验收规范》GB 50141—

2008 第 5.5 节规定。

2. 拱形涵、盖板涵施工技术要点

（1）与路基（土方）同步施工的拱形涵、盖板涵可分为预制拼装钢筋混凝土结构、现场浇筑钢筋混凝土结构和砌筑墙体、预制或现浇钢筋混凝土混合结构等结构形式。

（2）依据道路施工流程可采取整幅施工或分幅施工。分幅施工时，临时道路宽度应满足现况交通的要求且边坡稳定。需支护时，应在施工前对支护结构进行施工设计。

（3）挖方区的涵洞基槽开挖应符合设计要求且边坡稳定；填方区的涵洞应在填土至涵洞基底标高后，及时进行结构施工。

（4）遇有地下水时，应先将地下水降至基底以下 500mm 方可施工，且降水应连续进行直至工程完成到地下水位 500mm 以上且具有抗浮及防渗漏能力方可停止降水。

（5）涵洞地基承载力必须符合设计要求，并应经检验确认合格。

（6）拱圈和拱上端墙应由两侧向中间同时、对称施工。

（7）涵洞两侧的回填土，应在主结构防水层的保护层完成，且保护层砌筑砂浆强度达到 3MPa 后方可进行。回填时，两侧应对称进行，高差不宜超过 300mm。

（8）伸缩缝、沉降缝止水带安装应位置准确、牢固，缝宽及填缝材料应符合要求。

（9）为涵洞服务的地下管线，应与主体结构同步配合进行。

2.6.2 箱涵顶进施工技术

当新建道路下穿铁路、公路、城市道路路基施工时，通常采用箱涵顶进施工技术。箱涵顶进示意图如图 2.6-1 所示。

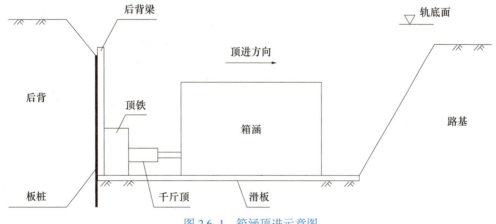

图 2.6-1 箱涵顶进示意图

1. 箱涵顶进准备工作

1）作业条件

（1）现场做到"三通一平"，满足施工方案设计要求。

（2）完成线路加固工作和既有线路监测的测点布置。

（3）完成工作坑作业范围内的地上构筑物、地下管线调查，并进行改移或采取保护措施。

（4）工程降水（如需要）达到设计要求。

2）机械设备、材料
按计划进场，并完成验收。

3）技术准备
（1）施工组织设计已获批准，施工方法、施工顺序已经确定。
（2）全体施工人员进行培训、技术（安全）交底。
（3）完成施工测量放线。

2. 工艺流程与施工技术要点

1）工艺流程
现场调查→工程降水→工作坑开挖→后背制作→滑板制作→铺设润滑隔离层→箱涵制作→顶进设备安装→既有线加固→箱涵试顶进→吃土顶进→监测→箱体就位→拆除加固设施→拆除后背及顶进设备→工作坑恢复。

2）箱涵顶进前检查工作
（1）箱涵主体结构混凝土强度必须达到设计强度，防水层及保护层按设计完成。
（2）顶进作业面地下水位已降至基底以下不少于500mm并宜避开雨期施工，若在雨期施工，必须做好防洪及防雨排水工作。
（3）后背施工、线路加固达到施工方案要求；顶进设备及施工机具符合要求。
（4）顶进设备液压系统安装及预顶试验结果符合要求。
（5）工作坑内与顶进无关人员、材料、物品及设施撤出现场。
（6）所穿越的线路管理部门的配合人员、抢修设备、通信器材准备完毕。

3）箱涵顶进启动
（1）启动时，现场必须有主管施工技术人员专人统一指挥。
（2）液压泵站应空转一段时间，检查系统、电源、仪表无异常情况后试顶。
（3）液压千斤顶顶紧后（顶力在0.1倍结构自重），应暂停加压，检查顶进设备、后背和各部位，无异常时可分级加压试顶。
（4）每当油压升高5~10MPa时，需停泵观察，应严密监控顶镐、顶柱、后背、滑板箱涵结构等部位的变形情况，如发现异常情况，立即停止顶进；找出原因并采取措施解决后方可重新加压顶进。
（5）当顶力达到0.8倍结构自重时箱涵未启动，应立即停止顶进；找出原因并采取措施解决后方可重新加压顶进。
（6）箱涵启动后，应立即检查后背、工作坑周围土体稳定情况，无异常情况，方可继续顶进。

4）顶进挖土
（1）根据箱涵的净空尺寸、土质情况，可采取人工挖土或机械挖土。一般宜选用小型反铲挖掘机按侧刃脚坡度自上往下开挖，每次开挖进尺宜为0.5m；当土质较差时，可按千斤顶的有效行程掘进，随挖随顶，防止路基塌方，配装载机或直接用挖掘机装汽车出土。顶板切土，侧墙刃脚切土及底板前清土须由人工配合。挖土顶进应三班连续作业，不得间断。
（2）侧刃脚进土应在0.1m以上。当属斜交涵时，前端锐角一侧清土困难应优先开挖。当设有中刃脚时，上下两层不得挖通，平台上不应存土，并宜设置扶手和上下扶梯。开挖面的坡度不得大于 1∶0.75；不得逆坡、超前挖土，不得扰动基底土体。应设专人监护。

（3）列车通过时严禁继续挖土，人员应撤离开挖面。当挖土或顶进过程中发生塌方，影响行车安全时，应迅速组织抢修加固，做出有效防护。

（4）挖土工作应与观测人员密切配合，随时根据箱涵顶进轴线和高程偏差，采取纠偏措施。

5）顶进作业

（1）每次顶进应检查液压系统、传力设备、刃脚、后背和滑板等的变化情况，发现问题及时处理。

（2）挖运土方与顶进作业循环交替进行。每前进一个顶程，即应切换油路，并将顶进千斤顶活塞回复原位；按顶进长度补放小顶铁，更换长顶铁，安装横梁。

（3）箱涵每前进一顶程，应观测轴线和高程，发现偏差及时纠正。

（4）箱涵吃土顶进前，应及时调整好箱涵的轴线和高程。在铁路路基下吃土顶进，不宜对箱涵做较大的轴线、高程调整动作。

6）监控与检查

（1）箱涵顶进前，应对箱涵原始（预制）位置的里程、轴线及高程测定原始数据并记录。顶进过程中，每一顶程要观测并记录各观测点左、右偏差值，高程偏差值，顶程及总进尺。观测结果要及时报告现场指挥人员，用于控制和校正。

（2）箱涵自启动起，对顶进全过程的每一个顶程都应详细记录千斤顶开动数量、位置，油泵压力表读数、总顶力及着力点。如出现异常应立即停止顶进，检查分析原因，采取措施处理后方可继续顶进。

（3）箱涵顶进过程中，每天应定时观测箱涵底板上设置的观测标钉高程，计算相对高差，展图，分析结构竖向变形。对中边墙应测定竖向弯曲，当底板侧墙出现较大变位及转角时应及时分析研究并采取措施。

（4）顶进过程中要定期观测箱涵裂缝及开展情况，重点监测底板、顶板、中边墙，中继间牛腿或剪力铰和顶板前、后悬臂板，发现问题应及时研究采取措施。

（5）施工过程中加强对地面、地上构筑物、地下管线的监测。

2.7 城市桥梁工程安全质量控制

2.7.1 城市桥梁工程安全技术控制要点

1. 桩基施工安全措施

主要涉及沉入桩和混凝土灌注桩施工安全控制要点及技术措施。

1）施工安全保证措施

（1）避免桩基施工对地下管线的破坏，施工时桩位避开地下管线，施工中做好监测工作。管线保护详见本书 1.5.1 中 1. 的相关内容。

（2）施工前应组织有关技术管理人员深入现场调查，熟悉设计图纸、地质勘察文件，掌握施工现场地质、水文环境。

（3）沉入桩施工安全控制涉及：桩的制作、桩的吊运与堆放和沉入施工。

（4）混凝土灌注桩施工安全控制涉及施工场地、护筒埋设、护壁泥浆、钻孔施工、钢筋笼制作及安装、混凝土浇筑。

2）沉入桩施工安全控制要点

（1）桩的制作

① 混凝土桩制作：

钢筋加工场应符合施工平面布置图的要求，场地采取硬化措施，钢筋码放时，应采取防止锈蚀和污染的措施，标识标牌齐全；整捆码垛高度不宜超过 2m，散捆码垛高度不宜超过 1.2m。加工成型的钢筋笼、钢筋网和钢筋骨架等应水平放置。码放高度不得超过 2m，码放层数不宜超过 3 层。

② 钢桩制作：

a. 在露天场地制作钢桩时，应有防雨、防雪设施，周围应设护栏，非施工人员禁止入内。

b. 剪切、冲裁作业时，应根据钢板的尺寸和质量确定吊具和操作人数，不得将数层钢板叠在一起剪切和冲裁；操作人员双手距刃口或冲模应保持 20cm 以上的距离，不得将手置于压紧装置或待压工件的下部，送料时必须在剪刀、冲刀停止动作后方可作业。

c. 根据焊接与切割安全的基本要求，气割加工现场必须按消防部门的规定配置消防器材，周围 10m 范围内不得堆放易燃易爆物品；操作者必须经专业培训，持证上岗。

d. 焊接作业现场应按消防部门的规定配置消防器材，周围 10m 范围内不得堆放易燃易爆物品。操作者必须经专业培训，持证上岗。焊工作业时必须使用带有滤光镜的头罩或手持防护面罩，戴耐火的防护手套，穿焊接防护服和绝缘、阻燃、抗热防护鞋；清除焊渣时应戴护目镜。

e. 涂漆作业场所应采取通风措施，空气中可燃、有毒、有害物质的浓度应符合现行涂装作业安全规程中涂漆工艺安全及其通风净化的要求。

（2）桩的吊运、堆放

① 吊装应由具有吊装施工经验的施工技术人员主持。吊装作业必须由信号工指挥。

② 预制混凝土桩起吊时的强度应符合设计要求，设计无要求时，混凝土应不小于设计强度的 75%。

③ 桩的吊点位置应符合设计或施工组织设计要求。

④ 桩的堆放场地应平整、坚实、不积水。混凝土桩支点应与吊点在一条竖直线上，堆放时应上下对准，堆放层数不宜超过 4 层。钢桩堆放支点应布置合理，防止变形，并应采取防滚动措施，堆放层数不得超过 3 层。

（3）沉桩施工

① 应根据桩的设计承载力、桩深、工程地质、桩的破坏临界值和现场环境等状况选择适宜的沉桩方法和机具，并制定相应的安全技术措施。

② 沉桩作业应由具有经验的技术工人指挥。作业前指挥人员必须检查各岗位人员的准备工作情况和周围环境，确认安全后，方可向操作人员发出指令。

③ 振动沉桩时，沉桩机、机座、桩帽应连接牢固，沉桩机和桩的中心应保持在同一轴线上。振动锤启动后，工作人员不应进入锤正下方桩位周围 3m 范围之内。用起重

机悬吊振动桩锤沉桩时,其吊钩上必须有防松脱的保护装置,控制吊钩下降速度与沉桩速度一致,保持桩身稳定。

④ 射水沉桩时,应根据土质选择高压水泵的压力和射水量,并应防止急剧下沉造成桩机倾斜。高压水泵的压力表、安全阀、输水管路应完好。压力表和安全阀必须经检测部门检验、标定后方可使用。施工中严禁将射水管冲向人、设备和设施。

⑤ 沉桩过程中发现贯入度发生突变、桩身突然倾斜、桩头桩身破坏、地面隆起或桩身上浮等情况时应暂停施工,经采取措施确认安全后,方可继续沉桩。

3) 钻孔灌注桩施工安全控制要点

(1) 场地要求

施工场地应能满足钻孔机作业的要求。旱地区域地基应平整、坚实;浅水区域应采用筑岛方法施工;深水河流中必须搭设水上作业平台,作业平台应根据施工荷载、水深、水流、工程地质状况进行施工设计,其顶面高程应比施工期间的最高水位高 1.0m 以上。

(2) 钻孔施工

① 施工场地应平整、坚实;非施工人员禁止进入作业区。

② 不得在高压线线路下施工。施工现场附近有电力架空线路时,施工中应设专人监护,确认钻机的安全距离在任何状态下均符合表 2.7-1 的要求。

表 2.7-1 高压线线路与钻机的安全距离表

电压	1kV 以下	1~10kV	35~110kV
安全距离(m)	4	6	8

③ 钻机的机械性能必须符合施工质量和安全要求,状态良好,操作工持证上岗。

④ 钻机运行中作业人员应位于安全位置,严禁人员靠近或触摸旋转钻杆;钻具悬空时严禁下方有人。

⑤ 钻孔过程中,应检查钻渣,与地质剖面图核对,发现不符时应及时采取安全技术措施。

⑥ 钻孔应连续作业。相邻桩之间净距小于 5m 时,邻桩混凝土强度达 5MPa 后,方可进行钻孔施工;或间隔钻孔施工。

⑦ 成孔后或因故停钻时,应将钻具提至孔外置于地面上,保持孔内护壁泥浆的高度防止塌孔,孔口采取防护措施。钻孔作业中发生塌孔和护筒周围冒浆等故障时,必须立即停钻。钻机有倒塌危险时,必须立即将人员和钻机撤至安全位置,经技术处理并确认安全后,方可继续作业。

⑧ 采用冲抓钻机钻孔时,当钻头提至接近护筒上口时,应减速、平稳提升,不得碰撞护筒,作业人员不得靠近护筒,钻具出土范围内严禁有人。

⑨ 泥浆沉淀池周围应设防护栏杆和警示标志。

(3) 钢筋笼制作与安装

① 加工成型的钢筋笼应水平放置,堆放场地平整、坚实。码放高度不得超过 2m,码放层数不宜超过 3 层。

② 钢筋笼长度较大、影响起重吊装安全时，允许分段制作加工。

③ 应根据钢筋质量、钢筋骨架外形尺寸、现场环境和运输道路等情况，选择适宜的运输车辆和吊装机械。

④ 钢筋笼吊装机械必须满足要求，并有一定的安全储备。分段制作的钢筋笼入孔后进行竖向连接时，起重机不得摘钩、松绳，严禁操作工离开驾驶室。骨架连接完成，经验收合格后，方可松绳、摘钩。

⑤ 在孔口焊接作业时，应在护筒外搭设焊接操作平台，且应牢固平整。

（4）混凝土浇筑

① 浇筑水下混凝土的导管宜采用起重机吊装，就位后必须临时固定牢固方可摘钩。

② 浇筑水下混凝土漏斗的设置高度应依据孔径、孔深、导管内径等确定。

③ 提升导管的设备能力应能克服导管和导管内混凝土的自重以及导管埋入部分内外壁与混凝土之间的黏滞阻力，并有一定的安全储备。

④ 浇筑前作业组长应检查各项准备工作，确认合格后，方可发布浇筑混凝土指令。

⑤ 在浇筑水下混凝土过程中，必须采取防止导管进水、阻塞、埋管、塌孔的措施。

⑥ 灌注过程中，应注意观察管内混凝土下降和孔内水位升降情况，及时测量孔内混凝土高度，正确指挥导管的提升和拆除。

2. 模板、支架和拱架施工安全措施

主要涉及桥梁工程模板、支架和拱架搭设与拆除的安全措施。

1）工前准备阶段

（1）一般要求

① 作业人员应经过专业培训、考试合格，持证上岗，并应定期体检，不适合高处作业者，不得进行搭设与拆除作业。

② 进行搭设与拆除作业时，作业人员必须戴安全帽、系安全带、穿防滑鞋。

③ 起重设备应经检验符合施工方案或专项方案的要求。

④ 模板、支架和拱架的材料、配件符合有关规范标准规定。

（2）方案与论证

① 施工前应根据构筑物的施工方案选择合理的模板、支架和拱架形式，在专项施工方案中制定搭设、拆除的程序及安全技术措施。

② 当搭设高度和施工荷载超过有关规范或规定范围时，必须按相关规定进行设计，经结构计算和安全性验算确定，并按规定组织专家论证。

2）模板、支架和拱架搭设

（1）模板、支架和拱架搭设与安装

① 模板、支架和拱架应严格按照施工方案或专项方案搭设和安装。

② 模板、支架和拱架支撑完成后，必须进行质量和安全检查，经验收合格，并形成文件后，方可交付使用。

③ 施工中不得超载，不得在模板、支架和拱架上集中堆放物料。

④ 模板、支架和拱架使用期间，应经常检查、维护，保持完好状态。

（2）脚手架搭设

① 脚手架应按规定采用连接件与构筑物相连接，使用期间不得拆除；脚手架不得

与模板支架相连接。

② 作业平台上的脚手板必须在脚手架的宽度范围内铺满、铺稳。作业平台下应设置水平安全网或脚手架防护层，防止高空物体坠落造成伤害。

③ 严禁在脚手架上架设混凝土泵等设备。

④ 脚手架支搭完成后应与模板、支架和拱架一起进行检查验收，形成文件后，方可交付使用。

3）模板、支架和拱架拆除

（1）模板、支架和拱架拆除现场应设作业区，其边界设警示标志，并由专人值守，非作业人员严禁入内。

（2）模板、支架和拱架拆除采用机械作业时应由专人指挥。

（3）模板、支架和拱架拆除应按施工方案或专项方案要求进行，遵循"先支后拆、后支先拆"的顺序，严禁上下同时作业。

（4）严禁敲击与硬拉模板、杆件和配件。

（5）严禁抛掷模板、杆件、配件。

（6）拆除的模板、杆件、配件应分类码放。

3. 预应力施工安全措施

（1）预应力施工应划定张拉作业区，并设防护栏杆，非作业人员不得进入。

（2）预应力筋的切断，宜使用砂轮锯，不得采用电弧切割。

（3）先张法张拉作业前应检查台座、横梁和张拉设备，确认正常。

（4）后张法张拉时构件混凝土强度应符合设计规定；设计无规定时，应不低于设计强度的75%。

（5）从开始张拉至孔道压浆完毕的过程中，不得敲击锚具、钢绞线和碰撞张拉设备。

4. 箱涵顶进施工安全措施

主要涉及箱涵施工穿越铁路、道路、桥涵和管线等构筑物时应采取的安全措施和防护措施。

1）施工前安全措施

（1）现场踏勘调查

① 在铁路的路基下顶进，为确保列车安全通行与安全施工，在编制施工组织设计前应掌握客、货车辆运行状况，车辆通过次数，车辆间隔和运行速度，股道数量，间距和高程以及线路和道岔种类及使用性质。

② 在公路、城市道路路基下顶进，为确保交通安全与施工安全，在编制施工组织设计前应掌握路面结构、交通情况，特别是了解路基中埋设的地下管线、电缆及其他障碍物等情况。

③ 了解线路管理部门对施工的要求和施工期间交通疏导及机车限速的可行性。

（2）人员与设备

① 作业人员进行安全技术培训，经考核合格后上岗。

② 作业设备进行性能和安全检查，符合有关安全规定。

③ 现场动力、照明的供电系统应符合有关安全规定。

2）施工安全保护

（1）铁道线路加固方法与措施

① 小型箱涵，可采用调轨梁或轨束梁的加固法。

② 大型即跨径较大的箱涵，可用横梁加盖、纵横梁加固、工字轨束梁或钢板脱壳法。

③ 在土质条件差、地基承载力低、开挖面土壤含水率高、铁路列车不允许限速的情况下，可采用低高度施工便梁方法。

（2）路基加固方法与措施

① 采用管棚超前支护和水平旋喷桩超前支护方法，控制路基变形在安全范围内。

② 采用地面深层注浆加固方法，提升施工断面上方的土体稳定性。

（3）管线迁移和保护措施

① 施工影响区的重要管线（水、气、电等）应尽可能采取迁移措施。

② 无法迁移的管线应采取有效的保护措施。

③ 编制应急措施，并备有相应的抢险人员、物资和设备。

3）施工安全保护措施

（1）施工区域安全措施

① 限制铁路列车通过施工区域的速度，限制或疏导路面交通。

② 设置施工警戒区域护栏和警示装置，设置专人值守。

③ 加强施工过程的地面、地上构筑物、地下管线的安全监测，及时反馈、指导施工。

（2）施工作业安全措施

① 施工现场（工作坑、顶进作业区）及路基附近不得积水浸泡。

② 应按要求设立施工现场围挡，有明显的警示标志，隔离施工现场和社会活动区，实行封闭管理，严禁非施工人员入内。

③ 在列车运行间隙或避开交通高峰期开挖和顶进，列车通过时，严禁挖土作业，人员应撤离开挖面。

④ 箱涵顶进过程中，任何人不得在顶铁、顶柱布置区内停留。

⑤ 箱涵顶进过程中，当液压系统发生故障时，严禁在工作状态下检查和调整。

⑥ 现场施工必须设专人统一指挥和调度。

2.7.2　城市桥梁工程质量控制要点

1. 城市桥梁工程质量控制指标

下文内容主要介绍城市桥梁中常用施工技术的质量控制指标。

1）模板支架、钢筋、混凝土

桥梁结构中使用到的模板支架、钢筋、混凝土通用技术中的主控项目参考以下内容：

（1）模板支架主要控制项目：模板、支架和拱架制作及安装符合设计要求且稳固牢靠、接缝严密，立柱基础有足够的支撑面和排水、防冻融措施。

（2）钢筋主要控制项目：钢筋的材料；钢筋弯制和末端弯钩；受力钢筋连接；钢

筋安装。

（3）混凝土主要控制项目：原材料、添加剂、配合比、混凝土强度等级、抗冻性能试验、抗渗性能试验。

（4）预应力混凝土主要控制项目：混凝土质量检验；预应力筋的品种、规格、数量；预应力筋用锚具、夹具和连接器进场检验；预应力筋进场检验；预应力筋张拉和放张时混凝土强度；预应力筋张拉允许偏差；孔道压浆的水泥浆强度；锚具的封闭保护。

2）基础工程

（1）扩大基础

主要控制项目：地基承载力、地基处理，回填土压实度（当年筑路和管线上方）。

（2）桩基础

沉入桩主要控制项目：预制桩表面不得出现孔洞、露筋和受力裂缝；钢管桩钢材品种、规格及其技术性能、制作焊接质量；沉桩质量控制为入土深度、最终贯入度或停打标准。

混凝土灌注桩主要控制项目：成孔达到设计深度后，核实地质情况；孔径、孔深；混凝土抗压强度；桩身不得出现断桩、缩径。

（3）沉井基础

沉井主要控制项目：钢壳沉井的钢材及其焊接质量；钢壳沉井气筒必须按受压容器的有关规定制造，并经水压（不得低于工作压力的1.5倍）试验合格。

沉井浮运：预制浮式沉井在下水、浮运前，应水密试验合格；钢壳沉井底节水压试验，其余各节水密检查合格。

就地浇筑沉井首节的下沉应在井壁混凝土达到设计强度后进行；其上各节达到设计强度的75%后方可下沉。

（4）地下连续墙基础

地下连续墙基础主要控制项目：成槽的深度；水下混凝土质量：墙身不得有夹层、局部凹进，接头处理。

3）墩台、盖梁

（1）钢管混凝土柱的主要控制项目：钢管制作；混凝土与钢管紧密结合，无空隙。

（2）预制安装混凝土柱的主要控制项目：柱与基础连接处接触严密、焊接牢固、混凝土灌注密实，混凝土强度符合要求。

（3）现浇混凝土盖梁的主要控制项目：不得出现超过设计规定的受力裂缝。

（4）台背填土的主要控制项目：台身、挡墙混凝土强度达到设计强度的75%以上时，方可回填土。拱桥台背填土应在承受拱圈水平推力前完成。

4）支座

支座的主要控制项目：

（1）支座进场验收。

（2）支座安装前，应检查跨距、支座栓孔位置和支座垫石顶面高程、平整度、坡度、坡向，确认符合设计要求。

（3）支座与梁底及垫石之间必须密贴，间隙不得大于0.3mm。

（4）支座锚栓的埋置深度和外露长度应符合设计要求。

（5）支座及其粘结灌浆和润滑材料应符合设计要求。

5）混凝土梁（板）

混凝土梁（板）主要控制项目：结构表面不得出现超过设计规定的受力裂缝。

6）钢梁

钢梁主要控制项目：钢材、焊接材料、涂装材料；高强度螺栓连接副等紧固件及其连接；高强度螺栓的栓接板面（摩擦面）除锈处理后的抗滑移系数；焊缝无损检测；涂装检验。

7）拱部与拱上结构

拱部与拱上结构施工中涉及模板和拱架、钢筋、混凝土、预应力混凝土的质量检验对应本书 2.7.2 中 1.1）内容，拱上结构施工时间和顺序应符合设计和施工设计规定。现浇混凝土拱圈不得出现超过设计规定的受力裂缝，装配式混凝土拱部结构表面不得出现超过设计规定的受力裂缝。

钢管混凝土拱质量检验主要控制项目：钢管内混凝土应饱满，管壁与混凝土紧密结合，混凝土强度应符合设计要求；防护涂料规格和层数符合设计要求。

8）顶进箱涵

顶进箱涵主要控制项目：滑板轴线位置、结构尺寸、顶面坡度、锚梁、方向墩。

9）桥面系

桥面系主要控制项目：桥面排水设施的设置；桥面防水层：防水材料的品种、规格、性能、质量；防水层、粘结层与基层之间应密贴，结合牢固；桥面铺装层材料的品种、规格、性能、质量，水泥混凝土桥面铺装层的强度和沥青混凝土桥面铺装层的压实度，塑胶面层铺装的物理机械性能；伸缩装置的形式和规格，伸缩装置安装时焊接质量和焊缝长度，伸缩装置锚固部位的混凝土强度；地袱、缘石、挂板混凝土的强度，预制地袱、缘石、挂板安装必须牢固，焊接连接应符合设计要求；现浇地袱钢筋的锚固长度应符合设计要求。防护设施：混凝土栏杆、防撞护栏、防撞墩、隔离墩的强度，金属栏杆、防护网的品种、规格；人行道结构材质和强度。

2. 钻孔灌注桩施工质量控制

1）钻孔灌注桩孔深、孔径质量控制

施工前认真校核原始水准点和各孔口的绝对高程，每根桩开孔前复测一次桩位孔口高程。每根桩孔开孔时，应验证钻头规格，避免因作业人员疏忽错用其他规格的钻头，或因钻头陈旧、磨损导致孔径误差。孔深测量应采用丈量钻杆的方法，取钻头的 2/3 长度处作为孔底终孔界面。对于桩端持力层为强风化岩或中风化岩的桩可采用以地质资料的深度为基础，结合钻机受力、主动钻杆抖动情况和孔口捞样来综合判定，必要时进行原位取芯验证。

2）钻孔垂直度控制

（1）施工前应压实、平整施工场地。安装钻机时应严格检查钻机的平整度和主动钻杆的垂直度，钻进过程中应定时检查主动钻杆的垂直度，发现偏差立即调整。

（2）定期检查钻头、钻杆、钻杆接头，发现问题及时维修或更换。

（3）在软硬土层交界面或倾斜岩面处钻进，应低速、低钻压钻进。发现钻孔偏斜，

应及时回填黏土，冲平后再低速、低钻压钻进。在复杂地层钻进，必要时在钻杆上加设扶正器。

3）塌孔与缩径控制

塌孔与缩径产生的原因基本相同，主要是地层复杂、钻进速度过快、护壁泥浆性能差、成孔后放置时间过长没有灌注混凝土等原因所致。

钻（冲）孔灌注桩穿过较厚的砂层、砾石层时，成孔速度应控制在 2m/h 以内，泥浆性能主要控制其密度为 $1.3\sim1.4\text{g/cm}^3$、黏度为 $20\sim30\text{s}$、含砂率不大于 6%，若孔内自然造浆不能满足以上要求时，可采用加黏土粉、烧碱、木质素的方法，改善泥浆的性能，通过对泥浆的除砂处理，可控制泥浆的密度和含砂率。没有特殊原因，钢筋骨架安装后应立即灌注混凝土。

4）孔底沉渣控制

（1）要选择合适的钻孔机具及钻孔方式，控制钻进时的转速和钻压，使成孔的泥、砂、沉渣能随泥浆排出。

（2）根据钻进过程中土层情况配备合适的泥浆指标，主要有密度、黏度、含砂率和胶体率。

（3）确保清孔彻底、充分，成孔至设计标高后进行第一次清孔，在混凝土灌注前进行第二次清孔。根据不同的钻孔方法、施工设备、设计要求和地层条件，合理选用清孔方法。常用的有：抽浆法、换浆法、掏渣法、喷射法等。

（4）准确测定沉渣厚度，沉渣厚度＝终孔深度－清孔后深度，终孔深度采用丈量钻杆长度的方法测定。

（5）确保水下灌注混凝土的首灌量，首灌量根据孔径、孔深、泥浆浓度、导管直径、导管底端到孔底的距离等要素计算确定。

5）水下混凝土灌注和桩身混凝土质量控制

（1）初灌时埋管深度达不到规范要求：

规范规定，灌注导管底端至孔底的距离应为 $0.3\sim0.5\text{m}$，初灌时导管首次埋深应不小于 1.0m。在计算混凝土的初灌量时，除计算桩长所需的混凝土量外，还应计算导管内积存的混凝土量。

（2）灌注混凝土时堵管：

① 灌注混凝土时发生堵管主要是由灌注导管破漏、灌注导管底距孔底深度太小、完成二次清孔后灌注混凝土的准备时间太长、隔水栓不规范、混凝土配制质量差、灌注过程中灌注导管埋深过大等原因引起。

② 灌注导管在安装前应由专人负责检查，可采用肉眼观察与敲打听声结合的方式进行，检查项目主要有：灌注导管是否存在孔洞和裂缝、接头是否密封、厚度是否合格。

③ 灌注导管使用前应进行水密承压和接头抗拉试验，严禁用气压试验。进行水密试验的水压不应小于孔内水深 1.5 倍的压力。

④ 隔水栓应认真细致制作，其直径和椭圆度应符合使用要求。

⑤ 完成第二次清孔后，应立即开始灌注混凝土，若因故推迟灌注混凝土，应重新进行清孔，否则，可能造成孔内泥浆悬浮的砂粒下沉而使孔底沉渣过厚，并导致隔水栓

无法正常工作而发生堵管事故。

（3）灌注混凝土过程中钢筋骨架上浮：

① 主要原因：

a. 混凝土初凝和终凝时间太短，使孔内混凝土过早结块，当混凝土面上升至钢筋骨架底时，结块的混凝土托起钢筋骨架。

b. 清孔时孔内泥浆悬浮的砂粒太多，混凝土灌注过程中砂粒回沉在混凝土面上，形成较密实的砂层，并随孔内混凝土逐渐升高，当砂层上升至钢筋骨架底部时托起钢筋骨架。

c. 混凝土灌注至钢筋骨架底部时，灌注速度太快，造成钢筋骨架上浮。

② 预防措施：

除认真清孔外，当灌注的混凝土面距钢筋骨架底部 1m 左右时，应降低灌注速度。当混凝土面上升到骨架底口 4m 以上时，提升导管，使导管底口高于骨架底部 2m 以上，然后恢复正常灌注速度。

（4）桩身混凝土强度低或混凝土离析的主要原因是施工现场混凝土配合比控制不严、搅拌时间不够和水泥质量差。预防措施：严格把好进厂水泥的质量关，控制好施工现场混凝土配合比，掌握好搅拌时间与混凝土的和易性。

（5）桩身混凝土夹渣或断桩：

① 主要原因：

a. 初灌混凝土量不够，造成初灌后埋管深度太小或导管根本就没有进入混凝土。

b. 混凝土灌注过程拔管长度控制不准，导管拔出混凝土面。

c. 混凝土初凝和终凝时间太短，或灌注时间太长，使混凝土上部结块，造成桩身混凝土夹渣。

d. 清孔时孔内泥浆悬浮的砂粒太多，混凝土灌注过程中砂粒回沉在混凝土面上，形成沉积砂层，阻碍混凝土的正常上升，当混凝土冲破沉积砂层时，部分砂粒及浮渣被包入混凝土内，严重时可能造成堵管事故，导致混凝土灌注中断。

② 预防措施：

混凝土灌注过程中拔管应由专人负责指挥，并分别采用理论灌入量计算孔内混凝土面和重锤实测孔内混凝土面，取两者的低值来控制拔管长度，确保导管的埋置深度控制在 2～6m。单桩混凝土灌注时间宜控制在 1.5 倍混凝土初凝时间内。

（6）桩顶混凝土不密实或强度达不到设计要求：

主要原因是超灌高度不够、混凝土浮浆太多、孔内混凝土面测定不准。

根据《城市桥梁工程施工与质量验收规范》CJJ 2—2008 中相关规定，桩顶混凝土灌注完成后应高出设计标高 0.5～1m。

对于大体积混凝土的桩，桩顶 10m 内的混凝土还应适当调整配合比，增大碎石含量，减少桩顶浮浆。在灌注最后阶段，孔内混凝土面测定应采用硬杆筒式取样法测定。

6）混凝土灌注过程因故中断

混凝土灌注过程中断的原因较多，在采取抢救措施后仍无法恢复正常灌注的情况下，可采用如下方法进行处理：

（1）若刚开灌不久，孔内混凝土较少，可拔起导管和吊起钢筋骨架，重新钻孔至原孔底，安装钢筋骨架和清孔后再开始灌注混凝土。

（2）迅速拔出导管，清理导管内积存混凝土并检查导管后，重新安装导管和隔水栓，然后按初灌的方法灌注混凝土，待隔水栓完全排出导管后，立即将导管插入原混凝土内，此后便可按正常的灌注方法继续灌注混凝土。此法的处理过程必须在混凝土的初凝时间内完成。

7）成孔、成桩检验

（1）钻孔灌注桩在终孔后，宜采用专用仪器对桩孔的孔位、孔径、孔形、孔深和倾斜度进行检验；清孔后，应对孔底的沉淀厚度进行检验。采用钻杆测斜法量测桩的倾斜度时，量测应从钻孔平台顶面起算至孔底。

（2）对桩身的完整性进行检验时，检测的数量和方法应符合设计或合同的要求。宜选择有代表性的桩采用无破损法进行检测，重要工程或重要部位的桩宜逐桩进行检测；设计有要求或对无破损法检测和桩的质量有疑问时，应采用钻取芯样法对桩进行检测。桩身完整的为Ⅰ类桩；桩身有轻微缺陷，不会影响桩身结构承载力的正常发挥的为Ⅱ类桩；桩身有明显缺陷，对桩身结构承载力有影响的为Ⅲ类桩；桩身存在严重缺陷的为Ⅳ类桩。

3. 大体积混凝土浇筑施工质量控制

大体积混凝土是指结构物实体最小尺寸不小于1m的大体量混凝土，或预计混凝土中胶凝材料水化引起温度变化和收缩导致有害裂缝产生的混凝土。在城市桥梁中基础、墩台、盖梁、索塔、锚锭及桥跨承重结构等常涉及大体积混凝土。

1）控制混凝土裂缝

（1）裂缝分类

大体积混凝土出现的裂缝按深度不同，分为表面裂缝、深层裂缝和贯穿裂缝三种：

① 表面裂缝主要是温度裂缝，一般危害性较小，但影响外观质量。

② 深层裂缝部分地切断了结构断面，对结构耐久性产生一定危害。

③ 贯穿裂缝由混凝土表面裂缝发展为深层裂缝，最终形成贯穿裂缝，它切断了结构的断面，可能破坏结构的整体性和稳定性，危害性较为严重。

（2）裂缝发生原因

① 水泥水化热影响：

水泥在水化过程中产生了大量的热量，因而使混凝土内部温度升高，当混凝土内部与表面温差过大时，就会产生温度应力和温度变形。温度应力与温差成正比，温差越大，温度应力就越大，当温度应力超过混凝土内外的约束力时，就会产生裂缝。混凝土内部的温度与混凝土的厚度及水泥用量有关，混凝土越厚，水泥用量越大，内部温度越高。

② 内外约束条件的影响：

混凝土在早期温度上升时，产生的膨胀受到约束而形成压应力。当温度下降，则产生较大的拉应力。另外，混凝土内部由于水泥的水化热而使中心温度高，热膨胀大，进而在中心区产生压应力，在表面产生拉应力。若拉应力超过混凝土的抗拉强度，混凝土将会产生裂缝。

③ 外界气温变化的影响：

大体积混凝土在施工阶段，常受外界气温的影响。混凝土内部温度是由水泥水化热引起的绝热温度、浇筑温度和散热温度三者的叠加。当气温下降，特别是气温骤降，会大大增加混凝土外层与内部的温度梯度，产生温差和温度应力，使混凝土产生裂缝。

④ 混凝土的收缩变形：

混凝土中 80% 的水分要蒸发，只有约 20% 的水分是水泥硬化所必需的。最初失去的 30% 自由水分几乎不引起收缩，随着混凝土的逐渐干燥使 20% 的吸附水逸出，此时就会出现干燥收缩——由于表面干燥收缩快，中心干燥收缩慢，表面的干缩将受到中心部位混凝土的约束，故而会在表面产生拉应力并导致裂缝。在设计上为混凝土表层布设抗裂钢筋网片，可有效地避免混凝土收缩时产生干裂。

⑤ 混凝土的沉陷裂缝：

支架、支撑变形下沉会引发结构裂缝，过早拆除模板支架易使未达到强度的混凝土结构发生裂缝和破损。

2）质量控制要点

（1）大体积混凝土施工组织设计，应包括下列主要内容

① 大体积混凝土浇筑体温度应力和收缩应力计算结果。

② 施工阶段主要抗裂构造措施和温控指标的确定。

③ 原材料优选、配合比设计、制备与运输计划。

④ 主要施工设备和现场总平面布置。

⑤ 温控监测设备和测试布置图。

⑥ 浇筑顺序和施工进度计划。

⑦ 保温和保湿养护方法。

⑧ 应急预案和应急保障措施。

⑨ 特殊部位和特殊气候条件下的施工措施。

（2）控制非沉陷裂缝的产生

防止混凝土非沉陷裂缝的关键是混凝土浇筑过程中温度和混凝土内外部温差控制（温度控制）。温度控制就是对混凝土的浇筑温度和混凝土内部的最高温度进行人为控制。施工前应进行热工计算，施工措施应符合《大体积混凝土施工标准》GB 50496—2018 的有关要求。

（3）质量控制主要措施

① 优化混凝土配合比：

a. 大体积混凝土因其水泥水化热的大量积聚，易使混凝土内外形成较大的温差，而产生温差应力，因此应选用水化热较低的水泥，以降低水泥水化所产生的热量，从而控制大体积混凝土的温度升高。

b. 充分利用混凝土的中后期强度，尽可能降低水泥用量。

c. 严格控制集料的级配及其含泥量。如果含泥量大的话，不仅会增加混凝土的收缩，而且会引起混凝土抗拉强度的降低，对混凝土抗裂不利。

d. 选用合适的缓凝、减水等外加剂，以改善混凝土的性能。掺入外加剂后，可延

长混凝土的凝结时间。

e.控制好混凝土坍落度，不宜大于180mm。

② 浇筑与振捣措施：

大体积混凝土浇筑应符合下列要求：

a.混凝土浇筑层厚度应根据所用振捣器作用深度及混凝土的和易性确定，整体连续浇筑时宜为300～500mm，振捣时应避免过振和漏振。

b.整体分层连续浇筑或推移式连续浇筑，应缩短间歇时间，并应在前层混凝土初凝之前将次层混凝土浇筑完毕。层间间歇时间不应大于混凝土初凝时间。混凝土初凝时间应通过试验确定。当层间间歇时间超过混凝土初凝时间时，层面应按施工缝处理。

c.混凝土的浇灌应连续、有序，宜减少施工缝。

d.混凝土宜采用泵送方式和二次振捣工艺。

当采取分层间歇浇筑混凝土时，水平施工缝的处理应符合下列要求：

a.在已硬化的混凝土表面，应清除表面的浮浆、松动的石子及软弱混凝土层。

b.在上层混凝土浇筑前，应采用清水冲洗混凝土表面的污物，并应充分润湿，但不得有积水。

c.新浇筑混凝土应振捣密实，并应与先期浇筑的混凝土紧密结合。

大体积混凝土底板与侧墙相连接的施工缝，当有防水要求时，宜采取钢板止水带等处理措施。

在大体积混凝土浇筑过程中，应采取措施防止受力钢筋、定位筋、预埋件等移位和变形。并应及时清除混凝土表面泌水。

应及时对大体积混凝土浇筑面进行多次抹压处理。

③ 养护措施：

大体积混凝土养护的关键是保持适宜的温度和湿度，以便控制混凝土内外温差，在促进混凝土强度正常发展的同时防止混凝土裂缝的产生和发展。大体积混凝土的养护，不仅要满足强度增长的需要，还应通过温度控制，防止因温度变形引起混凝土开裂。

混凝土养护阶段的温度控制措施：

a.混凝土浇筑完毕后，在初凝前宜立即进行覆盖或喷雾养护工作。

b.应专人负责温度控制养护工作。

c.大体积混凝土浇筑体内监测点布置，应能反映混凝土浇筑体内最高温升、里表温差、降温速率及环境温度，做好测温记录，发现监测结果异常时应及时采取相应措施。

d.混凝土拆模时，混凝土的表面温度与中心温度之间、表面温度与环境温度之间的温差不超过20℃。

e.采用内部降温法来降低混凝土内外温差。内部降温法是在混凝土内部预埋水管，通入冷却水，降低混凝土内部最高温度。冷却在混凝土刚浇筑完时就开始进行。

f.保温法是在结构外露的混凝土表面以及模板外侧覆盖保温材料（如塑料薄膜、土工布、麻袋、阻燃保温被等），在缓慢散热的过程中，减少混凝土的内外温差。根据工程的具体情况，尽可能延长养护时间，拆模后立即回填或再覆盖保护，同时预防近期骤冷气候影响，防止混凝土早期和中期裂缝。

g. 大体积混凝土保湿养护时间不宜少于14d，应经常检查塑料薄膜或养护剂涂层的完整情况，并应保持混凝土表面湿润。

h. 保温覆盖层拆除应分层逐步进行，当混凝土表面温度与环境最大温差小于20℃时，可全部拆除。

4. 预应力张拉施工质量控制

按照设计要求，编制专项施工方案和作业指导书，并按相关规定审批。对预应力筋、锚夹具、连接器、预应力管道等原材料进场检验。

施工过程控制主要有以下内容：

（1）下料与安装

① 预应力筋及孔道的品种、规格、数量必须符合设计要求。下料符合本书2.1.2中4.的相关要求。

② 锚垫板和螺旋筋安装位置应准确，保证预应力筋与锚垫板面垂直。锚板受力中心应与预应力筋合力中心一致。

③ 管道安装应严格按照设计要求确定位置，曲线平滑、平顺；架立筋应绑扎牢固，管道接头应严密不得漏浆。管道应留压浆孔和溢浆孔。

④ 预应力筋及管道安装应避免电焊火花等造成损伤。

⑤ 预应力筋穿束宜用卷扬机整束牵引，应依据具体情况采用先穿法或后穿法。但必须保证预应力筋平顺，没有扭绞现象。

（2）张拉与锚固

① 张拉时，混凝土强度、张拉顺序和工艺应符合设计要求和相关规范规定。

② 张拉应保证逐渐加大拉力，不得突然加大拉力，以保证应力正确传递。预应力筋张拉后应可靠锚固且不应有断筋、断丝或滑丝。

③ 张拉施工质量控制应做到"六不张拉"，即：没有预应力筋出厂材料合格证，预应力筋规格不符合设计要求，配套件不符合设计要求，张拉前交底不清，准备工作不充分、安全设施未做好，混凝土强度达不到设计要求，不张拉。

（3）压浆与封锚

① 张拉后，应及时进行孔道压浆，宜采用真空辅助法压浆，并使孔道真空负压稳定保持在0.08～0.1MPa。

② 压浆时排气孔、排水孔应有水泥浓浆溢出。应从检查孔抽查压浆的密实情况，如有不实，应及时处理。

③ 孔道灌浆应填写灌浆记录。

④ 压浆后应及时浇筑封锚混凝土。封锚混凝土的强度应符合设计要求，不宜低于结构混凝土强度等级的80%，且不得低于30MPa。

5. 现浇混凝土连续梁施工质量控制

（1）模板、支架和拱架质量控制：

① 模板、支架和拱架制作及安装应符合施工设计图（施工方案）的要求，且稳固牢靠，接缝严密，立柱基础有足够的支撑面和排水、防冻融措施。

② 模板制作与安装应符合设计及有关规范要求。固定在模板上的预埋件、预留孔内模不得遗漏，且应安装牢固。

（2）支架上浇筑箱梁结构表面不得出现超过设计要求的受力裂缝且应无孔洞、露筋、蜂窝、麻面和宽度超过0.15mm的收缩裂缝。轴线偏位、梁板顶面高程、断面尺寸、长度、横坡、平整度应符合设计要求。

（3）悬臂浇筑必须对称进行，桥墩两侧平衡偏差不得大于设计要求，轴线挠度必须在设计要求范围内。梁体表面不得出现超过设计要求的受力裂缝。悬臂合龙时，两侧梁体的高差必须在设计要求允许范围内。

6. 钢梁制作安装质量控制

钢梁结构形式多样，下面以钢箱梁为例，列出钢梁制作安装质量控制要点。

（1）梁段出厂前在加工厂胎架上进行预拼装，采用连续匹配组装的工艺，每次组装的梁段不少于3段，检测时要避开日照，预拼装允许偏差要符合规范要求。

（2）定位码板的装焊顺序为桥面板、底板、腹板。由桥轴线向两边进行，腹板由上而下对称进行。箱梁节段对接环缝先焊底板，再焊纵腹板，最后焊桥面板。焊接采用对称施焊，从中轴线向两侧展开，纵腹板从下向上施焊。

（3）工地焊接严格按已审批的焊接工艺进行焊接。焊接前对焊缝区除锈，并在24h内进行焊接，环焊缝必须连续焊完。风力＜5级，温度＞5℃，湿度＜85%的环境才能施焊。雨天不能施焊（箱内除外），有露水、潮气时要先烘干再焊接。

（4）焊接时严禁有震动，在箱内焊接时要有通风排尘措施，使用安全电压设施。焊接接头要进行100%超声检测，并按规范要求进行X光检测及试件检查。

7. 钢—混凝土组合梁施工质量控制

钢—混凝土组合梁施工前应制定专项施工方案，并应根据结构的特点和受力特性确定施工程序和施工工艺，且应有防止桥面板混凝土和接头混凝土开裂的预防措施。

对大跨度钢—混凝土组合连续梁中的钢梁，制造时应根据设计及施工控制的要求设置相应的预拱度。

安装钢—混凝土组合梁中的钢构件之前，应对桥梁的墩台顶面高程、中线及各孔跨径进行复测；安装钢—混凝土接头中的钢构件之前，应对混凝土结合面的高程、纵横向轴线和表面平整度等进行复测。各项误差在允许偏差内方可进行安装。

现场浇筑混凝土桥面板应采用符合设计要求的混凝土，且其配合比应进行专门设计。浇筑混凝土前，应将钢梁上翼缘和连接件上的锈蚀、污垢及模板内的其他杂物清理干净。浇筑混凝土时，除应保证其振捣密实外，尚应采取对桥面板顶面进行严格整平以及防止混凝土开裂的有效措施。

8. 钢管混凝土浇筑施工质量控制

城市桥梁施工中常见的钢管混凝土结构有钢管柱和钢管拱。

1）基本要求

（1）钢管上应设置混凝土压注孔、倒流截止阀、排气孔等。

（2）钢管混凝土应具有低泡、大流动性、补偿收缩、延缓初凝和早强的性能。

（3）混凝土浇筑泵送顺序应按设计要求进行，宜先钢管后腹箱。

（4）钢管混凝土的质量检测应以超声检测为主，人工敲击为辅。

2）钢管柱混凝土浇筑

（1）钢管柱具有加工简单、重量轻、便于吊装、安装方便等特点，在城市桥梁工程和轻轨交通工程中被广泛用作钢管墩柱。

（2）钢管柱内混凝土的浇筑与水平结构混凝土施工基本相同，一层一浇筑，施工时钢管上的端口既作为混凝土入口又作为振捣口。

（3）混凝土宜连续浇筑，一次完成。

（4）终凝后应清除钢管柱内上部混凝土浮浆，然后焊接临时端口。

3）钢管拱混凝土浇筑

（1）准备工作

① 应检查混凝土压注孔、倒流截止阀、排气孔等，保证通畅。

② 应清洗钢管拱内污物，并润湿管壁。

③ 应按设计要求，确定浇筑顺序。

（2）浇筑作业

① 应采用泵送顶升压注施工，由两拱脚至拱顶对称均衡地连续压注一次完成。

② 应先泵入适量水泥浆再压注混凝土，直至钢管顶端排气孔排出合格的混凝土时停止。压注混凝土完成后应关闭倒流截止阀。

③ 大跨径拱肋钢管混凝土应根据设计加载程序，分环、分段并隔仓由拱脚向拱顶对称均衡压注。压注过程中拱肋变位不得超过设计要求。

④ 钢管混凝土的泵送顺序宜先钢管后腹箱。

⑤ 应按照施工方案进行钢管混凝土养护。

9. 支座施工质量控制

（1）支座在安装前应复核线位、高程及安装方向。

（2）对先安装后填灌浆料的支座，其垫石的顶面应预留出足够的灌浆料层的厚度。

（3）支座安装完成后，其顺桥方向的中心线应与梁顺桥方向的中心线水平投影重合或者平行，且支座应保持水平，不得有偏斜、不均匀受力和脱空等现象。支座与梁底及垫石之间必须密贴，间隙不得大于0.3mm。

（4）支座锚栓应在其位置调整准确后固结，锚栓与孔的间隙必须填捣密实。

（5）施工过程中需要在支座附近进行焊接作业时，应在支座周围采取有效的隔热措施，避免损伤支座部件。

2.7.3 城市桥梁工程季节性施工措施

1. 冬期施工措施

1）钢筋工程

（1）冬期施工时钢筋调直冷拉温度不宜低于−20℃。预应力钢筋张拉温度不宜低于−15℃。

（2）钢筋负温焊接应符合下列要求：

① 雪天焊接或施焊现场风速超过三级时，应采取遮蔽措施，焊接后未冷却的接头应避免碰到冰雪。

② 钢筋负温焊接，可采用电弧焊、电渣压力焊等方法。当采用细晶粒热轧钢筋时，

其焊接工艺应经试验确定。当环境温度低于 –20℃时，不宜进行施焊。

③ 钢筋负温电弧焊宜采取分层控温施焊。热轧钢筋焊接的层间温度宜控制在 150～350℃。

④ 钢筋负温电弧焊可根据钢筋牌号、直径、接头形式和焊接位置选择焊条和焊接电流。焊接时应采取防止过热、烧伤、咬肉和裂缝等措施。

2）混凝土工程

（1）冬期施工应采用硅酸盐水泥或普通硅酸盐水泥配制混凝土。当混凝土掺用防冻剂时，其试配强度应较设计强度提高一个等级。

（2）冬期混凝土宜选用较小的水灰比和较小的坍落度。拌制混凝土应优先选用加热水的方法，水加热温度不宜高于 80℃，骨料加热不得高于 60℃。骨料不得混有冰雪、冻块及易被冻裂的矿物质。

（3）冬期混凝土的浇筑应符合下列要求：

① 混凝土浇筑前，应清除模板及钢筋上的冰雪。当环境气温低于 10℃时，应将直径大于或等于 25mm 的钢筋和金属预埋件加热至 0℃以上。

② 当旧混凝土面和外露钢筋暴露在冷空气中时，应对距离新旧混凝土施工缝 1.5m 范围内的旧混凝土和长度在 1m 范围内的外露钢筋，进行防寒保温。

③ 在非冻胀性地基或旧混凝土面上浇筑混凝土，加热养护时，地基或旧混凝土面的温度不得低于 2℃。

④ 当浇筑负温早强混凝土时，对于用冻结法开挖的地基，或在冻结线以上且气温低于 –5℃的地基应做隔热层。

⑤ 混凝土拌合物入模温度不宜低于 10℃。

⑥ 混凝土分层浇筑的厚度不得小于 20cm。

（4）冬期混凝土的养护应符合下列要求：

冬期混凝土可采用蓄热法和综合蓄热法、蒸汽法、电加热法、暖棚法、负温养护法等方式养护。

① 混凝土蓄热法和综合蓄热法养护：

当室外最低温度不低于 –15℃时，地面以下的工程，或表面系数不大于 5m^{-1} 的结构，宜采用蓄热法养护。对结构易受冻的部位，应加强保温措施。当室外最低气温不低于 –15℃时，对于表面系数为 5～15m^{-1} 的结构，宜采用综合蓄热法养护，围护层散热系数宜控制在 50～200kJ/(m^3·h·K)。

② 蒸汽法养护：

混凝土蒸汽养护法通常采用棚罩法。

③ 电加热法养护：

电加热法分为电极加热法、电热毯法、工频涡流法、线圈感应加热法、电热红外线加热法。

④ 暖棚法养护：

暖棚法指混凝土在暖棚内施工和养护的方法。暖棚可以是小而可移动的，在同一时间只加热几个构件；也可以很大，足以覆盖整个工程或者大部分。暖棚法施工适用于地下结构工程和混凝土构件比较集中的工程。

⑤ 负温养护法：

混凝土负温养护法适用于不易加热保温，且对强度增长要求不高的一般混凝土结构工程。负温养护法施工的混凝土，应以浇筑后 5d 内的预计日最低气温来选用防冻剂，起始养护温度不应低于 5℃。

（5）冬期混凝土拆模应符合下列要求：

① 当混凝土达到规范规定的拆模强度及抗冻强度后，方可拆除模板。

② 拆模时混凝土与环境的温差不得大于 15℃。当温差在 10～15℃时，拆除模板后的混凝土表面应采取临时覆盖措施。

③ 采用外部热源加热养护的混凝土，当环境气温在 0℃以下时，应待混凝土冷却至 5℃以下后，方可拆除模板。

3）钢结构工程

钢结构在负温下放样时，切割、铣刨的尺寸，应考虑负温对钢材收缩的影响。在负温下制作的钢构件在进行外形尺寸检查验收时，应考虑检查时的温度影响。焊缝外观检查应全部合格，等强接头和要求焊透的焊缝应进行 100% 超声检查，其余焊缝可按 30%～50% 比例进行超声抽样检查。

2. 雨期施工措施

（1）雨期施工应通过当地气象部门提前获取气象预报资料，制定切实可行的施工组织计划、施工技术方案及应急预案，做好防范各种自然灾害的准备工作。应提前准备必要的防洪抢险器材、机具及遮盖材料，对水泥、钢材等工程材料应有防雨防潮等措施；施工场地和生活区应设置排水设施；同时应制定安全用电措施，严防漏电、触电；雷区应有防雷措施。

（2）雨期施工桥面系时工作面不宜过大，宜逐段、分片、分期施工。应避开大风大雨天气，遇暴风雨或受洪水危害时应停止施工作业。

（3）雨期进行基坑开挖时，应设挡水埂，防止地面水流入；基坑内应设集水井，并应配备足够的抽排水设备。应加强边坡支护，对地基不良地段的边坡应加强观测，发现异常应及时分析原因，采取处理措施。基坑开挖后应及时进行垫层和基础的施工，防止被水浸泡；若被浸泡，应挖除被浸泡部分，采用砂砾材料回填。

（4）雨期进行结构混凝土施工时，模板支架的地基和基础应满足强度和稳定性要求，且应采取必要的安全技术措施，避免地基软化导致的沉降及支架失稳。钢筋的加工、焊接应在防雨棚内进行。结构外露的钢筋、钢绞线及预埋钢件等应采取覆盖或缠裹等防护措施。

（5）新浇筑的混凝土在终凝前，不得遭受雨淋。

3. 高温施工措施

1）混凝土的配制

高温期混凝土拌合时，应掺加减水剂或磨细粉煤灰。施工期间应对原材料及拌合设备采取防晒措施，并根据混凝土坍落度检测情况，在保证配合比不变的前提下，调整水的掺量。

2）混凝土的运输与浇筑

（1）尽量缩短运输时间，宜采用混凝土搅拌运输车。

（2）混凝土的入模温度应控制在30℃以下，宜选在一天中温度较低的时间内进行。
（3）浇筑场地宜采取遮阳、降温措施。

3）混凝土的养护

混凝土浇筑完成后，表面宜立即覆盖塑料膜，终凝后覆盖土工布等材料，并应洒水保持湿润。

第3章　城市隧道工程与城市轨道交通工程

3.1 施工方法与结构形式

3.1.1 城市隧道工程施工方法与结构形式

第3章
看本章精讲课
做本章自测题

1. 城市隧道工程施工方法

城市隧道是修建在城市地下用于通行车辆、行人、管道、线缆、空气、水等的通道，或者用于储存和实现商业目的的空间。城市隧道多为浅埋隧道，按用途可分为地铁隧道（城市轨道交通）、城市地下道路、人行通道、电力隧道、热力隧道、综合管廊、给水隧道、排水隧道、引水隧道及其他类型城市隧道。

城市隧道施工方法主要包括：明挖法、浅埋暗挖法、钻爆法、盾构法、TBM法。

明挖法是从地表面向下开挖基坑至设计标高，然后在基坑内的预定位置由下而上建造隧道主体结构及其防水措施，最后回填土并恢复路面的施工方法。按基坑围护不同可分为敞口放坡明挖法和有围护结构明挖法两大类。

浅埋暗挖法（俗称矿山法）是在城镇软弱围岩地层中，在浅埋条件下修建地下工程，以改造地层条件为前提，以控制地表沉降为重点，以钢筋格栅（或钢拱架）和喷锚混凝土作为初期支护手段，按照十八字方针（即管超前、严注浆、短开挖、强支护、快封闭、勤量测）进行城市隧道设计和施工的一种方法。

钻爆法是通过钻孔、装药、爆破开挖岩石的隧道施工方法。

盾构法是在地表以下土层或松软岩层中暗挖隧道的一种施工方法。盾构法已能适用于各种水文地质条件，无论是软松或坚硬的、有地下水或无地下水的暗挖隧道工程基本可以采用该工法施工。

TBM法是通过全断面岩石掘进机（TBM）进行岩石破碎、出渣、支护，实行连续作业的一种施工方法。

2. 城市隧道工程结构形式

城市隧道结构由围岩、支护、洞门、附属设施四部分组成（城市交通隧道附属设施参见图3.1-1）。结构断面形式可分为矩形、拱形、圆形及其他形式（如马蹄形、椭圆形等）。隧道内包含运营管理、维修养护、给水排水、通风、照明、通信、安全等系统。

1) 明挖法隧道结构

明挖法修建的城市隧道结构通常采用矩形断面，一般为整体浇筑或装配式结构。

（1）现浇钢筋混凝土结构

现浇钢筋混凝土结构断面常见形式有单跨、双跨或多跨。根据围护结构与主体结构关系划分，一种为分离式结构形式，另一种为复合墙结构形式。

（2）预制装配式结构

预制装配式结构形式根据工业化生产水平、施工方法、起重运输条件、场地条件等因素进行选择，且以单跨和双跨较为通用。装配式结构各构件之间的接头构造，除了要考虑强度、刚度、防水性等方面的要求外，还要考虑构造简单与施工方便。

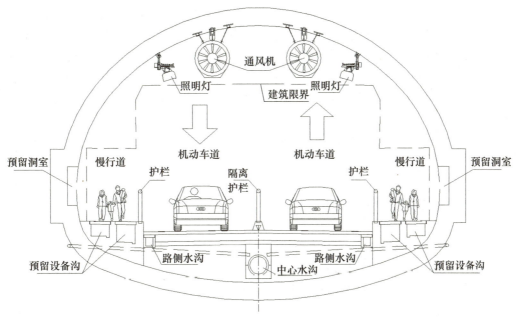

图 3.1-1 城市交通隧道附属设施图

2）浅埋暗挖法隧道结构

采用浅埋暗挖法修建的城市隧道，一般采用复合式衬砌结构形式，主要包括初期支护、防水层和二次衬砌三部分。一般采用拱形或马蹄形结构，其基本断面形式以单拱为多，也有双拱和多跨连拱形式。浅埋暗挖隧道断面如图 3.1-2 所示。

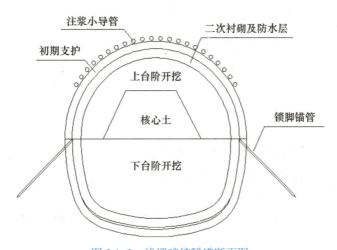

图 3.1-2 浅埋暗挖隧道断面图

超前支护的作用是稳定开挖面土体、提高开挖面土体的自立性和稳定性。稳定地层的主要手段一般是用管棚或（超前）小导管注浆加固隧道拱部及其周边地层。

初期支护的作用是加固围岩，控制围岩变形，防止围岩松动失稳，一般在开挖后立即施作，并应与围岩密贴。一般由钢格栅（型钢拱架）、纵向连接筋、钢筋网、喷射混凝土等组成。

在浅埋暗挖法施工中，初期支护的变形达到基本稳定且防水验收合格后，可以进行二次衬砌混凝土施工。通过监测的方法，随时掌握隧道变化状态，提供监测信息，指导二次衬砌施作时机。其混凝土灌注工艺和机械设备与一般新奥法隧道衬砌施工基本相同。由于隧道的断面尺寸基本不变，所以二次衬砌模板常用移动式模板台车，这样有利于加快立模及拆模速度，衬砌所用的模板、墙架、拱架均要求式样简单、拆装方便表面光滑、接缝严密。使用前应在样板台上进行校核，重复使用时，应随时检查并整修。

隧道防水应充分利用混凝自防水能力，并根据需要可采用防水混凝土或设防水层及其他防水措施。

3）钻爆法隧道结构

与浅埋暗挖隧道的结构及构造基本相同。

4）盾构法隧道结构

盾构法修建的隧道衬砌主要为预制装配式衬砌。预制装配式衬砌又称管片，它是在盾构尾部拼装而成的，管片种类按材料可分为钢筋混凝土、钢、铸铁以及由几种材料组合而成的复合管片。预制装配式衬砌结构如图3.1-3所示。

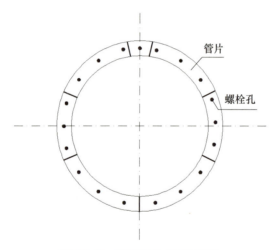

图3.1-3 预制装配式衬砌结构

在城市隧道的特殊地段如需要开口的衬砌环或预计将承受特殊荷载的地段，可以采用钢和铸铁管片；其他地段，均采用钢筋混凝土管片。按管片螺栓手孔成型大小，可将管片分为箱型和平板型两类。

衬砌环内管片之间以及各衬砌环之间的连接方式，从其力学特性来看，可分为柔性连接和刚性连接，目前较为通用的是柔性连接。

5）TBM法隧道结构

（1）管片衬砌

使用护盾式掘进机时，一般采用圆形管片衬砌，分为5～7块，在洞内拼装而成。护盾式TBM隧道管片衬砌如图3.1-4所示。

（2）复合式衬砌

使用开敞式掘进机，可以先施作初期支护，然后浇灌二次模筑混凝土永久性衬砌，即复合式衬砌，其底部为预制仰拱块。敞开式TBM隧道复合式衬砌如图3.1-5所示。

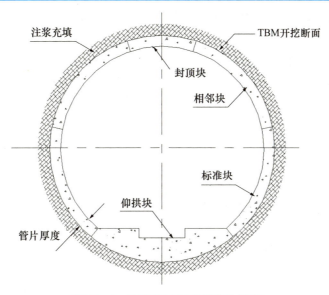

图 3.1-4　护盾式 TBM 隧道管片衬砌

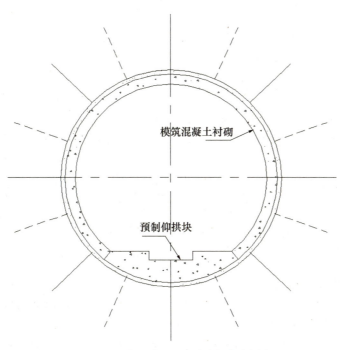

图 3.1-5　敞开式 TBM 隧道复合式衬砌

3.1.2　城市轨道交通施工方法与结构形式

城市轨道交通线路根据需要可以设在地面、地上和地下。当线路位于地面时，轨道结构铺设于路基之上，与传统的铁路相同；当线路位于地上时采用高架结构；当线路位于地下时采用地下结构。因为城市轨道交通线路的区间和线路的功能及所处平面位置不同，车站所采用的结构形式也不尽相同。高架部分施工技术可参考本书第 2 章相关内容，下文主要针对地下结构进行描述。

1. 地铁车站结构形式与施工方法

1）地铁车站形式与结构组成

（1）地铁车站形式分类

地铁车站根据其所处位置、埋深、运营性质、结构横断面、站台形式等进行分类，详见表 3.1-1。

表 3.1-1 地铁（轻轨交通）车站的分类

分类方式	分类情况	备注
车站与地面相对位置	高架车站	车站位于地面高架结构上，分为路中设置和路侧设置两种
	地面车站	车站位于地面，形式可采用岛式、侧式、岛侧混合式或路堑式，路堑式为其特殊形式
	地下车站	车站结构位于地面以下，分为浅埋、深埋车站
结构横断面	矩形	矩形断面是车站中常选用的形式。一般用于浅埋、明挖车站。车站可设计成单层、双层或多层；跨度可选用单跨、双跨、三跨及多跨形式
	拱形	拱形断面多用于深埋或浅埋暗挖车站，有单拱和多拱连拱等形式。单拱断面由于中部起拱较高，而两侧拱脚相对较低，中间无柱，因此建筑空间显得高大宽阔。如建筑处理得当，常会得到理想的建筑艺术效果。明挖车站采用单跨结构时也有采用拱形断面的
	圆形	为盾构法施工中常见的形式
	其他	如马蹄形、椭圆形等
站台形式	岛式站台	站台位于上、下行线路之间。具有站台面积利用率高、提升设施共用，能灵活调剂客流、使用方便、管理较集中等优点。常用于较大客流量的车站。其派生形式有曲线式、双鱼腹式、单鱼腹式、梯形式和双岛式等
	侧式站台	站台位于上、下行线路的两侧。侧式站台的高架车站能使高架区间断面更趋合理。常见于客流不大的地下站和高架的中间站。其派生形式有曲线式，单端喇叭式，双端喇叭式，平行错开式和上、下错开式等形式
	岛、侧混合站台	将岛式站台及侧式站台同设在一个车站内。常见的有一岛一侧，或一岛两侧形式。此种车站可同时在两侧的站台上、下车。共线车站往往会出现此种形式

（2）构造组成

地铁车站通常由车站主体（站台、站厅、设备用房、生活用房），出入口及通道，附属建筑物（通风道、风亭、冷却塔等）三大部分组成。

① 车站主体是列车在线路上的停车点，它既是供乘客集散、候车、换车及上、下车的场所，又是地铁运营设备设置的中心和办理运营业务的地方。

② 出入口及通道（包括人行天桥）是供乘客进、出车站的建筑设施。

③ 通风道及地面通风亭的作用是维持地下车站内空气质量，满足乘客呼吸新鲜空气的需求。

2）施工方法

地铁车站常用施工方法有：明挖法、盖挖法、浅埋暗挖法等。施工方法的选择会受到地面建筑物、道路、管线、城市交通、环境保护、施工机具以及资金条件等因素影响。因此，施工方法的确定，不仅要从技术、经济、修建地区具体条件考虑，而且要考虑施工方法对城市生活的影响。

在地铁施工中，若场地开阔、建筑物稀少、交通及环境允许，应优先采用施工速度快且造价较低的明挖法施工。但是在城市繁忙地带修建地铁时，明挖法往往占用道路，影响交通，因此在交通不能中断而且必须确保一定交通流量的情况下，可选用盖挖法施工。浅埋暗挖法对地层的适应性较强，适用于地面建筑物密集、交通运输繁忙、地下管线密布及对地面沉降要求严格的城镇地区地下构筑物施工。

（1）明挖法施工

① 明挖法是修建地铁车站的常用施工方法，具有施工作业面多、速度快、工期短、易保证工程质量、工程造价低等优点，缺点是对周围环境影响较大。因此，在地面交通和环境条件允许的地方，应尽可能采用。

② 明挖法按开挖方式分为放坡明挖和不放坡明挖两种。放坡明挖法主要适用于埋深较浅、地下水位较低的城郊地段，边坡通常进行坡面防护、锚喷支护或土钉墙支护。不放坡明挖是指在围护结构内开挖，主要适用于场地狭窄及地下水丰富的软弱围岩地区。

③ 围护结构及其支撑体系的选用及施作关系到明挖法实施的成败。围护结构形式主要有地下连续墙、人工挖孔桩、钻孔灌注桩、钻孔咬合桩、SMW工法桩、工字钢桩和钢板桩等。

常见的基坑内支撑结构形式有：现浇混凝土支撑、钢管支撑和H型钢支撑等。典型的地铁车站基坑支撑布置如图3.1-6所示。

④ 地铁车站明挖法施工工序如下：围护结构施工→降水（或基坑底土体加固）→第一层开挖→设置第一层支撑→第n层开挖→设置第n层支撑→最底层开挖→底板混凝土浇筑→自下而上逐步拆支撑（局部支撑可能保留在结构完成后拆除）→随支撑拆除逐步完成结构侧墙和中板→顶板混凝土浇筑。明挖法车站施工步序如图3.1-7所示。

（2）盖挖法施工

① 盖挖法施工基本流程：

在现有道路上按所需宽度，以定型标准的预制棚盖结构（包括纵、横梁和路面板）或现浇混凝土顶（盖）板结构置于桩（或墙）柱结构上维持地面交通→在棚盖结构支护下进行开挖和施作主体结构、防水结构→回填土并恢复管线或埋设新的管线→恢复道路结构。

② 盖挖法具有诸多优点：

围护结构变形小，能够有效控制周围土体的变形和地表沉降，有利于保护邻近建筑物和构筑物。

施工受外界气候影响小，基坑底部土体稳定，隆起小，施工安全。

盖挖逆作法用于城市街区施工时，可尽快恢复路面，对道路交通影响较小。

③ 盖挖法也存在一些缺点：

盖挖法施工时，混凝土结构的水平施工缝的处理较为困难。

由于竖向出口少，需水平运输，后期开挖土方不方便。

作业空间小，施工速度较明挖法慢，工期长、费用高。

盖挖法每次分部开挖与浇筑或衬砌的深度，应综合考虑基坑稳定、环境保护、永久结构形式和混凝土浇筑作业等因素来确定。

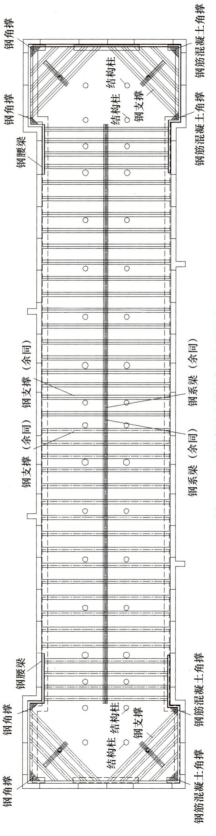

图 3.1-6 地铁车站支撑的典型布置形式

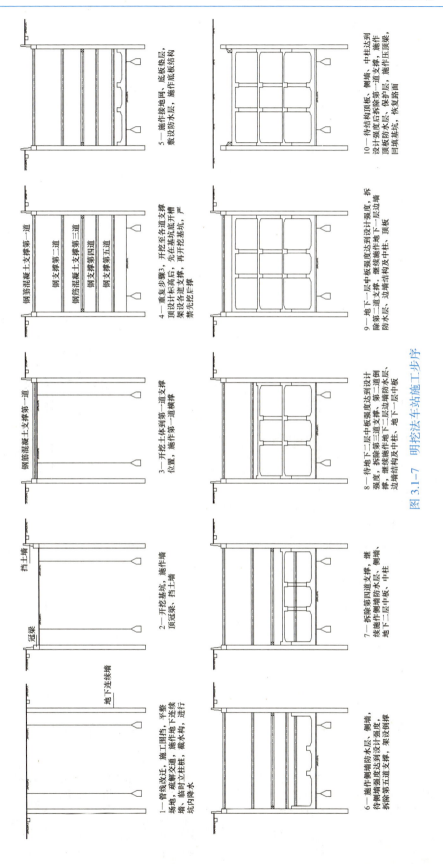

图 3.1-7 明挖法车站施工步序

④ 盖挖法可分为盖挖顺作法、盖挖逆作法。目前，城市中施工采用最多的是盖挖逆作法。

a. 盖挖顺作法：

在地铁车站施工中，盖挖顺作工法一般是利用临时性设施（较常用的是钢结构）作辅助措施维持道路通行，在夜间将道路封锁，掀开盖板进行基坑土方开挖或结构施工。

盖挖顺作法是在棚盖结构施作后开挖到基坑底，再从下至上施作底板、边墙，最后完成顶板，故称为盖挖顺作法。临时路面一般由型钢纵、横梁和路面板组成，其具体施工流程见图 3.1-8。由于主体结构是顺作，施工方便，质量易于保证，故顺作法仍然是盖挖法中的常用方法。

盖挖顺作法的围护结构，根据现场条件、地下水位高低、开挖深度以及周围建筑物的邻近程度可选择钢筋混凝土钻（挖）孔灌注桩或地下连续墙，对于饱和的软弱地层应以刚度大、变形小、止水性能好的地下连续墙为首选方案。目前，盖挖顺作法中的围护结构常用来作为主体结构边墙墙体的一部分或全部。

由上述可知，盖挖顺作法与明挖顺作法在施工顺序上和技术难度上差别不大，仅因挖土和出土工作受盖板的限制，无法使用大型机械，需采用特殊的小型、高效机具。

第一步：施作围护结构、开挖基坑并施作桩顶冠梁

第二步：架设第一道钢支撑，铺设临时路面系统

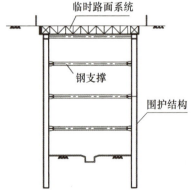

第三步：开挖基坑，随开挖随架设钢支撑（基坑开挖至支撑中线下 0.5m 处时，必须架设钢支撑），至基坑底设计标高处

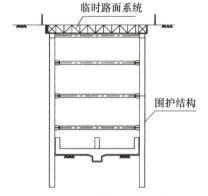

第四步：铺设底板素混凝土垫层，敷设防水层，施作底板结构

图 3.1-8　盖挖顺作法施工流程

 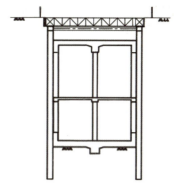

第五步：拆除第四道钢支撑，敷设侧墙防水层，施作侧墙和中楼板结构　　　第六步：拆除第三、第二道钢支撑，敷设侧墙防水层，施作侧墙及顶板结构

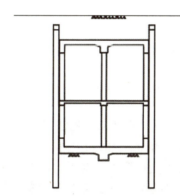

第七步：拆除临时路面系统，回填恢复路面

图 3.1-8　盖挖顺作法施工流程（续）

b. 盖挖逆作法：

盖挖逆作法施工是先施作车站周边围护结构和结构主体桩柱，然后将结构盖板置于围护桩（墙）、柱（钢管柱或混凝土柱）上，自上而下完成土方开挖和边墙、中板及底板衬砌的施工，具体施工流程见图 3.1-9。盖挖逆作法是在明挖内支撑基坑基础上发展起来的，施工过程中不需设置临时支撑，而是借助结构顶板、中板自身的水平刚度和抗压强度实现对基坑围护桩（墙）的支撑作用。

（3）浅埋暗挖法施工：

浅埋暗挖法（城市轨道交通工程中有时称为矿山法）是在城镇软弱围岩地层中，在浅埋条件下修建的地下工程，该工法以改造地质条件为前提，以控制地表沉降为重点，以钢筋格栅（或其他钢拱架）和喷锥混凝土作为初期支护手段，遵循十八字方针，即管超前、严注浆、短开挖、强支护、快封闭、勤量测。

浅埋暗挖法不允许带水作业，从减少城市地表沉降和地下水控制考虑，还必须辅之以其他配套技术，比如地层加固、降水等。浅埋暗挖法十分讲究开挖方法的选择，尤其是地铁车站多跨结构和大跨度结构，合理的结构形式和正确的施工方法能起到事半功倍的作用。

浅埋暗挖法车站施工可采用中隔壁法（CD 工法）、交叉中隔壁法（CRD 工法）、中洞法、侧洞法、柱洞法、洞桩法等方法。

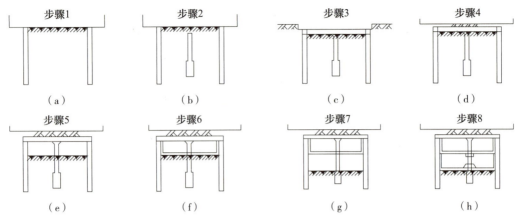

注：当天然地基不能满足地模施工要求时，可采取地层加固措施。

图 3.1-9　盖挖逆作法施工流程

（a）构筑围护结构；（b）构筑主体结构中间立柱；（c）构筑顶板；（d）回填土、恢复路面；
（e）开挖中层土；（f）构筑上层主体结构；（g）开挖下层土；（h）构筑下层主体结构

2. 地铁区间隧道及联络通道施工方法与结构形式

1）区间隧道施工方法

地铁区间隧道主要采用盾构法、明（盖）挖法或浅埋暗挖法施工。明（盖）挖法、浅埋暗挖施工方法参见本书 3.1.2 中 1.2）的相关内容。

盾构隧道机械化程度高、安全风险低、对围岩的扰动较小、控制地表沉降优势明显，因此盾构法在用地极度紧张的城市中是修建地下隧道、综合管廊等构筑物的首选；加之城市中周边条件复杂以及地铁选线过程中难免会穿越一些敏感建（构）筑物，基于盾构施工良好的地表及建（构）筑物沉降表现，该工法也是不二之选。

2）联络通道施工方法

联络通道是设置在两条地铁隧道之间的一条横向通道，起到安全疏散乘客、隧道排水及防火、消防等作用，如图 3.1-10 所示。

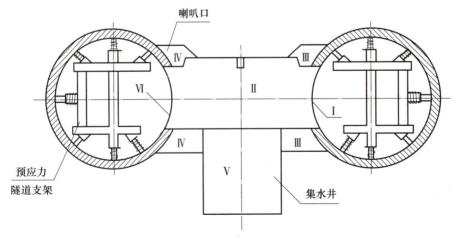

图 3.1-10　联络通道结构图

Ⅰ—冻结侧通道预留口钢管片；Ⅱ—通道；Ⅲ—冻结侧喇叭口；
Ⅳ—对侧喇叭口；Ⅴ—集水井；Ⅵ—对侧门钢管片

《地铁设计规范》GB 50157—2013 第 28.2.4 条规定：两条单线区间隧道应设联络通道，相邻两个联络通道之间的距离不应大于 600m，联络通道内应设并列反向开启的甲级防火门，门扇的开启不得侵入限界。

根据线路纵断面设计及区间隧道防、排水要求，在区间线路最低点处设置废水泵房（集水井），一般情况下，废水泵房与该处联络通道合建，即联络通道内设置废水泵房以及废水抽排和人员检修的管道、管道井。联络通道长度一般为 5~9m，通道的出入口高程近似，仅在通道中部设置高点，满足排水要求。

目前，国内地铁的联络通道主要采用浅埋暗挖法，超前预支护方法一般采用深孔注浆或冻结法。近来还出现了掘进机法施工联络通道。冻结法联络通道施工工艺流程见图 3.1-11。

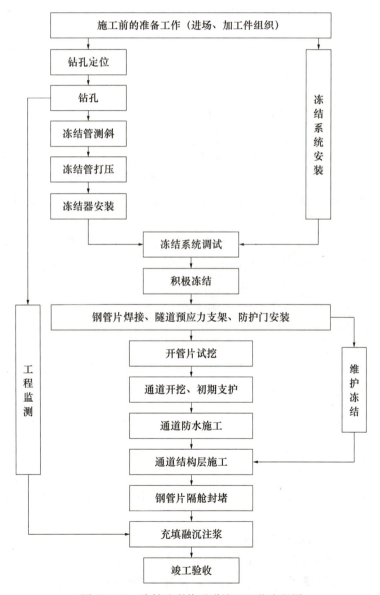

图 3.1-11　冻结法联络通道施工工艺流程图

在有承压水的砂土地层施工联络通道风险较大,施工时必须引起注意。

3)区间隧道结构形式

区间隧道结构形式可参考本书 3.1.1 中 2. 的相关内容。

3.2 地下水控制

为保证地下工程、基础工程正常施工,控制和减轻地下水对工程环境影响而采取的排水、降水、隔水或回灌等工程措施,统称为地下水控制。

3.2.1 地下水控制方法

地下水控制方法可划分为集水明排、降水、隔水和回灌四类,可单独或组合使用。

1. 基本要求

(1)地下水控制应综合地方经验,因地制宜,选择合理的地下水控制方案,既要有效控制地下水对工程环境的影响,又要防止作业过程污染地下水,同时还要减少地下水的抽排量。

(2)地下水控制设计和施工前应搜集下列资料:

① 地下水控制范围、深度、起止时间等。

② 地下工程开挖与支护设计施工方案,拟建建(构)筑物基础埋深、地面高程等。

③ 场地与相邻地区的工程勘察等资料,当地地下水控制工程经验。

④ 周围建(构)筑物、地下管线分布状况和平面位置、基础结构和埋设方式等工程环境情况。

⑤ 地下水控制工程施工的供水、供电、道路、排水及有无障碍物等现场施工条件。

(3)当现有工程勘察资料不能满足设计要求时应进行补充勘察或专项水文地质勘察。

(4)地下水控制设计应满足下列功能要求:

① 支护结构设计和施工的要求。

② 地下结构施工的要求。

③ 工程周边建(构)筑物、地下管线、道路的安全和正常使用要求。

(5)地下水控制施工应根据设计要求编制施工组织设计或专项施工方案,并应包括下列主要内容:

① 工程概况及设计依据。

② 分析地下水控制工程的关键节点,提出针对性技术措施。

③ 制定质量保证措施。

④ 制定现场布置方案,制定设备、人员安排、材料供应和施工进度计划。

⑤ 制定监测方案。

⑥ 制定安全技术措施和应急预案。

(6)地下水控制实施过程中,应对地下水及工程环境进行监测。

(7)地下水控制的勘察、设计、施工、检测、维护资料应及时分析整理、保存。

(8)地下水控制工程不得恶化地下水水质,导致水质产生类别上的变化。

（9）地下水控制过程中抽排出的地下水经沉淀处理后应综合利用，当多余的地下水符合城市地表水排放标准时，可排入城市雨水管网或河湖，不应排入城市污水管道。

（10）地下水控制施工、运行、维护过程中，应根据监测资料，判断分析对工程环境影响程度及变化趋势，进行信息化施工，及时采取防治措施，适时启动应急预案。

（11）当降水会对基坑周边建筑物、地下管线、道路等造成危害或对环境造成长期不利影响时，应采用截水方法控制地下水。采用悬挂式隔水帷幕时，一般应同时采用坑内降水，并宜根据水文地质条件结合坑外回灌的措施。

（12）当地下水位高于基坑开挖面时，需要采用降低地下水方法疏干坑内土层中的地下水。疏干地下水有增加坑内土体强度的作用，有利于控制基坑围护结构的变形。软土地区基坑开挖深度超过3m，一般就要用到井点降水。开挖深度浅时，亦可边开挖边用排水沟和集水井进行集水明排。

2. 集水明排

当基坑、沟槽开挖较浅，涌水量不大时采用。集水明排法是应用最广泛，也是最简单、经济的方法。明沟、集水井排水是在基坑、沟槽的四周或两侧设置排水明沟，在基坑坑底四角或基坑底边每隔30~50m设置集水井，使基坑、沟槽渗出的地下水通过排水明沟汇集于集水井内，然后用水泵将其排出。

3. 降水

当工程所在地对降水无限制，基坑、沟槽开挖较深，涌水量大，可采用降水方法，使地下水位下降至坑底高程以下。

1）一般要求

（1）降水工程实施前，应编制专项施工方案，超过一定规模的应进行专家论证。

（2）降水工程施工应由具有相应资质及安全生产许可证的企业承担。

（3）降水施工应采取集水明排措施，拦截、排除地表（坑顶）、坑底和坡面积水。

（4）降水运行时间应满足地下结构施工的要求，当存在抗浮要求时应延长降水运行时间。

（5）降水完成后应及时封井。

2）降水方法的分类和选择

降水方法应根据场地地质条件、降水目的、降水技术要求、降水工程可能涉及的工程环境保护等因素选用真空井点、喷射井点、管井、渗井、辐射井、电渗井、潜埋井，且应符合下列要求：

（1）地下水控制水位应满足基础施工要求，基坑范围内地下水位应降至基础垫层以下不小于0.5m，对基底以下承压水应降至不产生坑底突涌的水位以下，对局部加深部位宜采取局部控制措施。

（2）降水过程中应采取防止土颗粒流失的措施。

（3）应减少对地下水资源的影响。

（4）对工程环境的影响应在可控范围之内。

（5）应能充分利用抽排的地下水资源。

工程降水方法及适用条件如表3.2-1所示。

表 3.2-1　工程降水方法及适用条件

降水方法适用条件		土质类别	渗透系数（m/d）	降水深度（m）
降水井	真空井点	粉质黏土、粉土、砂土	0.01～20.0	单级≤6，多级≤12
	喷射井点	粉土、砂土	0.1～20.0	≤20
	管井	粉土、砂土、碎石土、岩土	＞1	不限
	渗井	粉质黏土、粉土、砂土、碎石土	＞0.1	由下伏含水层的埋藏条件和水头条件确定
	辐射井	黏性土、粉土、砂土、碎石土	＞0.1	4～20
	电渗井	黏性土、淤泥、淤泥质黏土	≤0.1	≤6
	潜埋井	粉土、砂土、碎石土	＞0.1	≤2

4. 隔水帷幕

隔水帷幕为隔离、阻断或减少地下水从围护体侧壁或底部进入开挖施工作业面的连续隔水体。

1）一般要求

（1）当工程所在地限制降水、降水会对基坑周边建（构）筑物、地下管线、道路等造成危害或对工程环境造成长期不利影响时，可采用隔水帷幕方法控制地下水。

（2）隔水帷幕可按表 3.2-2 进行分类。

表 3.2-2　隔水帷幕分类

分类方式	帷幕方法
按布置方式	悬挂式竖向隔水帷幕、落底式竖向隔水帷幕、水平向隔水帷幕
按结构形式	独立式隔水帷幕，嵌入式隔水帷幕、支护结构自渗式隔水帷幕
按施工方法	高压喷射注浆（旋喷、摆喷、定喷）隔水帷幕、注浆隔水帷幕、水泥土搅拌桩隔水帷幕、地下连续墙或咬合式排桩隔水帷幕、钢板桩隔水帷幕、沉箱、冻结法隔水帷幕

（3）隔水帷幕功能应符合下列要求：
① 隔水帷幕设计应与支护结构设计相结合。
② 应满足开挖面渗流稳定性要求。
③ 隔水帷幕应满足自防渗要求，渗透系数不宜大于 1.0×10^{-4} cm/s。
（4）当采用高压喷射注浆法、水泥土搅拌法、注浆法及冻结法帷幕时，应结合工程情况进行现场工艺性试验，确定施工参数和工艺。

2）隔水帷幕施工方法

隔水帷幕施工方法包括高压喷射注浆法、注浆法、水泥土搅拌法、地下连续墙、咬合式排桩、钢板桩、沉箱、冻结法等（见表 3.2-3）。

表 3.2-3 隔水帷幕施工方法及适用条件

适用条件	隔水方法	
	土质类别	注意事项与说明
高压喷射注浆法	适用于黏性土、粉土、砂土、黄土、淤泥质土、淤泥、填土	坚硬的黏性土、土层中含有较多的大粒径块石或有机质,地下水流速较大时,高压喷射注浆效果较差
注浆法	适用于除岩溶外的各类岩土	用于竖向帷幕的补充,多用于水平帷幕
水泥土搅拌法	适用于淤泥质土、淤泥、黏性土、粉土、填土、黄土、软土,对砂、卵石等地层有条件使用	不适用于含大孤石或障碍物较多且不易清除的杂填土,欠固结的淤泥、淤泥质土,硬塑、坚硬的黏性土,密实的砂土以及地下水渗流影响成桩质量的地层
冻结法	适用于地下水流速不大的土层	电源不能中断,冻融对周边环境有一定影响
地下连续墙	适用于除岩溶外的各类岩土	施工技术环节要求高,造价高,泥浆易造成现场污染、泥泞,墙体刚度大,整体性好,安全稳定
咬合式排桩	适用于黏性土、粉土、填土、黄土、砂、卵石	对施工精度、工艺和混凝土配合比均有严格要求
钢板桩	适用于淤泥、淤泥质土、黏性土、粉土	对土层适用性较差,多应用于软土地区
沉箱	适用于各类岩土层	适用于地下水控制面积较小的工程。如竖井等

注:① 对碎石土、杂填土、泥炭质土、泥炭、pH 值较低的土或地下水流速较大时,水泥土搅拌桩、高压喷射注浆工艺宜通过试验确定其适用性。
② 注浆帷幕不宜在永久性隔水工程中使用。

5. 回灌

回灌是将水引渗于地下含水层,补给地下水,稳定地下水位,防止地下水位降低使土体固结产生不均匀沉降的工程措施,回灌应进行专业设计,且应符合下列要求:

(1)降水工程影响周边工程环境安全时可进行地下水回灌。

(2)地下水回灌宜采用井灌法,具体回灌方法可采用管井回灌、大口井回灌,详见表 3.2-4。

表 3.2-4 回灌方法的选择

回灌方法	适用条件
管井回灌	各种含水层
大口井回灌	埋深不深、厚度不大、透水性条件较好的含水层

(3)地下水回灌方式包括重力回灌、真空回灌、压力回灌,详见表 3.2-5。

表 3.2-5 地下水回灌方式选择

回灌方式	适用条件
重力回灌	地下水位较低,渗透性好的含水层

续表

回灌方式	适用条件
真空回灌	厚度较大，渗透性较好的含水层
压力回灌	地下水位高，渗透性差的含水层

（4）回灌宜首选同层地下水回灌，当非同层回灌时，回灌水源的水质不应低于回灌目标含水层地下水的水质，当回灌目标含水层与饮用地下水联系较紧密时，回灌水源的水质应达到饮用水的标准。

（5）地下水回灌应采取有效措施，防止恶化地下水水质。

3.2.2　地下水控制施工技术

1. 集水明排

（1）明沟宜布置在拟建建筑基础边 0.5m 以外，沟边缘离开边坡坡脚应不小于 0.3m。明沟的底面应比挖土面低 0.3~0.4m，集水井底面应比沟底面低 0.5m 以上，并随基坑的挖深而加深，以保持水流畅通。明沟的坡度不宜小于 0.3%，沟底应采取防渗措施。

（2）集水井的净截面尺寸应根据排水流量确定；基坑四周每隔 30~40m 宜设一个集水井，集水井应采取防渗措施。

（3）明沟、集水井排水，视水量多少连续或间断抽水，直至基础施工完毕、回填土为止。

（4）集水明排设施与市政管网连接口之间应设置沉淀池。明沟、集水井、沉淀池使用时应保持排水畅通并应随时清理淤积物。

（5）当基坑开挖的土层由多种土组成，中部夹有透水性强的砂类土，基坑侧壁出现渗水时，可在基坑边坡上透水处分别设置明沟和集水井构成集水明排系统，分层阻截和排除上部土层中的地下水，避免上层地下水冲刷基坑下部造成边坡塌方。

2. 降水施工技术

1）降水系统布设

（1）降水系统平面布置应根据工程的平面形状、场地条件及建筑条件确定，并应符合下列要求：

① 面状降水工程，降水井点宜沿降水区域周边呈封闭状均匀布置，距开挖上口边线不宜小于 1m。

② 线状、条状降水工程，降水井宜采用单排或双排布置，两端应外延布置降水井，外延长度为条状或线状降水井点围合区域宽度的 1~2 倍。

③ 降水井点围合区域宽度大于单井降水影响半径或采用隔水帷幕的工程，应在围合区域内增设降水井或疏干井。

④ 在运土通道出口两侧应增设降水井。

⑤ 当降水区域远离补给边界，地下水流速较小时，降水井点宜等间距布置，当邻近补给边界，地下水流速较大时，在地下水补给方向的降水井点间距可适当减小。

⑥ 对于多层含水层降水宜分层布置降水井点，当确定上层含水层地下水不会造成下层含水层地下水污染时，可利用一个井点降低多层地下水水位。

⑦降水井点、排水系统布设应考虑与场地工程施工的相互影响。

(2)真空井点布设除应符合本书3.2.2中2.1)(1)的部分要求外,尚应符合下列要求:

①当真空井点孔口至设计降水水位的深度不超过6.0m时宜采用单级真空井点;当大于6.0m且场地条件允许时,可采用多级真空井点降水,多级井点上下级高差宜取4.0~5.0m。

②井点系统的平面布置应根据降水区域平面形状、降水深度、地下水的流向以及土的性质确定,可布置成环形、U形和线形(单排、双排)。

③井点间距宜为0.8~2.0m,距开挖上口线的距离不应小于1.0m;集水总管宜沿抽水水流方向布设,坡度宜为0.25%~0.5%。

④降水区域四角位置井点宜加密。

⑤降水区域场地狭小或遇有涵洞工程、地下暗挖工程、水下降水工程时,可布设水平、倾斜井点。

2)降水施工

(1)降水的施工组织设计除符合本书3.2.1中3.1)的相关要求外,尚应包括下列内容

①根据设计要求,制定成井质量控制、降水运行控制的流程和指标。

②地表排水管网布置及与市政管网连接的要求。

③降水工程停止时间,封井的时间、方法和要求。

(2)降水施工准备阶段应符合下列要求

①施工现场水、电、路和场地应满足设备、设施就位和进出场地条件。

②应根据施工组织设计对所有参加人员进行技术交底和安全交底。

③应进行设备、材料的采购、组织与调配,设备选择应与降水井的出水能力相匹配。

④应进行工程环境监测的布设和初始数据的采集。

⑤当发现降水设计与现场情况不符时,应及时反馈情况。

(3)真空井点的成孔应符合下列要求

①垂直井点:对易产生塌孔、缩孔的松软地层,成孔施工宜采用泥浆钻进、高压水套管冲击钻进方式;对于不易产生塌孔、缩孔的地层,可采用长螺旋钻进、清水或稀泥浆钻进方式。

②水平井点:钻探成孔后,将滤水管水平顶入,通过射流喷砂器将滤砂送至滤管周围,对容易塌孔的地层可采用套管钻进方式。

③倾斜井点:宜按水平井点施工要求进行,并应根据设计条件调整角度,穿过多层含水层时,井管应倾向基坑外侧。

④成孔直径应满足填充滤料的要求,且不宜大于300mm。

⑤成孔深度不应小于降水井设计深度。

(4)真空井点施工安装应符合下列要求

①井点管成孔后,应加大泵量、冲洗钻孔、稀释泥浆返清水3~5min,而后向孔内安放井点管。

② 井点管安装到位后，应向孔内投放滤料，滤料粒径宜为 0.4～0.6mm。孔内投入的滤料数量，宜大于计算值 5%～15%，滤料填至地面以下 1～2m 后应用黏土填满压实。

③ 井点管、集水总管应与水泵连接安装，抽水系统不应漏水、漏气。

④ 形成完整的真空井点抽水系统后，应进行试运行。

（5）喷射井点施工安装应符合下列要求

① 井管沉设前应对喷射器进行检验，每个喷射井点施工完成后，应及时进行单井试抽，排出的浑浊水不得回流循环管路系统，试抽时间应持续到水清砂净为止。

② 每组喷射井点系统安装完成后，应进行试运行，不应有漏气、翻砂、冒水现象。

③ 循环水箱内的水应保持清洁。

（6）管井施工应符合下列要求

① 管井施工可根据地层条件选用冲击钻、螺旋钻、回转钻或反循环等方法钻进成孔，施工过程中应作好成孔施工记录。

② 吊放井管时应平稳、垂直，并保持井管在井孔中心，严禁猛墩，井管宜高出地表 200mm 以上。

③ 单井完成后应及时洗井，洗井后应安装水泵进行单井试抽。抽水时应做好工作压力、水位、抽水量的记录，当抽水量及水位降值与设计不符时，应及时调整降水方案。

④ 单井、排水管网安装完成后应及时进行联网试运行，试运行合格后方可投入正式降水运行。

（7）渗井施工应符合下列要求

① 可采用螺旋钻进、回转钻进或人工成井的方法施工，对易缩孔、塌孔的地层应采用套管法成孔。

② 采用人工成井时应制定专项安全措施。

（8）辐射井施工应符合下列要求

① 集水井宜采用钢筋混凝土结构，采用沉井法和倒挂井壁逆作法时，壁厚宜为 250～350mm，采用钻机成孔和漂浮下管法时，壁厚宜为 150～200mm，每节管的接头部位应进行防渗漏处理。

② 辐射管施工工艺宜根据地层岩性确定，可采用顶管钻进、回转钻进、潜孔锤钻进、人工成孔。

③ 辐射管与集水井壁间应封堵严密。

④ 配备的抽水设备其出水量、扬程应大于设计参数。

（9）电渗井施工应符合下列要求

① 电渗降水时宜间歇通电，每通电 24h 后宜停电 2～3h。

② 应连续抽水。

③ 雷雨时工作人员应远离两极地带，维修电极时应停电。

（10）潜埋井施工应符合下列要求

① 潜埋井封底应在周边基础结构施工完成后方可进行。

② 封底时应预留出水管口，停抽后应及时堵塞封闭出水管口。

3. 隔水帷幕施工技术

1）高压喷射注浆隔水帷幕

采用高压旋喷、摆喷注浆帷幕时，旋喷注浆固结体的有效直径、摆喷注浆固结体的有效半径宜通过试验确定；缺少试验时，可根据土的类别及其密实程度、高压喷射注浆工艺，按工程经验确定。摆喷帷幕的喷射方向与摆喷点连线的夹角宜为10°～25°，摆动角度宜为20°～30°。帷幕的水泥土固结体搭接宽度，当注浆孔深度不大于10m时，不应小于200mm；当注浆孔深度为10～20m时，不应小于250mm；当注浆孔深度为20～30m时，不应小于350mm。对地下水位较高、渗透性较强的地层，可采用双排高压喷射注浆帷幕。高压喷射注浆水泥浆液的水灰比宜取0.9～1.1，水泥掺量宜取土的天然重力密度的25%～40%。当土层中地下水流速高时，宜掺入外加剂改善水泥浆液的稳定性与固结性。

2）压力注浆隔水帷幕

（1）注浆孔应按序列编号，注浆宜按隔一孔或多孔的顺序进行，当地下水流速较大时，应从水头高的一端开始注浆。

（2）对渗透系数变化较小的地层，应先注浆封顶，后自下而上注浆，防止浆液上冒；对渗透系数随深度加深而增大的地层，则应自下而上注浆；对互层地层，应先对渗透系数或孔隙率大的地层注浆。

（3）注浆用水pH值不得小于4，浆液宜采用普通硅酸盐水泥，可掺入速凝剂、防析水剂、水玻璃等进行多液注浆。

（4）采用定量、定压结合方式注浆，对先序注浆孔采取定量注浆，对后续注浆孔采取定压注浆。

（5）双液注浆时应使用单向阀的浆液混合器，严禁采用三通阀门；注浆结束时应先停水玻璃浆液泵，后停水泥浆液泵。

（6）注浆工作应连续进行，每班组结束注浆后及时清洗注浆设备。

3）水泥搅拌桩隔水帷幕

采用水泥土搅拌桩隔水帷幕时，搅拌桩桩径宜取450～800mm，搅拌桩的搭接宽度应符合下列要求：

（1）单排搅拌桩帷幕的搭接宽度：当搅拌深度不大于10m时，不应小于150mm；当搅拌深度为10～15m时，不应小于200mm；当搅拌深度大于15m时，不应小于250mm。

（2）对地下水位较高、渗透性较强的地层，宜采用双排搅拌桩截水帷幕；搅拌桩的搭接宽度：当搅拌深度不大于10m时，不应小于100mm；当搅拌深度为10～15m时，不应小于150mm；当搅拌深度大于15m时，不应小于200mm。

（3）搅拌桩水泥浆液的水灰比宜取0.6～0.8。搅拌桩的水泥掺量宜取土的天然重力密度的15%～20%。

4）地下连续墙隔水帷幕

采用地下连续墙隔水帷幕时，应根据地质条件、场地条件等因素选择成槽设备，地下连续墙槽段之间的接头应满足防渗隔水的要求，墙体混凝土抗渗等级不宜小于P6；在吊放钢筋笼前，应对槽段接头和相邻墙段的槽壁混凝土面用刷槽器等方法进行清刷，清刷后的接头和混凝土面不得夹泥。对设置防渗构件的接头,应将防渗构件装配到位。

5)咬合式排桩帷幕

采用咬合式排桩帷幕时,当采用软切割工艺施工时,加筋桩应在非加筋桩初凝前进行施工,并应确保相互咬合;咬合排桩基桩垂直度偏差不应大于3‰,桩位允许偏差应为50mm,预埋件位置的允许偏差应为20mm,成孔过程中如发现垂直度偏差过大,必须及时纠偏调整;对于混凝土早凝或机械设备故障等原因,造成咬合排桩施工未能按正常要求进行所形成的事故桩,必须采取隔水补救措施。

6)钢板桩式隔水帷幕

钢板桩式隔水帷幕应为锁口式构造,沉桩前应在锁口内嵌填黄油、沥青或其他密封止水材料;钢板桩锁口应平直通顺,互相咬合,使用前应通过套锁检查。

7)沉箱式帷幕

采用沉箱式帷幕时,沉井混凝土强度达到设计强度的70%及以上方可拆除垫木,并应制定合理的拆除顺序;沉井下沉时应保持对称、均匀,并应制定预防突沉、沉偏、难沉的应急措施;第一节沉井下沉至设计深度时,方可接筑第二节沉井,每次接筑最大高度不宜超过5m;沉井达到设计深度后应进行封井。

8)冻结法帷幕

(1)冻结法利用人工制冷技术在富水软弱地层暗挖施工中固结地层。通常,当土体的含水量大于2.5%、地下水含盐量不大于3%、地下水流速不大于40m/d时,均适用常规冻结法;当土层含水率大于10%和地下水流速不大于7~9m/d时,冻土扩展速度和冻结体形成的效果最佳。

(2)在地下结构开挖断面周围需加固的含水软弱地层中钻孔敷管,安装冻结器,利用人工制冷效果将天然岩土变成冻土,形成完整性好、强度高、不透水的临时加固体,从而达到加固地层、隔绝地下水与拟建构筑物联系的目的。

(3)在冻结体的保护下进行工作井或隧道等地下工程的开挖施工,待衬砌支护完成后,冻结地层逐步解冻,最终恢复到原始状态。

(4)冻结法主要优缺点:

① 主要优点:冻结加固的地层强度高;地下水封闭效果好;地层整体固结性好;对工程环境污染小。

② 主要缺点:成本较高,有一定的技术难度。

4. 回灌施工技术

(1)当基坑周围存在需要保护的建(构)筑物或地下管线且基坑外地下水位降幅较大时,可采用地下水人工回灌措施。浅层潜水回灌宜采用回灌砂井和回灌砂沟,微承压水与承压水回灌宜采用回灌井。实施地下水人工回灌措施时,应设置水位观测井。

(2)当采用坑内减压降水时,坑外回灌井深度不宜超过承压含水层中隔水帷幕的深度,以免影响坑内减压降水效果。当采用坑外减压降水时,回灌井与减压井的间距不宜小于6m。回灌井的深度、间距应通过计算确定。

(3)回灌井可分为自然回灌井与加压回灌井。自然回灌井的回灌压力与回灌水源的压力相同,宜为0.1~0.2MPa。加压回灌井的回灌压力宜为0.2~0.5MPa,回灌压力不宜超过过滤器顶端以上的覆土重量。

（4）回灌井施工结束至开始回灌，应至少有2~3周的时间间隔，以保证管井周围止水封闭层充分密实，防止或避免回灌水沿管井周围向上反渗、从地面喷溢等情况发生。管井外侧止水封闭层顶至地面之间，宜用素混凝土充填密实。

5. 监测

地下水控制工程应对地下水控制效果及影响进行监测，监测主要包括：地下水位监测、出水量和含砂量监测、水质监测、变形监测、巡视检查等内容。

3.3 明（盖）挖法施工

3.3.1 基坑支护施工

城市隧道工程与城市轨道交通工程明挖法施工常见的基坑支护形式有：边坡支护及基坑围护结构体系。

基坑工程是由地面向下开挖出一个地下空间，深基坑四周一般设置垂直的挡土围护结构，围护结构一般是在开挖面基底下有一定插入深度的板（桩）墙结构。板（桩）墙有悬臂式、单撑式、多撑式。支撑结构起减小围护结构变形，控制墙体弯矩的作用，分为内撑和外锚两种形式。以下主要以地铁车站基坑为主介绍基坑开挖支护与边坡防护。

1. 边坡防护

常用的边坡支护形式有：基坑放坡、土钉墙支护等。

1）基坑放坡

（1）地质条件、现场条件允许时，通常采用放坡开挖基坑形式修建地下工程或构筑物的地下部分。此时保持基坑边坡的稳定是非常重要的，当基坑边坡土体中的剪应力大于土体的抗剪强度时，边坡就会失稳坍塌。一旦边坡坍塌，不但地基受到扰动，影响承载力，而且也影响周围地下管线、地面建筑物、交通和人身安全。

（2）基坑放坡基本要求：

放坡应以控制分级坡高和坡度为主，必要时辅以局部支护和防护措施，放坡设计与施工时应考虑雨水的不利影响。

当条件许可时，应优先采取坡率法控制边坡的高度和坡度。坡率法是指无须对边坡整体进行加固而能达成自身稳定的一种人工边坡设计方法。土质边坡的坡率允许值应根据经验，按工程类比原则并结合已有稳定边坡的坡率值分析确定；当无经验，且土质均匀良好、地下水贫乏、无不良地质现象、地质环境条件简单时，可参照《建筑边坡工程技术规范》GB 50330—2013 的要求加以确定。土质边坡坡率允许值的选用见表3.3-1。

按是否设置分级过渡平台，边坡可分为一级放坡和分级放坡两种形式。在场地土质较好、基坑周围具备放坡条件、不影响相邻建筑物的安全及正常使用的前提下，宜采用全深度放坡或部分深度放坡。而在分级放坡时，宜设置分级过渡平台。分级过渡平台的宽度应根据土（岩）质条件、放坡高度及施工场地条件确定，对于岩石边坡不宜小于0.5m，对于土质边坡不宜小于1.0m。下级放坡坡度宜缓于上级放坡坡度。

表 3.3-1　土质边坡坡率允许值

边坡土体类别	状态	坡率允许值（高宽比）	
		坡高小于 5m	坡高 5~10m
碎石土	密实 中密 稍密	1:0.35~1:0.50 1:0.50~1:0.75 1:0.75~1:1.00	1:0.50~1:0.75 1:0.75~1:1.00 1:1.00~1:1.25
黏性土	坚硬 硬塑	1:0.75~1:1.00 1:1.00~1:1.25	1:1.00~1:1.25 1:1.25~1:1.50

注：① 表中的碎石土充填物为坚硬和硬塑状态的黏性土。
　　② 对于砂土和充填物为砂土的碎石土，其边坡坡率的允许值应按自然休止角确定。

（3）基坑边坡稳定控制措施：

根据土层的物理力学性质及边坡高度确定基坑边坡坡度，并于不同土层处做成折线形边坡或留置台阶。

施工时应严格按照设计坡度进行边坡开挖，不得挖反坡。

在基坑周围影响边坡稳定的范围内，应对地面采取防水、排水、截水等防护措施，防止雨水等地面水浸入土体，保持基底和边坡的干燥。

严禁在基坑边坡坡顶较近范围堆放材料、土方和其他重物以及停放或行驶较大的施工机械。

对于土质边坡或易于软化的岩质边坡，在开挖时应及时采取相应的排水和坡脚、坡面防护措施。

在整个基坑开挖和地下工程施工期间，应严密监测坡顶位移，随时分析监测数据。当边坡有失稳迹象时，应及时采取削坡、坡顶卸荷、坡脚压载或其他有效措施。

（4）护坡措施：

及时做好坡脚、坡面的防护措施。常用的防护措施有：

叠放砂包或土袋：用草袋、纤维袋或土工织物袋装砂（或土），沿坡脚叠放一层或数层，沿坡面叠放一层。

水泥砂浆或细石混凝土抹面：在人工修平坡面后，用水泥砂浆或细石混凝土抹面，厚度宜为 30~50mm，并用水泥砂浆砌筑砖石护坡脚，同时，将坡面水引入基坑排水沟。抹面应预留泄水孔，泄水孔间距不宜大于 3~4m。

挂网喷浆或混凝土：在人工修平坡面后，沿坡面挂钢筋网或钢丝网，然后喷射水泥砂浆或细石混凝土，厚度宜为 50~60mm，坡脚同样需要处理。

其他措施：包括锚杆喷射混凝土护面、塑料膜或土工织物覆盖坡面等。

2）土钉墙支护

土钉墙是一种经济、简便、施工快速、无须大型施工设备的基坑支护形式，适用于地下水位以上或降水的非软土基坑。土钉墙典型结构如图 3.3-1 所示。

当基坑潜在滑动面内有建筑物、重要地下管线时，不宜采用土钉墙。

（1）一般要求

① 土钉墙、预应力锚杆复合土钉墙的坡比不宜大于 1:0.2；当基坑较深、土的抗剪强度较低时，宜取较小坡比。

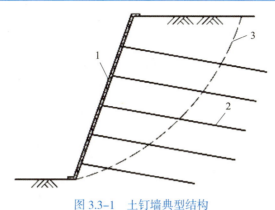

图 3.3-1 土钉墙典型结构
1—喷射混凝土面层；2—土钉；3—潜在滑裂面

② 土钉水平间距和竖向间距宜为 1～2m；当基坑较深、土的抗剪强度较低时，土钉间距应取小值。土钉倾角宜为 5°～20°。

③ 应根据土层的性状选用合适的成孔方法，采用的成孔方法应能保证孔壁的稳定性、减轻对孔壁的扰动。

（2）成孔注浆型钢筋土钉的构造应符合下列要求

① 成孔直径宜取 70～120mm。

② 土钉钢筋直径宜取 16～32mm。

③ 应沿土钉全长设置对中定位支架，其间距宜取 1.5～2.5m，土钉钢筋保护层厚度不宜小于 20mm。

④ 土钉孔注浆材料可采用水泥浆或水泥砂浆，其强度不宜低于 20MPa。

（3）采用预应力锚杆复合土钉墙时，预应力锚杆符合下列要求

① 宜采用钢绞线锚杆。

② 预应力锚杆应设置自由段，自由段长度应超过土钉墙坡体的潜在滑动面。

③ 锚杆与喷射混凝土面层之间设置腰梁连接，腰梁与喷射混凝土面层应紧密接触。

④ 注浆时将注浆管插至孔底并由孔底注浆，且注浆管端部至孔底的距离不宜大于 200mm；注浆及拔管时，注浆管出浆口应始终埋入注浆液面内，应在新鲜浆液从孔口溢出后停止注浆；注浆后，当浆液液面下降时，应进行补浆。

（4）土钉墙高度不大于 12m 时，喷射混凝土面层的构造应符合下列要求

① 喷射混凝土设计强度等级不应低于 C25，面层厚度宜取 80～100mm。

② 喷射混凝土面层中应配置钢筋网和通长的加强钢筋，土钉与加强钢筋宜采用焊接连接，其连接应满足承受土钉拉力的要求。

③ 当土钉墙后存在滞水时，在含水层部位的墙面设置泄水孔或采取其他疏水措施。

④ 喷射混凝土终凝 2h 后应及时喷水养护。

⑤ 应在土钉、喷射混凝土面层的养护时间大于 2d 后，方可下挖基坑。

3）长条形基坑开挖与过程放坡

（1）地铁车站等构筑物的长条形基坑在开挖过程中通常考虑纵向放坡，其目的：一是保证开挖安全，防止滑坡；二是保证出土运输方便。

（2）坑内纵向放坡是动态的边坡，在基坑开挖过程中不断变化，其安全性在施工

时往往被忽视，非常容易产生滑坡事故。纵向边坡一旦坍塌，就可能冲断横向对撑并导致基坑失稳，酿成安全质量事故。

（3）应编制开挖方案，慎重确定放坡坡度。在施工期间，特别是雨天必须制定监护与保护措施。软土地区施工经验表明，降雨可能使土坡的安全系数降低40%～50%，应严密监护，做好坡面的保护工作。

地铁车站基坑纵向放坡较陡处，往往也是坑外地表纵向差异沉降较大处，土坡越缓，沉降曲线就越平缓。因此，在基坑附近若有需要保护的管线或建筑，应减缓该处坡度以减小管线变形和建筑物的差异沉降。

2. 基坑围护结构体系

基坑四周一般设置挡土围护结构，围护结构一般是在开挖面基底下有一定插入深度的桩、墙结构。支撑结构起减小围护结构变形，控制墙体弯矩的作用，分为内支撑和外拉锚两种形式。

1）基坑围护结构

基坑所采用的围护结构形式很多，其施工方法、工艺和所用的施工机具也各异，因此，应根据基坑深度、工程地质和水文地质条件、地面环境条件等，经技术、经济条件综合比较后确定。

（1）基坑围护结构类型

在我国应用较多的基坑围护结构有：排桩、地下连续墙、重力式挡墙，以及这些结构的组合形式等。

不同类型围护结构的特点见表3.3-2。

表3.3-2 不同类型围护结构的特点

类型		特点
排桩	预制混凝土板桩	① 预制混凝土板桩施工较为困难，对机械要求高，而且存在挤土现象。 ② 桩间采用槽榫接合方式，接缝效果较好，有时需辅以止水措施。 ③ 自重大，受起吊设备限制，不适合大深度基坑
	钢板桩	① 成品制作，可反复使用。 ② 施工简便，但施工噪声较大。 ③ 刚度小，变形大，与多道支撑结合，在软弱土层中也可采用。 ④ 新的时候止水性尚好，如有漏水现象，需增加防水措施
	钢管桩	① 截面刚度大于钢板桩，在软弱土层中开挖深度较大。 ② 需有防水措施相配合
	灌注桩	① 刚度大，可用在深大基坑。 ② 施工对周边地层、环境影响小。 ③ 需降水或与止水措施配合使用，如搅拌桩、旋喷桩等
排桩	SMW工法桩	① 强度大，止水性好。 ② 内插的型钢可拔出反复使用，经济性好。 ③ 具有较好发展前景，国内很多城市开始推广。 ④ 用于软土地层时，一般变形较大
	咬合桩	① 配筋率较低。 ② 受力整体性好。 ③ 施工灵活

续表

类型	特点
重力式水泥土挡墙／水泥土搅拌桩挡墙	① 无支撑，墙体止水性好，造价低。 ② 墙体变位大
地下连续墙	① 刚度大，开挖深度大，可适用于所有地层。 ② 强度大，变位小，隔水性好，同时可兼作主体结构的一部分。 ③ 可邻近建筑物、构筑物使用，环境影响小。 ④ 造价高

（2）基坑围护结构施工要求

① 预制混凝土板桩：

工艺流程：放桩位线→布设桩点→桩机就位→桩就位→校正垂直度→打桩→测量桩顶标高→移钻机。

常用钢筋混凝土板桩截面的形式有四种：矩形、T形、工字形及口字形。矩形截面板桩制作较方便，桩间采用槽榫接合方式，接缝效果较好，是使用最多的一种形式；T形截面由翼缘和加劲肋组成，其抗弯能力较大，但施打较困难，翼缘直接起挡土作用，加劲肋则用于加强翼缘的抗弯能力，并将板桩上的侧压力传至地基土，板桩间的搭接一般采用踏步式止口；工字形薄壁板桩的截面形状较合理，因此受力性能好、刚度大、材料省，易于施打，挤土也少；口字形截面一般由两块槽形板现浇组合成整体，在未组合成口字形前，槽形板的刚度较小。

预制混凝土板桩施工较为困难，对机械要求高，且挤土现象严重，加之混凝土板桩一般不能拔出，因此在永久性的支护结构中使用较多。该类围护结构在国内基坑工程中使用不普遍。

② 钢板桩与钢管桩：

工艺流程：施工准备→钢板桩组装→导向架加工制造→导向架定位→插打钢板桩→基坑开挖→基坑检验。

钢板桩强度高，桩与桩之间的连接紧密，隔水效果好，具有施工灵活、板桩可重复使用等优点，是基坑施工中常用的一种挡土结构。由于板桩打入时有挤土现象，拔出时又会将土带出，造成板桩位置处出现空隙，这对周边环境产生了一定影响。而且板桩长度有限，其适用的开挖深度也受到限制，一般最大开挖深度在7~8m。板桩的形式有多种，拉森型是最常用的，在基坑较浅时也可采用大规格的槽钢（采用槽钢且有地下水时要辅以必要的降水措施）。采用钢板桩作支护结构时在其上口及支撑位置需用钢围檩将其连接成整体，并根据深度设置支撑或拉锚。

钢板桩断面形式较多，常用的形式为U形或Z形。我国地下铁道施工中多用U形钢板桩，其沉放和拔除方法、使用的机械均与工字钢桩相同，其构成方法则可分为单层钢板桩、双层钢板桩及帷幕等。由于地铁施工时基坑较深，为保证钢板桩垂直度且方便施工，并使其能封闭合龙，多采用帷幕式构造。

钢板桩与其他排桩围护相比刚度通常较低，因此对围檩的强度、刚度和连续性提出了更高的要求。其止水效果也与钢板桩的新旧、整体性及施工质量有关。在含地下水的砂土地层施工时，要保证齿口咬合，在基坑角部使用专门的角桩，以保证止水效果。

为提升钢板桩的刚度以适用于更深的基坑，可采用组合式的形式，也可用钢管桩。但钢管桩的施工难度相比于钢板桩更高，且由于锁口止水效果难以保证，需有防水措施相配合。

③ 钻孔灌注桩（围护结构）：

钻孔灌注桩施工流程见图3.3-2。

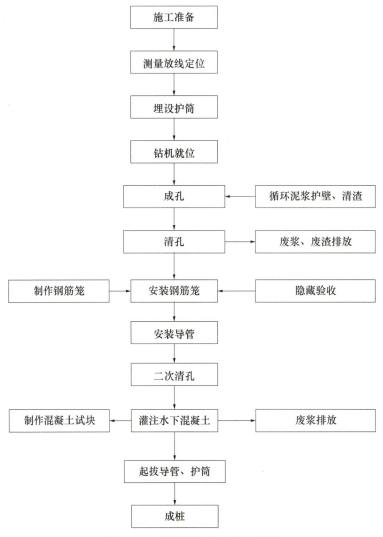

图3.3-2　钻孔灌注桩工艺流程图

钻孔灌注桩一般采用机械成孔。地铁明挖基坑中多采用螺旋钻机、冲击式钻机和正反循环钻机、旋挖钻机等。正反循环钻机采用泥浆护壁成孔，作业时噪声低，适用于城区施工，在地铁基坑和高层建筑深基坑施工中应用广泛。

对悬臂式排桩，桩径宜大于或等于600mm；对拉锚式或支撑式排桩，桩径宜大于或等于400mm；排桩的中心距不宜大于桩直径的两倍。桩身混凝土强度等级不宜低于C25。排桩顶部应设置混凝土冠梁。混凝土灌注桩宜采取间隔成桩的施工顺序；应在混凝土终凝后，再进行相邻桩的成孔施工。

钻孔灌注桩围护结构经常与隔水帷幕联合使用，隔水帷幕一般采用深层搅拌桩。当基坑上部受环境条件限制时，也可采用高压旋喷桩隔水帷幕，但应保证高压旋喷桩隔水帷幕施工质量。近年来，素混凝土桩与钢筋混凝土桩间隔布置的钻孔咬合桩也应用较多，此类结构可直接作为隔水帷幕。

④ SMW 工法桩（型钢水泥土搅拌墙）：

SMW 工法桩围护墙是利用搅拌设备就地切削土体，并注入水泥类混合液搅拌形成均匀的水泥土搅拌墙，然后在墙中插入型钢，形成一种劲性复合围护结构，具体施工工艺流程见图 3.3-3。

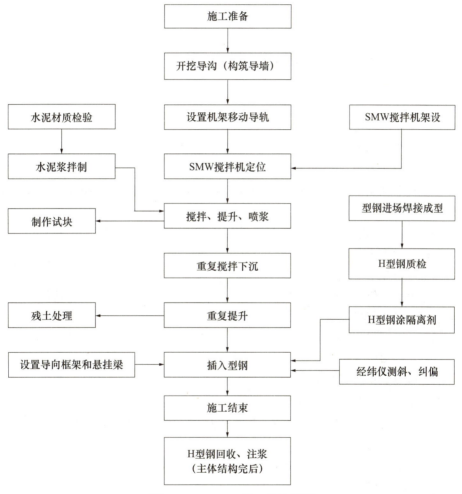

图 3.3-3　SMW 工法工艺流程图

型钢水泥土搅拌墙中水泥土搅拌桩的直径宜采用 650mm、850mm、1000mm；内插的型钢宜采用 H 型钢。搅拌桩 28d 龄期无侧限抗压强度不应小于设计要求且不宜小于 0.5MPa，水泥宜采用强度等级不低于 P·O 42.5 级的普通硅酸盐水泥，材料用量和水胶比应结合土质条件和机械性能等指标通过现场试验确定。在填土、淤泥质土等特别软弱的土中以及在较硬的砂性土、砂砾土中，钻进速度较慢时，水泥用量宜适当提高。在砂性土中搅拌桩施工宜外加膨润土。

当搅拌桩直径为 650mm 时，内插 H 型钢的截面形式宜采用 H500×300、H500×200；当搅拌桩直径为 850mm 时，内插 H 型钢的截面形式宜采用 H700×300；当搅拌桩直径为 1000mm 时，内插 H 型钢的截面形式宜采用 H800×300、H850×300。型钢水泥土搅拌墙中型钢的间距和平面布置形式应根据计算确定，常用的内插型钢布置形式可采用密插型、插二跳一型和插一跳一型三种。单根型钢中焊接接头不宜超过两个，焊接接头的位置应避免设在支撑位置或开挖面附近等型钢受力较大处；相邻型钢的接头竖向位置宜相互错开，错开距离不宜小于 1m，且型钢接头距离基坑底面不宜小于 2m。拟拔出回收的型钢，插入前应先在干燥条件下除锈，再在其表面涂刷减摩材料。

⑤ 咬合桩：

咬合桩施工流程见图 3.3-4。

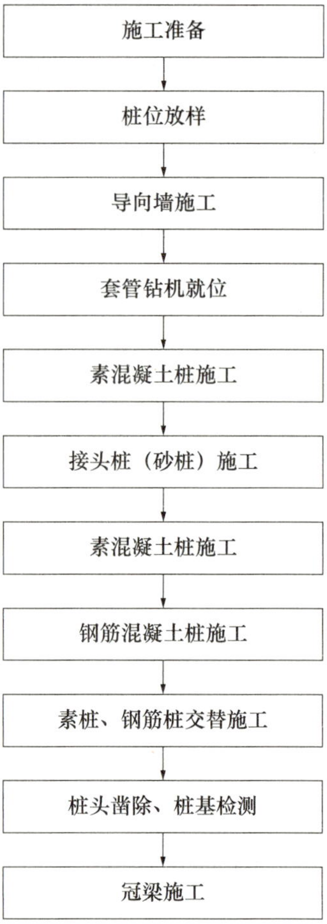

其中，钻孔咬合桩的施工可采用液压钢套管全长护壁、机械冲抓成孔工艺，施工应符合下列要求：

a. 桩顶应设置导墙，导墙宽度宜取 3～4m、导墙厚度宜取 0.3～0.5m。

b. 相邻咬合桩应按先施工素混凝土桩、后施工钢筋混凝土桩的顺序进行；钢筋混凝土桩应在素混凝土桩初凝前，通过成孔时切割部分素混凝土桩身形成与素混凝土桩的互相咬合，但应避免过早切割。

图 3.3-4 咬合桩施工流程图

c. 钻机就位及吊设第一节钢套管时，应采用两个测斜仪贴附于套管外壁并用经纬仪复核套管垂直度，其垂直度允许偏差应为 0.3%，液压套管应正反扭动加压下切；抓斗在套管内取土时，套管底部应始终位于抓土面下方，且抓土面与套管底的距离应大于 1.0m。

d. 孔内虚土和沉渣应清除干净，并用抓斗夯实孔底；灌注混凝土时，套管应随混凝土浇筑逐段提拔，套管应垂直提拔，阻力过大时应转动套管的同时缓慢提拔。

⑥ 重力式水泥土挡墙：

重力式水泥土墙宜采用水泥土搅拌桩相互搭接成格栅状的结构形式，也可采用水泥土搅拌桩相互搭接成实体的结构形式。采用格栅形式时，要满足一定的面积转换率，对淤泥质土，不宜小于 0.7；对淤泥，不宜小于 0.8；对一般黏性土、砂土，不宜小于 0.6。由于采用重力式结构，开挖深度不宜大于 7m。对嵌固深度和墙体宽度也要有所限制，对淤泥质土，嵌固深度不宜小于 $1.2h$（h 为基坑挖深），宽度不宜小于 $0.7h$；对淤泥，嵌固深度不宜小于 $1.3h$，宽度不宜小于 $0.8h$。

水泥土挡墙的 28d 无侧限抗压强度不宜小于 0.8MPa。当需要增加墙体的抗拉性能时，可在水泥土桩内插入钢筋、钢管等杆筋。杆筋插入深度宜大于基坑深度，并应锚入面板内。面板厚度不宜小于 150mm，混凝土强度等级不宜低于 C20。

⑦ 地下连续墙：

地下连续墙主要有预制钢筋混凝土连续墙和现浇钢筋混凝土连续墙两类，通常地下连续墙是指后者。地下连续墙有如下优点：施工时振动小、噪声低，墙体刚度大，对周边地层扰动小；可适用于多种土层，除夹有孤石、大颗粒卵砾石等局部障碍物时影响成槽效率外，对黏性土、无黏性土、卵砾石层等各种地层均能高效成槽。

地下连续墙施工采用专用的挖槽设备，沿着基坑的周边，按照事先划分好的幅段，开挖狭长的沟槽。目前使用的成槽机械，按其工作原理可分为抓斗式、冲击式和回转式等类型。地下连续墙的一字形槽段长度宜取 4～6m。当成槽施工可能对周边环境产生不利影响或槽壁稳定性较差时，应取较小的槽段长度。必要时，宜采用搅拌桩对槽壁进行加固；地下连续墙的转角处或有特殊要求时，单元槽段的平面形状可采用 L 形、T 形等。

每个幅段的沟槽开挖结束后，在槽段内放置钢筋笼，并浇筑水下混凝土。将若干个幅段通过锁口管接头等构造连成一个整体，进而形成一个连续的地下墙体，即现浇钢筋混凝土壁式连续墙，具体施工工艺流程见图 3.3-5。

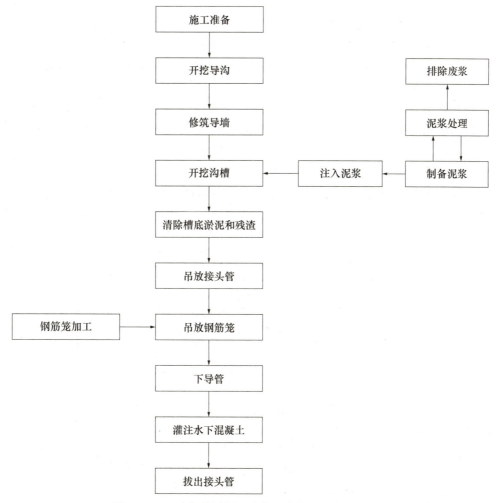

图 3.3-5 现浇钢筋混凝土壁式连续墙施工工艺流程图

地下连续墙的槽段接头应按下列原则选用：地下连续墙宜采用圆形锁口管接头、波纹管接头、楔形接头、工字钢接头或混凝土预制接头等柔性接头。当地下连续墙作为主体地下结构外墙，且需要形成整体性墙体时，宜采用刚性接头；刚性接头可采用一字形或十字形穿孔钢板接头、钢筋承插式接头等；在采取地下连续墙顶设置通长冠梁、墙壁内侧槽段接缝位置设置结构壁柱、基础底板与地下连续墙刚性连接等措施时，也可采用柔性接头。

导墙是控制挖槽精度的主要构筑物，导墙结构应建于坚实的地基之上，其主要作用有：

a.挡土：在挖掘地下连续墙沟槽时，地表土松软容易坍陷，因此在单元槽段挖完之前，导墙起挡土作用。

b.基准作用：导墙作为测量地下连续墙挖槽标高、垂直度和精度的基准。

c.承重：导墙既是挖槽机械轨道的支承，又是钢筋笼接头管等搁置的支点，有时还承受其他施工设备的荷载。

d.存蓄泥浆：导墙可存蓄泥浆，稳定槽内泥浆液面。泥浆液面始终保持在导墙面以下20cm，并高出地下水位1m，以稳定槽壁。

e.其他：导墙还可防止泥浆漏失，阻止雨水等地面水流入槽内；地下连续墙距现有建（构）筑物很近时，在施工时还起到一定的补强作用。

f.导墙一般为现浇钢筋混凝土结构，应具有必要的强度、刚度和精度，要满足挖槽机械的施工要求。

确定导墙形式时应考虑下列因素：开挖范围的地质条件，荷载情况，地下连续墙施工时对邻近建（构）筑物可能产生的影响，地下水状况。当施工作业面在地面以下（如在路面以下施工）时还要考虑对先施工临时支护结构的影响。

导墙的形式如图3.3-6所示，其中（a）、（b）断面最简单，它适用于表层土质良好和导墙上荷载较小的情况；（c）、（d）为应用较多的两种，适用于表层土为杂填土、软黏土等承载能力较弱的土层，因而将导墙做成倒L形或"]["形；（e）适用于作用在导墙上的荷载很大的情况，可根据荷载计算其伸出部分的长度；（f）适用于相邻建（构）筑物一侧需加强的情况，以保护建（构）筑物；（g）适用于地下水位高的土层，须将导墙提高，以保持泥浆面距地下水位1m，导墙提高后两边要填土找平。

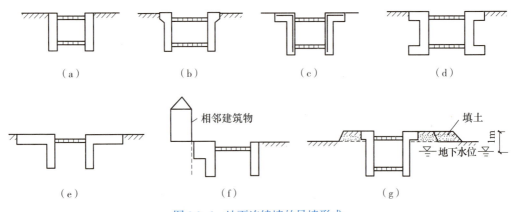

图3.3-6 地下连续墙的导墙形式

在开挖过程中，为保证槽壁的稳定，采用特制的泥浆护壁。泥浆应根据地质和地面沉降控制要求经试配确定，并在泥浆配制和挖槽施工中对泥浆的相对密度、黏度、含砂率和pH值等主要技术性能指标进行检验和控制。

2）支撑结构

支撑结构包括内支撑和外拉锚两种形式。

（1）内支撑结构体系

① 内支撑有钢撑、钢管撑、钢筋混凝土撑、钢与钢筋混凝土的混合支撑等。

② 在软弱地层的基坑工程中，支撑结构承受围护墙所传递的土压力、水压力。支撑结构挡土的应力传递路径是围护（桩）墙→围檩（冠梁）→支撑；在地质条件较好的有锚固力的地层中，基坑支撑可采用土锚和拉锚等外拉锚形式。

③ 在深基坑的施工支护结构中，常用的支撑系统按其材料可分为现浇钢筋混凝土支撑体系和钢结构支撑体系两类，其形式和特点见表3.3-3。

表3.3-3 现浇钢筋混凝土支撑体系与钢结构支撑体系的形式和特点

材料	截面形式	布置形式	特点
现浇钢筋混凝土	可根据断面要求确定断面形状和尺寸	有对撑、边桁架、环梁结合边桁架等，形式灵活多样	混凝土结硬后刚度大，变形小，强度的安全、可靠性强，施工方便，但支撑浇制和养护时间长，围护结构处于无支撑的暴露状态时间长、软土中被动土压区土体位移大，如对控制变形有较高要求时，需对被动土压区软土进行加固。施工工期长，拆除较困难
钢结构	单钢管、双钢管、单工字钢、双工字钢、H型钢、槽钢及以上钢材的组合	竖向布置有水平撑、斜撑；平面布置形式一般为对撑、井字撑、角撑。也可与钢筋混凝土支撑结合使用，但要谨慎处理变形协调问题	安装、拆除施工方便，可周转使用，支撑中可加预应力，可调整轴力而有效控制围护墙变形；施工工艺要求较高，如节点和支撑结构处理不当，或施工支撑不及时、不准确，会造成失稳

现浇钢筋混凝土支撑体系由围檩（冠梁）、对撑及角撑、立柱和其他附属构件组成。

钢结构支撑（钢管、型钢支撑）体系通常为装配式，由围檩、角撑、对撑、预应力设备（包括千斤顶自动调压或人工调压装置）、轴力传感器、支撑体系监测监控装置、立柱及其他附属装配式构件组成。

④ 内支撑体系的布置原则：

a. 宜采用受力明确、连接可靠、施工方便的结构形式。

b. 宜采用对称平衡性、整体性强的结构形式。

c. 应与主体结构的结构形式、施工顺序协调，以便于主体结构施工。

d. 应利于基坑土方开挖和运输。

e. 有时，可利用内支撑结构施作施工平台。

⑤ 内支撑体系的施工：

a. 内支撑结构的施工与拆除顺序应与设计一致，必须坚持先支撑后开挖的原则。

b. 围檩与围护结构之间紧密接触，不得留有缝隙。如有间隙应用强度等级不低于C30的细石混凝土填充密实或采用其他可靠连接措施。

c. 钢支撑应按设计要求施加预压力,当监测到预加压力出现损失时,应再次施加预压力。

d. 支撑拆除应在替换支撑的结构构件达到换撑要求的承载力后进行。当主体结构的底板和楼板分块浇筑或设置后浇带时,应在分块部位或后浇带处设置可靠的传力构件。支撑拆除时应根据支撑材料、形式、尺寸等具体情况采用人工、机械等方法。

(2)外拉锚支护体系

外拉锚支护体系:在地质条件较好的有锚固力的地层中,基坑支护可采用拉锚形式。拉锚式围护结构由挡土结构与外拉系统组成。拉锚式围护结构中的挡土结构与内支体系围护结构的挡土结构相同(如:钻孔灌注桩、钢板桩、地下连续墙等);外拉系统由受拉杆件与锚固体组成。锚杆施工工艺流程图如图3.3-7所示。

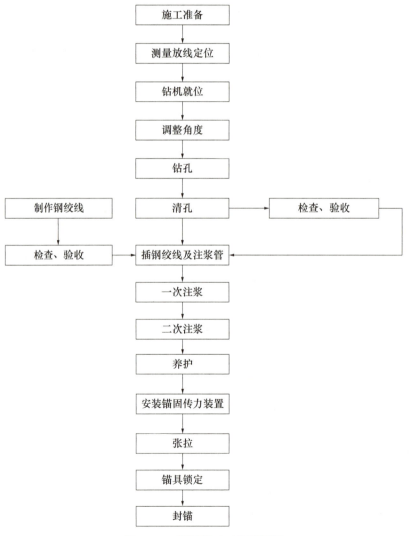

图3.3-7 锚杆施工工艺流程图

① 锚杆有多种类型,基坑工程中锚拉结构宜采用钢绞线锚杆,承载力要求较低时,也可采用钢筋锚杆。

a. 当环境保护不允许在支护结构中使用功能完成后锚杆杆体滞留在地层内的材料时，应采用可拆芯钢绞线锚杆。

b. 在易塌孔的松散或稍密的砂土、碎石土、粉土、填土层，高液性指数的饱和黏性土层，高水压力的各类土层中，钢绞线锚杆、钢筋锚杆宜采用套管护壁成孔工艺。

c. 锚杆注浆宜采用二次压力注浆工艺。

d. 锚杆锚固段不宜设置在淤泥、淤泥质土、泥炭、泥炭质土及松散填土层内。

e. 在复杂地质条件下，应通过现场试验确定锚杆的适用性。

② 锚拉桩支护中的锚杆布置要求：

a. 基坑开挖面向坑内凸出的阳角区域应适当增加锚杆自由段长度，调整锚杆水平角度，将锚杆锚固段置于稳定的地层。

b. 无法设置锚杆的区域可用支撑体系代替，基坑阴角区域可用水平角撑取代锚杆，但支撑两端应有可靠的约束条件，支撑体系应满足稳定及受力要求，并应与锚杆体系变形协调。

c. 相邻基坑的两个开挖面水平距离不远、锚杆锚固段重合时，可采用对拉锚杆支护。

③ 锚拉桩支护中的腰梁的设计应符合下列要求：

a. 腰梁可采用钢筋混凝土梁或型钢组合梁。

b. 钢筋混凝土腰梁宜采用斜面与锚杆轴线垂直的梯形截面或仅在锚头局部留斜面的矩形截面，混凝强度等级不宜低于C25。

c. 型钢组合腰梁可选用双槽钢或双工字钢组合，两型钢之间应用缀板焊接为整体构件，其间距（净距）应满足锚杆杆体无阻碍穿过的要求，型钢组合梁应采用楔形钢垫块将型钢组合梁支设成斜面或在锚头局部焊接斜台座保证锚杆轴线与受压面垂直。

d. 腰梁冠梁外露出的杆体长度应能满足台座尺寸及张拉锁定的要求，宜完整保留和保护。

3. 基坑土方开挖及基坑变形控制

下面以地铁车站基坑为主简要介绍明挖基坑的土方开挖及变形控制。

1）基本要求

（1）基本要求如下：

① 应根据支护结构设计、降水或隔水要求，确定基坑开挖方案。

② 基坑周围地面应设排水沟，且应避免雨水、渗水等流入坑内；同时，基坑内也应设置必要的排水设施，保证开挖时及时排出雨水。放坡开挖时，应对坡顶、坡面、坡脚采取降水排水措施。当采取基坑内、外降水措施时，应按要求降水后方可开挖。

③ 软土基坑必须分层、分块、对称、均衡地开挖，分块开挖后必须及时支护。对于有预应力要求的钢支撑或锚杆，还必须按设计要求施加预应力。当基坑开挖面上方的支撑、锚杆和土钉未达到设计要求时，严禁向下开挖。

④ 基坑开挖过程中，必须采取措施防止开挖机械等碰撞支护结构、格构柱、降水井点或扰动基底原状土。

⑤ 当开挖揭露的实际土层性状或地下水情况与设计依据的勘察资料明显不符，或出现异常现象、不明物体时，应停止开挖，在采取相应措施后方可继续开挖。

（2）发生下列异常情况时，应立即停止开挖并应立即查清原因，在及时采取措施

后方可继续施工:

① 支护结构的内力超过其设计值或突然增大。

② 围护结构或隔水帷幕出现渗漏,或基坑出现流土、管涌现象。

③ 开挖暴露出的基底出现明显异常(包括黏性土强度明显偏低或砂性土层水位过高导致开挖施工困难)。

④ 围护结构发生异常声响。

⑤ 边坡或支护结构出现失稳征兆。

⑥ 基坑周边建(构)筑物等变形过大或已经开裂。

2)基坑土方开挖方法

(1)根据不同的开挖深度采用不同的施工方法,开挖方法主要有以下两种

① 浅层土方开挖:第一层土方一般采用短臂挖掘机及长臂挖掘机直接开挖、出土,自卸运输车运输。在条件具备的情况下,采用两台长臂液压挖掘机在基坑两侧同时挖土,一起分段向前推进,可以极大提升挖土速度,为及时安装支撑提供条件,图 3.3-8 为某工程表层土方开挖示意图,图 3.3-9 为浅层接力挖土示意图。

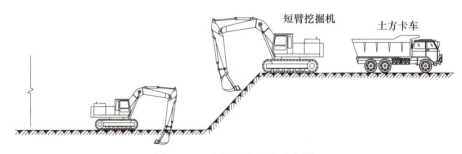

图 3.3-8 表层土方开挖示意图

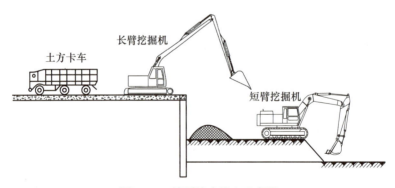

图 3.3-9 浅层接力挖土示意图

② 深层土方开挖:采用机械开挖,其开挖方法一般有机械和运输车辆停靠在基坑边缘或下至基坑内施工两种。

在地质、环境条件允许时,为降低成本和加快施工进度,一般在基坑内分层、分段开挖,在机械车辆可下至基坑时,利用运输马道出土。

对于软弱而饱和的土层,其承载力低,机械车辆不易下至基坑,施工时要因地制宜地确定开挖方法。一般可采用多台挖机分台阶开挖、长臂挖机开挖或小型挖掘机配合垂直提升设备来出土,坑底以上 0.3m 的土方采用人工开挖。

上述开挖方法是典型的地铁车站基坑开挖方法,其长处在于水平挖掘或运输和垂直运输分离,可以多点垂直运输,缓解了纵坡问题、支撑延迟安装问题,极大地提升了挖土速度,可以有效保证基坑安全。

（2）基坑分块开挖顺序

地铁车站的长条形基坑开挖应遵循"分段分层、由上而下、先支撑后开挖"的原则,兼作盾构始发井的车站,一般从两端或一端向中间开挖,以方便端头井的盾构始发。

对于地铁车站端头井,首先撑好标准段内的对撑,再挖斜撑范围内的土方,最后挖除坑内的其余土方。斜撑范围内的土方,应自基坑角点沿垂直于斜撑方向向基坑内分层、分段、限时地开挖并架设支撑,地铁车站端头井基坑的分块开挖方法见图3.3-10,图中序号为土方分块开挖顺序。

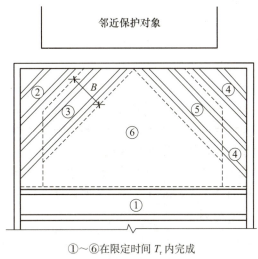

①~⑥在限定时间 T_r 内完成

图 3.3-10 地铁车站端头井基坑的分块开挖方法

3）基坑的变形控制

（1）基坑变形特征

① 土体变形：

基坑开挖时,由于坑内开挖卸荷造成围护结构在内外压力差作用下产生水平向位移,进而引起围护结构外侧土体的变形,造成基坑外土体及邻近建（构）筑物等沉降；同时,开挖卸荷也会引起坑底土体隆起。

② 围护结构水平变形：

当基坑开挖较浅,还未设支撑时,墙体墙顶位移最大且向基坑方向水平位移,呈三角形分布。随着基坑开挖深度的增加,刚性墙体继续表现为向基坑内的三角形水平位移或平行刚体位移；而一般柔性墙体如果设支撑,则表现为墙顶位移不变或逐渐向基坑外移动,墙体腹部向基坑内凸出。

③ 围护结构竖向变位：

对于饱和的极为软弱地层的基坑工程,当围护桩或地下连续墙底因清孔不净有沉渣时,围护墙在开挖中会下沉,另外,当围护结构下方有顶管和盾构等穿越时,也会引起围护结构突然沉降。

④基坑底部的隆起：

随着基坑的开挖卸载，基坑底将出现隆起，但过大的坑底隆起往往是基坑险情的征兆。

⑤地表沉降：

围护结构的水平变形墙顶沉降及坑底土体隆起会造成地表沉降，引起基坑周边建（构）筑物变形。

（2）基坑的变形控制

①为保证基坑支护结构及邻近建（构）筑物等安全，必须控制基坑的变形以保证邻近建（构）筑物的安全。

②控制基坑变形的主要方法有：

a.增加围护结构和支撑的刚度。

b.增加围护结构的入土深度。

c.加固基坑内被动土压区土体。加固方法有墩式加固、满堂加固、格栅加固、抽条加固、裙边加固及抽条加固与裙边加固相结合。

d.减小每次开挖围护结构处土体的尺寸和开挖后未及时支撑的暴露时间，这一点在软土地区施工时尤其有效。例如，目前已建成的北京某地铁车站工程，在施工时就要求在车站基坑开挖时，按设计要求分段开挖和浇筑底板，每段开挖中又分层、分小段，并限时完成每小段的开挖和支撑，具体见图3.3-11。

e.通过调整围护结构或隔水帷幕深度和降水井布置来控制降水对环境变形的影响。增加隔水帷幕深度甚至隔断透水层、提升管井滤头底高度、降水井布置在基坑内，这些手段均可减少降水对环境的影响。

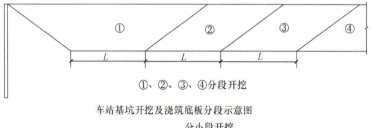

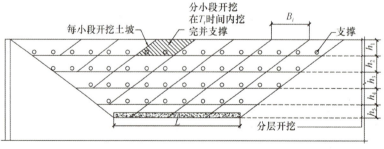

图3.3-11 软土地区地铁条形基坑的土方开挖及支撑施工要求

（3）坑底稳定控制

①保证深基坑坑底稳定的措施有加深围护结构入土深度、坑底土体加固、坑内井

点降水等。

② 适时施作底板结构。

4. 地基加固处理方法

下面主要以地铁车站基坑为主简要介绍明挖基（槽）坑地基加固处理技术。

1）基坑地基加固的目的

基坑地基按加固部位不同，分为基坑外加固和基坑内加固两种，其目的见下：

（1）基坑外加固——主要是止水，有时也可减少围护结构承受的主动土压力。

（2）基坑内加固——提升土体的强度和土体的侧向抗力，减少围护结构位移，进而保护基坑周边建筑物及地下管线；防止坑底土体隆起破坏；防止坑底土体渗流破坏；弥补围护墙体插入深度不足等。

2）基坑地基加固的方式

（1）在软土地基中，当周边环境保护要求较高时，基坑工程实施前宜对基坑内被动土压区土体进行加固处理，以便提升被动土压区土体抗力，减少基坑开挖过程中围护结构的变形。按平面布置形式分类，基坑内被动土压区加固形式主要有墩式加固、裙边加固、抽条加固、格栅式加固和满堂加固（见图3.3-12）。采用墩式加固时，土体加固一般多布置在基坑周边阳角位置或跨中区域；长条形基坑可考虑采用抽条加固；基坑面积较大时，宜采用裙边加固；地铁车站的端头井一般采用格栅式加固；环境保护要求高，或为了封闭地下水时，可采用满堂加固。加固体的深度范围应从第二道支撑底至开挖面以下一定深度，考虑地表有施工机具运行需要时，也可以采用低水泥掺量加固到地面。

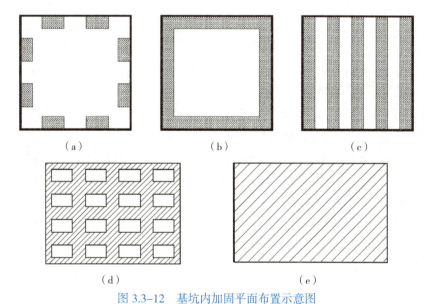

图 3.3-12 基坑内加固平面布置示意图
（a）墩式加固；（b）裙边加固；（c）抽条加固；（d）格栅式加固；（e）满堂加固

（2）换填材料加固处理法，以提升地基承载力为主，适用于较浅基坑，方法简单、操作方便。

（3）采用水泥土搅拌、高压喷射注浆、注浆或其他方法对地基掺入一定量的固化剂或使土体固结，以提升土体的强度和土体的侧向抗力为主，适用于深基坑。

3）常用方法与技术要点

（1）注浆法

① 注浆法是利用液压、气压或电化学原理，通过注浆管把浆液均匀地注入地层中，浆液以填充、渗透和挤密等方式，赶走土颗粒间或岩石裂隙中的水分和空气后占据其位置，经人工控制一定时间后，浆液将原来松散的土粒或裂隙胶结成一个整体，形成一个结构新、强度大、防水性能好和化学稳定性良好的"结石体"。

② 注浆法所用的浆液是由主剂（原材料）、溶剂（水或其他溶剂）及各种外加剂混合而成。通常所提的注浆材料是指浆液中所用的主剂。外加剂可根据在浆液中起的作用，分为固化剂、催化剂、速凝剂、缓凝剂和悬浮剂等。注浆材料有很多，其中，水泥浆是以水泥为主的浆液，适用于岩土加固，是常用的浆液。

③ 在地基处理中，注浆方法所依据的理论主要可分为渗透注浆、劈裂注浆、压密注浆和电动化学注浆四类，其适用条件见表 3.3-4。

表 3.3-4　不同注浆法的适用范围

注浆方法	适用范围
渗透注浆[①]	只适用于中砂以上的砂性土和有裂隙的岩石
劈裂注浆	适用于低渗透性的土层
压密注浆	常用于中砂地基，黏土地基中若有适宜的排水条件也可采用。如遇排水困难而可能在土体中引起高孔隙水压力时，就必须采用很低的注浆速率。压密注浆可用于非饱和的土体，以调整不均匀沉降以及在大开挖或隧道开挖时对邻近土进行加固
电动化学注浆	地基土的渗透系数 $k < 10^{-4}$ cm/s，只靠一般静压力难以使浆液注入土的孔隙的地层

① 渗透注浆法适用于碎石土、砂卵土夯填料的路基。

④ 注浆设计包括注浆量、布孔、注浆有效范围、注浆流量、注浆压力、浆液配方等主要工艺参数，没有经验可供参考时，应通过现场试验确定上述工艺参数。

⑤ 注浆加固土的强度具有较大的离散性，注浆检验应在加固后 28d 进行。可采用标准贯入、轻型静力触探法或面波等方法检测加固地层均匀性；按加固土体范围每间隔 1m 进行室内试验，测定强度或渗透性。检验点数及合格率应满足相关规范要求，对不合格的注浆区应重复注浆。

（2）水泥土搅拌法

① 水泥土搅拌法是利用水泥作为固化剂通过特制的搅拌机械，就地将软土和固化剂（浆液或粉体）强制搅拌，使软土硬结成具有整体性、水稳性和一定强度的水泥加固土，从而提升地基土强度和增大变形模量。根据固化剂掺入状态的不同，可分为浆液搅拌及粉体喷射搅拌两种。前者是用浆液和地基土搅拌，后者是用粉体和地基土搅拌。可采用单轴、双轴、三轴及多轴搅拌机或连续成槽搅拌机。

② 水泥土搅拌法适用于加固淤泥、淤泥质土、素填土、黏性土（软塑和可塑）、粉土（稍密、中密）、粉细砂（稍密、中密）、中粗砂（松散、稍密）、饱和黄土等土层，不适用于含有大孤石或障碍物较多且不易清除的杂填土、欠固结的淤泥和淤泥质土、硬

塑及坚硬的黏性土、密实的砂类土,以及地下水影响成桩质量的土层。当土层中地下水的含水率小于 30%(黄土含水率小于 25%)时不宜采用粉体搅拌法。水泥土搅拌桩用于处理泥炭土、有机质土、pH 值小于 4 的酸性土、塑性指数大于 25 的黏土,当在腐蚀性环境中以及无工程经验地区使用时,必须通过现场和室内试验确定其适用性。

③ 水泥土搅拌法加固软土技术具有其独特优点:

a. 最大限度地利用了原土。

b. 搅拌时无振动、无噪声和无污染,可在密集建筑群中进行施工,对周围原有建筑物及地下管线影响很小。

c. 根据上部结构的需要,可灵活地采用柱状、壁状、格栅状和块状等加固形式。

d. 与钢筋混凝土桩基相比,可节约钢材并降低造价。

④ 水泥土搅拌法施工步骤由于湿法和干法的施工设备不同而略有差异,具体见图 3.3-13、图 3.3-14,其主要步骤应为:

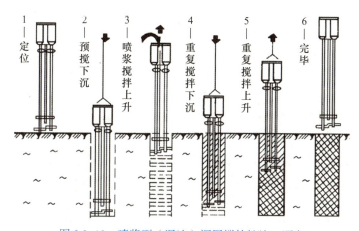

图 3.3-13 喷浆型(湿法)深层搅拌桩施工顺序

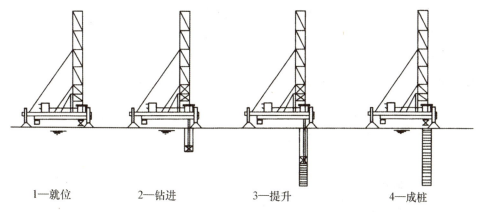

图 3.3-14 喷粉型(干法)深层搅拌桩施工顺序

搅拌机械就位、调平→预搅下沉至设计加固深度→边喷浆(粉)、边搅拌提升直至预定的停浆(灰)面→重复搅拌下沉至设计加固深度→根据设计要求,喷浆(粉)或仅搅拌提升直至预定的停浆(灰)面→关闭搅拌机械。

在预(复)搅下沉时,也可采用喷浆(粉)的施工工艺,但必须确保全桩长上下至少再重复搅拌一次。

⑤ 应根据室内试验确定需加固地基土的固化剂和外加剂的掺量，如果有成熟经验，也可根据工程经验确定。

⑥ 水泥土搅拌桩的施工质量检测可采用下列方法：在成桩 3d 内，采用轻型动力触探检查上部桩身的均匀性；在成桩 7d 后，采用浅部开挖桩头进行检查，开挖深度宜超过停浆（灰）面下 0.5m，检查搅拌的均匀性，量测成桩的直径。作为重力式水泥土墙时，还应用开挖方法检查搭接宽度和位置偏差，应采用钻芯法检查水泥土搅拌桩的单轴抗压强度、完整性和深度。

（3）高压喷射注浆法

① 高压喷射注浆法对淤泥、淤泥质土、黏性土（流塑、软塑和可塑）、粉土、砂土、黄土、素填土和碎石土等地基都有良好的处理效果。但对于硬黏性土，含有较多的块石或大量植物根茎的地基，因喷射流可能受到阻挡或削弱，冲击破碎力急剧下降，切削范围小或影响处理效果。而对于含有过多有机质的土层，其处理效果取决于固结体的化学稳定性。鉴于上述几种土的组成复杂、差异悬殊，高压喷射注浆处理的效果差别较大，应根据现场试验结果确定其适用程度。对于湿陷性黄土地基，也应预先进行现场试验。

② 由于高压喷射注浆使用的压力大，因而喷射流的能量大、速度快。当它连续和集中地作用在土体上，压应力和冲蚀等多种因素便在很小的区域内产生效应，对从粒径很小的细粒土到含有颗粒直径较大的卵石、碎石土，均有巨大的冲击和搅动作用，使注入的浆液和土拌合凝固成为新的固结体。

③ 高压喷射有旋喷（固结体为圆柱状）、定喷（固结体为壁状）和摆喷（固结体为扇状）三种基本形状，它们均可用下列方法实现（见图 3.3-15）：

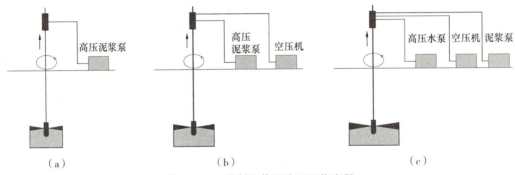

图 3.3-15　喷射注浆法施工工艺流程
（a）单管法；（b）双管法；（c）三管法

a. 单管法：喷射高压水泥浆液一种介质。
b. 双管法：喷射高压水泥浆液和压缩空气两种介质。
c. 三管法：喷射高压水流、压缩空气及水泥浆液三种介质。

由于上述三种喷射流的结构和喷射的介质不同，有效处理范围也不同，以三管法最大，双管法次之，单管法最小。实践表明，旋喷形式可采用单管法、双管法和三管法中的任何一种；定喷和摆喷注浆常用双管法和三管法。

④ 高压喷射注浆的施工参数应根据土质条件、加固要求通过试验或根据工程经验

确定,并在施工中严格加以控制。单管法及双管法的高压水泥浆和三管法高压水的压力应大于 20MPa。高压喷射注浆的主要材料为水泥,对于无特殊要求的工程,宜采用强度等级为 42.5 级及以上的普通硅酸盐水泥。根据需要可加入适量的外加剂及掺合料。外加剂及掺合料的用量,应通过试验确定。水胶比中的水灰比通常取 0.8~1.5,常用为 1.0。

⑤ 高压喷射注浆的工艺流程:钻机就位、钻孔、置入注浆管、高压喷射注浆和拔出注浆管。施工结束后应立即对机具和孔口进行清洗。在高压喷射注浆过程中出现压力骤然下降、上升或冒浆异常时,应查明原因并及时采取措施。

⑥ 旋喷桩作为隔水帷幕时,为保证加固体有效搭接以达到预计的截水效果,旋喷桩的直径不宜过大。旋喷加固体的直径受施工工艺、喷射压力、提升速度、土类和土性等因素影响。

⑦ 施工质量可根据设计要求或当地经验采用开挖检查、钻孔取芯、标准贯入试验及动力触探等方法检查。

(4)超高压喷射注浆(N-Jet 工法)技术

采用具有前端喷射注浆装置的专用设备,通过多个可变角度的喷嘴喷射出包裹着主动空气的超高压浆液切削土体,并与土体均匀混合形成加固体的方法,简称 N-Jet 工法。

3.3.2 结构施工技术

1. 钢筋混凝土结构施工

结构施工的通用要求参见本书 2.1.2 中相关内容。

1)侧墙模架体系

(1)围护结构与主体结构为分离式结构形式时,侧墙一般采用对拉螺栓模板体系;有防水要求的结构对拉螺栓要采取止水措施。如图 3.3-16 所示。

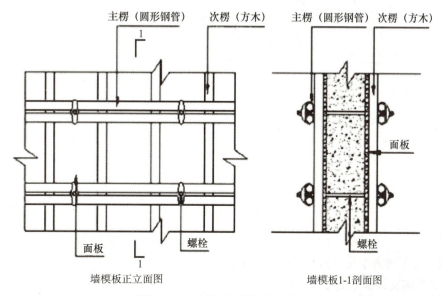

图 3.3-16 穿墙式对拉螺栓示意图

（2）城市隧道围护结构与主体结构墙为复合墙结构形式时，主体结构侧墙一般采用单侧支撑体系。单侧支撑体系由预埋件系统部分和架体两部分组成，示意图如图3.3-17所示。

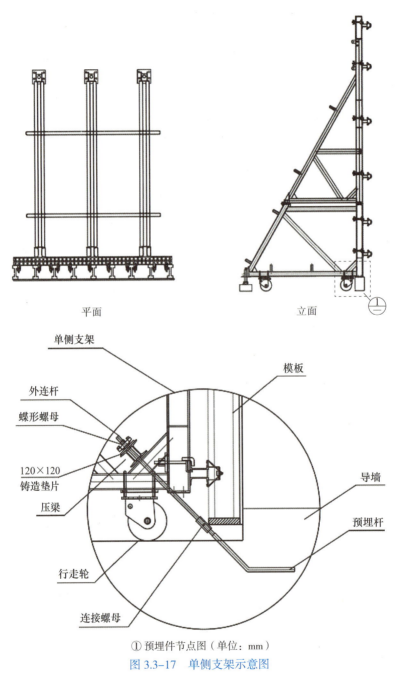

① 预埋件节点图（单位：mm）
图3.3-17 单侧支架示意图

单侧支架埋件系统包括：地脚螺栓、连接螺母、外连杆、外螺母和横梁。
悬臂支架埋件系统包括：预埋杆、爬锥、受力螺栓组成。

2）单侧支撑体系施工要点

（1）模板工程施工前，应根据结构施工图、施工总平面图及施工设备和材料供应等现场条件，编制模板工程专项施工方案。属于超过一定规模的危险性较大的分部分项工程，应编制模板工程安全专项施工方案，必要时应由施工单位组织专家对专项方案进行论证。

（2）在采用组合钢模板时，应结合大模板施工工艺特点和工程情况，合理选择起重设备、模板类型。

（3）模板进场后，组织操作人员安装模板支腿，支腿位置应根据模板平面图布排。

（4）绑扎钢筋前弹出墙体边线和模板就位安装控制线。预埋件与预留孔洞应位置准确，并安设牢固。

模板安装流程：钢筋绑扎并验收→弹外墙边线→支搭外墙模板→单侧支架吊装到位→安装单侧支架→安装加强钢管（单侧支架斜撑部位的附加钢管，现场自备）→安装压梁槽钢→安装埋件系统→调节支架垂直度→安装操作平台→紧固埋件系统→验收合格后混凝土浇筑。

（5）模板吊装就位后，下端应垫平，并应紧靠定位基准；模板利用斜撑调整和固定其垂直度。由标准节和加高节组装的单侧支架，应预先在材料堆放场地拼装好，然后由吊车吊至作业面。每安装五至六榀单侧支架后，穿插埋件系统的压梁槽钢。支架安装完后，安装埋件系统。用钩头螺栓将模板背楞与单侧支架部分连成一个整体。调节单侧支架后支座，直至模板面板上口向墙内倾约5mm（因为单侧支架受力后，模板将略向外倾）。

（6）合模前必须通过隐蔽工程验收。对模板及预埋件进行加固，尺寸、位置进行验收；将墙体内杂物清理干净，吹（吸）干净灰尘，清理粘在钢筋上的干硬砂浆、松软混凝土块和其他污染物，安装墙体主筋保护层垫块，防止拆模后露筋；控制保护层厚度的各种垫块、卡具、支架规格、尺寸应准确，具有相应的抗压、耐碰撞的强度。

（7）最后再紧固并检查一次埋件受力系统，确保混凝土浇筑时，模板下口不会漏浆。安装完毕后，检查一遍支撑和各种扣件是否紧固，模板拼缝及下口是否严密，模板安装是否垂直。

（8）悬臂支架施工浇筑时，需在模板顶部结构内设置好顶模钢筋，防止在浇筑过程中模板上段向内变形。

2. 防水工程施工技术

1) 主体结构防水工程施工

地下工程防水的设计和施工应遵循"防、排、截、堵相结合，刚柔相济，因地制宜，综合治理"的原则。主体结构防水工程一般包括结构自防水及防水层。迎水面主体结构应采用防水混凝土，并应根据防水等级的要求采取其他防水措施。

（1）明挖法防水一般要求

① 顶板柔性防水层应满粘密实。

② 围护结构与主体结构为分离式结构形式，主体结构侧墙设置柔性防水层应满粘密实。

③ 围护结构与主体结构墙为复合墙结构形式，主体结构侧墙设置的柔性防水层应与后浇筑混凝土反粘密实。

④ 地下连续墙作为主体结构的一部分与衬砌结构组成叠合墙结构时，防水应符合

下列要求：

  a. 墙体的裂缝、空洞应采用同强度等级的混凝土或防水砂浆修补。
  b. 墙幅接缝处的渗漏应采用注浆、嵌填的方式进行止水处理。
  c. 墙表面或墙幅接缝的范围应进行凿毛、清洗处理后，方可进行刚性防水层施工。

（2）水泥砂浆防水层

① 防水砂浆应包括聚合物水泥防水砂浆、掺外加剂或掺合料的防水砂浆，宜采用多层抹压法施工。

② 基层面除应符合卷材防水层的规定外，还应坚实、无起砂现象。施工前应用水充分湿润，但不应有明水。

③ 分层施工时，每层宜连续施工；留槎时应采用阶梯坡形，层与层间搭接应紧密；接槎处与特殊部位加强层距离不应大于200mm。

④ 特殊部位应先嵌填密实，后大面铺抹。铺抹应压实、抹平，最外层表面应提浆压光。

⑤ 防水层终凝后应立即进行保湿养护，养护温度不宜低于5℃，养护时间不宜少于14d。

（3）卷材防水层

① 卷材的选择应与结构施工工法相匹配，防水材料施工工艺应与材料性质相匹配。

② 明挖法卷材施工，若基坑有肥槽宜采用外防外贴法施工；无肥槽时应采用外防内贴法施工。

③ 基层面应符合下列要求：

  a. 基层面应密实、洁净、无油渍。
  b. 基层表面平整度应根据材料的种类，符合 $D/L \leq 1/30 \sim 1/8$ 的要求（其中 D 为基面两凸出部位间凹进去的深度，L 为相邻两凸面间的距离）。
  c. 阴、阳角处应做成半径为100mm的圆弧或50mm×50mm的钝角。
  d. 除潮湿基面可施工的卷材外，基层面应干燥，含水率不宜大于9%。
  e. 基面不应有明水。

④ 基层界面处理剂应符合下列要求：

  a. 处理剂应与卷材具有相容性。
  b. 基层处理剂喷涂或刷涂应均匀一致、不应露底，表面干燥后方可铺贴卷材。

⑤ 阴阳角部位加强层不应小于500mm幅宽；应铺贴在大面防水层与结构之间，并应与结构或基层满粘。

⑥ 卷材搭接宽度与连接方式的具体要求参见表3.3-5；不同材料的搭接，当无法直接粘结过渡时，应采用与二者均具备相容性的介质材料过渡，且搭接宽度不应小于300mm。

⑦ 卷材铺贴应符合下列要求：

  a. 与基层粘结为冷粘法和自粘法时，不应低于5℃；热熔粘结时不应低于-10℃；雨、雪天气，应做好已铺卷材层的防护。
  b. 卷材与基面的粘贴方式应符合材料施工工艺要求，外防外贴施工的立面和顶板应满粘。

表 3.3-5　卷材搭接宽度与连接方式

卷材品种	搭接宽度（mm）	基层粘结方式	接缝连接方式
弹性体改性沥青防水卷材	100	热熔法	热熔法
自粘聚合物改性沥青防水卷材	80	自粘	自粘胶
三元乙丙橡胶、丁基橡胶防水卷材	100/80	满粘	胶粘剂/胶粘带
聚氯乙烯防水卷材	60/80	胶粘剂	单焊缝/双焊缝
聚氯乙烯防水卷材	100	胶粘剂	胶粘剂
增强型复合高分子（线性聚乙烯丙纶复合防水卷材）	100	胶粘剂	胶粘剂
预铺式高分子自粘胶膜防水卷材	70/80	预铺反粘	自粘胶/胶粘带
天然钠基膨润土防水毯	80	空铺有钉孔	钉+膨润土密封膏/粒
合成树脂塑料防水板	80	空铺有钉孔	双焊缝
湿铺法自粘卷材	80	满粘	自粘胶

c. 大面卷材在加强层范围内不应出现搭接槎；距加强层边不应小于600mm；大面卷材铺贴长边宜与线路方向垂直。

d. 相邻两幅卷材的短边搭接缝应错开，且不应小于300mm。

e. 双层铺贴的上下两层卷材应粘贴密实，不应有空鼓；上下两层卷材的接缝应错开1/3~1/2幅宽，且两层卷材不应相互垂直铺贴；相邻两幅卷材的短边搭接缝应错开，且不应小于300mm。

f. 收头部位、搭接部位、端部宜进行密封处理，不应翘边。

⑧ 卷材采用外防外贴法施工还应符合下列要求：

a. 底板与侧墙、端墙连接处宜砌筑保护墙，保护墙内侧应用1:3水泥砂浆抹面，厚度宜为15~20mm。

b. 应先铺贴底板阴阳角加强层，后铺贴底板与保护墙立面。

c. 保护墙顶翻卷甩槎长度不应小于1.0m，并应采取保护措施。

d. 应先铺贴特殊部位的加强层，后铺贴大面；墙体竖向应由下往上铺贴。

e. 侧墙与顶板防水层搭接压槎，应为侧墙防水层在下，顶板防水层在上。

f. 当线路有纵坡时，铺贴顺序宜符合下列要求：

底板、顶板、侧墙沿线路方向宜由低处往高处铺贴。

低处端墙与顶板防水层搭接压槎，端墙防水层应在下，顶板防水层应在上；较高处端墙防水层应在上，顶板防水层应在下。

⑨ 卷材采用外防内贴法施工还应符合下列要求：

a. 墙体防水层施工应随结构分段施工分段铺贴。

b. 设有内支撑时，卷材应铺贴至腰梁的下方，上口应粘贴紧密或固定牢固，翻卷甩槎高度不应小于500mm，并应采取保护措施。

c. 立面卷材铺设应有防止下滑的措施。在大面积卷材上不应随意钉钉固定。

⑩ 热熔法铺贴防水卷材应符合下列要求：

a. 对卷材的加热应均匀，大面以表面沥青熔融至光亮为度，端部溢出沥青油为宜；应随铺贴随施加均匀的辊推压力。

b. 立墙施工，上、下层卷材之间搭接不应形成倒槎。

c. 现场应有防火措施。

⑪ 冷粘和自粘法铺贴防水卷材应符合下列要求：

a. 气温低于5℃时，宜采用热风机对卷材自粘面或搭接边适当加温；不得采用明火热熔粘贴。

b. 沿铺贴方向应随铺贴随施加均匀的辊推压力，确保粘结牢固和不发生空鼓。

⑫ 预铺式防水卷材施工应符合下列要求：

a. 预铺式防水卷材适用于外防内贴法施工。

b. 卷材在立面短边应采用机械固定法施工，卷材端头10~20mm范围应用金属压条固定，钉孔间距宜为400~600mm，卷材搭接时应盖住金属压条，卷材与卷材有效搭接宽度不应小于80mm；沥青基聚酯胎防水卷材自重较大，立墙施工时应有防止滑落的措施。

c. 预铺式高分子防水卷材长边搭接应采用自粘边粘结；低温或隧道施工时可采用高分子基材热焊机焊接；短边应采用配套粘结带粘结；自粘法粘结强度不应小于1.0MPa。

d. 底板防水层施作完成后应及时施工细石混凝土保护层；反应自粘层面有减粘措施的高分子自粘胶膜类卷材不宜施作细石混凝土保护层。

e. 预铺式卷材施工时反应自粘层面应朝向待浇筑混凝土；自粘层覆膜应在浇筑混凝土前撕除，与混凝土的剥离强度不应小于1.0MPa。

⑬ 湿铺法防水卷材应用于非外露地下工程，基面应铺设水泥砂浆或灰浆层，卷材应与基面直接粘结，不应采用胶粘剂。卷材间应采用自粘搭接。

⑭ 高分子增强复合防水片材施工应符合下列要求：

a. 高分子芯材厚度不应小于0.5mm；应双层满粘施工。

b. 卷材与基面应采用配套的聚合物水泥粘结料满粘施工，刮涂聚合物水泥应均匀，施工后的固化厚度不应小于1.2mm；聚合物水泥粘结料固化前不应上人行走，4h内不应淋雨。

c. 第二道卷材间搭接处宜设置100mm宽同材质盖条做密封处理。

d. 应及时施工卷材保护层；夏季应防止紫外线损伤成品。

⑮ 天然钠基膨润土防水毯铺贴应符合下列要求：

a. 适用于外防内贴法施工，卷材表层的织布面应朝向待浇混凝土。

b. 与基层固定的水泥钉应加钢垫圈且应梅花形固定，立面和斜面间距应为400~500mm；立面施工时应上层压下层。

c. 接缝搭接宽度不应小于80mm，水泥钉固定间距应加密为200~300mm。

d. 施工应采取防雨、雪措施，已经遇水膨胀的部位应割除或加铺。

e. 500mm幅宽的膨润土防水毯加强层宜工厂定制。

f. 钉头及接缝处应涂抹密封膏或膨润土颗粒。

g. 甩槎端头应及时用压条固定保护，永久收口应用密封膏和金属压条固定。

（4）涂料防水层

① 防水涂料基层施工应坚实、清洁，不应有起砂和凹凸不平现象。有机防水涂料采用油溶性或非湿固性涂料时，基层面应干燥，含水率不应大于9%。

② 喷涂前应进行涂布试验。

③ 除适用冬期施工的涂料外，不应在气温低于5℃或烈日暴晒时施工，且涂膜完全固化前遇有降水时应覆盖保护。

④ 环保要求应符合《建筑防水涂料中有害物质限量》JC 1066—2008 的要求。

⑤ 涂料可分层或一次性喷涂，涂层应均匀，接槎宽度不应小于100mm。

⑥ 特殊部位增设胎体增强材料时，应使胎体层充分浸透防水涂料，不应有露槎及褶皱。

⑦ 防水涂料应随结构分段施工，经验收合格后，应及时施工保护层。

⑧ 不同类型有机防水涂料施工应符合下列要求：

a. 聚氨酯防水涂料应分层涂布，每层涂膜厚度不宜大于 0.5mm；前道涂层完全固化后方可进行下道涂层施工，相邻两道涂层的涂刷方向应互相垂直。

b. 非固化橡胶沥青防水涂料施工后应永不固化、保持蠕变性能，涂层应一次喷、刮成型；覆面卷材铺贴应粘贴密实，表面应平整、无折皱。

c. 喷涂橡胶沥青防水涂料施工喷膜时，喷枪与基面的间距应满足要求，厚度应均匀，初凝后人行走不应破坏涂层，终凝后表面不应存有气泡，终凝24h后方可施工防水保护层。

⑨ 水泥基渗透结晶防水涂料施工应符合下列要求：

a. 应按产品技术标准要求的比例拌制灰浆，拌制好的灰浆应在20min内用完。

b. 混凝土表面宜凿毛露出混凝土毛细孔，采用钢刷多遍涂刷，并应交替改变涂刷方向。

c. 涂层终凝后应采用干湿交替养护，养护时间不应少于72h，不应采用蓄水养护。

d. 干撒法施工时应在混凝土初凝前干撒完毕，并应压实抹平、提浆压光。

（5）水泥砂浆防水层

① 原材料及配合比应符合《地下铁道工程施工标准》GB/T 51310—2018 第 16.2 条的要求。

② 基层面除应符合卷材防水层的要求外，还应坚实、无起砂现象。施工前应用水充分湿润，但不应有明水。

③ 分层施工时，每层宜连续施工；留槎时应采用阶梯坡形，层与层间搭接应紧密；接槎处与特殊部位加强层距离不应大于200mm。

④ 特殊部位应先嵌填密实，后大面铺抹。铺抹应压实、抹平，最外层表面应提浆压光。

⑤ 防水层终凝后应立即进行保湿养护，养护温度不宜低于5℃，养护时间不宜少于14d。

2）细部构造防水工程施工

地下工程细部构造防水工程包括施工缝、变形缝、后浇带、穿墙管、预埋件、预留通道接头、桩头等。

(1)施工缝

施工缝的留设位置应在混凝土浇筑前确定,特殊结构部位留设施工缝应经设计单位确认。

施工缝处浇筑混凝土,应符合下列要求:

① 墙体水平施工缝应留设在高出底板表面不小于300mm的墙体上。拱、板与墙结合的水平施工缝,宜留在拱、板与墙交接处以下150~300mm处;垂直施工缝应避开地下水和裂隙水较多的地段,并宜与变形缝相结合。

② 水平施工缝浇筑混凝土前,应将其表面浮浆和杂物清除,然后铺设净浆、涂刷混凝土界面处理剂或水泥基渗透结晶型防水涂料,再铺30~50mm厚的与结构混凝土成分相同的水泥砂浆,并及时浇筑混凝土。

③ 垂直施工缝浇筑混凝土前,应将其表面清理干净,再涂刷混凝土界面处理剂或水泥基渗透结晶型防水涂料,并及时浇筑混凝土。

④ 施工缝处已浇筑混凝土的强度不应小于1.2MPa。

⑤ 中埋式止水带及外贴式止水带埋设位置应准确,固定应牢靠。

⑥ 遇水膨胀止水条应具有缓膨胀性能;止水条与施工缝基面应密贴,中间不得有空鼓、脱离等现象;止水条应牢固地安装在缝表面或预留凹槽内;止水条采用搭接连接时,搭接宽度不得小于30mm。

⑦ 预埋注浆管应设置在施工缝断面中部,注浆管与施工缝基面应密贴并固定牢靠,固定间距宜为200~300mm;注浆导管与注浆管的连接应牢固、严密,导管埋入混凝土内的部分应与结构钢筋绑扎牢固,导管的末端应临时封堵严密。

(2)变形缝

① 变形缝处的端头模板应钉填缝板,填缝板与嵌入式止水带中心线应与变形缝中心线重合,并应用模板固定牢固。止水带埋设位置应准确,其中间空心圆环应与变形缝的中心线重合。

② 中埋式止水带的接缝应设在边墙较高位置上,不得设在结构转角处;接头宜采用热压焊接,接缝应平整、牢固,不得有裂口和脱胶现象。

③ 中埋式止水带在转弯处应做成圆弧形;顶板、底板内止水带应安装成盆状,并宜采用专用钢筋套或扁钢固定。

④ 外贴式止水带在变形缝与施工缝相交部位宜采用十字配件;外贴式止水带在变形缝转角部位宜采用直角配件。

⑤ 止水带埋设位置应准确,固定应牢靠,并与固定止水带的基层密贴,不得出现空鼓、翘边等现象。

⑥ 变形缝处表面粘贴卷材或涂刷涂料前,应在缝上设置隔离层和加强层。

⑦ 嵌填密封材料的缝内两侧基面应平整、洁净、干燥,并应涂刷基层处理剂;嵌缝底部应设置背衬材料;密封材料嵌填应严密、连续、饱满,粘结牢固。

⑧ 变形缝设置中埋式止水带时,混凝土浇筑符合下列要求:

a. 浇筑前应校正止水带位置,表面清理干净,止水带损坏处应修补。

b. 应先浇筑嵌入式止水带下部的混凝土,待嵌入式止水带压紧其上表面后,方可继续浇筑。

c. 边墙处止水带应位置正确、平直、无卷曲现象、固定牢固，内外侧混凝土应对称、均匀、水平浇筑。

（3）穿墙管

① 固定式穿墙管应加焊止水环或环绕遇水膨胀止水圈，并做好防腐处理；穿墙管应在主体结构迎水面预留凹槽，槽内应用密封材料嵌填密实。

② 套管式穿墙管的套管与止水环及翼环应连续满焊，并做好防腐处理；套管内表面应清理干净，穿墙管与套管之间应用密封材料和橡胶密封圈进行密封处理，并采用法兰盘及螺栓进行固定。

③ 当主体结构迎水面有柔性防水层时，防水层与穿墙管连接处应增设加强层。

（4）其他细部防水构造：

① 后浇带补偿收缩混凝土浇筑前，后浇带部位和外贴式止水带应采取保护措施。

② 后浇带两侧的接缝表面应先清理干净，再涂刷混凝土界面处理剂或水泥基渗透结晶型防水涂料；后浇混凝土的浇筑时间应符合设计要求。

③ 后浇带混凝土应一次浇筑，不得留设施工缝；混凝土浇筑后应及时养护，养护时间不得少于28d。

④ 桩头顶面和侧面裸露处应涂刷水泥基渗透结晶型防水涂料，并延伸到结构底板垫层150mm处；桩头四周300mm范围内应抹聚合物水泥防水砂浆过渡层。

⑤ 结构底板防水层应做在聚合物水泥防水砂浆过渡层上并延伸至桩头侧壁，其与桩头侧壁接缝处应采用密封材料嵌填。

⑥ 桩头的受力钢筋根部应采用遇水膨胀止水条或止水胶，并应采取保护措施。

⑦ 预埋件端部或预留孔、槽底部的混凝土厚度不得小于250mm；当混凝土厚度小于250mm时，应局部加厚或采取其他防水措施。

⑧ 用于固定模板的螺栓必须穿过混凝土结构时，可采用工具式螺栓或螺栓加堵头，螺栓上应加焊止水环。拆模后留下的凹槽应用密封材料封堵密实，并用聚合物水泥砂浆抹平。

3. 盖挖法结构施工技术

1）一般要求

（1）盖挖法可分全断面盖挖和局部盖挖。

（2）盖挖法出土口设置数量、位置和尺寸，应根据盖板的覆盖范围、土方量、工期、施工设备、现场情况等，结合结构设计文件要求确定。出土口设置应考虑下列因素：

① 盖板顶设置出土口时，宜与车站顶板的永久孔洞相结合，或利用车站的附属结构位置作为出土口。

② 区间盖板顶无条件设置出土口时，可利用区间风道位置作为出土口，或单独设置竖井或马道出土。

③ 结构楼板与盖板的竖向出土口应上、下相对应，结构楼板宜利用楼梯、电扶梯位置设置出土口。

④ 盖板出土口周边应设置洞口加强梁。

⑤ 出土口应设防汛墙、防雨棚及临边防护。

（3）盖挖逆作法跨中需要设竖向支承时，宜利用永久结构柱或墙；盖挖顺作法跨中需要设竖向支承时，宜设临时支承柱或桩。跨中竖向支承结构应与围护结构同时施工。

（4）盖挖法施工应保持基坑围护结构内的地下水位稳定在基底以下0.5m。

2）铺盖体系施工

盖挖顺作法的铺盖体系宜采用装配式公路钢桥、军用钢桁架梁或型钢梁，其上铺设盖板和面层；盖挖逆作法铺盖体系应为主体结构顶板。

铺盖体系用于交通导改或解决施工场地等问题时，应进行专项设计，其受力除应满足自身荷载外，还应满足车辆、行人动荷载及施工机具、材料堆放等施工荷载的要求。

盖挖顺作法铺盖体系设置标高应满足主体结构顶板施工净空、管线改移埋设等需求。

铺盖体系施工前应完成围护结构、中间支承结构的施工和交通组织、管线改移、拆迁等工作。

盖挖顺作法铺盖体系宜采用标准化、模数化的拼装式盖板梁和盖板。

（1）顺作法盖板梁

① 钢筋混凝土盖板梁，可单独设置，宜可兼作基坑首道混凝土内支撑。

② 盖板梁与围护结构、支承柱连接应符合下列要求：

a. 围护结构冠梁施工应严格控制标高，冠梁顶面平整度应满足盖板梁的安装要求。

b. 盖挖顺作法支承柱纵向连梁与盖板梁的连接应牢固。

c. 盖板梁两端的支座或弹性垫板与冠梁粘结牢固，中心轴线应与盖板梁设计文件给定的支点重合。

d. 围护结构冠梁、支承柱（桩）上的预留、预埋件应齐全，盖板梁质量应合格。

③ 板梁采用钢桁架梁和型钢梁时，加工应符合下列要求：

a. 标准构件宜在工厂内分节拼装，进场后应进行试组装。

b. 若有非标构件，应在工厂内加工制作。

c. 钢销、钢楔等配件现场加工制作时，应符合盖板梁设计文件要求。

d. 进场时应有质量证明文件。

④ 钢架和型钢盖板梁安装应符合下列要求：

a. 安装前应进行除锈和防锈处理。

b. 安装时宜单根整体安装，安装前应逐根进行组装验收，合格后方可安装。

c. 施工中不得用标准构件代替加强型构件。

d. 宜从一端向另一端顺序安装，平面定位、间距应符合设计文件或方案要求。

e. 梁体就位后应及时将端头与支座固定，或在端头侧向设置临时支撑固定，确保已就位的钢架梁稳定。

f. 盖板梁为型钢梁时，应及时栓接或焊接两梁之间的次梁，采用焊接时型钢梁翼缘接缝处宜设置加强板。

g. 盖板梁为贝雷梁时，应及时安装两梁之间的连接杆件和剪刀撑。

h. 盖板梁为军用梁时，应及时安装两梁之间的套管螺栓。

i. 盖板梁预留起拱度应考虑型钢梁和钢桁架梁的挠度，钢桁架梁挠度不应大于$(1/400)L$，L为钢桁架跨度。

j. 安装完成后应逐一检查梁体是否有变形，连接件、连接螺栓、钢销、钢模、扣件等应齐全、牢固。

⑤ 当先铺盖半幅，待条件具备后再合拢另半幅时，连接处宜设置钢筋混凝土梁。其基础应经验算，并应进行处理或设置支承柱或桩。

⑥ 钢桁架和型钢盖板梁用于结构施工垂直运输时，应进行验算并征得钢桁架和型钢盖板梁设计单位的同意。

（2）顺作法铺盖板

① 顺作法铺盖板用于交通导改时，下层宜采用钢筋混凝土预制板，面层宜为沥青混凝土或素混凝土，施工应符合下列要求：

a. 钢筋混凝土预制板宜在厂家预制，并应符合设计文件和安装要求。

b. 盖板混凝土应达到设计文件给定的强度后方可安装，安装应稳固、缝隙均匀一致。

c. 面层施工和验收应符合《城镇道路工程施工与质量验收规范》CJJ 1—2008 的要求。

② 盖板用于施工场地时，下层采用钢筋混凝土预制板、面层宜铺设钢板并应符合下列要求：

a. 钢板宜采用防滑钢板，或采取防滑措施。

b. 钢板缝隙及周边应封堵严密。

③ 结构施工期间维护应符合下列要求：

a. 盖板面层出现坑洼不平及破裂时应及时修复。

b. 应定期监测和巡视盖板梁变形、杆件连接是否松动、盖板是否翘曲等现象，并应及时处理。

c. 应定期维护临时排水系统，保证排水畅通。

（3）逆作法结构顶板

① 主体结构的顶板，当底模为土模时，应根据土体弹性模量计算起拱度，开挖应符合下列要求：

a. 应按梁、板结构断面形状开挖成槽。

b. 距离结构设计标高 0.2m 内的土方应采用人工开挖。

c. 墙柱接头处土方应开挖至接头以下至少 0.5m，并呈倾斜状。

② 顶板施工不宜留置纵向施工缝，若需要留置应采取措施；横向施工缝应根据结构流水段划分留置。

③ 板底斜向施工缝宜留置在板下 500～800mm。

④ 及时施作板顶出土口结构，混凝土达到设计文件给定的强度后方可回填和修筑路面结构。

3）主体结构施工技术

（1）盖挖法主体结构施工应参照本书 3.3.2 中 1.的相关要求，逆作法尚应符合下列要求：

① 钢筋竖向连接应采用直螺纹套筒正反扣Ⅰ级接头。
② 侧墙模板下口与中（底）板留置的混凝土梯口接缝应严密，支撑应牢固。
③ 为保证逆作法墙板之间的施工缝混凝土质量，侧墙模板上口应留置斜向混凝土浇筑口（槽），便于混凝土浇筑和振捣，确保接缝密实。
④ 模板拆除后，应剔除浇筑口突出混凝土，并应打磨平整。
（2）应按设计文件要求提前做好钢管柱与梁板节点处的钢筋与法兰盘的位置调整。
（3）盖挖顺作法铺盖板的拆除应遵循"后装先拆，先装后拆"的顺序；临时支承柱应在铺盖板拆除后进行拆除。

4）结构防水施工技术

（1）盖挖顺作法防水施工

可参考本书 3.3.2 中 2.的相关要求。

（2）盖挖逆作法防水施工

① 板底以下 500mm 范围内的墙体应与结构顶板、楼板同时浇筑，墙体的下部应做成斜坡形，斜坡形下部应预留 300～500mm 空间，并应待下部先浇筑混凝土施工 14d 后再行浇筑。
② 浇筑混凝土前施工缝表面应凿毛、清理干净，并应涂刷界面剂、设置遇水膨胀止水胶条和预埋注浆管。
③ 顶板与立墙连接处结构防水层宜采用无机防水材料，并应与立墙和顶板防水层搭接过渡。
④ 盖挖逆作节点防水应符合设计文件要求。
⑤ 盖挖逆作法防水层留、接槎施工应符合下列要求：
a.防水层应随结构由上往下分层、分段逆作施工。
b.顶板与侧墙交接处的防水层，上、下端均应甩槎，并应采取保护措施，以确保与顶板和下部墙体防水层的有效搭接。
c.防水层施工应在结构验收合格后进行，防水层验收合格后方可回填顶板。
⑥ 底板、侧墙防水层应由下而上施工，侧墙防水层不应形成倒槎。

3.4 浅埋暗挖法隧道施工

浅埋暗挖法施工须满足无水作业条件，当采用降水方案不能满足要求时，应在开挖前进行帷幕预注浆，加固地层等堵水处理。根据水文、地质钻孔和调查资料，预计有大量涌水或涌水量虽不大，但开挖后可能引起大规模塌方时，应在开挖前进行注浆堵水，加固围岩。

3.4.1 浅埋暗挖法施工方法

浅埋暗挖法施工根据断面大小、地质条件、周边环境等因素，分为多种施工方法，如全断面法、台阶法、单侧壁导坑法、双侧壁导坑法、中隔壁法、交叉中隔壁法、中洞法、侧洞法、柱洞法等，台阶法可分为正台阶法和上台阶环形开挖预留核心土方。掘进方式有人工和机械开挖，其中机械开挖可以采用小型挖掘机、专业暗挖设备等。

1. 掘进（开挖）方式及其选择条件（见表3.4-1）

表 3.4-1　浅埋暗挖法开挖方式与选择条件

施工方法		示意图	选择条件比较				
			结构与适用地层	沉降	工期	防水	初期支护拆除量	造价
全断面法			地层好，跨度≤8m	一般	最短	好	无	低
台阶法	正台阶法		地层差，跨度≤10m	一般	短	好	无	低
	上台阶环形开挖预留核心土法		地层差，跨度≤12m	一般	短	好	无	低
单侧壁导坑法			地层差，跨度≤14m	较大	较短	好	小	低
双侧壁导坑法			小跨度，连续使用可扩大跨度	较大	长	效果差	大	高
中隔壁法（CD工法）			地层差，跨度≤18m	较大	较短	好	小	偏高
交叉中隔壁法（CRD工法）			地层差，跨度≤20m	较小	长	好	大	高
中洞法			小跨度，连续使用可扩成大跨度	小	长	效果差	大	较高

续表

施工方法	示意图	选择条件比较					
		结构与适用地层	沉降	工期	防水	初期支护拆除量	造价
侧洞法		小跨度，连续使用可扩成大跨度	大	长	效果差	大	高
柱洞法		多层多跨	大	长	效果差	大	高
洞桩法		多层多跨	较大	长	效果差	较大	高

2. 全断面开挖法

（1）全断面开挖法适用于土质稳定、断面较小的隧道施工，适宜人工开挖或小型机械作业。

（2）全断面开挖法采取自上而下一次开挖成型，沿着轮廓开挖，按施工方案一次进尺并及时进行初期支护。

（3）全断面开挖法的优点是可以减少开挖对围岩的扰动次数，有利于围岩天然承载拱的形成，工序简便；缺点是对地质条件要求严格，围岩必须有足够的自稳能力。

3. 台阶开挖法

1）台阶开挖法特点

（1）台阶开挖法适用于土质较好的隧道施工，以及软弱围岩、第四纪沉积地层隧道施工。

（2）台阶开挖法将结构断面分成上下两个工作面分步开挖。

（3）台阶开挖法优点是具有足够的作业空间和较快的施工速度，灵活多变，适用性强。

（4）台阶法应根据地质和开挖断面跨度等确定开挖台阶长度，土质隧道台阶长度不宜超过隧道宽度的1倍。

2）正台阶法

正台阶法适用于地层较好的Ⅲ、Ⅳ级围岩，将断面分成上下两个台阶开挖，上台阶长度一般控制在1~1.5倍洞径以内，尽快开挖下台阶，支护后形成闭合结构。正台阶法能够较早地使支护闭合，有利于控制其结构变形及由此引起的地面沉降。

3）上台阶环形开挖预留核心土法

（1）环形开挖预留核心土法适用于一般土质或易坍塌的软弱围岩、断面较大的隧道施工。是城市第四纪软土地层浅埋暗挖法最常用的一种标准掘进方式。

（2）一般情况下，将断面分成环形拱部（见表 3.4-1 对应工法示意图中 1、2、3）、上部核心土（见表 3.4-1 对应工法示意图中 4）、下部台阶（见表 3.4-1 对应工法示意图中 5）三部分。根据断面的大小，环形拱部又可分成几块交替开挖。环形开挖进尺为 0.5～0.75m，不宜过长。台阶长度一般以控制在 $1D$ 内（D 一般指隧道跨度）为宜。

（3）方法的主要优点：

① 因为开挖过程中上台阶留有核心土支承着开挖面，能迅速及时地建造拱部初期支护，所以开挖工作面稳定性好。

② 核心土和下台阶开挖都是在拱部初期支护保护下进行的，施工安全性好。

4. 单侧壁导坑法

（1）单侧壁导坑法适用于断面跨度大，地表沉降难以控制的软弱松散围岩中的隧道施工。

（2）单侧壁导坑法是将断面横向分成 3 块或 4 块：侧壁导坑、上台阶、下台阶（分别见表 3.4-1 中对应工法示意图的 1、2、3），侧壁导坑尺寸应充分利用台阶的支撑作用，并考虑机械设备和施工条件而定。

（3）一般情况下侧壁导坑宽度不宜超过 0.5 倍洞宽，高度以到起拱线为宜，这样导坑可分二次开挖和支护，不需要架设工作平台，人工架立钢格栅（钢拱架）也较方便。

5. 双侧壁导坑法

（1）双侧壁导坑法又称眼镜工法。当隧道跨度很大，地表沉陷要求严格，围岩条件特别差，单侧壁导坑法难以控制围岩变形时，可采用双侧壁导坑法。

（2）双侧壁导坑法一般是将断面分成四块：左、右侧壁导坑、上部核心土、下台阶（分别见表 3.4-1 中对应工法示意图的 2、3）。导坑尺寸拟定的原则同前，但宽度不宜超过断面最大跨度的 1/3。左、右侧导坑错开的距离，应根据开挖一侧导坑所引起的围岩应力重分布的影响不致波及另一侧已成导坑的原则确定。

6. 中隔壁法和交叉中隔壁法

（1）中隔壁法也称 CD（Center Diaphragm）工法，主要适用于地层较差、岩体不稳定且地面沉降要求严格的地下工程施工。

（2）交叉中隔壁法即 CRD（Cross Diaphragm）工法是在 CD 工法基础上加设临时仰拱以满足要求。

（3）CD 工法和 CRD 工法在大跨度隧道中应用普遍，在施工中应严格遵守正台阶法的施工要点，尤其要考虑时空效应，每一步开挖必须快速，必须及时步步成环，工作面留核心土或用喷射混凝土封闭，消除由于工作面应力松弛所致的沉降值增大现象。

7. 中洞法、侧洞法、柱洞法、洞桩法

当地层条件差、断面特大时，一般设计成多跨结构，跨与跨之间有梁、柱连接，一般采用中洞法、侧洞法、柱洞法及洞桩法等施工，其核心思想是变大断面为中小断面，提升施工安全度。

（1）中洞法施工就是先开挖中间部分（中洞），在中洞内施作梁、柱结构，然后再开

挖两侧部分（侧洞），并逐渐将侧洞顶部荷载通过中洞初期支护转移到梁、柱结构上。由于中洞的跨度较大，施工中一般采用 CD 工法、CRD 工法或双侧壁导坑法进行施工。中洞法施工工序复杂，但两侧洞对称施工，比较容易解决侧压力从中洞初期支护转移到梁柱上时的不平衡侧压力问题，施工引起的地面沉降较易控制。中洞法的特点是初期支护自上而下，每一步封闭成环，环环相扣，二次衬砌自下而上施工，施工质量容易得到保证。

（2）侧洞法施工就是先开挖两侧部分（侧洞），在侧洞内做梁、柱结构，然后再开挖中间部分（中洞），并逐渐将中洞顶部荷载通过初期支护转移到梁、柱上，这种施工方法在处理中洞顶部荷载转移时，相对于中洞法要困难一些。两侧洞施工时，中洞上方土体经受多次扰动，形成危及中洞的上小下大的梯形、三角形或楔形土体，该土体直接压在中洞上，中洞施工若不够谨慎就可能发生坍塌。

（3）柱洞法施工是先在立柱位置施作一个小导洞，当小导洞做好后，再在洞内做底梁，形成一个细而高的纵向结构，柱洞法施工的关键是如何确保两侧开挖后初期支护同步作用在顶纵梁上，而且柱子左右水平力要同时加上且保持相等。

（4）洞桩法（也称 PBA 工法，Caven-Pile Beam Arch）就是先挖洞，在洞内制作挖孔桩，梁柱完成后，再施作顶部结构，然后在其保护下施工，实际上就是将盖挖法施工的挖孔桩梁柱等转入地下进行。

【案例 3.4-1】

1. 背景

某地铁区间隧道采用浅埋暗挖法施工，长 1.2km，断面尺寸为 6.4m×6.3m，覆土厚度 12m。隧道上方为现况道路，隧道拱顶与路面之间分布有雨水、污水管线，走向与隧道平行。隧道穿越砂质粉土层，无地下水。隧道开挖方式选择为正台阶法开挖，辅以小导管注浆加固。隧道设计为复合式衬砌，施工方案中确定：防水质量以保证防水层施工质量为根本，与结构自防水组成防水体系。施工过程中发生了土方坍塌，造成两人重伤。事故发生后，项目经理立即组织人员清理现场并将受重伤人员送医院进行抢救。项目经理组织了事故调查组，经调查发现：初期支护格栅间距 0.75m、小导管长度为 1.5m、纵向搭接 0.5m，未设置监测点，开挖过程中污水管线变形过大发生渗漏水，最终形成塌方事故。

2. 问题

（1）浅埋暗挖开挖方式除了正台阶法外，还有其他什么方式？

（2）施工方案确定防水质量以保证防水层施工质量为根本是否正确？如不正确，应采取什么方案？

（3）分析事后调查结果发现小导管长度为 1.5m，纵向搭接 0.5m，存在什么问题？

（4）说明此次事故的等级；项目经理的做法是否正确？如不正确应该怎么做？

（5）本次事故的发生和没有进行施工过程监测有很大关系，请问本工程应该对哪些主要项目进行监测？

3. 参考答案

（1）还有全断面法、上台阶环形开挖预留核心土法、单侧壁导坑法、双侧壁导坑法、中隔壁法（CD 工法）、交叉中隔壁法（CRD 工法）、中洞法、侧洞法、柱洞法、洞桩法。

（2）不正确。浅埋暗挖法施工隧道的复合式衬砌，应以结构自防水为根本，辅以防水层组成防水体系，以变形缝、施工缝、后浇带、穿墙洞、预埋件、桩头等接缝部位混凝土及防水层施工为防水控制的重点。

（3）小导管常用设计参数：钢管直径40~50mm，长度应大于循环进尺的2倍，宜为3~5m，焊接钢管或无缝钢管；钢管安设注浆孔间距为100~150mm，钢管沿拱的环向布置间距为300~500mm，钢管沿拱的环向外插角为5°~15°，小导管是受力杆件，因此两排小导管在纵向应有一定搭接长度，钢管沿隧道纵向的搭接长度一般不小于1m。本工程项目小导管的长度和纵向搭接长度均不满足要求。

（4）本次事故造成两人重伤，属于一般事故。一般事故是指造成3人以下死亡，或10人以下重伤，或者1000万元以下直接经济损失的事故。项目经理的做法不正确。事故发生后，事故现场有关人员应当立即向本单位负责人报告；单位负责人接到报告后，应当于1h内向事故发生地县级以上人民政府安全生产监督管理部门和负有安全生产监督管理职责的有关部门报告。情况紧急时，事故现场有关人员可以直接向事故发生地县级以上人民政府安全生产监督管理部门和负有安全生产监督管理职责的有关部门报告。项目经理无权组织调查，更不能清理现场。事故发生地有关地方人民政府、安全生产监督管理部门和负有安全生产监督管理职责的有关部门接到事故报告后，其负责人应当立即赶赴事故现场，组织事故救援。有关单位和人员应当妥善保护事故现场以及相关证据，任何单位和个人不得破坏事故现场、毁灭相关证据。

（5）本工程主要监测项目有：地表沉降、拱顶下沉、侧壁收敛、周边管线及建（构）筑物、初支结构内力、土压力、土体分层位移。

3.4.2 浅埋暗挖法施工技术

当浅埋暗挖施工地下结构处于富水地层中，且地层的渗透性较好时，应首选降低地下水位法达到稳定围岩、提高喷锚支护安全的目的。含水的松散破碎地层宜采用降低地下水位法，不宜采用集中宣泄排水的方法。

在城市地下工程中采用降低地下水位法时，最重要的决策因素是确保降水引起的沉降不会对已存在建（构）筑物或拟建构筑物的结构安全造成危害。

降低地下水位通常采用地面降水方法或隧道内辅助降水方法。当采用降水方案不能满足要求时，应在开挖前进行帷幕预注浆、加固地层等堵水处理。根据水文、地质钻孔和调查资料，预计有大量涌水或涌水量不大，开挖后却可能引起大规模塌方时，应在开挖前注浆堵水，加固围岩。

浅埋暗挖法施工流程如图3.4-1所示。

1. 工作井施工技术

工作井采用明挖法基坑围护结构支撑体系施工时，参见本书3.3.1中2.与3.的相关内容，下文主要介绍倒挂井壁法施工。

1）施工准备

（1）竖井施工前，应对竖井及隧道范围内的地下管线、建（构）筑物进行调查，并应会同产权单位确定保护方案；施工中，应加强对重要管线、建（构）筑物等的保护和监测。

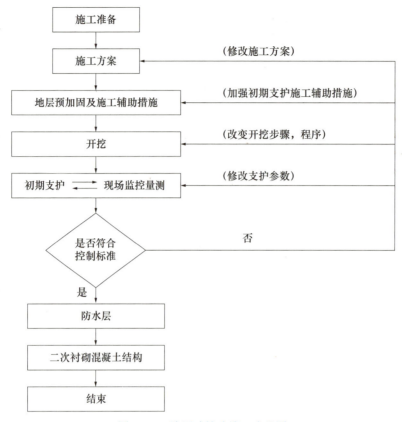

图 3.4-1 浅埋暗挖法施工流程图

（2）竖井施工范围内应人工开挖十字探沟，确定无管线后再开挖。

（3）竖井井口防护应符合下列要求：竖井应设置防雨棚、挡水墙；竖井应设置安全护栏，护栏高度不应小于 1.2m；竖井周边应架设安全警示装置。

2）锁口圈梁

（1）竖井应按设计施作锁口圈梁，圈梁埋深较大时，上部应设置挡土墙、土钉墙或"钢格栅（钢拱架）＋喷射混凝土"等临时围护结构。

（2）锁口圈梁处土方不得超挖，并应做好边坡支护。

（3）圈梁混凝土强度达到设计强度的 70% 及以上时，方可向下开挖竖井。

（4）锁口圈梁与钢格栅（钢拱架）应按设计要求进行连接，井壁不得出现脱落。

3）提升系统

（1）竖井应设置一套起重吊装设备作为提升系统，起重吊装设备应由具备资质的单位安装、拆除；安装完成后，应进行安全检验，合格后方可使用。

（2）竖井提升系统制作、安装应符合现行国家或行业标准的有关规定。

4）竖井开挖与支护

（1）开挖前，应根据地质条件及地下水状态，按设计要求或专项施工方案采取地下水控制及地层预加固措施。

（2）井口地面荷载不得超过设计规定值；井口应设置挡水墙，四周地面应硬化处理，并应做好排水措施。

（3）应对称、分层、分块开挖，每层开挖高度不得大于设计规定，随挖随支护；每一分层的开挖，宜遵循先开挖周边、后开挖中部的顺序。

（4）初期支护应尽快封闭成环，按设计要求做好钢格栅（钢拱架）的竖向连接及采取防止井壁下沉的措施。

（5）喷射混凝土的强度和厚度等应符合设计要求，喷射混凝土应密实、平整，不得出现裂缝、脱落、漏喷、露筋、空鼓和渗漏水等现象。

（6）施工平面尺寸和深度较大的竖井时，应根据设计要求及时安装临时支撑。

（7）严格控制竖井开挖断面尺寸和高程，不得欠挖，竖井开挖到底后应及时封底。

（8）竖井开挖过程中应加强观察和监测，当发现地层渗水、井壁土体松散、裂缝或支撑出现较大变形等现象时，应立即停止施工，采取措施加固处理后方可继续施工。

2. 马头门施工技术

（1）竖井初期支护施工至马头门处应预埋暗梁及暗桩，并应沿马头门拱部外轮廓线打入超前小导管，注浆加固地层。

（2）破除马头门前，应做好马头门区域的竖井或隧道的支撑体系的受力转换。

（3）马头门开挖施工应严格按照设计要求，并应采取加强措施。

（4）马头门的开挖应分段破除竖井井壁，宜按照先拱部、再侧墙、最后底板的顺序破除。马头门施工步序如下：

① 开挖上台阶土方时应保留核心土。

② 安装上部钢格栅（钢拱架），连接纵向钢筋，挂钢筋网，喷射混凝土。

③ 上台阶掌子面进尺3~5m时开挖下台阶，破除下台阶隧道洞口竖井井壁。

④ 开挖下台阶土方。

⑤ 安装下部钢格栅（钢拱架），连续纵向钢筋，挂初期支护钢筋网，喷射墙体及仰拱混凝土。

（5）马头门处隧道应密排三榀钢格栅（钢拱架）以及洞门外架设洞门环梁支撑等措施完成力系转换；隧道钢格栅（钢拱架）主筋应与竖井钢格栅（钢拱架）主筋、连接筋焊接牢固；隧道纵向连接筋应与竖井主筋焊接牢固。

（6）马头门开启应按顺序进行，同一竖井内的马头门不得同时施工。一侧隧道掘进15m后，方可开启另一侧马头门。马头门标高不一致时，宜遵循"先低后高"的原则。

（7）施工中严格贯彻"管超前、严注浆、短开挖、强支护、勤量测、早封闭"的十八字方针。

（8）开挖过程中必须加强监测，一旦土体出现坍塌征兆或支护结构出现较大变形时，应立即停止作业，经处理后方可继续施工。

（9）停止开挖时，应及时喷射混凝土封闭掌子面；因特殊原因停止作业时间较长时，应对掌子面采取加强封闭措施。

3. 超前预支护及预加固施工技术

在浅埋软岩地段、自稳性差的软弱破碎围岩、断层破碎带、砂土层等不良地质条件下施工时，若围岩自稳时间短、无法保证安全地完成初期支护，为确保施工安全、加快施工进度，应采用超前预支护及预加固技术进行预加固处理，使开挖作业面围岩保持稳定。

根据地质条件、地下水状况、施工方法以及环境条件等因素，地层超前预支护及预加固可采取：超前小导管注浆加固、深孔注浆、管棚支护等措施。

1）超前小导管注浆加固

（1）适用条件

① 超前小导管注浆加固技术可作为浅埋暗挖法隧道常用的超前预支护措施，能配套使用多种注浆材料，施工速度快，施工机具简单，工序交换容易。

② 在软弱、破碎地层中成孔困难或易塌孔，且施作超前锚杆比较困难或者结构断面较大时，宜采取超前小导管注浆加固处理方法。

（2）技术要点

① 超前小导管应沿隧道拱部轮廓线外侧设置，根据地层条件可采用单层、双层超前小导管；其环向布设范围及环向间距由设计方根据地层特性确定；安装小导管的孔位、孔深、孔径应符合设计要求。

② 超前小导管应选用直径为 40～50mm 的钢管或水煤气管，长度应大于循环进尺的两倍，宜为 3～5m，具体长度、直径应根据设计要求确定。

③ 超前小导管应从钢格栅（钢拱架）的腹部穿过，后端应支承在已架设好的钢格栅（钢拱架）上，并焊接牢固，前端嵌固在地层中。前后两排小导管的水平支撑搭接长度不应小于 1m。

④ 超前小导管的成孔工艺应根据地层条件进行选择，应尽可能减少对地层的扰动。

⑤ 小导管其端头应封闭并制成锥状，尾端设钢筋加强箍，管身梅花形布设 $\phi 6 \sim \phi 8$mm 的溢浆孔。

⑥ 超前小导管加固地层时，其注浆浆液应根据地质条件、经现场试验确定；且应根据浆液类型，确定合理的注浆压力并选择合适的注浆设备。注浆材料可采用普通水泥单液浆、改性水玻璃浆、水泥—水玻璃双液浆、超细水泥等。

⑦ 浆液的原材料应符合下列要求：

a. 水泥：强度等级 P·O 42.5 级及以上的硅酸盐水泥。

b. 水玻璃：浓度 40～45°Bé。

c. 外加剂：视不同地层和注浆工艺进行选择。

⑧ 注浆施工应符合下列要求：

a. 注浆工艺应简单、方便、安全，应根据土质条件选择注浆工艺（法）。在砂卵石地层中宜采用渗入注浆法；在砂层中宜采用挤压、渗透注浆法；在黏土层中宜采用劈裂法等。

b. 注浆顺序：应由下而上、间隔对称进行；相邻孔位应错开、交叉进行。

c. 渗透法注浆压力：注入压力应保持在 0.1～0.4MPa，注浆终压应由地层条件和周边环境控制要求确定，一般宜不大于 0.5MPa。每孔稳压时间不小于 2min。劈裂法注浆压力应大于 0.8MPa。

d. 注浆速度应不大于 30L/min。

e. 注浆施工期应进行监测，监测项目通常有地（路）面隆起、地下水污染等，特别要采取必要措施防止注浆浆液溢出地面或超出注浆范围。

【案例 3.4-2】

1. 背景

某浅埋暗挖法扩挖的供热管线隧道，长 3.2km、断面尺寸为 3.2m×2.8m、埋深 3.5m。隧道穿越砂土层和砂砾层，除局部有浅层滞水外，无须降水。承包方 A 公司通过招标将穿越砂砾层段的 468m 隧道开挖及支护工程分包给 B 专业公司。B 公司依据 A 公司的施工组织设计，进场后由工长向现场作业人员交代了施工做法后开始施工。施工中 B 公司在距工作井 48m 处，发现开挖面砂砾层有渗水且土质松散，有塌方隐患。B 公司立即向 A 公司汇报。经有关人员研究，决定采用小导管超前加固措施。B 公司采用劈裂注浆法，根据以往经验确定注浆量和注浆压力，注浆过程中地面监测发现地表有隆起现象。随后 A 公司派有经验的专业人员协助 B 公司研究解决。质量监督部门在工程施工前的例行检查时，发现 A 公司项目部工程资料中初期支护资料不全，部分资料保留在 B 公司人员手中。

2. 问题

（1）浅埋暗挖法隧道开挖前的技术交底是否妥当？如有不妥，写出正确做法。

（2）B 公司采用劈裂注浆法是否正确？如不正确，应采取什么方法？有哪些浆液可供选用？

（3）分析注浆过程中地表隆起的主要原因，给出防止地表隆起的正确做法。

（4）说明 A、B 公司在工程资料管理方面应改进之处。

3. 参考答案

（1）不妥当。正确做法：单位工程、分部工程和分项工程开工前，工程施工项目部技术负责人应对承担施工的负责人或分包方全体人员进行书面技术交底。技术交底资料应办理签字手续并归档。

（2）不正确。注浆施工应根据土质条件选择注浆法，在砂砾石地层中宜采用渗透注浆法，不宜采用劈裂注浆法；注浆浆液可选用水泥浆或水泥砂浆。

（3）由背景材料可见：注浆过程中地表隆起的主要原因是注浆量和注浆压力控制不当。正确做法：通过试验确定注浆量和注浆压力。

（4）A 公司作为总承包单位负责汇集有关施工技术资料，并应随施工进度及时整理；B 公司应主动向总承包单位移交有关施工技术资料。

2）深孔注浆加固技术

（1）深孔注浆前，应依据设计文件，综合考虑地下水情况、地层条件和浆液类型等，在施工设计中确定其注浆范围。

（2）注浆孔的孔位、角度、深度的偏差应符合相关规范的要求。

（3）注浆段长度应综合考虑地层条件、地下水情况和钻孔设备的工作能力予以确定，宜为 10～15m，并预留一定的止浆墙厚度。

（4）浆液的材料和类型应综合考虑土质条件、注浆要求、地下水情况、周围环境条件及效果要求等因素，且应经现场试验确定。

（5）隧道内注浆孔应按设计要求采取全断面、半断面等方式布设，并应满足加固范围的要求；浆液扩散半径应根据注浆材料、方法及地层条件，经现场注浆试验确定。

（6）根据地层条件和加固要求，深孔注浆可采取前进式分段注浆、后退式分段注浆等方法。

（7）钻孔应按先外圈、后内圈、跳孔施工的顺序进行。钻孔时，应按规范要求作好施工记录，包括孔号、进尺、时间、地层、涌水位置、涌水量和涌水压力等内容，并应根据现场条件及时调整施工工艺参数。

（8）施工中应严格控制注浆质量，避免出现注浆盲区。注浆未达到设计要求的区域，应采用钢花管进行补注浆，以确保注浆效果。注浆工艺控制应符合下列要求：

① 注浆压力一般宜为 0.5～1.5MPa，并应根据地层条件和隧道埋深选择注浆终压大小。管线附近施工时应根据相关单位要求适当降低注浆压力，调整钻孔角度和间距。

② 单孔结束标准：注浆压力逐步升高至设计终压，并继续注浆 10min 以上。注浆结束时的进浆量小于 20L/min。检查孔钻取岩芯，浆液充填饱满。

③ 全段结束标准：注浆孔均符合单孔结束条件，无漏浆现象。浆液有效注入范围大于设计值。

（9）注浆结束后，应进行注浆效果检查，经检查确认注浆效果符合要求后方可开挖。

3）管棚支护

（1）结构组成与适用条件

① 结构组成：

管棚法是一种临时支护方法，与超前小导管注浆法相对应，通常又称为大管棚超前预支护法。

管棚是由钢管和钢格栅（钢拱架）组成。钢管入土端制作成尖靴状或楔形，沿着开挖轮廓线，以较小的外插角，向掌子面前方敷设钢管或钢插板，末端支架在钢格栅（钢拱架）上，形成对开挖面前方围岩的预支护。

管棚中的钢管应按照设计要求进行加工和开孔，管内应灌注水泥浆或水泥砂浆，以便提升钢管自身刚度和强度。

② 适用条件：

适用于软弱地层和特殊困难地段，如极破碎岩体、塌方体、砂土质地层、强膨胀性地层、强流变性地层、裂隙发育岩体、断层破碎带、浅埋大偏压等围岩，并对地层变形有严格要求的工程。

通常，在下列施工场合应考虑采用管棚进行超前支护：

a. 穿越铁路修建地下工程。

b. 穿越地下和地面结构物修建地下工程。

c. 修建大断面地下工程。

d. 隧道洞口段施工。

e. 通过断层破碎带等特殊地层。

f. 特殊地段（如大跨度地铁车站、重要文物保护区、河底、海底）的地下工程施工等。

（2）技术要点

① 施工工艺流程：

测放孔位→钻机就位→水平钻孔→压入钢管→注浆（向钢管内和管周围土体）→

封口。

② 管棚应根据地层情况、施工条件和环境要求选用，并应符合以下要求：

a. 宜选用加厚的 $\phi80\sim\phi180$mm 焊接钢管或无缝钢管制作。一般采用 $(\phi108\times8)$mm 钢管，相应的孔口管采用 $(\phi127\times8)$mm 钢管。

b. 钢管间距应根据支护要求［如：防坍塌、控制建（构）筑物变形等］予以确定，宜为 300~500mm。

c. 双向相邻管棚的搭接长度不小于 3m。

d. 为增加管棚刚度，应根据需要在钢管内灌注水泥砂浆、混凝土或放置钢筋笼并灌注水泥砂浆。

e. 钢管宜沿隧道开挖轮廓线纵向近水平方向或按纵坡要求设置。

f. 长管棚宜在竖井内实施。必须在隧道内施作时，应预先设置加高段来满足钻机操作空间要求，对掌子面应采用喷射混凝土墙进行封闭处理。

③ 钢格栅（钢拱架）应根据现场条件单独设计制作，以满足管棚施工和受力要求。

④ 钻孔顺序应由高孔位向低孔位进行。钻孔直径应比设计管棚直径大 30~40mm。钻杆方向和角度应符合设计要求。钻孔过程中应注意钻杆角度的变化，并保证钻机不移位。

⑤ 管棚在顶进过程中，应用测斜仪控制上仰角度。顶进完毕后应对每根管进行清孔处理。

⑥ 钢管在安装前应逐孔逐根进行编号，按编号顺序接管推进、不得混接。管棚接头应相互错开。

⑦ 管棚就位后，应按要求进行注浆；钢管内部宜填充水泥砂浆，以增加钢管强度和刚度。注浆应采用分段注浆的方法，浆液能充分填充至围岩内。注浆压力达到设定压力，并稳压 5min 以上，注浆量达到设计注浆量的 80% 时，方可停止注浆。

4. 初期支护施工

浅埋暗挖法初期支护主要包括钢格栅（钢拱架）、钢筋网片、纵向连接筋、喷射混凝土等支护结构。

1）主要材料

（1）喷射混凝土应采用早强混凝土，其强度必须符合设计要求。混凝土配合比应根据试验确定。严禁选用具有碱活性的骨料。可根据工程需要掺用外加剂，速凝剂应根据水泥品种、水胶比等，通过不同掺量的混凝土试验选择最佳掺量，使用前应做凝结时间试验，要求初凝时间不应大于 5min，终凝时间不应大于 10min。

（2）钢筋网材料宜采用 HPB300 钢筋，钢筋直径宜为 6~12mm，网格尺寸宜采用 150~300mm，搭接长度应符合规范要求。钢筋网应与锚杆或其他固定装置连接牢固。

（3）钢格栅（钢拱架）宜选用钢筋、型钢、钢轨等制成，采用钢筋加工而成的钢格栅（钢拱架）其主筋直径不宜小于 18mm。

2）钢格栅（钢拱架）加工及安装

（1）钢格栅（钢拱架）和钢筋网片均应在模具内焊接成型。

（2）钢格栅（钢拱架）、钢筋网片加工制作应符合下列要求：

a. 按照图纸组装焊接钢格栅（钢拱架）各部件，"8"字筋布置应均匀、对称，方向相互错开，"8"字筋间距不得大于 50mm。节点板用连接螺栓紧固。

b. 钢格栅（钢拱架）在模具内初步点焊固定，从模具内对称、均匀取出，按设计要求将钢格栅（钢拱架）冷弯、焊接成型。

c. 钢格栅（钢拱架）组装焊接应从两端均匀对称地进行，以减少应力变形。

d. 钢格栅（钢拱架）主筋和"8"字筋之间、主筋与连接板之间应双面焊连接，焊缝应平顺、饱满、连续，无咬蚀、气孔、夹渣现象；焊接成品的焊缝药皮应清理干净。

e. 钢架主筋应相互平行，偏差应不大于 5mm。连接板应与主筋垂直，偏差不得大于 3mm。

f. 钢筋网片应严格按设计图纸尺寸加工，每点均为四点焊接。

（3）首榀钢格栅（钢拱架）应进行试拼装，并应经建设单位、监理单位、设计单位共同验收合格后方可批量加工。钢格栅（钢拱架）拼装尺寸允许偏差应为 0～+30mm，平面翘曲应不大于 20mm。

（4）钢格栅（钢拱架）、钢筋网片应分类存放、标识，并应采取防锈蚀措施；运输和存放过程中应采取防变形措施。

（5）钢格栅（钢拱架）安装应符合下列要求：

① 钢格栅（钢拱架）安装应符合设计要求，严格控制间距。

② 钢格栅（钢拱架）安装定位后，应紧固外、内侧螺栓。

③ 钢格栅（钢拱架）节点应采用螺栓紧固，采取钢筋帮焊时应与主筋同材质。

（6）钢筋网片应沿钢格栅（钢拱架）内、外侧主筋和纵向连接筋铺设，钢筋网片纵向和环向搭接长度应不小于 1 个网孔尺寸，网片之间及网片与钢格栅（钢拱架）、纵向连接筋之间应绑扎牢固或点焊连接牢固。

（7）纵向连接筋直径、间距以及连接方式应符合设计要求。连接筋应与钢格栅（钢拱架）主筋点焊牢固；沿环向的连接筋应在主筋内、外侧交错布置。

（8）连接筋长度应为钢格栅（钢拱架）间距＋搭接长度；采用双面搭接焊时，搭接长度为 $5d$（d 为搭接钢筋直径）；单面焊的搭接长度为 $10d$（d 为搭接钢筋直径）。焊接质量应符合设计和《钢筋焊接及验收规程》JGJ 18—2012 的相关要求。

（9）钢格栅（钢拱架）安装时，其拱脚不得支设在虚土上，连接板下宜加垫板以减小拱架下沉量；相邻钢格栅（钢拱架）纵向连接应牢固。

（10）在自稳能力较差的土层中安装钢格栅（钢拱架）时，应按设计要求在拱脚处打设锁脚锚管，以防止钢格栅（钢拱架）下沉。

（11）折点处的钢格栅（钢拱架）安装时，应预先进行排列计算并画出钢格栅（钢拱架）排列图，以确保转弯半径要求。

（12）双层隧道钢格栅（钢拱架）的安装应配合中隔板、临时支撑施工，并应保证受力体系转换安全可靠。

（13）钢格栅（钢拱架）架立及安装应符合下列要求：

① 钢格栅（钢拱架）架立的纵向允许偏差应为 ±50mm，横向允许偏差应为 ±30mm，高程允许偏差应为 ±30mm。

② 钢格栅（钢拱架）安装时，节点板栓接就位后应帮焊与主筋同直径的钢筋。单面焊长度不小于 $10d$（d 为主筋直径）。

3）喷射混凝土

（1）喷射混凝土时，应确保喷射机供料连续均匀。作业开始时，应先送风送水，后开机，之后再给料；结束时，应待料喷完后再关机停风。喷射机作业时，喷头处的风压不得小于0.1MPa。喷射作业完毕或因故中断喷射时，应先停风停水，然后将喷射机和输料管内的积料清除干净。

（2）混凝土喷射前应检查喷射机喷头的状况，使其保持良好的工作性能。喷射时，应用高压风清理受喷面、施工缝，剔除疏松部分；喷头与受喷面应垂直，距离宜为0.6～1.0m。

（3）喷射混凝土应分段、分片、分层自下而上依次进行。分层喷射时，后一层喷射应在前一层混凝土终凝后进行。素喷混凝土一次喷射厚度参见表3.4-2。

表3.4-2　素喷混凝土一次喷射厚度

喷射方法	部位	掺速凝剂（mm）	不掺速凝剂（mm）
干拌法	边墙	70～100	50～70
	拱部	50～60	30～40
湿拌法	边墙	80～150	—
	拱部	60～100	—

（4）喷射混凝土时，应先喷钢格栅（钢拱架）与围岩间的混凝土，之后喷射钢格栅（钢拱架）间的混凝土。钢格栅（钢拱架）连接板、墙角等钢筋密集处应适当调整喷射角度，保证混凝土密实。

（5）喷射混凝土应控制水灰比，避免喷射后发生流淌、滑坠现象，并应采取措施减少喷射混凝土材料的回弹损失。严禁使用回弹料。

（6）在遇水的地段进行喷射混凝土作业时，应对渗漏水处理后再喷射，并应从远离漏渗水处开始，逐渐向渗漏处逼近。

（7）在砂层地段进行喷射作业时，应首先紧贴砂层表面铺挂钢筋网，并用钢筋沿环向压紧后再喷射。喷射时，宜先喷一层加大速凝剂掺量的水泥砂浆，并适当减小喷射机的工作风压，待水泥砂浆形成薄壳后方可正式喷射。

（8）钢格栅（钢拱架）、钢筋网片的喷射混凝土保护层厚度应符合设计要求。

（9）喷射混凝土的养护应在终凝2h后进行，养护时间应不小于14d；当环境潮湿有水时，可根据情况调整养护时间。

4）超前小导管注浆技术

详见本书3.4.2中3.的相关内容。

5）锁脚锚管注浆加固

（1）隧道拱脚应采用斜向下20°～30°打入的锁脚锚管锁定。

（2）锁脚锚管应与格栅焊接牢固，打入后应及时注浆。

6）初期支护背后注浆

（1）隧道初期支护封闭后，应及时进行初支背后回填注浆。注浆作业点与掘进工作面宜保持5～10m的距离。

（2）背后回填注浆管在钢格栅（钢拱架）安装时宜埋设于隧道拱顶、两侧起拱线以上的位置，必要时侧墙亦可布设，间距应符合设计要求。注浆管应与格栅拱架主筋焊接或绑扎牢固，管端外露不应小于100mm。

（3）背后回填注浆应合理控制注浆量和注浆压力，当注浆压力和注浆量出现异常时，应分析原因，调整注浆参数。

（4）根据地层变形的控制要求，可在初期支护背后多次进行回填注浆。注浆结束后，宜经雷达等检测手段检测回填效果，并应填写和保存注浆记录。

【案例 3.4-3】

1. 背景

某公司施工项目部承建城市地铁3号标段，包含一段双线区间和一个车站，区间隧道及风道出入口采用暗挖法施工，车站的主体结构采用明挖法施工。区间隧道上方为现况道路，路宽22.5m，道路沿线的地下埋设有雨污水、天然气、电信、热力等管线，另外还有一座公共厕所。隧道埋深15m左右，并在100m左右长度内遇有中风化石灰岩。岩层以上分别为黏土2m、砂卵石5~7m、粉细砂2m、粉质黏土3m、回填土2~2.5m。施工日志记录如下事件：

事件一：设计文件提供的相关地下管线及其他构筑物的资料表明：隧道距所有地下管线的垂直净距都在3.5m以上；经过分析，项目部认为地下管线对暗挖隧道施工的影响不大，但在挖到地面的公共厕所位置时隧道发生塌方。

事件二：隧道基底施工遇有风化岩段，项目部拟采用松动爆破法移除岩石；施工前编制了松动爆破施工专项方案，但在专家评审时被否定，最后采取了机械凿除法施工。

事件三：隧道喷射混凝土施工采用干拌法喷射方式，没有采用投标施工方案中的湿拌法喷射方式，被质量监督部门要求暂停喷射混凝土施工。

事件四：在隧道完成后发现实际长度比工程量清单中长度少1.5m。项目部仍按清单长度计量。当被监理工程师发现后要求项目部扣除1.5m的长度。

2. 问题

（1）事件一中最可能引起塌方的原因是什么？

（2）事件二中专家为什么否定爆破法专项方案？

（3）质量监督部门为什么要求暂停喷射混凝土施工？

（4）事件四，监理工程师要求项目部扣除1.5m的隧道长度的做法是否正确，为什么？

3. 参考答案

（1）从背景分析，引起塌方的可能原因是公共厕所的化粪池渗漏。较旧的污水混凝土管线、方沟、化粪池等渗漏情况比较多，致使隧道顶部土体含水量增大引起塌方，所以要特别引起注意。一般情况地下、地上建筑物比较复杂，参考设计资料是一方面，更重要的是核对资料，现场实地调查。正确的方法是：在开工前，首先核对地质资料，现场调查沿线地下管线、各构筑物及地面建筑物基础等情况，并制定保护措施。

（2）因为背景介绍隧道位于城市现况道路下，上方有多种管线，采用松动爆破法移除风化岩石应充分考虑爆破风险及其后果的影响；采取机械凿除施工风险较低，且容易控制。项目部原拟施工专项方案选择不当，被专家否定是必然的。

（3）干拌法喷射混凝土简单易行，但是工作空间粉尘危害较大。湿拌法喷射混凝土，需要较严格的施工配合，费用较高，却能有效减少粉尘污染，符合施工现场预防职业病消除粉尘危害的要求。质量监督部门要求暂停喷射混凝土施工主要出于以下两点考虑：其一是承包方应按投标文件中的施工方案施工，如果需改变施工方案应按有关规定办理变更手续；其二是采用干拌法射喷混凝土现场施工粉尘较严重，通风换气装置、除尘设备不符合职业卫生要求或有关规定。

（4）监理工程师要求是正确的。根据有关规定：当清单与实际发生的数量不符时，应以实际数量为准，清单中的单价不变。因此计算工程量应按隧道实际长度，扣除1.5m。

5. 防水层施工

浅埋暗挖法施工隧道通常要求工程完工后做到不渗水、不漏水，以保证隧道结构使用功能和运行安全。浅埋暗挖法施工隧道通常采用复合式衬砌设计，衬砌结构是由初期支护、防水层和二次衬砌所组成。复合式衬砌结构示意见图3.4-2。浅埋暗挖法施工隧道的复合式衬砌，以结构自防水为根本，辅加防水层组成防水体系，以变形缝、施工缝、后浇带、穿墙洞、预埋件、桩头等接缝部位混凝土及防水层施工为防水控制的重点。

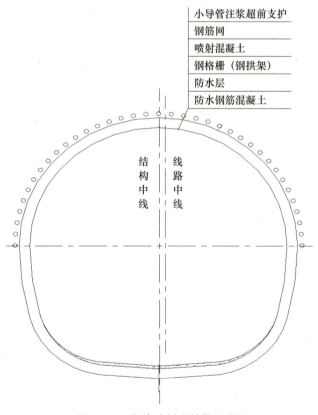

图3.4-2 复合式衬砌结构示意图

（1）塑料防水板防水层宜铺设在复合式衬砌的初期支护和二次衬砌之间，由塑料防水板与缓冲层组成，在初期支护结构趋于稳定后铺设。

（2）铺设塑料防水板前应先铺缓冲层，缓冲层宜采用无纺布或聚乙烯泡沫塑料。缓冲层应用暗钉圈固定在基面上，暗钉圈采用与塑料防水板相容的材料制作，直径不应小于80mm。缓冲层搭接宽度不应小于50mm；铺设塑料防水板时，应边铺边用压焊机将塑料防水板与暗钉圈焊接。

（3）塑料防水板防水层应牢固地固定在基面上，固定点的间距应根据基面平整情况确定，拱部宜为0.5~0.8m、边墙宜为1.0~1.5m、底部宜为1.5~2.0m。局部凹凸较大时，应在凹处加密固定点。

（4）两幅塑料防水板的搭接宽度不应小于100mm，下部塑料防水板应压住上部塑料防水板。接缝焊接时，塑料防水板的搭接层数不得超过3层。

（5）塑料防水板的搭接缝应采用双焊缝，每条焊缝的有效宽度不应小于10mm。

（6）塑料防水板铺设时宜设置分区预埋注浆系统。

（7）分段设置塑料防水板防水层时，两端应采取封闭措施。

6. 二次衬砌施工

二次衬砌混凝土浇筑可采用组合钢模板或模板台车模板体系，施工前应编制专项方案。

混凝土浇筑采用泵送模筑，两侧边墙采用插入式振动器振捣，底部采用附着式振动器振捣。混凝土浇筑应连续进行，两侧对称、水平浇筑，不得出现水平和倾斜接缝。

二次衬砌施工完成后应进行二次衬砌背后回填注浆施工，注浆应密实，可采用雷达探测进行空洞检测。

3.5 钻爆法隧道施工

3.5.1 钻爆法施工原理

钻爆法是通过钻孔、装药、爆破开挖岩石的隧道施工方法。这一方法从早期的人工手把钢钎、锤击凿孔，用火雷管逐个引爆单个药包，发展到现在用凿岩台车或多臂钻车钻孔，应用毫秒爆破、预裂爆破及光面爆破等爆破技术。施工前，要根据地质条件、断面大小、支护方式、工期要求以及施工设备、技术等条件，选定掘进方式。掘进方式一般有全断面掘进法、导洞法、分部开挖法。

（1）全断面掘进法，整个开挖断面一次钻孔爆破，开挖成型，全面推进。在隧洞高度较大时，也可分为上下两部分，形成台阶，同步爆破，并行掘进。在地质条件和施工条件许可时，优先采用全断面掘进法。

（2）导洞法，先开挖断面的一部分作为导洞，再逐次扩大开挖隧洞的整个断面。这是在隧洞断面较大，且由于地质条件或施工条件，采用全断面开挖有困难时，以中小型机械为主的一种施工方法。导洞断面不宜过大，以能适应机械装渣、出渣车辆运输、风水管路安装和施工安全为度。导洞可增加开挖爆破时的自由面，有利于探明隧洞的地质和水文地质情况，并为洞内通风和排水创造条件。根据地质条件、地下水情况、隧洞长度和施工条件，确定采用下导洞、上导洞或中心导洞等。导洞开挖后，扩挖可以在导洞全长挖完之后进行，也可以和导洞开挖平行作业。

（3）分部开挖法，在围岩稳定性较差，一般需要支护的情况下，开挖大断面的隧洞时，可先开挖一部分断面，及时做好支护，然后再逐次扩大开挖。用钻爆法开挖隧洞，通常从第一序钻孔开始，经过装药、爆破、通风散烟、出渣等工序，到开始第二序钻孔，作为一个隧洞开挖作业循环。尽量设法压缩作业循环时间，以加快掘进速度。

钻爆法施工工艺流程如图 3.5-1 所示。

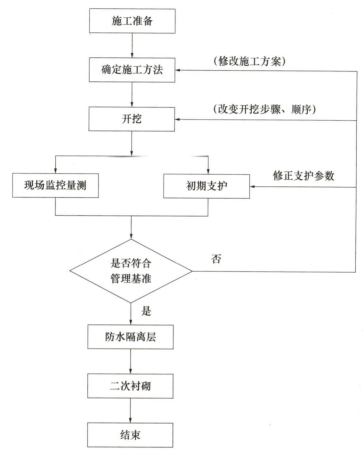

图 3.5-1　钻爆法施工工艺流程图

3.5.2　钻爆法施工技术

1. 超前地质预报

隧道超前地质预报，是指利用钻探和现代物探等手段，探测隧道等地下工程的岩土体开挖面前方地质情况，使得施工前能够掌握前方岩土体结构、性质，地下水及瓦斯等的赋存情况以及地应力等信息，为进一步施工提供指导，以避免施工及运营过程中发生涌水、瓦斯突出、岩爆、大变形等地质灾害，从而保证施工安全、顺利进行。

1）隧道超前地质预报的目的

（1）进一步查清隧道工作面前方工程地质和水文地质条件，指导工程施工顺利进行。

（2）降低地质灾害发生的概率和危害程度。

(3) 为优化工程设计提供依据。
(4) 为编制竣工文件提供基础资料。

2) 隧道超前地质预报的内容

隧道超前地质预报主要内容见表 3.5-1。

表 3.5-1 隧道超前地质预报的主要内容

序号	项目	重点
1	地层岩性预报	软弱夹层、破碎地层、煤层及特殊岩土
2	地质构造预测预报	断层、节理密集带、褶皱轴等影响岩体完整性的构造发育情况
3	不良地质预测预报	岩溶、人为坑洞、瓦斯等发育情况
4	地下水预测预报	岩溶管道水及富水断层、富水褶皱轴、富水地层中的裂隙水等发育情况

3) 隧道超前地质预报长度划分

按预报长度,隧道超前地质预报可以分为 3 种类型,见表 3.5-2。

表 3.5-2 隧道超前地质预报长度划分及预报方法选择

序号	类型	预报长度	可选预报方法
1	长距离预报	100m 以上	地质调查法、地震波反射法及 100m 以上的超前钻探等
2	中距离预报	30～100m	地质调查法、弹性波反射法及 30～100m 的超前钻探等
3	短距离预报	30m 以内	地质调查法、电磁波反射法(地质雷达探测)及小于 30m 的超前钻探等

4) 超前地质预报的方法

隧道超前地质预报可以采用地质调查法、超前钻探法、物探法、超前导坑预报法和综合超前地质预报方法。

(1) 地质调查法

地质调查法包括隧道地表补充地质调查和隧道内地质素描:

① 隧道地表补充地质调查是在研究区域地质及已有勘察资料的基础上,对隧道所处区域的地质条件进行的进一步调查与核实,贯穿于整个施工期间。当施工中遇到重大地质异常时,为了进行地下与地面对照,也需要进行地表补充地质调查。

② 隧道内地质素描是将隧道所揭露的地层岩性、地质构造、结构面产状、地下水出露点位置及出水状态和出水量、煤层、溶洞等准确记录下来并绘制成图表,包括开挖面地质素描和洞身地质素描。

(2) 超前钻探法

超前钻探是在隧道开挖面或其侧洞沿开挖前进方向施作超前地质钻孔,以探明开挖工作面前方地质条件。超前钻探包括超前地质钻探和加深炮孔探测两种方法:超前地质钻探是利用钻机在隧道开挖工作面进行钻探获取地质信息的一种超前地质预报方法;加深炮孔探测是利用风钻或凿岩台车等在隧道内开挖工作面钻小孔径浅孔获取地质信息的一种方法。

（3）物探法

物理勘探（简称物探）是利用物理学的原理、方法和专门的仪器，观测并综合分析天然或人工地球物理场的分布特性，探测地质体或地质构造形态的勘探方法。根据所采用的原理分类，目前常用的物探技术原理主要包括声波法、电测法、电磁波反射法、地震波反射法和红外探测法等。采用物探技术进行超前地质预报的优点是快速、超前探测距离大、对施工干扰相对小、可以多种技术组合应用。但是物探法的应用受环境及经验的影响，准确解译物探资料具有一定的技术难度。

（4）超前导坑预报法

超前导坑预报法是以超前导坑中揭示的地质情况，通过地质理论和作图法预报正洞地质条件的方法。超前导坑法可以分为平行超前导坑法和正洞超前导坑法。平行超前导坑法是在隧道正洞左边或右边一定距离开挖一个平行的断面较小的导坑，以导坑中的地质情况通过地质理论和作图法预报正洞地质条件的方法；正洞超前导坑法是在隧道正洞某个部位开挖一个断面较小的导坑以探明地质情况的方法。线间距较小的两座隧道可互为平行导坑，以先行开挖的隧道预报后开挖的隧道地质条件。

（5）综合超前地质预报方法

采用综合分析法对隧道开展超前地质预报工作遵循的原则为"以地质分析为核心，综合物探与地质分析结合，洞内外结合，长短预测结合，物性参数互补"：

① "以地质分析为核心"是指以地面和开挖面地质调查为主要手段（必要时开展超前钻孔），并将地质分析作为超前预报的核心，贯穿于整个预报工作的始终。

② "综合物探与地质分析结合"是指在开展隧道地震波法（TSP）、地质雷达、瞬变电磁法等综合物探工作的同时，必须将物探解译与地质分析紧密结合。

③ "洞内外结合"是指洞内、洞外预报相结合，并以洞内预报为主，如地面地质调查是洞外预报，开挖面素描、超前钻探和各种物探方法是洞内预报。

④ "长短预测结合"是指在长距离预报的指导下，进行短距离精确预报。如地面地质调查和隧道地震波法（TSP）是长距离预报；开挖面素描、地质雷达、超前钻探等是短距离预报。

⑤ "物性参数互补"是指选取的物探预报方法其预报物性参数应相互补充配合。隧道地震波法（TSP）、地质雷达、瞬变电磁法、隧道电法预报（BEAM）等物探方法不一定同时同等使用，应在地质分析的基础上，考虑"长短预测结合"等综合预报原则和物探方法适宜性，选取适宜的方法进行预报。

2. 钻爆施工

钻爆施工包括钻孔、装药、堵塞和爆破后可能出现的问题处理等。隧道爆破通常都要求每一循环进尺尽可能大，但在很多情况下，往往会碰到由于过高估计爆破效果而带来的一些困难，因此在施工设计中，不但要了解实际掘进速度的可能性，而且还要研究开挖方法。

1）钻孔

目前，在隧道开挖爆破过程中，广泛采用的钻孔设备为凿岩机和钻孔台车。为保证达到良好的爆破效果，施钻前应由专门人员根据设计布孔图现场布设，必须标出掏槽孔和周边孔的位置，严格按照炮孔的设计位置、深度、角度和孔径进行施钻。如出现偏差，由现场施工技术人员确定其取舍，必要时应废弃重钻。

2）装药

在炸药装入炮孔前，应将炮孔内的残渣、积水排除干净，并仔细检查炮孔的位置、深度、角度是否满足设计要求，装药时应严格按照设计的炸药量进行装填。隧道爆破中常采用的装药结构有连续装药、间隔装药及不耦合装药等。连续装药结构按照雷管所在位置不同又可分为正向起爆和反向起爆两种形式，如图3.5-2所示。

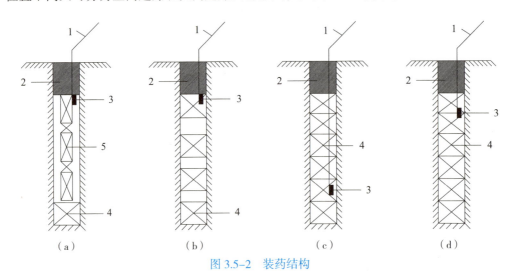

图 3.5-2 装药结构
1—引线；2—炮泥；3—雷管；4—药卷；5—小直径药卷
（a）不耦合装药；（b）间隔装药；（c）反向起爆装药；（d）正向起爆装药

实践表明，反向起爆有利于克服岩石的挟制作用，能提高炮孔利用率，减小岩石破碎块度，爆破效果较正向起爆好。但反向起爆较早装入起爆药卷，会影响后续装药质量，在有水的情况下，起爆药卷易受潮拒爆，还易损伤起爆引线，机械化装药时易产生静电早爆。

隧道周边孔一般采用小直径药卷连续装药结构或普通药卷间隔装药结构。当岩石很软时，也可用导爆索装药结构，即用导爆索取代炸药药卷进行装药。孔深小于2m时，也可采用空气柱装药结构。

3）堵塞及起爆

隧道内所用的炮孔堵塞材料一般为砂子和黏土的混合物，其比例为砂子40%～50%，黏土50%～60%，堵塞长度视炮孔直径而定。当炮孔直径为ϕ25mm和ϕ50mm时，堵塞长度不能小于18cm和45cm。堵塞长度也和最小抵抗线有关，通常不能小于最小抵抗线。堵塞可采用分层捣实法进行。

起爆网络是隧道爆破成败的关键，它直接影响爆破效果和爆破质量，起爆网络必须保证每个药卷按设计的起爆顺序和时间起爆。目前，在无瓦斯与煤尘爆炸危险的隧道中进行爆破开挖多采用导爆管起爆系统起爆。

4）起爆顺序及时差

（1）除预裂爆破的周边孔是最先起爆外，在一个开挖断面上，起爆顺序是由内向外逐层起爆。这种起爆顺序可以用迟发雷管的不同延期时间（段别）来实现。

(2)试验和研究表明,各层(卷)炮之间的起爆时差越小,则爆破效果越好。常采用的时差为40~200ms,称为微差爆破。

(3)内圈炮孔先起爆,外圈炮孔后起爆,这个顺序不能颠倒,否则爆破效果会大受影响,甚至完全失败。为了保证起爆顺序,实际中常跳段选用毫秒雷管。但应注意,在深孔爆破时,要将掏槽炮与辅助炮之间的时差稍加大,以保证掏槽炮在此时差内将石渣抛出槽口,防止槽口淤塞,为爆辅助炮提供有效的临空面。

(4)同圈孔必须同时起爆,尤其是掏槽孔和周边孔,以保证同圈孔的共同作用效果。

(5)延期时间可以由孔内控制或孔外控制。孔内控制是将迟发雷管装入孔内的药卷中来实现微差爆破。这是常用的方法,但装药要求严格,一旦有差错就会影响爆破效果。孔外控制是将迟发雷管装在孔外,在孔内药卷中装入即发雷管以实现微差爆破。这样便于装药后进行系统检查(段数)。但先爆雷管可能会炸断其他管线,造成盲炮,影响爆破效果。由于毫秒雷管段数较多以及延期时间精度提升,现多采用孔内控制微差爆破,而较少采用孔外控制,如图3.5-3、图3.5-4所示。此外,当一次爆破炮孔数量较多,雷管段数不够用时,可采用孔内、孔外混合及串联、并联混合网络。

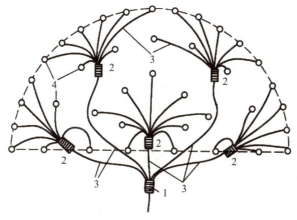

图3.5-3 导爆管—非电雷管起爆网络之一
1—总集束;2—分支集束;3—导爆管;4—炮孔

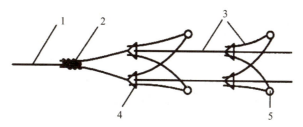

图3.5-4 导爆管—非电雷管起爆网络之二
1—导爆索;2—雷管和胶布;3—导爆管;4—连接块;5—炮孔

5)盲炮的预防和处理

放炮时,炮孔内预期发生爆炸的炸药因故未发生爆炸的现象称为盲炮。炸药雷管或其他火工品不能被引爆的现象称为拒爆。

(1) 盲炮产生的原因

① 火雷管拒爆产生盲炮。

② 电力起爆产生盲炮。

③ 导爆索起爆产生盲炮。

④ 导爆管起爆系统拒爆产生盲炮。

(2) 盲炮的预防

① 爆破器材要妥善保管，严格检查，禁止使用技术性能不符合要求的爆破器材。

② 同一串联支路上使用的电雷管，其电阻差不应大于 0.8Ω，重要工程不超过 0.3Ω。

③ 不同燃速的导火索应分批使用。

④ 提高爆破设计质量。设计内容包括炮孔布置、起爆方式、延期时间、网路敷设、起爆电流、网路检查等。对于重要爆破，必要时须进行网路模拟试验。

⑤ 改善爆破操作技术，保证施工质量。火雷管起爆要保证导火索与雷管紧密连接，雷管与药包不能脱离；电力起爆要防止漏接、错接和折断脚线，网路接地电阻不得小于 0.1MΩ，并常检查开关和线路接头是否处于良好状态。

⑥ 在有水的工作面或水下爆破时，应采取可靠的防水措施，避免爆破器材受潮。

(3) 盲炮的处理

① 浅孔爆破盲炮处理：

a. 经检查确认炮孔的起爆线路完好时，可重新起爆。

b. 打平行孔装药爆破。平行孔距盲炮孔口不得小于 0.3m。为确定平行孔的方向，允许从盲炮口取出长度小于 20cm 的填塞物。

c. 用木制、竹制或其他不发生火星的材料制成的工具，轻轻地将炮孔内大部分填塞物掏出，用聚能药包诱爆。

d. 在安全距离外用远距离操纵的风水管吹出盲炮填塞物及炸药，但必须采取措施，回收雷管。

e. 盲炮应在当班处理。当班不能处理或未处理完毕，应将盲炮情况（盲炮数量、炮孔方向、装药数量和起爆药包位置、处理方法和处理意见）在现场交接清楚，由下一班继续处理。

② 深孔爆破盲炮处理：

a. 爆破网路未受破坏且最小抵抗线无变化者，可重新连线起爆；最小抵抗线有变化者，应验算安全距离，并加大警戒范围后连线起爆。

b. 在距盲炮口不小于 10 倍炮孔直径处另打平行孔装药起爆。爆破参数由爆破工作领导人确定。

c. 所用炸药为非抗水硝铵类炸药且孔壁完好者，可取出部分填塞物，向孔内灌水使之失效，然后进一步处理。

6）超欠挖问题

(1) 隧道允许超欠挖值

隧道的允许超欠挖值应符合表 3.5-3 的要求。

隧道不应欠挖，当围岩完整、石质坚硬时，允许围岩个别突出部分（每 $1m^2$ 不大于 $0.1m^2$）侵入衬砌。对整体式衬砌，侵入值应小于 1/3，并小于 10cm；对喷锚衬砌不应大于 5cm；拱脚和墙脚以上 1m 范围内严禁欠挖。

表 3.5-3　隧道允许超欠挖值（cm）

开挖部位	围岩级别		
	Ⅰ	Ⅱ～Ⅳ	Ⅴ～Ⅵ
拱部	平均 10	平均 15	平均 10
	最大 20	最大 25	最大 15
边墙、仰拱、隧底	平均 10	平均 10	平均 10

（2）超欠挖的原因

① 地质条件：岩性（主要包括岩石物理、力学特性等）、岩石结构（主要包括岩石成因演变过程特性，如节理裂隙等）——如果隧道方向垂直于岩层走向，则破裂是整体的，超挖一般较少；当平行岩层走向时，则超挖较多。如遇软弱围岩或完整性差的地质情况，更易产生超挖。

② 钻孔设备：大型钻机钻臂外插角构造及设备自动化程度——凿岩台车外插角大和钻孔深必然导致超挖量大，凿岩设备自动化程度低也会影响凿岩定位及钻进深度，从而产生向外或向上的超挖偏差。

③ 炸药品种及装药结构：炸药与岩石波抗阻不相匹配（即炸药猛度过大对炮孔壁产生过量破坏），装药结构（或线装药密度）不合理也常常会造成对炮孔壁底局部或整体超爆破坏。

④ 爆破设计不当：周边孔布置及周边孔间距设计不当。

⑤ 施工操作：不放轮廓线、不准确放轮廓线、错误布置轮廓线和钻孔位置；施钻人员技术不精，钻孔定位或钻进角度偏差控制不好，少打孔或者试图缩短钻孔时间，擅自减少钻孔深度，采用过多装药量；手持风钻施钻时工作平台高度不够从而使钻孔向上偏斜过大等。

（3）防止或减少超欠挖的措施

针对上述产生超欠挖的原因，实际中可采取以下技术和管理措施：

① 优化每循环进尺，尽可能将钻孔深度设计在 4m 以内。
② 选择与岩石波阻抗相匹配的炸药品种。
③ 利用空孔导向，或在有条件时采用异型钻头钻凿有翼形缺口的炮孔。
④ 利用装药不耦合系数或相应的间隔装药方式。
⑤ 提高施工人员素质，加强岗位责任制。

3. 隧道掘进爆破

钻爆法施工的隧道开挖方法，主要包括：掏槽爆破的炮孔布置形式、特点与参数确定方法，崩落爆破的参数计算，掘进工作面的爆破参数及其确定方法，掘进工作面炮孔布置原则和方法，爆破钻孔施工技术要点，工作面爆破图表的内容与编制方法，隧道掘进快速光面爆破施工技术要点，立井施工爆破技术。

在隧道掘进中，常采用周边爆破，又称为轮廓爆破，主要形式是光面爆破。在目前的隧道掘进中，光面爆破已全面推广，并成为一种标准的施工方法。周边爆破是控制爆破中的一种，目的是使爆破后设计开挖轮廓线形状规整，符合设计要求，具有光滑表面，更重要的是爆破轮廓线以外的岩石受到的破坏小，使岩石保持原有的强度和稳定性。

周边爆破主要有光面爆破和预裂爆破，但光面爆破多用于隧道掘进和各类矿山巷道掘进，预裂爆破则多用于地面的路堑等边坡开挖中。由于使用条件不同，它们在设计内容和施工要求方面存在着一定的区别。

周边爆破的参数确定主要是：炮孔装药量、炮孔间距、最小抵抗线。

1）光面爆破的设计与施工

（1）光面爆破的设计

① 收集基本资料，包括隧道或巷道开挖断面的大小、一次循环的进尺、岩石的种类、构造发育程度及岩石物理力学性质等方面的资料。

② 确定光面爆破的施工顺序，是全断面开挖，还是采用预留光爆层的分次开挖，预留光爆层的情况。

③ 选择合理的光面爆破参数，包括炮孔间距、线装药密度和周边孔抵抗线等。

④ 确定炮孔的装药结构。

⑤ 确定起爆方法及网路的连接形式。

（2）光面爆破施工

① 所有周边孔应彼此平行，并且其深度一般不应比其他炮孔大。

② 各炮孔均应垂直于工作面。实际施工中，周边孔不可能都与工作面垂直，根据炮孔深度向外倾斜角一般取 3°～5°。

③ 如果工作面不齐，应按实际情况调整炮孔深度和装药量，力求所有炮孔底落在同一个断面上。

④ 开孔位置要准确，偏差值不大于 30mm。周边孔开孔位置均应位于井巷或隧道断面的轮廓线上，不允许有偏向轮廓线内的误差。

2）预裂爆破的设计与施工

（1）预裂爆破的设计

预裂爆破多用于地面开挖的台阶爆破，其设计一般应包括：

① 开挖轮廓设计的基本情况。

② 爆破岩石的基本情况。

③ 炸药性能。

④ 确定钻孔直径。

⑤ 确定炮孔间距。

⑥ 计算药量。

⑦ 确定装药结构。

⑧ 确定起爆网路。

（2）预裂爆破施工

预裂爆破施工步序如下所示：

施工准备（施工准备工作包括场地平整、测量放样，以及其他常规的准备工作）→钻孔→药包加工→装药、堵塞和起爆。

为了控制隧道爆破中的超挖、欠挖，以及减少对围岩的扰动，常采用光面爆破和预裂爆破进行周边孔的爆破。

一般认为，普通周边爆破存在以下不足：

① 炮孔间距小，增大了钻孔工作量，增加了起爆器材消耗量。

② 在裂隙发育岩层中，很少能形成光滑的壁面，不可避免地出现超挖，对围岩造成损伤、破坏。

③ 由于超挖，增加了出渣工作量，增加了支护材料用量。

为了减少或避免爆破超挖以及更有效地保护围岩，工程中发展了岩石定向断裂爆破技术。岩石定向断裂爆破采用特殊方法，在周边炮孔之间的连线方向上首先形成初始裂纹，为炮孔间爆破贯通裂纹的形成定向。然后，初始定向裂纹在炮孔内爆炸荷载作用下扩展，形成孔间贯通裂纹，从而提升周边断裂面的光滑程度。岩石定向断裂爆破主要有3类：切槽孔岩石定向断裂爆破；聚能药包岩石定向断裂爆破；切缝药包岩石定向断裂爆破。

4. 机械开挖

（1）土质围岩应采用机械开挖。软弱破碎围岩宜优先采用机械开挖。

（2）机械开挖应根据隧道结构特点、围岩特性和掌子面稳定情况、断面大小、开挖和支护出渣效率、动力提供条件和工期要求、场地条件及经济性等因素，选择合适的机械、开挖方法、开挖参数。

（3）机械开挖应及时施作初期支护。

5. 装渣、运渣与弃渣

（1）出渣运输方式宜采用汽车无轨运输方式。通风、掉头、会车、爬坡困难时，可选用有轨运输、皮带运输或混合运输方式。

（2）出渣运输设备的选型配套应保证机械设备充分发挥其功能，并使出渣能力运输能力与开挖能力相适应。装渣设备装渣能力与开挖土石方量及运输车辆的容量相适应。装渣机械具有移动、装卸方便、污染小的特点。

（3）装渣前及装渣过程中，应观察开挖面围岩的稳定情况。发现有松动岩石或塌方征兆时，应先处理后装渣。

（4）弃渣场的支挡结构、坡面防护、排水沟、截水沟等的结构形式及尺寸满足设计要求。沉降缝、泄水孔和反滤层的位置、数量满足设计要求。

6. 支护与衬砌

（1）支护与衬砌的强度、形状和尺寸能保持围岩稳定、满足设计要求。

（2）隧道喷锚支护应紧随开挖及时施作。

（3）隧道衬砌中线、高程应满足设计要求，施工误差不得导致衬砌结构厚度减薄、侵入隧道设计内轮廓线。

（4）隧道衬砌施工应结合超前地质预报和现场监测结果，与设计配合对支护结构和开挖、支护方式进行合理调整。

（5）喷射混凝土施工宜采用湿喷工艺。

（6）在设有系统锚杆的地段，系统锚杆宜在下一循环开挖前完成。锁脚锚管在钢架安装就位后立即施作。

（7）钢筋网铺设在初喷混凝土后进行。钢筋网每个交点和搭接段均应绑扎或焊接。

钢筋网与锚杆或其他固定装置联结牢固,在喷射混凝土时不晃动。

(8)钢架分节段制作,每节段长度应根据设计尺寸和开挖方法确定,钢架节段两端焊接连接钢板,连接钢板平面应与钢架轴线垂直。钢架在初喷混凝土后安装。

(9)模板台车及拼装式模板支架设计满足混凝土浇筑过程中的强度、刚度和稳定性要求。拱、墙混凝土应一次连续浇筑,不得采用先拱后墙浇筑。模筑混凝土衬砌按设计要求设置沉降缝和伸缩缝。混凝土应从两侧边墙向拱顶、由下向上依次分层对称浇筑,两侧混凝土浇筑面高差不应大于1.0m,同一侧混凝土浇筑面高差不应大于0.5m。混凝土衬砌应连续浇筑。

(10)仰拱初期支护应随开挖及时施作。仰拱初期支护喷射混凝土不得与仰拱混凝土衬砌一次浇筑。仰拱混凝土衬砌先于拱墙混凝土衬砌施工,超前距离根据围岩级别、施工机械作业环境要求确定,仰拱混凝土衬砌与拱墙混凝土衬砌连接面规整、密实。

3.6 盾构法隧道施工

3.6.1 盾构机选型、施工条件与现场布置

1. 盾构机选型

目前常用的盾构机类型分为土压平衡式和泥水平衡式两种。

按盾构的断面形状划分,有圆形和异型盾构两类,其中异型盾构主要有多圆形、马蹄形、类矩形和矩形,目前在国内轨道交通建设中,已有矩形和类矩形盾构应用。

2. 盾构选型依据与原则

盾构选型与配置应适用、可靠、先进、经济,配置应包括刀盘、推进千斤顶、主驱动系统管片拼装机、螺旋输送机、铰接装置、泥水循环系统或渣土改良系统、注浆系统等。

1)选型依据

盾构选型依据应包括下列内容:

(1)工程地质和水文地质勘察报告。
(2)隧道线路及结构设计文件。
(3)断面大小。
(4)施工安全、工程环境风险因素、场地条件、环保要求。
(5)施工环境及其保护要求。
(6)工期条件。
(7)辅助施工方法。
(8)类似工程施工经验。

2)选型的基本原则

(1)适用性原则

盾构的断面形状与外形尺寸适用于隧道断面形状与外形尺寸,种类与性能要适用工程地质与水文地质条件、隧道埋深、地下障碍物、地下构筑物与地面建筑物安全需要、地表隆沉要求等使用条件。若所选盾构不能充分满足上述使用条件,应增加相应的辅助工法,如压气工法、注浆工法等。由于盾构具有较长使用寿命,可用于多项施工工

程，因此应根据使用寿命期内预计的常用使用条件或最不利使用条件选型，以便具有较广泛的适用性。

（2）技术先进性原则

选择技术先进的盾构，一方面可以更好地适应建设单位当前及今后的工程施工要求，提升施工单位的市场竞争力；另一方面在合理使用寿命期内保持技术先进性，从而更加安全、高效的施工。

（3）经济合理性原则

经济合理性是指所选择的盾构及其辅助工法用于工程项目施工，在满足施工安全、质量标准、环境保护要求和工期要求的前提下，其综合施工成本合理。

（4）盾构选型考虑的其他因素

盾构选型除了上面的原则外，在具体实施时，还需要解决理论的合理性与实际的可能性之间的矛盾，且必须考虑环保、地质和安全因素。

3. 盾构法施工条件与现场布置

施工准备：

（1）前期调查

① 施工前，应对施工地段的工程地质和水文地质情况进行调查，必要时应补充地质勘察。

② 对工程影响范围内的地面建（构）筑物应进行现场踏勘和调查，对需加固或基础托换的建（构）筑物应进行详细调查，必要时应进行鉴定，并应提前作好施工方案。

③ 对工程影响范围内的地下障碍物、地下构筑物及地下管线等应进行调查，必要时应进行探查。

④ 根据工程所在地的环境保护要求，应进行工程环境调查。

⑤ 盾构设备用电引入条件调查。

（2）技术准备

隧道施工前，应具备下列资料：

① 工程地质和水文地质勘察报告。

② 隧道沿线环境、建（构）筑物、地下管线和障碍物等的调查情况。

③ 施工所需的设计图纸资料和工程技术要求文件。

④ 工程施工有关合同文件。

⑤ 施工组织设计。

⑥ 拟使用盾构的相关资料。

（3）工作井位置和施工方法选择

采用盾构法施工时，一般需在盾构掘进的始端和终端设置工作井，按工作井的用途，分为盾构始发工作井和接收工作井，而在竣工后多被用作地铁车站、排水、通风等永久性结构。

（4）工作井断面尺寸

确定始发工作井平面尺寸应根据盾构安装的施工要求来确定。井壁上设有盾构始发洞口，井内设有盾构基座和反力架。接收工作井的平面内净尺寸应满足盾构接收、解体和调头的要求。

(5)掘进前准备

盾构设备组装调试完成，开始掘进施工前，应完成下列工作：

① 复核各工作井井位里程及坐标、洞门钢环制作精度和安装后的高程与坐标。

② 盾构基座、负环管片和反力架等设施及定向测量数据的检查验收。

③ 管片及辅助材料储备。

④ 盾构掘进施工的各类报表。

⑤ 洞口土体加固和洞门密封止水装置检查验收。

盾构施工需进行场地布置和修建各种临时工程，临时工程施工及部署应严格遵守业主及所在地相关管理机构下达的各种文件，并遵循整洁、美观、适用、经济的原则，切实做好场地围蔽、场地排水、场区硬化及生活、生产用电、用水等工作。

(6)盾构施工场地临时工程

盾构施工场地临时工程主要有：

① 临时房屋（含材料库、配件库、调度室等）。

② 材料加工场地。

③ 耗材堆放场地。

④ 管片堆放场地。

⑤ 门式起重机（含相应起重机行走轨地梁）。

⑥ 弃渣场（渣土处理系统）。

⑦ 场地施工便道。

⑧ 泥（砂）浆制备和储存场地。

⑨ 充电区。

⑩ 盾构仓库。

⑪ 设备检修区。

⑫ 周转材料堆放区。

⑬ 水电系统。

⑭ 排水系统。

⑮ 消防系统等。

3.6.2 盾构法施工技术

盾构施工一般分为始发、正常掘进和接收三个阶段。

1. 盾构法施工步序

（1）在盾构法隧道的始发端和接收端各建一个工作（竖）井。

（2）盾构机在始发端工作井内安装就位。

（3）依靠盾构机千斤顶推力（作用在已拼装好的衬砌环和反力架上）将盾构机从始发工作井的墙壁预留洞门推出。

（4）盾构机在地层中沿着设计轴线推进，在推进的同时不断出土和安装衬砌管片。

（5）及时向衬砌背后的空隙注浆，防止地层移动和固定衬砌环位置。

（6）盾构机进入接收工作井并被拆除，完成掘进工作。如施工需要，也可穿越工作井再向前推进。

2. 对管片的技术要求

盾构法隧道采用的管片是工厂预制构件，在盾构盾尾拼装成衬砌环形成隧道结构。目前通常采用的管片类型有三种：

（1）标准环＋左右转弯环组合。直线地段除施工纠偏外，采用标准衬砌环；曲线地段可通过标准衬砌环与左、右转弯衬砌环组合使用以模拟曲线。该方法施工方便，操作简单。国内通常采用这种方式，有丰富的设计及施工经验。

（2）通用型管片。通用管片为只采用一种类型的楔形管片衬砌环，盾构掘进时按照盾构机内环向千斤顶传感器的信息及线路线形设计的要求，根据曲线拟合确定下一环衬砌绕管片中心线转动的角度，以达到设计线路和纠偏的目的，使线路的偏移量在规定的范围内。

3. 盾构始发施工技术要点

盾构始发施工工艺流程：

盾构法隧道施工中，洞门土体加固是盾构始发、到达技术的一个重要组成部分。盾构始发是指利用反力架和负环管片，将始发基座上的盾构，由始发工作井推入地层，开始沿设计线路掘进的一系列作业。盾构始发是盾构施工的关键环节之一，其主要内容包括：始发前工作井端头的地层加固、安装盾构始发基座、盾构组装及试运转、安装反力架、凿除洞门临时墙和围护结构（或盾构直接磨除）、安装洞门密封、盾构姿态复核、拼装负环管片、盾构贯入作业面建立土压（针对土压平衡盾构施工）和试掘进等。盾构始发流程见图3.6-1。

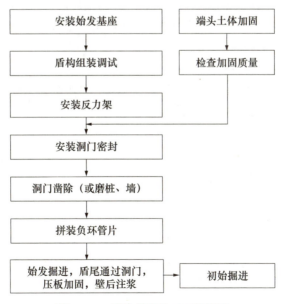

图 3.6-1 盾构始发施工工艺流程

4. 盾构接收施工技术要点

1）盾构接收施工流程

盾构接收一般按下列程序进行：洞门凿除→接收基座的安装与固定→洞门密封安装→到达段掘进→盾构接收，如图3.6-2所示。

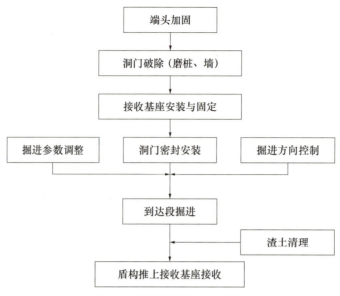

图 3.6-2 盾构接收施工工艺流程

2）接收施工要点

（1）盾构接收可分为常规接收、钢套筒接收和水（土）中接收。

（2）盾构接收前，应对洞口段土体进行质量检查，合格后方可接收掘进。

（3）当盾构到达距接收工作井 100m 时，应对盾构姿态进行测量和调整。

（4）当盾构到达距接收工作井 10m 内，应控制掘进速度和土仓压力等。

（5）当盾构到达接收工作井时，应使管片环缝挤压密实，确保密封防水效果。

（6）盾构主机进入接收工作井后，应及时密封管片环与洞门间隙。

5. 土压平衡盾构掘进施工要点

（1）设定合理的土仓压力并保持土仓压力稳定。开挖渣土应充满土仓，渣土形成的土仓压力应与刀盘开挖面外的水土压力平衡，并应使排土量与开挖土量相平衡。

（2）应根据隧道工程地质和水文地质条件、埋深、线路平面与坡度、地表环境、施工监测结果、盾构姿态以及始发阶段的经验，设定盾构刀盘转速、掘进速度和土仓压力等掘进参数。

（3）掘进中应监测和记录盾构运转情况、掘进参数变化和排出渣土状况，并应及时分析反馈，调整掘进参数和控制盾构姿态。

（4）应根据工程地质和水文地质条件，实时向刀盘前方及土仓注入改良剂改良渣土状态。

6. 泥水平衡盾构掘进施工要点

泥水平衡盾构掘进过程中，一边用泥浆维持开挖面的稳定，一边用机械开挖方式来开挖。渣土由泥浆输送到地面。

（1）泥浆压力与开挖面的水土压力应保持平衡，排出渣土量与开挖渣土量应保持平衡，并应根据掘进状况进行调整和控制。应根据工程地质条件，经试验确定泥浆参数，掘进中对泥浆性能进行检测，并实施动态管理。

（2）泥水管路延伸和更换，应在泥水管路完全卸压后进行。

（3）泥水分离设备应满足地层粒径分离要求，处理能力应满足最大排渣量的要求，渣土的存放和运输应符合环境保护要求。

7. 管片拼装

1）拼装方法

（1）管片选型

应根据设计要求，选择管片类型、排板方法、拼装方式和拼装位置；当在曲线地段或需纠偏时，管片类型和拼装位置的选择应根据隧道设计轴线和上一环管片姿态、盾构姿态、盾尾间隙、推进油缸行程差和铰接油缸行程差等参数综合确定。

（2）拼装顺序

一般从下部的标准（A型）管片开始，依次左右两侧交替安装标准管片，然后拼装邻接（B型）管片，最后安装楔形（K型）管片。

（3）盾构千斤顶操作

拼装时，禁止盾构千斤顶同时全部缩回，否则在开挖面土压的作用下盾构会后退，开挖面将异常不稳定（开挖面土压损失，并失去平衡），管片拼装空间也将难以保证。因此，随管片拼装顺序分别缩回该位置的盾构千斤顶非常重要。

（4）紧固连接螺栓

先紧固环向（管片之间）连接螺栓，后紧固轴向（环与环之间）连接螺栓。采用扭矩扳手紧固，紧固力取决于螺栓的直径与强度。

（5）楔形管片安装方法

楔形管片安装在邻接管片之间，为了不发生管片损伤、密封条剥离，必须充分注意正确地插入楔形管片。为方便插入楔形管片，可装备能将邻接管片沿径向向外顶出的千斤顶，以增大插入空间。拼装径向插入型楔形管片时，先径向重叠顶起，再纵向插入。

（6）复紧连接螺栓

一环管片拼装后，利用全部盾构千斤顶均匀施加压力，充分紧固轴向连接螺栓。盾构继续掘进后，在盾构千斤顶推力、脱出盾尾后土（水）压力及失去盾壳约束后管片自重与土压力的作用下衬砌会产生变形，拼装时紧固的连接螺栓会松弛。为此，待推进到千斤顶推力影响不到的位置后，用扭矩扳手等再一次紧固连接螺栓，再复紧的位置随隧道外径、隧道线形、管片种类、地质条件等而不同。

2）真圆保持

管片拼装呈真圆，并保持真圆状态，对于确保隧道尺寸精度、提升施工速度与止水性及减少地层沉降非常重要。管片环从盾尾脱出后，到注浆浆体硬化并将管片间隙填充密实，达到约束管片变形的条件时，多采用真圆保持装置。

8. 壁后注浆

壁后注浆是向管片与围岩之间的空隙注入填充浆液，向管片外压浆的工艺，应根据所建工程对隧道变形及地层沉降的控制要求来确定。根据工程地质条件、地表沉降状态、环境要求及设备性能等选择注浆方式。注浆过程中，应采取减小注浆施工对周围环境影响的措施。

1）壁后注浆的目的

管片壁后注浆按与盾构推进的时间和注浆目的不同，可分为同步注浆、二次注浆和堵水注浆。

（1）同步注浆

同步注浆与盾构掘进同时进行，是通过同步注浆系统，在盾构向前推进盾尾空隙形成的同时进行，浆液在盾尾空隙形成的瞬间及时起到充填作用，使周围土体获得及时的支撑，可有效防止岩体的坍塌，控制地表的沉降。

（2）二次注浆

管片背后二次补强注浆则是在同步注浆结束以后，通过管片的吊装孔对管片背后进行补强注浆（补充部分未填充的空腔，提升管片背后土体的密实度），以提升同步注浆的效果。二次注浆的浆液充填时间要滞后掘进一段时间，对隧道周围土体起到加固和止水的作用。

2）注浆材料与参数

（1）根据注浆要求，应通过试验确定注浆材料和配合比。可按地质条件、隧道条件和周边环境条件选用单液或双液注浆材料。

（2）注浆材料的强度、流动性、可填充性、凝结时间、收缩率和环保等应满足施工要求。

（3）应根据注浆量和注浆压力控制同步注浆过程，注浆速度应根据注浆量和掘进速度确定。

（4）注浆压力应根据地质条件、注浆方式、管片强度、设备性能、浆液特性和隧道埋深等因素确定。

（5）同步注浆的充填系数应根据地层条件、施工状态和环境要求确定，充填系数宜为 1.30～2.50。

（6）二次注浆的注浆量和注浆压力应根据环境条件和沉降监测结果等确定。

3）壁后注浆施工要点

（1）注浆前，应根据注浆施工要求准备拌浆、储浆、运浆和注浆设备，并应进行试运转。

（2）注浆前，应对注浆孔、注浆管路和设备进行检查。

（3）浆液应符合下列要求：

① 浆液应按设计施工配合比拌制。

② 浆液的相对密度、稠度、和易性、杂物最大粒径、凝结时间、凝结后强度和浆体固化收缩率均应满足工程要求。

③ 拌制后浆液应易于压注，在运输过程中不得离析和沉淀。

（4）合理制定壁后注浆的工艺，并应根据注浆效果调整注浆参数。

（5）宜配备自动记录注浆量、注浆压力和注浆时间等参数的仪器。

（6）注浆作业应连续进行。作业后，应及时清洗注浆设备和管路。

（7）采用管片注浆口注浆后，应封堵注浆口。

9. 盾构姿态控制

线形控制的主要任务是通过控制盾构姿态，使构建的衬砌结构几何中心线线形顺滑，且位于设计中心线的容许误差范围内。

1）推进管理测量

（1）为了使隧道线路控制在施工容许误差以内，在盾构推进时，须人工复测轴线。推进管理测量，要根据规定的测量方法，使用适当的测量设备，力求提高作业的效率。

（2）在推进时，为了尽早掌握盾构装配的管片与计划线路之间的偏差，立即修正盾构推进方向，要频繁且仔细地实施推进管理测量，原则上每天进行两次；对于已组装的管片，测定盾构的相对位置，或者测量盾构的纵向偏差、横向偏差和转动偏差等量值，以掌握盾构的位置和状态。

（3）关于管片和盾构的相对位置，通过测量左右、上下千斤顶的行程差和盾尾空隙，就能确定大致的情况。盾构的横向偏差、纵向偏差和转动偏差，能通过在盾构上设置测锤、倾斜仪、回转罗盘，或使用经纬仪等来测量。另外，通过使用自动测量系统，也能实时取得测量结果。

2）盾构姿态控制要点

（1）应通过调整盾构掘进液压缸和铰接液压缸的行程差控制盾构姿态。

（2）应实时测量盾构里程、轴线偏差、俯仰角、方位角、滚转角和盾尾管片间隙，应根据测量数据和隧道轴线线型，选择管片型号。

（3）应对盾构姿态及管片状态进行测量和复核，并记录。

（4）纠偏时应控制单次纠偏量，应逐环和小量纠偏，不得过量纠偏。

（5）根据盾构的横向和竖向偏差及滚转角，调整盾构姿态可采取液压缸分组控制或使用仿形刀适量超挖或反转刀盘等措施。

3.7 TBM 法隧道施工

3.7.1 TBM 施工原理

全断面岩石隧道掘进机（TBM）是一种集机、电、液、传感、信息技术于一体的隧道施工成套装备，在实现连续掘进的同时，完成破岩、出渣、支护等作业，实现了工厂化施工，掘进速度较快，效率较高。TBM 由破岩机构、推进机构、岩渣装运机构、导向调向机构及吸尘、通风装置等几部分组成。

1. TBM 破岩方式及破岩原理

TBM 破岩方式主要有：挤压式与切削式，破岩原理主要有圆盘型滚刀、楔齿型与球齿型滚刀。

（1）挤压式主要是通过水平推进油缸使刀盘上的滚刀强行压入岩体，并在刀盘旋转推进过程中联合挤压与剪切作用破碎岩体。滚刀类型有：圆盘型、楔齿型、球齿型。

（2）切削式主要利用岩石抗弯、抗剪强度低的特点，靠铣削（即剪切）与弯断破碎岩体。

（3）圆盘型滚刀破岩原理：

圆盘型滚刀是岩体表面在刀圈刀尖强集中力作用下破碎而被切入，并形成切入坑。

随着滚刀滚动，在岩面上形成一条条的破碎沟，破碎沟之间岩石受滚刀侧刃挤压力的作用而剪切破碎。

（4）楔齿型与球齿型滚刀破岩原理：

先由楔齿尖端在滚刀转动情况下产生切向张力破坏岩石的表面，然后由齿尖的楔入力继续引起剪切破坏。由于各齿环的齿节是不同的，因此加大了楔齿的破岩效果。球齿型滚刀的破岩原理与楔齿型滚刀相同，适用于硬岩掘进。

（5）削刀破岩原理：

削刀是在挤压力和切割力作用下，首先在刀尖处形成切碎区，随着刀具的回转运动形成剪力破碎区。削刀继续回转在岩壁上留下环状切削槽，两槽之间的岩石在削刀侧向挤压力的作用下剪切破坏。

2. TBM施工主要流程

TBM施工主要流程为：施工准备→全断面开挖与出渣→外层管片式衬砌或初期支护→TBM前推→管片外灌浆或二次衬砌。

3. TBM主要形式

TBM主要分为敞开式、护盾式，其中敞开式又分为T型支撑和X型支撑，详见图 3.7-1、图 3.7-2。护盾式又分为单护盾、双护盾、三护盾，其中三护盾较为少见。

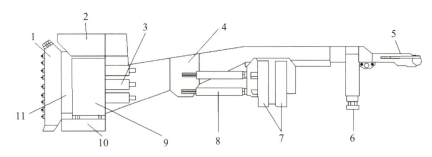

图 3.7-1　T型支撑TBM示意图

1—掘进刀盘；2—拱顶护盾；3—驱动组件；4—主梁；5—出渣输送机；6—后下支撑；7—撑靴；8—推进千斤顶；9—侧护盾；10—下支撑；11—刀盘支撑

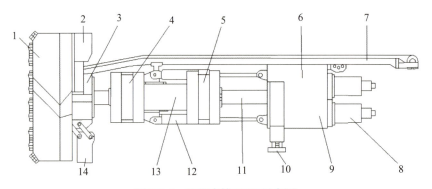

图 3.7-2　X型支撑TBM示意图

1—掘进刀盘；2—拱顶护盾；3—轴承外壳；4—前水平撑靴；5—后水平撑靴；6—齿轮箱；7—出渣输送机；8—驱动电机；9—星形变速箱；10—后下支撑；11—扭矩筒；12—推进千斤顶；13—主机架；14—前下支撑（仰拱括板）

1)敞开式 TBM

敞开式 TBM 主要适用于硬岩,能利用自身支撑机构撑紧洞壁以承受向前推进的反作用力及反扭矩的全断面岩石掘进机。在施工对应较完整、有一定自稳性的围岩时,能充分发挥出优势,特别是硬岩、中硬岩掘进中,强大的支撑系统为刀盘提供了足够的推力。

敞开式 TBM 施工工序:TBM 掘进→初期支护(钢拱架安装、锚杆安装、网片安置、喷射混凝土施工)→TBM 掘进→二次支护。

2)护盾式 TBM

护盾式 TBM 在整机外围设置与机器直径相一致的圆筒形护盾结构,以利于掘进松软破碎或复杂岩层的全断面岩石掘进机。

(1)单护盾 TBM

单护盾掘进机主要由护盾、刀盘部件及驱动机构、刀盘支撑壳体、刀盘轴承及密封、推进系统、激光导向机构、出渣系统、通风除尘系统和衬砌管片安装系统等组成,如图 3.7-3 所示。单护盾 TBM 施工工艺流程图如图 3.7-4 所示。

单护盾 TBM 只有一个护盾,大多用于软岩和破碎地层,由于没有撑靴支撑,掘进时 TBM 的前推力是靠护盾尾部的推进油缸支撑在管片上获得的。机器作业和管片安装是在护盾保护下进行的。

由于单护盾的掘进需要靠衬砌管片承受反力,因此在安装管片时必须停止掘进,掘进和管片安装不能同步进行,因而掘进速度受到制约。

(2)双护盾 TBM

双护盾 TBM,一般结构由装有刀盘及刀盘驱动的前护盾,装有支撑装置的后护盾(支撑护盾),以及连接前、后护盾的伸缩部分和安装预支混凝土管片的盾尾组成。双护盾 TBM 的构造如图 3.7-5 所示,其施工工艺流程如图 3.7-6 所示。

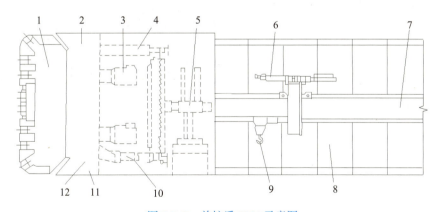

图 3.7-3 单护盾 TBM 示意图

1—掘进刀盘;2—护盾;3—驱动组件;4—推进千斤顶;5—管片安装机;6—超前钻机;7—出渣输送机;8—拼装好的管片;9—提升机;10—铰接千斤顶;11—主轴承、大齿圈;12—刀盘支撑

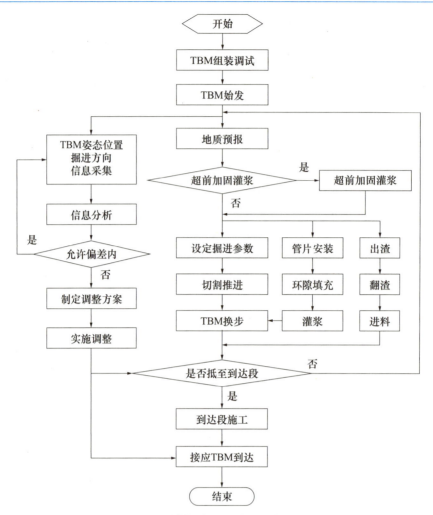

图 3.7-4 单护盾 TBM 施工工艺流程图

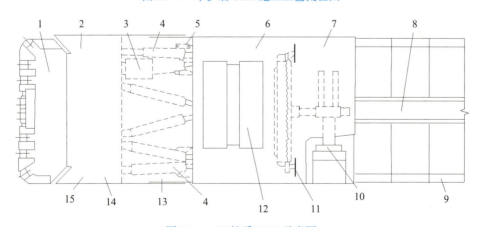

图 3.7-5 双护盾 TBM 示意图

1—掘进刀盘；2—前护盾；3—驱动组件；4—推进油缸；5—铰接油缸；6—撑靴护盾；7—尾护盾；
8—出渣输送机；9—拼装好的管片；10—管片安装机；11—辅助推进靴；12—水平撑靴；
13—伸缩护盾；14—主轴承、大齿圈；15—刀盘支撑

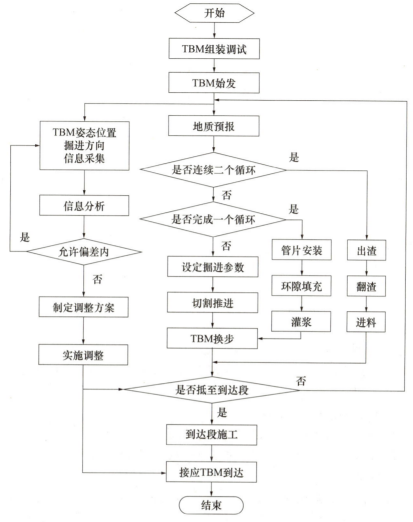

图 3.7-6 双护盾 TBM 施工工艺流程图

3.7.2 TBM 施工技术

1. TBM 选型依据

采用 TBM 工法的基本条件根据隧道周围围岩的抗压强度、裂缝状态、涌水状态等地层岩性条件的实际状况以及机械构造、直径等的机械条件以及隧道的断面、长度、位置状况、选址条件等进行判断。

1）工程地质条件

在 TBM 工法中，TBM 和掌子面是分离的，故有软弱层和破碎带时，采用辅助工法很困难。所以不良地质的调查，不仅对 TBM 的选择和施工速度有很大的影响，还对能否采用 TBM 法具有决定性因素。

2）影响选用 TBM 工法的地质因素

（1）隧道地压：很大的地压作用使掌子面难以自稳，TBM 掘进极为困难。

（2）涌水状态：在涌水状态极端的情况下，机体会下沉，TBM 的优点会丧失殆尽。

（3）岩石强度、硬度及裂隙等：这些因素对 TBM 切削岩石的能力影响极大，会影响 TBM 的效率。

3）TBM 不仅受地质条件约束，还受开挖直径、开挖机构的约束

在硬岩中，大直径开挖是很困难的，目前的 TBM 大多是单轴回转式，开挖直径越大，刀头内周和外周的周速差越大，会对刀头产生种种不良影响。此外随着开挖直径的增大，推力要增大，支撑靴也要增大，会出现运输上的困难和承载力方面的问题。

2. TBM 的附属设施

TBM 的附属设施包括与 TBM 本体接续的在洞内配置的后续设备和在整个洞内布设的设备以及洞外的设备。根据 TBM 的作业计划和内容，选定与之配合的必要设备。因此要充分研究作业计划和必要的功能，再来选择有效率的各项设备。

1）运输的方式

运输对象的核心是掌子面开挖排出的大量石渣，以及隧道的支护材料和随隧道延伸的各种器材及刀头类的 TBM 维修器材。目前隧道施工所采用的运输方式包括轨道方式、无轨方式、连续皮带运输方式、泥浆运输方式等。

2）集尘及通风

在 TBM 施工中，因切削岩石，产生大量的粉尘，为防止刀头过热，需采用压力水喷雾，粉尘也可被冷却水吸收一部分；由于水压、水量、岩石状况等因素对粉尘产生与抑制效果各不相同，条件差时，粉尘和水粒子会在空气中浮游，妨碍视线。为了抑制粉尘，对粉尘进行收集、处理是必要的。

通风的目的是及时排除工作人员呼出的气体和 TBM 主机动力产生的热量、岩石破碎时产生的粉尘以及内燃机作业等施放的有害气体，提供新鲜空气。

3）洞内超前钻孔

隧道掘进过程中，遇到断层和涌水是不可避免的，为将此类事故的损害控制在最低限度，事前调查是必要的。事前调查的主要方法是在 TBM 掌子面前进行地质钻孔调查。钻孔也可同时作为排水孔使用，钻孔势必要占用 TBM 工法的有限空间，而且要随施工进展及时作业，因此需要小型、便于移动的设备。

4）排水和给水设备

TBM 工法中，排水处理是极其重要的，如果位于掌子面的 TBM 浸水，将会产生不可预料的事故。开挖过程中不能依靠自然排水时，就应采取强制排水。因此排水设备要有足够的处理能力，并应能分阶段增设。在 TBM 的后续台车上应设置排水槽，而后用大容量水泵将水排出洞外，并应防止泥浆沉淀。

5）喷射及其他设备

TBM 工法中的喷射混凝土作为一次支护使用。因此，可在 TBM 本体后面或不超过后续台车处进行，多采用前者，因空间限制，多采用人力进行喷射，喷射时，要注意处理集中在隧道底部的回弹物，喷射设备多搭接在后续台车上。

3. TBM 法掘进施工

TBM 设备掘进时主要依靠由刀盘、机头架与大梁、支撑和推进装置组成的掘进系统进行。掘进施工流程如图 3.7-7 所示。

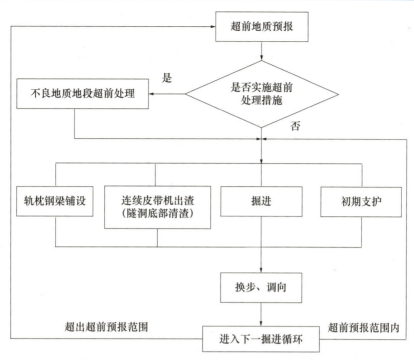

图 3.7-7 掘进施工流程图

TBM 掘进循环步骤如下：

步骤一——作业开始。主支撑前位撑紧洞壁，后支撑腿提起。刀盘转动，推进油缸伸出，TBM 前部前移一个作业行程。

步骤二——准备换步。刀盘停转，后支撑腿抵住仰拱承重。

步骤三——主支撑回缩。推进油缸回缩将自由态主支撑前拉回位。

步骤四——主支撑回位后伸出支撑鞋抵紧岩壁，后支撑提起，TBM 定位找正，坡道上必要时先定坡度。

步骤五——返回步骤一，TBM 准备下一循环掘进。

4. TBM支护施工

TBM 初期支护使用 TBM 设备后配套配置的锚杆钻机、超前钻机、混凝土拌合及输送泵、混凝土喷射机械手、钢筋网安装器、环形梁安装器等设备，通过专业操作人员使用手动和遥控装置配合完成作业。

TBM 支护分为常规系统支护和特殊地质条件下的施工支护两种方式，其中常规系统支护均利用 TBM 自带的支护设备在掘进施工的同时完成。特殊地质条件下的支护方式根据地质条件变化利用支护设备及时调整支护顺序。必要时增加其他的支护设备施工。

支护顺序和时机，与围岩自稳时间关系密切。若围岩比较破碎、软弱、自稳时间较短，按超前小导管→钢拱架加钢筋网→锚杆加钢筋网→喷射混凝土的顺序进行施工。在围岩条件良好，可以达到自稳的洞段，可根据设计的支护顺序进行锚杆、钢筋网、喷射混凝土系统支护。

支护施工内容可参考本书 3.5 中相关内容。

3.8 城市隧道工程与城市轨道交通工程安全质量控制

3.8.1 城市隧道工程与城市轨道交通工程安全技术控制要点

1. 地下管线保护

1）工程地质条件及现况管线调查

（1）进场后应依据建设单位提供的工程地质勘察报告、基坑及隧道施工范围内和影响范围内的各种地上、地下管线及建（构）筑物等有关资料，查阅有关专业技术资料，掌握管线的施工年限、使用状况、位置、埋深等数据信息。

（2）对于资料反映不详、与实际不符或在资料中未反映管线真实情况的，应向规划部门、管线管理单位查询，必要时在管理单位人员到场情况下进行坑探以查明现状。

（3）对于基坑、隧道影响范围内的地上、地下管线及建（构）筑物，必须查阅相关资料并经现场调查，掌握结构的基础、结构形式等情况。

（4）将调查的地上、地下管线及建（构）筑物的位置埋深等实际情况按照比例标注在施工平面图上，并在现场做出醒目标志。

（5）分析调查、坑探等资料，作为编制地上、地下管线及建（构）筑物保护方案和采取安全保护措施的依据。

2）编制地下管线保护方案

（1）对施工过程中地上、地下管线及建（构）筑物可能出现的安全状态进行分析，制定相应的地上、地下管线及建（构）筑物保护、加固和支护措施，保证地下管线安全运行。

（2）对于重要的地上、地下管线及建（构）筑物必须进行基坑开挖工况影响分析，确定影响程度，以便在施工中确定合理的基坑支护及开挖方案，确保施工过程中管线及各种构筑物的安全。

（3）地下管线保护方案应征得管理单位同意后方可实施。

3）现况管线改移、保护措施

（1）对于基坑开挖范围内的管线，应与建设单位、规划单位和管理单位协商确定管线拆迁、改移和悬吊加固措施。

（2）基坑开挖影响范围内的地上、地下管线及建（构）筑物的安全受施工影响，或其危及施工安全时，均应进行加固，经检查、验收，确认符合要求并形成文件后方可施工。

（3）开工前，由建设单位召开工程范围内有关地上、地下管线及建（构）筑物、人防、地铁等设施管理单位参加的调查配合会，由管理单位指认所属设施及其准确位置，设明显标志。

（4）在施工过程中，必须设专人随时检查地上、地下管线及建（构）筑物、维护加固设施，以保持完好。

（5）观测管线沉降和变形并记录，遇到异常情况，必须立即采取安全技术措施。

2. 明挖基坑安全技术控制要点

（1）降水工程应进行专项设计，并应编制专项施工方案，应掌握地下水控制施工场地内的障碍物、管线分布情况，收集影响区域内的地上（下）建（构）筑物、管线等周边环境资料；基坑开挖前，应进行试验性抽水检验降水效果。

（2）围护结构施工前，应对桩位或墙位挖探坑，确保无地下管线和障碍物后方可施工。

（3）采用桩或墙的围护结构，宜与主体结构之间预留外放量，确保围护结构不侵入主体结构线。

（4）围护结构采用水下灌注混凝土时，混凝土强度等级应提高一个等级。混凝土灌注施工时宜高出设计文件规定的标高300～500mm。

（5）基坑边壁应采用小型机具或人工切削清坡，边壁不应出现超挖或造成土体松动。边坡坡度应符合设计文件或方案要求。分层开挖深度和施工作业顺序应在裸露边坡保持自立的时间内完成支护。

（6）土方开挖应与内支撑施工配合，基坑土方挖至其设计文件规定的位置下0.5m时，应进行内支撑施工。钢支撑预加轴力未锁定前或混凝土横撑强度未达到设计文件规定的允许值前，不应继续开挖下层土方。

3. 浅埋暗挖法隧道施工安全技术控制要点

浅埋暗挖法施工应采取降水或止水措施满足无水作业条件。

（1）注浆施工不得污染地下水，并应避免对相邻工程和周边环境造成不利影响。注浆浆液应充满钢管及周围的空隙并密实，应根据试验确定注浆量和注浆压力。

（2）竖井应根据现场条件，利用风道、出入口、隧道顶部、附属设施等单独设置或考虑永临结合设置。竖井尺寸应根据施工设备、土石方及材料运输、施工人员出入隧道和排水需要设定。竖井应设防雨棚，井口周围应设防汛墙和临边防护栏杆。

（3）马头门拱部土体加固宜随工作井土方开挖及时跟进。开挖马头门时，根据开挖面积、加固效果和土质情况，必要时宜架设临时仰拱支撑。

（4）台阶法施工应先开挖上台阶，后开挖下台阶。下部台阶应在拱部初期支护结构变形基本稳定且喷射混凝土达到设计文件规定强度的70%后，方可进行开挖。

上台阶环形开挖预留核心土法应先开挖上台阶的环形拱部，及时施工拱部初期支护后方可开挖核心土。核心土应留坡度，不得出现反坡。上台阶施工完后，应按台阶法施工下台阶及仰拱。

1）爆破

钻爆法施工时，应编制爆破方案，并应符合《爆破安全规程》GB 6722—2014的规定。

岩石隧道爆破宜采用光面爆破。分部开挖时，应采用预留光面层的光面爆破。

爆破前应进行爆破设计，并根据爆破效果调整爆破参数。

光面爆破参数应经现场试爆后确定。

炮孔布置应符合下列要求：

（1）在城区等复杂周边环境条件下炮孔深度应控制在1～1.5m，并应进行控制爆破。

（2）掏槽炮孔可用直孔也可用斜孔，采用斜孔时，如岩层层理或节理明显，则斜孔与其应成一定角度并宜垂直。

（3）周边炮孔应沿设计文件规定的开挖轮廓线布置。

（4）辅助炮孔应均匀交错布置在周边炮孔与掏槽炮孔之间。

（5）周边炮孔与辅助炮孔的孔底应在同一垂直面上，掏槽炮孔应加深100mm。

炮孔钻设应符合下列要求：

（1）应按炮孔作业布置图布放点位。

（2）应根据点位位置岩层的凹凸程度调整炮孔深度，除掏槽炮孔外，其他炮孔应在同一垂直面上。

（3）钻孔完毕，检查验收合格并做好记录后方可装药，炮孔装药应符合下列要求：

① 炮孔装药前应清理干净。

② 周边孔宜采用低密度、低爆速、低猛度或高爆力炸药；周边孔宜采用小直径连续或间接装药结构；软岩中，可采用空气柱反向装药结构；硬岩的眼底可装一节加强药卷。

（4）装药完毕，炮孔堵塞长度不宜小于200mm。

2）爆破后应对开挖断面进行检查并符合下列要求

（1）隧道应按设计文件规定的尺寸控制开挖断面，不得欠挖，超挖值应符合规定。

（2）硬岩爆破孔的孔痕率应大于80%，中硬岩孔痕率应大于70%，软岩孔痕率应大于50%，并应在轮廓面上均匀分布。

（3）两槎炮孔衔接台阶的最大尺寸不应大于150mm。

（4）爆破岩块最大块度不宜大于300mm。

3）开挖

隧道开挖前应制定防坍塌应急预案，备好抢险物资并在现场堆码整齐。

隧道在稳定岩体中可先开挖后支护，支护结构距开挖面的距离宜为隧道开挖宽度。

隧道施工方法应进行方案比选后确定，全断面法在稳定岩体中应采用光面爆破，并应按设计文件要求做初期支护结构或直接进行二次衬砌施工。

隧道施工过程中应进行监测，隧道施工过程中轴线和净空尺寸应符合设计文件要求。隧道初期支护、二次衬砌完成后，均应进行贯通测量。

4. 盾构法隧道施工安全技术控制要点

1）盾构地层变形控制措施

下文以密闭式盾构为主简要介绍盾构施工地层变形及其控制措施。

（1）近接施工与近接施工管理

① 新建盾构隧道穿越或邻近既有地下管线、交通设施、建（构）筑物（以下简称既有结构物）的施工被称为近接施工。

在城市中建造地铁时近接施工不可避免，且随着地下空间的开发利用会日益增多，因此，盾构施工必须考虑控制影响区域的地层变形，采取有效的既有结构物保护措施。

② 近接施工管理：盾构近接施工会引发地层变形，对既有结构物会造成不同程度的有害影响，因此有必要采取系统性措施控制地层变形以保护既有结构物。

首先，应详细调查工程条件、地质条件、环境条件（即既有结构物现况与安全要求），在调查的基础上进行分析和预测、制定防护措施；其次，制定专项施工方案；最后，施工过程中通过监测反馈指导施工而确保既有结构物安全。

（2）控制措施

① 防止开挖面的土水压力不均衡引起变形的措施：土压平衡盾构可通过调整推进速度与螺旋出土器的转速，使压力舱压力与开挖面土水压力相对应。另外，根据需要注入适当的添加剂增加开挖土体的塑流性。泥水加压盾构可根据开挖面土层的透水性来调整泥浆特性，并仔细进行泥浆管理，使压力舱压力始终对应于开挖面的土水压力。实施这些开挖面稳定管理的同时，还应根据需要研究相应的辅助施工方法以保证围岩的稳定。

② 减小盾构穿越过程中围岩变形的措施：控制好盾构姿态，避免不必要的纠偏作业。出现偏差时，应本着"勤纠、少纠、适度"的原则操作。纠偏时或曲线掘进时需要超挖，应合理确定超挖半径与超挖范围，尽可能减少超挖。土压平衡盾构在软弱或松散地层掘进时，盾构外周与周围土体的黏滞阻力或摩擦力较大时，应采取减阻措施。

③ 减小盾尾脱出导致地层变形的措施：用同步注浆方式，及时填充尾部空隙；根据地质条件、工程条件等因素，合理选择单液注浆或双液注浆，正确选用注浆材料与配合比，以便及时稳定住拼装好的衬砌结构；加强注浆量与注浆压力控制；及时进行二次注浆。

④ 防止衬砌引起变形的措施：为了防止管片环变形，必须使用形状保持装置等来确保管片组装精度，同时充分紧固接头螺栓。

⑤ 防止开挖或衬砌渗漏导致地下水位下降的措施：为了防止从管片接头、壁后注浆孔等部位漏水，必须精细地进行管片组装及防水作业。

2）地层变形的预测和施工监测

（1）为了减少地层变形，推进前应根据过去的施工经验和有限单元法等进行预测，以预测结果为依据设定土仓压力或泥水仓压力管理基准值。同时，在推进时，要在隧道中心线上及其两侧范围内设定变形监测点，根据变形监测结果适时地调整管理基准值。这一过程在盾构掘进施工管理中是很重要的。

（2）地面和隧道内监测点宜在同一断面布设，盾构通过后，处于同一断面内的监测数据应同步采集，并应收集同期盾构掘进参数。

（3）施工监测项目应符合表 3.8-1 的要求。当穿越水域、建（构）筑物及其他有特殊要求地段时，应根据设计要求确定。

表 3.8-1　施工监测项目

类别	监测项目
必测项目	施工区域地表隆沉、沿线建（构）筑物和地下管线变形
	隧道结构变形
选测项目	岩土体深层水平位移和分层竖向位移
	管片结构应力
	地层与管片的接触应力

（4）竖向位移监测可采用水准测量方法，水准基点应埋设在变形影响范围外，且不得少于 3 个；水平位移监测可采用边角测量或卫星定位等方法，并应建立水平位移监

测控制网，水平位移监测控制点宜采用具有强制对中装置的观测墩和照准装置；当采用物理传感器监测时，传感器埋设应符合仪器埋设规定和监测方案的规定；当竖向位移监测采用静力水准测量方法时，静力水准的埋设、连接、观测、数据处理等应符合国家现行相关标准要求，测量精度应与水准测量要求相同。

5. TBM法隧道施工安全技术控制要点

（1）TBM内工作和操作的施工人员必须经过专业培训，并具有相关行业的上岗证书，且应具有较强的责任心。

（2）TBM和盾构内所有区域工作的人员必须佩戴安全帽，并禁止使用尼龙、化纤或混纺衣料制作的工作服。在特殊环境工作的人员须配备防护装备（如防护镜、呼吸器具等）。

（3）TBM和盾构内工作的相关人员应十分熟悉设备上的所有安全保障设备，以便能在可能发生危险时利用这些设备来避免和消除危险。

（4）发生紧急故障或事故的状态下应立即按下紧急状态停止按钮，以防止或阻止事故的继续发生。

（5）在工作区域的所有人员应十分熟悉盾构设备上的所有警示灯、警报器所表示的盾构设备状态及可能发生的危险含义，警示灯和警报器的作用不单表示系统故障，也能警示工作人员注意机器的运转情况，从而防止事故的发生。

（6）工作人员应熟悉设备内的联络系统，并经常检查以保证这些通信设备能正常使用。主要包括以下通信设备：

① 主控室内的通话设备。
② 人舱外／内的通话设备。
③ 拖车／注浆泵站的通话设备。
④ 通过电话线利用调制解调器向地面传输数据信息。

（7）设备上应经常检查防火系统配备的完整性及功能的可靠性，在工作过程中必须防止火灾的发生，避免产生火灾隐患。

（8）选择、安装灭火器时，应根据不同火源（电气引起的失火／液体引起的失火）选择不同类型的灭火器。

（9）应定期检查火灾报警系统。在护盾区和后配套系统安装有自动火灾报警系统以便能在火源较小时及时发现和报警。为防止火灾，设备已安装有一间歇性声音报警器，工作人员须据此执行相关措施。

（10）应经常检查在盾构、掘进机上安装的气体测量装置以测定下列气体浓度：

① 螺旋输送机底部的二氧化碳。
② 螺旋输送机底部的一氧化碳。
③ 管片安装机顶部操作区域的氧气。

（11）必须保证备用内燃空压机随时处于可启动状态，内燃空压机每周最少运行0.5h，以确保突然断电时可以立即启动，从而保证压力舱所需压缩空气供应。

（12）严禁一切泵类设备空转（液压油泵、油脂泵、砂浆泵、膨润土泵、泡沫剂泵、水泵）。

（13）禁止移动、缠绕、损坏安全保障设备。

（14）禁止改变控制系统的程序。

（15）TBM上所有表示安全和危险的标识必须完整，并容易识别；TBM内严禁吸烟。

（16）在使用人舱前宜将土仓中的渣土排空。

（17）使用人舱时应确保刀盘和螺旋输送机停止并关闭螺旋输送机出料口。

3.8.2 城市隧道工程与城市轨道交通工程质量控制要点

1. 明（盖）挖法施工质量控制要点

1）基坑围护结构施工质量控制指标

（1）预制桩、灌注桩、旋喷桩、水泥土桩墙和咬合桩的混凝土强度。

（2）地下连续墙墙体混凝土抗压强度和抗渗强度等级，地下连续墙的钢筋骨架和预埋件的安装应无变形，预埋件应无松动和遗漏，标高、位置，地下连续墙的裸露墙面应表面密实、无渗漏，地下连续墙垂直度允许偏差满足规范要求。

（3）土钉的布置形式，钉孔锚固砂浆强度和喷射混凝土强度，土钉墙钢筋网的规格、尺寸、网与土钉的连接。

（4）锚杆的组装安放和注浆，锚杆的张拉值及锁定值，锚杆注浆量、注浆压力，锚杆抗拉和验收试验。

（5）横撑支护钢质横撑、围檩、活络头、斜撑牛腿等钢构件的制作和拼装质量，混凝土支撑的钢筋、模板支架及混凝土的施工质量验收，钢质横撑安装前先拼装，钢质横撑在土方挖至其设计文件规定的位置后安装，按设计文件要求对坑壁施加预应力。

2）基坑开挖施工

（1）确保围护结构位置、尺寸、稳定性。

（2）土方自上而下分层、分段依次开挖，及时施作支撑或锚杆。开挖至基底200mm时，应人工配合清底，不得超挖或扰动基底土。基底经勘察、设计、监理、施工单位验收合格后，应及时施工混凝土垫层。

（3）基坑开挖应对下列项目进行中间验收：

基坑平面位置、宽度、高程、平整度、地质描述，基坑降水，基坑放坡开挖的坡度和围护桩及连续墙支护的稳定情况，地下管线的悬吊和基坑便桥稳固情况。

3）结构施工

（1）混凝土结构施工前，施工单位应制定检测和试验计划，并应经监理单位批准后实施。

（2）模板及支架应根据安装、使用及拆除工况进行设计，并满足承载力、刚度、整体稳固性要求。

（3）钢筋进场时应抽取试件做力学性能和工艺性能试验；钢筋安装时，受力钢筋的牌号、规格和数量必须符合设计要求，当需要进行钢筋代换时，应办理设计变更文件；预埋件、预留孔洞应位置准确并安装牢固。

（4）混凝土强度按检验批进行检验评定，划入同一检验批的混凝土，其施工持续时间不宜超过3个月。用于检验混凝土强度的试件应在浇筑地点随机抽取。

（5）首次使用的混凝土配合比应进行开盘鉴定，其原材料、强度、凝结时间、稠度等应满足设计配合比要求。

（6）浇筑混凝土前应清除模内杂物，隐蔽工程验收合格后，方可灌注混凝土。混凝土灌注地点应采取防止暴晒和雨淋措施。

（7）底板混凝土应沿线路方向分层留台阶灌注，灌注至高程初凝前，应用表面振捣器振捣一遍后抹面；墙体混凝土左右对称、水平、分层连续灌注，至顶板交界处间歇1~1.5h，然后再灌注顶板混凝土。顶板混凝土连续水平、分台阶由边墙、中墙分别向结构中间方向灌注；灌注至高程初凝前，应用表面振捣器振捣一遍后抹面；混凝土柱可单独施工，并应水平、分层灌注。

（8）混凝土终凝后及时养护，垫层混凝土养护期不得少于7d，结构混凝土养护期不得少于14d。

（9）应落实防水层基面的查验、每层防水层铺贴的查验，保护层施工的查验，结构混凝土浇筑前的模板支架搭设查验、钢筋加工的查验，隐蔽前的验收。

4）基坑回填

（1）基坑回填料不应使用淤泥、杂土、有机质含量大于8%的腐殖土、过湿土、冻土和大于150mm粒径的石块。

（2）基坑回填质量验收的主控项目有：

① 基坑回填土的土质、含水率应符合设计文件要求。

② 基坑回填宜分层、水平机械压实，压实后的厚度应根据压实机械确定，且不应大于0.3m；结构两侧应水平、对称同时填压；基坑分段回填接槎处，已填土坡应挖台阶，其宽度不应小于1.0m，高度不应大于0.5m。

5）主体结构防水施工

（1）防水采用的原材料、配件等应符合设计要求，并有出厂合格证，经检验符合要求后方可使用。

（2）防水卷材铺贴的基层面应符合以下要求：

① 基层面应干燥、洁净。

② 基层面必须坚实、平整，其平整度允许偏差为3mm，且每米范围内不多于一处。

③ 基层面阴、阳角处应做成100mm圆弧或50mm×50mm钝角。

④ 保护墙找平层采用水泥砂浆抹面，其配合比为1:3，厚度为15~20mm。

⑤ 基层面应干燥，含水率不宜大于9%。

（3）结构底板防水卷材先铺平面，后铺立面，交接处应交叉搭接；卷材从平面折向立面铺贴时，与永久保护墙粘贴应严密，对于临时保护墙则应临时贴附于墙上。

（4）卷材防水层采用满粘法施工时，搭接允许宽度值为80mm；采用空铺法、点粘法、条粘法施工时，搭接允许宽度值为100mm。

（5）防水卷材在阴阳角、变形缝处、穿墙管等部位必须铺设加强层。

（6）防水层施工完成后应做好成品保护。

2. 浅埋暗挖法隧道施工质量控制要点

浅埋暗挖法支护施工质量控制分为开挖、初期支护、防水、二次衬砌四个环节。

1）浅埋暗挖法施工质量控制指标

（1）超前小导管和超前锚杆所用钢材的品种、级别、规格和数量，超前小导管和超前锚杆注浆量、注浆压力、配合比；注浆材料，浆液配合比，注浆加固终凝后注浆效果检查；格栅钢架原材料，钢材品种、级别、规格和数量，钢筋的弯制、末端的弯钩、焊缝质量，钢架安装的位置、接头连接、纵向拉杆，格栅钢架的主筋连接；喷射混凝土原材料、配合比、喷射混凝土强度。

（2）土石方开挖：开挖断面轮廓线、中线、高程，边墙基础及隧底地层土质，隧底加固处理方法，隧道贯通平面位置的允许偏差。

（3）合模前防水层和细部防水做法检查。

（4）二次衬砌施工前应对初期支护及其净空测量，支架应进行稳定性验算，支承结构试压，模板支立前应清理，封顶和封口混凝土的强度。

（5）初期支护和二次衬砌背后回填注浆原材料，浆液配合比，背后注浆密实。

2）施工准备阶段质量控制

（1）踏勘调研

① 施工前施工管理人员必须全面学习、熟悉和审查施工图纸及其有关设计资料，研究现场条件、各分项工程及工程结构形式特点，熟悉地质、水文等勘察资料。

② 调查研究、收集有关资料：包括社会调查、自然调查、地上地下构筑物调查、技术经济条件调查。重点是掌握地上（下）建（构）筑物的详细资料。

③ 根据补充调查和收集的资料，制定工程施工方案，特别是开挖和支护步序设计，并确定质量控制重点目标。

（2）质量保证计划

① 施工前，施工管理人员进行踏勘调研，由项目负责人组织编制施工组织设计，评估作业难易程度及质量风险，制定质量保证计划。

② 对关键部位、特殊工艺、危险性较大分项工程分别编制专项施工方案和质量保证措施：

a. 危险性较大分部分项工程专项方案和降水排水方案必须考虑其影响范围内的建（构）筑物的影响和安全，并应通过专家论证。

b. 工作井施工方案，包括马头门细部结构和超前加固措施。

c. 隧道施工方案，主要包括土方开挖、衬砌结构、防水结构等。

3）土方开挖、初期支护施工质量控制

（1）土方开挖

① 宜用激光准直仪控制中线和隧道断面仪控制外轮廓线。

② 按设计要求确定开挖方式，经试验选择开挖步序。

③ 每开挖一榀钢拱架的间距，应及时架设支护、喷锚，形成闭合。

④ 在稳定性差的地层中停止作业时间较长时，应及时喷射混凝土封闭开挖面。

⑤ 相向开挖的两个开挖面相距约两倍洞径时，应停止一个开挖面作业并进行封闭，从另一个开挖面作贯通开挖。

（2）初期支护施工

① 按设计要求设置变形缝。

② 钢格栅以及钢筋网的加工、安装符合设计要求。安装前应除锈，并抽样进行首件试拼装，合格后方可使用。

③ 喷射混凝土前准备工作：

a. 钢格栅及钢筋网安装检查合格。

b. 埋设控制喷射混凝土厚度的标志。

c. 检查开挖断面尺寸，清除松动的浮石、土块和杂物。

d. 作业区的通风、照明设置符合要求。

e. 做好排水、降水；疏干地层的积、渗水。

④ 喷射混凝土施工：

a. 喷射作业分段、分层进行，喷射顺序由下而上。

b. 喷头应保证垂直于工作面，喷头距工作面不宜大于 1m。

c. 分层喷射时，应在前一层混凝土终凝后进行。

d. 钢筋网的喷射混凝土保护层不应小于 20mm。

e. 喷射混凝土终凝 2h 后进行养护，时间不小于 14d；气温低于 5℃不得喷水养护。

4）防水、二次衬砌施工质量控制

（1）防水层施工

① 应在初期支护基本稳定且衬砌检查合格后进行。

② 清理混凝土表面，剔除尖、突部位并用水泥砂浆压实、找平，防水层铺设基面凹凸高差不应大于 50mm，基面阴阳角应处理成圆角或钝角，圆弧半径不宜小于 100mm。

③ 衬垫材料应直顺，用垫圈固定，钉牢在基面上；固定衬垫的垫圈，应与防水卷材同材质，并焊接牢固；衬垫固定时宜交错布置，间距应符合设计要求；固定钉距防水卷材外边缘的距离不应小于 0.5m；衬垫材料搭接宽度不宜小于 500mm。

④ 防水卷材固定在初期衬砌面上；采用软塑料类防水卷材时，宜采用热焊固定在垫圈上。

⑤ 采用专用热合机焊接，焊缝应均匀连续；双焊缝搭接的焊缝宽不应小于 10mm；焊缝不得有漏焊、假焊、焊焦、焊穿等现象；焊缝应经充气试验合格：气压 0.15MPa，经过 3min 下降值不大于 20%。

（2）二次衬砌施工

① 结构变形基本稳定的条件下施作；变形缝应根据设计设置，并与初期支护变形缝位置重合；止水带安装应在两侧加设支撑筋，并固定牢固，浇筑混凝土时不得有移动位置、卷边、跑灰等现象。

② 模板施工质量保证措施：

a. 模板和支架的强度、刚度和稳定性应满足设计要求，使用前应经过检查，重复使用时应检查、修整。

b. 拱部模板支架预留沉落量为 10~30mm。

c. 模板接缝拼接严密，不得漏浆。

d. 变形缝端头模板处的填缝中心应与初期支护变形缝位置重合，端头模板支设应垂直、牢固。

③ 混凝土浇筑质量保证措施：

a. 应按施工方案划分浇筑部位。

b.浇筑前,应对组立模板的外形尺寸、中线、标高、各种预埋件等进行隐蔽工程验收,并填写记录;验收合格后方可进行浇筑。

c.应从下向上浇筑,各部位应对称浇筑、振捣密实,且振捣器不得触及防水层。

d.应采取措施做好施工缝处理。

④ 泵送混凝土质量保证措施:

a.坍落度宜为:150~180mm。

b.碎石级配,骨料最大粒径不大于25mm。

c.减水型、缓凝型外加剂,其掺量应经试验确定;掺加防水剂、微膨胀剂时应以动态运转试验控制掺量;严禁在浇筑过程中向混凝土中加水。

d.骨料的含碱量控制符合有关规范要求。

⑤ 拆模时间应根据结构断面形式及混凝土达到的强度确定,矩形断面顶板应达到100%。

⑥ 仰拱混凝土强度达到5MPa后人员方可通行,达到设计文件规定强度的100%后车辆方可通行。

3. 钻爆法隧道施工质量控制要点

参考本书3.8.2中2.相关内容。

4. 盾构法隧道施工质量控制要点

1)管片质量控制一般要求

(1)管片质量控制

① 按设计要求进行结构性能检验,检验结果符合设计要求。

② 强度和抗渗等级符合设计要求。

③ 吊装预埋件首次使用前必须进行抗拉拔试验,试验结果符合设计要求。

④ 不应存在露筋、孔洞、疏松、夹渣、有害裂缝、缺棱掉角、飞边等缺陷,麻面面积不大于管片面积的5%。

(2)管片贮存与运输

① 贮存场地必须坚实平整。

② 可采用内弧面向上或单片侧立的方式码放,每层管片之间正确设置垫木,码放高度应经计算确定。

③ 管片运输应采取适当的防护措施。

(3)管片拼装质量控制

① 拼装前质量控制要点:

a.拼装机具验收符合要求。

b.使用的管片和连接螺栓检验合格。

c.防水密封条应分批进行抽检,质量符合设计要求,严禁尺寸不符或有质量缺陷。

② 拼装质量控制要点:

a.管片拼装应按拼装工艺要求逐块顺序进行,并及时连接成环;连接螺栓紧固质量符合设计要求,管片及防水密封条应无破损。

b.拼装下一环管片前对上一环衬砌环面进行质量检查和确认,并应依据上一环衬砌环姿态、盾构姿态、盾尾间隙等确定管片排序。

c. 在管片拼装过程中，严格控制盾构千斤顶的压力和伸缩量，以保持盾构姿态稳定。

d. 对已拼装成环的衬砌环进行椭圆度抽查，确保拼装精度。

e. 在曲线段拼装管片时，应使各种管片在环向定位准确，隧道轴线符合设计要求。

f. 在特殊位置管片拼装时，应根据特殊管片的设计位置，预先调整好盾构姿态和盾尾间隙，管片拼装符合设计要求。

③ 管片拼装质量验收标准：

a. 钢筋混凝土管片不得有内外贯穿裂缝和宽度大于 0.2mm 的裂缝及混凝土剥落现象。

b. 管片防水密封质量符合设计要求，不得缺损，粘结应牢固、平整，防水垫圈不得遗漏。

c. 螺栓质量及拧紧度必须符合设计要求。

d. 管片拼装过程中对隧道轴线和高程进行控制，其允许偏差和检验方法应符合表 3.8-2 的规定。

表 3.8-2 隧道轴线和高程允许偏差和检验方法

检验项目	允许偏差（mm）						检验方法	检验数量	
	地铁隧道	公路隧道	铁路隧道	水工隧道	市政隧道	油气隧道		环数	点数
隧道轴线平面位置	±50	±75	±70	±100	±100	±100	用全站仪测中线	逐环	1点/环
隧道轴线高程	±50	±75	±70	±100	±100（隧道底高程）	±100	用水准仪测高程	逐环	

e. 管片拼装允许偏差和检验方法应符合表 3.8-3 的规定。

表 3.8-3 管片拼装允许偏差和检验方法

检验项目	允许偏差						检验方法	检验数量	
	地铁隧道	公路隧道	铁路隧道	水工隧道	市政隧道	油气隧道		环数	点数
衬砌环椭圆度（‰）	±5	±6	±6	±8	±5	±6	断面仪、全站仪测量	每10环	—
衬砌环内错台（mm）	5	6	6	8	5	8	尺量	逐环	4点/环
衬砌环间错台（mm）	6	7	8	9	6	9	尺量	逐环	

f. 当钢筋混凝土管片表面出现缺棱掉角、混凝土剥落、大于 0.2mm 宽的裂缝或贯穿性裂缝等缺陷时，必须进行修补。修补时，应分析管片破损原因及程度，制定修补方案。修补材料强度不应低于管片强度。

2）隧道防水质量控制要点

（1）隧道防水以管片自防水为基础，接缝防水为重点，并应对特殊部位进行防水处理，形成完整的防水体系。

（2）接缝防水处理：变形缝、柔性接头等管片接缝防水处理应符合设计要求；采用嵌缝防水材料时，槽缝应清理，并使用专用工具填塞平整、密实。

（3）特殊部位的防水：采用注浆孔进行注浆时，注浆结束后应对注浆孔进行密封防水处理；隧道与工作井、联络通道等附属构筑物的接缝防水处理应按设计要求进行。

5. TBM法隧道施工质量控制要点

TBM地铁隧道施工重点工序控制要点为：TBM始发、到达，隧洞轴线控制，TBM掘进和洞内衬砌，灌浆，同步压浆量和压浆压力参数确定，浆液稠度和灌浆试块强度，TBM通过断层影响带、富水区、建筑物下方等段落。通过施工监测优化TBM掘进参数，制定相应的技术方案，采取合理的技术措施，确保工程顺利进行，保证工程质量。

1) TBM 始发控制要点

（1）进行TBM的主撑靴的撑力复核，保证钻爆段初支有足够的强度和平整度；TBM组装完成后，进行系统和整机调试并经监理工程师验收，认可后方可掘进施工。

（2）选择合适的施工措施对始发环进行加固处理。

（3）由测量人员准确定出始发导轨的位置。严格控制始发导轨的安装精度，确保TBM始发姿态与设计线路基本重合。

2) TBM 推进控制要点

（1）加强TBM施工人员培训，提升TBM司机的操作水平。

（2）加强施工测量，采取TBM自动测量先行，人工测量随时校核的措施，确保隧道线形正确，位置精度满足规范要求。

（3）在TBM推进中根据不同围岩特点，结合设计图纸，按推力和推进速度的相互关系，合理控制推进速度，保证刀盘完好，使掘进连续进行。

（4）严格按照设计、施工规范组织掘进，提升TBM掘进质量。

（5）根据前方地质，适时改变TBM的掘进模式。

（6）应根据制造商提供的维修指南制定合适的TBM检修周期，如日检、月检等，并按计划执行，保证TBM在最佳工作状态下运行。

3) 隧道轴线控制要点

（1）在施工掘进过程中，应及时掌握TBM的方向和位置，严格对TBM进行姿态控制，保证实际轴线同设计轴线的偏差量小于设计要求。

（2）定期人工测量TBM姿态，发现问题及时纠正。

4) 不良地质段隧道的控制要点

（1）在地质勘察资料的基础上，采用不同形式的物探和钻探相结合的综合超前地质预报手段，探明前方不良地质（如涌水、瓦斯气体、断层破碎带等）的形态、规模，提前制定相应的处理方案和预案。

（2）认真做好洞内衬砌与回填灌浆，严格按设计要求做好固结灌浆。

（3）必要时施作隧洞排水孔，防止衬砌因受力过大而受损。

（4）加强隧道监控测量，及时反馈，据此做好施工参数的调整。

5) TBM 隧道防水控制要点

防水施工的主要内容包括：管片衬砌自身防水、连接缝防水。以管片衬砌自身防水为根本，接缝防水为重点，确保隧道防水的正常实施。

（1）管片衬砌自身防水

① 为确保衬砌防水标准，必须合理选择原材料、制作机具、混凝土配合比，并在生产过程中及时优化配合比等要素。

② 选用合适的外加剂，确定合理的拌合物配合比参数，配制以抗裂、耐久为重点的高性能混凝土。

③ 加强养护，混凝土浇筑完成后，进行蒸汽养护，严格控制蒸汽养护时间、升温梯度、恒温时间、降温梯度和相对湿度，脱模后及时进行水中养护。

（2）连接缝的防水

管片连接缝的防水也是隧道防水的重要环节，为提升接缝防水效果，应在施工中做好以下两方面工作：

① 止水条安装制定专项的作业指导书，并要求在施工中严格执行。在止水条粘贴安装前应清除衬砌上预留凹槽接触面的灰尘，防止安装后剥离、脱落。安装时应特别注意，止水条必须精确的粘贴在凹槽正中位置。

② 敞开式 TBM 采用仰拱预制块方式施工的地段，隧洞底部也可采用现浇混凝土仰拱方式，达到与拱墙复合式衬砌整体防水的目的。

③ 护盾式 TBM 管片衬砌与现浇混凝土衬砌的接触部位应采用缓膨型遇水膨胀止水条以及注浆防水等方式达到止水目的，并满足设计要求。

④ 采用双衬砌的特殊设计地段，内层衬砌混凝土浇筑前，应将外层衬砌的渗漏水引排或封堵。

3.8.3 城市隧道工程与城市轨道交通工程季节性施工措施

城市隧道工程与城市轨道交通工程钢筋、模板、混凝土工程季节性控制要点参考本书 2.7.3 中相关内容。

1. 冬期施工控制要点

1）防水工程

（1）在寒冷、侵蚀环境中的隧道工程，防水混凝土的抗渗等级不得低于 P8，抗冻等级不得低于 F300。

（2）防水混凝土的冬期施工入模温度不应低于 5℃，宜掺入混凝土防冻剂等外加剂，并应采取保温、保湿养护等综合措施。

（3）涂料防水层不得在环境温度低于 5℃ 时施工。

（4）卷材防水层施工时，冷粘法、自粘法施工的环境气温不宜低于 5℃，热熔法、焊接法施工的环境气温不宜低于 -10℃。施工过程中下雨、下雪时，应做好已铺卷材的防护措施。

2）钢支撑工程

（1）当温度改变引起的支撑结构内力不可忽略不计时，应考虑温度应力。

（2）在负温下绑扎、起吊的钢索与构件直接接触时应加防滑隔垫。凡是与构件同时起吊的节点板、安装人员用的挂梯、校正用的卡具，应采用绳索绑扎牢固。直接使用吊环、吊耳起吊构件时应检查吊环、吊耳连接焊缝有无损伤。

（3）在负温下安装柱子、主梁、支撑这些大构件时应立即进行校正，位置校正正确后应立即进行永久固定。当天安装的构件，应形成空间稳定体系。

3）喷射混凝土

明挖工程和结构加固工程，应使用防冻型预拌喷射混凝土干料。

2. 雨期施工

（1）涂料、卷材防水层严禁在雨天、雾天、五级风及以上时施工。

（2）涂料防水层涂膜固化前如有降雨可能，应及时做好已完涂层的保护工作。

3. 高温施工

（1）对钢支撑，当高温期施工产生较大温度应力时，应及时对支撑采取降温措施；当温度改变引起的钢支撑结构内力不可忽略不计时，应考虑温度应力。

（2）涂料防水层不得在施工环境温度高于35℃或烈日暴晒时施工。

（3）混凝土浇筑完成后，应及时进行保湿养护。侧模拆除前宜采用带模湿润养护。

第4章 城市给水排水处理厂站工程

4.1 给水与污水处理工艺

4.1.1 给水处理工艺

第4章
看本章精讲课
做本章自测题

1. 处理对象与目的

（1）处理对象通常为天然淡水水源，主要是来自江河、湖泊与水库的地表水和地下水（井水）。水中含有的杂质，按其来源可分为自然过程和人为污染两类，按其性质可分为无机物、有机物和微生物三种，也可按杂质的颗粒大小以及存在形态分为悬浮物质、胶体和溶解物质三类。

（2）处理目的是去除或降低原水中的悬浮物质、胶体、有害细菌生物以及水中含有的其他有害杂质，使处理后的水质满足用户需求。基本原则是利用现有的各种技术、方法和手段，采用尽可能低的工程造价，将水中所含的杂质分离出去，使水质得到净化。

2. 处理方法与工艺

1) 常用的给水处理方法（见表 4.1-1）

表 4.1-1 常用的给水处理方法

处理方式	处理方法
自然沉淀	用以去除水中粗大颗粒杂质
混凝沉淀	使用混凝药剂沉淀或澄清去除水中胶体和悬浮杂质等
过滤	使水通过细孔性滤料层，截流去除经沉淀或澄清后剩余的细微杂质，或不经过沉淀，原水直接加药、混凝、过滤去除水中胶体和悬浮杂质
消毒	去除水中病毒和细菌，保证饮水卫生和生产用水安全，常用消毒手段有加氯消毒、臭氧消毒和紫外消毒等
软化	降低水中钙、镁离子含量，使硬水软化，常用方法主要有离子交换法和药剂软化法
除铁、除锰和除氟	去除地下水中所含过量的铁、锰和氟，使水质符合饮用水要求，除铁、锰的常用方法有自然氧化法和接触氧化法，除氟的常用方法有化学沉淀和吸附交换
除臭、除味	饮用水净化中所需的特殊方法，具体操作方法取决于水中臭、味来源，如有机物来源的臭、味可通过吸附、氧化或曝气等方法去除；藻类造成的臭、味可通过微滤、气浮或投加除藻剂等方法去除

2) 常用给水处理工艺流程及适用条件（见表 4.1-2）

表 4.1-2 常用给水处理工艺流程及适用条件

工艺流程	适用条件
原水→简单处理 （如筛网隔滤或消毒）	水质较好，浊度几十或几百NTU的地表水
原水→接触过滤→消毒	一般用于处理浊度和色度较低的湖泊水和水库水，进水悬浮物一般小于100NTU，水质稳定、变化小且无藻类繁殖

续表

工艺流程	适用条件
原水→混凝→沉淀或澄清→过滤→消毒	一般以地表水为水源的水厂广泛采用的常规处理流程，适用于浊度小于3NTU的河流水。河流、小溪水浊度通常较低，洪水时含沙量大，可采用此流程对低浊度无污染的水不加凝聚剂或跨越沉淀直接过滤
原水→调蓄预沉→混凝→沉淀或澄清→过滤→消毒	高浊度水二级沉淀，适用于含沙量大，沙峰持续时间长，预沉后原水含沙量应降低到1000NTU以下，黄河中上游的中小型水厂和长江上游高浊度水处理多采用二级沉淀（澄清）工艺，适用于中小型水厂，有时在滤池后建造清水调蓄池

3. 预处理和深度处理

随着我国水体污染状况的加剧，某些污染较为严重的水体中溶解性的有毒有害物质，特别是具有致癌、致畸、致突变作用的污染物或前体物是上述常规处理方法难以清除的。针对此类情况需在常规处理基础上增加预处理和深度处理。

（1）预处理置于常规处理前，按照对污染物的去除途径不同可分为氧化法和吸附法。其中氧化法又可分为化学氧化法和生物氧化法。化学氧化法预处理技术主要有氯气预氧化、高锰酸钾氧化、紫外光氧化以及臭氧氧化等预处理；生物氧化预处理技术主要采用生物膜法，借助微生物的作用对水中有机污染物与氨、氮、亚硝酸盐及铁、锰等无机污染物进行初步净化去除，其形式主要包括淹没式生物滤池、生物接触氧化和生物流化床等。吸附预处理技术则主要包括粉末活性炭吸附、黏土吸附等。

（2）深度处理是指在常规处理工艺之后，再通过适当的处理方法，将常规处理工艺不能有效去除的污染物或消毒副产物的前体物（指能与消毒剂反应产生毒副产物的水中原有有机物，主要是腐殖酸类物质）去除，从而提高和保证饮用水质。目前，应用较广泛的深度处理技术主要有活性炭（生物炭）吸附法、臭氧氧化法、膜滤法（超滤、纳滤）、光催化氧化法以及臭氧—活性炭、高锰酸钾—活性炭联用法等。

4.1.2 污水处理工艺

1. 处理目的与方法

（1）处理目的是将输送来的污水通过必要的处理方法，使之达到国家规定的水质控制标准后回用或排放。从污水处理的角度，污染物可分为悬浮固体污染物、有机污染物、有毒物质、污染生物和污染营养物质。污水中有机物浓度一般用生物化学需氧量（BOD_5）、化学需氧量（COD）、总需氧量（TOD）和总有机碳（TOC）表示。

（2）污水处理方法根据原理可分为物理处理法、化学处理法及生物化学处理法三类。

① 物理处理法是利用物理作用分离和去除污水中呈悬浮固体状态污染物质的方法。常用方法有筛滤截留、重力分离、离心分离等，相应处理设备主要有格栅、沉砂池、沉淀池及离心机等。

② 化学处理法是利用化学反应的作用，分离回收污水中处于各种形态的污染物质（包括悬浮、溶解、胶体等）的方法。主要方式有中和、混凝、电解、氧化还原、汽提、萃取、吸附、离子交换和电渗析等。化学处理法多用于处理生产污水。

③生物化学处理法是利用微生物的代谢作用，去除污水中呈溶解、胶体状态的有机物质的方法，常用的有活性污泥法、生物膜法等。

（3）污泥是污水处理过程的产物。城镇污水处理产生的污泥中含有大量有机物，富有肥分，可以作为农肥使用，但又含有大量细菌、寄生虫卵以及从生产污水中带来的重金属离子等，需要作稳定与无害化处理，如污泥厌氧消化、好氧消化，污泥脱水与干化以及最终处置（焚烧、填地投海、制造建筑材料等）。

2. 处理工艺流程

以城镇污水处理厂工艺流程为例，污水处理工艺可根据处理程度分为一级处理、二级处理及深度处理，基本流程及构筑物如图 4.1-1 所示。

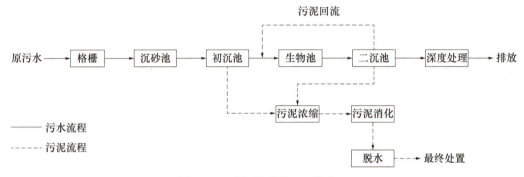

图 4.1-1　常规污水处理工艺流程

（1）一级处理主要针对水中固体悬浮物质，常采用物理处理的方法，经过一级处理后，污水中固体悬浮物可去除 35%～60%，附着于固体悬浮物的有机物也可去除 10%～30%（与悬浮物的去除率有关）。

（2）二级处理是城镇污水处理厂的核心，主要去除污水中呈胶体和溶解状态的有机污染物质（以 BOD 或 COD 表示）。通常采用的方法是生物处理方法，具体方式有活性污泥法和生物膜法等。经过二级处理后，污水中的 BOD_5、固体悬浮物去除率可达 85%～95%，二沉池出水可实现达标排放。

活性污泥处理系统是当前世界范围内应用最为广泛的污水处理技术之一，是城市污水、有机工业废水的首选处理技术。传统的活性污泥处理系统主要包括曝气池、二次沉淀池、污泥回流系统及曝气和空气扩散装置等辅助性设备，其中曝气池是一个生物反应器，也是活性污泥处理系统的核心处理单元。污水与活性污泥在曝气池中混合，活性污泥中的微生物将污水中复杂的有机物降解，并用释放出的能量来实现微生物本身的繁殖和运动等。随着活性污泥工艺的广泛应用，该工艺在实际应用中不断发展与变革，衍生出一系列能够适应多种处理要求与工况条件的工艺系统，包括序批式活性污泥工艺（SBR）、氧化沟活性污泥工艺（OD）、吸附—生物降解活性污泥工艺（A—B）、膜生物反应器（MBR）及百乐克活性污泥工艺（BIOLAK）等，进一步拓展了活性污泥工艺的应用范围。

AAO 工艺既是目前污水处理厂中最常用的传统活性污泥处理法，也是厌氧—缺氧—好氧（Anaerobic-Anoxic-Oxic）生物脱氮除磷工艺的简称，工艺流程如图 4.1-2 所示。污水首先进入厌氧反应器，对污水中部分含氮有机物进行氨化，同时聚磷菌释放与污水同步进入厌氧反应器的含磷回流污泥中的磷。随后污水进入到缺氧反应器，活性污泥中的反硝化细菌将内回流带入的硝酸盐通过反硝化作用转化为氮气逸出到大气中，从而达到脱氮的目的。最后污水进入好氧反应器（曝气池），除进一步降解有机物（BOD）外，主要进行氨、氮的硝化和磷的过量吸收，混合液中的硝态氮回流至缺氧池，污泥中过量吸收的磷通过剩余污泥排出，最终实现同步脱氮除磷。AAO 工艺的处理效率通常能够实现 90%～95% 的 BOD_5 和 SS 去除、70% 以上的总氮去除以及 90% 左右的磷去除，具有工艺流程简单，总水力停留时间短，污泥沉降性能好以及运行费用低等优点。

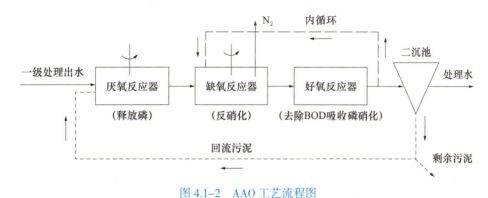

图 4.1-2　AAO 工艺流程图

（3）深度处理是在一级处理、二级处理之后的处理单元，以进一步改善水质和达到国家有关排放标准为目的，用以进一步处理难降解的有机物以及可导致水体富营养化的氮、磷等可溶性无机物等。深度处理常用的方法有混凝、沉淀（澄清、气浮）、过滤、消毒，必要时可采用活性炭吸附、膜过滤、臭氧氧化和自然生物处理等工艺。

3. 再生水回用

（1）再生水，又称为中水，是指污水经适当处理后，达到一定的水质指标、满足某种使用要求的供水。

（2）再生回用处理系统是将经过二级处理后的污水再进行深度处理，以去除二级处理剩余的污染物，如难以生物降解的有机物、氮、磷、致病微生物、细小的固体颗粒以及无机盐等，使净化后的污水达到各种回用目的水质要求。回用处理技术的选择主要取决于再生水水源的水质和回用水水质的要求。

（3）再生水回用分为以下五类：

① 农、林、渔业用水：含农田灌溉、造林育苗、畜牧养殖、水产养殖用水。
② 城市杂用水：含城市绿化、冲厕、道路清扫、车辆冲洗、建筑施工、消防用水。
③ 工业用水：含冷却、洗涤、锅炉、工艺、产品用水。
④ 环境用水：含娱乐性景观环境用水、观赏性景观环境用水。
⑤ 补充水源水：含补充地下水和地表水。

4.2　厂站工程施工

4.2.1　地基与基础

厂站工程的地基与基础包括地下水控制、基坑开挖与支护、地基处理等内容，其中地下水控制可参考本书 3.2 中相关内容，基坑开挖与支护可参考本书 3.3.1 中相关内容，下文仅对地基处理及抗浮工程提出施工要求。

1. 地基处理

1）地基处理的方法

地基处理的方法有：换填垫层、预压地基、压实地基、夯实地基、复合地基、注浆加固等。复合地基包括：振冲碎石桩和沉管砂石桩复合地基、水泥土搅拌桩复合地基、旋喷桩复合地基、灰土挤密桩和土挤密桩复合地基、夯实水泥土桩复合地基、水泥粉煤灰碎石桩复合地基、柱锤冲扩桩复合地基、多桩型复合地基等。

2）地基施工前准备工作

基坑开挖至设计高程后应由建设单位会同设计、勘察、施工、监理等单位共同验收；发现岩、土质与勘察报告不符或有其他异常情况时，由建设单位会同上述单位研究确定处理措施。

处理地基施工前，需要通过现场试验确定地基处理方法的适用性和处理效果。

地基处理的施工方案一般包括：地基处理方式的选择，材料、配合比，施工工艺和顺序，施工参数，施工机具，地基强度及承载力检验方法；地基基础为复合地基的，施工方案一般包括：成桩工艺，材料、配合比，施工参数，施工机具，承载力检测要求。

3）地基处理施工

（1）灰土地基、砂石地基和粉煤灰地基：应将表层的浮土清除，并应控制材料配合比、含水量、分层厚度及压实度，混合料应搅拌均匀；地层遇有局部软弱土层或孔穴，挖除后用素土或灰土分层填实。

（2）强夯处理地基：需将施工场地的积水及时排除，地下水位降低到夯层面以下 2m；施工应控制夯锤落距、次数、夯击位置和夯击范围；强夯处理的范围宜超出构筑物基础，超出范围为加固深度的 1/3～1/2，且不小于 3m；对地基透水性差、含水量高的土层，前后两遍夯击应有 2～4 周的间歇期。

（3）注浆加固地基：需根据设计要求及工程具体情况选用浆液材料，并进行现场试验，确定浆液配合比、施工参数及注浆顺序；浆液应搅拌充分、筛网过滤；施工中应严格控制施工参数和注浆顺序；地基承载力、注浆体强度合格率达不到 80% 时，应进行二次注浆。

（4）复合地基施工的相关要求：

① 复合地基桩，按设计要求进行工艺性试桩，以验证或调整设计参数，并确定施工工艺、技术参数。

② 复合地基桩，应控制所用材料配合比，以及桩（孔）位、桩（孔）径、桩长（孔深）、桩（孔）身垂直度的偏差。

③ 水泥土搅拌桩，应控制水泥浆注入量、机头喷浆提升速度、搅拌次数；停浆（灰）面宜比设计桩顶高 300～500mm。

④ 高压旋喷桩，应控制水泥用量、压力、相邻桩位间距、提升速度和旋转速度；并应合理安排成桩施工顺序，详细记录成孔情况；需要扩大加固范围或提高强度时应采取复喷措施。

⑤ 振冲桩，应控制填料粒径、填料用量、水压、振密电流、留振时间和振冲点位

置顺序,防止漏振。

⑥ 水泥粉煤灰碎石桩,应控制桩身混合料的配合比、坍落度、灌入量和提拔钻杆(或套管)速度、成孔深度;成桩顶标高宜高于设计标高 500mm 以上。

⑦ 砂桩,应选择适当的成桩方法,控制灌砂量、标高;合理安排成桩施工顺序。

⑧ 灰土挤密桩和土挤密桩,应控制填料含水量和夯击次数,并应合理安排成桩施工顺序;成桩预留覆盖土层厚度:沉管(锤击、振动)成孔宜为 0.50～0.70m,冲击成孔宜为 1.20～1.50m。

⑨ 预制桩及灌注桩,按工程基础桩要求施工。

⑩ 复合地基桩施工完成后,应按《建筑地基基础工程施工质量验收标准》GB 50202—2018 规定和设计要求检验桩体强度和地基承载力。

2. 抗浮工程

城市给水排水处理厂地下、半地下构筑物底板位于地下水位以下时,应进行抗浮稳定验算,当不能满足要求时,必须采取抗浮措施,避免构筑物出现上浮变形甚至结构破坏。

抗浮工程应作为基础工程的分项工程进行施工质量检验和验收,抗浮设施在隐蔽前应进行检验和验收,并形成验收文件。

1)抗浮措施选择

抗浮措施宜根据抗浮稳定状态、抗浮设计等级和抗浮概念设计并结合治理要求、对周边环境的影响、施工条件等因素进行技术经济比较后确定。具体抗浮措施可参照表 4.2-1:

表 4.2-1 抗浮治理措施及其适用性

功能	类型	方式方法	适用条件
控制、减小地下水浮力作用效应	排水限压法	设置集排水井和抽水井、盲沟、排泄沟、水压释放层等降低水位	具有自排水条件或允许设置永久性降、排水设施且配备自动控制降、排系统的工程;可与隔水控压法联合使用;需要长期运行控制和维护管理
	泄水降压法	设置压力控制系统降低水压力	地下结构底板埋置在弱透水地基土中且可在其下方设置能使压力水通过透水及导水系统汇集到集水系统的工程;可与排水限压法与隔水控压法联合使用;需要长期运行控制和维护管理
	隔水控压法	设置隔离系统,控制水头差对基础底板产生的浮力作用	弱透水地层或水头差不大且易于设置隔水帷幕或设置具有隔水功能围护结构的工程;可与排水限压法联合使用;需要长期运行控制和维护管理
抵抗地下水浮力作用效应	压重抗浮法	增加基础底板及结构荷载;增加顶部或挑出结构填充荷载;设置重型混凝土等压重、填充材料	抗浮力与浮力相差较小的工程;可能影响设计空间和使用功能
	结构抗浮法	增加底板或结构刚度和抗拔承载力;利用基坑围护结构增加竖向抗力;连接荷载大的结构形成整体抗浮结构	抗浮力分布较小区域地下结构底板刚度不均的工程,有效作用范围不大
	锚固抗浮法	抗浮锚杆、抗浮桩	结构受力合理,不影响建筑功能,后期维护简单

2）抗浮工程施工

抗浮工程应根据场地工程地质和水文地质条件，综合地下结构底板形式及组合形式、场地环境条件和抗浮设计文件要求等选择施工工艺，并编制专项施工方案经审批后实施。地下结构施工不得对抗浮结构、构件及抗浮设施的性能造成损害。

（1）采用锚固抗浮法的一般要求

① 抗浮锚杆，应采取打入式工艺或压浆工艺；成孔机具符合要求。

② 预制抗浮桩，应按设计要求进行桩身抗裂性能检验。

③ 抗浮锚杆、抗浮桩，应按设计要求进行抗拔检验。

④ 抗浮锚杆宜在地下结构底板混凝土垫层完成后进行施工；锚杆防水：将锚杆端头部位锚固体剔凿至密实部位，清除筋材上浮灰或泥浆后，用聚合物水泥防水砂浆找平至设计要求的顶部标高，按设计要求施作防水层，改性沥青等材料热熔后浇入凹槽内应整平并及时对防水卷材进行热熔粘贴。

⑤ 抗浮桩桩头锚筋应按设计要求全部伸入地下结构底板，桩头防水和防腐应符合设计要求。

（2）排水限压法与隔水控压法宜作为其他抗浮措施的联合措施，施工过程的降水排水有以下要求

① 选择可靠的降低地下水位的方法，严格进行降水施工，对降水所用机具随时做好保养维护，并有备用机具。

② 基坑受承压水影响时，应进行承压水降压计算，对承压水降压的影响进行评估。

③ 降水排水应输送至抽水影响半径范围以外的河道或排水管道，并防止环境水源进入施工基坑。

④ 施工过程中不间断降水排水，对降水排水系统进行检查和维护，构筑物未具备抗浮条件时，严禁停止降水排水。

（3）抗浮治理方案除表 4.2-1 中所列方法及其组合抗浮措施外，还有下列防治措施

① 地下结构外周边地表应设置混凝土等弱透水材料的封闭带，范围宜扩至基坑肥槽边缘以外不小于 1.0m。

② 场地应设置与渗水井、排水盲沟及泄水沟等形成有组织排水系统的截水沟、排水沟。

③ 基坑肥槽回填应采用分层夯实的黏性土、灰土或浇筑预拌流态固化土、素混凝土等弱透水材料。

④ 基底不得设置透水性较强材料的垫层，超挖土方宜采用混凝土等弱透水材料回填。

⑤ 给水排水管道的接口、沟、涵等应采取防渗漏措施。

4.2.2 构筑物施工技术

1. 厂站构筑物结构形式与特点

（1）水处理（调蓄）构筑物和泵房多数采用地下或半地下钢筋混凝土结构，特点是构件断面较薄，属于薄板或薄壳型结构，配筋率较高，具有较高抗渗性和良好的整体性要求。少数构筑物采用土膜结构如稳定塘等，面积大且有一定深度，抗渗性要求较高。

（2）工艺辅助构筑物多数采用钢筋混凝土结构，特点是构件断面较薄，结构尺寸要求精确；少数采用钢结构预制，现场安装，如出水堰等。

（3）辅助性建筑物视具体需要采用钢筋混凝土结构或砖砌结构，符合房建工程结构要求。

（4）配套的市政公用工程结构符合相关专业结构与性能要求。

（5）工艺管线中给水排水管道越来越多采用水流性能好、抗腐蚀性高、抗地层变位性好的 PE 管、球墨铸铁管等新型管材。

2. 构筑物与施工方法

水处理（调蓄）构筑物的钢筋混凝土池体大多采用现浇混凝土施工。现浇混凝土施工有整体式现浇混凝土施工、单元组合现浇混凝土施工。

1）整体式现浇混凝土施工

（1）水处理构筑物中圆柱形混凝土池体结构，当池壁高度大（12～18m）时宜采用整体现浇施工；支模方法有：满堂支模法及滑升模板法，前者模板与支架用量大，后者宜在池壁高度不小于 15m 时采用。

（2）浇筑混凝土时应依据结构形式分段、分层连续进行，浇筑层高度应根据结构特点、钢筋疏密决定，一般为：

① 采用插入式振动器进行振捣时，混凝土分层振捣最大厚度≤插入式振动器作用部分长度的 1.25 倍，且最大不超过 500mm。

② 采用平板振动器进行振捣时，混凝土分层振捣最大厚度≤200mm。

③ 采用附着式振动器进行振捣时，混凝土分层振捣最大厚度，要根据附着式振动器的设置方式，通过试验确定。

④ 浇筑预留孔洞、预埋管、预埋件及止水带等周边混凝土时，应辅以人工插捣。现浇混凝土的配合比、强度和抗渗、抗冻性能必须符合设计要求，构筑物不得出现露筋、蜂窝、麻面、孔洞、夹渣、疏松、裂缝等质量缺陷，且整个构筑物混凝土应做到颜色一致、棱角分明、规则，体现外光内实的结构特点。

（3）污水处理构筑物中卵形消化池，通常采用无粘结预应力筋、曲面异形大模板施工。消化池钢筋混凝土主体外表面，需要做保温和外饰面保护；保温层、饰面层施工应符合设计要求。

2）单元组合现浇混凝土施工

（1）沉砂池、生物反应池、清水池等大型池体的断面形式可分为圆形水池和矩形水池，宜采用单元组合式现浇混凝土结构，池体由相类似底板及池壁板块单元组合而成。

（2）以圆形储水池为例，池体通常由若干块厚扇形底板单元和若干块倒 T 形壁板单元组成，一般不设顶板，这些单元应一次性浇筑而成，底板单元间用聚氯乙烯胶泥嵌缝，壁板单元间用橡胶止水带接缝，如图 4.2-1 所示。这种单元组合结构可有效防止池体出现裂缝渗漏。

（3）大型矩形水池为避免裂缝渗漏，设计通常采用单元组合结构将水池分块（单元）浇筑。各块（单元）间留设后浇缝带，池体钢筋按设计要求一次绑扎好，缝带处不切断，待块（单元）养护 42d 后，再采用比块（单元）高一个强度等级的混凝土或掺加 UEA 的补偿收缩混凝土灌注后浇缝带且养护时间不应低于 14d，使其连成整体，如图 4.2-2 所示。

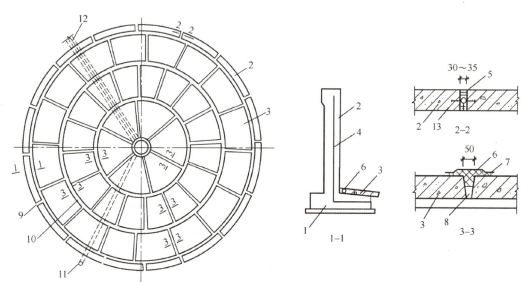

图 4.2-1　圆形水池单元组合结构（单位：mm）

1、2、3—单元组合混凝土结构；4—钢筋；5—池壁内缝填充处理；6、7、8—池底板内缝填充处理；9—水池壁单元立缝；10—水池底板水平缝；11、12—工艺管线；13—橡胶止水带

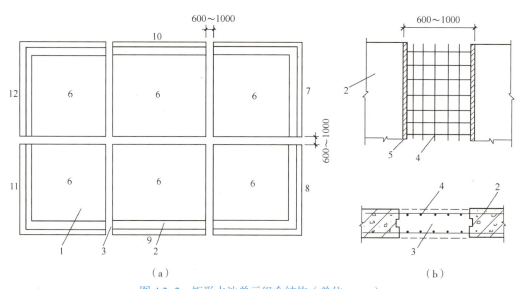

图 4.2-2　矩形水池单元组合结构（单位：mm）

1、2、3、4、5、6、7、8、9、10、11、12—均为混凝土施工单元，其中：1、2—块（单元）；3—后浇带；4—钢筋（缝带处不切断）；5—端面凹形槽

（4）膨胀加强带是通过在结构预设的后浇带部位浇筑补偿收缩混凝土，减少或取消后浇带和伸缩缝、延长构件连续浇筑长度的一种技术措施，可分为连续式、间歇式和后浇式三种。连续式膨胀加强带是指膨胀加强带部位的混凝土与两侧相邻混凝土同时浇筑；间歇式膨胀加强带是指膨胀加强带部位的混凝土与一侧相邻的混凝土同时浇筑，而

另一侧是施工缝；后浇式膨胀加强带与常规后浇带的浇筑方式相同。当采用连续式膨胀加强带工艺时，可大大缩短工期。

用于后浇带、膨胀加强带部位的补偿收缩混凝土的设计强度等级应比两侧混凝土提高一个等级，其限制膨胀率满足设计要求。

3）砌筑施工

（1）进水渠道、出水渠道和水井等辅助构筑物，可采用砖石砌筑结构，砌体外需抹水泥砂浆层，且应压实赶光，以满足工艺要求。

（2）量水槽（标准巴歇尔量水槽和大型巴歇尔量水槽）、出水堰等工艺辅助构筑物宜用耐腐蚀、耐水流冲刷、不变形的材料预制，现场安装而成，安装精度满足设计要求。

4）土膜结构水池施工

（1）稳定塘等塘体构筑物，因其施工简便、造价低近些年来在工程实践中应用较多，如百乐克活性污泥工艺（BIOLAK）中的稳定塘。

（2）基槽施工是塘体构筑物施工关键的分项工程，必须做好基础处理和边坡修整，以保证构筑物的整体结构稳定。

（3）塘体结构防渗施工是塘体结构施工的关键环节，应按设计要求控制防渗材料类型、规格、性能、质量，严格控制连接、焊接部位的施工质量，以保证防渗性能要求。

（4）塘体的衬里有多种类型（如 PE、PVC、沥青、水泥混凝土、CPE 等），应根据处理污水的水质类别和现场条件进行选择，按设计要求和相关规范要求施工。

3. 构筑物施工

给水排水场站施工主要采用现浇（预应力）混凝土水池施工，可采用整体式现浇钢筋混凝土施工和单元组合式现浇钢筋混凝土施工方式。

1）施工方案与流程

（1）施工方案应包括基础处理、结构形式、材料与配合比、施工工艺及流程、模板及其支架设计（支架设计、验算）、钢筋加工安装、混凝土施工、预应力施工等主要内容。

（2）整体式现浇钢筋混凝土池体结构施工流程为：测量定位→土方开挖及地基处理→垫层施工→防水层施工→底板浇筑→池壁及柱浇筑→顶板浇筑→功能性试验。

（3）单元组合式现浇钢筋混凝土水池工艺流程为：测量定位→土方开挖及地基处理→中心支柱浇筑→池底防渗层施工→浇筑池底混凝土垫层→池内防水层施工→池壁分块浇筑→底板分块浇筑→底板嵌缝→池壁防水层施工→功能性试验。

2）施工技术要点

（1）模板、支架施工

① 模板及其支架应满足浇筑混凝土时的承载能力、刚度和稳定性要求，且应安装牢固。

② 钢模板安装前应抛光、除锈并涂刷脱模剂。各部位的模板安装位置正确、拼缝紧密不漏浆；对拉螺栓、垫块等安装稳固；模板上的预埋件、预留孔洞、穿墙套管的安装必须牢固，位置准确。管件穿越有防水要求的结构时应设置套管，套管的直径应至少比管道直径大 50mm。套管止水环与套管应满焊。穿管后应将套管与管道之间的缝隙填

塞密实，端口周边应填塞密封胶。穿过结构的管道、埋设件等应在结构防水层施工前埋设完成。安装池壁最下一层模板时，应在适当位置预留清扫杂物用的窗口。浇筑混凝土前，应将模板内部清扫干净，检验合格后，再将窗口封闭。

③ 采用穿墙螺栓平衡混凝土浇筑对模板的侧压力时，应选用两端能拆卸的螺栓或在拆模板时可拔出的螺栓，并应符合下列规定：

a. 两端能拆卸的螺栓中部应加焊止水环，止水环不宜采用圆形，且与螺栓满焊牢固。

b. 螺栓拆卸后混凝土壁面应留有 40～50mm 深的锥形槽。

c. 在池壁形成的螺栓锥形槽，应采用无收缩、易密实、具有足够强度、与池壁混凝土颜色一致或接近的材料封堵，封堵完毕的穿墙螺栓孔不得有收缩裂缝和湿渍现象。

d. 对跨度不小于 4m 的现浇钢筋混凝土梁、板，其模板应按设计要求起拱；设计无具体要求时，起拱高度宜为跨度的 1/1000～3/1000。

e. 固定在模板上的预埋管、预埋件安装前应清除铁锈和油污，安装后应做标志。

f. 池壁模板可先安装一侧，绑完钢筋后，分层安装另一侧模板，或采用一次安装到顶而分层预留操作窗口的施工方法。分层安装模板，每层层高不宜超过 1.5m；分层留置的窗口其层高不宜超过 3m，水平净距不宜超过 1.5m。

（2）钢筋施工

① 加工前对进场原材料进行复试，合格后方可使用。

② 根据设计保护层厚度、钢筋级别、直径、锚固长度、绑扎及焊接长度、弯钩要求确定下料长度并编制钢筋下料表。

③ 钢筋连接的方式：根据钢筋直径、钢材、现场条件确定钢筋连接的方式。主要采取机械连接、焊接、绑扎方式。

④ 加工及安装应满足《给水排水构筑物工程施工及验收规范》GB 50141—2008、《混凝土结构工程施工规范》GB 50666—2011、《混凝土结构工程施工质量验收规范》GB 50204—2015 等现行规定和设计要求。

钢筋安装应按《钢筋机械连接技术规程》JGJ 107—2016、《钢筋焊接及验收规程》JGJ 18—2012 的规定，抽取钢筋机械连接接头、焊接接头试件做力学性能检验，其质量应符合有关规程的规定。

⑤ 钢筋安装质量检验应在模板支搭或混凝土浇筑之前对安装完毕的钢筋进行隐蔽工程验收。

⑥ 变形缝止水带安装部位、预留开孔等处的钢筋应预先制作成型，安装位置准确、尺寸正确、安装牢固。

⑦ 预埋件、预埋螺栓及插筋等，其埋入部分不得超过混凝土结构厚度的 3/4。

（3）无粘结预应力施工

无粘结预应力筋施工需采用 I 类锚具，锚具规格应根据无粘结预应力筋的品种、张拉吨位以及工程使用情况选用。锚具进场时，应检验其静载锚固性能。

① 施工工艺流程：

钢筋施工→安装内模板→铺设非预应力筋→安装托架筋、承压板、螺旋筋→铺设无粘结预应力筋→外模板→混凝土浇筑→混凝土养护→拆模及锚固肋混凝土凿毛→割断外露塑料套管并清理油脂→安装锚具→安装千斤顶→同步加压→量测→回油撤泵→锁定→切断无粘结筋（留100mm）→锚具及钢绞线防腐→封锚混凝土。

② 无粘结预应力筋布置安装：

a. 锚固肋数量和布置，应符合设计要求；设计无要求时，张拉段无粘结预应力筋长不超过50m，且锚固肋数量为双数。

b. 安装时，上下相邻两环无粘结预应力筋锚固位置应错开一个锚固肋；应以锚固肋数量的一半为无粘结预应力筋分段（张拉段）数量；每段无粘结预应力筋的计算长度应加入一个锚固肋宽度及两端张拉工作长度和锚具长度。

c. 应在浇筑混凝土前安装、放置；浇筑混凝土时，不得踏压、撞碰无粘结预应力筋、支撑架及端部预埋件。

d. 无粘结预应力筋不应有死弯，有死弯时应切断。

e. 无粘结预应力筋中严禁有接头。

③ 无粘结预应力张拉：

a. 张拉段无粘结预应力筋长度小于25m时，宜采用一端张拉；张拉段无粘结预应力筋长大于25m而小于50m时，宜采用两端张拉；张拉段无粘结预应力筋长度大于50m时，宜采用分段张拉和锚固。

b. 安装张拉设备时，对直线的无粘结预应力筋，应使张拉力的作用线与预应力筋中心重合；对曲线的无粘结预应力筋，应使张拉力的作用线与预应力筋中心线末端重合。

c. 无粘结预应力筋张拉时，混凝土同条件立方体试块抗压强度应满足设计要求；当设计无具体要求时，不应低于设计混凝土强度等级值的75%。

④ 封锚要求：

a. 凸出式锚固端锚具的保护层厚度不应小于50mm。

b. 外露预应力筋的保护层厚度不应小于50mm。

c. 封锚混凝土强度等级不得低于相应结构混凝土强度等级，且不得低于C40。

（4）混凝土施工

① 钢筋（预应力）混凝土水池（构筑物）是给水排水场站工程施工控制的重点。对于结构混凝土外观质量、内在质量有较高的要求，设计上有抗冻、抗渗、抗裂要求。对此，混凝土施工必须从原材料及外加剂选择，配合比设计，混凝土的搅拌及运输，混凝土的分仓布置、预留施工缝及后浇带的位置及要求，混凝土浇筑顺序、浇筑速度及振捣方法，预防混凝土施工裂缝措施，季节性施工措施，养护各环节中加以控制以保证实现设计使用功能。

② 混凝土施工、验收和试验严格按《给水排水构筑物工程施工及验收规范》GB 50141—2008、《混凝土结构工程施工规范》GB 50666—2011、《混凝土结构工程施工质量验收规范》GB 50204—2015等规范规定和设计要求执行。

③ 混凝土浇筑后的12h以内，对混凝土加以覆盖保湿养护，保湿养护可采用洒水、覆盖、喷涂养护剂等方式。采用塑料薄膜、塑料薄膜加土工织物、塑料薄膜加草帘覆盖养护时，塑料薄膜应紧贴混凝土裸露表面，塑料薄膜内应保持有凝结水。

洒水养护宜在混凝土裸露表面覆盖麻袋或草帘后进行，也可采用直接洒水、蓄水等养护方式；洒水养护应保证混凝土表面处于湿润状态，养护时间不应少于14d，养护至达到规范规定的强度。当日最低温度低于5℃时，不应采用洒水养护。

后浇带浇筑应在两侧混凝土养护不少于42d后进行。后浇带混凝土的养护时间不应少于14d；地下室底层墙、柱和上部结构首层墙、柱，宜适当增加养护时间。

大体积混凝土应进行保温保湿养护，保湿养护的持续时间不得少于14d。混凝土养护，控制浇筑混凝土内外温差不大于25℃。

混凝土强度达到1.2MPa前，不得在其上踩踏、堆放物料或安装模板及支架。

（5）止水带安装

① 塑料或橡胶止水带的形状、尺寸及其材质的物理性能，应符合设计要求，且无裂纹，无气泡。用于贮存或运输饮用水构筑物的止水带，其卫生指标应符合《食品安全国家标准 食品接触用橡胶材料及制品》GB 4806.11—2023的相关要求。

② 塑料或橡胶止水带接头应采用热接，不得叠接；接缝应平整牢固，不得有裂口、脱胶现象；T形接头、十字接头和Y形接头，应在工厂加工成型。

③ 金属止水带应平整、尺寸准确，其表面的铁锈、油污应清除干净，不得有砂眼、钉孔。

④ 金属止水带接头应按其厚度分别采用折叠咬接或搭接；搭接长度不得小于20mm，咬接或搭接必须采用双面焊接。

⑤ 金属止水带在伸缩缝中的部分应涂防锈和防腐涂料。

⑥ 止水带安装应牢固，无孔洞、撕裂、扭曲、褶皱，位置准确，其中心线应与变形缝中心线对正，止水带不得有裂纹、孔洞等。不得在止水带上穿孔或用铁钉固定就位。

⑦ 混凝土结构中，止水带、遇水膨胀止水条和预埋注浆管可组合应用，以提升施工缝的防水质量。

（6）施工缝设置

① 混凝土底板和顶板，应连续浇筑不得留置施工缝；设计有变形缝时，应按变形缝分仓浇筑。

② 构筑物池壁的施工缝设置应符合设计要求，设计无要求时，应符合下列规定：

a. 池壁与底部相接处的施工缝，宜留在底板上面不小于200mm处；底板与池壁连接有腋角时，宜留在腋角上面不小于200mm处。

b. 池壁与顶部相接处的施工缝，宜留在顶板下面不小于200mm处；有腋角时，宜留在腋角下部。

c. 构筑物处地下水位或设计运行水位高于底板顶面8m时，施工缝处宜设置高度不小于200mm、厚度不小于3mm的止水钢板。

（7）模板及支架拆除

① 应按模板支架设计方案、程序进行拆除。

② 采用整体模板时，侧模板应在混凝土强度能保证其表面及棱角不因拆除模板而受损坏时，方可拆除；其他模板应在与结构同条件养护的混凝土试块达到表4.2-2规定强度时，方可拆除。

③ 模板及支架拆除时，应划定安全范围，设专人指挥和值守。

表 4.2-2　整体现浇混凝土模板拆模时所需混凝土强度

序号	构件类型	构件跨度 L（m）	达到设计的混凝土立方体抗压强度标准值的百分率（%）
1	板	≤2	≥50
		2＜L≤8	≥75
		＞8	≥100
2	梁、拱、壳	≤8	≥75
		＞8	≥100
3	悬臂构件	—	≥100

4.2.3　功能性试验

水处理构筑物施工完毕必须进行满水试验。消化池满水试验合格后，还应进行气密性试验。满水试验是给水排水构筑物的主要功能性试验。

1. 构筑物满水试验

1）试验必备条件与准备工作

（1）满水试验前必备条件

① 编制专项试验方案，并经监理单位、建设单位、运营单位审批合格。

② 池体的混凝土或砖、石砌体的砂浆已达到设计强度要求；与所试验构筑物连接的已建管道、构筑物的强度符合设计要求；池内清理洁净，池内外缺陷修补完毕。

③ 现浇钢筋混凝土池体的防水层、防腐层施工之前；装配式预应力混凝土池体施加预应力且锚固端封锚以后，保护层喷涂之前；砖砌池体防水层施工以后，石砌池体勾缝以后。

④ 设计预留孔洞、预埋管口及进出水口等已做临时封堵，且经验算能安全承受试验压力。

⑤ 与构筑物连接的管道、相邻构筑物，应采取相应的防差异沉降的措施；有伸缩补偿装置的，应保持松弛、自由状态。

⑥ 池体抗浮稳定性满足设计要求。

⑦ 试验用的充水、充气和排水系统已准备就绪，经检查充水、充气及排水闸门不得渗漏。

⑧ 各项保证试验安全的措施已满足要求；满足设计的其他特殊要求。

⑨ 试验所需的各种仪器设备应为合格产品，并经具有合法资质的相关部门检验合格。

（2）满水试验准备工作

① 选定好洁净、充足的水源；注水和放水系统设施及安全措施准备完毕。

② 有盖池体顶部的通气孔、人孔盖已安装完毕，必要的防护设施和照明等标志已配备齐全。

③ 安装水位观测标尺、标定水位测针。

④ 准备现场测定蒸发量的设备。一般采用严密不渗，直径 500mm、高 300mm 的敞口钢板水箱，并设水位测针，注水深 200mm。将水箱固定在水池中。

⑤ 对池体有观测沉降要求时，应选定观测点，并测量记录池体各观测点初始高程。

2）水池满水试验与流程

（1）试验流程

试验准备→水池注水→水池内水位观测→蒸发量测定→整理试验结论。

（2）试验要求

① 池内注水：

向池内注水应分 3 次进行，每次注水为设计水深的 1/3。对大、中型池体，可先注水至池壁底部施工缝以上，检查底板抗渗质量，当无明显渗漏时，再继续注水至第一次注水深度。

注水时水位上升速度不宜大于 2m/d，相邻两次注水的间隔时间不应小于 24h。

每次注水宜测读 24h 的水位下降值，计算渗水量，在注水过程中和注水以后，应对池体做外观检查和沉降量观测。当发现渗水量或沉降量过大时，应停止注水。待作出妥善处理后继续注水。

设计有特殊要求时，应按设计要求执行。

② 水位观测：

利用水位标尺测针观测、记录注水时的水位值。

注水至设计水深进行水量测定时，应采用水位测针测定水位。水位测针的读数精确度应达 1/10mm。

注水至设计水深 24h 后，开始测读水位测针的初读数。

测读水位的初读数与末读数的间隔时间应不少于 24h。

测定时间应连续。测定的渗水量符合标准时，须连续测定两次以上；测定的渗水量超过允许标准，而以后的渗水量逐渐减少时，可继续延长观测。延长观测的时间应在渗水量符合标准时止。

③ 蒸发量测定：

池体有盖时，蒸发量可忽略不计。

池体无盖时，必须做蒸发量测定。

每次测定水池中水位时，同时测定水箱中水位。

3）满水试验标准

（1）水池渗水量计算，按池壁（不含内隔墙）和池底的浸湿面积计算。

（2）渗水量合格标准。钢筋混凝土结构水池不得超过 $2L/(m^2 \cdot d)$；砌体结构水池不得超过 $3L/(m^2 \cdot d)$。

2. 构筑物气密性试验

1）试验必备条件与准备工作

（1）需进行满水试验和气密性试验的池体，应在满水试验合格后，再进行气密性试验。

（2）工艺测温孔的加堵封闭、池顶盖板的封闭、安装测温仪测压仪及充气截门等均已完成。

（3）所需的空气压缩机等设备已准备就绪。

（4）试压仪器精度符合要求。

2）试验要求

（1）测读池内气压值的初读数与末读数之间的间隔时间应不少于24h。

（2）每次测读池内气压的同时，测读池内气温和池外大气压力，并换算成池内气压相同的单位。

3）气密性试验标准

（1）试验压力宜为池体工作压力的1.5倍。

（2）24h的气压降不超过试验压力的20%。

3. 场站内管道功能性试验

场站工程内的工艺、给水排水等管道的功能性试验，详见本书5.1.3中相关内容。

4.2.4 联合试运行

给水与污水处理构筑物土建工程和设备、电气安装、试验、验收完成后，正式运行前必须进行全厂试运行。

1. 试运行主要内容与程序

（1）主要内容

① 检验、试验和监视运行，通过试验掌握运行性能。

② 按规定全面详细记录试验情况，整理成技术资料。

③ 正确评估试运行资料、质量检查和鉴定资料等，并建立档案。

（2）基本程序

① 单机试车。

② 设备机组充水试验。

③ 设备机组空载试运行。

④ 设备机组负荷试运行。

⑤ 设备机组自动开停机试运行。

2. 试运行要求

1）准备工作

（1）所有单项工程验收合格，并进行现场清理。

（2）成立试运行组织，责任清晰明确。

（3）编写试运行方案并获准。

（4）参加试运行人员培训考试合格。

（5）设备、电器状态检查。

2）单机试车要求

（1）单机试车，一般空车试运行不少于2h。

（2）各执行机构运作调试完毕，动作反应正确。

（3）自动控制系统运行正常。

（4）监测并记录单机运行数据。

3）联机运行要求

（1）按工艺流程各构筑物逐个通水联机试运行正常。

（2）全厂联机试运行、协联运行正常。

（3）先采用手工操作，处理构筑物和设备全部运转正常后，方可转入自动控制运行。

（4）全厂联机运行应不少于24h。

（5）监测并记录各构筑物运行情况和运行数据。

4）设备及泵站空载运行

（1）处理设备及泵房机组首次启动。

（2）处理设备及泵房机组运行4～6h后，停机试验。

（3）机组自动开、停机试验。

5）设备及泵站负荷运行

（1）用手动或自动启动负荷运行。

（2）检查、监视各构筑物负荷运行状况。

（3）不通水情况下，运行6～8h，一切正常后停机。

（4）停机前应抄表一次。

（5）检查各台设备是否出现过热、过流、噪声等异常现象。

6）联合试运行

（1）联合试运转应带负荷运行，试运转持续时间不应小于72h，设备应运行正常、性能指标符合设计文件的要求。

（2）连续试运行期间，开机、停机不少于3次。

（3）处理设备及泵房机组联合试运行时间，一般不少于6h。

（4）水处理和泥处理工艺系统试运行满足工艺要求。

4.3 城市给水排水处理厂站工程安全质量控制

4.3.1 城市给水排水处理厂站工程安全技术控制要点

（1）根据工程设计文件和施工组织设计文件编制监测方案，在抗浮工程施工期和使用期全过程对锚杆和抗浮桩的应力、应变，抗浮板的竖向变形和裂缝渗漏，基础及底层柱的变形等监测项目进行监测并制定相应的应急处理措施。

（2）对建在地表水水体中、岸边及地下水位以下的构筑物，其主体结构宜在枯水期施工。在地表水水体中或岸边施工时，应采取防汛、防冲刷、防漂浮物、防冰凌的措施以及对防洪堤的保护措施。

（3）基坑施工降水排水，应对其影响范围内的原有建（构）筑物进行沉降观测，必要时采取保护措施。

（4）当处理地基施工采用振动或挤土方法施工时，应采取开挖隔震沟、施工隔离桩等措施控制振动和侧向挤压对邻近建（构）筑物及周边环境产生有害影响。

（5）池壁模板施工时，应设置确保墙体直顺和防止浇筑混凝土时模板倾覆的装置。

（6）池壁与顶板连续施工时，池壁内模立柱不得同时作为顶板模板立柱；顶板支架的斜杆或横向连杆不得与池壁模板的杆件相连接。

（7）预制构件安装就位后应及时采取临时固定措施。预制构件与吊具的分离应在校准定位及临时固定措施安装完成后进行。临时固定措施的拆除应在装配式结构能达到后续施工要求的承载力、刚度及稳定性要求后进行。

（8）盛水构筑物上所有可触及的外露导电部件和进出构筑物的金属管道，均应做等电位联结，并可靠接地。

4.3.2 城市给水排水处理厂站工程质量控制要点

城市给水排水处理厂站质量控制主要从水池混凝土的防渗漏、设备安装等内容进行。

1. 城市给水排水处理厂站质量控制指标

1）地基与基础主要质量控制指标

（1）基坑开挖：基底不应受浸泡或受冻；天然地基不得扰动、超挖；地基承载力应符合设计要求；基坑边坡稳定、围护结构安全可靠，无变形、沉降、位移，无线流现象；基底无隆起、沉陷、涌水（砂）等现象。

（2）抗浮锚杆：钢杆件（钢筋、钢绞线等）以及焊接材料、锚头、压浆材料等的材质、规格；锚杆的结构、数量、深度；锚杆抗拔能力、压浆强度。

（3）基坑回填：回填材料应符合设计要求；回填土中不应含有淤泥、腐殖土、有机物、砖、石、木块等杂物；回填高度符合设计要求；沟槽不得带水回填，回填应分层夯实；回填时构筑物无损伤、沉降、位移。

2）水处理构筑物主要质量控制指标

水处理构筑物结构施工中，钢筋、模板、混凝土等通用部分主要质量项目可参考桥梁相关内容，下文仅对水处理构筑物主要质量控制项目重点描述。

（1）装配式混凝土结构的构件安装：装配式混凝土所用的原材料、预制构件等的产品质量保证资料；预制构件上的预埋件、插筋、预留孔洞的规格、位置和数量；预制构件的外观质量不应有严重质量缺陷，且不应有影响结构性能和安装、使用功能的尺寸偏差；预制构件与结构之间、预制构件之间的连接应符合设计要求；构件安装应位置准确、垂直、稳固；相邻构件湿接缝及杯口、杯槽填充部位混凝土应密实，无漏筋、孔洞、夹渣、疏松现象；钢筋机械或焊接接头连接可靠；安装后的构筑物尺寸、表面平整度应满足设计和设备安装及运行的要求。

（2）圆形构筑物缠丝张拉预应力混凝土：预应力筋和预应力锚具、夹具、连接器以及保护层所用水泥、砂、外加剂等的产品质量保证资料；预应力筋的品种、级别、规格、数量、下料、墩头加工以及环向预应力筋和锚具槽的布置、锚固位置必须符合设计要求；缠丝时，构件及拼接处的混凝土强度符合规定；缠丝应力应符合设计要求；缠丝过程中预应力筋应无断裂，发生断裂时应将钢丝接好，并在断裂位置左右相邻锚固槽各增加一个锚具；保护层砂浆的配合比计量准确，其强度、厚度应符合设计要求，并应与预应力筋（钢丝）粘结紧密，无漏喷、脱落现象。

（3）后张法预应力混凝土：预应力筋和预应力锚具、夹具、连接器以及有粘结预应力筋孔道灌浆所用水泥、砂、外加剂、波纹管等的产品质量保证资料齐全；预应力筋的品种、级别、规格、数量下料加工符合设计要求；张拉时混凝土强度符合规定；后张法张拉应力和伸长值、断裂或滑脱数量、内缩量等应符合规定和设计要求；有粘结预应力筋孔道灌浆应饱满、密实；灌浆水泥砂浆强度符合设计要求。

（4）混凝土结构水处理构筑物：水处理构筑物结构类型、结构尺寸以及预埋件、预留孔洞、止水带等规格、尺寸应符合设计要求；混凝土强度符合设计要求；混凝土抗渗、抗冻性能符合设计要求；混凝土结构外观无严重质量缺陷；构筑物外壁不得渗水；构筑物各部位以及预埋件、预留孔洞、止水带等的尺寸、位置、高程、线形等的偏差，不得影响结构性能和水处理工艺平面布置、设备安装、水力条件。

（5）构筑物变形缝：构筑物变形缝的止水带、柔性密封材料等的产品质量保证资料齐全；止水带位置应符合设计要求；安装固定稳固，无孔洞、撕裂、扭曲、褶皱等现象；先行施工一侧的变形缝结构端面应平整、垂直，混凝土或砌筑砂浆应密实，止水带与结构咬合紧密；端面混凝土外观严禁出现严重质量缺陷，且无明显一般质量缺陷；变形缝应贯通，缝宽均匀一致；柔性密封材料嵌填应完整、饱满、密实。

（6）梯道、平台、栏杆、盖板、走道板、设备行走的钢轨轨道等细部结构：原材料、成品构件、配件等的产品质量保证资料齐全；位置和高程、线形尺寸、数量等应符合设计要求，安装应稳固可靠；固定构件与结构预埋件应连接牢固；活动构件安装平稳可靠、尺寸匹配，无走动、翘动等现象；混凝土结构外观质量无严重缺陷；安全设施符合国家有关安全生产的规定。

2. 给水排水混凝土构筑物防渗漏控制

（1）从设计角度主要考虑合理增配构造筋、结构断面变化时设计成渐变的过渡形式、设置变形缝或结构单元等措施。

（2）施工过程主要从以下几方面进行质量控制：

① 控制混凝土原材料和配合比。

② 确保模板支架稳固，防止沉陷裂缝的产生；模板接缝处严密平整，变形缝止水带安装符合设计要求。

③ 减小混凝土结构内外温差，减少温度裂缝，控制混凝土入模温度和入模坍落度，做好浇筑振捣工作，采取适当的养护方式减少温度裂缝。

④ 合理设置后浇带，后浇带处的模板及支架独立设置。

⑤ 延长拆模时间和外保温，控制内外温差；地下部分结构在拆模后及时回填，控制早期、中期开裂。

3. 城市给水排水处理厂设备安装质量控制

（1）设备安装前向建设单位、监理工程师和设备供应商提交施工计划。

（2）安装前编制安装施工方案，明确安装技术要求。

（3）设备安装前进行基础验收，在建（构）筑物的位置、高程和预埋件、预留洞位置复测合格后，进行设备安装作业。

（4）设备的安装（如滤池滤板等）要保证位置准确、安装精度满足要求、设备与结构间隙处理要求、相关试验等。

4.3.3 城市给水排水处理厂站工程季节性施工措施

在冬、雨期施工时，应按特殊时期施工方案和相关技术规程执行，制定切实可行的防水、防雨、防冻、混凝土保温及地基保护等措施。

1. 雨期施工安全质量措施

（1）雨期施工开挖基坑时，应注意保持边坡稳定。必要时可适当放缓边坡坡度或设置支撑；并经常对边坡、支撑进行检查，发现问题要及时处理。

（2）水工构筑混凝土浇筑施工应尽量避开雨天，如果在混凝土浇筑过程中遇雨，应及时用塑料布或雨布遮盖。

（3）雨后接缝时应凿掉被雨水浸泡冲刷过的松散混凝土，继续浇筑混凝土时应按施工缝处理。如果浇筑的混凝土在终凝前受到雨水冲刷或浸泡，使其表面遭到破坏，应将这部分混凝土及时去除至露出下部密实层，再进行修补处理。

（4）雨期施工过程抗浮措施：

① 当构筑物无抗浮设计时，雨期施工过程必须采取抗浮措施。

② 雨期施工时，基坑内地下水位急剧上升，或外地表水大量涌入基坑，使构筑物的自重小于浮力时，会导致构筑物浮起。施工中常采用的抗浮措施如下：

a. 基坑四周设防汛墙，防止外来水进入基坑；建立防汛组织，强化防汛工作。

b. 构筑物下及基坑内四周埋设排水盲管（盲沟）和抽水设备，一旦发生基坑内积水随即排除。

c. 备有应急供电和排水设施并保证其可靠性。

d. 引入地下水和地表水等外来水进入构筑物，使构筑物内、外无水位差，以减小其浮力，使构筑物结构免于破坏。

2. 冬期施工安全质量措施

（1）冬期施工的基础工程，应在上冻之前开挖完成，开挖好的基底应采取必要的保温措施，可覆盖阻燃岩棉被。不能在上冻前开挖完成的可采用松土保温措施，其厚度不小于工程所在地区常年冻土深度，待结构施工时，再清除至设计标高。

（2）开挖后应及时进行基础施工，以免地基土壤受冻，从而避免残留冻土层过厚产生不均匀沉降。底板结构不能与垫层连续进行的，垫层上的保温材料不应揭去，防止地基受冻而影响承载力。

（3）厂站工程的基坑工程不宜在冬期回填，如必须回填时，应控制回填土中冻土块的粒径及含量，填铺时冻土块应分散开，并逐层夯实。

（4）混凝土冬期施工应按《建筑工程冬期施工规程》JGJ/T 104—2011 的有关规定进行热工计算。

（5）抗渗混凝土宜避开冬期施工，减少温度裂缝的产生。

（6）混凝土结构宜采取蓄热法养护，养护时间不少于14d，期间根据温度变化，及时调整养护措施以确保结构养护质量。

（7）冬期在混凝土浇筑后，每昼夜不应少于4次温度监测（即6h一次），并做好测温记录。发现温控数值异常应及时报警，并应采取相应的措施，例如增加覆盖保温材料层数。

（8）冬期施工的混凝土试块为混凝土拆模和确定蓄热养护期提供依据。冬期浇筑的混凝土试块组数应比常温浇筑时多做两组，并与施工部位同条件养护。其中一组用于检验混凝土受冻前的强度，确定混凝土蓄热养护期限，或用于检验拆模强度；另一组用于检验混凝土同条件养护28d再转入标养28d的强度值。

3. 高温期施工安全质量措施

（1）高温期浇筑水池，应及时更换混凝土配合比，且严格控制混凝土坍落度。抗渗混凝土宜避开高温期施工，减少温度裂缝的产生。

（2）混凝土浇筑前，施工作业面宜采取遮阳措施，并应对模板、钢筋和施工机具采用洒水等降温措施，但浇筑时模板内不得有积水。

（3）混凝土浇筑完成后，应及时进行保湿养护。侧模拆除前宜采用带模湿润养护。

第5章 城市管道工程

5.1 城市给水排水管道工程

1. 我国城市排水体制和建设要求

我国城市排水系统主要为合流制、分流制或两者并存的混流制排水系统，除干旱地区外，新建地区的排水体制应采用分流制。

在现有城市排水体制下，受合流制溢流污染、管道混接、雨水非点源污染严重等因素影响，水环境污染仍较为严重。

城市排水工程建设要求：

（1）排水工程建设和运行应满足生态安全、环境安全、资源利用安全、生产安全和职业卫生健康安全的要求。

（2）分流制排水系统应分别设置雨水管渠和污水管道，不得混接、误接；合流制排水系统应明确服务范围并设置合流污水管道接纳服务范围内的雨水和污水。

（3）既有合流制排水系统，应综合考虑建设成本、实施可行性和工程效益，经技术经济比较后实施雨水、污水分流改造。暂不具备改造条件的，应根据受纳水体水质目标和水环境容量，确定溢流污染控制目标，并采取综合措施，控制溢流污染。

2. 城市新型排水体制

催生新型排水体制发展的主要因素是城市雨水控制利用、中水回用的发展。

新型排水体制指在合流制和分流制中利用源头控制和末端控制技术使雨水渗透、回用、调蓄排放的体制。

对于新型分流制排水系统，强调雨水的源头分散控制与末端集中控制相结合，减少进入城市管网中的径流量和污染物总量，同时提高城市内涝防治标准和雨水资源化回用率。雨水源头控制利用技术有雨水下渗、净化和收集回用几种；末端集中控制技术包括雨水湿地、塘体及多功能调蓄等。

对于新型合流制排水系统，雨水源头控制利用可有效减少合流制溢流频率、溢流水量和溢流污染物总量；通过在合流干管上设置储存池或调蓄池，实现合流制污水的完全处理，合流制溢流首先进入储存池，待雨后送到污水处理厂处理。合流制溢流较大时，超过储存池存储能力的溢流水经过简单处理（如旋流分离、沉淀、消毒）后排放。

5.1.1 开槽管道施工方法

给水排水管道常用的施工方法有开槽施工和不开槽施工两种。

开槽铺设预制成品管是目前国内地下管道工程施工的主要方法。

1. 给水排水管道分类

（1）按受力变形可分为：刚性管道和柔性管道。刚性管道主要有：混凝土管；柔性管道主要有：化学建材管、钢管等。

（2）按管材分为：钢管、球墨铸铁管、钢筋混凝土管、预（自）应力混凝土管、预应力钢筒混凝土管、玻璃钢管、硬聚氯乙烯管（UPVC）、聚乙烯管（PE）、聚丙烯管（PP）及其钢塑复合管、聚乙烯缠绕结构壁管等。

（3）按接口形式可分为：平口管、企口管、承插口管等。

2. 开槽施工工艺流程

（1）压力管道：测量放线→沟槽开挖→验槽→管道基础→管道安装→检查井砌筑→压力管道管节回填夯实→功能性试验→填土夯实。

（2）无压管道：测量放线→沟槽开挖→验槽→管道基础→管道安装→检查井砌筑→功能性试验→填土夯实。

3. 沟槽开挖施工

1）施工方案的主要内容

（1）对有地下水影响的土方施工应编制施工降水排水方案。

（2）沟槽施工平面布置图及开挖断面图。

（3）沟槽形式、开挖方法及堆土要求。

（4）无支护沟槽的边坡要求；有支护沟槽的支撑形式、结构、支拆方法及安全措施。

（5）施工设备机具的型号、数量及作业要求。

（6）在不良土质地段沟槽开挖时设置一定的坡度或者用土钉墙、锚喷混凝土做支护，防止土方坍塌，这些都是护坡措施。

（7）安全、文明施工保证措施，沿线管线及建（构）筑物保护措施等。

2）沟槽底部开挖宽度确定

（1）沟槽底部的开挖宽度应符合设计要求。

（2）当设计无要求时，可按经验公式计算确定，见式（5.1-1）：

$$B = D_o + 2 \times (b_1 + b_2 + b_3) \quad (5.1-1)$$

式中　B——管道沟槽底部的开挖宽度（mm）；

　　　D_o——管外径（mm）；

　　　b_1——管道一侧的工作面宽度（mm），可按表5.1-1选取；

　　　b_2——有支撑要求时，管道一侧的支撑厚度，可取150~200mm；

　　　b_3——现场浇筑混凝土或钢筋混凝土管渠一侧模板厚度（mm）。

表 5.1-1　管道一侧的工作面宽度

管道的外径 D_o（mm）	管道一侧的工作面宽度 b_1（mm）		金属类管道、化学建材管道
	混凝土类管道		
	刚性接口	柔性接口	
$D_o \leq 500$	400	300	300
$500 < D_o \leq 1000$	500	400	400
$1000 < D_o \leq 1500$	600	500	500

续表

管道的外径D_0（mm）	管道一侧的工作面宽度b_1（mm）		
	混凝土类管道		金属类管道、化学建材管道
1500＜D_0≤3000	刚性接口	800～1000	700
	柔性接口	600	

注：① 槽底须设排水沟时，b_1应适当增加。
② 管道有现场施工的外防水层时，b_1宜取 800mm。
③ 采用机械回填管道侧面时，b_1需满足机械作业的宽度要求。

3）沟槽边坡确定

（1）当地质条件良好、土质均匀、地下水位低于沟槽底面高程，且开挖深度在 5m 以内、沟槽不设支撑时，沟槽边坡最陡坡度应符合表 5.1-2 的要求。

表 5.1-2 深度在 5m 以内的沟槽边坡的最陡坡度

土的类别	边坡坡度（高：宽）		
	坡顶无荷载	坡顶有静载	坡顶有动载
中密的砂土	1：1.00	1：1.25	1：1.50
中密的碎石类土（充填物为砂土）	1：0.75	1：1.00	1：1.25
硬塑的粉土	1：0.67	1：0.75	1：1.00
中密的碎石类土（充填物为黏性土）	1：0.50	1：0.67	1：0.75
硬塑的粉质黏土、黏土	1：0.33	1：0.50	1：0.67
老黄土	1：0.10	1：0.25	1：0.33
软土（经井点降水后）	1：1.25	—	—

（2）当沟槽无法自然放坡时，应进行边坡支护设计，并计算每侧临时堆土或施加的其他荷载，验算边坡稳定性。

4. 沟槽开挖与支护施工要点

1）分层开挖及深度

（1）人工开挖沟槽的槽深超过 3m 时应分层开挖，每层的深度不超过 2m。

（2）人工开挖多层沟槽的层间留台宽度：放坡开槽时不应小于 0.8m；直槽时不应小于 0.5m；安装井点设备时不应小于 1.5m。

（3）采用机械挖槽时，沟槽分层的深度按机械性能确定。

2）沟槽开挖要求

（1）槽底原状地基土不得扰动，机械开挖时槽底预留 200～300mm 土层，由人工开挖至设计高程，整平。

（2）槽底不得受水浸泡或受冻，槽底局部扰动或受水浸泡时，宜采用天然级配砂砾石或石灰土回填；槽底扰动土层为湿陷性黄土时，应按设计要求进行地基处理。

（3）槽底土层为杂填土、腐蚀性土时，应全部挖除并按设计要求进行地基处理。

(4)槽壁平顺、边坡坡度符合施工方案的要求。

(5)在沟槽边坡稳固后设置供施工人员上下沟槽的安全梯。

(6)开挖深度大于等于3m或者小于3m但槽边附近有构筑物、管道、杆线时由施工单位申报开挖支护方案经专家论证签字后实施,必要时由构筑物、管道、杆线产权单位认可后实施。

3)支撑与支护

沟槽开挖支护材料常用圆木桩、木方、木板、钢板桩(含拉森钢板桩、工字钢、H型钢等)、钢管等。拉森钢板桩支护有止水、挡土作用,可用于地下水丰富、土质较差、沟槽较深、沟槽附近有构筑物等的施工区。

钢板桩和支撑长度及规格根据开挖深度、宽度、土质情况和槽边荷载等经计算确定。沟槽拉森钢板桩支护断面如图5.1-1所示。

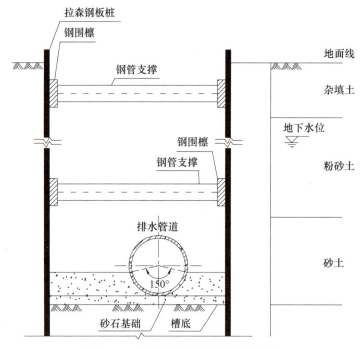

图5.1-1 沟槽拉森钢板桩支护断面图

(1)拉森钢板桩施工工艺

测量→拉森钢板桩打设→沟槽开挖和支撑安装→施作管道基础→管道安装→沟槽回填和支撑体系拆除→拉森钢板桩拔除→桩孔回填。

① 测量:

根据给水排水管线图纸要求对拉森钢板桩进行测量定位。

② 拉森桩钢板桩打设:

a.在拉森钢板板桩运至现场时,应检查其长度、厚度是否与设计要求一致,拉森钢板桩立面应平直,锁扣符合有关标准要求。

b.钢板桩应保持竖直,位置准确,以便锁口能顺利咬合,保证止水效果。

c.桩位与管道基础间安全距离要足够,避免拔桩时管道接口受损。

③沟槽开挖和支撑安装：

应根据设计图纸尺寸制作、安装钢支撑。钢支撑端头设置活络头，钢支撑采用吊机拼装、吊装并施加预应力，采取防坠落措施。支撑体系施作完毕后才能进行沟槽土方开挖作业，沟槽开挖符合设计及施工方案要求，挖至设计标高后进行管道基础及管道施工。

④施作管道基础：管道基础按照本书5.1.1中5.要求施工。

⑤管道安装：管道安装按照本书5.1.1中6.要求施工。

⑥沟槽回填和支撑体系拆除：

支撑体系应分层、分段拆除，沟槽回填到一定高度后，方可拆除相应支撑。

⑦拉森钢板桩拔除

在全部地下工程完成并回填后进行钢板桩拔除。拔桩时应采取以下措施：

a. 根据土质情况，可在拔桩前靠桩边沿灌入清水，减少摩阻力。

b. 拔出的桩摆放整齐，堆放在坚实的地面上，高度不宜超过1.0m而且距槽边保证安全距离。

⑧桩孔回填：拔桩后出现的孔隙，应立即灌砂或注浆，减少对邻近建（构）筑物、道路管道的影响。

（2）支撑与支护的一般要求

① 支护体系、规格尺寸应满足设计要求。

② 支撑应遵循"先撑后挖"的原则。

③ 应对支撑体系受力、沟槽及周边建（构）筑物变形进行监测。雨期及春季解冻时应加大监测频率。

④ 支撑应经常检查，当发现支撑构件有弯曲、松动、移位或劈裂等迹象时，应及时处理。

⑤ 拆除支撑前，应对沟槽两侧的建筑物、构筑物和槽壁进行安全检查，并应制定拆除支撑的作业要求和安全措施。

⑥ 施工人员应由安全梯上下沟槽，不得攀登支撑。

⑦ 拆除撑板应制定安全措施，配合回填交替进行。

⑧ 钢板桩拔除后应及时回填桩孔且填实。采用灌砂回填时，非湿陷性黄土地区可冲水助沉；有地面沉降控制要求时，宜采取边拔桩边注浆等措施。

5. 管道基础和地基处理

1）管道基础类型

管道基础主要有：原状土地基、混凝土基础、砂石基础。

2）地基处理

（1）管道地基应符合设计要求，管道天然地基的强度不能满足设计要求时应按设计要求加固。

（2）槽底局部超挖或槽底地层承载力不足时，超挖深度不超过150mm，可用挖槽原土回填夯实，其压实度不应低于原地基土的密实度；槽底地基土壤含水率较大，不适于压实时，应采取换填等有效措施。

（3）排水不良造成地基土扰动时，扰动深度在100mm以内，宜填天然级配砂石或砂砾处理；扰动深度在300mm以内但下部坚硬时，宜填卵石或块石，并用砾石填充空隙并找平表面。

（4）设计要求换填时，应按要求清槽，并经检查合格；回填材料应符合设计要求或有关要求。

（5）柔性管道地基处理宜采用砂桩、搅拌桩等复合地基。

（6）灰土地基、砂石地基和粉煤灰地基施工前按本书5.1.1中5.2）（1）的要求执行。

（7）岩石地基局部超挖时，应将基底碎渣全部清理，回填低强度等级混凝土或回填粒径10～15mm的砂石并夯实。

（8）原状地基为岩石或坚硬土层时，管道下方应铺设砂垫层，其厚度应符合表5.1-3的要求。

（9）非永冻土地区，管道不得铺设在冻结的地基上；管道安装过程中，应防止地基冻胀。

表5.1-3 砂垫层厚度

管道种类/管外径（mm）	砂垫层厚度（mm）		
	$D \leq 500$	$500 < D_o \leq 1000$	$D > 1000$
柔性管道	≥100	≥150	≥200
柔性接口的刚性管道	150～200		

6. 管道安装

（1）管节及管件下沟前准备工作。管节、管件下沟前，必须对管节外观质量进行检查，排除缺陷，以保证接口安装的密封性。

（2）采用法兰和胶圈接口时，安装应按照施工方案严格控制上下游管道接装长度、中心位移偏差及管节接缝宽度和深度。

（3）采用焊接接口时，两端管的环向焊缝处齐平，内壁错边量不宜超过管壁厚度的20%，且不得大于2mm。管道任何位置不得有十字形焊缝。

（4）采用电熔连接、热熔连接接口时，应选择在当日温度较低或接近最低时进行；电熔连接、热熔连接时电热设备的温度控制、时间控制，挤压焊接时对焊接设备的操作等，必须严格按接头的技术指标和设备的操作程序进行；接头处应有沿管节圆周平滑对称的内、外翻边；接头检验合格后，内翻边宜铲平。

（5）金属管道应按设计要求进行内外防腐施工和施作阴极保护工程。

7. 附属构筑物施工要点

1）检查井施工要点

（1）检查井应采用现浇钢筋混凝土结构、水泥混凝土模块砌筑结构或装配式混凝土结构。

（2）现浇钢筋混凝土（水泥混凝土模块砌筑）检查井的混凝土基础应与管道基础同时浇筑，排水管道接入检查井时，管口外缘应与井内壁平齐。

（3）为防止渗水，在排水检查井底部墙体与水泥混凝土基础连接处的井内、外用

C25 细石混凝土浇成 50mm×50mm 倒角。

（4）预制装配式结构的井室，预制构件的装配位置和尺寸应正确，安装牢固。

（5）现浇钢筋混凝土结构的井室浇筑时应同时安装踏步，踏步安装后在混凝土未达到规定抗压强度等级前不得踩踏。

（6）给水排水井盖宜采用复合材料井盖，行业标志明显；道路上的井室应使用重型井盖，装配稳固。

2）支墩施工要点

（1）支墩应在管节接口做完、管节位置固定后修筑。

（2）支墩地基承载力应符合设计要求，宜采用原状土地基。无原状土作后背墙时，应采取措施保证支墩在受力情况下，不致破坏管道接口。采用砌筑支墩时，原状土与支墩之间应采用砂浆填塞。

（3）管节安装过程中的临时固定支架，应在支墩的砌筑砂浆或混凝土达到规定强度后方可拆除。

（4）管道及管件支墩施工完毕并达到强度要求后方可进行水压试验。

3）雨水口施工要点

（1）雨水口砌筑时，管端面应露出井内壁，其露出长度不得大于 20mm，管端面应完整、无破损，位于道路下的雨水口与雨水支、连管应根据设计要求浇筑混凝土基础。

（2）坐落于道路基层内的雨水支、连管应做强度等级 C25 的混凝土全包封，且包封混凝土达到 75% 设计强度后，方可进行上部基层、面层施工。

8. 沟槽回填

1）沟槽回填一般要求

（1）压力管道水压试验前，除接口外，管道两侧及管顶以上回填高度不应小于 0.5m。水压试验合格后，应及时回填沟槽的其余部分；无压管道在闭水或闭气试验合格后应及时回填，部分城市要求第三方电视检测（CCTV）或管道检测潜望镜（QV 检测仪）检测合格、管道测绘完成后方可回填。

（2）沟槽内杂物清除干净、无积水、不得带水回填，回填应密实，压实度符合设计要求。

（3）井室、雨水口及其他附属构筑物周围回填应与管道沟槽回填同时进行，不便同时进行时，应在沟槽回填压实土层距井室不小于 400mm 处预留台阶形接槎；井室周围回填夯实时应沿井室中心对称、分层进行，且不得漏夯；回填材料夯实后应与井壁紧贴。

（4）回填土的含水率，宜按土类和采用的压实工具控制在最佳含水率 ±2% 范围内。

（5）回填材料符合设计要求，采用观察和检查检测报告的方法进行回填材料的质量检查，回填材料条件变化或来源变化时，应分别取样检测。

（6）回填应达到设计高程，表面应平整。

（7）每层回填土的虚铺厚度，应根据所采用的压实机具按表 5.1-4 的要求选取。回填作业每层土的压实遍数，应按压实度要求、夯压机具、虚铺厚度和含水率，经现场试验确定。

表 5.1-4　每层回填土的虚铺厚度

压实机具	虚铺厚度（mm）
木夯、铁夯	≤200
轻型压实设备	200～250
压路机	200～300
振动压路机	≤400

2）刚性管道沟槽回填

（1）管道两侧和管顶以上 500mm 范围内胸腔夯实，应采用轻型压实机具，管道两侧压实面的高差不应超过 300mm。

（2）分段回填压实时，相邻段的接槎应呈台阶形。采用轻型压实设备时，应夯夯相连；采用压路机时，碾压的重叠宽度不得小于 200mm。

3）柔性管道回填

（1）回填前，检查管道有无损伤或变形，对于损伤的管道应修复或更换。

（2）管内径大于 800mm 的柔性管道，回填施工时应在管内采取预防变形措施，并不得损坏管道。

（3）管基有效支承角范围应采用中粗砂填充并捣固密实，与管壁紧密接触部位，不得用土或其他材料填充；管道中心标高以下回填时应采取防止管道上浮、位移的措施。

（4）沟槽回填从管底基础部位开始到管顶以上 500mm 范围内，必须采用人工回填；管顶 500mm 以上部位，可用机械从管道轴线两侧同时夯实；每层回填高度应不大于 200mm。

（5）柔性管道回填至设计高程时，应在 12～24h 内测量并记录管道变形率，管道变形率应符合设计要求；当设计无要求时，钢管或球墨铸铁管道变形率应不超过 2%，化学建材管道变形率应不超过 3%；当超过时，需采取处理措施。管壁不得出现纵向隆起、环向扁平和其他变形情况。

5.1.2　不开槽管道施工方法

不开槽管道施工方法是相对于开槽管道施工方法而言，市政公用工程常用的不开槽管道施工方法有盾构法、浅埋暗挖法、顶管法、水平定向钻法、夯管法等。

1. 方法选择与设备选型一般要求

1）工程设计文件和项目合同

施工单位应按中标合同文件和设计文件进行具体方法和设备的选择。

2）工程详勘资料

（1）开工前施工单位应仔细核对建设单位提供的工程岩土勘察报告，进行现场沿线的调查；必要时对已有地下管线和构筑物进行人工挖探孔（通称坑探）、物探，确定其准确位置，以免施工造成损坏。

（2）在掌握工程地质、水文地质及周围环境情况和资料的基础上，正确选择施工方法和设备选型。

3）可供借鉴的施工经验和可靠的技术数据

2.施工方法与适用条件

1）施工方法见图 5.1-2

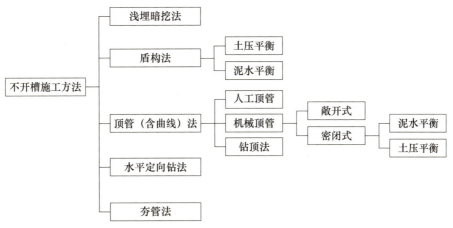

图 5.1-2　施工方法与设备分类

2）不开槽施工方法与适用条件见表 5.1-5

表 5.1-5　不开槽施工方法与适用条件

施工工法	密闭式顶管	盾构	浅埋暗挖	水平定向钻	夯管
优点	施工精度高	施工速度快	适用性强	施工速度快	施工速度快、成本较低
缺点	施工成本高	施工成本高	施工速度慢、施工成本高	控制精度低	控制精度低
适用范围	给水排水管道、综合管道	给水排水管道、综合管道	给水排水管道、综合管道	钢管、PE 管	钢管
适用管径（mm）	$\phi 300 \sim \phi 4000$	$\phi 3000$ 以上	$\phi 1000$ 以上	$\phi 300 \sim \phi 1200$	$\phi 200 \sim \phi 1800$
施工精度	不大于 ±50mm	不大于 50mm	不大于 30mm	不超过 0.5 倍管道内径	不可控
施工距离	较长	长	较长	较短	短
适用地质条件	各种土层	除硬岩外的相对均质地层	各种土层	砂卵石地层不适用	含水地层不适用、砂卵石地层困难

3.施工方法与设备选择的有关要求

（1）顶管顶进方法的选择，应根据工程设计要求、工程水文地质条件、周围环境和现场条件，经技术经济比较后确定，并应符合下列要求：

① 当周围环境要求控制地层变形或无降水条件时，宜采用封闭式的土压平衡或泥水平衡顶管机施工；目前城市改（扩）建给水排水管道工程多数采用顶管法施工，机械顶管技术获得了飞跃性发展。

② 穿越建（构）筑物、铁路、公路、重要管线和防汛墙等时，应制定相应的保护措施；根据工程设计、施工方法、工程水文地质条件，对邻近建（构）筑物、管线，采用土体加固或其他有效的保护措施。

③ 小口径的金属管道，当无地层变形控制要求且顶力满足施工要求时，可采用一次顶进的挤密土层顶管法。

④ 顶管施工过河时要保证管顶覆土厚度，预防顶管上浮出现漏水安全质量事故。

（2）盾构机选型，应根据工程设计要求（管道的外径、埋深和长度）、工程水文地质条件、施工现场及周围环境安全等要求，经技术经济比较确定；盾构法施工用于给水排水主干管道工程，直径一般在3000mm以上。

（3）浅埋暗挖施工方案的选择，应根据工程设计（管道断面和结构形式、埋深、长度）、工程水文地质条件、施工现场和周围环境安全等要求，经过技术经济比较后确定。在城区地下障碍物较复杂地段，采用浅埋暗挖法施工管（隧）道是较好的选择。

（4）夯管锤的锤击力应根据管径、钢管力学性能、管道长度，结合工程地质、水文地质和周围环境条件，经过技术经济比较后确定，并应有一定的安全储备；夯管法在特定场所有其优越性，适用于城镇区域下穿较窄道路的地下管道施工。

（5）水平定向钻适用于燃气、给水等管道，该方法参见本书5.2.2中1.的相关内容。

4. 顶管施工法

顶管法施工常用于给水排水管道敷设，是在工作井内借助顶进设备产生的顶力，克服管道与周围土壤的摩擦力，将管道按设计的坡度逐节（逐根）顶入土中，并将土方运走。其原理是借助主顶油缸及管道间、中继间等推力，把工具管或掘进机从工作井内穿过土层一直推进到接收井内吊起。顶管施工法分为人工顶管和机械顶管，机械顶管设备常用的有泥水平衡顶管和土压平衡顶管。

1）顶管施工工艺流程以泥水平衡顶管为例，其施工工艺流程如图5.1-3所示

顶管施工前，需要进行一系列的前期准备工作，包括测量、施工场地平整、便道搭设、围挡等。

2）顶进工作井、接收工作井施工

顶进工作井、接收工作井常用的施工方法有：明挖法、倒挂井壁法、沉井法等。明挖法施工参见本书3.3中相关内容、倒挂井壁法施工参见本书3.4.2中1.的相关内容，下文主要介绍沉井法施工。

沉井的组成部分包括井筒、刃脚、隔墙、梁、底板，沉井法结构示意如图5.1-4所示。

（1）基坑准备

① 按施工方案要求，进行施工平面布置，设定沉井中心桩，轴线控制桩，基坑开挖深度及边坡。

② 沉井施工影响附近建（构）筑物、管线或河岸设施时，应采取控制措施，并应进行沉降和位移监测，测点应设在不受施工干扰和方便测量的地方。

③ 地下水位应控制在沉井基坑以下0.5m，基坑内的水应及时排除；采用沉井筑岛法制作时，岛面标高应比施工期最高水位高出0.5m以上。

④ 基坑开挖应分层有序进行，保持平整和疏干状态。

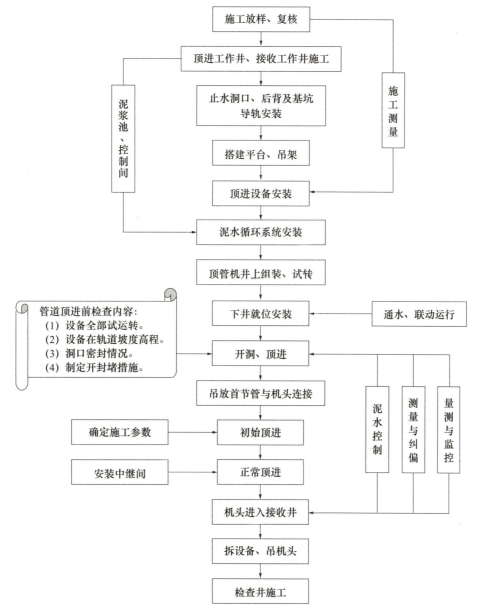

图 5.1-3 泥水平衡顶管施工工艺流程图

（2）地基与垫层施工

① 制作沉井的地基应具有足够的承载力，地基承载力不能满足沉井制作阶段的荷载时，除按设计进行地基加固外，刃脚的垫层采用砂垫层上铺垫木或素混凝土方式施作，且应满足要求。

② 沉井刃脚采用砖模时，其底模和斜面部分可采用砂浆、砖砌筑；每隔适当距离砌成垂直缝。砖模表面可采用水泥砂浆抹面，并应涂一层脱模剂。

（3）沉井预制

① 结构的钢筋、模板、混凝土工程施工应符合设计要求；混凝土应对称、均匀、水平连续分层浇筑，并应防止沉井偏斜。

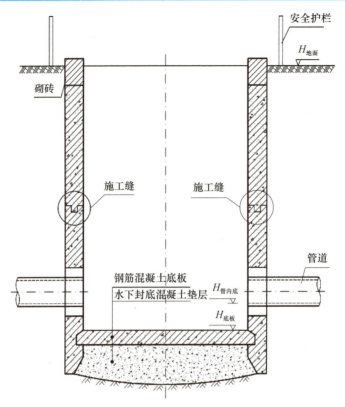

图 5.1-4 工作井沉井法结构示意图

② 分节制作沉井：

设计无要求时，混凝土强度应达到设计强度等级 75% 后，方可拆除模板或浇筑后节混凝土。

（4）下沉施工

分为：排水下沉和不排水下沉。

（5）沉井封底

分为：干封底和水下封底。

3）顶管施工技术

（1）顶进设备安装：

根据已知的控制点准确无误地测放进出洞口的标高和顶管轴线，并依此测放设备和安装位置。导轨、千斤顶支架、后背墙等设备必须安放准确牢固，以保证顶管的顺利进行。在保证所有设备机械运行无故障后，才可开门进洞。

（2）顶管进、出工作井时根据工程地质和水文地质条件、埋设深度、周围环境和顶进方法，选择技术经济合理的技术措施，并符合下列要求：

① 应保证顶管进、出工作井和顶进过程中洞圈周围的土体稳定。

② 应考虑顶管机的切削能力。

③ 洞口周围土体含地下水时，若条件允许可采取降水措施，或采取注浆等措施加固土体以封堵地下水；在拆除封门时，顶管机外壁与工作井洞圈之间应设置洞口止水装置，防止顶进施工时泥水渗入工作井。

④ 工作井洞口封门拆除应符合下列要求：

a. 钢板桩工作井，可拔起或切割钢板桩露出洞口，并采取措施防止洞口上方的钢板桩下落。

b. 工作井的围护结构采用沉井法施工时，应先拆除洞圈内侧的临时封门，再拆除井壁外侧的封板或其他封填物。

c. 在不稳定土层中顶管时，封门拆除后应将顶管机立即顶入土层。

⑤ 拆除封门后，顶管机应连续顶进，直至洞口及止水装置发挥作用为止。

（3）管道顶进：

① 应根据土质条件、周围环境控制要求、顶进方法、各项顶进参数和监控数据、顶管机工作性能等，确定顶进、开挖、出土的作业顺序和调整顶进参数。

② 掘进过程中应严格监测，实施信息化施工，确保开挖掘进工作面的土体稳定和土（泥水）压力平衡；并控制顶进速度、挖土和出土量，减少土体扰动和地层变形。

③ 管道顶进过程中，应遵循"勤测量、勤纠偏、微纠偏"的原则，控制顶管机前进方向和姿态，并应根据测量结果分析偏差产生的原因和发展趋势，确定纠偏的措施。

④ 开始顶进阶段，应严格控制顶进的速度和方向。

⑤ 在软土层中顶进混凝土管时，为防止管节飘移，宜将前3~5节管体与顶管机连成一体；顶进钢管时，为增强顶管机的纠偏能力，宜采用多铰接式顶管机或在顶管机尾部增设活络节。

⑥ 钢筋混凝土管、玻璃钢管应保证接口橡胶圈正确就位及管端衬垫安装到位；钢管接口焊接完成后，应进行防腐层补口施工，焊接及防腐层检验合格后方可顶进。

⑦ 应严格控制管道线形，对于柔性接口管道，其相邻管间转角不得大于该管材的允许转角。

⑧ 在管道顶进时，为了减小管道外壁的摩阻力，必须在管道外围压注触变泥浆。泥浆材料的选择、组成和技术指标要求，应经现场试验确定；顶管机尾部同步注浆宜选择黏度较高、失水量小、稳定性好的材料；补浆的材料宜黏滞小、流动性好。

应遵循"同步注浆与补浆相结合"及"先注后顶、随顶随注、及时补浆"的原则，制定合理的注浆工艺。

⑨ 顶管施工中，由顶管允许推顶力，顶管总阻力以及顶进安全系数来确定中继间的位置。钢管顶管的中继间闭合焊接完成后，应对焊接部位进行100%的无损检测。

（4）中继间的安装、运行、拆除：

① 中继间壳体应有足够的刚度；其千斤顶的数量应根据该段施工长度的顶力计算确定，并沿周长均匀分布安装；其伸缩行程应满足施工和中继间结构受力的要求。

② 中继间外壳在伸缩时，滑动部分应具有止水性能和耐磨性，且滑动时无阻滞。

③ 中继间安装前应检查各部件，确认正常后方可安装；安装完毕应通过试运转检验后方可使用。

④ 中继间的启动和拆除应由前向后依次进行。

⑤ 拆除中继间时，应具有对接接头的措施；中继间的外壳若不拆除，应在安装前进行防腐处理。

（5）施工测量符合下列要求：

① 施工过程中应对管道水平轴线和高程、顶管机姿态等进行测量，并及时对测量控制基准点进行复核；发生偏差时应及时纠正。

② 顶进施工测量前应对井内的测量控制基准点进行复核；发生工作井位移、沉降、变形时应及时对基准点进行复核。

③ 管道水平轴线和高程测量应符合下列要求：

a. 出顶进工作井进入土层时，每顶进 300mm 测量不应少于一次；正常顶进时，每顶进 1000mm，测量不应少于一次。

b. 进入接收工作井前 30m 范围应增加测量频次，每顶进 300mm 测量不应少于一次。

c. 全段顶完后，应在每个管节接口处测量其水平轴线和高程；有错口时，应测出相对高差。

d. 纠偏量较大或频繁纠偏时应增加测量次数。

e. 测量记录应完整、清晰。

④ 距离较长的顶管，宜采用计算机辅助的导线法（自动测量导向系统）进行测量；在管道内增设中间测站进行常规人工测量时，宜采用少设测站的长导线法，每次测量均应对中间测站进行复核。

（6）触变泥浆注浆工艺应符合下列要求：

① 注浆工艺方案应包括下列内容：

a. 泥浆配合比、注浆量及压力的确定。

b. 制备和输送泥浆的设备及其安装。

c. 注浆工艺、注浆系统及注浆孔的布置。

② 确保顶进时管外壁和土体之间的间隙能形成稳定、连续的泥浆套。

③ 泥浆材料的选择、组成和技术指标要求，应经现场试验确定；顶管机尾部同步注浆宜选择黏度较高、失水量小、稳定性好的材料；补浆的材料宜黏滞小、流动性好。

④ 触变泥浆应搅拌均匀，并具有下列性能：

a. 在输送和注浆过程中应呈胶状液体，具有相应的流动性。

b. 注浆后经一定的静置时间应呈胶凝状，具有一定的固结强度。

c. 管道顶进时，触变泥浆被扰动后胶凝结构破坏，但应呈胶状液体。

d. 触变泥浆材料对环境无危害。

⑤ 顶管机尾部的后续几道管节应连续设置注浆孔。

⑥ 应遵循"同步注浆与补浆相结合"和"先注后顶、随顶随注、及时补浆"的原则，制定合理的注浆工艺。

⑦ 施工中应对触变泥浆的黏度、重力密度、pH 值，注浆压力，注浆量进行检测。

（7）顶管纠偏符合下列要求：

① 顶管过程中应绘制顶管机水平与高程轨迹图、顶力变化曲线图、管节编号图，随时掌握顶进方向和趋势。

② 在顶进中及时纠偏。

③ 采用小角度纠偏方式。

④ 纠偏时开挖面土体应保持稳定；采用挖土纠偏方式，超挖量应符合地层变形控

制和施工设计要求。

⑤ 刀盘式顶管机应有纠正顶管机旋转的措施。

(8) 顶管施工应根据工程具体情况采用下列技术措施：

① 一次顶进距离大于100m时，应采用中继间技术。

② 在砂砾层或卵石层顶管时，应采取管节外表面熔蜡、触变泥浆技术等减少顶进阻力和稳定周围土体的措施。

③ 长距离顶管应采用激光定向等测量控制技术。

④ 计算施工顶力时，应综合考虑管节材质、顶进工作井后背墙结构的允许最大荷载、顶进设备能力、施工技术措施等因素。施工最大顶力应大于顶进阻力，但不得超过管材或工作井后背墙的允许顶力。

⑤ 施工最大顶力有可能超过允许顶力时，应采取减少顶进阻力、增设中继间等施工技术措施。

⑥ 顶进阻力计算应按当地的经验公式，或经过计算确定。

(9) 顶进应连续作业，顶进过程中遇下列情况之一时，应暂停顶进，及时处理，并应采取防止顶管机前方塌方的措施：

① 顶管机前方遇到障碍。

② 后背墙变形严重。

③ 顶铁发生扭曲现象。

④ 管位偏差过大且纠偏无效。

⑤ 顶力超过管材的允许顶力。

⑥ 油泵、油路发生异常现象。

⑦ 管节接缝、中继间渗漏泥水、泥浆。

⑧ 地层、邻近建（构）筑物、管线等周围环境的变形量超出控制允许值。

⑨ 顶管穿越铁路、公路或其他设施时，除符合《给水排水管道工程施工及验收规范》GB 50268—2008 的有关规定外，尚应遵守铁路、公路或其他设施的相关技术安全规定。

(10) 顶管管道贯通后应做好下列工作：

① 工作井中的管端应按如下要求处理：

a. 进入接收工作井的顶管机和管端下部应设枕垫。

b. 管道两端露在工作井中的长度不小于0.5m，且不得有接口。

c. 工作井中露出的混凝土管道端部应及时浇筑混凝土基础。

② 顶管结束后进行触变泥浆置换时，应采取下列措施：

a. 采用水泥砂浆、粉煤灰水泥砂浆等易于固结或稳定性较好的浆液置换泥浆填充管外侧超挖、塌落等原因造成的空隙。

b. 拆除注浆管路后，将管道上的注浆孔封闭严密。

c. 将全部注浆设备清洗干净。

③ 钢筋混凝土管顶进结束后，管道内的管节接口间隙应按设计要求处理；设计无要求时，可采用弹性密封膏密封，其表面应抹平、不得凸入管内。

5. 浅埋暗挖法

详见本书 3.4 中相关内容。

5.1.3 给水排水管道功能性试验

给水排水管道功能性试验包括压力管道的水压试验、无压管道的严密性试验。

给水管道应进行水压试验,并网运行前进行冲洗与消毒,经检验水质达到标准后,方可允许并网通水投入运行。排水管道进行严密性试验,分为闭水和闭气试验两种。湿陷性黄土及膨胀土、流砂地区的雨水管道需要进行严密性试验,污水管必须经严密性试验合格后方可投入运行。

1. 水压试验
1) 基本要求

(1) 压力管道分为预试验和主试验阶段;试验合格的判定依据分为允许压力降值和允许渗水量值,按设计要求确定。设计无要求时,应根据工程实际情况,选用其中一项值或同时采用两项值作为试验合格的最终判定依据。

(2) 压力管道水压试验进行实际渗水量测定时,宜采用注水法进行。

(3) 管道采用两种(或两种以上)管材时,宜按不同管材分别进行试验;不具备分别试验的条件必须组合试验且设计无具体要求时,应采用不同管材的管段中试验控制最严的标准进行试验。

(4) 大口径球墨铸铁管、玻璃钢管、预应力钢筒混凝土管或预应力混凝土管等管道单口水压试验合格,且设计无要求时,可免去预试验阶段,而直接进行主试验阶段。

(5) 管道的试验长度:

① 除设计有要求外,水压试验的管段长度不宜大于 1.0km。

② 对于无法分段试验的管道,应由工程有关方面根据工程具体情况确定。

(6) 给水管道必须水压试验合格,并网运行前进行冲洗与消毒,经检验水质达标后,方可允许并网通水投入运行。

2) 管道试验方案与准备工作

(1) 试验方案

主要内容包括:后背及堵板的设计;进水管路、排气孔及排水孔的设计;加压设备、压力计的选择及安装的设计;排水疏导措施;升压分级的划分及观测制度的规定;试验管段的稳定措施和安全措施。

(2) 准备工作

① 试验管段所有敞口应封闭,不得有渗漏水现象。开槽施工管道顶部回填高度不应小于 0.5m,宜留出接口位置以便检查渗漏处。

② 试验管段不得用闸阀做堵板,不得含有消火栓、水锤消除器、安全阀等附件。

③ 水压试验前应清除管道内的杂物。

④ 应做好水源引接、排水等疏导方案。

(3) 管道内注水与浸泡

① 应从下游缓慢注入,注入时在试验管段上游的管顶及管段中的高点设置排气阀,将管道内的气体排除。

② 试验管段注满水后,宜在不大于工作压力的条件下充分浸泡后再进行水压试验,浸泡时间要求:

a. 球墨铸铁管（有水泥砂浆衬里）、钢管（有水泥砂浆衬里）、化学建材管不少于 24h。

b. 内径大于 1000mm 的现浇钢筋混凝土管渠、预（自）应力混凝土管、预应力钢筒混凝土管不少于 72h。

c. 内径不大于 1000mm 的现浇钢筋混凝土管渠、预（自）应力混凝土管、预应力钢筒混凝土管不少于 48h。

3）试验要求与合格判定

（1）预试验阶段

将管道内水压缓缓地升至规定的试验压力并稳压 30min，期间如有压力下降可注水补压，补压不得高于试验压力；检查管道接口、配件等处有无漏水、损坏现象；有漏水、损坏现象时应及时停止试压，查明原因并采取相应措施后重新试压。

（2）主试验阶段

停止注水补压，稳定 15min；15min 后压力下降不超过所允许压力下降数值时，将试验压力降至工作压力并保持恒压 30min，进行外观检查若无漏水现象，则水压试验合格。

2. 严密性试验

1）基本要求

（1）湿陷土、膨胀土、流砂地区的雨水管道、污水管道，必须经严密性试验合格后方可投入运行。

（2）管道的严密性试验分为闭水试验和闭气试验，应按设计要求确定；设计无要求时，应根据实际情况选择闭水试验或闭气试验。

（3）全断面整体现浇的钢筋混凝土无压管道处于地下水位以下时，或不开槽施工的内径大于或等于 1500mm 钢筋混凝土结构管道，除达到设计要求外，管渠的混凝土强度等级、抗渗等级也应检验合格，可采用内渗法测渗水量，符合规范要求时，可不必进行闭水试验。

（4）设计无要求且地下水位高于管道顶部时，可采用内渗法测渗水量；渗漏水量的测定方法按《给水排水管道工程施工及验收规范》GB 50268—2008 附录 F 的规定进行。

（5）管道的试验长度：

① 试验管段应按井距分隔，带井试验；若条件允许可一次试验不超过 5 个连续井段。

② 当管道内径大于 700mm 时，可按管道井段数量抽样选取 1/3 进行试验；试验不合格时，抽样井段数量应在原抽样基础上加倍进行试验。

2）管道试验方案与准备工作

（1）试验方案同水压试验。

（2）闭水试验准备工作：

① 管道及检查井外观质量已验收合格。

② 开槽施工管道未回填土且沟槽内无积水。

③ 全部预留孔应封堵，不得渗水。

④ 管道两端堵板承载力经核算应大于水压力的合力；除预留进出水管外，应封堵坚固，不得渗水。

⑤ 顶管施工的注浆孔封堵与管口按设计要求处理完毕，地下水位于管底以下。

⑥ 应做好水源引接、排水疏导等方案。

（3）闭气试验：

① 适用于混凝土类的无压管道在回填土前进行的严密性试验。

② 闭气试验时，地下水位应低于管外底 150mm，环境温度为 -15～50℃。

③ 下雨时不得进行闭气试验。

④ 管道内注水与浸泡试验管段灌满水后浸泡时间不应少于 24h。

3）试验过程与合格判定

（1）闭水试验

① 试验段上游设计水头不超过管顶内壁时，试验水头应以试验段上游管顶内壁加 2m 计。试验段上游设计水头超过管顶内壁时，试验水头应以试验段上游设计水头加 2m 计；计算出的试验水头小于 10m，但已超过上游检查井井口时，试验水头应以上游检查井井口高度为准。

② 从试验水头达规定水头开始计时，观测管道的渗水量，直至观测结束，应不断地向试验管段内补水，保持试验水头恒定。渗水量的观测时间不得小于 30min，渗水量不超过允许值则试验合格。

（2）闭气试验

① 将进行闭气试验的排水管道两端用管堵密封，然后向管道内填充空气至一定的压力，在规定闭气时间测定管道内气体的压降值。

② 管道内气体压力达到 2000Pa 时开始计时，满足该管径的标准闭气时间规定时，计时结束，记录此时管内实测气体压力 P，如 $P \geqslant 1500Pa$ 则管道闭气试验合格，反之为不合格。管道闭气试验不合格时，应进行漏气检查，修补后复检。

被检测管道内径大于或等于 1600mm 时，应记录测试时管内气体温度的起始值及终止值，计算出管内气压降的修正值 ΔP，$\Delta P < 500Pa$ 时，闭气试验合格。

5.2 城市燃气管道工程

5.2.1 燃气管道的分类

1. 根据用途分类

1）长距离输气管道

其干管及支管的末端连接城市或大型工业企业，作为供应区气源点。

2）城市燃气管道

① 分配管道：在供气地区将燃气分配给工业企业用户、公共建筑用户和居民用户。分配管道包括街区和庭院的分配管道。

② 用户引入管：将燃气从分配管道引至用户室内管道引入口处的总阀门。

③ 室内燃气管道：通过用户管道引入口的总阀门将燃气引向室内，并分配到每个燃气用具。

3）工业企业燃气管道

2. 根据敷设方式分类

（1）埋地燃气管道：一般在城市中常采用直埋或地沟方式敷设。

(2)架空燃气管道:为了管理维修方便,在管道通过河流等障碍时或在工厂区采用架空敷设。

3. 根据输气压力分类

(1)城镇燃气管道设计压力不同,对其安装质量和检验要求也不尽相同,城镇燃气管道按压力分为不同等级,其分类见表 5.2-1。

表 5.2-1　城镇燃气输配管道输配压力(表压)分类

名称		最高工作压力(MPa)
高压燃气管道	A	$2.5 < P \leqslant 4.0$
	B	$1.6 < P \leqslant 2.5$
次高压燃气管道	A	$0.8 < P \leqslant 1.6$
	B	$0.4 < P \leqslant 0.8$
中压燃气管道	A	$0.2 < P \leqslant 0.4$
	B	$0.01 < P \leqslant 0.2$
低压燃气管道		$P \leqslant 0.01$

(2)次高压燃气管道,应采用钢管;中压燃气管道,宜采用钢管或铸铁管;低压地下燃气管道采用聚乙烯管材时,应符合有关标准的规定。

(3)燃气管道泄漏可能导致火灾、爆炸、中毒或其他事故。燃气管道的压力越高,管道接头脱开或管道本身出现裂缝的可能性和危险性也越大,对管道材质、安装质量、检验标准和运行管理的要求也不同。

(4)中压 B 和中压 A 管道必须通过区域调压站、用户专用调压站才能给城市分配管网中的低压和中压管道供气,或给工厂企业、大型公共建筑用户以及锅炉房供气。

一般由城市高压 B 燃气管道构成大城市输配管网系统的外环网。高压 B 燃气管道也是给大城市供气的主动脉。高压燃气必须通过调压站才能送入中压管道、高压储气罐以及工艺需要高压燃气的大型工厂企业。

(5)高压 A 输气管通常是贯穿省、地区或连接城市的长输管线,它有时构成了大型城市输配管网系统的外环网。城市燃气管网系统中各级压力的干管,特别是中压以上压力较高的管道,应连成环网,初建时也可以是半环形或枝状管道,但应逐步构成环网。

(6)城市、工厂区和居民点可由长距离输气管线供气,个别距离城市燃气管道较远的大型用户,经论证确系经济合理和安全可靠时,可自设调压站与长输管线连接。除了一些允许设专用调压器的、与长输管线相连接的管道检查站用气外,单个的居民用户不得与长输管线连接。

在确有充分必要的理由和安全措施可靠的情况下,经有关上级批准之后,城市里采用高压燃气管道也是可以的。同时,随着科学技术的发展,有可能改进管道和燃气专用设备的质量,提升施工管理的质量和运行管理的水平,在新建的城市燃气管网系统和改建旧有的系统时,燃气管道可采用较高的压力,这样能降低管网的总造价或提升管道的输气能力。

5.2.2 燃气管道、附件及设施施工技术

涉及工程施工准备工作及安装施工的技术要求参见本书 5.3.2 中相关内容。

1. 燃气管道穿（跨）越施工技术

为保证城市地下管线安全、最大限度减少对地面交通的影响，可采用非开挖方法进行燃气管道铺设，以穿越地面障碍物。常用的非开挖管道敷设方法有水平定向钻施工、顶管和夯管等。顶管施工参见本书 5.1.2 中 4. 的相关内容，下文主要介绍水平定向钻和夯管法施工。

1）水平定向钻

水平定向钻是指使用水平定向钻机、控向仪器等设备，按预先设计的轨迹进行导向孔钻进、扩孔和拉管，完成地下管道铺设的施工方法。

（1）一般要求

① 施工前，应勘察施工现场，掌握施工地层的类别和厚度、地下水分布、现场周边的建（构）筑物与地下管线的位置以及交通状况等。

② 施工单位应根据设计人员的现场交底和工程设计图纸，对设计管线穿越段进行探测，核实施工现场既有地下管线或设施的埋深及位置，并编制该工程的施工组织设计，涉及危险性较大的工程、重要部位、关键环节等还应编制专项方案。

③ 测量放线应符合下列规定：

a. 测量放线前，根据设计确定的控制桩位、设备情况、工程情况、地形地貌等编制施工场地平面布置图。

b. 用测量仪器确定穿越中心线及穿越入土点、出土点。入土点、出土点至少放桩 1 个。

c. 根据穿越入土点、出土点及穿越中心线，确定钻机安装场地、管道侧施工场地、泥浆池以及穿越管段预制场地的边界线，并做好标记。

④ 根据穿越施工场地的实际情况，合理布设钻机、工作井、材料堆放和管道地面安装等工作区的位置。施工场地地面根据土层的稳定性和密实性采取防止塌陷的措施。

⑤ 穿越施工过程中，泥浆宜循环使用。在出土点设置接纳泥浆涌出的泥浆池或泥浆罐。施工完成后，将废浆清运至环保部门指定的地点排放。

⑥ 水平定向钻机的选用根据计算的最大回拖力确定，钻机最大回拖力不宜小于计算值的 2 倍。

⑦ 钻进设备进场前应进行维护、调试，钻进设备进场后应对设备包括钻具、仪器进行验收。检验设备应在标定的检验期内。

⑧ 钢管焊接后应进行外观检验和射线检测，并进行防腐处理。PE 管热熔焊接翻边宽度值不应超过平均值的 ±2mm，并经外观检验合格。

⑨ 应根据土层条件和环境要求选择适宜的施工方法和技术措施，不宜选择在砾石层铺管。

⑩ 施工工作坑位于道路内时，应按管理部门的要求进行申报，路面恢复处理应符合道路管理部门的要求。施工涉及既有交通基础设施、河湖、绿地时应按相关管理部门要求进行申报。

（2）导向孔钻进轨迹的施工设计

定向钻施工应对钻孔轨迹进行监控，应保证铺管的准确性和精度要求符合设计要求。在理想状态下的轨迹为"斜直线段→曲线段→水平直线段→曲线段→斜直线段"组合。根据具体要求，确定出（入）土角和出（入）土点，确定管道埋深和各孔段的轨迹组成。

① 轨迹设计包含以下内容：轨迹分段形式、出土与入土点、直线段最大深度、曲线段的曲率半径、出土角与入土角、直线段与曲线段长度等。一般定向钻导向轨迹的参数计算如图 5.2-1 所示。

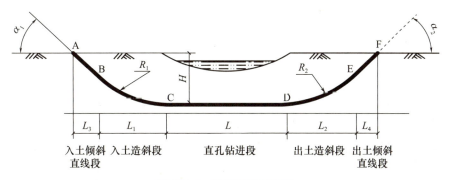

图 5.2-1　轨迹设计示意图

α_1——入土角（°）；H——管线中心线深（m）；R_1——入土段的曲率半径（m）；
L_1——入土造斜段的水平长度（m）；α_2——出土角（°）；R_2——出土段的曲率半径（m）；
L_2——管线出土造斜段的水平长度（m）；L_3——入土倾斜直线段的水平长度（m）；
L_4——出土倾斜直线段水平长度（m）

② 轨迹应根据设备的特性、已掌握的地下障碍物情况、地质条件状况、周边环境、地下水及地层情况等采用作图法或计算法确定。

③ 钢管或钻杆导向孔曲线段允许的最小曲率半径应符合式（5.2-1）的要求。

$$R_1 = (1200 \sim 1500) D_1 \tag{5.2-1}$$

式中　R_1——钢管或钻杆的导向孔的曲率半径最小值（m）；
　　　D_1——钢管外径（m）。

④ PE 管导向孔曲线段允许的最小曲率半径应符合式（5.2-2）的要求。

$$R_2 = (E \cdot D_2)/(2\delta_p) \tag{5.2-2}$$

式中　R_2——PE 管的导向孔的曲率半径最小值（m）；
　　　E——弹性模量（MPa）；
　　　D_2——PE 管的外径（m）；
　　　δ_p——弯曲应力（MPa）。

⑤ 施工入土角 α_1、出土角 α_2 的计算，应根据穿越长度、穿越深度和管道弹性敷设条件等综合确定：当采用地面始钻方式时入土角宜取 $\alpha_1 = 8° \sim 18°$，出土角度宜为 $\alpha_2 = 4° \sim 12°$。

⑥ 采用水平定向钻进设备铺设地下管线涉及建筑物、公路、道路、河道以及既有管线穿越时，应合理控制安全距离，以保证周边环境和施工安全。在涉及道路、铁路、构筑物等对沉降要求较高区域穿越时应采取防护或保护措施。

⑦ 钻机额定回拉力不超过估算值 70%，并应结合施工工艺及现场条件等具体确定。导向、扩孔钻头应根据地层、铺管长度、铺管外径、施工工艺等选定（见表 5.2-2 与表 5.2-3）。导向仪应根据工程规模、铺设管线穿越障碍的类型、管线铺设深度及施工现场周边环境选择使用。

表 5.2-2　导向钻头类型选择

地层类别	适用的导向钻头类型
淤泥质黏土	较大掌面的铲形钻头
软黏土	中等掌面的铲形钻头
砂性土	小锥型掌面的铲形钻头
砂、砾石层	镶焊硬质合金，中等尺寸弯接头钻头
岩石层	泥浆马达驱动的牙轮钻头或气动冲击锤

表 5.2-3　扩孔器类型选择

地层	适用的扩孔器类型
松软的地层	挤压型或组合型
软土层	切削型或组合型
硬土和岩石	牙轮组合型或滚刀组合型

（3）钻进施工要点

① 导向孔钻进施工要点：

导向孔决定管道铺设的最终位置，导向孔施工的关键是钻孔轨迹的监测和控制。随钻测量的顶角、方位角及工具面向角，计算出钻头的空间位置，并随时进行调整，以确保导向钻孔沿设计轨迹施工。

钻孔时应匀速钻进，并严格控制钻进给进力和钻进方向。钻进应保持钻头正确姿态，发生偏差应及时纠正，且采用小角度逐步纠偏；钻孔的轨迹偏差不得大于终孔直径，超出误差允许范围宜退回进行纠偏。

第一根钻杆入土钻进时，应采取轻压慢转的方式，稳定钻进导入位置和保证入土角，且入土段和出土段应为直线钻进，其直线长度宜控制在 20m 左右。每进一根钻杆应进行钻进距离、深度、侧向位移等的导向探测，曲线段和有相邻管线段应加密探测。

② 扩孔、清孔施工要点：

导向孔施工完成后，应根据待铺设管线的管径等选择扩孔钻头。扩孔钻头连接顺序为：钻杆、扩孔钻头、分动器、转换卸扣、钻杆。扩孔的目的是将孔径扩大至能容纳所要铺设的生产管线大小要求，最终扩孔直径大小应根据地层条件和生产管道类型确定。扩孔根据终孔孔径、管道曲率半径、土层条件、设备能力扩孔可一次完成或分多次完成。

a. 地层条件不同，应选择不同的回扩钻头。软土层可使用铣刀型扩孔钻头或组合型扩孔钻头，硬土层和岩层可使用组合型扩孔钻头、硬质合金扩孔钻头或牙轮扩孔钻头。

b. 分次扩孔时每次回扩的级差宜控制在 100~150mm，终孔孔径宜控制在回拖管节外径的 1.2～1.5 倍。

c.扩孔应严格控制回拉力、转速、泥浆流量等技术参数,确保成孔稳定和线形要求,无塌孔、缩孔等现象。管线铺设之前应进行一次或多次清孔,清除扩孔后孔内残留的泥渣,避免施工失败。

③ 管线铺设施工要点:

扩孔孔径达到终孔要求、清孔完成后应及时进行回拖管道施工。准备管线回拉铺设施工前,检查已焊接完成的管线长度、焊缝、防腐。回拖管段的质量、拖拉装置安装及其与管段连接等经检验合格后,方可进行拖管。

回拖应从出土点向入土点连续进行,应采用匀速慢拉的方法,严禁硬拉硬拖,严格控制钻机回拖力、扭矩、泥浆流量、回拖速率等技术参数。回拖过程中应有发送装置,避免管段与地面直接接触和减小摩擦力;发送装置可采用水力发送沟、滚筒管架发送道等形式,并确保进入地层前的管段曲率半径在允许范围内。管道进入设计位置后,钻孔与管道之间的空隙宜进行填充。

④ 定向钻施工的泥浆(液)配制要点:

导向钻进、扩孔及回拖时,及时向孔内注入泥浆(液)。泥浆(液)的材料、配合比和技术性能指标应满足施工要求,并可根据地层条件、钻头技术要求、施工步骤进行调整。泥浆(液)的压力和流量应按施工步骤分别进行控制。

泥浆(液)应在专用的搅拌装置中配制,并通过泥浆循环池使用;从钻孔中返回的泥浆经处理后回用,剩余泥浆应妥善处置。

⑤ 出现下列情况时必须停止作业,待问题解决后方可继续作业:

a.设备无法正常运行或损坏,钻机导轨、工作井变形。

b.钻进轨迹发生突变、钻杆发生过度弯曲。

c.回转扭矩、回拖力等突变,钻杆扭曲过大或拉断。

d.塌孔、缩孔或地面冒浆。

e.待回拖管表面及钢管外防腐层损伤。

f.遇到未预见的障碍物或意外的地质变化。

g.地层、邻近建(构)筑物、管线等周围环境的变形量超出控制允许值。

2)夯管施工

夯管施工是利用特殊的设备,将钢管沿着设计路线夯进的施工方法。夯进的管道应为钢管,在燃气管道铺设中,夯进管道一般作为钢套管使用。夯管长度一般不超过80m。在卵石层、杂填土层中夯进,地层中最大卵砾石粒径或最大块状物的尺寸不得超过 0.5 倍的夯进管外径。

(1)一般要求

① 施工前应对施工区域地质条件、地下管线和周边障碍物进行调查、复核,在调查的基础上编制施工组织设计。

② 穿越城市道路时,夯管覆土不小于 2 倍管径,且不得小于 1.0m。夯入钢管的壁厚应符合设计要求,夯管锤应根据管径、夯管长度、地质条件等选择夯管锤外径。

(2)夯进施工前准备要点

① 工作井结构施工符合要求,其尺寸应满足单节管长安装、接口焊接作业、夯管

锤及辅助设备配置、气动软管弯曲等要求。

② 气动系统、各类辅助系统的选择及布置符合要求，管路连接结构安全、无泄漏，阀门及仪器仪表的安装和使用安全可靠。

③ 工作井内的导轨安装方向与管道轴线一致，安装稳固、直顺，确保夯进过程中导轨无位移和变形。

④ 成品钢管及外防腐层质量检验合格，接口外防腐层补口材料准备就绪。

⑤ 连接器与穿孔机、钢管刚性连接牢固、位置正确、中心轴线一致，第一节钢管顶入端的管靴制作和安装符合要求。

⑥ 设备、系统经检验、调试合格后方可使用；滑块与导轨面接触平顺、移动平稳。

⑦ 进、出洞口范围土体稳定。

（3）夯进施工要点

① 开始夯进时应先进行试夯，试夯长度宜为 3～5m，试夯时应控制供气量慢速夯进，正常夯进时可增加供气量。首节管宜设置管靴，管靴外径宜大于被夯管外径 15～25mm，管靴内径宜小于被夯管内径 15～25mm。管靴后宜设置减阻泥浆注浆孔。夯进中，宜采取在管外壁注润滑液或涂抹润滑脂等减阻措施。正常夯进前应测量管道（线）中心线的偏差，夯进结束后应进行贯通测量。

② 第一节管夯至规定位置后，将连接器与第一节管分离，吊入第二节管与第一节管进行接口焊接；后续管节每次夯进前，应待已夯入管与吊入管的管节接口焊接完成，按设计要求进行焊缝质量检验和外防腐层补口施工后，方可与连接器及穿孔机连接夯进施工。

③ 管节夯进过程中应严格控制气动压力、夯进速率，气压必须控制在穿孔机工作气压的定值内，并应及时检查导轨变形情况以及设备运行、连接器连接、导轨面与滑块接触情况等。

④ 夯管完成后进行排土作业，排土方式采用人工结合机械方式；小口径管道可采用气压、水压方法；排土完成后应进行余土、残土的清理。

2. 管道敷设技术

1）埋地钢质燃气管道安装

（1）管道安装基本要求

① 地下燃气管道不得影响周边建（构）筑物的结构安全，不得在建筑物和大型构筑物（不含架空的建筑物和大型构筑物）的下面敷设。

② 地下燃气管道埋设的最小覆土厚度（路面至管顶）应符合下列要求：

埋设在机动车道下时，最小直埋深度不得小于 0.9m；人行道及田地下的最小直埋深度不应小于 0.6m。

③ 地下燃气管道不得在堆积易燃、易爆材料和具有腐蚀性液体的场地下面穿越，且不宜与其他管道或电缆同沟敷设。当需要同沟敷设时，必须采取有效的安全防护措施。

④ 燃气输配管道不应在排水管（沟）、供水管渠、热力管沟、电缆沟、城市交通隧道、城市轨道交通隧道和地下人行通道等地下构筑物内敷设。当确需穿过时，应采取有效的防护措施。

⑤ 燃气管道穿越铁路、高速公路、电车轨道或城镇主要干道时应符合下列要求：

a. 穿越铁路或高速公路的燃气管道，其外应加套管，并提高绝缘防腐等级。

b. 穿越铁路的燃气管道的套管，应符合下列要求：

套管埋设的深度应符合铁路管理部门的要求；宜采用钢管或钢筋混凝土管；内径应比燃气管道外径大 100mm 以上；两端与燃气管的间隙应采用柔性防腐、防水材料密封，其一端应装设检漏管；端部距路堤坡脚外的距离不应小于 2.0m。

c. 燃气管道穿越电车轨道或城镇主要干道时，宜敷设在套管或管沟内；穿越高速公路的燃气管道的套管、穿越电车轨道或城镇主要干道的燃气管道的套管或管沟，应符合下列要求：

套管内径应比燃气管道外径大 100mm 以上，套管或管沟两端应密封，在重要地段的套管或管沟端部宜安装检漏管；套管或管沟端部距电车道边轨不应小于 2.0m，距道路边缘不应小于 1.0m。

d. 穿越高铁、电气化铁路、城市轨道交通时，应采取防止杂散电流腐蚀的措施并确保有效。

⑥ 燃气管道宜垂直穿越铁路、高速公路、电车轨道或城镇主要干道。

⑦ 燃气管道通过河流时，可采用穿越河底或管桥跨越的形式。当条件许可时，也可利用道路桥梁跨越河流，但应符合下列要求：

随桥梁跨越河流的燃气管道，其输气压力不应大于 0.4MPa；

当燃气管道随桥梁敷设或采用管桥跨越河流时，必须采取安全防护措施，燃气管道随桥梁敷设可采取的安全防护措施如下：

a. 敷设于桥梁上的燃气管道应采用加厚的无缝钢管或焊接钢管，尽量减少焊缝，对焊缝进行 100% 无损检测。

b. 跨越通航河流的燃气管道管底高程，应符合通航净空的要求，管架外侧应设置护桩。

c. 在确定管道位置时，应与随桥敷设的其他可燃气体管道保持一定间距。

d. 管道应设置必要的补偿和减震措施。

e. 过河架空的燃气管道向下弯曲时，向下弯曲部分与水平管夹角宜采用 45° 形式。

f. 对管道应做较高等级的防腐保护。

g. 采用阴极保护的埋地钢管与随桥管道之间应设置绝缘装置。

⑧ 燃气管道穿越河底时，应符合下列要求：

a. 燃气管宜采用钢管。

b. 燃气管道至河床的覆土厚度应根据水流冲刷条件及规划河床标高确定，对于通航河流，还应满足疏浚和投锚深度要求。

c. 稳管措施应根据计算确定。

d. 在埋设燃气管道位置的河流两岸上、下游应设立标志。

e. 燃气管道对接安装引起的误差不得大于 3°，否则应设置弯管；次高压燃气管道的弯管应考虑盲板力。

（2）对口焊接的基本要求

① 在施工现场，管道坡口通常采用手工气割或半自动气割机配合手提坡口机打坡

口，管端面的坡口角度、钝边、间隙应符合设计或《城镇燃气输配工程施工及验收标准》GB/T 51455—2023 的规定。当采用气割时，必须除去坡口表面的氧化皮并进行打磨，表面力求平整。

② 对口前检查管口周圈是否有夹层、裂纹等缺陷，将管口以外不小于 20mm 范围内的油漆、污垢、铁锈、毛刺等清扫干净，清理合格后及时对口施焊。

③ 通常采用对口器固定、手动葫芦吊管找正对圆的方法，不得强力对口。

④ 对口时将两管道纵向焊缝（螺旋焊缝）相互错开，间距应不小于 100mm 弧长。对口后的内壁应平齐，其错边量应符合《城镇燃气输配工程施工及验收标准》GB/T 51455—2023 的规定。

⑤ 对口完成后应立即进行定位焊，定位焊的焊条应与管口焊接焊条材质相同，定位焊的厚度与坡口第一层焊接厚度相近，但不应超过管壁厚度的 70%，焊缝根部必须焊透，定位焊应均匀、对称，总长度不应小于焊道总长度的 50%。钢管的纵向焊缝（螺旋焊缝）端部不得进行定位焊。

⑥ 定位焊完毕拆除对口器，进行焊口编号，对好的口必须当天焊完。

⑦ 按照试焊确定的工艺方法进行焊接，一般采用氩弧焊打底，焊条电弧焊填充、盖面。钢管采用单面焊、双面成型的方法。焊接层数应根据钢管壁厚和坡口形式确定，壁厚在 5mm 以下的焊接层数不得少于两层。

⑧ 焊接工艺评定：施工单位首先编制作业指导书并试焊，对首次使用的钢管、焊接材料、焊接方法、焊后热处理等，应进行焊接工艺评定，并根据评定报告确定焊接工艺。

⑨ 焊材：所用焊丝和焊条应与母材材质相匹配，直径应根据管道壁厚和接口形式选择。受潮、生锈、掉皮的焊条不得使用。焊条在使用前应按出厂质量证明书的要求烘干，烘干后装入保温筒进行保温，随用随取。

⑩ 焊接顺序：根据管径大小应对焊缝沿周长进行排位，采取合理的焊接顺序，避免应力集中、管口变形。

⑪ 分层施焊：先用氩弧焊打底，焊接时必须均匀焊透，并不得咬肉、夹渣。其厚度不应超过焊丝的直径。然后分层用焊条电弧焊焊接，各层焊接前应将上一层的药皮、焊渣及金属飞溅物清理干净。焊接时各层引弧点和熄弧点均应错开 20mm 以上，且不得在焊道以外的钢管上引弧。每层焊缝厚度按批准的工艺评定报告执行，一般为焊条直径的 0.8～1.2 倍。

⑫ 盖面：分层焊接完成后，进行盖面施焊，焊缝断面呈弧形，高度不低于母材，宽度为上坡口宽度加 2～3mm。外观上，表面不得有气孔、夹渣、咬边、弧坑、裂纹、电弧擦伤等缺陷。焊缝表面呈鱼鳞状、光滑、均匀，宽度整齐。

⑬ 固定口焊接：当分段焊接完成后，对固定焊口应在接口处提前挖好工作坑。

（3）钢管防腐的做法

现场施工时，钢管防腐主要为对焊口处防腐处理。对焊口的处理要求如下：

① 现场无损检测完成及分段强度试验后进行补口防腐。防腐前钢管表面的处理应符合《涂覆涂料前钢材表面处理 表面清洁度的目视评定 第 2 部分：已涂覆过的钢材表面局部清除原有涂层后的处理等级》GB/T 8923.2—2008 和《涂装前钢材表面处理规范》SY/T 0407—2012 规定，其等级不低于 Sa2.5 级。

② 补口防腐前必须将焊口两侧直管段铁锈全部清除，呈现金属本色，找出防腐接槎，用管道防腐材料做补口处理。

③ 焊口防腐后应用电火花检漏仪检查，出现击穿针孔时，应加强防腐并做好记录。

④ 焊口除锈可采用喷砂除锈的方法，除锈后及时防腐。

⑤ 弯头及焊缝防腐可采用冷涂方式，其厚度、防腐层数与直管段相同，防腐层表层固化 2h 后用电火花检漏仪检测。

⑥ 外观检查要求涂层表面平整、色泽均匀、无气泡、无开裂、无收缩。

⑦ 固定口可采用辐射交联聚乙烯热收缩套（带），也可采用环氧树脂辐射交联聚乙烯热收缩套（带）三层结构。

⑧ 固定口搭接部位的聚乙烯层应打磨至表面粗糙。

⑨ 热收缩套（带）与聚乙烯层搭接宽度应不小于 100mm；采用热收缩带时，应采用固定片固定，周间搭接宽度不小于 80mm。

（4）新建燃气管道阴极保护系统的施工

阴极保护测试装置应坚固耐用、方便测试，装置上应注明编号，并应在运行期间保持完好状态。接线端子和测试柱均应采用铜制品并应封闭在测试盒内。

2）聚乙烯燃气管道安装

（1）聚乙烯管道优缺点

与传统金属管材相比，聚乙烯管道具有重量轻、耐腐蚀、阻力小、柔韧性好、节约能源、安装方便、造价低等优点，受到了城镇燃气行业的青睐。另外一个优点是可缠绕，可做深沟熔接，可使管材顺着深沟蜿蜒敷设，减少接头数量，抗内、外部及微生物的侵蚀，内壁光滑且流动阻力小，导电性弱，无须外层保护及防腐，有较好的气密性，气体渗透率低，维修费用低，经济优势明显。但与钢管相比，聚乙烯管也有使用范围小、易老化、承压能力低、抗破坏能力差等缺点，所以聚乙烯管材一般用于中、低压燃气管道中，但不得用于室外明设的输配管道。

（2）聚乙烯燃气管材、管件和阀门应符合的要求

① 聚乙烯管材、管件和阀门进场检验：

聚乙烯管材、管件和阀门应符合国家现行标准的规定。接收管材、管件和阀门时，应按有关标准进行检查。

当存在异议时，应委托具有资质的第三方进行复验。

② 聚乙烯管材、管件和阀门贮存：

a. 管材、管件和阀门应按不同类型、规格和尺寸分别存放，并应遵照"先进先出"的原则。

b. 管材、管件和阀门应存放在符合现行国家标准规定的仓库（存储型物流建筑）或半露天堆场（货棚）内。存放在半露天堆场（货棚）内的管材、管件和阀门不应受到暴晒、雨淋，应有防紫外线照射措施；仓库的门窗、洞口应有防紫外线照射措施。

c. 管材、管件和阀门应远离热源，严禁与油类或化学品混合存放。

d. 管材应水平堆放在平整的支撑物或地面上，管口应封堵。当直管采用梯形堆放或两侧加支撑保护的矩形堆放时，堆放高度不宜超过 1.5m；当直管采用分层货架存放时，每层货架高度不宜超过 1m。

e. 管件和阀门应成箱存放在货架上或叠放在平整地面上；当成箱叠放时，高度不宜超过 1.5m。在使用前，不得拆除密封包装。

f. 从生产到使用期间，管材存放时间超过 4 年、密封包装的管件存放时间超过 6 年，应对其抽样检验，性能符合要求方可使用。

（3）聚乙烯管材、管件和阀门连接方式的选择

① 聚乙烯管材与管件、阀门的连接方式有：热熔对接连接、电熔承插鞍形连接。

热熔连接是聚乙烯管道的主要连接方法，操作方便、接头强度高、密封性好；热熔连接采用专用热熔连接设备，对于小口径管道常采用手持式熔接器进行连接，对于大口径管道常采用固定式全自动热熔焊机进行连接。

电熔连接方便、迅速、接头质量好、外界因素干扰小，适用于口径较小的管道。

② 聚乙烯管材与金属管道或金属附件连接时，应采用钢塑转换管件连接或法兰连接。

③ 不同级别（PE80 与 PE100）、熔体质量流动速率差值大于等于 0.5g/10min（190℃，5kg）、焊接端部标准尺寸比（SDR）不同、公称外径小于 90mm 或壁厚小于 6mm 的聚乙烯管材、管件和阀门，应采用电熔连接。

（4）聚乙烯管材、管件和阀门连接要点

① 热熔对接连接：

热熔对接连接是通过专用连接热板加热到一定温度后，使热熔管线两端通过加热板加热熔化，同时迅速将两端贴合，通过机具保持一定压力，冷却后达到连接的目的。

管道应在同一轴线上，错边量不应大于壁厚的 10%。

连接部位应擦净，并应保持干燥，待连接件端面应进行铣削，使其与轴线垂直。连续切削的平均厚度不宜大于 0.2mm，铣削后的熔接面应保持洁净。

吸热时间应符合规定，连接件加热面熔化应均匀，不得有损伤，并应保持规定的热熔对接压力。

接头冷却应采用自然冷却。在保压冷却期间，不得拆开夹具，不得移动连接件或在连接件上施加任何外力。

② 电熔连接：

电熔连接是指管道或管件的连接部位插入内埋电阻丝的专用电熔管件内，通电加热，使连接部位熔融后形成接头的连接方式。

电熔承插连接是将电熔管件套在管道、管件上，利用预埋在电熔管件内表面的电阻丝通电发热，熔化电熔管件的内表面和与之承插管道的外表面，使之融为一体。电熔承插连接是聚乙烯管道最主要的连接方式之一。

电熔鞍形连接是采用电熔鞍形管件，实现管道的分支连接，具有操作方便、安全可靠的优点。

a. 电熔承插连接：

管材的连接部位应擦净，并应保持干燥。

应测量电熔管件承口长度并在管材或插口管件的插入端标出插入长度，刮除插入段表皮的氧化层，刮削表皮厚度宜为 0.1～0.2mm，且应保持洁净。

将管材或插口管件的插入端插入电熔管件承口内至标记位置，校直待连接的管材

和管件，使其在同一轴线上，并应采用专用夹具固定后，方可通电焊接。

加热的电压或电流、加热时间等焊接参数应符合使用要求。接头的冷却应采用自然冷却。在冷却期间，不得拆开夹具，不得移动连接件或在连接件上施加任何外力。

b. 电熔鞍形连接：

管道连接部位应擦净，并应保持干燥，应刮除管道连接部位表皮氧化层，刮削厚度宜为0.1～0.2mm。

检查电熔鞍形管件鞍形面与管道连接部位的适配性，并应采用支座或机械装置固定管道连接部位的管段，使其保持直线度和圆度。

通电加热时的电压或电流、加热时间等焊接参数应符合电熔连接机具和电熔鞍形管件的使用要求。

接头冷却应采取自然冷却。在冷却期间，不得拆开夹具，不得移动连接件或在连接件上施加任何外力。

c. 法兰连接：

两法兰盘上螺孔应对中，法兰面应相互平行，螺栓孔与螺栓直径应配套，螺栓规格应一致，螺母应在同一侧；紧固法兰盘上的螺栓应按对称顺序分次均匀紧固，不得强力组装；螺栓拧紧后宜伸出螺母1～3倍螺距。法兰盘在静置8～10h后，应二次紧固。

法兰密封面、密封件不得有影响密封性能的划痕、凹坑等缺陷，材质应符合输送城镇燃气的要求。

d. 钢塑转换管件连接：

钢塑转换管件的聚乙烯管端与聚乙烯管道或管件的连接应符合热熔连接或电熔连接的相关规定。钢塑转换管件的钢管端与金属管道的连接应符合国家现行标准的规定。

钢塑转换管件的钢管端与钢管焊接时，应对钢塑过渡段采取降温措施。

钢塑转换管件连接后应对接头进行防腐处理，防腐等级应符合设计要求，并应检验合格。

（5）聚乙烯燃气管道埋地敷设应符合下列要求

① 聚乙烯燃气管道与热力管道之间的水平和垂直净距不应小于规范规定，并应确保燃气管道外壁温度不高于40℃；与建（构）筑物或其他相邻管道之间的水平和垂直净距，应符合《聚乙烯燃气管道工程技术标准》CJJ 63—2018的相关规定。

② 聚乙烯燃气管道下管时，不得采用金属材料直接捆扎和吊运管道，并应防止管道划伤、扭曲和出现过大的拉伸与弯曲。

③ 聚乙烯燃气管道宜呈蜿蜒状敷设，并可随地形在一定的起伏范围内自然弯曲敷设，不得使用机械或加热方法弯曲管道。

④ 采用水平定向钻埋地敷设时，在管道拖拉过程中，沟底不应有可能损伤管道表面的石块或尖凸物，拖拉长度不宜超过300m。

3. 管线回填及警示带敷设

1）沟槽回填

（1）不得采用有机物、冻土、垃圾、木材等材料回填。管道两侧及管顶以上0.5m内应采用砂土或素土，回填土不得含有碎石、砖块等杂物，且不得采用灰土回填。距管顶 0.5m 以上的回填土中的石块不得大于 10%、直径不得大于 0.1m，且均匀分布。

（2）沟槽的支撑应在管道两侧及管顶以上 0.5m 回填完毕并压实后，在保证安全的前提下拆除，并应采用细砂填实缝隙。

（3）沟槽回填时，应先回填管底局部悬空部位，再回填管顶两侧。

（4）回填土应分层压实，每层虚铺厚度宜为 0.2～0.3m，管道两侧及管顶以上 0.5m 内的回填土必须采用人工压实，管顶 0.5m 以上的回填土可采用小型机械压实，每层虚铺厚度宜为 0.25～0.4m。

（5）回填土压实后，应分层检查密实度，并做好回填记录。

2）钢管警示带敷设

（1）埋设燃气管道的沿线应连续敷设警示带。警示带敷设前应将敷设面压平，并平整地敷设在管道的正上方且距管顶的距离宜为 300～500mm，但不得敷设于路基和路面里。

（2）警示带宜采用黄色聚乙烯等不易分解的材料，并印有明显、牢固的警示语，字体不宜小于 100mm×100mm。

（3）埋地管道沿线应设置里程桩、转角桩和警示牌等永久性标志。

3）聚乙烯管道警示装置敷设

聚乙烯管道敷设随管走向敷设示踪线、警示带、保护板，设置地面标志。

（1）示踪线应敷设在聚乙烯燃气管道的正上方，并应有良好的导电性和有效的电气连接，示踪线上应设置信号源井。

（2）警示带宜敷设在管顶上方 300～500mm 处，但不得敷设在路面结构层内。

对于公称外径小于 400mm 的管道，可在管道正上方敷设一条警示带；对于公称外径大于或等于 400mm 的管道，应在管道正上方平行敷设两条水平净距为 100～200mm 的警示带。

警示带宜采用聚乙烯或不易分解的材料制造，颜色应为黄色，且在警示带上应印有醒目、永久性警示语。

（3）保护板应有足够的强度，且上面应有明显的警示标识；保护板宜敷设在管道上方距管顶大于 200mm、距地面 300～500mm 处，但不得敷设在路面结构层内。

（4）地面标志应随管道走向设置，并应符合国家现行标准的规定。

4. 燃气管道附属设备安装

为了保证管网的安全运行，并考虑到检修、接线的需要，在管道的适当地点设置必要的附属设备。这些设备包括阀门、补偿器、凝水缸、放散管等。

1）阀门

（1）阀门特性

① 阀门是管道的主要附件之一，是用于启闭管道通路或调节管道介质流量的设备。

② 阀体的机械强度高，转动部件灵活，密封部件严密耐用，对输送介质的抗腐性强。

③ 阀体上通常有标志，箭头所指方向即介质的流向，必须特别注意，不得装反。

④ 要求介质单向流通的阀门有：安全阀、减压阀、止回阀等。

⑤ 要求介质由下而上通过阀座的阀门有截止阀等，其作用是为了便于开启和检修。

（2）阀门安装要求

① 根据阀门工作原理确定其安装位置，否则阀门就不能有效地工作或不起作用。

② 从长期操作和维修方面考量选定安装位置，尽可能方便操作维修，同时还要考虑到组装外形美观。

③ 阀门手轮不得向下；落地阀门手轮朝上，不得歪斜；在工艺允许的前提下，阀门手轮宜位于齐胸高，以便于启阀；明杆闸阀不要安装在地下，以防腐蚀。

④ 安装位置有特殊要求的阀门，如减压阀要求直立地安装在水平管道上，不得倾斜；安全阀也应垂直安装。

⑤ 安装时，与阀门连接的法兰应保持平行，其偏差不应大于法兰外径的 1.5‰，且不得大于 2mm。

⑥ 严禁强力组装，安装过程中应保证受力均匀，阀门下部应根据设计要求设置承重支撑。

⑦ 安装前应做强度和严密性试验，合格后方可安装。

2）补偿器

（1）补偿器特性

① 补偿器作用是消除管段的胀缩应力。

② 通常安装在架空管道上。

（2）安装要求

① 补偿器常安装在阀门的下侧（按气流方向），利用其伸缩性能，方便阀门的拆卸和检修。

② 安装应与管道同轴，不得偏斜；不得用补偿器变形调整管位的安装误差。

3）绝缘接头与绝缘法兰

绝缘接头与绝缘法兰，是对同时具有埋地钢质管道要求的密封性能和电化学保护工程所要求的电绝缘性能管道接头、管道法兰的统称，其作用是将燃气输配管线的各段间、燃气调压站与输配管线间相互绝缘隔离，保护其不受电化学腐蚀，延长使用寿命。绝缘接头包括一对钢质凸缘法兰、固定套、密封件、法兰间的绝缘环及法兰与固定套间的绝缘环、绝缘填料及与法兰小端分别焊接的一对钢质短管，是自紧型阴极保护装置；绝缘法兰包括一对钢法兰、两法兰间的绝缘环或绝缘密封件、法兰紧固件和绝缘套管、绝缘垫片以及与两片法兰分别焊接的一对钢质短管，是紧固型阴极保护装置。

（1）安装环境要求

① 埋地的绝缘接头应位于管道的水平或竖直管段上，不应安装在常年积水或管道走向的低洼处。

② 绝缘接头、绝缘法兰的安装位置应便于检查和维护，宜设置在进、出场站紧急关断阀（ESD阀）组外。

③ 绝缘接头、绝缘法兰与管件之间宜有不少于 6 倍公称直径且不小于 3m 的距离。

④ 绝缘接头、绝缘法兰安装两端 12m 范围内不宜有待焊接死口。

⑤ 绝缘接头、绝缘法兰不应作为应力变形的补偿器、补偿件。

（2）安装焊接要求

① 绝缘接头、绝缘法兰与管道组焊前，应将焊接部位打磨干净，确保焊接部位无

油脂或其他有可能影响焊接质量的缺陷。

② 绝缘接头、绝缘法兰与管道焊接时应保证与管道对齐，不得强力组对，且应保证焊接处自由伸缩、无阻碍。绝缘接头中间部位温度不应超过120℃，必要时应采取冷却措施。

焊接过程中，不应损坏绝缘接头内、外表面防腐层，确保绝缘接头不受到机械损坏、不出现变形。

③ 焊接后的绝缘接头、绝缘法兰与管线应按管线补口要求进行防腐。

4）凝水缸与放散管

（1）凝水缸

① 凝水缸的作用是排除燃气管道中的冷凝水和石油伴生气管道中的轻质油。

② 管道敷设时应有一定坡度，以便在低处设凝水缸，将汇集的水或油排出。

（2）放散管

① 放散管是一种专门用来排放管道内部的空气或燃气的装置。

② 在管道投入运行时，利用放散管排出管内的空气。在管道或设备检修时，可利用放散管排放管内的燃气，防止在管道内形成爆炸性的混合气体。

③ 放散管应装在最高点和每个阀门之前（按燃气流动方向）。放散管上安装球阀，燃气管道正常运行中必须关闭。

5）阀门井

为保证管网的安全与操作方便，燃气管道的地下阀门宜设置阀门井。阀门井应坚固耐久，有良好的防水性能，并保证检修时有必要的空间。井筒结构可采用砌筑、现浇混凝土、预制混凝土等结构形式。

5.2.3 燃气管道功能性试验

燃气管道安装完成后，应依次进行清扫、强度试验、严密性试验。采用水平定向钻施工的管道，在回拖前对预制完成的管道进行强度试验，回拖完成后按照设计要求进行严密性试验。进行强度试验和严密性试验时，所发现的缺陷必须待试验压力降至大气压后方可进行处理，处理后应重新进行试验。

1. 管道吹扫

管道及其附件组装完成并在试压前，应按设计要求进行气体吹扫或清管球清扫。管道吹扫按先主管后支管的顺序进行吹扫。气体吹扫每次吹扫钢质管道长度不宜大于500m，聚乙烯管道每次吹扫长度不宜大于1000m。吹扫压力不应大于0.3MPa；当采用PE80、*SDR* 17系列的聚乙烯管材时，吹扫压力不应大于0.2MPa。气体流速宜大于20m/s，且不应大于30m/s，当目测吹扫排气无烟尘时，应在排气口设置白布或涂白漆的木靶板检验，5min内靶上无铁锈、尘土、水或其他杂物可判定为合格。

2. 强度试验

1）试验前应具备条件

（1）清扫和压力试验前应编制专项施工方案，采取确保人员及设施安全的措施，方案经审查批准后实施。

（2）清扫和压力试验实施前，划出警戒区并设置警示标志，无关人员不得进入警戒区。

（3）试验前检查试验段管道上所有阀门的开关状态；无关管段应采用盲板（堵头）封堵或断开。

① 强度试验压力和介质应符合表 5.2-4 的要求。

表 5.2-4　强度试验压力和试验介质

管道类型		设计压力 P（MPa）	试验介质	试验压力（MPa）
钢管		$P>0.8$	清洁水	$1.5P$
		$P\leqslant 0.8$	空气或惰性气体	$1.5P$ 且不小于 0.4
球墨铸铁管		P	空气或惰性气体	$1.5P$ 且不小于 0.4
钢骨架聚乙烯复合管		P	空气或惰性气体	$1.5P$ 且不小于 0.4
聚乙烯管道	PE100	P	空气或惰性气体	$1.5P$ 且不小于 0.4
	PE80	P（SDR11）	空气或惰性气体	$1.5P$ 且不小于 0.4
		P（SDR17.6）	空气或惰性气体	$1.5P$ 且不小于 0.2

② 管道应分段进行压力试验，试验管道分段最大长度应符合表 5.2-5 的要求。

表 5.2-5　试验管道分段最大长度

设计压力 P（MPa）	试验管道分段最大长度（km）
$P\leqslant 1.6$	5
$1.6<P\leqslant 4.0$	10
$4.0<P\leqslant 6.3$	20

（4）对验收合格后超过半年才投入运行且未进行保压的管道，钢质管道重新进行吹扫和严密性试验；聚乙烯管道应重新进行严密性试验。

（5）埋地管道回填土宜回填至管上方 0.5m 以上，并留出焊口。

2）气压试验

强度试验应缓慢升压。采用气体介质时，升压速度小于 0.1MPa/min，当压力升到试验压力的 10% 时，应至少稳压 5min，当无泄漏或异常，继续缓慢升压至试验压力的 50%，进行稳压检查，随后按每次 10% 的试验压力逐次检查，无泄漏、无异常，直至升压至试验压力后稳压 1h，无持续压力降为合格。

3）水压试验

（1）当输配钢质管道设计压力大于 0.8MPa 时，试验介质应为清洁水，试验压力不得低于 1.5 倍设计压力。水压试验时，试验管段任何位置的管道环向应力不应大于管材最低屈服强度的 90%。架空管道采用水压试验前，应核算管道及其支撑结构的强度，必要时应临时加固。试压宜在环境温度 5℃ 以上进行，否则应采取防冻措施。

（2）试验压力应缓慢升压，当压力升至试验压力的 30% 和 60% 时，分别进行检查，如无泄漏、无异常，继续升压至试验压力，然后稳压 1h 后，观察压力计，无变形，无压力降为合格。

（3）水压试验合格后，应及时将管道中的水放（抽）净，并按《城镇燃气输配工程施工及验收标准》GB/T 51455—2023 要求进行管道吹扫。

3. 严密性试验

输配管道和厂站工艺管道均应在强度试验合格后进行严密性试验。

1）试验压力应满足下列要求

（1）低压管道严密性试验压力为设计压力，且不小于 5kPa。

（2）中压及以上管道严密性试验压力为设计压力，且不应小于 0.1MPa。

2）试验

（1）试验设备向所试验管道充气逐渐达到试验压力，升压速度不宜过快。

（2）设计压力大于 0.8MPa 的管道试压，压力缓慢上升至 30% 和 60% 试验压力时，应分别稳压 30min，并检查系统有无异常情况，如无异常情况继续升压。管内压力升至严密性试验压力后，待介质温度、压力稳定后开始记录。

（3）稳压的持续时间应为 24h，每小时记录不应少于 1 次，修正压力降小于 133Pa 为合格。修正压力降应按式（5.2-3）确定：

$$\Delta P' = (H_1 + B_1) - (H_2 + B_2)\frac{273 + t_1}{273 + t_2} \quad (5.2\text{-}3)$$

式中　$\Delta P'$ ——修正压力降（Pa）；

　　　H_1、H_2 ——试验开始和结束时的压力计读数（Pa）；

　　　B_1、B_2 ——试验开始和结束时的气压计读数（Pa）；

　　　t_1、t_2 ——试验开始和结束时的管内介质温度（℃）。

【案例 5.2-1】

1. 背景

某公司承建中压燃气管线工程，管径 DN300mm、长 26km。管道沟槽开挖过程中，遇地质勘察未探明的废弃砖沟，经现场监理工程师口头同意，项目部组织人员、机械及时清除了砖沟，采用级配碎石换填处理，增加了合同外的工程量。项目部就此向发包方提出计量支付申请，被计量工程师拒绝。监理工程师在工程检查中还发现：正在现场进行施焊作业的两名焊工均已在公司总部从事管理岗位半年以上，而等待施焊的数个坡口也没有工人对其进行焊前处理。检查后监理工程师对项目部签发整改通知。

2. 问题

（1）项目部处理废弃砖沟在程序上是否妥当，应如何处理？

（2）简述计量工程师拒绝此项计量支付的理由。

（3）两名焊工是否符合上岗条件，为什么？

（4）管道连接施焊的坡口处应如何处理方能符合有关规范的要求？

3. 参考答案

（1）不妥当。施工单位应及时上报，建设单位组织相关单位到现场查看，商定处理方案并形成文件，经各方会签后由施工单位根据处理方案实施。

（2）废弃砖沟处理属于工程量变更，项目部未履行变更签证程序。

（3）不符合。作业人员应逐级进行进场安全教育及岗位能力培训，经考核合格后方可上岗。新增焊工中断焊接时间超过 6 个月的必须经过培训并考试合格后方可再次上岗。

（4）应清除连接坡口处及内外侧表面不小于20mm范围内油渍、锈、毛刺等杂物，清理合格后应及时施焊。

5.3 城市供热管道工程

5.3.1 供热管道的分类

1. 按热媒种类分类（见图5.3-1）

城镇供热管网按照热媒不同分为蒸汽管网和热水管网，具体技术参数如下：

（1）工作压力小于或等于1.6MPa，介质设计温度小于或等于350℃的蒸汽管网。

（2）工作压力小于或等于2.5MPa，介质设计温度小于或等于200℃的热水管网。

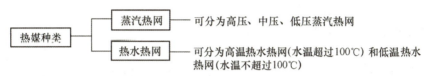

图 5.3-1 供热管网按热媒分类示意图

2. 按所处位置分类（见图5.3-2）

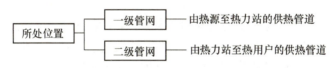

图 5.3-2 供热管网按所处位置分类示意图

3. 按敷设方式分类（见图5.3-3）

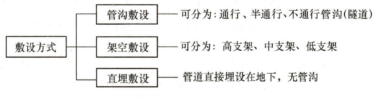

图 5.3-3 供热管网按敷设方式分类示意图

4. 按供回方向分类（见图5.3-4）

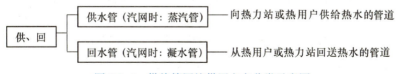

图 5.3-4 供热管网按供回方向分类示意图

5.3.2 供热管道、附件及设施施工技术

1. 供热管道施工与安装要求

常用的供热管道施工方法有开槽法和不开槽法，开槽法施工可参考本书5.1.1中相

关内容，热力管道常用不开槽法的有浅埋暗挖法和盾构法、顶管法、水平定向钻法，浅埋暗挖法可参考本书 3.4.2 中相关内容，顶管法可参考本书 5.1.2 中 4. 相关内容，水平定向钻法可参考本书 5.2.2 中 1.1）的相关内容。

1）技术准备

（1）施工单位应在施工前取得设计文件、工程地质和水文地质等资料，组织工程技术人员熟悉施工图纸，进行图纸会审并参加设计交底会。

（2）应根据工程的规模、特点和施工环境条件，进行充分的项目管理策划，并组织编制施工组织设计和施工方案，履行相关的审批手续。危险性较大的分部分项工程施工单位应编制安全专项施工方案。对于超过一定规模的危险性较大分部分项工程，经专家论证通过，并经建设单位和监理单位审批后方可组织施工。

（3）工程开工前应组织施工管理人员踏勘现场，了解工程用地、现场地形、道路交通以及邻近的地上、地下建（构）筑物和各类管线等情况。

（4）根据建设单位提供的地下管线及建（构）筑物资料，组织技术及测量人员对施工影响范围内的建（构）筑物、地下管线等设施状况进行探查，确定与热力管道的位置关系，与管线产权单位协商加固或拆改移方案。各种保护措施应取得所属单位的同意和配合，给水、排水、燃气、电缆等地下管线及其构筑物应能正常使用，加固后的线杆、树木等应稳固，各相邻建筑物和地上设施在施工中和施工后，不得发生有害沉降、倾斜或塌陷。

（5）调查拟建热力管道相对道路交通的关系，热力管道施工对现状交通有影响时，及时与交通管理部门沟通，编制交通组织方案，经交通管理部门审批后方可组织施工；需要占路掘路施工的，应提前向路政部门申请办理占路掘路手续。

（6）开工前详细了解项目所在地区的气象自然条件情况、场地条件和水文地质情况，有针对性地做好施工平面布置，确保施工顺利进行。

（7）降水施工时，应做好降水监测、环境影响监测和防治工作，保护地下水资源。

（8）开工前需进行安全风险辨识，并制定有针对性的安全风险管控方案和应急预案。

（9）开工前需制定项目环境保护管理措施（包括大气污染防治措施、水体污染防治措施、噪声污染防治措施、固体废弃物污染防治措施等）。

（10）工程开工前应结合工程情况对施工人员进行技术培训。

2）物资设备准备

（1）全面熟悉合同文件，根据《施工组织设计》编制材料、设备供应计划，优选供应商，并做好订货采购和进场验收工作。根据施工进度，组织好材料、设备、施工机具的进场接收和检验工作。钢管的材质、规格和壁厚等应符合设计要求和现行国家标准的规定。材料的合格证书、质量证明书及复验报告应齐全、完整。属于特种设备的压力管道元件（管道、弯头、三通、阀门等），制造厂家应有相应的特种设备制造资质，其质量证明文件、验收文件应符合特种设备安全监察机构的相关规定。实物、标识应与质量证明文件相符。

（2）阀门应有制造厂的产品合格证。一级管网主干线所用阀门及与一级管网主干线直接相连通的阀门，支干线首端和供热站入口处起关闭、保护作用的阀门及其他重要阀门，应进行强度和严密性试验，合格后方可使用。

（3）施工机械设备维修保养记录及检验资料等齐全有效并经进场检验合格后方可使用。

3）工程测量

（1）施工单位应根据建设单位或设计单位提供的城镇平面控制网点和城市水准网点的位置、编号、精度等级及其坐标和高程资料，确定管网施工线位和高程。

（2）管线工程施工定线测量应符合下列要求：

① 测量应按主线、支线的次序进行。

② 管线的起点、终点、各转角点及其他特征点应在地面上定位。

③ 地上建筑、检查室、支架、补偿器、阀门等的定位可在管线定位后实施。

（3）供热管线工程竣工后，应全部进行平面位置和高程测量，竣工测量宜选用施工测量控制网。

（4）土建工程竣工测量应对起终点、变坡点、转折点、交叉点、结构材料分界点、埋深、轮廓特征点等进行实测。

（5）对管网施工中已露出的其他与热力管线相关的地下管线和构筑物，应测其中心坐标、上表面高程、与供热管线的交叉点位置。

4）施工准备

（1）施工前，应对工程影响范围内的障碍物进行现场核查，逐项查清障碍物构造情况、使用情况以及与拟建工程的相对位置。

（2）对工程施工影响范围内的各种既有设施应采取保护、加固或拆移措施，不得影响地下管线及建（构）筑物的正常使用功能和结构安全。

（3）开挖低于地下水位的基坑（槽）、管沟时，应根据当地工程地质资料，采取降水或地下水控制措施。降水之前，应按当地水务或建设主管部门的规定，将降水方案报批或组织进行专家论证。在降水施工的同时，应做好降水监测、环境影响监测和防治，以及水土资源的保护工作。

（4）穿越既有设施或建（构）筑物时，其施工方案应取得相关产权或管理单位的同意。

（5）回填时应确保构筑物的安全，并应检查墙体结构强度、外墙防水抹面层硬结程度、盖板或其他构件安装强度，当能承受施工操作动荷载时，方可进行回填。

（6）穿越工程施工时应做好沉降观测，必须保证四周地下管线和构筑物的正常使用。在穿越施工中和掘进施工后，穿越结构上方土层、各相邻建筑物和地上设施不得发生沉降、倾斜和塌陷。

5）管道材料与连接要求

城镇供热管网管道应采用无缝钢管、电弧焊或高频焊焊接钢管。管道的规格和钢材的质量应符合设计和规范要求。管道的连接应采用焊接，管道与设备、阀门等连接宜采用焊接，当设备、阀门需要拆卸时，应采用法兰连接。

保证供热安全是管道的基本要求，需要从材料质量、焊接检验和设备检测等方面进行严格控制，保证施工质量。

为保证管道安装工程质量，焊接施工单位应符合下列要求：

（1）应有负责焊接工艺的焊接技术人员、检查人员和检验人员。

（2）应有符合焊接工艺要求的焊接设备且性能应稳定可靠。

（3）应有保证焊接工程质量达到标准的措施。

6）管道安装前的准备工作

（1）管道安装前，应完成支、吊架的安装及防腐处理。支架的制作质量应符合设计和使用要求，支、吊架的位置应准确、平整、牢固，标高和坡度符合设计要求。管件制作和可预组装的部分宜在管道安装前完成，并经检验合格。

（2）管道的管径、壁厚和材质应符合设计要求，并经验收合格。

（3）对钢管和管件进行除污，对有防腐要求的宜在安装前进行防腐处理。

（4）安装前对中心线和支架高程进行复核。

7）预制直埋管道安装施工要点

（1）预制直埋管道堆放时不得大于3层，且高度不得大于2m；施工中应有防火措施。

（2）预制直埋管道及管件外护管的划痕深度不得超过规定，当不合格时应进行修补；高密度聚乙烯外护管划痕深度不应大于外护管壁厚的10%，且不应大于1mm；钢制外护管防腐层的划痕深度不应大于防腐层厚度的20%。

（3）预制直埋保温管安装坡度应与设计要求一致。当管道过程中出现折角或管道折角大于设计值时，应经设计单位确认后方可安装。

（4）预制直埋保温管道现场安装完成后，必须按设计要求对保温材料裸露处进行密封处理。

（5）在固定支墩结构承载力未达到设计要求之前，不得进行预热伸长或试运行。

（6）预制直埋热水管道在穿套管前应完成接头的保温施工，且穿越套管时不得损坏直埋热水管的保温层和外护管。

（7）预制直埋管道的监测系统与管道安装同时进行，安装接头处的信号线前先清理直埋管两端潮湿的保温材料，连接完毕并检测合格后方可进行接头保温。

（8）接头保温材料应经检测合格，接头处钢管表面应洁净、干燥，发泡机发泡后应及时密封发泡孔。

（9）接头的外护层安装完成后，必须全部进行气密性检验。气密性合格标准：气密性检验的压力应为0.02MPa；保压时间不应小于2min；压力稳定后应采用涂上肥皂水的方法检查，无气泡为合格。

（10）施工间断时，管口应用堵板临时封闭。雨期施工时应有防止管道漂浮、泥浆进入管道的措施。

（11）对已预制防腐层和保温层的管道及附件，在吊装、运输和安装前应采取防止防腐层、保温层损坏以及防水的施工技术措施。

8）管沟及地上管道安装施工要点

（1）地上敷设的管道应采取固定措施，管组长度应按空中就位和焊接的需要确定，宜大于或等于2倍支架间距。

（2）管道安装的坡向、坡度应符合设计要求。

（3）管道安装时管件上不得安装、焊接任何附件。

（4）管口对接时，应在距接口两端各 200mm 处测量管道平直度，允许偏差 0~1mm，对接管道的全长范围内，最大偏差值应不超过 10mm。对口焊接前，应重点检验坡口质量、对口间隙、错边量、纵焊缝位置等。坡口表面应整齐、光洁，不得有裂纹、锈皮、熔渣和其他影响焊接质量的杂物。不合格的管口应进行修整。管道任何位置不得有十字形焊缝。

（5）管道穿过基础、墙体、楼板处，应安装套管，管道的焊口及保温接口不得置于墙壁中和套管中，套管与管道之间的空隙应用柔性材料填塞。当穿墙时，套管的两侧与墙面的距离应大于 20mm；当穿楼板时，套管高出楼板面的距离应大于 50mm。

（6）当管道开孔焊接分支管道时，管内不得有残留物，且分支管伸入主管内壁长度不得大于 2mm。当设计无要求时，套管直径应比保温管道外径大 50mm，位于套管内的管道保温层外壳应做保护层。

（7）电焊焊接有坡口的钢管和管件时，焊接层数不得少于两层。管道的焊接顺序和方法，不得产生附加应力。每层焊完后，清除熔渣、飞溅物，并进行外观检查，发现缺陷，铲除重焊。不合格的焊接部位，应采取措施返修。同一焊缝的返修次数不得大于两次。

（8）采用偏心异径管（大小头）时，蒸汽管道的变径应管底相平（俗称底平）安装在水平管路上，以便于排出管内冷凝水；热水管道变径应管顶相平（俗称顶平）安装在水平管路上，以利于排出管内空气。

（9）管道和设备标识应包括名称、规格、型号、介质、流向等信息；管沟应在检查室内标明下一个出口的方向、距离；检查室应在井盖下方的人孔壁上安装安全标识。

2. 供热管网附件安装

1）支架吊架安装

管道的支承结构称为支架，作用是支承管道并限制管道的变形和位移，承受管道的内压力、外载荷及温度变形的弹性力，并传递到支承结构。根据支架对管道的约束作用不同，可分为活动支架和固定支架。

（1）固定支架

固定支架主要用于固定管道，均匀分配补偿器之间管道的伸缩量，保证补偿器正常工作，多设置在补偿器和附件旁。固定支架承受作用力较为复杂，不仅承受管道、附件、管内介质及保温结构的重量，同时还承受管道因温度、压力的影响而产生的轴向伸缩推力和变形应力，并将作用力传递到支承结构。

固定支架必须严格安装在设计位置，位置应正确，埋设平整，与土建结构结合牢固。支架处管道不得有环向焊缝，固定支架不得与管道直接焊接固定。固定支架处的固定卡板，只允许与管道焊接，严禁与固定支架结构焊接。

直埋供热管道的折点处应按设计的位置和要求设置钢筋混凝土固定墩，以保证管道系统的稳定性。

（2）活动支架

活动支架的作用是直接承受管道及保温结构的重量，并允许管道在温度作用下，沿管轴线自由伸缩。活动支架可分为：滑动支架、导向支架、滚动支架和悬吊支架四种形式。

① 滑动支架：滑动支架是能使管道与支架结构间自由滑动的支架，其主要承受管道及保温结构的重量和因管道热位移摩擦而产生的水平推力。滑动支架形式简单，加工方便，使用广泛。

② 导向支架：导向支架的作用是使管道在支架上滑动时不致偏离管轴线。一般设置在补偿器、阀门两侧或其他只允许管道有轴向移动的地方。

③ 滚动支架：滚动支架是以滚动摩擦代替滑动摩擦，以减少管道热伸缩时的摩擦力。可分为滚柱支架及滚珠支架两种。

滚柱支架用于直径较大而无横向位移的管道；滚珠支架用于介质温度较高、管径较大而无横向位移的管道。

④ 悬吊支架：可分为普通刚性吊架和弹簧吊架。普通刚性吊架由卡箍、吊杆、支承结构组成，主要用于伸缩性较小的管道，加工、安装方便，能承受管道荷载的水平位移；弹簧吊架适用于伸缩性和振动性较大的管道，形式复杂，在重要场合使用。

（3）支架、吊架制作和安装基本要求

① 支架和吊架的形式、材质、外形尺寸、制作精度及焊接质量应符合设计要求。组合式弹簧吊架应具有合格证明文件。

② 焊接在钢管外表面的弧形板应采用模具压制成型，当采用同径钢管切割制作时，应采用模具进行整形，不得有焊缝。

③ 固定支架的混凝土强度达到设计要求后方可与管道固定，并应防止其他外力破坏；滑动支架和导向支架应按设计间距安装；滑动支架顶的钢板面高程按管道坡度逐个测量，支座底部找平层应满铺密实；导向支架的导向翼板与支架的间隙应符合设计要求；弹簧支架安装前其底面基层混凝土应达到设计要求。

④ 支架、吊架安装的位置应正确，标高和坡度应符合设计要求，管道支架支撑面的标高可采用加设金属垫板的方式进行调整，但金属垫板不得大于两层，并与预埋钢板或钢结构进行焊接。

⑤ 固定支架卡板和支架结构接触面应贴实；活动支架的偏移方向、偏移量及导向性能应符合设计要求；弹簧吊架安装高度应按设计要求进行调整，弹簧的临时固定件，应在管道安装、试压、保温完成后拆除。

⑥ 管道支架、吊架处不应有管道焊缝，导向支架和滑动支架、吊架不得有歪斜和卡涩现象。

⑦ 支架、吊架焊接不得有漏焊、缺焊、咬边、裂纹等缺陷。当管道与固定支架卡板等焊接时，不得损伤管道母材。

⑧ 有轴向补偿器的管段，补偿器安装前，管道和固定支架不得进行固定。

⑨ 有角向型、横向型补偿器的管段应与管道同时进行安装及固定。

⑩ 无热偏移管道的支架、吊杆应垂直安装。有热位移管道的吊架、吊杆应向热膨胀的反方向偏移。

2）补偿器安装

（1）补偿器

① 补偿器的作用：

任何材料随温度变化，其几何尺寸将发生变化，变化量的大小取决于某一方向的线膨胀系数和该物体的总长度。线膨胀系数是指物体单位长度温度每升高1℃后物体的相对伸长。当该物体两端被相对固定，则会因尺寸变化产生内应力。

供热管网的介质温度较高，供热管道本身长度又长，故管道产生的温度变形量就大，其热膨胀的应力也会很大。

因此，设置于管道上的补偿器的作用是：补偿因供热管道升温导致的管道热伸长，从而释放温度变形，消除温度应力，避免因热伸长或温度应力的作用而引起管道变形或破坏，以确保管网运行安全。我们需要计算供热管道的热伸长量及热膨胀应力值来设置合适的补偿器。

② 供热管道的热伸长量及热膨胀应力值计算：

供热管道的热伸长量及应力的计算式见表 5.3-1。

表 5.3-1　供热管道的热伸长及应力计算式简表

名称	计算式	说明
热伸长量计算	$\Delta L = \alpha L \Delta t$	ΔL——热伸长量（m）；α——管材线膨胀系数，碳素钢 $\alpha = 12 \times 10^{-6}$m/(m·℃)；$L$——管段长度（m）；$\Delta t$——管道在运行时的温度与安装时的环境温度差（℃）
热膨胀应力计算	$\sigma = E\alpha\Delta t$	σ——热应力（MPa）；E——管材弹性模量（MPa），碳素钢 $E = 20.14 \times 10^4$MPa，其余同上

供热管道的热伸长量及应力计算实例：

已知一条供热管道的某段长 200m，材料为碳素钢，安装时环境温度为 0℃，运行时介质温度为 125℃，设定此段管道两端刚性固定，中间不设补偿器，求运行时的最大热伸长量 ΔL 及最大热膨胀应力 σ。

解：$\Delta L = \alpha L \Delta t = 12 \times 10^{-6} \times 200 \times (125-0) = 0.3$m；

$\sigma = E\alpha\Delta t = 20.14 \times 10^4 \times 12 \times 10^{-6} \times (125-0) = 302.1$MPa。

由上可知，供热管道在运行中产生的热胀应力极大，远远超过钢材的许用应力（$[\sigma] \approx 140$MPa），故在工程中只有选用合适的补偿器，才能消除热胀应力，从而确保供热管道的安全运行。

③ 补偿器类型及特点：

供热管道采用的补偿器种类很多，主要有自然补偿器、方形补偿器、波纹管补偿器、套筒式补偿器、球形补偿器等。

a. 自然补偿器：

自然补偿，是利用管路几何形状所具有的弹性来吸收热变形。最常见的是将管道两端以任意角度相接，多为两管道垂直相交。自然补偿的缺点是管道变形时会产生横向位移，而且补偿的管段不能很大。

自然补偿器分为 L 形（管段中 90°～150° 弯管）和 Z 形（管段中两个相反方向 90° 弯管），如图 5.3-5 所示。安装时应正确确定弯管两端固定支架的位置。

b. 方形补偿器：

方形补偿器（如图 5.3-6 和图 5.3-7 所示），由管子弯制或由弯头组焊成，利用刚性较小的回折管挠性变形来消除热应力及补偿两端直管部分的热伸长量。其优点是制造方便,补偿量大,轴向推力小,维修方便,运行可靠;缺点是占地面积较大。

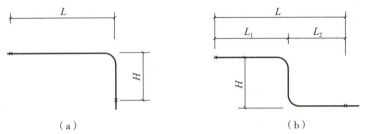

图 5.3-5 自然补偿器类型示意图
(a) L形自然补偿器;(b) Z形自然补偿器

图 5.3-6 方形补偿器实物图

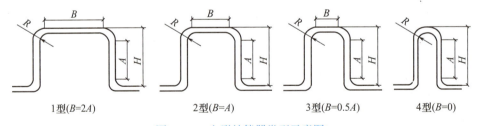

图 5.3-7 方形补偿器类型示意图

c. 波纹管补偿器:

波纹管补偿器(如图 5.3-8 和图 5.3-9 所示)靠波形管壁的弹性变形来吸收热胀或冷缩量,按波数的不同分为一波、二波、三波和四波,按内部结构的不同分为带套筒和不带套筒两种。它的优点是结构紧凑,只发生轴向变形,与方形补偿器相比占据空间位置小;缺点是制造比较困难,耐压低,补偿能力小,轴向推力大。

d. 套筒式补偿器:

套筒式补偿器,又称填料式补偿器(如图 5.3-10 和图 5.3-11 所示),主要由三部分组成：带底脚的套筒、插管和填料。内外管的间隙用填料密封，内插管可以随温度变化自由活动，从而起到补偿作用。

图 5.3-8　波纹管补偿器实物图

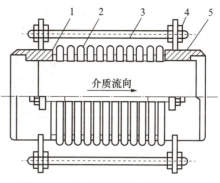

图 5.3-9　轴向波纹管补偿器示意图

1—导流管；2—波纹管；3—限位拉杆；4—限位螺母；5—端管

图 5.3-10　套筒式补偿器实物图

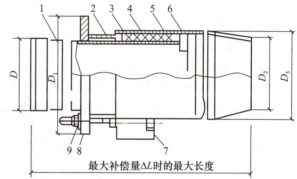

图 5.3-11　单向套筒式补偿器示意图

1—套管；2—前压兰；3—壳体；4—填料圈；5—后压兰；
6—防脱肩；7—T 形螺栓；8—垫圈；9—螺母

套筒式补偿器安装方便，占地面积小，流体阻力较小，抗失稳性好，补偿能力较大；缺点是轴向推力较大，易漏水漏汽，需经常检修和更换填料，对管道横向变形要求严格。

e.球形补偿器（如图 5.3-12 和图 5.3-13 所示）是由外壳、球体、密封圈压紧法兰组成，它是利用球体的角位移来补偿管道的热伸长而消除热应力的，适用于三向位移的热力管道。其优点是占用空间小，节省材料，不产生推力；但易漏水、漏汽，要加强维修。

上述补偿器中，自然补偿器、方形补偿器和波纹管补偿器利用补偿材料的变形吸收热伸长，而套筒式补偿器和球形补偿器则利用管道的位移来吸收热伸长。

④ 补偿器安装要点：

a.有补偿器装置的管段，补偿器安装前，管道和固定支架之间不得进行固定。补偿器的临时固定装置在管道安装、试压、保温完毕后，应将紧固件松开，保证在使用中可自由伸缩。补偿器应与管道保持同轴，安装操作时不得损伤补偿器，不得采用使补偿器变形的方法来调整管道的安装偏差。

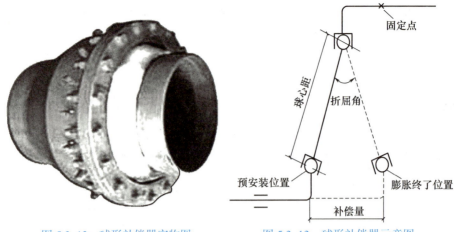

图 5.3-12　球形补偿器实物图　　图 5.3-13　球形补偿器示意图

b.直管段设置补偿器的最大距离和补偿器弯头的弯曲半径应符合设计要求。在靠近补偿器的两端，应设置导向支架，保证运行时管道沿轴线方向自由伸缩。

c.当安装时的环境温度低于补偿零点（设计的最高温度与最低温度差值的1/2）时，应对补偿器进行预拉伸，拉伸的具体数值应符合设计文件的要求。经过预拉伸的补偿器，在安装及保温过程中应采取措施保证预拉伸不被释放。

d.L形、Z形、方形补偿器一般在施工现场制作，制作应采用优质碳素钢无缝钢管。方形补偿器水平安装时，平行臂应与管线坡度及坡向相同，垂直臂应呈水平放置。垂直安装时，不得在弯管上开孔安装放风管和排水管。

e.波纹管补偿器或套筒式补偿器安装时，补偿器应与管道保持同轴，不得偏斜，有流向标记（箭头）的补偿器，流向标记与介质流向一致。填料式补偿器芯管的外露长度应大于设计要求的变形量。

f.球形补偿器安装时，与球形补偿器相连接的两垂直臂的倾斜角度应符合设计要求，外伸部分应与管道坡度保持一致。

g.采用直埋补偿器时，在回填后其固定端应可靠锚固，活动端应能自由变形。

3）法兰安装

① 安装前应对法兰密封面及密封垫片进行外观检查，法兰密封面应光洁，法兰螺纹完整、无损伤。

② 两个法兰连接端面应保持平行，偏差不大于法兰外径的1.5%，且不得大于2mm；不得采用加偏垫、多层垫或加强力拧紧法兰一侧螺栓的方法来消除法兰接口端面的偏差。

③ 法兰与法兰、法兰与管道应保持同轴，螺栓孔中心偏差不得超过孔径的5%，垂直允许偏差为0～2mm。

④ 垫片的材质和涂料应符合设计要求；垫片尺寸应与法兰密封面相等，当垫片需要拼接时，应采用斜口拼接或迷宫形式的对接，不得直缝对接。

⑤ 不得采用先加垫片并拧紧法兰螺栓，再焊接法兰焊口的方式进行法兰安装焊接。

⑥ 法兰内侧应进行封底焊。

⑦ 法兰螺栓应涂二硫化钼油脂或石墨机油等防锈油脂保护。

⑧ 法兰连接应使用同一规格的螺栓，安装方向应一致。紧固螺栓时应对称、均匀地进行，松紧应适度；紧固后丝扣外露长度应为 2～3 倍螺距，需要用垫圈调整时，每个螺栓只能采用一个垫圈。

⑨ 法兰距支架或墙面的净距不应小于 200mm。

4）阀门安装

① 阀门的作用：

阀门是用启闭管路，调节被输送介质流向、压力、流量，以达到控制介质流动、满足使用要求的重要管道部件。

② 阀门的类型和特点：

供热管道工程中常用的阀门有：闸阀、截止阀、止回阀、柱塞阀、蝶阀、球阀、减压阀、安全阀、疏水阀及平衡阀等。

a. 闸阀：

闸阀是用于一般汽、水管路作全启或全闭操作的阀门。按阀杆所处的状况可分为明杆式和暗杆式；按闸板结构特点可分为平行式和楔式。

闸阀的特点是安装长度小，无方向性；全开启时介质流动阻力小；密封性能好；加工较为复杂，密封面磨损后不易修理。当管径大于 $DN50mm$ 时宜选用闸阀。

b. 截止阀：

截止阀主要用来切断介质通路，也可调节流量和压力。截止阀可分直通式、直角式、直流式。直通式适用于直线管路，便于操作，但阀门流阻较大；直角式用于管路转弯处；直流式流阻很小，与闸阀接近，但因阀杆倾斜，不便操作。

截止阀的特点是制造简单、价格较低、调节性能好；安装长度大，流阻较大；密封性较闸阀差，密封面易磨损，但维修容易；安装时应注意方向性，即低进高出，不得装反。

c. 柱塞阀：

柱塞阀主要用于密封要求较高的地方，使用在水、蒸汽等介质上。

柱塞阀的特点是密封性好，结构紧凑，启闭灵活，寿命长，维修方便；但价格相对较高。

d. 止回阀：

止回阀是利用本身结构和阀前阀后介质的压力差来自动启闭的阀门，它的作用是使介质只做一个方向的流动，而阻止其逆向流动。按结构可分为升降式和旋启式，前者适用于小口径水平管道，后者适用于大口径水平或垂直管道。止回阀常设在水泵的出口、疏水器的出口管道以及其他不允许流体反向流动的地方。

e. 蝶阀：

蝶阀主要用于低压介质管路或设备上进行全开全闭操作。按传动方式可分为手动、涡轮传动、气动和电动。手动蝶阀可以安装在管道任何位置，带传动机构的蝶阀，必须垂直安装，保证传动机构处于铅垂位置。蝶阀的特点是体积小，结构简单，启闭方便、迅速且较省力，密封可靠，调节性能好。

f. 球阀：

球阀主要用于管路的快速切断。主要特点是流体阻力小，启闭迅速，结构简单，密封性能好。

球阀适用于低温（不高于150℃）、高压及黏度较大的介质以及要求开关迅速的管道部位。

g. 安全阀：

安全阀是一种安全保护性的阀门，主要用于管道和各种承压设备上，当介质工作压力超过允许压力数值时，安全阀自动打开向外排放介质，随着介质压力的降低，安全阀将重新关闭，从而避免管道和设备的超压危险。安全阀分为杠杆式、弹簧式、脉冲式。安全阀适用于锅炉房管道以及不同压力级别管道系统中的低压侧。

h. 减压阀：

减压阀主要用于蒸汽管路，靠开启阀孔的大小对介质进行节流从而达到减压目的，它能依靠自力作用将阀后的压力维持在一定范围内。减压阀可分为活塞式、杠杆式、弹簧薄膜式、气动薄膜式。

i. 疏水阀：

疏水阀安装在蒸汽管道的末端或低处，主要用于自动排放蒸汽管路中的凝结水，阻止蒸汽逸漏和排除空气等非凝性气体，对保证系统正常工作，防止凝结水对设备的腐蚀以及汽水混合物对系统产生水击等均有重要作用。常用的疏水阀有浮桶式、热动力式及波纹管式等几种。

j. 平衡阀：

平衡阀对供热系统管网的阻力和压差等参数加以调节和控制，从而满足管网系统按预定要求正常、高效运行。

③ 阀门安装要点：

a. 安装前应核对阀门的型号、规格是否与设计相符。查看阀门是否有损坏，阀杆是否歪斜、灵活，指示是否正确等。阀门搬运时严禁随手抛掷，应分类摆放。阀门吊装搬运时，钢丝绳应拴在法兰处，不得拴在手轮或阀杆上。阀门应清理干净，并严格按指示标记及介质流向确定其安装方向，采用自然连接，严禁强力对口。

b. 阀门的开关手轮应放在便于操作的位置，水平安装的闸阀、截止阀的阀杆应处于上半周范围内。安全阀应垂直安装。

c. 当阀门与管道以法兰或螺纹方式连接时，阀门应在关闭状态下安装，以防止异物进入阀门密封座。当阀门与管道以焊接方式连接时，宜采用氩弧焊打底，这是因为氩弧焊所引起的变形小，飞溅少，背面透度均匀，表面光洁、整齐，很少产生缺陷；另外，焊接时阀门不得关闭，以防止受热变形和因焊接而造成密封面损伤，焊机地线应搭在同侧焊口的钢管上，严禁搭在阀体上。对于承插式阀门还应在承插端头留有1.5mm的间隙，以防止焊接时或操作中承受附加外力。阀门焊接完成降至环境温度后方可操作。

d. 集群安装的阀门应按整齐、美观、便于操作的原则进行排列。

3. 换热站设施安装

（1）换热站作用

换热站是供热管网的重要附属设施，是供热网路与热用户的连接场所。它的作用是根据热网工况和不同的条件，采用不同的连接方式，将热网输送的热媒加以调节、转换，向热用户系统分配热量以满足用户需要；并根据需要，进行集中计量、检测供热热媒的参数和数量。

（2）换热站设备的安装要点

① 换热站房设备间的门应向外开。当热水换热站站房长度大于 12m 时应设两个出口，热力网设计水温低于 100℃时可只设一个出口。蒸汽换热站不论站房尺寸如何，都应设置两个出口。安装孔或门的大小应保证站内需检修更换的最大设备出入。多层站房应考虑用于设备垂直搬运的安装孔。

② 设备基础施工应符合设计和规范要求，并按设计采取相应的隔震、防沉降的措施。设备进场应对设备数量、包装、型号、规格、外观质量和技术文件进行开箱检查，填写相关记录，合格后方可安装。

③ 管道及设备安装前，土建施工单位、工艺安装单位和监理单位应对预埋吊点的数量与位置以及设备基础位置、表面质量、几何尺寸、标高及混凝土质量，预留孔洞的位置、尺寸、标高等共同复核检查，并办理书面交验手续。

④ 各种设备应根据系统总体平面布置按照适宜的顺序进行安装，并与土建施工结合起来。设备的平面位置应按设计要求测设，精度应符合设计和规范要求，地脚螺栓安装位置正确，埋设牢固，垫铁高程符合要求，与设备密贴，设备底座与基础之间进行必要的灌浆处理。机械设备与基础装配紧密，连接牢固。

⑤ 设备基础地脚螺栓底部锚固环钩的外缘与预留孔壁和孔底的距离不得小于 15mm 拧紧螺母后，螺栓外露长度应为 2~5 倍螺距；灌注地脚螺栓使用的细石混凝土（或水泥砂浆）强度等级应比基础混凝土的强度等级提升一级；拧紧地脚螺栓时，灌注混凝土的强度应不小于设计强度的 75%。

⑥ 换热站内管道安装在主要设备安装完成、支、吊架以及土建结构完成后进行。管道支、吊架位置及数量应满足设计及安装要求。管道安装前，应按施工图和相关建（构）筑物的轴线、边缘线、标高线划定安装的基准线。仔细核对一次水系统供回水管道方向与外网的对应关系，切忌接反。

⑦ 换热站内管道的材质、规格、型号、接口形式以及附件设备选型均应符合设计图纸要求。钢管焊接应严格执行焊接工艺评定和作业指导书技术参数，焊接人员应持证上岗，并经现场考试合格方可作业。

⑧ 换热站内管道安装过程中的敞口应进行临时封闭。管道穿越基础、建筑楼板和墙体等结构应在土建施工中预埋套管。管道焊缝等接口不得留置在套管中。

管道应排列整齐、美观；并排安装的管道，直线部分应相互平行，曲线部分应保持与直线部分相等的间距。管道的支、吊、托架安装应符合设计要求，位置准确，埋设牢固。管道阀门、安全阀等附件设备安装应方便操作和维修，管道上同类型的温度表和压力表规格应一致且排列整齐、美观，并经计量检定合格。

⑨ 换热站内管道与设备连接时，设备不得承受附加外力，进入管内的杂物及时清理干净。泵的吸入管道和输出管道应有各自独立、牢固的支架，泵不得直接承受系统管道、阀门等的重量和附加力矩。管道与泵连接后，不应在其上进行焊接和气割；当需焊接和气割时，应拆下管道或采取必要的措施，并应防止焊渣进入泵内。

⑩ 蒸汽管道和设备上的安全阀应有通向室外的排汽管，热水管道和设备上的安全阀应有接到安全地点的排水管，并应有足够的截面积和防冻措施确保排放通畅。在排汽

管和排水管上不得装设阀门。排放管应固定牢固。

⑪ 管道焊接完成,应进行外观质量检查和无损检测,无损检测的标准、数量应符合设计和相关规范要求。合格后按照系统分别进行强度和严密性试验。强度和严密性试验合格后进行除锈、防腐、保温。

⑫ 泵的试运转应在其各附属系统单独试运转正常后进行,且应在有介质情况下进行试运转,试运转的介质或代用介质均应符合设计的要求。当换热站及有水处理设备的泵站启动时应先运行水处理设备。泵在额定工况下连续试运转时间不应少于 2h。

⑬ 管道清洗完成后安装经校验和检定合格的热计量设备,热计量设备标注的水流方向应与管道内热媒流动的方向一致。

5.3.3 供热管道功能性试验

1. 供热管道功能性试验的内容

供热管道和设备安装完成后,应按设计要求进行强度和严密性试验。

一级管网及二级管网应进行强度试验和严密性试验。换热站(含中继泵站)内系统应进行严密性试验。

强度试验应在试验段内的管道接口防腐、保温施工及设备安装前进行;严密性试验应在试验范围内的管道工程全部安装完成后进行,其试验长度宜为一个完整的设计施工段。

供热管网工程水压试验应以清洁水作为试验介质。对地面高差较大的管道,应将试验介质的静压计入试验压力中。热水管道的试验压力应为最高点的压力,但最低点的压力不得超过管道及设备所能承受的额定压力。

2. 强度试验和严密性试验

1) 试验前的准备工作

(1) 试验前应编制试验方案,并经监理(建设)、设计等单位审查同意后实施。试验前对有关操作人员进行技术、安全交底。

(2) 强度试验前焊接外观质量和无损检测已合格,管道安装使用的材料设备资料齐全;严密性试验前,一个完整的设计施工段已经完成管道和设备安装,且经强度试验合格。

(3) 试验区域已经划定,设置安全标志并专人值守以有效隔绝无关人员。

(4) 站内、检查室、沟槽中的排水系统经检查可靠。

(5) 试验所用的压力表精度符合要求并经检定合格,且在检定有效期内。

(6) 管道自由端的临时加固装置安装完成并经检查确认安全。

(7) 试验介质宜采用清洁水,并将管道及设备中的空气排尽。

2) 强度试验的实施要点

(1) 管线施工完成后,经检查除现场组装的连接部位(如焊接连接、法兰连接等)外,其余均符合设计文件和相关标准的规定,方可以进行强度试验。强度试验应在试验段内的管道接口防腐、保温施工及设备安装前进行。

(2) 强度试验所用压力表应在检定有效期内,其精度等级不得低于 1.0 级。压力表的量程应为试验压力的 1.5~2 倍,数量不得少于两块。压力表应安装在试验泵出口和试验系统末端。

（3）强度试验压力为1.5倍设计压力，且不得小于0.6MPa。充水时应排净系统内的气体，在试验压力下稳压10min，检查无渗漏、无压力降后降至设计压力，在设计压力下稳压30min，检查无渗漏、无压力降为合格。

（4）当试验过程中发现渗漏时，严禁带压处理。消除缺陷后，应重新进行试验。

3）严密性试验的实施要点

（1）严密性试验应在试验范围内的管道、支架、设备全部安装完毕，且固定支架的混凝土已达到设计强度，管道自由端临时加固完成后进行。

（2）对于换热站内管道和设备的严密性试验，试验前还需确保安全阀、爆破片及仪表组件等已拆除或加盲板隔离，加盲板处有明显的标记并做记录，安全阀全开，填料密实。

（3）严密性试验所用压力表的精度等级不得低于1.5级。压力表的量程应为试验压力的1.5~2倍，数量不得少于两块，应在检定有效期内。压力表应安装在试验泵出口和试验系统末端。

（4）严密性试验压力为设计压力的1.25倍，且不小于0.6MPa。一级管网和换热站内管道及设备，在试验压力下稳压1h，前后压降不大于0.05MPa，检查管道、焊缝、管路附件及设备无渗漏，固定支架无明显变形，则为合格；二级管网在试验压力下稳压30min，前后压降不大于0.05MPa，且管道、焊缝、管路附件及设备无渗漏，固定支架无明显变形的为合格。

3. 清洗

（1）供热管网的清洗应在试运行前进行。

（2）清洗方法应根据设计及供热管网的运行要求、介质类别而定。可分为人工清洗、水力冲洗和气体吹洗。当采用人工清洗时，管道的公称直径应大于或等于$DN800mm$；蒸汽管道应采用蒸汽吹洗。

（3）清洗前应编制清洗方案，并应报有关单位审批。方案中应包括清洗方法、技术要求、操作及安全措施等内容。清洗前应进行技术、安全交底。

（4）清洗前，应将系统内的减压器、疏水器、流量计和流量孔板（或喷嘴）、滤网、温度计的插入管、调节阀芯和止回阀芯等拆下并妥善存放，待清洗结束后方可复装。

（5）不与管道同时清洗的设备、容器及仪表管等应隔开或拆除。

（6）清洗前，要根据情况对支架、弯头等部位进行必要的加固。

（7）供热的供水和回水管道及给水和凝结水管道，必须用清水冲洗。

（8）供热管道用水冲洗应符合下列要求：

① 冲洗应按主干线、支干线、支线分别进行，二级管网应单独进行冲洗。冲洗前应先满水浸泡管道。冲洗水流方向应与设计的介质流向一致。

② 冲洗进水管的截面积不得小于被冲洗管截面积的50%，排水管截面积不得小于进水管截面积。

③ 冲洗应连续进行，管内的平均流速不应低于1m/s。排水时，管内不得形成负压。

④ 当冲洗水量不能满足要求时，宜采用密闭循环的水力冲洗方式。循环水冲洗时

管道内流速应达到或接近管道正常运行时的流速。当循环冲洗后的水质不合格时，应更换循环水继续进行冲洗直至合格。

⑤ 水力冲洗应以排水水样中固形物的含量接近或等于冲洗用水中固形物的含量为合格。

⑥ 水力冲洗结束后应打开排水阀门排污，合格后应对排污管、除污器等装置进行人工清洗。

（9）供热管道用蒸汽吹洗应符合下列要求：

① 蒸汽吹洗排汽管的管径应按设计计算确定，吹洗口及吹洗箱应按设计要求加固。

② 蒸汽吹洗的排汽管应引出室外（或检查室外），管口不得朝下并应设临时固定支架，以承受吹洗时的反作用力。

③ 吹洗出口管在有条件的情况下，以斜上方 45° 为宜。距出口 100m 范围内，不得有人工作或怕烫的建筑物。必须划定安全区、设置标志，在整个吹洗作业过程中，应有专人值守。

④ 为了管道安全运行，蒸汽吹洗前应先缓慢升温进行暖管，暖管速度不宜过快，并应及时疏水。暖管时阀门的开启要缓慢进行，避免汽锤现象，并应检查管道的热伸长，检查补偿器、管路附件及设备等工作情况，恒温 1h 达到设计要求后进行吹洗。

⑤ 吹洗使用的蒸汽压力和流量应按设计计算确定。吹洗压力不应大于管道工作压力的 75%。

⑥ 吹洗次数应为 2~3 次，每次的间隔时间宜为 20~30min。

⑦ 蒸汽吹洗应以出口蒸汽无污物为合格。

⑧ 吹洗后，要及时在管座、管端等部位掏除污物。

4. 试运行

试运行在单位工程验收合格，完成管道清洗并且热源已具备供热条件后进行。试运行前需要编制试运行方案，并要在建设单位、设计单位认可的条件下连续运行 72h。

试运行中应对管道及设备进行全面检查，特别要重点检查支架的工作状况。试运行完成后应对运行资料、记录等进行整理，并应存档。

【案例 5.3-1】

1. 背景

某供热管线工程，长 729m，采用 $DN250mm$ 的 Q235B 管材，直埋敷设，全线共设 4 座检查室。在 2 号检查室内热机安装施工时，施工单位预先在管道上截下一段管节，留出安装波纹管补偿器的位置，后因补偿器迟迟未到货，只好用彩条布将管端头临时封堵。

2. 问题

（1）施工单位预留补偿器位置的做法是否妥当？请写出正确的做法。

（2）安装波纹管补偿器时，对其安装方向是否有要求？

（3）是否需要进行无损检测，检测比例是多少？

3. 参考答案

（1）施工单位预留补偿器位置的做法中存在两处不妥当做法：

不妥之处一：施工单位预先在管道上截下一段管节，留出安装波纹管补偿器位置的做法不妥当；

正确做法：当补偿器运至安装现场时，将已固定好的钢管切开，吊装补偿器就位焊接。

不妥之处二：临时用彩条布封堵管端头的做法不妥当；

正确做法：管口确需切开应采用封堵钢板点焊封闭。

（2）安装波纹管补偿器时，有流向标记（箭头）的补偿器，流向标记应与管道介质流向一致。

（3）波纹管补偿器与管道连接处的焊缝需要进行无损检测，检测比例为100%。

5.4 城市管道工程安全质量控制

5.4.1 城市管道工程安全技术控制要点

1. 一般要求

（1）城市管道施工前应对施工现场周边环境、地下水、邻近建（构）筑物等进行调查。当管道结构全部或部分位于地下水位以下时，基坑（沟槽）施工应采取合理的地下水控制措施。

管线及邻近建（构）筑物的保护符合本书 1.5.1 中 1. 的相关要求。

（2）城市管道施工应采用封闭式施工方式。

（3）沿车行道、人行道施工时，应在管沟沿线设置安全护栏，并应设置明显的警示标志。在施工路段沿线，应设置夜间警示灯。

（4）在交通不可中断的道路上施工，应有保证车辆、行人安全通行的措施，并应设有负责安全的人员。

2. 土方及沟槽施工安全控制

（1）沟槽开挖应根据性能、土质、槽壁支护等状况，确定开挖顺序和分层开挖深度。在距直埋缆线 2m 范围内和距各类管道 1m 范围内，应人工开挖，不得机械开挖，注意管线保护，不得损坏。沟槽开挖中遇有新发现的管道、电缆或其他构筑物应加以保护，并及时联系有关单位会同处理。

合槽施工开挖土方时，应先深后浅。开挖深层管道土方时，不宜扰动浅层管道的土基，受条件限制而在施工中产生扰动时，应对扰动的土基按设计规定进行处理。

开槽施工管道时施工机械应设专人指挥，作业前需确认周围环境安全，配合机械作业的人员与机械需保持安全距离。

（2）回填过程中不得影响构筑物的安全，并应检查墙体结构强度、盖板或其他构件安装强度，当能承受施工操作动荷载时，方可进行回填。回填压实应不得影响管道或结构的安全。管顶或结构顶以上 500mm 范围内应采用人工夯实，不得采用动力夯实机或压路机压实。

3. 管道安装施工安全控制

（1）管材、设备装卸时，严禁抛摔、拖拽和剧烈撞击。管材、设备运输、存放时的堆放高度、环境条件（湿度、温度、光照等）必须符合产品的要求，应避免暴晒和雨淋。

（2）运输时应逐层堆放，捆扎、固定牢靠，避免相互碰撞。运输、堆放处不应有可能损伤材料、设备的尖凸物，并应避免接触可能损伤管道、设备的油、酸、碱、盐等类物质。

（3）可预组装的管路附件宜在管道安装前完成，并应检验合格。管道安装前应将内部清理干净，安装完成应及时封闭管口。

（4）在有限空间内作业应制定作业方案，作业前应先采取通风措施，进行气体检测，合格后方可进行现场作业。存在可燃气体的有限空间场所内不允许使用明火照明和非防爆设备。

4. 不开槽管道施工安全控制

（1）施工设备、主要配套设备和辅助系统安装完成后，应经试运行及安全性检验，合格后方可掘进作业。

（2）操作人员应经过培训，掌握设备操作要领，熟悉施工方法、各项技术参数，考试合格方可上岗。

（3）管道内涉及的水平运输设备、注浆系统、喷浆系统以及其他辅助系统应满足施工技术要求和安全、文明施工要求。

（4）施工供电应设置双路电源，并能自动切换；动力、照明应分路供电，作业面移动照明应采用低压供电。

（5）采用顶管、盾构、浅埋暗挖法施工的管道工程，应根据管道长度、施工方法和设备条件等确定管道内通风系统模式；设备供排风能力、管道内人员作业环境等还应满足国家有关标准的规定。

（6）采用起重设备或垂直运输系统：

① 起重设备必须经过起重荷载计算。

② 使用前应按有关规定进行检查验收，合格后方可使用。

③ 起重作业前应试吊，吊离地面100mm左右时，应检查重物捆扎情况和制动性能，确认安全后方可起吊；起吊时工作井内严禁站人，当吊运重物下井距作业面底部小于500mm时，操作人员方可近前工作。

④ 严禁超负荷使用。

⑤ 工作井上、下作业时必须有联络信号。

（7）顶管施工时工作井位置设置应便于排水、出土和运输，且易于对地上及地下建（构）筑物采取保护和安全生产措施；支撑应形成封闭式框架，矩形工作井的四角应加设斜支撑。

（8）工作井洞口封门拆除：

① 当为钢板桩工作井，可拔起或切割钢板桩露出洞口，并采取措施防止洞口上方的钢板桩下落。

② 当为沉井式工作井时，应先拆除洞圈内侧的临时封门，再拆除井壁外侧的封板或其他封填物。

③ 在工作井进、出洞口范围可预埋注浆管，管道进入土体之前可预先注浆。

（9）暗挖法施工前应备好抢险物资，并应在现场堆码整齐。进入隧道前应先对隧道洞口进行地层超前支护及加固。隧道开挖应控制循环进尺、留设核心土。核心土面积不得小于断面的1/2。

（10）盾构法施工时根据盾构选型、施工现场环境，合理选择土方输送方式和机械设备；采取相应的开挖面稳定方法，确保前方土体稳定；掘进中遇有停止推进且间歇时间较长情况时，应采取维持开挖面稳定的措施；在拼装管片或盾构掘进停歇时，应采取防止盾构后退的措施。

（11）定向钻顶管施工应根据土质情况、地下水位、顶进长度和管道直径等因素，在保证工程质量和施工安全的前提下选用设备机型。施工前应采用地质勘探钻取样或局部开挖的方法，取得定向钻施工路由位置的地下土层分布、地下水位、土壤和水分的酸碱度等资料。

5. 监测

施工中应根据设计要求、工程特点及有关规定，对管道沿线影响范围内的地表或地下管线等建（构）筑物设置观测点，进行监测。监测的信息应及时反馈，以指导施工，发现问题及时处理。

5.4.2 城市管道工程质量控制要点

1. 城市给水、排水管道施工质量控制

城市管道工程质量控制指标：

（1）土石方与基础主要控制项目

沟槽边坡稳定，不得有滑坡、塌方等现象；沟槽地基承载力或复合地基承载力满足设计要求；地基处理时压实度、厚度满足设计要求。

（2）开槽施工管道主要控制项目

原状地基的承载力；混凝土基础的强度；砂石基础的压实度。

管道敷设：管道埋设深度、轴线位置应符合设计要求，无压力管道不得倒坡；刚性管道应无结构贯通裂缝和明显缺损情况；柔性管道的管壁不得出现纵向隆起、环向扁平和其他变形情况；管道竖向变形率不得超过要求；管道铺设安装应稳固，管道安装后应线形平直。各种管道连接接口详见国家相关规范要求。

沟槽回填主要控制项目：回填材料；柔性管道的变形率；有功能性试验要求的管道，试验合格；回填土压实度。

（3）不开槽施工管道主要控制项目

工作井：原材料、成品、半成品的产品质量，结构的强度、刚度和尺寸，混凝土结构的抗压强度等级、抗渗等级。

沉井施工：

① 沉井制作：所用工程材料的等级、规格、性能应符合规定和设计要求；混凝土强度以及抗渗、抗冻性能应符合设计要求；混凝土外观无严重质量缺陷；制作过程中沉井无变形、开裂现象。

② 沉井下沉及封底：封底所用工程材料应符合规定和设计要求；封底混凝土强度以及抗渗、抗冻性能应符合设计要求；封底前坑底标高应符合设计要求；封底后混凝土

底板厚度不得小于设计要求；下沉过程及封底时沉井无变形、倾斜、开裂现象；沉井结构无渗漏现象，底板无渗水现象。

顶管：管节及附件产品质量；柔性接口橡胶圈安装位置应正确，无位移、脱落现象，钢管的接口焊接质量；无压管道的管底坡度应无明显反坡现象，曲线顶管的实际曲率半径符合设计要求；管道接口端部应无破损、顶裂现象，接口处应无滴漏。

定向钻施工管道：管节、防腐层产品质量；管节连接、钢管外防腐层的质量；钢管接口焊接、聚乙烯管接口熔焊检验；管段回拖后的线形应平顺、无突变、变形现象，实际曲率半径应符合设计要求。

夯管：管节、防腐层产品质量；钢管组对拼接、外防腐层的质量；管道线形应平顺、无变形、裂缝、突起、突弯、破损现象；管道应无明显渗水现象。

（4）燃气管道、热力管道的主控项目

① 钢制管道焊接：管道、管件、焊材型号符合要求，焊缝外观及无损检测满足要求。

② 钢制管道法兰连接：法兰型号、规格、压力等级和材质符合要求，法兰密封面平整光洁，螺栓和螺母的螺纹完整，法兰垫片不重复使用，不得使用双垫片。

③ 埋地钢制管道防腐和阴极保护：预制防腐管道防腐层材料、补口和补伤材料、防腐等级符合要求，防腐层应完整；现场补口、补伤时钢管表面处理质量等级符合要求；阴极保护系统安装符合要求。

④ 埋地钢制管道敷设：钢制管道安装稳固，管壁无变形，安装后线形直顺。

⑤ 聚乙烯管道敷设：管道、管件材料符合要求，热熔对接接头、电熔承插连接接头、电熔鞍形连接接头质量检验符合要求。

⑥ 架空管道安装：涂层材料选用、钢管外表面处理质量等级符合要求，支、吊架结构类型、规格、材料符合要求，导向支架或滑动支架滑动面洁净平整。

⑦ 管道附件：阀门、凝水缸、放水管、补偿器、绝缘装置等附件质量和安装位置符合要求，钢制管道与附件焊接、管道附件接口防腐符合要求。

2. 管道施工质量控制要点

（1）沟槽开挖与地基处理应符合下列要求

① 原状地基土不得扰动、受水浸泡或受冻。

② 检查地基承载力试验报告，地基承载力应满足设计要求。

③ 按设计或规定要求进行检查，检查检测记录、试验报告是否满足设计要求。进行地基处理时，压实度、厚度应满足设计及规范要求。

（2）管道施工

① 顶管顶进距离大于300m时应采用激光定向等测量控制技术。

② 顶管洞口周围土体含地下水时，若条件允许可采取降水措施，或采取注浆等措施加固土体以封堵地下水；在拆除封门时，顶管机外壁与工作井洞圈之间应设置洞口止水装置，防止顶进施工时泥水渗入工作井。

③ 燃气管道埋地钢管，管道下沟宜使用吊装机具，严禁采用抛、滚、撬等破坏防腐层的做法。吊装时应保护管口不受损伤。管道对口前应将管道、管件内部清理干净，不得存有杂物。每次收工时，敞口管端应临时封堵。不应在管道焊缝上开孔。管道开孔

边缘与管道焊缝的间距不应小于 100mm。

④ 聚乙烯燃气管道连接注意事项：

a. 管道连接前，应按设计要求在施工现场对管材、管件、阀门及管道附属设备进行查验。管材表面划伤深度不应超过管材壁厚的 10%，且不应超过 4mm；管件、阀门及管道附属设备的外包装应完好，符合要求方可使用。

b. 聚乙烯管材与管件、阀门的连接，应根据不同连接形式选用专用的熔接设备，不得采用螺纹连接或粘接。连接时，不得采用明火加热。

c. 管道热熔或电熔连接的环境温度宜在 $-5 \sim 40$℃ 范围内，在环境温度低于 -5℃ 或风力大于 5 级的条件下进行热熔或电熔连接操作时，应采取保温、防风措施，并应调整连接工艺；在炎热的夏季进行热熔或电熔连接操作时，应采取遮阳措施；雨天施工时，应采取防雨措施；每次收工时，应对管口进行临时封堵。

d. 管道连接时固定夹具应夹紧牢固，并确保管道"同心"，同时应避免强力组对。

e. 燃气管道聚乙烯管热熔连接的焊接接头连接完成后，应对接头进行 100% 卷边对称性和接头对正性检验，并应对开挖敷设不少于 15% 的接头进行卷边切除检验。水平定向钻非开挖施工应进行 100% 接头卷边切除检验。

f. 燃气管道热熔连接采用电熔承插连接时，电熔管件与管材或插口管件的轴线应对正，周边表面应有明显的刮皮痕迹，端口的接缝处不应有熔融料溢出，电阻丝不应被挤出。

g. 聚乙烯燃气管道采用拖管法埋地敷设时，在管道拖拉的过程中，沟底不应有可能损伤管道表面的石块和尖凸物，拖拉长度不宜超过 300m。

⑤ 热力管道直埋保温管道管顶以上不小于 300mm 处应铺设警示带。

⑥ 热力管道支、吊架安装：

a. 支、吊架安装位置应正确，标高和坡度应符合设计要求，安装应平整，埋设应牢固。支架结构接触面应洁净、平整。导向支架、滑动支架、滚动支架和吊架不得有歪斜及卡涩现象。

b. 活动支架的偏移方向、偏移量及导向性能应符合设计要求。

c. 管道支、吊架安装的高程应符合设计要求，其允许偏差为 $-10 \sim 0$mm。

⑦ 热力管道固定支架的安装应检查位置、结构情况、混凝土浇筑前、后情况。

⑧ 热力管道的强度和严密性试验当试验过程中发现渗漏时，严禁带压处理。消除缺陷后，应重新进行试验。

（3）沟槽回填质量控制

① 一般要求：

a. 沟槽回填材料符合设计要求，采用观察和检查检测报告的方法进行回填材料的质量检查，回填材料条件变化或来源变化时，应分别取样检测。

b. 回填土压实度应符合设计要求。

c. 回填应达到设计高程，表面应平整。

d. 回填时管道及附属构筑物无损伤、沉降、位移。

② 柔性管道回填施工质量控制是柔性管道工程施工质量控制的关键。除一般要求以外柔性管道回填还应符合以下要求：

a. 柔性管道回填前应选取长度为一个井段或不少于 50m 的试验段，按设计要求选择回填材料，特别是管道周围回填需用的中粗砂；按照施工方案的回填方式进行现场试验，明确压实遍数、压实工具、虚铺厚度和含水量；因工程因素变化改变回填方式时，应重新进行现场试验。

b. 管道两侧和管顶以上 500mm 范围内的回填材料，应由沟槽两侧对称运入槽内，不得直接扔在管道上；回填其他部位时，应均匀运入槽内，不得集中推入。

c. 管基有效支承角范围内应采用中粗砂填充密实，与管壁紧密接触，不得用土或其他材料填充。

d. 压实时，管道两侧应对称进行，且不得使管道产生位移或损伤。

e. 同一沟槽中有双排或多排管道的基础底面位于同一高程时，管道之间的回填压实应与管道与槽壁之间的回填压实对称进行；基础底面的高程不同时，应先回填基础较低的沟槽；当回填至较高基础底面高程后，再进行回填。

f. 分段回填压实时，相邻段的接槎应呈台阶形，且不得漏夯。

g. 采用轻型压实设备时，应夯夯相连；采用压路机时，碾压的重叠宽度不得小于 200mm。

h. 采用重型压实机械压实或较重车辆在回填土上行驶时，管道顶部以上应有一定厚度的压实回填土，其最小厚度应按压实机械的规格和管道的设计承载力，通过计算确定。

【案例 5.4-1】

1. 背景

某城市供热管道工程，长 4.6km，采用 DN500mm 的碳素钢管。其中穿越河流和铁路（非专用线）干线管道部位采用套管敷设；少量管段不具备水压试验条件；设计要求对管道焊缝质量用超声和射线两种方法进行无损检测。

2. 问题

（1）供热管道焊缝质量应按什么顺序进行检验？本案例中哪些焊缝应做 100% 无损检测？

（2）针对管道焊缝返修有什么要求？

（3）某管段焊缝用超声检测合格，用射线检测却不合格，该管道焊缝是否合格？

3. 参考答案

（1）供热管道焊缝质量检验应按对口质量检验、外观质量检验、无损检测、强度和严密性试验的顺序进行。

本案例中干线管道与设备、管件连接处的焊缝，管道折点处现场焊接的焊缝，穿越河流、铁路和不具备水压试验条件的管道焊缝应做 100% 的无损检测。

（2）同一部位焊缝的返修次数不得超过两次。根部缺陷只允许返修一次。

（3）不合格。依据《城镇供热管网工程施工及验收规范》CJJ 28—2014 规定，同时使用射线检测和超声检测时，二者按各自合格等级检验，其中一种不合格时不能验收，该道焊缝即判定为不合格。

5.4.3 城市管道工程季节性施工措施

1. 冬期施工措施

冬期施工应符合下列要求:

(1)进入冬期施工前应编制冬期施工措施和计划,并应有突然降温的防冻措施;对室外气温和结构物的养护温度,应定时测量并记录;结构物基础的地基在施工前、施工期及施工后均不得受冻。

(2)冻土层的开挖宜根据冻层的厚度、数量及经济原则选用开挖方法,可采用人工或机械凿劈冻土,并应制定安全保证措施。具备条件时,可采用爆破方式开挖冻土;基槽边坡应随挖土进展及时修整和加固。

(3)开挖基坑的周围宜设防风挡;土方开挖当日未见槽底时,应将槽底300mm刨松或覆盖保温材料防冻。

(4)应对施工沟槽槽底采取防冻措施;基础下的土层已经受冻后继续基础施工时,应将冻层挖除。

(5)管道沟槽两侧及管顶以上500mm范围内不得回填冻土,沟槽其他部分冻土含量不得超过15%,冻块不得大于100mm且不得集中,并应按常温规定分层夯实,还应预留沉降量。

(6)水泥砂浆接口应及时保温养护,保温材料覆盖厚度应根据气温选定;宜采用热拌水泥砂浆,热拌水泥砂浆所用水温不得超过80℃;不得使用加热水的方法融化已冻结的砂浆;对水泥砂浆有防冻要求时,拌合时应掺防冻剂。

(7)冬期进行管道闭水试验时,应采取防冻、防滑等措施。冬期进行水压试验时管身应填土至管顶以上500mm;暴露的管道、接口、临时管线应用保温材料覆盖;根据现场条件,水中宜加食盐防冻;试压合格后,应及时将水放空。

2. 雨期施工措施

雨期施工应符合下列要求:

(1)在降雨量集中的季节施工,对工程质量造成影响时,应采取雨期施工措施;雨期施工应提前准备必要的防汛抢险器材、机具及遮盖材料,工程材料应有防雨、防潮措施,施工场地及生活区应有排水措施,施工机械设备应有防雷、防触电措施;雨期施工应分期、分段、分片施工,工作面不宜过大,宜采取流水施工;雨期施工期间应随时关注天气变化,遇大风、暴雨或洪水等恶劣天气应提前预警,并及时停止现场施工作业。

(2)基坑周边应设置挡水墙,基坑外应设置截水沟,防止地面水流入。基坑内应设置集水井,并应配备足够的抽水设备;基坑坑底挖至设计标高后,应及时进行结构施工,防止泡槽;因故未能及时进行下一道工序而发生泡槽的,应挖除被浸泡部分并采取换填处理措施,宜选用砂砾材料,换填后地基承载力应满足相关设计要求。

(3)雨期施工宜采取加强边坡支护,或适当放大边坡坡度、在槽边设置围堤等保护沟槽的措施;应采取措施防止地表水流向沟槽,槽内积水应及时排除。

(4)沟槽开挖前,施工现场应设置排水疏导线路;宜先下游后上游安排施工,应缩短开槽长度,快速施工;沟槽与既有排水沟、排水管交叉时,应采取加固或设置渡槽、渡管等导流措施。受高程控制影响既有排水沟、排水管连通的地点，应设临时泵站。切断既有排水沟、排水管道时，应经产权部门同意。

（5）管道敷设完成后应及时进行检查井施工；雨天进行管道接口施工，应采取防雨措施。暂时不接支线的预留管口应及时进行封堵；暂时中断施工的管口应临时封堵。

（6）回填土应随填随夯，防止松土淋雨；雨后回填应检测填土含水率，对过湿的土壤应采取晾晒、换填等技术措施。

（7）混凝土运输与浇筑过程中不得淋雨；浇筑混凝土前应备好防水棚；未初凝的砂浆受雨水浸泡时，应调整配合比；浇筑完成后应及时覆盖防雨，雨后应及时检查混凝土表面并及时修补；如未采取良好的防护措施，小雨、中雨天气不宜进行混凝土露天浇筑，且不应进行大面积的混凝土露天浇筑作业；大雨、暴雨天气不得进行混凝土露天浇筑。

3. 高温期施工措施

（1）高温期施工时适当提高管道回填材料含水率，确保沟槽回填压实度。

（2）高温期混凝土施工见本书 1.5.3 中 3.（3）的相关要求。

（3）合理安排工作和休息时间，避开高温时段，减轻工作强度，适当延长中午休息时间。

第 6 章 城市综合管廊工程

6.1 城市综合管廊分类与主要施工方法

6.1.1 综合管廊分类

1. 综合管廊基本概念及特点

1) 综合管廊的基本概念

建于城市地下用于容纳两类及以上城市工程管线的构筑物及附属设施。

综合管廊应统一规划、设计、施工和维护，并应满足管线的使用和运营维护要求。

综合管廊包括管廊主体、附属设施、入廊管线等。

主体结构包括现浇混凝土综合管廊结构和预制拼装综合管廊结构。

综合管廊附属设施包括消防系统、通风系统、供电系统、照明系统、监控与报警系统、排水系统、标识系统等。

雨水、污水、再生水、天然气、热力、电力、通信等城市工程管线均可纳入综合管廊。

2) 综合管廊的特点

（1）综合管廊缓解了直埋管线存在的各种问题，如：

① 检修及敷设管线需不断破挖路面。

② 各种管线分属不同部门管理，信息不畅，重复建设。

③ 直埋管线与土壤接触，易造成管线腐蚀、损坏。

④ 电力线缆占地大，影响城市规划及市容，且高压线易造成电磁辐射污染。

（2）综合性强。管线入廊范围涵盖了给水、雨水、污水、再生水、天然气、热力、电力、通信等城市工程管线。

（3）自动化程度高。管廊运营采用信息化管理，安装有感应器和探测器，运行状况即时反映在主控室，各种管线每一段的运行情况一目了然。

2. 综合管廊类型

综合管廊一般分为干线综合管廊、支线综合管廊、缆线综合管廊三种（见图6.1-1）。

干线综合管廊用于容纳城市主干工程管线，采用独立分舱方式建设。干线综合管廊宜设置在机动车道、道路绿化带下。

支线综合管廊用于容纳城市配给工程管线，采用单舱或双舱方式建设。支线综合管廊宜设置在道路绿化带、人行道或非机动车道下。

缆线综合管廊采用浅埋沟道方式建设，设有可开启盖板但其内部空间不能满足人员正常通行要求，用于容纳电力电缆和通信线缆。缆线综合管廊宜设置在人行道下。

综合管廊覆土深度应根据地下设施竖向综合规划、行车荷载、绿化种植及当地的冰冻深度等因素综合确定。

3. 综合管廊断面形式

综合管廊的断面形式主要有矩形、圆形和异形三大类；其中圆形与矩形更为常见，矩形断面相较于圆形断面对空间的利用率更高，异形断面空间利用率介于圆形、矩形断面管廊之间。

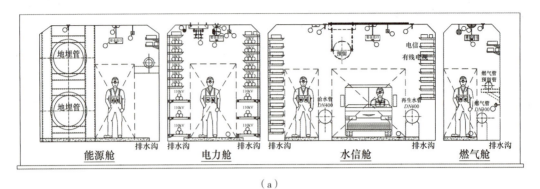

（a）

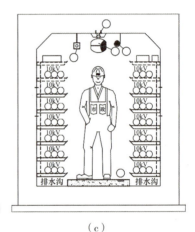

（b） （c）

图 6.1-1 各类综合管廊
（a）干线综合管廊（单位：mm）；（b）支线综合管廊；（c）缆线综合管廊

1）矩形断面管廊

矩形断面管廊结构为箱形钢筋混凝土结构，其形状简单，空间大，布置管线面积充分。缺点是结构受力不利，建设用钢量和混凝土材料用量较多，成本增加。大尺寸箱形结构只适用于开槽施工工法，限制了施工范围。箱形构件顶进施工难度大、费用高。

2）圆形断面管廊

圆形钢筋混凝土预制构件制作工艺成熟，生产方便，结构受力有利，材料用量较少，成本低廉。缺点是圆形断面布置管道不方便，空间利用率低。若在管廊内布置相同数量管线，圆管的直径需加大，增加了工程成本和地下空间断面的占用率。

3）异形断面管廊（三圆拱、四圆拱、多弧拱等）

异形断面管廊是在总结圆形和矩形断面管廊优缺点后开发的新型钢筋混凝土结构。特点是顶部采用近似于圆形的拱形，结构受力合理，可合理选用断面形式、调整管廊的高度和宽度提升管廊承载能力，材料节省较多。异形断面管廊结构全部采用橡胶柔性接口，闭水性能、抗震功能均较好。

4）管线的布置要求

综合管廊的标断面形式应根据容纳的管线种类及规模、建设方式、预留空间及安装要求等确定，应满足管线安装、检修、维护作业所需要的空间要求。

（1）天然气管道应在独立舱室内敷设。

（2）热力管道采用蒸汽介质时应在独立舱室内敷设。

（3）热力管道不应与电力电缆同仓敷设。

（4）110kV及以上电力电缆不应与通信电缆同侧布置。

（5）给水管道与热力管道同侧布置时，给水管道宜布置在热力管道下方。

（6）进入综合管廊的排水管道应采取分流制，雨水纳入综合管廊可利用结构本体或采用管道方式；污水应采用管道排水方式，宜设置在综合管廊底部。

（7）综合管廊每个舱室应设置人员出入口、逃生口、吊装口、进风口、排风口、管线分支口等。

（8）综合管廊管线分支口应满足预留数量、管线进出、安装敷设作业的要求。

（9）压力管道进出综合管廊时，应在综合管廊外部设置阀门。

（10）综合管廊应预留管道排气阀、补偿器、阀门等附件在安装、运行、维护作业时所需要的空间。

4. 综合管廊结构类型

综合管廊按结构类型分为现浇混凝土综合管廊和预制拼装综合管廊两种。

现浇混凝土综合管廊结构为采用现场整体浇筑混凝土的综合管廊。预制拼装综合管廊结构为工厂内分节段浇筑成型，现场采用拼装工艺施工成为整体的综合管廊。

6.1.2 综合管廊主要施工方法

城市综合管廊主要施工方法分为：明挖法、盾构法以及浅埋暗挖法、顶管法等。明挖法施工中，综合管廊结构又分为明挖现浇法和明挖预制拼装法。

1. 明挖法施工

（1）基坑顶部周边宜作硬化和防渗处理，应进行有效的安全防护及挡、排水措施，并应设置明显的安全警示标志。

（2）基坑顶部周围2m范围内，严禁堆放弃土及建筑材料等。在2m范围以外堆载时，不应超过设计荷载值，并应设置堆放物料的限重牌。

（3）基坑土方开挖前必须进行地下管线探测，并应提前做好地下管线的保护措施。

（4）基坑土方开挖过程中，基坑坑底四周应设置排水明沟与集水井，排水明沟的底面应比挖土面低0.3~0.4m，集水井底面应比排水明沟底面低0.5m，集水井间距宜为30~40m，由每段排水明沟中心点向相邻的两个集水井找坡，沟底坡度宜为2.0%。

（5）采用明挖法施工时，宜采用预制装配式结构或滑模浇筑施工。

（6）预制装配式管廊结构节段在预制厂生产宜采用长线法匹配预制；预制装配式管廊结构节段正式投入使用前宜进行试拼装；预制装配式管廊结构节段拼装必须按次序逐块、逐跨组拼推进。

（7）预制装配式管廊结构节段拼装湿接缝应密实、平整、无缝、无孔、无空鼓。

（8）预制装配式管廊结构节段吊装时，应验算起重设备站位处的地基承载力。

2. 盾构法施工

（1）盾构工作井宜采取永久与临时相结合的形式。

(2)盾构工作井的净尺寸应满足盾构组装、解体和施工等工序的要求,其预留洞门直径应满足盾构始发和接收廊内管线安装、附属设施安装、检修、维护作用所需要的空间要求。

(3)盾构掘进施工应控制排土量、盾构姿态和地层变形,应根据始发、掘进和接收阶段的施工特点、工程质量、施工安全和环境保护要求等采取针对性的技术措施。

(4)壁后注浆应根据工程地质条件、地表沉降状态、环境要求和设备情况等选择注浆方式、注浆压力和注浆量。

(5)应根据盾构类型、工程地质条件和其他实际情况,制定盾构安全技术操作规程和应急预案。

3. 浅埋暗挖法施工

(1)管廊浅埋暗挖法施工应无水作业。

(2)暗挖管廊通风设备宜安装在管廊内部。

(3)竖井应根据周边交通、建(构)筑物及水文地质情况等进行设置,宜结合永久结构设置工作竖井。

(4)管廊浅埋暗挖法施工应根据水文地质情况及周边环境等风险因素采取超前管棚、超前小导管、超前深孔注浆及全断面注浆等地层预加固措施,减小施工对地层的扰动,控制建(构)筑物的沉降。

(5)管廊开挖应预留变形量,不得欠挖,开挖后应及时进行初期支护,尽快封闭成环,并及时进行初期支护背后回填注浆。

(6)管廊浅埋暗挖施工应符合现行国家标准和地方标准的有关规定。

4. 顶管法施工

综合管廊一般采用断面较大的顶管施工,如:矩形顶管法、预制顶推法。

(1)矩形顶管法是采用横断面为矩形的顶管顶推掘进成套设备施工的方法。

(2)预制顶推法利用顶推装置将预制的箱形或圆形管廊节段沿综合管廊轴线逐节顶入土层中,同时挖除并运走内部泥土,从而形成综合管廊主体结构的施工方法。

(3)多舱管廊内的中隔墙,采用装配式拼装时,在预制管节时预留卡槽,卡槽强度及精度应符合设计要求,并应留有校核记录;中隔墙采用现浇工艺时,墙体混凝土质量应满足设计要求,不得出现漏缝、空鼓等现象。

6.2 城市综合管廊施工技术

6.2.1 工法选择

综合管廊施工方法选择见表6.2-1。

表6.2-1 综合管廊施工方法选择表

施工方法	适用情况	沉降	适用条件	备注
明挖法现浇	地面开阔,对断面和周边环境影响很大(需要占用大量材料堆场、围挡、恢复路面、管线迁改、交通导改和施工降水),雨天、北方地区冬季无法施工。适用于城市新建区和埋深较浅的管网建设	小	各种地质条件	

续表

施工方法	适用情况	沉降	适用条件	备注
明挖法预制拼装	对地面和周边环境影响较大（需要围挡、恢复路面、管线迁改、交通导改和施工降水）不受自然环境和气候条件影响。适用于城市新建区和埋深较浅、垂直、水平变化较少的管网建设	小	各种地质条件	
顶管法	对地面和周边环境影响小，不受自然环境和气候条件影响。适用于埋深浅、距离短、断面尺寸小的城市管网建设。适合穿越道路、河流或建筑物等各种障碍物，或施工过街通道、出入口等时采用	中	各种地质条件	
盾构法	对地面和周边环境影响小，不受自然环境和气候条件影响。适合下穿道路、河流或建筑物等各种障碍物，且线位上有建造盾构井的条件。适用于埋深大、距离长、曲线半径小、断面尺寸变化少、连续的施工长度不小于 300m 的城市管网建设	中	地质条件相对均匀	
浅埋暗挖法	对地面和周边环境影响小，不受自然环境和气候条件影响。适用于埋深大、围岩具有一定自稳能力的城市管网建设。适合已建城市的管网改造建设，下穿道路、河流或建筑物等各种障碍物	大	适用于地质条件相对较好的地层	

6.2.2 结构施工技术

1. 施工准备

（1）施工前应熟悉和审查施工图纸，并应掌握设计意图与要求。应实行自审、会审（交底）和签证制度。对施工图有疑问或发现差错时，应及时提出意见和建议。当需变更设计时，应按相应程序报审，并经相关单位签证认定后实施。

（2）施工前应根据工程需要进行下列调查：

① 现场地形、地貌、地下管线、地下构筑物、其他设施和障碍物情况。

② 工程用地、交通运输、施工便道及其他环境条件。

③ 地表水水文资料，在寒冷地区施工时尚应掌握地表水的冻结资料和土层冰冻资料。

④ 与施工有关的其他情况和资料。

（3）材料：

① 综合管廊工程中所使用的材料应根据结构类型、受力条件、使用要求和所处环境等选用，并应考虑耐久性、可靠性和经济性。

② 主要材料宜采用高性能混凝土、高强度钢筋；地下工程部分宜采用自防水混凝土。

③ 综合管廊附属工程和管线所用材料及施工要求应满足设计要求和现行国家及行业标准规范要求。其中天然气管道应采用无缝钢管（热力管道应采用钢管）与保温层及外护管紧密结合成一体的预制管，电力电缆应采用阻燃电缆或不燃电缆，通信线缆应采用阻燃线缆。

2. 基坑土方开挖

参见本书 6.1.2 中 1. 的相关内容。

3. 结构施工技术

综合管廊明挖法施工工艺流程如图 6.2-1 所示。

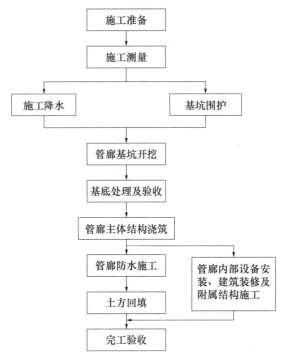

图 6.2-1 综合管廊明挖法工艺流程图

1）现浇钢筋混凝土结构

（1）综合管廊模板施工前，应根据结构形式、施工工艺、设备和材料供应条件进行模板及支架设计。模板及支撑的强度、刚度及稳定性应满足受力要求。模板工程应编制专项施工方案，超过一定规模的危险性较大的分部分项工程（模板工程及支撑体系）应组织专家论证会对专项施工方案进行论证。

（2）混凝土的浇筑应在模板和支架检验合格后进行。入模时应防止离析；连续浇筑时，每层浇筑高度应满足振捣密实的要求。预留孔、预埋管、预埋件及止水带等周边混凝土浇筑时，应加强振捣。

（3）先浇筑混凝土底板，待底板混凝土强度大于 5MPa，再搭设满堂支架施工侧墙与顶板。混凝土侧墙和顶板，应连续浇筑不得留置施工缝；设计有变形缝时，应按变形缝分仓浇筑。

（4）混凝土施工质量验收应符合《混凝土结构工程施工质量验收规范》GB 50204—2015 的有关要求。

2）预制拼装钢筋混凝土结构

综合管廊预制拼装工艺流程如图 6.2-2 所示。

（1）预制构件制作单位应具备相应的生产工艺设施，并应有完善的质量管理体系和必要的试验检测手段。

（2）构件堆放的场地应经平整夯实，并应具有良好的排水措施。

（3）构件的标识应朝向外侧。

（4）构件运输及吊装时，混凝土强度应符合设计要求。当设计无要求时，不应低于设计强度的 75%。

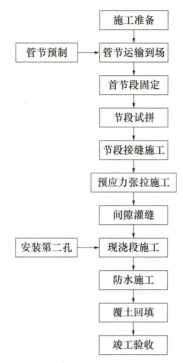

图 6.2-2　综合管廊预制拼装工艺流程图

（5）预制构件安装前应对其外观、裂缝等情况进行检验，并应按设计要求及《混凝土结构工程施工质量验收规范》GB 50204—2015 的有关要求进行结构性能检验。

（6）预制构件安装前，应复验合格。当构件上有裂缝且宽度超过 0.2mm 时，应进行鉴定。

（7）预制构件和现浇结构之间、预制构件之间的连接应按设计要求进行施工。

（8）预制构件采用螺栓连接时，螺栓的材质、规格、拧紧力矩应符合设计要求及《钢结构设计标准》GB 50017—2017 和《钢结构工程施工质量验收标准》GB 50205—2020 的有关要求。

4. 综合管廊防水技术

（1）综合管廊防水等级为二级以上，结构耐久性要求 100 年以上。

（2）综合管廊现浇混凝土主体结构采用防水混凝土进行自防水。

（3）在结构自防水的基础上，辅以柔性防水层。柔性防水层一般以防水卷材和涂料防水层为主。

（4）迎水面阴阳角处做成圆弧或 45°折角；在转角或阴阳角等特殊部位应增加设置 1～2 层相同的防水层，且宽度不宜小于 500mm。

（5）管廊纵向区段有错台处，卷材铺设前应用砂浆将错台抹成倒角。有机防水涂料基面应干燥。

（6）止水带埋设位置准确，其中间空心圆环与沉降缝及结构厚度中心线重合。

（7）止水带的接槎不得甩在结构转角处，应设置在较高部位，接头宜采用热压焊接。

（8）背水面变形缝口可以采用密封胶加强防水，密封胶与混凝土要有良好的粘结。

（9）预制拼装综合管廊密封圈应紧贴混凝土基层，接头部位应采用对接，接口应紧密，一环接头不宜超过两处。插口部位宜设置两道弹性橡胶密封条。

（10）预制拼装综合管廊承插式接口密封材料安装在预留的沟槽中，并应环向密闭；接缝部位的空腔，应采用弹性注浆材料进行注浆封闭。

（11）城市综合管廊工程的防水工程施工，应符合《地下工程防水技术规范》GB 50108—2008 和《地下防水工程质量验收规范》GB 50208—2011 的有关要求。

5. 基坑回填

（1）基坑回填应在综合管廊结构及防水工程验收合格后进行。回填材料应符合设计要求。

（2）回填高度符合设计要求；基坑不得带水回填，回填应对称分层夯实。

（3）回填时不得损伤管廊主体、管廊无沉降和位移。

（4）综合管廊两侧回填应对称、分层、均匀。管廊顶板上部 1000mm 范围内回填材料不得使用重型及振动压实机械碾压。

（5）基坑分段回填接槎处，已填土坡应挖台阶，其宽度不应小于 1.0m，高度不应大于 0.5m。

（6）对综合管廊特殊狭窄空间、回填深度大、回填夯实困难等回填质量难以保证的施工，采用预拌流态固化土新技术。

（7）基坑回填施工时，应采取措施防止管廊上浮。

（8）综合管廊回填土压实系数应符合设计要求，当设计无要求时，人行道、机动车道路下的压实系数应不小于 0.95，填土宽度每侧应比设计要求宽 50cm。绿化带下应回填到种植土底标高，压实系数应不小于 0.90。

6.2.3 运营管理

1）运营维护

（1）综合管廊建成后，应由专业单位进行日常管理。综合管廊的日常管理单位应建立健全维护管理制度和工程维护档案，并应会同各专业管线单位编制管线维护管理办法、实施细则及应急预案。

（2）综合管廊内的各专业管线单位应配合综合管廊日常管理单位工作，确保综合管廊及管线的安全运营。各专业管线单位应编制所属管线的年度维护（维修）计划，并应报送综合管廊日常管理单位，经协调后统一安排管线的维修时间。

（3）综合管廊内实行动火作业时，应采取防火措施。

（4）综合管廊内给水排水管道的维护管理应符合现行行业标准有关规定。利用综合管廊结构本体的雨水渠，每年非雨季节清理疏通不应少于两次。

（5）综合管廊投入运营后应定期检测评定，对综合管廊主体、附属设施、内部管线设施的运行状况应进行安全评估，并应及时处理安全隐患。

（6）综合管廊的巡视维护人员应严格遵守《有限空间安全作业指导手册》（由应急厅函〔2020〕299 号发布）的相关要求。

（7）信息化管理平台应把综合管廊监控与报警系统和运行维护管理系统集成为一个相互协调、关联的综合系统，从而实现统一管理、联动控制及信息共享。

2）资料管理

（1）综合管廊建设、运营维护过程中，档案资料的存放、保管应符合国家现行标准的有关规定。

（2）综合管廊建设期间的档案资料应由建设单位负责收集、整理、归档。建设单位应及时移交相关资料。维护期间，应由综合管廊日常管理单位负责收集、整理、归档。

（3）综合管廊相关设施进行维修及改造后，应将维修和改造的技术资料整理、存档。

第 7 章 垃圾处理工程

垃圾处理工程一般包括生活垃圾处理、厨余垃圾处理、建筑垃圾处理等，本章重点介绍生活垃圾处理及建筑垃圾处理。生活垃圾处理一般采用填埋和焚烧两种工艺。

第 7 章
看本章精讲课
做本章自测题

7.1 生活垃圾填埋施工

生活垃圾卫生填埋场是指用于处理、处置城市生活垃圾的，带有阻止垃圾渗沥液泄漏的人工防渗膜和渗沥液处理或预处理设施设备，且在运行、管理及维护直至最终封场关闭过程中符合卫生要求的垃圾处理场地。

7.1.1 施工工艺

生活垃圾卫生填埋典型工艺流程如图 7.1-1 所示。

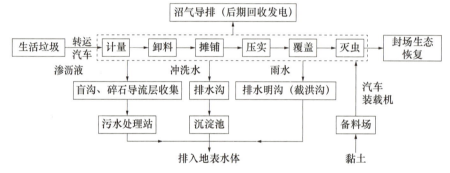

图 7.1-1 生活垃圾卫生填埋典型工艺流程图

与垃圾简易填埋相比，垃圾卫生填埋具有如下特点：
（1）按国家标准采取防渗措施。
（2）落实了卫生填埋作业工艺，如推平、压实、覆盖等。
（3）对渗沥液进行收集、处理，并达标排放。
（4）采取有效的填埋气体收集、导排与污染控制措施。
（5）蚊蝇得到有效控制。
（6）最终封场并考虑封场后的土地利用。

生活垃圾填埋场一般包含垃圾坝、防渗系统、地下水与地表水收集导排系统、渗沥液收集导排系统、填埋作业、封场覆盖及生态修复系统、填埋气导排处理与利用系统、安全与环境监测、污水处理系统、臭气控制与处理系统等。

7.1.2 生活垃圾填埋施工技术

设置在垃圾卫生填埋场填埋区中的渗沥液防渗系统和收集导排系统，在垃圾卫生填埋场的使用期间和封场后的稳定期限内，起着将垃圾堆体产生的渗沥液屏蔽在防渗系统上部，并通过收集导排和导入处理系统实现达标排放的重要作用。

防渗系统结构可分为单层防渗系统结构和双层防渗系统结构。单层防渗系统基本结构应包括渗沥液收集导排系统、防渗层及上下保护层和基础层，如图 7.1-2 所示。双层防渗系统基本结构应包括渗沥液导排系统、主防渗层及上下保护层、渗沥液检测层、次防渗层及上下保护层和基础层，如图 7.1-3 所示。应根据需要设置地下水导排系统和反滤层。

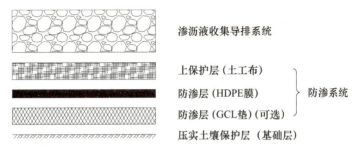

图 7.1-2 单层防渗系统结构示意图

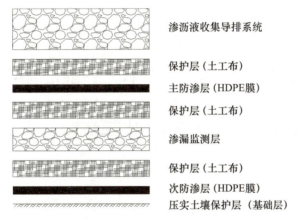

图 7.1-3 双层防渗系统结构示意图

人工合成衬里的防渗系统应采用复合衬里防渗结构，位于地下水贫乏地区的防渗系统可采用单层衬里防渗结构。在特殊地质及环境要求较高的地区，应采用双层衬里防渗结构。

1. 基础层施工技术

为避免填埋库区地基在垃圾堆积后产生不均匀沉降，保护复合防渗层中的防渗膜，在铺设防渗膜前必须对场底、山底等区域进行处理，包括场地平整和石块等坚硬物体的消除等。

填埋场的场底、四周边坡、垃圾堆体边坡必须满足整体及局部稳定性要求。

填埋库区地基应是具有承载填埋体负荷的自然土层或经过地基处理的稳定土层，不得因填埋堆体的沉降而使基层失稳。对不能满足承载力、沉降限制及稳定性等工程建设要求的地基应进行相应的处理。

填埋场场底必须设置纵、横向坡度，排水坡度不应小于 2%。

填埋场场底坡度较大时，应在下游建垃圾坝，垃圾坝应能有效防止垃圾向下游的滑动，确保垃圾堆体的长期稳定。

根据坝体材料不同，坝型可分为（黏）土坝、碾压式土石坝、浆砌石坝及混凝土坝四类。采用一种筑坝材料的应为均质坝，采用两种及以上筑坝材料的应为非均质坝。

根据坝体高度不同，坝高可分为低坝（低于5m）、中坝（5～15m）及高坝（高于15m）。

2. 防渗层施工技术

简要介绍生活垃圾填埋场填埋区防渗层施工技术要求。

防渗层是由透水性小的防渗材料铺设而成，渗透系数小、稳定性好、价格便宜是防渗材料选择的依据。目前，常用的有四种：黏土、膨润土、HDPE膜、钠基膨润土防水毯（GCL）。

1）泥质防水层施工

泥质防水层施工技术的核心是掺加膨润土的拌合土层施工技术。理论上，土壤颗粒越细，含水量适当，密实度高，防渗性能就越好。泥质防水层施工应根据膨润土的施工做法安排施工程序和施工要点。

（1）施工程序

一般情况下，泥质防水层施工程序见图7.1-4。

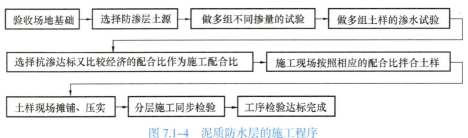

图7.1-4　泥质防水层的施工程序
（注：膨润土垫的施工程序与泥质防水层施工程序相同）

（2）质量技术控制要点

① 施工队伍的资质与业绩：

选择施工队伍时应审查施工单位的资质，保证具备相应资质、作业能力的施工队伍进场施工。

② 膨润土进货质量：

应采用材料招标方法选择有资质的供货商，核验产品出厂三证（产品合格证、产品说明书、产品试验报告单），进货时进行产品质量检验，组织产品质量复验或见证取样，确定合格后方可使用。进场后注意产品保护。通过严格控制，确保关键原材料合格。

③ 膨润土掺加量的确定：

应在施工现场内选择土壤，通过对多组配合土样的对比分析，优选出最佳配合比，达到既能保证施工质量，又可节约工程造价的目的。

④ 拌合均匀度、含水量及碾压压实度：

应在操作过程中确保掺加膨润土数量准确，拌合均匀，机拌不能少于两遍，含水量最大偏差不宜超过2%，振动压路机碾压控制在4～6遍，碾压密实。

⑤ 质量检验：

应严格按照合同约定的检验频率和质量检验标准同步进行，检验项目包括压实度试验和渗水试验两项。

2）膨润土防水毯铺设

（1）膨润土防水毯选用

用于垃圾填埋场防渗系统工程的膨润土防水毯应使用钠基膨润土防水毯，可选用天然钠基膨润土防水毯或人工钠基膨润土防水毯。选用的钠基膨润土防水毯除应符合《钠基膨润土防水毯》JG/T 193—2006 的有关规定外，尚应符合下列规定：

① 膨润土体积膨胀度不应小于 24mL/（2g）。
② 抗拉强度不应小于 800N/（10cm）。
③ 抗剥强度不应小于 65N/（10cm）。
④ 渗透系数应小于 5×10^{-11}m/s。
⑤ 抗静水压力 0.4MPa，1h，无渗漏。

应根据防渗要求选用粉末型膨润土防水毯或颗粒型膨润土防水毯，防渗要求高的工程中应优先选用粉末型膨润土防水毯。

垃圾填埋场防渗系统工程中的膨润土防水毯应表面平整、厚度均匀，无破洞、破边现象。针刺类产品的针刺应均匀密实，并应无残留断针。

（2）膨润土防水毯施工

膨润土防水毯应贮存在防水、防潮、干燥、通风的库房内，并应避免暴晒、直立与弯曲。未正式施工铺设前严禁拆开包装。贮存和运输过程中，必须注意防潮、防水、防破损漏土。膨润土防水毯不应在雨雪天气施工。

膨润土防水毯施工应符合下列规定：

① 应自然松弛与基础层贴实，不应折皱、悬空。
② 应以品字形分布，不得出现十字搭接。
③ 边坡施工应沿坡面铺展，边坡不应存在水平搭接。

施工时，应铺放平整无褶皱，不得在地上拖拉，不得直接在其上行车；当边坡铺设膨润土防水毯时，严禁沿边坡向下自由滚落铺设。坡顶处材料应埋入锚固沟锚固。

膨润土防水毯的连接应符合下列规定：

① 现场铺设的连接应采用搭接。搭接膨润土防水毯应在下层膨润土防水毯的边缘 150mm 处撒上膨润土粉状密封剂，其宽度宜为 50mm，单位面积质量宜为 0.5kg/m²。当膨润土防水毯材料的一面为土工膜时，应焊接。
② 搭接宽度为（250±50）mm。
③ 局部可用钠基膨润土粉密封。
④ 坡面铺设完成后，应在底面留下不少于 2m 的膨润土防水毯余量。

膨润土防水毯铺设时，应随时检查外观有无缺陷，当发现缺陷时，应及时采取修补措施，修补范围宜大于破损范围 300mm。膨润土防水毯如有撕裂等损伤应全部更换。

在膨润土防水毯施工完成后，应采取有效的保护措施，任何人员不得穿钉鞋等在上面踩踏，车辆不得直接在上面碾压。验收以后，应做好防水、防潮保护。

3）高密度聚乙烯（HDPE）膜防渗层施工技术

高密度聚乙烯（HDPE）膜不易被破坏、寿命长且防渗效果极强，其自身质量及焊接质量是防渗层施工质量的关键。下文简要介绍 HDPE 防渗膜施工技术要求。

（1）施工程序（如图7.1-5所示）

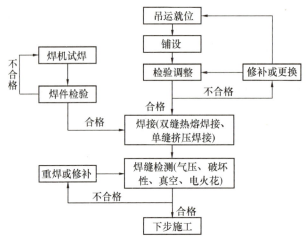

图7.1-5　HDPE膜施工程序

（2）焊接工艺与焊缝检测技术

① 焊接工艺：

a. 双缝热熔焊接：

双缝热熔焊接采用双轨热熔焊机焊接，其原理为：在膜的接缝位置施加一定温度使HDPE膜本体熔化，并在一定的压力作用下结合在一起，形成与原材料性能完全一致、厚度更大、力学性能更好的严密焊缝。其焊缝形态如图7.1-6所示。

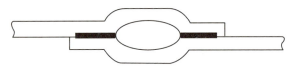

图7.1-6　双缝热熔焊接焊缝示意图

焊接前应去除灰尘、污物，使搭接部分保持清洁、干燥。焊接部位不得有划伤、污点、水分、灰尘以及其他妨碍焊接和影响施工质量的杂质。

b. 单缝挤压焊接：

单缝挤压焊接采用单轨挤出焊机焊接，其原理为：采用与HDPE膜相同材质的焊条，通过单轨挤出焊机将HDPE焊条熔融挤出，通过外界的压力把焊条熔料均匀挤压在已经除去表面氧化物的焊缝上。主要用于糙面膜与糙面膜之间的连接、各类修补和双轨热熔焊机无法焊接的部位。其焊缝形态如图7.1-7所示。

图7.1-7　单缝挤压焊接焊缝示意图

② 焊缝检测技术：

a. 非破坏性检测技术：

HDPE 膜焊缝非破坏性检测主要有双缝热熔焊缝气压检测法和单缝挤压焊缝的真空及电火花测试法。

b. HDPE 膜焊缝破坏性测试：

HDPE 膜焊缝强度的破坏性取样检测：针对每台焊接设备焊接一定长度，取一个破坏性试样进行室内试验分析（取样位置应立即修补），定量地检测焊缝强度质量，热熔及挤出焊缝强度合格的判定标准应符合表 7.1-1 的规定。

表 7.1-1 热熔及挤出焊缝强度判定标准值

厚度（mm）	剪切		剥离	
	热熔焊（N/mm）	挤出焊（N/mm）	热熔焊（N/mm）	挤出焊（N/mm）
1.5	21.2	21.2	15.7	13.7
2.0	28.2	28.2	20.9	18.3

每个试样裁取 10 个 25.4mm 宽的标准试件，分别做 5 个剪切试验和 5 个剥离试验。每种试验 5 个试样的测试结果中应有 4 个符合表 7.1-1 中的要求，且平均值应达到上表标准、最低值不得低于标准值的 80% 视为通过强度测试。

如不能通过强度测试，须在测试失败的位置沿焊缝两端各 6m 范围内重新取样测试，重复以上过程直至合格为止。对排查出有怀疑的部位用挤出焊接方式加以补强。

（3）HDPE 膜施工

① HDPE 膜贮存：

HDPE 膜应存放在干燥、阴凉、清洁的场所，远离热源并与其他物品分开存放。贮存时间超过两年以上的，使用前应进行重新检验。

② HDPE 膜铺设：

《生活垃圾卫生填埋场防渗系统工程技术标准》GB/T 51403—2021 中的相关规定：

a. 在铺设 HDPE 膜之前，应检查其膜下保护层，每平方米的平整度误差不宜超过 20mm。

b. HDPE 膜铺设时应符合下列要求：

铺设应一次展开到位，不宜展开后再拖动；

应为材料热胀冷缩导致的尺寸变化留出伸缩量；

应对膜下保护层采取适当的防水、排水措施。

③ HDPE 膜试验性焊接：

a. 在每班或每日工作之前，须对焊接设备进行清洁、重新设置和测试，以保证焊缝质量。

b. 每个焊接人员和焊接设备每天在进行生产焊接之前，应在监理的监督下进行 HDPE 膜试验性焊接，检查焊接机器是否达到焊接要求。

c. 试焊接人员、设备、HDPE 膜材料和机器配备应与生产焊接相同。

d. 热熔焊接试焊样品规格为 300mm×2000mm，挤压焊接试焊样品规格为 300mm×1000mm，试验性焊接完成后，割下 3 块 25.4mm 宽的试块，测试撕裂强度和抗剪强度，当任一试块没有通过撕裂和抗剪测试时，试验性焊接应全部重做。

e. 在试焊样品上标明样品编号、焊接人员编号、焊接设备编号、焊接温度、环境温度、预热温度、日期、时间和测试结果，并填写 HDPE 膜试样焊接记录表，经现场监理和技术负责人签字后存档。

f. 焊接设备和人员只有成功完成试验性焊接后，才能进行生产焊接。

④ HDPE 膜生产焊接：

a. 焊接过程中要将焊缝搭接范围内影响焊接质量的杂物清除干净。

b. 焊接中，要保持焊缝的搭接宽度，确保足以进行破坏性试验。

c. 除了在修补和加帽的地方外，坡度大于 1∶10 处不可有横向的接缝。

d. 边坡底部焊缝应从坡脚向场底延伸至少 1.5m。

e. 操作人员要始终跟随焊接设备，观察焊机屏幕参数，如发生变化，要对焊接参数进行微调。

（4）HDPE 膜铺设工程质量验收要求

HDPE 膜铺设工程质量验收应进行观感检验和抽样检验。

① HDPE 膜材料质量验收观感检验和抽样检验：

a. HDPE 膜材料质量验收观感检验：

每卷 HDPE 膜卷材应标识清楚，表面无折痕、无损伤，厂家、产地、性能检测报告、产品质量合格证、海运提单等资料齐全。

HDPE 膜的外观要求应符合表 7.1-2 的规定：

表 7.1-2　HDPE 膜外观要求

项目	要求
切口	平直，无明显锯齿现象
穿孔修复点	不允许
机械（加工）划痕	无或不明显
僵块	每平方米限于 10 个以内，直径小于或等于 2.0mm，截面上不允许有贯穿膜厚度的僵块
气泡和杂质	不允许
裂纹、分层、接头和断头	不允许
糙面膜外观	均匀，不应有结块、缺损等现象

b. HDPE 膜材料质量抽样检验：

应由供货单位和建设单位双方在现场抽样检查；

应由建设单位送到国家认证的专业机构检测。

② HDPE 膜铺设工程施工质量观感检验与抽样检验：

a. HDPE 膜铺设工程施工质量观感检验：

场底、边坡基础层、锚固平台及回填材料要平整、密实，无裂缝、无松土、无积水、无裸露泉眼、无明显凹凸不平、无石头砖块，无树根、杂草、淤泥、腐殖土，场底、边坡及锚固平台之间过渡平缓。

HDPE 膜铺设规划合理，边坡上的接缝须与坡面的坡向平行，场底横向接缝距坡脚线距离应大于 1.5m。焊接、检测和修补记录标识应明显、清楚，焊缝表面应整齐、美观，不得有裂纹、气孔、漏焊和虚焊现象。HDPE 膜无明显损伤、无褶皱、无隆起、无悬空现象。搭接良好，搭接宽度应符合表 7.1-3 的规定。

表 7.1-3　HDPE 膜焊缝的搭接宽度及允许偏差

序号	项目	搭接宽度（mm）	允许偏差（mm）	检测频率	检测方法
1	双缝热熔焊接	100	$-20\sim +20$	20m	钢尺测量
2	单缝挤压焊接	75	$-20\sim +20$	20m	钢尺测量

b. HDPE 膜铺设工程施工质量抽样检验：

对热熔焊接每条焊缝应进行气压检测，合格率应为 100%；

对挤压焊接每条焊缝应进行真空检测，合格率应为 100%；

焊缝破坏性检测，按每 1000m 焊缝取一个 1000mm×350mm 样品做强度测试，合格率应为 100%。

防渗系统工程施工完成后，在填埋垃圾前，应对防渗系统进行全面的渗漏检测，并确认合格方可投入使用。

3. 渗沥液收集导排系统施工技术

生活垃圾填埋场填埋区导排系统施工技术包含渗沥液收集导排和地下水收集导排。

根据填埋场场址水文地质情况，对可能发生地下水对基础层稳定或对防渗系统破坏的潜在危害时，应设置地下水收集导排系统。

根据地下水水量、水位及其他水文地质情况的不同，可采用设置碎石导流层、导排盲沟、土工复合排水网导流层等手段进行地下水导排或阻断。地下水收集导排系统应具有长期的导排性能。

地下水收集导排系统宜按渗沥液收集导排系统进行设计。

渗沥液收集导排系统施工主要有导排层摊铺、收集花管连接、收集渠码砌等施工过程。

1）卵石粒料的运送和布料

卵石粒料运送使用载重量 5t 以内的自卸汽车，将卵石粒料直接运送到已铺好的膜上。根据工作面宽度，事先计算好每一断面的卸料车数，按计算数量卸料，避免超卸或少卸。

在运料车行进路线的防渗层上，加铺不少于两层的同规格土工布，加强对防渗层的保护。运料车在防渗层上行驶时，缓慢行进，不得急停、急起；严禁急转弯；驾驶员要听从指挥人员的指挥。

运料车驶入、驶出防渗层前，由专人将车辆行进方向防渗层上溅落的卵石清扫干净，以免车轮碾压卵石，损坏防渗层。

2）摊铺导排层、收集渠码砌

摊铺导排层、收集渠码砌均采用人工施工。

导排层摊铺前，按设计厚度要求先下好平桩，按平桩刻度摊平卵石。按收集渠设计尺寸制作样架，每 10m 设一样架，中间挂线，按样架码砌收集渠。

对于富余或缺少卵石的区域，采用人工运出或补齐卵石。

施工中，使用的金属工具尽量避免与防渗层接触，以免造成防渗材料破损。

3）HDPE 渗沥液收集花管连接

HDPE 渗沥液收集花管连接一般采用热熔焊接。热熔焊接连接一般分为五个阶段：管材清洁，固定管材、铣削管材、热熔对接、保压冷却，施工工艺流程见图 7.1-8。

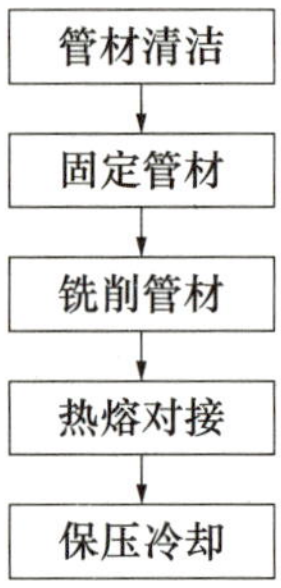

管材清洁——在将管材及管件插入热熔对接焊机前，使用干净的无纺布将管材或管件的连接区域擦拭干净。

图 7.1-8　HDPE 管热熔焊接施工工艺流程图

固定管材——根据管材或管件的规格，选用相应的夹具，将连接件的连接端伸出夹具，自由长度不应小于公称直径的 10%，移动夹具使连接件端面接触，并校直对应的待连接件，使其在同一轴线上，错边不应大于壁厚的 10%。

铣削管材——铣削连接件端面，使其与轴线垂直；连续切屑平均厚度不宜大于 0.2mm，切削后的熔接面应防止污染。

热熔对接——连接件的端面采用热熔对接连接设备加热，首先，将加热板加热时间达到工艺要求，然后，迅速撤出加热板，检查连接件加热面熔化的均匀性，不得有损伤；最后，迅速用均匀外力使连接面完全接触，直至形成均匀一致的对称翻边。加热板加热时间和温度、最长切换时间、热熔对接压力等符合《塑料管材和管件　燃气和给水输配系统用聚乙烯（PE）管材及管件的热熔对接程序》GB/T 32434—2015 的规定。

保压冷却——最短焊机内保压冷却时间符合《塑料管材和管件　燃气和给水输配系统用聚乙烯（PE）管材及管件的热熔对接程序》GB/T 32434—2015 的规定，在保压冷却期间不得移动连接件或在连接件上施加任何外力。

4）施工控制要点

（1）填筑导排层卵石时，宜采用小于 5t 的自卸汽车，并采用不同的行车路线，环形前进，间隔 5m 堆料，避免压翻基底，随铺膜随铺导排层滤料（卵石）。

（2）导排层滤料需要过筛，粒径要满足设计要求。导排层应优先采用卵石作为排水材料，可采用碎石，石材粒径宜为 20~60mm，石材中碳酸钙（$CaCO_3$）含量必须小于 5%，防止年久钙化使导排层板结造成填埋区侧漏。

（3）HDPE 管的直径：干管不应小于 250mm，支管不应小于 200mm。HDPE 管的开孔率应保证强度要求。HDPE 管的布置宜呈直线，其转弯角度应小于或等于 20°，其连接处不应密封。

（4）管材或管件连接面上的污物应用洁净棉布擦净，应铣削连接面，使其与轴线垂直，并使其与对应的断面吻合。

（5）导排管热熔对接连接前，两管段各伸出夹具一定自由长度，并应校直两对应的连接件，使其在同一轴线上，错边不宜大于壁厚的 10%。

（6）热熔连接保压、冷却时间，应符合热熔连接工具生产厂和管件、管材生产厂规定，并保证冷却期间不得移动连接件或在连接件上施加外力。

（7）设定工人行走路线，防止反复踩踏 HDPE 土工膜。

7.1.3 垃圾填埋与环境保护

目前，我国城市垃圾的处理方式基本采用封闭型填埋场，垃圾焚烧处理因空气污染影响，实际应用受到限制。封闭型垃圾填埋场是目前我国通行的填埋类型。垃圾填埋场选址、设计、施工、运行都与环境保护密切相关。下文介绍垃圾填埋工程选址、建设与周围环境保护要求。

1. 垃圾填埋场选址与环境保护

1）基本规定

（1）因为垃圾填埋场的使用期限很长（达 10 年以上），因此应该慎重对待垃圾填埋场的选址，注意其对环境产生的影响。

（2）垃圾填埋场的选址，应考虑地质结构、地理水文、运距、风向等因素，位置选择得好，直接体现在投资成本和社会环境效益上。

（3）垃圾填埋场选址应符合当地城乡建设总体规划要求，符合当地的大气污染防治、水资源保护、自然保护等环保要求。

（4）生活垃圾填埋场场址的位置及与周围人群的距离应依据环境影响评价结论确定，并经地方环境保护行政主管部门批准。

2）标准要求

（1）垃圾填埋场必须远离饮用水源，尽量少占良田，利用荒地和当地地形。一般选择在远离居民区的位置，填埋库区与敞开式渗沥液处理区边界距居民居住区或人畜供水点等敏感目标的卫生防护距离，应通过环境影响评价确定。

（2）生活垃圾填埋场应设在当地夏季主导风向的下风向。应位于地下水贫乏地区、环境保护目标区域的地下水流向下游地区。

（3）填埋场垃圾运输、填埋作业、运营管理必须严格执行相关规范规定。

（4）生活垃圾卫生填埋场应位于城市规划建成区以外、地质情况较为稳定、取土条件方便、具备运输条件、人口密度低、土地及地下水利用价值低的地区，且不得设在水源保护区和地下蕴矿区内。生活垃圾卫生填埋场用地内绿化隔离带宽度不应小于 20m，并沿周边设置。

3）生活垃圾填埋场不得建在下列地区

（1）生活饮用水水源保护区，供水远景规划区。

（2）洪泛区和泄洪道。

（3）尚未开采的地下蕴矿区和岩溶发育区。

（4）自然保护区。

（5）文物古迹区，考古学、历史学及生物学研究考察区。

2. 垃圾填埋场建设与环境保护

1）填埋场防渗基本规定

（1）封闭型垃圾填埋场的设计概念是：严格限制渗沥液渗入地下水层中，将垃圾填埋场对地下水的污染降至最低限度。

（2）有关规范规定：填埋场必须进行防渗处理，保护地下水和地表水不受污染，同时还应防止地下水进入填埋场。填埋场内应铺设 1~2 层防渗层，安装渗沥液收集系统，设置雨水和地下水排水系统，甚至在封场时用不透水材料封闭整个填埋场。

2）渗沥液收集与处理

（1）填埋场必须设置有效的渗沥液收集系统和采取有效的渗沥液处理措施，严防渗沥液污染环境。

（2）生活垃圾填埋场的渗沥液无法达到规定的排放标准，需要进行处理后排放。依然存在暴雨的时渗沥液超出处理能力而直接排放，严重污染环境的问题。

（3）生活垃圾渗沥液处理工程的建设、运营应与区域生态环境保护相协调，采取防止污染区域土壤、水环境和大气环境的有效措施。

3）填埋气体

（1）填埋气体利用方式应根据当地的条件，经过技术经济比较确定，宜优先选择效率高的利用方式。

（2）填埋气体利用规模，应根据填埋气体收集量，经过技术经济比较确定，气体利用率不宜小于70%。

4）填埋物

填埋物中严禁混入危险废物和放射性废物。

5）安全与环境监测

（1）应对填埋场垃圾堆体、垃圾坝及周边山体边坡的稳定安全进行监测，包括堆体中的渗沥液液位、堆体位移、垃圾坝位移、周边山体边坡位移等。

（2）应对垃圾填埋场周边地下水、地表水、大气、排放污水、场界噪声、苍蝇密度等进行定期监测。

6）封场

填埋场填埋作业至设计标高或不在受纳垃圾而停止使用时，必须实施封场工程。

填埋场封场工程包括地表水径流、排水、防渗、渗沥液收集处理、填埋气体收集处理、堆体稳定、植被类型及覆盖等内容。

填埋场封场工程应选择技术先进、经济合理，并满足安全、环保要求的方案。

封场工程施工前应根据设计文件编制封场工程施工组织设计，并应制定封场过程中发生滑坡、火灾、爆炸等意外事件的应急预案和措施。

7.2 生活垃圾焚烧厂施工

生活垃圾焚烧工程建设，应采用先进、成熟、可靠的技术和设备，做到焚烧工艺技术先进、运行可靠、控制污染、安全卫生、节约用地、维修方便、经济合理、管理科学。垃圾焚烧产生的热能应充分加以利用。

7.2.1 焚烧工艺

生活垃圾焚烧厂一般由垃圾接收及储存系统、焚烧系统、余热利用系统、烟气净化系统、灰渣处理系统、污水处理系统、臭气处理系统以及配套设施等组成。主要功能为焚烧生活垃圾，将垃圾焚烧产生的热能转换为一定压力温度下的蒸汽热能。焚烧工艺如图 7.2-1 所示。

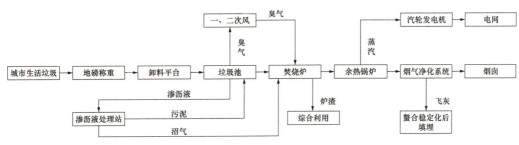

图 7.2-1　生活垃圾焚烧工艺流程图

1. 规模与选址

（1）垃圾焚烧厂的处理规模应根据环境卫生专业规划或垃圾处理设施规划、服务区范围的垃圾产生量现状及其预测、经济性、技术可行性和可靠性等因素确定。

（2）焚烧线数量和单条焚烧线规模应根据焚烧厂处理规模、所选炉型的技术成熟度等因素确定，宜设置 2～4 条焚烧线。

（3）焚烧厂厂址选择应综合考虑垃圾焚烧厂的服务区域、服务区的垃圾转运能力、运输距离、预留发展等因素，应选择布置在生态资源、地面水系、机场、文化遗址、风景区等敏感目标少的区域。

2. 建设要求

（1）生活垃圾处理处置工程应具备下列功能：

应在入口设置称重计量设施；计量设施应具有计量、记录、打印、数据处理、传输与存储功能，并应定期对计量设施进行鉴定；关键设备或系统应设置备用，确保工程正常运行。

（2）应根据生活垃圾处理处置工程的特点，配置适用、可靠、先进的自动化控制系统。

（3）应以主要生产单元为主体进行布置，各项设施应按生活垃圾处理流程、功能分区合理布置，并应做到整体效果协调。

（4）厂房的平面布置和空间布局应满足工艺设备的安装与维修的要求，应有利于减少垃圾运输和处理过程中的恶臭、粉尘、噪声、污水等对周围环境的影响，防止各设施间的交叉污染。

（5）厂（场）区道路的设置，应满足交通运输和消防的需求，并应与厂区竖向设计、绿化及管线敷设相协调。

（6）应分别设置人流和物流出入口，确保安全，并方便车辆的进出。

（7）应具备应对突发公共卫生事件的功能。

（8）应采取有效措施防止对土壤、水环境和大气环境的污染，保护好周边的环境。

（9）生活垃圾处理处置工程设置的污水调节池应符合下列规定：

① 生活垃圾焚烧厂处理设施的渗沥液调节池容积不应小于 5d 的渗沥液处理量，并考虑雨季峰值。

② 调节池应设计为两个或设置分格。

③ 调节池应设置可靠的清淤设施或设备。

（10）生活垃圾处理处置工程的污水处理系统应配置接收及储存系统、预处理系统、主处理系统、污泥和浓缩液处理系统、臭气处理系统等，确保正常运行。

（11）垃圾储坑、渗沥液调节池与生化池等构筑物应采取防渗、防腐等措施。

（12）具有可燃气体产生或泄漏可能性的封闭建（构）筑物内，应设置可燃气体在线监测报警装置，并应与强制排风设备联动。

（13）沼气产生、储存、输送等环节及相关区域的设备、设施应采取防爆措施。

（14）生活垃圾处理处置工程应采取雨污分流措施，并应设置初期雨水储存池。

（15）应配置对相关工艺流程进行采样的采样口及平台等设施，采样点的设置应确保采样安全，且不影响正常生产。

（16）应设置化验室或委托有检测能力的单位，对生活垃圾物理和化学性质、工艺技术参数、二次污染控制指标等进行检测和分析。

3. 工艺要求

1）一般要求

（1）焚烧厂应配置接收及储存系统、焚烧系统、余热利用系统、烟气净化系统、灰渣处理系统、污水处理系统、臭气处理系统以及配套设施等，确保正常运行。

（2）焚烧厂应对卸料大厅、垃圾储坑、污水处理系统等区域臭气进行收集，经入炉燃烧或单独处理达标后排放。

（3）焚烧厂必须设置自动控制系统，确保垃圾焚烧、烟气净化、余热利用、污水处理、消防等系统的安全、正常运行。自动控制系统应具有对过程控制参数和污染物排放指标数据储存3年以上的功能。

2）接收及储存系统

（1）接收及储存系统应设置垃圾卸料间及平台、垃圾卸料门、垃圾储坑、垃圾抓斗起重机、渗沥液导排、臭气控制等设施。

（2）垃圾储坑应符合下列规定：

① 卸料口处必须设置车挡和异常情况报警设施。

② 储存容量不应小于5d设计处理量，根据所在地区，考虑发酵环境，例如容量、垃圾池加热等。

③ 应密闭，设置臭气控制与收集装置，保持负压状态。

④ 底部应设置渗沥液导排收集设施，导排收集设施应采取防渗、防腐措施。

⑤ 应设照明、火灾探测器、事故排烟、灭火器等装置。

3）焚烧系统

（1）垃圾焚烧系统应设置垃圾进料装置、焚烧装置、出渣装置、燃烧空气装置、辅助燃烧装置及其他辅助装置。

（2）采用垃圾连续焚烧方式，焚烧线年运行时间不应少于8000h。

（3）焚烧炉应保证炉膛主控温度区的温度能达到850℃以上，烟气在850℃以上空间内的停留时间大于2s。

（4）焚烧炉应配置助燃燃烧器和点火燃烧器，燃烧器应使用轻质燃料（轻柴油或燃气），助燃燃烧器和点火燃烧器最大总功率应满足无其他燃料燃烧的情况下将炉膛主控温度区温度独立加热至850℃及以上。

4）余热利用系统

（1）焚烧垃圾产生的热能应进行有效利用。

（2）垃圾热能利用方式应根据焚烧厂的规模、垃圾焚烧特点、周边用热条件及经济性综合比较确定。

（3）利用垃圾热能发电时，应符合可再生能源电力的并网要求。利用垃圾热能供热时，应符合供热热源和热力管网的有关要求。

5）烟气净化系统

（1）垃圾焚烧线必须配置烟气净化系统，并应采取单元制布置方式。

（2）烟气净化系统应具有脱除酸性气体、粉尘、重金属、二噁英类和氮氧化物（NO_x）的功能，执行国家规范、地区规范中最严格的条款。

（3）每条焚烧线应配置独立的烟气在线监测系统，并应能满足全厂运行控制和环保监测的要求。在线监测点的布置、监测仪表的选择、数据处理及传输应确保监测数据真实可靠。在线监测系统终端显示的颗粒物、有害气体浓度等数据应换算成标准状态下、氧含量在11%时的数据，并可显示瞬时值和排放标准要求的时间均值。

6）灰渣处理系统

（1）生活垃圾焚烧炉渣和飞灰应单独收集，飞灰应密闭储存和运输。

（2）生活垃圾焚烧炉渣应定期检测物理、化学性质，其中热灼减率应小于5%。生活垃圾焚烧飞灰应定期检测物理、化学性质、有害物质含量，确保各项指标符合相关要求后，方能进入后续处理环节。

4. 工程施工

1）一般要求

（1）建筑、安装工程应符合施工图设计文件、设备技术文件的要求。

（2）施工安装使用的材料、预制构件、器件应符合相关的国家现行标准及设计要求，并取得供货商的合格证明文件。严禁使用不合格产品。

（3）余热锅炉的安装单位，必须持有省级技术质量监督机构颁发的与锅炉级别安装类型相符合的安装许可证。其他设备安装单位应有相应安装资质。

（4）对工程的变更、修改应取得设计单位的设计变更文件后再进行施工。

（5）在锅炉安装过程中发现受压部件存在影响安全使用的质量问题时，必须停止安装。

2）工程施工

（1）施工准备应符合下列要求：

① 具有经审核批准的施工图设计文件和设备技术文件，并有施工图设计交底记录。

② 施工用临时建筑、交通运输、电源、水源、气（汽）源、照明、消防设施、主要材料、机具、器具等应准备充分。

③ 施工单位应编制施工组织设计，并应通过评审。

④ 合理安排施工场地。

⑤ 设备安装前，除必须交叉安装的设备外，土建工程墙体、屋面、门窗、内部粉刷应基本完工，设备基础地坪、沟道应完工，混凝土强度应达到不低于设计强度的75%。用建筑结构作起吊或搬运设备承力点时，应核算结构承载力，以满足最大起吊或搬运的要求。

⑥ 应符合设备安装对环境条件的要求，否则应采取相应满足安装条件的措施。

（2）设备材料的验收应包括下列内容：
到货设备、材料应在监理单位监督下开箱验收并作记录：
① 箱号、箱数、包装情况。
② 设备或材料名称、型号、规格、数量。
③ 装箱清单、技术文件、专用工具。
④ 设备、材料时效期限。
⑤ 产品合格证书。
⑥ 检查的设备或材料符合供货合同规定的技术要求，应无短缺、损伤、变形、锈蚀。
⑦ 钢结构构件应有焊缝检查记录及预装检查记录。

（3）设备、材料保管应根据其规格、性能、对环境要求、时效期限及其他要求分类存放。需要露天存放的物品应有防护措施。保管的物品不应使其变形、损坏、锈蚀、错乱和丢失。堆放物品的高度应以安全、方便调运为原则。

（4）垃圾池部分：
① 垃圾池建筑火灾危险分类为丙类，应符合《建筑设计防火规范》GB 50016—2014（2018年修订版）的规定。
② 垃圾池沟道间两侧应设置出口，至少一端应设置泄爆门（窗）。
③ 垃圾存储仓、沟道间、渗沥液收集池内外侧防腐蚀、防渗漏构造措施应符合设计要求，质量应符合《工业建筑防腐蚀设计标准》GB/T 50046—2018 的规定。
④ 垃圾储存仓单个长度不宜大于100m，当焚烧规模较大时宜采用双仓形式；垃圾储存仓不应设置伸缩缝，地下部分仓底及侧壁宜设膨胀加强带，地面以上宜设置后浇带，后浇带两侧及仓壁处水平施工缝应设止水带。
⑤ 各种穿壁管洞及模板对拉螺栓应采取防渗措施。
⑥ 垃圾储存仓地面以下回填土宜采用素土或级配砂石分层回填压实，压实系数不应小于0.96；当小型设备基础落在回填土上时，压实后的地面承载力特征值不应小于80kPa。
⑦ 垃圾储存仓底部和四周池壁混凝土结构以自防水为主，使用防水混凝土，应连续24h浇筑，不应有施工冷缝。
⑧ 垃圾储存仓上部维护墙体宜采用现浇钢筋混凝土墙板或预制轻型混凝土墙板。
⑨ 严寒地区建筑结构应采取防冻措施，并按相应标准执行。

7.2.2 焚烧排放物控制

1. 技术要求

（1）生活垃圾的运输应采取密闭措施，避免在运输过程中发生垃圾遗撒、气味泄漏和污水滴漏。

（2）生活垃圾贮存设施和渗沥液收集设施应采取封闭负压措施，并保证其在运行期和停炉期均处于负压状态。这些设施内的气体应优先通入焚烧炉中进行高温处理，或收集并经除臭处理满足《恶臭污染物排放标准》GB 14554—1993 要求后排放。

（3）生活垃圾焚烧炉的主要技术性能指标应满足下列要求：
① 炉膛内焚烧温度、炉膛内烟气停留时间应满足烟气在850℃以上空间内的停留

时间大于 2s 以及焚烧炉渣热灼减率应满足≤5%。

② 每台生活垃圾焚烧炉必须单独设置烟气净化系统并安装烟气在线监测装置，处理后的烟气应采用独立的排气筒排放；多台生活垃圾焚烧炉的排气筒可采用多筒集束式排放。

③ 焚烧炉烟囱具体高度应根据环境影响评价结论确定。如烟囱周围 200m 半径距离内存在建筑物时，烟囱高度应至少高出这一区域内最高建筑物 3m 以上。

④ 焚烧炉应设置助燃系统，在启、停炉时以及当炉膛内焚烧温度低于规范要求的温度时，使用并保证焚烧炉的运行工况满足炉膛内焚烧温度≥850℃、炉膛内烟气停留时间≥2s、烟气中一氧化碳（CO）浓度达标排放的要求。

⑤ 应按照《固定污染源排气中颗粒物测定与气态污染物采样方法》GB/T 16157—1996 的要求设置永久采样孔，并在采样孔的正下方约 1m 处设置不小于 $3m^2$ 的带护栏的安全监测平台，并设置永久电源（220V）以便放置采样设备，进行采样操作。

2. 排放控制要求

（1）新建生活垃圾焚烧炉排放烟气中污染物浓度执行《生活垃圾焚烧污染控制标准》GB 18485—2014（2019 年修订版）中表 4 的规定。

（2）一般工业固体废物的专用焚烧炉排放烟气中二噁英类污染物浓度执行《生活垃圾焚烧污染控制标准》GB 18485—2014（2019 年修订版）中表 5 的规定。

（3）生活垃圾焚烧飞灰与焚烧炉渣应分别收集、贮存、运输和处置。生活垃圾焚烧飞灰应按危险废物进行管理，如进入生活垃圾填埋场处置，应满足《生活垃圾填埋场污染控制标准》GB 16889—2024 的要求；如进入水泥窑处置，应满足《水泥窑协同处置固体废弃物污染控制标准》GB 30485—2013 的要求。

（4）生活垃圾渗沥液和车辆清洗废水应收集并在生活垃圾焚烧厂内处理或送至生活垃圾填埋场渗沥液处理设施处理，处理后满足《生活垃圾填埋场污染控制标准》GB 16889—2024 中表 2 的要求后，可直接排放。

3. 监测要求

（1）生活垃圾焚烧厂运行企业应按照有关法律和《环境监测管理办法》（由国家环境保护总局令第 39 号发布）等规定，建立企业监测制度，制定监测方案，并向当地环境保护行政主管部门和行业主管部门备案。对污染物排放状况及其对周边环境质量的影响开展自行监测，保存原始监测记录，并公布监测结果。

（2）生活垃圾焚烧厂运行企业应按照环境监测管理规定和技术规范的要求，设计、建设、维护永久采样口、采样测试平台和排污口标志。

（3）对生活垃圾焚烧厂运行企业排放废气的采样，应根据监测污染物的种类，在规定的污染物排放监控位置进行；有废气处理设施的，应在该设施后检测。排气筒中大气污染物的监测采样按《固定污染源排气中颗粒物测定与气态污染物采样方法》GB/T 16157—1996、《固定源废气监测技术规范》HJ/T 397—2007 或《固定污染源烟气（SO_2、NO_x、颗粒物）排放连续监测技术规范》HJ 75—2017 的规定进行。

（4）生活垃圾焚烧厂运行企业对烟气中重金属类污染物和焚烧炉渣热灼减率的监测应每月至少开展 1 次；对烟气中二噁英类的监测应每年至少开展 1 次，其采样要求按《环境空气和废气 二噁英类的测定 同位素稀释高分辨气相色谱—高分辨质谱法》

HJ 77.2—2008 的有关规定执行,其浓度为连续 3 次测定值的算术平均值。对其他大气污染物排放情况监测的频次、采样时间等要求,按有关环境监测管理规定和技术规范的要求执行。

(5) 环境保护行政主管部门应采用随机方式对生活垃圾焚烧厂进行日常监督性监测,对焚烧炉渣热灼减率与烟气中颗粒物、二氧化硫、氮氧化物、氯化氢、重金属类污染物和一氧化碳的监测应每季度至少开展 1 次,对烟气中二噁英类的监测应每年至少开展 1 次。

(6) 生活垃圾焚烧厂应设置焚烧炉运行工况在线监测装置,监测结果应采用电子显示板进行公示并与当地环境保护行政主管部门和行业行政主管部门监控中心联网。焚烧炉运行工况在线监测指标应至少包括烟气中一氧化碳浓度和炉膛内焚烧温度。

(7) 生活垃圾焚烧厂烟气在线监测装置安装要求应按《污染源自动监控管理办法》(由中华人民共和国国家环境保护总局令第 28 号发布,该部门现称中华人民共和国生态环境部)等规定执行并定期校对。在线监测结果应采用电子显示板进行公示并与当地环保行政主管部门和行业行政主管部门监控中心联网。烟气在线监测指标应至少包括烟气中一氧化碳、颗粒物、二氧化硫、氮氧化物和氯化氢。

7.3 建筑垃圾资源化利用

建筑垃圾是工程渣土、工程泥浆、工程垃圾、拆除垃圾和装修垃圾等的总称。包括新建、扩建、改建和拆除各类建筑物、构筑物、管网等以及居民装饰装修房屋过程中产生的弃土、弃料及其他废弃物,不包括经检验、鉴定为危险废物的建筑垃圾。

资源化利用是指建筑垃圾经处理转化成为有用物质的方法。

7.3.1 建筑垃圾分类与资源化利用技术要求

1. 建筑垃圾分类

根据产生源不同,建筑垃圾可分为工程渣土、工程泥浆、工程垃圾、拆除垃圾和装修垃圾;根据组分特性,拆除垃圾和装修垃圾又可细分为砖瓦混凝土类、木类、塑料类、纸类、织物类、金属类、其他类等。

工程渣土——各类建筑物、构筑物、管网等基础开挖过程中产生的弃土。

工程泥浆——钻孔桩基施工、地下连续墙施工、泥水盾构施工、水平定向钻及泥水顶管等施工产生的泥浆。

工程垃圾——各类建筑物、构筑物等建设过程中产生的弃料。

拆除垃圾——各类建筑物、构筑物等拆除过程中产生的弃料。

装修垃圾——装饰装修房屋过程中产生的废弃物。

2. 建筑垃圾资源化利用技术要求

建筑垃圾处理应采用技术可靠、经济合理的技术工艺,鼓励采用新工艺、新技术、新材料和新设备。

建筑垃圾应从源头分类。按照工程渣土、工程泥浆、工程垃圾、拆除垃圾和装修垃圾进行种类划分,并应分类收集、分类运输、分类处理处置。

工程渣土、工程泥浆、工程垃圾和拆除垃圾应优先就地利用。

拆除垃圾和装修垃圾宜按金属、木材、塑料、其他等分类收集、分类运输、分类处理处置。

建筑垃圾收运、处理全过程不得混入生活垃圾、污泥、河道疏浚底泥、工业垃圾和危险废物等。

建筑垃圾储存、卸料、上料及处理过程中应采取抑尘除尘、降噪措施。

建筑垃圾原料、产品储存堆场应确保堆体的稳定安全性。

建筑垃圾宜优先考虑资源化利用，处理及利用优先次序宜按表7.3-1的规定确定。

表7.3-1 建筑垃圾处理及利用优先次序

类型		处理及利用优先次序
建筑垃圾	工程渣土、工程泥浆	资源化利用；堆填；作为生活垃圾填埋场覆盖层；填埋处置
	工程垃圾、拆除垃圾	资源化利用；堆填；填埋处置
	装修垃圾	资源化利用，填埋处置

建筑垃圾资源化可采用就地利用、分散处理、集中处理等模式，宜优先就地利用。

建筑垃圾应按成分进行资源化利用。土类建筑垃圾可作为制砖和道路工程等原料；废旧混凝土、碎砖瓦等宜作为再生建材用原料；废沥青宜作为再生沥青原料；废金属、木材、塑料、纸张、玻璃、橡胶等，宜由有关专业企业作为原料直接利用或再生。

建筑垃圾分类收集、运输原则：产生源不同，应分开收集、运输；同源建筑垃圾，收集前宜根据组分分类，分开运输。

进入固定式资源化厂的建筑垃圾宜以废旧混凝土、碎砖瓦等为主，进厂物料粒径宜小于1m，大于1m的物料宜预先破碎。

资源化利用应选用节能、高效的设备，建筑垃圾再生骨料综合能耗应符合表7.3-2中能耗限额限定值的规定。

表7.3-2 单位再生骨料综合能耗限额限定值

自然级配再生骨料产品规格分类（粒径）	标准煤耗量（t标准煤/10^4t骨料）
0~80mm	≤5.0
0~37.5mm	≤9.0
0~5mm，5~10mm，5~20mm	≤12.0

进厂建筑垃圾的资源化率不应低于95%。

7.3.2 建筑垃圾资源化利用施工技术

本部分只介绍混凝土、砖瓦类建筑垃圾资源化利用再生处理技术，沥青类建筑垃圾资源化利用再生处理技术参见本书9.1.2中5.的相关内容。

混凝土、砖瓦类建筑垃圾再生处理前应对其进行预处理，可包括分类、预湿及大块物料简单破碎。

1. 混凝土、砖瓦类建筑垃圾再生处理应符合的规定

（1）处理系统应主要包括破碎、筛分、分选等工艺，具体工艺路线应根据建筑垃圾特点和再生产品性能要求确定。

（2）破碎设备应具备可调节破碎出料尺寸功能，可多种破碎设备组合运用。破碎工艺宜设置检修平台或智能控制系统。

（3）分选应合理布置生产线，减少物料传输距离。

再生处理应合理利用地势势能和传输带提升动能，设计生产线工艺高程。以机械分选为主、人工分选为辅。

2. 混凝土、砖瓦类建筑垃圾再生处理工艺

再生处理工艺应根据进厂物料特性、资源化利用工艺、产品形式与出路等综合确定，可分为固定式和移动式两种。处理工艺应包括给料、除土、破碎、筛分、分选、粉磨、输送、贮存、除尘、降噪、废水处理等工序，各工序配置宜根据原料与产品确定。混凝土类建筑垃圾集料加工流程如图 7.3-1 所示，砖瓦类建筑垃圾的集料加工流程与混凝土类建筑垃圾相似。

（1）再生处理工艺给料系统应符合下列规定：

① 工艺流程中设置预筛分环节的，建筑垃圾原料应给至预筛分设备。

② 工艺流程中未设置预筛分环节的，建筑垃圾原料应给至一级破碎设备。给料应结合除土工艺进行，宜采用棒条式振动给料方式。给料机应保证机械刚度和间隙可调。

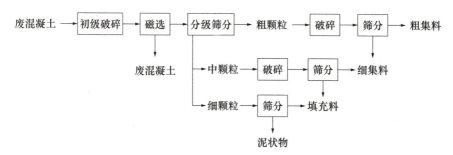

图 7.3-1 混凝土类建筑垃圾集料加工流程

③ 给料口规格尺寸和给料速度应保证后续生产的连续稳定并与设计能力相匹配。

（2）再生处理工艺除土系统应符合下列规定：

① 工艺流程中设置预筛分环节的，除土应结合预筛分进行。

② 工艺流程中未设置预筛分环节的，除土应结合一级破碎给料进行。

③ 预筛分设备宜选用重型筛，筛网孔径应根据除土需要和产品规格设计进行选择。

（3）再生处理工艺破碎系统应符合下列规定：

① 应根据产品需求选择一级、二级或以上破碎。

② 一级破碎设备可采用颚式破碎机或反击式破碎机，二级破碎设备可采用反击式破碎机或锤式破碎机。

③ 在每级破碎过程中，宜通过闭路流程使大粒径的物料返回破碎机再次破碎。

④ 破碎设备应采取防尘和降噪措施。

（4）再生处理工艺筛分系统应符合下列规定：

① 筛分宜采用振动筛。

② 筛网孔径选择应与产品规格设计相适应。

③ 筛分设备应采取防尘和降噪措施。

(5) 再生处理工艺分选系统应符合下列规定：

① 分选应根据处理对象特点和产品性能要求合理选择。

② 应有磁选分离装置，将钢筋、铁屑等金属物质分离。

③ 可采用风选或水选将木材、塑料、纸片等轻物质分离。

④ 宜设置人工分选平台，将不易破碎的大块轻质物料及少量金属选出，人工分选平台宜设置在预筛分或一级破碎后的物料传送阶段。

⑤ 磁选和轻物质分选可多处设置。

⑥ 轻物质分选率不应低于95%。

⑦ 分选出的杂物应集中收集、分类堆放。

(6) 再生处理工艺粉磨系统应符合下列规定：

① 应采取防尘降噪措施。

② 可添加适用的助磨剂。

(7) 再生处理工艺输送系统应符合下列规定：

① 宜采用皮带输送设备。

② 传输皮带送料过程中应注意漏料及防尘。

③ 皮带输送机的最大倾角应根据输送物料的性质、作业环境条件、胶带类型、带速及控制方式等确定，上运输送机非大倾角皮带输送机的最大倾角不宜大于17°，下运输送机非大倾角皮带输送机的最大倾角不宜大于12°，大倾角输送机等特种输送机最大倾角可增大。

(8) 再生处理工艺产品贮存应符合下列规定：

① 再生骨料堆场布置应与筛分环节相协调，堆场大小应与贮存量相匹配。

② 应按不同类别、规格分别存放。

③ 再生粉体贮存应封闭。

(9) 再生处理工艺防尘系统应符合下列规定：

① 有条件的企业宜采用湿法工艺防尘。

② 易产生扬尘的重点工序应采用高效抑尘收尘设施，物料落地处应采取有效抑尘措施。

③ 应加强排风，风量、吸尘罩及空气管路系统的设计应遵循低阻、大流量的原则。

④ 车间内应设计集中除尘设施，可采用布袋式除尘加静电除尘组合方式，除尘能力应与粉尘产生量相适应。

(10) 再生处理工艺噪声控制应符合下列规定：

① 应优选选用噪声值低的建筑垃圾处理设备，同时应在设备处设置隔声设施，设施内宜采用多孔吸声材料。

② 固定式处理主要破碎设备可采用下沉式设计。

③ 封闭车间宜采用少窗结构，所用门窗宜选用双层或多层隔声门窗，内壁表面宜装饰吸声材料。

④ 应合理设置绿化和围墙。

⑤ 可利用建筑物合理布局，阻隔声波传播，高噪声源应在厂区中央尽量远离敏感点。

⑥ 作业场所的噪声控制指标应符合《工业企业噪声控制设计规范》GB/T 50087—2013 的规定。

（11）当再生处理工艺采用湿法工艺或水选工艺时，应采用沉淀池处理污水，生产废水应循环利用。

第 8 章 海绵城市建设工程

8.1 海绵城市建设技术设施类型与选择

海绵城市是指城市能够像海绵一样，弹性适应环境变化和应对自然灾害等情况，下雨时，吸水、蓄水、渗水、净水，需要时将蓄存的水释放并加以利用。建设海绵城市，统筹发挥自然生态功能和人工干预功能，有效控制雨水径流，实现自然积存、自然渗透、自然净化的城市发展方式，有利于修复城市水生态、涵养水资源，增强城市防涝能力，扩大公共产品有效投资，提升城镇化建设质量，促进人与自然和谐发展。

科学合理地选择技术设施对于海绵城市建设的各个环节有着重大意义，也是海绵城市建设中的重点难点。海绵城市建设需要将绿色基础设施与灰色基础设施相结合，实现"灰""绿"互补，将源头低影响开发、传统雨水管渠、超标雨水径流蓄排设施相结合，统筹应用"滞、蓄、渗、净、用、排"等技术手段，实现多重径流雨水控制目标，同时具备适用性、目标性、生态性、效益性及组合性原则。

8.1.1 海绵城市建设技术设施类型

市政工程海绵功能建设是实现海绵城市的主要途径。以市政工程所涉及的城市道路，城市绿地和广场、停车场、立交桥区、市政场站、城市河道等建设项目为载体，通过低影响开发技术和设施，构建对雨水的渗透、储存、调节、转输、截污与净化等功能的市政工程海绵体。

目前海绵城市建设技术设施类型主要有渗透设施、存储与调节设施、转输设施、截污净化设施。

1. 渗透设施

市政公用工程中常用的渗透设施主要有透水铺装、下沉式绿地、生物滞留设施、渗透塘（见图 8.1-1～图 8.1-4）。

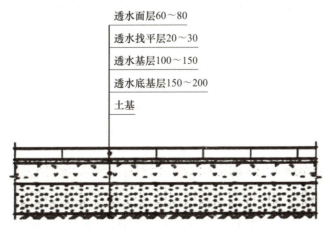

图 8.1-1 透水砖铺装典型结构及工程应用图（单位：mm）

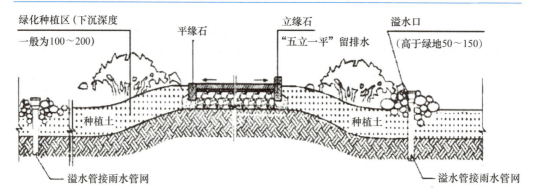

图 8.1-2　下沉式绿地典型构造（单位：mm）

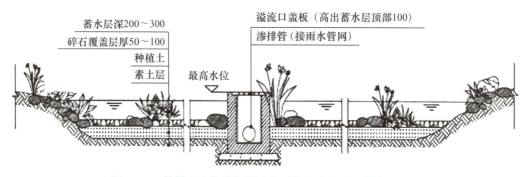

图 8.1-3　简易型生物滞留设施典型构造示意图（单位：mm）

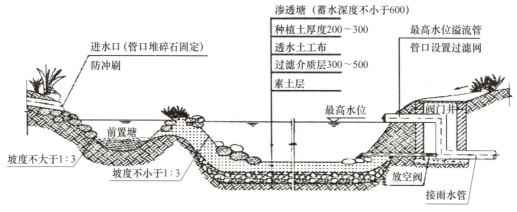

图 8.1-4　渗透塘典型构造示意图（单位：mm）

2. 存储与调节设施

市政公用工程中常采用的存储与调节设施主要有湿塘、雨水湿地、蓄水池、调节塘、调节池。钢筋混凝土蓄水池平面如图 8.1-5 所示。

3. 转输设施

市政公用工程中常用的转输设施有植草沟、渗透管渠。植草沟典型断面如图 8.1-6 所示，渗管典型施工构造及主材图如图 8.1-7 所示。

4. 截污净化设施

市政公用工程中常用的截污净化设施有植被缓冲带、初期雨水弃流设施、人工土壤渗滤设施。典型构造如图 8.1-8～图 8.1-11 所示。

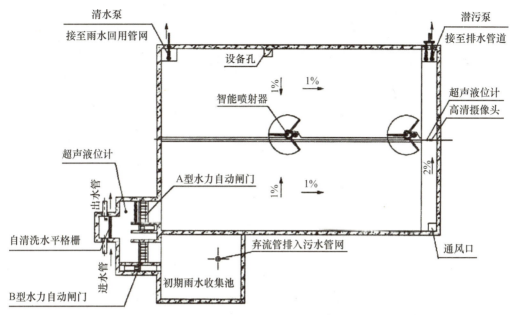

图 8.1-5　钢筋混凝土蓄水池平面图

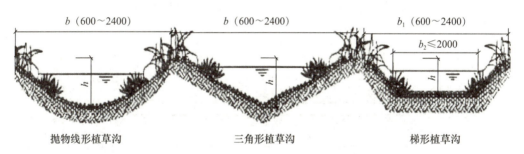

图 8.1-6　植草沟典型断面及工程应用图（单位：mm）

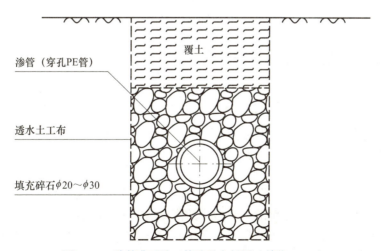

图 8.1-7　渗管典型施工构造及主材图（单位：mm）

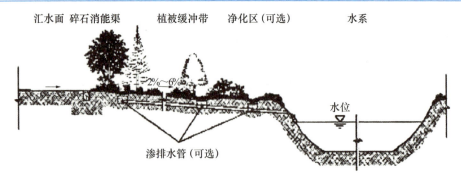

图 8.1-8 植被缓冲带典型构造示意图

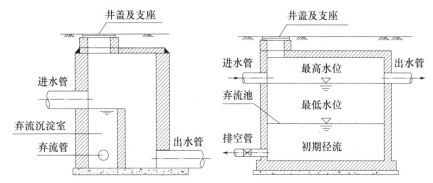

图 8.1-9 小管弃流井初期雨水弃流构造　　图 8.1-10 容积法初期雨水弃流装置

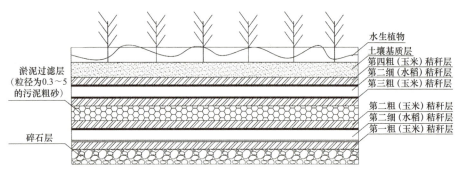

图 8.1-11 人工土壤渗滤典型构造图（单位：mm）

8.1.2 海绵城市建设技术设施选择

海绵城市技术设施的选择需准确把握关键问题与核心目标，结合不同区域水文地质、水资源特点，建筑密度、绿地率及土地利用布局等条件，综合汇水区特征和设施的主要功能、经济性、适用性、景观效果等因素，因地制宜地选用效益最优的单项设施和优化组合设施，技术设施的选择应体现设计方案的整体性、衔接性。

1. 渗透设施的选择

城市道路人行道、人行广场、建筑小区人行道等荷载较小的区域宜采用透水砖、透水混凝土、透水沥青等透水铺装，小型车的停车场宜采用植草砖、透水混凝土、透水沥青等透水铺装。园林绿地等场所也可采用鹅卵石、碎石、碎拼、踏步石铺地等透水铺装。

道路、广场、其他硬化铺装区及周边绿地应优先考虑采用下沉式绿地。下沉式绿地应低于周边铺砌地面或道路，下沉深度应根据土壤渗透性能确定，一般为 100～200mm。

汇水面积大于 1 公顷、地势较低的低洼地带等具有一定空间条件的区域，宜采用渗透塘。

2. 存储与调节的选择

建筑小区、城市绿地、广场等区域的低洼水塘或其他具有空间条件的场地，宜设置湿塘。建筑与小区、城市道路、城市绿地、滨水带等区域内的地势较低的地带或水体有自然净化需求的区域，宜设置雨水湿地。

有绿化、道路喷洒、景观补水等雨水回用需求的小区、城市绿地等，宜根据雨水回用用途及用量设置蓄水池。蓄水池宜采用露天的景观水池或水体，在用地紧张时可采用地下式蓄水池。

建筑与小区、城市绿地等具有一定空间条件的区域，宜设置调节塘。城市雨水管渠系统较难改造时，可采用调节池。

3. 转输设施的选择

建筑与小区内道路、广场、停车场等不透水面的周边宜采用植草沟。建筑与小区及公共绿地内转输流量较小且土壤渗透情况良好的区域，可采用渗管或渗渠。

4. 截污净化设施的选择

截污净化设施应结合雨水径流污染控制要求进行选择，其设置应便于清洗和运行管理。道路等不透水地面周边绿地、公园绿地、城市水系的滨水绿化带等区域，宜设置植被缓冲带，可作为低影响开发设施的预处理设施和城市水系的雨水径流污染控制措施。具有一定场地空间的建筑与小区及城市绿地，宜采用人工土壤渗滤设施。

8.2 海绵城市建设施工技术

构成市政工程"海绵体"的主要技术，可以归纳为雨水渗透技术、雨水储存与调节技术、雨水转输技术、雨水截污与净化技术四大类。

8.2.1 渗透技术

雨水渗透技术将雨水汇流，引入雨水渗透设施。雨水渗透设施分表面渗透和埋地渗透两大类。表面入渗设施主要有透水铺装、下沉式绿地、生物滞留设施、渗透塘与绿色屋顶等；埋地渗透设施主要有渗井等。

1. 透水铺装

透水铺装是指可渗透、滞留或渗排雨水并满足一定要求的地面铺装结构。透水铺装按照面层材料不同，可分为透水砖铺装、透水水泥混凝土铺装和透水沥青混凝土铺装等，嵌草砖、园林铺装中的鹅卵石、碎石铺装等也属于透水铺装。

1）一般要求

（1）透水铺装地面材料宜首选材料本身透水的透水砖进行铺装。

（2）透水路面自上而下宜设置透水面层、透水找平层和透水基层，透水找平层及透水基层渗透系数应大于面层。

（3）透水铺装地面施工前，应对基层（垫层）进行检查验收，透水铺装基层除了满足设计要求的高程、横坡、强度等要求外，还应满足透水基层厚度、材料要求，符合要求后方可进行面层施工。

2）施工要求

（1）透水砖路面一般应用于城市人行道、建筑小区及城市广场人行通道。

（2）采用透水铺装时，铺装面层孔隙率不小于20%，透水基层孔隙率不小于30%。透水铺装路面横坡宜采用1.0%～1.5%。存在冬季冻融风险的城市，应慎重选择透水铺装。透水铺装对道路路基强度和稳定性的潜在风险较大时，可采用半透水铺装结构。

（3）当土壤透水能力有限或容易出现地质灾害时，应在透水基层内设置排水管或排水板，及时排除雨水。透水铺装结构与不透水铺装结构之间应采用防渗措施。

（4）透水铺装位于地下室顶板上时，顶板覆土厚度不应小于600mm，为避免对地下构筑物造成渗水危害时，应设置排水层，及时排除雨水。

2. 下沉式绿地

下沉式绿地具有狭义和广义之分，狭义的下沉式绿地指绿地高程低于周边铺砌地面或道路200mm以内的绿地；广义的下沉式绿地泛指具有一定的调蓄容积，且可用于调蓄和净化径流雨水的绿地，包括生物滞留设施、渗透塘、湿塘、雨水湿地、调节塘等。

1）一般要求

（1）典型的下沉式绿地结构为绿地高程低于路面高程，雨水口设在绿地内且低于路面高程、高于绿地高程。下沉式绿地先汇集周边道路等区域产生的雨水径流，绿地蓄满水后再流入雨水口。

（2）下沉式绿地施工：

① 应尽量采用本地的、耐淹、耐旱、耐污种类的植物，宜采用草本植物。

② 与路面、广场等硬化地面相连接的绿地，宜低于硬化地面100～200mm，进水口拦污设施应正确设置，以初期净化雨水。

③ 绿地内溢流口（雨水口）顶面标高应高于绿地50～100mm，以确保暴雨时溢流排放。

④ 在地下水位较高的地区，应在绿地低洼处设置出流口，通过出流管将雨水缓慢排放至下游排水管渠。

（3）绿地内表层土壤入渗能力不够时，通过措施改良土壤渗透能力，也可另设置渗透设施。渗透设施宜根据汇水面积、绿地地形、土壤质地等因素选用浅沟、洼地、渗渠、渗透管沟、入渗井、入渗地、渗透管—排放系统等形式或其他组合。

（4）道路红线内外绿地的高程一般低于路面并与道路景观相结合，通过在绿化带内设置植草沟、雨水花园、下沉式绿地等设施滞留、消纳雨水径流，减少雨水排放。

（5）下沉式绿地的植物应严格按照设计要求进行选用，并能保证耐旱耐淹、净化雨水、低维护等要求。

2）施工要求

（1）下沉式绿地的位置、下沉深度、构造措施等应符合设计要求。

（2）溢流口设置的位置、深度及间距应符合设计要求，安装不得歪扭。

（3）栽植土以排水良好的砂质壤土为宜，保证土壤渗透能力符合规范和设计要求，如土壤渗透性较差，应通过改良措施增大土壤渗透能力。

（4）在下沉式绿地的雨水集中入口、坡度较大的植被缓冲带，应按设计要求放置隔离纺织物料，栽种临时或永久性的植被，以及在裸露的地方添加覆盖物，阻止雨水径流对土壤的侵蚀。

（5）对于土壤渗透性较差的地区，可适当缩小雨水溢流口高程与绿地高程的差值，使得下沉式绿地集蓄的雨水能够在24h内完全下渗。

3. 生物滞留带

生物滞留设施指在地势较低的区域，通过植物、土壤和微生物系统蓄渗、净化雨水径流的设施。生物滞留设施分为简易型生物滞留设施和复杂型生物滞留设施，由植物层、土壤层、过滤层（或排水层）、蓄水层构成。按应用位置不同又称作雨水花园、生物滞留带、高位花坛、生态树池等。

1）一般要求

（1）对于污染严重的汇水区应选用植草沟、植被缓冲带或沉淀池等对径流雨水进行预处理，去除大颗粒的污染物并减缓流速；应按设计要求设置弃流措施防止石油类高浓度污染物侵害植物。

（2）生物滞留设施应用于道路绿化带时，道路纵坡不应大于设计要求；设施靠近路基部分应按设计要求进行防渗处理。

（3）生物滞留设施内应按设计要求设置溢流设施，一般采用溢流竖管、盖箅溢流井或雨水口等，地面溢流设施顶部一般应低于汇水面100mm。

（4）生物滞留设施的布置及规模应满足设计要求，生物滞留设施面积与汇水面面积之比一般为1∶20～1∶10。

（5）复杂型生物滞留设施结构层外侧及底部应设置透水土工布，防止周围原土侵入。如经评估认为下渗会对周围建（构）筑物造成塌陷风险，或者拟将底部出水进行集蓄回用时，可在生物滞留设施底部和周边设置防渗膜。

（6）生物滞留设施的蓄水层深度应满足设计要求，换土层介质类型、构造措施及换土深度除应满足出水水质要求，还应符合植物种植及园林绿化养护管理技术要求。

2）施工要求

复杂型生物滞留设施的施工应符合以下要求：

（1）砾石排水层铺设厚度应符合设计要求，砾石应洗净且粒径不小于穿孔管的开孔孔径。

（2）穿孔排水管钻孔规格应符合设计要求；种植土层厚度应符合设计要求。

（3）为防止换土层介质流失，换土层底部应铺设透水土工布隔离层，或厚度不小于100mm的砂层。

（4）换土层介质类型及深度应满足设计要求，还应符合植物种植及园林绿化养护管理技术要求。

4. 渗透塘

渗透塘是一种用于雨水下渗补充地下水的洼地，具有一定的净化雨水和消减峰值流量效果。

1）一般要求

（1）渗透塘适用于汇水面积较大（大于1公顷）且具有一定空间条件的区域。

（2）渗透塘可有效补充地下水、削减峰值流量，建设费用较低，但对场地条件要求较严格，对后期维护管理要求较高。

（3）入渗池（塘）前应按设计要求设置沉砂池、前置塘等预处理设施，去除大颗粒的污染物并减缓流速。入渗池（塘）外围应按设计要求设安全防护措施和警示牌。

（4）入渗池（塘）底部应设置放空管并在出口处加装放空阀门，管道的材质、管径及阀门规格、型号应符合设计要求。

2）施工要求

（1）渗透塘前应设置沉砂池、前置塘等预处理设施，去除大颗粒的污染物并减缓流速；降雪后应采取弃流、排盐等措施防止融雪剂侵害植物。

（2）渗透塘边坡坡度一般不大于1:3，塘底至溢流水位一般不小于600mm。渗透塘底部构造一般为200~300mm的种植土、透水土工布及300~500mm的过滤介质层。渗透塘排空时间不应大于24h。放空管距池底不应小于100mm。

（3）渗透塘应设溢流设施，并与城市雨水管渠系统衔接，渗透塘外围应设安全防护措施和警示牌。

8.2.2 储存与调节技术

雨水的储存与调节是海绵城市中的重要一环，在雨量集中时可调节峰值流量，在降水不足时储存收集的雨水可以供给生活生产之用。

雨水储存与调节设施主要有湿塘、雨水湿地、渗透塘、调节塘、蓄水池、蓄水模块等。

1. 湿塘、雨水湿地

湿塘指具有雨水调蓄和净化功能的景观水体，雨水同时作为其主要的补水水源。雨水湿地利用物理、水生植物及微生物等作用净化雨水，是一种高效的径流污染控制设施，雨水湿地分为雨水表流湿地和雨水潜流湿地，一般设计成防渗型以便维持雨水湿地植物所需要的水量，雨水湿地常与湿塘合建并设计一定的调蓄容积。雨水湿地与湿塘的构造相似，一般由进水口、前置塘、沼泽区、出水池、溢流出水口、护坡及驳岸、维护通道等构成。

一般要求：

（1）湿塘可结合绿地、开放空间等场地条件设计为多功能调蓄水体，即平时发挥正常的景观及休闲、娱乐功能，暴雨发生时发挥调蓄功能，实现土地资源的多功能利用。湿塘一般由进水口、前置塘、主塘、溢流出水口、护坡及驳岸、维护通道等构成。湿塘应满足以下要求：

① 进水口和溢流出水口应设置碎石、消能坎等消能设施，防止水流冲刷和侵蚀。同时进口拦污设施应正确设置，以进行初期雨水净化。

② 前置塘为湿塘的预处理设施，起到沉淀径流中大颗粒污染物的作用；池底一般为混凝土或块石结构，便于清淤。

③ 主塘一般包括常水位以下的永久容积和储存容积，永久容积水深一般为0.8~2.5m；储存容积一般根据所在区域相关规划提出的"单位面积控制容积"确定。

④ 溢流出水口包括溢流竖管和溢洪道，排水能力应根据下游雨水渠或超标雨水径流排放系统的排水能力确定。

（2）雨水湿地是利用物理、水生植物及微生物等作用净化雨水，可分为雨水表流湿地和雨水潜流湿地，一般设计成防渗型以便维持雨水湿地植物所需的水量，雨水湿地常与湿塘合建并确保一定的调蓄容积。

（3）雨水湿地与湿塘一样，一般由进水口、前置塘、沼泽区、出水池、溢流出水口、护坡及驳岸、维护通道等构成。雨水湿地应满足以下要求：

① 进水口和溢流出水口应设置碎石、消能坎等消能设施，防止水流冲刷和侵蚀。雨水湿地应设置前置塘对径流雨水进行预处理。

② 沼泽区包括浅沼泽区和深沼泽区，是雨水湿地主要的净化区，其中浅沼泽区水深范围一般为 0~0.3m，深沼泽区水深范围一般为 0.3~0.5m，根据水深不同种植不同类型的水生植物。雨水湿地的调节容积应在 24h 内排空。

③ 出水池主要起防止沉淀物的再悬浮和降低温度的作用，水深一般为 0.8~1.2m，出水池容积约为总容积（不含调节池容积）的 10%。

2. 蓄水池

蓄水池指具有雨水储存功能的集蓄利用设施，同时也具有消减峰值流量的作用，主要包括钢筋混凝土蓄水池，砖、石砌筑蓄水池及塑料蓄水模块拼装式蓄水池，用地紧张的城市大多采用地下封闭式蓄水池。

1）一般要求

（1）蓄水池施工前应根据设计要求，复核与蓄水池连接的有关管道、控制点和水准点。施工时应采取相应技术措施、合理安排施工顺序，避免新、老管道、建（构）筑物之间出现影响结构安全、运行功能的差异沉降。

（2）蓄水池施工过程中应编制施工方案，并应包括施工过程中影响范围内的建（构）筑物、地下管线等的监测方案。

（3）蓄水池进水口拦污设施应正确设置，以达到初期净化雨水，降低后续池体清理工作量的目的。施工完毕后必须进行满水试验。

2）施工要求

（1）所采用的钢筋、水泥、集料、砌块、管材等材料，必须按规定进行检测，合格后方可使用。

（2）模板、钢筋的制安及混凝土的施工应严格参照《混凝土结构工程施工质量验收规范》GB 50204—2015 的相关规定执行。

（3）蓄水池位于地下水位较高环境时，施工中应根据当地实际情况采取抗浮措施。

（4）混凝土构件预制，砂、石材料应满足相关规范要求。混凝土的浇筑应振捣密实、养护充分，不得有蜂窝、麻面及损伤。

3. 调节塘

调节塘也称干塘，以消减峰值流量功能为主，一般由进水口、调节区、出口设施、护坡及堤岸构成，也可通过合理设计使其具有渗透功能，起到一定的补充地下水和净化雨水的作用。

1）一般要求

（1）施工前，应对调节塘、挡水堤岸、进水口、出水中的平面位置控制桩及高程控制桩进行复核，确认无误后方可施工。

（2）调节塘排水管的排水方向、高程应与下游市政管道或排水设施相协调。

（3）前置塘位置、尺寸、下游侧塘顶高程等应正确设置，以确保对径流雨水进行预处理。

2）施工要求

（1）调节塘所采用的水泥、集料、砌块、管材等材料，以及进水口、排水口的碎石、消能坎等消能设施，应按设计要求施工，防止水流冲刷和侵蚀塘底或沟底。

（2）前置塘与调节塘之间的溢流口应符合设计要求，防止初期水流对前置塘与调节塘之间坝体的冲刷和侵蚀。

（3）溢流井的溢流孔、井顶高程、孔径施工应符合设计要求。挡水堤岸的基础、堤身应密实、不透水，防止发生管涌现象。排水管与挡水堤之间应密实、不渗水。

（4）溢洪道的高程、断面、坡度等应符合设计要求，确保溢洪道排水能力，防止出现漫堤现象。

4. 调节池

调节池主要用于消减下游雨水管渠峰值流量，减少下游雨水管渠断面，常用于雨水管渠中游，是解决下游现状雨水管渠过水能力不足的有效办法，主要包括塑料模块调节池、管组式调节池和钢筋混凝土调节池等。

（1）调节池底板位于地下水位以下时，应进行抗浮稳定验算；当不能满足要求时，须采取抗浮措施。

（2）调节池排水管的排水方向、高程应与下游市政管道或排水设施相协调。调节池进水口拦污设施应正确设置，以净化雨水，降低后续池体清理难度。

（3）池底应设集泥井，集泥井上方应设检查口或者人孔。当调蓄池分格时，每格都应设检查口和集泥坑。

（4）调节池池壁的施工缝设置应符合设计要求；在其强度不小于2.5MPa时，方可进行凿毛处理。

（5）混凝土浇筑完成后，应按施工方案及时采取有效养护措施，浇水养护时间不少于14d。

（6）地下封闭式调节池覆土厚度应符合设计；地上敞口式调节池应按设计要求做好防护设施。

8.2.3 转输技术

雨水转输技术主要是对雨水径流的"排/蓄"管理及衔接其他各单项设施，由城市雨水管渠系统和超标雨水径流排放系统共同构建。

雨水管渠系统主要是以地下管渠系统为主，收集、输送和处置低于系统设计排水能力的"降雨/融雪"径流，海绵城市局部区域可采用植草沟、渗透管渠等新型管材代替不透水管道，实现雨水的渗透资源化利用。

1. 植草沟

植草沟可转输雨水，其在地表浅沟中种植植被，利用沟内的植物和土壤截留、净化雨水径流，可用于衔接其他各单项设施、城市雨水管渠系统和超标雨水径流排放系统。

（1）植草沟草种应耐旱、耐淹。植草沟一般分为传输型、干式、湿式植草沟。

（2）植草沟总高度不宜大于600mm，上顶宽度应根据汇水面积确定，宜为600~2400mm，底部宽度宜为300~1500mm。

（3）植草沟断面边坡坡度不宜大于1∶3，采取相关措施保证雨水能以较低流速在植草沟内流动，防止边坡侵蚀。

（4）植草沟不宜作为泄洪通道。

（5）植草沟纵坡宜为1%~4%，当纵坡较大时应设置为阶梯型或中途设置消能台坎；当植草沟纵坡偏小时，泄水能力降低，此时应选用干式植草沟。

（6）植草沟考虑雨水下渗时可设置透水土工布，其下部土壤渗透系数应大于$5×10^{-6}$m/s，不考虑雨水下渗可设置防水土工布。

2. 渗透管渠

渗透管渠指具有渗透功能的雨水管渠，可采用穿孔塑料管、无砂混凝土管和砾（碎）石等材料组合而成。

（1）浅沟渗渠组合应采取渗透浅沟及渗透性暗渠、明渠相结合方式进行雨水入渗，通常要求在浅沟和渗渠连接处采用截污设施以拦截雨水中的污染物，防止渗渠发生堵塞。

（2）渗透管渠开孔率应控制在1%~3%之间，无砂混凝土管的孔隙率应大于20%。

（3）渗透管渠应设置植草沟、沉淀（砂）池等预处理设施。

（4）渗透管渠的敷设坡度应满足排水的要求，宜为1%~2%，具体坡度根据实际情况计算确定。渗透管渠四周应填充砾石或其他多孔材料，砾石层外包透水土工布，土工布搭接宽度不应小于200mm。

（5）渗透管渠设在行车路面下时覆土深度不应小于700mm。

（6）浅沟沟底表面的土壤厚度应满足设计要求，一般不应小于100mm。

（7）渗渠中的砂（砾石）层厚度应满足设计要求，一般不应小于100mm。

8.2.4 截污净化技术

雨水截污与净化技术主要针对屋顶雨水及地面雨水径流。截污与净化是在污染发生源头采取措施截留污染物，防止其扩散。

城市道路、广场设有雨水口时，收集的雨水通过雨水口进入初期雨水弃流井，初期污染严重的雨水直接排入市政污水管道，进入污水处理厂进行处理；后期雨水排入沉淀池进一步截污沉淀后，净化处理回用。

城市道路、广场未设置雨水口时，雨水排至道路或广场外侧植草沟，一部分雨水通过植草沟内的初期雨水弃流井，初期污染严重的雨水直接排入市政污水管道，进入污水处理厂进行处理；后期雨水排入雨水花园，进入景观水体，经自然截污、渗滤、净化处理最终排入河道。

1. 植被缓冲带

植物缓冲带为坡度较缓的植被区,经植被拦截及土壤下渗作用减缓地表径流流速,并去除径流中的部分污染物。

(1)植被缓冲带前应设置碎石消能,植被缓冲带坡度一般为2%~6%,宽度一般不宜小于2m,当坡度大于6%时需根据实际情况另外设置消能设施。

(2)植被缓冲带适用于道路等不透水地面周边,可作为生物滞留设施等低影响开发设施的预处理,也可作为城市水系的滨水绿化带。

(3)植被缓冲带断面形式、土质、植被材料应符合设计要求。

(4)植物应选择根系发达,长势强的耐盐、耐旱、耐水湿的乡土植物品种。

2. 初期雨水弃流设施

初期雨水弃流设施指通过一定的方法或装置将存在初期冲刷效应、污染物浓度较高的降雨初期径流予以弃除,以降低雨水的后续处理难度。初期雨水弃流装置及其设置应便于清洗和运行管理,宜采用自动控制方式。初期雨水弃流形式一般有自控弃流、渗透弃流、弃流池、小管弃流、雨水管弃流等。

施工要求:

(1)雨水弃流排入污水管道时,应按设计要求设置确保污水不倒灌回弃流装置内的设施。

(2)初期径流弃流池、雨水进水口应按设计要求设置格栅,格栅的设置应便于清理,并不得影响雨水进水口通水能力。

(3)流量控制式雨水弃流装置的流量计应安装在管径最小的管道上。初期径流弃流池入口监测装置及自动控制系统应满足设计要求。

(4)自动控制弃流装置的电动阀、计量装置宜设在室外,控制箱宜集中设置,并宜设在室内。

3. 人工土壤渗滤

人工土壤渗滤是一种人工强化的生态工程处理技术,它充分利用了地表下面土壤中栖息的土壤动物、土壤微生物、植物根系以及土壤所具有的物理、化学特性将雨水净化,主要作为雨水存储设施的配套雨水净化设施,属于小型的污水处理系统。

1)一般要求

(1)人工土壤渗滤一般由蓄水层、渗滤体、防渗膜、溢流井、渗管、排水管等构成。

(2)材料要求:渗滤体由石英砂、少量矿石和活性炭及营养物质等材料组成,不得含有草根、树叶、塑料袋等有机杂物及垃圾,矿石泥沙量不得超过3%,材料配合比应符合设计要求。采用生物填料的原料、材料密度、有效堆积生物膜表面面积、堆积密度应符合设计要求。

(3)溢流井、排水管与调节塘相关设施类似,渗管与渗渠类似,其施工参照本书8.2.2 中3. 及 8.2.3 中2. 要求执行。

(4)人工土壤渗滤设施主要作为蓄水池等雨水储存设施的配套雨水收集设施,适用于有一定场地空间的建筑、小区及城市绿地。

2）施工要求

(1)防渗膜铺贴应贴紧基坑底和基坑壁,适度张紧,不应有皱折。防渗膜与溢流井应连接良好、密闭,连接处不渗水。

(2)防渗膜接缝应采用焊接或专用胶粘剂粘合,不应有渗透现象。施工中应保护好防渗膜,如有破损,应及时修补。

(3)渗滤体铺装填料时,应均匀轻撒填料,严禁由高向低把承托料倾倒至前一层承托料之上。渗滤体应分层填筑,碾压密实,碾压时应保护好渗管、排水管及防渗膜等不受破坏。

第 9 章　城市基础设施更新工程

9.1　道路改造施工

9.1.1　道路改造施工内容

城市道路更新改造应体现与周边环境和谐共生理念，坚持以人为本和绿色低碳发展要求，对现有道路使用状况进行检测和评估，通过病害治理、罩面加铺、拓宽、翻建等方法完成道路升级改造，保证道路承受荷载能力和面层使用性能，提升城市交通功能。

未来城市道路更新发展方向还将结合城市片区更新规划实现均衡协调发展，体现城市文化特色、结合工作与休闲功能体现以人为本，向着绿色交通、智慧交通等数字化方向发展。

道路更新改造对象包括沥青、水泥混凝土和砌块路面以及人行步道、绿化照明、附属设施、交通标志等，还包括沥青路面材料的再生利用。

9.1.2　道路改造施工技术

1. 沥青路面病害及微表处理

1）病害处理

（1）裂缝处理

缝宽在 10mm 及以内的，应采用专用灌缝（封缝）材料或热沥青灌缝，缝内潮湿时应采用乳化沥青灌缝。

缝宽在 10mm 以上时，应按本书 9.1.2 中 1.1)（6）的要求进行修补。

（2）拥包处理

① 拥包峰谷高差不大于 15mm 时，可采用机械铣刨平整；

② 当拥包峰谷高差大于 15mm 且面积大于 2m² 时，应采用铣刨机将拥包全部除去，并应低于路表面 30mm 及以上；

③ 基础拥包，应更换已变形的基层，再重铺面层。

（3）车辙处理

① 当车辙在 15mm 以上时，可采用铣刨机清除。

② 当联结层损坏时，应将损坏部位全部挖除，重新修补。

③ 因基层局部下沉而造成的车辙，应先修补基层。

（4）沉陷、翻浆处理

路基翻浆、沉陷应根据交通状况、含水情况、道路变形破坏程度，采取换土回填、挤密、化学加固等方法对病害进行处治。回填应使用砂砾或水稳性能良好的材料。

① 当土基和基层已经密实稳定后，可只修补面层。

② 当土基或基层被破坏时，应先处理土基，再修补基层，重铺面层。

③ 当桥涵台背填土沉降时，应先处理台背填土后再修补面层。当正常沉降时，可直接加铺面层。

（5）剥落处理

① 已成松散状态的面层，应将松散部分全部挖除，重铺面层，或应按 $0.8\sim1.0\mathrm{kg/m^2}$ 的用量喷洒沥青，撒布石屑或粗砂进行处治。

② 沥青面层因贫油出现的轻微麻面，可在高温季节撒布适当的沥青嵌缝料处治。

③ 大面积麻面应喷洒沥青，并应撒布适当粒径的嵌缝料处治，或重设面层。

④ 封层的脱皮，应清除已脱落和松动的部分，再重新做上封层。

⑤ 沥青面层层间产生脱皮，应将脱落及松动部分清除，在下层沥青面上涂刷粘层油，并应重铺沥青层。

（6）坑槽处理

① 坑槽深度已达基层，应先处治基层，再修复面层。

② 修补的坑槽应为顺路方向切割成矩形，坑槽四壁不得松动，加热坑槽四壁，涂刷粘层油，铺筑混合料，压实成型，封缝，开放交通。槽深大于50mm时应分层摊铺压实。

③ 当采用就地热再生修补方法时，应先沿加热边线退回100mm，翻松被加热面层，喷洒乳化沥青，加入新的沥青混合料，整平压实。

（7）唧浆处理

① 可采用注浆固化的方法对病害内部进行处理，或进行局部翻建改造处理。

② 应对原路面中央分隔带、路肩、路基边坡、边沟及相应排水设施进行排查，消除积水隐患。

2）旧路罩面

（1）微表处工艺

微表处，是指采用机械设备将改性乳化沥青、粗细集料、填料、水和添加剂等按照设计配合比拌合成稀浆混合料并摊铺到原路面上的薄层。

① 微表处适用以下条件：

a. 微表处宜用于城镇快速路和主干路的上封层。

b. 城镇道路进行维护时，原有路面结构应能满足使用要求，原路面的强度满足要求、路面基本无损坏，经微表处理后可恢复面层的使用功能。

c. 微表处理技术应用于城镇道路维护，可单层或双层铺筑，具有封水、防滑、耐磨和改善路表外观的功能，MS-3型微表处混合料还具有填补车辙的功能。可达到延长道路使用期的目的，且工程投资少、工期短。

② 微表处理基本要求：

a. 对原有路面病害进行处理、刨平或补缝，使其符合要求。

b. 改性乳化沥青中的沥青应符合道路石油沥青标准。

c. 采用的集料应坚硬、耐磨、棱角多、表面粗糙、不含杂质，砂当量宜大于65%。

d. 微表处应采用稀浆封层摊铺机进行施工，施工方法和质量要求应符合《路面稀浆罩面技术规程》CJJ/T 66—2011的规定。

③ 施工程序和技术应符合下列要求：

a. 清除原路面的泥土、杂物、积水。

b. 对原路面进行湿润或喷洒乳化沥青。

c. 常温施工可采用半幅施工,施工期间不中断行车。
d. 采用专用摊铺机具摊铺稀浆混合料,摊铺速度 1.5~3.0km/h。
e. 不需碾压成型,摊铺找平后必须立即进行初期养护,禁止一切车辆和行人通行。
f. 通常,气温 25~30℃时养护 30min 满足设计要求后,即可开放交通。
g. 微表处理施工前应安排试验段,长度不小于 200m,以便确定施工参数。

(2)(含砂)雾封层
① (含砂)雾封层宜用于城镇快速路和主干路的上封层。
② (含砂)雾封层宜采用专用喷洒设备施工。施工前应清除路面的灰尘、砂土及其他杂物等,施工时路面温度应高于或等于 15℃,环境湿度宜小于或等于 80%,下雨前和下雨过程中不得进行雾封层施工。
③ 采用(含砂)雾封层后路面抗滑性能应满足规范要求。(含砂)雾封层喷洒完毕后路面应封闭养护,待(含砂)雾封层干涸后方可开放交通。

(3)碎石封层
① 对原路面应清理干净,保持干燥,无杂物和灰尘。洒布沥青材料时气温不得低于 20℃,路面温度不得低于 25℃,严禁在雾天或雨天施工。
② 封层初期通车,车速不宜过快,2h 后可完全开放交通。

(4)薄层热拌沥青混凝土
① 沥青混合料宜采用改性沥青、高粘度改性沥青或橡胶粉改性沥青,厚度不宜超过 30mm。
② 薄层沥青罩面施工时气温不得低于 10℃,雨天、路面潮湿或大风等情况下严禁施工。

2. 水泥混凝土路面病害处理

1)路面裂缝处理

① 对路面板出现小于 2mm 宽的轻微裂缝,可采用直接灌浆法处治,灌浆材料应满足《混凝土裂缝修补灌浆材料技术条件》JG/T 333—2011 有关规定。
② 对裂缝宽度大于或等于 2mm 且小于 15mm 的贯穿板厚的中等裂缝,可采取扩缝补块的方法处治,扩缝补块的最小宽度不应小于 100mm。
③ 对大于或等于 15mm 的严重裂缝,可采用挖补法全深度补块;当采用挖补法全深度补块时,基层强度应符合设计要求。
④ 扩缝补块、挖补法全深度补块时应进行植筋,植筋深度应满足设计要求,无设计时植筋深度不应小于板厚的 2/3。

2)板边和板角修补

① 当水泥混凝土路面板边存在轻度剥落时,快速路和主干路的养护不得采用沥青混合料修补。
② 板角断裂应按破裂面确定切割范围;宜采用早强补偿收缩混凝土,并应按原路面设置纵缝、横向缩缝、胀缝。
③ 凿除破损部分时,应保留原有钢筋,没有钢筋时应植入钢筋,新旧板面间应涂刷界面剂。
④ 与原有路面板的接缝面,应涂刷沥青,如为胀缝,应设置胀缝板。

3）填缝料和接缝维修

（1）填缝料的损坏维修应符合下列要求

① 填缝料的更换周期应为 2～3 年；宜选在春秋两季或在当地年气温居中且较干燥的季节进行。

② 清缝、灌缝宜使用专用机具，更换后的填缝料应与面板粘结牢固。

③ 填缝料凸出板面时应及时处理，城镇快速路、主干路不得凸出板面，次干路和支路超过 3mm 时应铲平。

④ 填缝料外溢流淌到面板应清除。

⑤ 填缝料局部脱落、缺损时应进行灌缝填补，脱落、缺损长度大于 1/3 缝长应及时进行整条接缝的更换。

⑥ 填缝料的材料质量与性能指标应符合设计要求。

（2）接缝维修符合下列要求

① 对接缝处因传力杆设置不当引起的损坏，应将原传力杆纠正到正确位置。

② 在胀缝修理时，应先将热沥青涂刷缝壁，再将胀缝板压入缝内；对胀缝板接头及胀缝板与传力杆之间的间隙，应采用沥青或其他胀缝料抹平，上部采用嵌缝条的胀缝板应及时嵌入嵌缝条。

③ 在低温季节或缝内潮湿时应将接缝烘干。

④ 当接缝出现碎裂时，应先扩缝补块，再做接缝处理。

4）坑洞的补修

（1）深度小于 30mm 且数量较多的浅坑，或成片的坑洞可采用适宜材料修补。

（2）深度大于或等于 30mm 的坑槽，应先做局部凿除，再补修面层。

（3）植筋施工应满足设计要求。

5）面板拱胀及错台

相邻路面板板端拱胀，应根据拱胀的高度，将拱胀板两侧横缝切宽，释放应力，使板逐渐恢复原位。

高差大于 20mm 的错台，应采用适当材料修补，且接顺的坡度不得大于 1%。

6）面板脱空、唧浆处理

采用弯沉仪或探地雷达等设备检测水泥混凝土路面板的脱空，并应根据检测结果确定修补方案，修补方案应符合下列规定：

当板边实测弯沉值在 0.20～1.00mm 时，应钻孔注浆处理，注浆后两相邻板间弯沉差宜控制在 0.06mm 以内。

当板边实测弯沉值大于 1.00mm 或整块水泥混凝土面板破碎时，应拆除原有破损混凝土面板，重新铺筑。

7）面板沉陷的维修

（1）当面板整板的沉陷小于或等于 20mm 时，应采用适当材料修补。

（2）当面板整板的沉陷大于 20mm 或面板整板发生碎裂时，应对整块面板进行翻修。

（3）当面板沉陷面积较小且积水不严重时，可采用适当材料修补。

（4）当面板沉陷面积较大且积水严重时，应对沉陷、积水范围内的面板进行翻修。

3. 旧路加铺沥青混合料面层工艺

旧路加铺沥青混凝土面层时，应注意原有雨水管以及检查井的位置和高程，为配合沥青混凝土加铺应将检查井高程进行调整。

1）旧沥青路面作为基层加铺沥青混合料面层

（1）旧沥青路面作为基层加铺沥青混合料面层时，应对原有路面进行调查处理、整平或补强，符合设计要求。

（2）施工要点：

① 符合设计强度、基本无损坏的旧沥青路面经整平后可作基层使用。

② 旧沥青路面有明显的损坏，但强度能达到设计要求的，应对损坏部分进行处理。

③ 填补旧沥青路面，凹坑应按高程控制、分层摊铺，每层最大厚度不宜超过100mm。

2）旧水泥混凝土路作为基层加铺沥青混合料面层

（1）基底处理要求

① 基底的不均匀垂直变形导致原水泥混凝土路面板局部脱空，严重脱空部位的路面板局部断裂或碎裂。为保证水泥混凝土路面板的整体刚性，加铺沥青混合料面层前，必须对脱空和路面板局部破裂处的基底进行处理，并对破损的路面板进行修复。基底处理方法有两种：一种是开挖式基底处理，即换填基底材料；另一种是非开挖式基底处理，即注浆填充脱空部位的空洞。

② 开挖式基底处理。对于原水泥混凝土路面局部断裂或碎裂部位，将破坏部位凿除，换填基底并压实后，重新浇筑混凝土。这种常规的处理方法工艺简单，修复也比较彻底，却对交通影响较大，适合交通不繁忙的路段。

③ 非开挖式基底处理。对于脱空部位的空洞，采用注浆的方法进行基底处理，通过试验确定注浆压力、初凝时间、注浆流量、浆液扩散半径等参数。这是城镇道路大修工程中使用比较广泛和成功的方法。处理前应采用探地雷达详探，测出路面板下松散、脱空和既有管线附近沉降区域。

（2）施工要点

① 对旧水泥混凝土路作综合调查，符合基本要求，经处理后可作为基层使用。

② 对旧水泥混凝土路面层与基层间的空隙，应作填充处理。

③ 对局部破损的原水泥混凝土路面层应剔除，并修补完好。

④ 对旧水泥混凝土路面层的胀缝、缩缝、裂缝应清理干净，并应采取防反射裂缝措施。

3）加铺沥青面层技术要点

（1）面层水平变形反射裂缝预防措施

① 在沥青混凝土加铺层与旧水泥混凝土路面之间设置应力消减层，具有延缓和抑制反射裂缝产生的效果。

② 采用玻纤网、土工织物等土工合成材料，铺设于旧沥青路面、旧水泥混凝土路面的沥青加铺层底部或新建道路沥青面层底部，可减少或延缓由旧路面对沥青加铺层的反射裂缝，或半刚性基层对沥青面层的反射裂缝。用于裂缝防治的玻纤网和土工织物应分别满足抗拉强度、最大负荷延伸率、网孔尺寸、单位面积质量等技术要求。玻纤网网孔尺寸宜为其上铺筑的沥青面层材料最大粒径的0.5~1.0倍。土工织物应能耐170℃以

上的高温。

③ 用土工合成材料和沥青混凝土面层对旧沥青路面裂缝进行防治，首先要对旧路进行外观评定和弯沉值测定，进而确定旧路处理和新料加铺方案。施工要点是：旧路面清洁与整平，土工合成材料张拉、搭接和固定，洒布粘层油，按设计或规范要求铺筑新沥青面层。

④ 旧水泥混凝土路面裂缝处理要点是：对旧水泥混凝土路面评定，旧路面清洁和整平，土工合成材料张拉、搭接和固定，洒布粘层油，铺沥青面层。

⑤ 为防止新建道路的半刚性基层养护期间收缩开裂，可将土工合成材料置于半刚性基层与下封层之间，以防止裂缝反射到沥青面层上。

（2）面层垂直变形破坏预防措施

① 在大修前对局部破损部位进行修补，应将这些破损部位彻底剔除并重新修复；不需要将板体整块凿除重新浇筑，采用局部修补的方法即可。

② 使用沥青密封膏处理旧水泥混凝土板缝。沥青密封膏具有很好的粘结力和抗水平与垂直变形能力，可以有效避免雨水渗入结构引发冻胀。施工时首先采用切缝机结合人工剔除缝内杂物、破除所有的破碎边缘，按设计要求剔除到足够深度；其次用高压空气清除缝内灰尘，保证其洁净；再次用 M7.5 水泥砂浆灌注板体裂缝或用防腐麻绳填实板缝下半部，上部预留 70~100mm 空间，待水泥砂浆初凝后，在砂浆表面及接缝两侧涂抹混凝土接缝粘合剂，填充密封膏，厚度不小于 40mm。

4. 铺砌路面及人行道改造施工技术

1）块石铺砌

（1）更新的块石材质，规格应与原路面一致。

（2）块石路面采用花岗石、大理石时，不宜抛光、机刨。

（3）当基层强度不足而造成路面损坏，应清除软弱基层，换填新的基层材料夯实加固，达到设计强度后再恢复面层。

（4）块石施工时整平层砂浆应饱满，严禁在块石下垫碎砖、石屑找平。

（5）铺砌后的块石应夯平实，并应采用小于 5mm 砂砾填缝。

2）预制混凝土块铺砌

（1）砌块颜色、图案、材质、规格宜与原路面一致，路面砖强度与最小厚度应符合规范规定。

（2）铺砌应平整、稳定，灌缝应饱满，不得有翘动现象。

（3）面层与其他构筑物应接顺，不得有积水现象。

（4）路面应满足抗滑要求。

3）人行道

（1）当人行道下沉和拱胀凸起时，应对基层进行维修。

（2）基层维修不应采用薄层贴补。

（3）振捣成型、挤压成型的面层砌块和加工的石材可用作人行道面层的铺装。

（4）发现面层砌块松动应及时补充填缝料，充填稳固，若垫层不平，应重新铺砌。

（5）面层砌块缝隙应填灌饱满，砌块排列应整齐，面层应稳固平整，排水应通畅。

（6）当面层砌块发生错台、凸出、沉陷时，应将其取出，整理垫层，重新铺装面层，填缝；修理的部位应与周围的面层砌块砖相接平顺。

（7）对基层强度不足产生的沉陷或破碎损坏，应先加固基层，再铺砌面层砌块。

（8）砌块的修补部位宜大于损坏部位一整砖。

（9）检查井周围或与构筑物接壤的砌块宜切块补齐，不宜切块补齐的部分应及时填补平整。

（10）盲道砌块缺失或损坏应及时修补；提示盲道的块型和位置应安装正确。

5. 沥青路面再生施工技术

沥青路面铣刨、挖除的旧料应再生利用。刨除的废旧沥青混合料应进行专门回收利用，再生沥青混合料的运输、施工和质量控制等技术要求应符合《城镇道路沥青路面再生利用技术规程》CJJ/T 43—2014 的规定。

1）沥青路面再生分类

沥青路面再生包括厂拌热再生、厂拌温再生、厂拌冷再生、现场热再生、现场冷再生。各类再生利用技术应根据不同的适用范围和工程实际情况选用。

（1）厂拌热再生：将回收沥青路面材料（RAP）送到加工厂，经破碎、筛分，以一定的比例与新矿料、新沥青、再生剂（必要时）等经热拌制成沥青混合料的技术。

（2）厂拌温再生：将回收沥青路面材料（RAP）送到加工厂，经破碎、筛分，以一定的比例与新矿料、新沥青、再生剂（必要时）等，在基本不改变沥青混合料的配合比及施工工艺的前提下，采用掺加温拌剂或必要的技术工艺，使得再生沥青混合料的拌合温度相比同类厂拌热再生沥青混合料降低 25℃以上，拌合成温拌沥青混合料的技术。

（3）厂拌冷再生：将回收沥青路面材料（RAP）送到加工厂，经破碎、筛分，以一定的比例与新矿料、再生用结合料、活性填料、水等进行常温拌合，制成常温混合料的技术。

（4）现场热再生：采用专用设备，对沥青路面进行加热、铣刨或耙松，现场掺加一定量的新沥青、新沥青混合料、再生剂等，经热态拌合、摊铺、碾压等工序，一次性实现旧沥青路面再生利用的技术。

（5）现场冷再生：采用专用设备，对沥青路面进行常温铣刨，现场掺加一定量的新集料、再生用结合料、活性填料、水，经常温拌合、摊铺、碾压等工序，一次性实现旧沥青路面再生利用的技术。

2）沥青路面再生施工技术要求

（1）沥青路面厂拌热再生、厂拌温再生、现场热再生宜根据工程需要采用道路石油沥青或改性沥青作为再生用结合料，必要时掺加再生剂、温拌剂；沥青路面冷再生可根据工程需要选择乳化沥青、改性乳化沥青、泡沫沥青或无机结合料等作为再生用结合料。

（2）沥青路面再生工程应满足当地的道路交通条件及气候条件。其中气候分区应符合《公路沥青路面施工技术规范》JTG F40—2004 的规定。

（3）再生沥青路面施工前应按设计要求对下承层进行检验，对下承层质量不符合设计要求的项目，不得进行施工。

（4）快速路和主干路热再生沥青路面施工，气温不得低于 10℃；次干路和支路热再生沥青路面施工，气温不得低于 5℃。厂拌温再生沥青路面施工，气温不得低于 5℃。

厂拌热再生、厂拌温再生与现场热再生沥青路面不得在雨天、路面潮湿的情况下施工。

（5）采用水泥等无机结合料的再生工程，不得在气温低于5℃时施工。采用乳化沥青、改性乳化沥青、泡沫沥青作为结合料的再生工程，不得在气温低于10℃时施工。冷再生工程不得在雨天施工。

9.2 桥梁改造施工

随着我国经济的快速发展，近些年城市化进程逐年加大，城市桥梁的维护与改造施工是今后发展的必然趋势。早期修建的城市桥梁要么因为长期使用导致服务性能下降而面临大修，要么因为沿线交通量快速增长而急需拓宽扩建。针对道路维护与改（扩）建工程中的桥梁拓宽项目，为保证设计的质量，提高工作效率，必须在道路维护与改（扩）建技术标准和总体方案基础上，对桥梁维护及拓宽的结构和构造进行研究。

9.2.1 桥梁改造施工内容

城市桥梁的维护与改造执行《城市桥梁养护技术标准》CJJ 99—2017、《城市桥梁结构加固技术规程》CJJ/T 239—2016及其他适用的施工技术规范，且应包括城市桥梁及其附属设施的检测评估、维护与改造工程及建立档案资料。

1. 桥梁维护施工技术分类

1）一般要求

（1）城市桥梁的养护应包括城市桥梁及其附属设施的检测评估、养护工程、安全防护及建立档案资料。

（2）城市桥梁应根据养护类别、养护等级和技术状况级别进行养护。

2）城市桥梁养护工程分类

城市桥梁的养护工程宜分为保养、小修，中修工程，大修工程，加固工程，改扩建工程：

（1）保养、小修——对管辖范围内的城市桥梁进行日常维护和小修作业。

（2）中修工程——对城市桥梁的一般性损坏进行修理，恢复城市桥梁原有的技术水平和标准的工程。

（3）大修工程——对城市桥梁的较大损坏进行综合治理，全面恢复到原有技术水平和标准的工程及对桥梁结构维修改造的工程。

（4）加固工程——对桥梁结构采取补强、修复、调整内力等措施，从而满足结构承载力及设计要求的工程。

（5）改扩建工程——城市桥梁因不适应现有的交通量、载重量增长的需要，需提高技术等级标准，显著提升其运行能力的工程；以及桥梁结构严重损坏，需恢复技术等级标准，拆除重建的工程。

2. 桥梁加固施工技术分类

1）一般要求

（1）桥梁加固可根据实际情况采用动态设计、动态施工的原则。

（2）桥梁加固不得损伤原结构。

（3）结构加固时，不得在结构上堆放施工需要以外的荷载。

2）常见的维护加固技术

在《城市桥梁结构加固技术规程》CJJ/T 239—2016 中给出了增大截面加固法、粘贴钢板加固法、粘贴纤维带加固法、预应力加固法、改变结构体系加固法、增加横向整体性加固法等桥梁结构加固技术。

9.2.2 桥梁改造施工技术

1. 桥梁改造设计施工要求

影响桥梁改扩建的制约因素很多，从整体上看，桥梁改造的拼接要求和受制约的条件主要有：桥梁扩建期间不允许因桥梁施工而中断交通，至少要保持单幅双向（单车道）通行；桥梁拼接之后必须形成一座整体桥梁，保证原结构与新建结构之间的变形协调和共同受力；桥梁扩建必须与路基、路面拼接、互通、附属设施改造同步完成，不能滞后，保证总工期目标的实现。因此，在进行桥梁改扩建设计施工时应注意以下要求：

（1）桥梁改建时应充分考虑原桥的技术状况，沿线的地质条件，合理的横向连接方式，新、旧桥梁结构的变形协调，新、旧结构合理地控制拼接时间以及在不中断原桥交通的条件下合理采用新桥施工方法等。

（2）采用改扩建后的荷载标准对原有桥梁进行结构验算的主要结论（可行性与安全性能方面）；新建桥梁与原有桥梁连接（含原有桥梁之间的相互连接）方案的比选与论证；原有桥梁维修加固方案的比选与论证。

（3）考虑到扩建后拓宽桥梁因桥面横坡延续对桥下净空的影响，在维持等级航道和等级道路通行净空标准不变的前提下，对于拼宽部分上部结构为T梁或箱梁的应采取降低通行孔上部结构建筑高度的措施予以保证；对于拼宽部分上部结构为板梁的应采取降低桥下道路标高等措施解决。

2. 桥梁常用改建方案

目前城市桥梁改建加宽方案按位置可分为单侧加宽与双侧加宽两种，按上部结构与下部结构的连接处理方式划分，主要有以下三种方案：新、旧桥梁的上部结构与下部结构互不连接；新、旧桥梁的上部结构和下部结构相互连接；新、旧桥梁的上部结构连接而下部结构分离。

1）新、旧桥梁的上部结构与下部结构互不连接方式

桥梁加宽部分与原桥的上部结构及下部结构互不连接，新、旧结构之间留工作缝，桥面沥青混凝土铺装层采用连续铺装。

（1）优点：旧桥混凝土收缩和徐变已绝大部分完成，桥梁基础的沉降也大部分完成或处于稳定状态，而新桥混凝土收缩、徐变以及基础沉降都处于发展期，如果新、旧桥梁的上部结构与下部结构互不连接，则新、旧桥结构实际上是各自受力、互不影响；而新拓宽桥梁的设计、施工也较为独立、简单。为确保桥梁拓宽后桥面完整，需要采取在新、旧桥上部结构相接处设置工作缝及桥面沥青混凝土铺装层连续摊铺的措施。

（2）缺点：汽车荷载作用下两桥主梁产生不均匀挠度以及加宽新桥的后期沉降量

大于原桥；可能导致连接部位桥面铺装破坏，形成纵向裂缝和横向错台，影响行车舒适性、安全性和桥面外观，增加后期的养护维修费用。

（3）在具体构造方面，主要采用两种处理形式：一种是用纵向伸缩装置连接；另一种是在新、旧结构间留一条纵缝，或用钢板包边（需要采用刚性路面，可以解决啃边问题，但不能解决新、旧桥挠度差的问题，且高速行车时容易打滑，降低了行车的安全性；一般要求桥梁结构跨径较小，相对挠度差较小，否则桥面容易开裂）。

2）新、旧桥梁的上部结构和下部结构相互连接方式

为使加宽桥与原桥形成整体，减少各种荷载（包括基础不均匀沉降、汽车荷载、温度荷载等）作用下新、旧桥连接处产生过大的变形，减少桥梁上、下结构某些部位的内力，将加宽桥梁的上部构造与原桥对应部位沿横向通过植筋、加设钢筋骨架，然后浇筑湿接缝连接起来；同时新拓宽桥梁下部结构（墩台）中的帽梁及系梁也通过植筋技术及加设钢筋骨架、浇筑混凝土连接件与旧桥下部结构形成整体。

（1）优点：将加宽桥、原桥连成整体，拼接后桥梁整体性较好。

（2）主要缺点：加宽桥基础沉降量大于老桥基础沉降量，由此产生的附加内力较大，可能会使下部构造帽梁、系梁、桥台连接处产生裂缝；上部构造连接处也可能产生裂缝，导致使用功能下降，维修困难，外观不雅。此外，下部构造需采用植筋连接技术，工程成本高。

（3）该连接方案有一定的适用条件，需要采用相应技术措施。采取的技术措施有：

① 加强新拓宽桥梁基础，减少新、旧桥梁基础的不均匀沉降差。旧桥为扩大基础的，新桥同类型基础下土层较薄、岩层埋深较浅时，采用换填或直接将基础置于岩层上的方案，当基底土层较厚，岩层埋置较深，基础条件不好时，虽然地基允许承载力满足要求，但应采取加强措施（例如加大基础成整体筏式基础或粉喷桩、碎石桩处理地基等）。

② 为尽量减小新、旧桥梁的基础沉降差及尽量缩短施工工期，控制新拓宽桥梁预制梁（板）的安装龄期，先施工拓宽部分桥梁的基础、墩台身及台帽（盖梁）并安装部分预制梁（板），封闭道路交通后再进行下部结构拼接。

③ 新拓宽桥梁的梁（板）安装至桥上后宜放置一段时间，再与旧桥上部结构拼接。新、旧桥梁上、下部结构相互连接的方式适宜于桥梁基础较好的条件，否则必须进行基础加固。另外这种方式也可用于独柱墩的梁桥拓宽，以使下部结构的稳定性增强。

④ 桥梁墩柱加固的混凝土强度等级不应低于C30，且不低于原桥墩实际的混凝土强度等级，新增主筋应有可靠的锚固措施。当采用套箍加固时，墩身裂缝应压浆封闭处理，墩身表面应凿毛，其他缺陷部分应先凿除并清理干净。当采用注浆法外包钢加固时，墩柱表面应凿毛、清理干净，注浆压力不低于0.1MPa。

3）新、旧桥梁的上部结构连接而下部结构分离方式

考虑上述两种连接方式的优缺点，一般情况下，将加宽桥与原桥上部构造横向相互连接而下部构造不连接，形成第三种横向拼接形式。

（1）优点：下部构造不连接，加宽桥梁与旧桥在下部结构之间没有结构上的相互影响，上部构造连接对下部构造产生的内力影响很小。另外上部结构连接可以满足桥面铺装的整体化需求，并且新桥上部结构还可以协助旧桥上部结构工作。与新、旧桥梁上、

下部结构采用相互连接方式相比,可以减少混凝土结构连接施工的工程量,加快进度;与新、旧桥梁上、下部结构采用互不连接方式相比,也可以提升城市桥梁工程的适用性和耐久性。

(2)缺点:上部构造连接后由于新、旧桥梁材料特性的差异将产生附加内力,由基础沉降等原因产生的附加内力也使连接部位内力增大。这种新、旧桥梁连接的方式仍要注意新、旧桥梁基础之间沉降差的影响,若沉降差较大依然会在整体上部结构中产生横桥向的较大拉应力,进而导致上部结构混凝土开裂和桥面铺装开裂。

(3)加宽桥应尽可能采用桩基,并通过加强地基处理、增加桩长或桩径等措施尽可能减小基础沉降。施工中严格控制桩基施工时的沉淀层厚度,减少钻孔灌注桩的沉降;尽可能推迟湿接缝混凝土浇筑施工,以使新桥桩基的大部分沉降能在新、旧桥上部结构拼接前完成。原桥采用扩大基础时要注意新、旧基础间的协调性,必要时对原有基础进行加固。另外针对上部结构自身产生的较大附加内力,可通过连接部位增加配筋及改善连接构造形式解决。

3. 新、旧桥梁上部结构拼接的构造要求

刚性连接和铰接连接是新、旧桥梁上部结构拼接的两种连接方式。选择连接方式时应关注在全部作用效应组合下,连接部位混凝土不得开裂。根据桥梁上部结构类型不同一般采用以下的拼接连接方式:

(1)钢筋混凝土实心板和预应力混凝土空心板桥,新、旧板梁之间的拼接宜采用铰接或近似于铰接连接。

(2)预应力混凝土T梁或组合T梁桥,新、旧T梁之间的拼接宜采用刚性连接。

(3)连续箱梁桥,新、旧箱梁之间的拼接宜采用铰接连接。

4. 桥梁增大截面加固法施工技术

1)一般要求

(1)当加固钢筋混凝土受弯、受压构件时,可采用增大截面加固法。

(2)加固之前,应对原结构构件的混凝土进行现场强度检测,原构件混凝土强度等级不应低于C20。

(3)增大截面加固时,在施工质量满足要求后,加固后构件可按新、旧混凝土组合截面计算。

2)增大截面加固施工要求

(1)加固前应对原结构构件的截面尺寸、轴线位置、裂缝状况、外观特征等进行检查和复核。当与原设计或现有加固设计要求不符时,应及时通知设计单位处理。

(2)混凝土构件增大截面工程施工应按下列步骤进行:

① 清理、修整原结构、构件。

② 界面处理。

③ 植筋或锚栓施工。

④ 新增钢筋制作与安装。

⑤ 安装模板,浇筑混凝土。

⑥ 养护及拆模。

(3)新、旧混凝土结合面处理:

① 结合面处理应按清理、凿毛、界面处理等步骤依次进行。

② 应清除原构件表面尘土、浮浆、污垢、油渍、原有饰面层、杂物、已风化、剥落、腐蚀、严重裂损的老混凝土与集料。

③ 花锤凿毛，錾出麻点宜按深3mm、600~800点/m^2均匀分布。

④ 完成凿毛或凿槽后，应采用钢丝刷等工具清除原构件混凝土表面松动的骨料、砂砾、浮渣和粉尘，并应采用清洁的压力水冲洗干净。

（4）新增截面混凝土强度达到设计要求前，应封闭交通。

（5）浇筑混凝土前，应对下列项目按隐蔽工程要求进行验收：

① 界面处理施工质量。

② 新增钢筋的品种、规格、数量和位置。

③ 新增钢筋与原构件的连接构造及焊接质量。

④ 植筋、锚栓施工质量。

⑤ 预埋件的规格、位置。

（6）在浇筑混凝土完毕后应及时对混凝土采取浇水、覆盖、涂刷养护剂等方法养护。对于一般性能混凝土，养护时间不得少于7d；特殊性能混凝土的养护时间和方法应符合国家现行有关标准的规定。

5. 桥梁粘贴钢板加固法施工技术

1）一般要求

（1）当加固钢筋混凝土受弯、受压及受拉构件时，可采用粘贴钢板加固法。

（2）粘贴钢板外表面应进行防护处理。表面防护材料及胶粘剂应满足环境和安全要求。

（3）当粘贴钢板加固混凝土结构时，宜将钢板设计成仅承受轴向力作用。

2）粘贴钢板加固施工

（1）压力注胶粘贴钢板加固施工步骤

① 施工准备。

② 粘贴界面处理，标定粘贴位置。

③ 植入钢板锚固螺栓。

④ 钢板加工制作。

⑤ 钢板安装。

⑥ 钢板封边处理。

⑦ 配置胶粘剂。

⑧ 压力注胶。

⑨ 检查有效粘贴面积。

⑩ 钢板表面涂装防护。

（2）粘贴钢板加固施工环境要求

① 胶粘剂和混凝土缺陷修补胶应密封，并应存放于常温环境。

② 钢板粘贴宜在5~35℃环境温度条件下进行；当环境温度低于5℃时，应采用低温环境配套胶粘剂或采用升温措施。

③ 当环境有露霜凝结时，应采取除湿措施。

（3）粘贴界面处理技术要求

① 拟粘贴钢板部位的混凝土面应凿除粉饰层、油垢、污物，并应打磨、修补、吹洗干净。

② 构件表面裂缝均应修复和封闭，宽度大于 0.2mm 的裂缝，应压注裂缝修补用胶修复。

③ 构件表面可采用电动打磨或高压水冲洗清理，应裸露出混凝土结构层新面，清理后的表面应保持干燥。

④ 施工现场宜配备防尘吸尘设施。

（4）钢板外露面应除锈，直至露出金属光泽，并应按设计要求涂装防护。

9.3 管网改造施工

9.3.1 管网改造施工内容

目前，城市地下基础设施错综复杂，地面交通繁忙，传统的开挖法新建、修复更新地下管道严重影响城市交通和居民生活。采用非开挖管道修复技术已成为当前城市管网改造的重要方法。非开挖管道修复技术包括管道内部检测（评估）、管道预处理和管道更新修复三个方面。

1. 城市管道内部检测（评估）技术

地下管道在使用过程中会产生缺陷并发生不同形式的破坏，主要缺陷包括管道渗漏、管流阻塞、管位偏移、机械磨损、管道腐蚀、管道变形、管道裂纹、管道破裂和管道坍塌等。管道破坏的后果及严重程度需要通过现场检测，根据破坏范围、管道材料和现场实际情况综合判断。管道现场检测可采用电视检测（CCTV）、声呐与超声检测、管道潜望镜检测和传统检查方法，必要时可组合采用多种方法。

电视检测（CCTV）也称为闭路电视检测，摄像机固定在自行或电动拖车上，摄像机和拖车的动力由地面主控制台通过电缆提供，并传输图像和控制信号。主要用于管道内水位较低状态下的检测，管内水位不宜大于管道直径的 20%。该设备能够全面检查管道的结构和功能状况，对管道破损、龟裂、堵塞、树根侵入等状况进行检测和记录，应用广泛，适用于直径 50~2000mm 的管道检测。

声呐与超声检测只能用于水下积泥、异物检测，对结构性缺陷检测有限，不宜作为准确判断缺陷类型和修复方法的依据。

管道潜望镜检测是在管道口进行快速检测，适用于较短的管线，可以获得较为清晰的影像资料，速度快，成本低。

传统检查方法主要指人员进入管径大于 800mm 的管道内进行检查，该方法作业环境恶劣、劳动强度大、安全性差。

2. 城市管道状况评估

根据《城镇排水管道检测与评估技术规程》CJJ 181—2012 的规定，按照管道缺陷对管道状况的影响程度，可分为结构性管道缺陷和功能性管道缺陷。按照缺陷的危害程度分为轻微缺陷、中等缺陷、严重缺陷和重大缺陷共四个等级，不同的等级赋予相应的评价分值。其中，结构性缺陷是指管道结构本体受到损伤，影响强度、刚度和使用寿命的缺陷；功能性缺陷是指导致管道过流断面发生变化，影响畅通性、严密性的缺陷。

管道缺陷位置纵向起算点为起始井管口，定位误差应小于0.5m，环向位置应采用时钟表示法，用四维数字表示缺陷起止位置。

通过管道缺陷评估确定现有管道状况及修复的必要性，给管理部门提供参考。管道本体结构性缺陷等级确定后，应综合管道重要性和环境因素，计算管道的修复指数。管道修复指数是确定修复紧迫性的指标，根据修复指数确定的修复等级越高，修复的紧迫性越大。

3. 管道预处理技术

管道预处理主要是对现况管道内部的清理，也包括对管道周边地基的处理。

管道清洗技术是管道预处理的基本处理措施，常用的管道疏通清洗技术包括冲刷清洗、高压水射流清洗、绞车清洗、清管器清洗和化学清洗等类型。

冲刷清洗主要用于清除松散、非硬化的沉淀物。高压水射流清洗方法是目前管道清洗的主要方法，清洗装置主要由高压泵及其配套设施、高压管、喷枪等组成，作业效率高，可去除硬垢、难溶垢。绞车清洗是清通工具通过绞车将淤泥刮到检查井内，主要设备包括绞车、滑轮架和通沟牛，可清除一般沉积物、软质淤泥、固结的水泥浆和管壁油垢等。清管器清洗主要用于供水和供气管道，由发射装置、接收装置和清管器设备构成。化学清洗是以化学制剂为手段对管道内污垢进行清除，然后用水或蒸汽吹洗干净。

管道周边基础一般采用注浆方法进行处理。

4. 管道更新修复技术

对现况管道的改造主要包括管道更新、局部修复和全断面修复等类型。管道更新及修复方法适用范围和使用条件见表9.3-1。

表9.3-1 管道非开挖修复更新方法及适用条件一览表

非开挖更新修复方法		适用范围和使用条件				
		适应管线类型	内衬管材质	注浆	可修复管道截面	局部或整体修复
碎（裂）管法		给水、排水、燃气	PE	不需要	圆形	整体更新
穿插法		给水、排水、燃气	PE、PVC—U、玻璃钢、金属管等	根据设计要求	圆形	整体修复
折叠内衬法	工厂折叠	给水、排水、燃气	PE	不需要	圆形	整体修复
	现场折叠	给水、排水、燃气	PE	不需要	圆形	整体修复
缩径内衬法		给水、排水、燃气	PE	不需要	圆形	整体修复
原位固化法		给水、排水	玻璃纤维、针状毛毡、树脂等	不需要	圆形、蛋形、矩形	整体修复
不锈钢内衬法		给水	304，304L，316，316L	根据实际	结构性缺陷	整体修复
管片内衬法		排水	PVC—U型材、填充材料	需要	圆形、矩形、马蹄形等	整体修复
机械制螺旋缠绕法		排水	PVC—U、PE型材	根据设计要求	圆形、矩形、马蹄形等	整体修复

续表

非开挖更新修复方法		适用范围和使用条件					
		适应管线类型	内衬管材质	注浆	可修复管道截面	局部或整体修复
喷涂法	水泥砂浆	给水	水泥砂浆	—	功能性缺陷	整体修复
	环氧树脂	离心喷涂	给水	环氧树脂	—	功能性缺陷	整体修复
		高压气体喷涂	给水				

1）管道更新

常用的管道更新是指以待更新的旧管道为导向，在将其破碎的同时，将新管拉入或顶入的管道更新技术。这种方法可用相同或稍大直径的新管更换旧管。根据破碎旧管的方式不同，常见方法有破管外挤和破管顶进两种。

（1）裂（碎）管法

破管外挤也称爆管法或胀管法，是使用爆管工具将旧管破碎，并将其碎片挤到周围土层，同时将新管或套管拉入，完成管道的更换。爆管法的优点是破除旧管和更换新管一次完成，施工速度快，对地表的干扰少；可以利用原有检查井。其缺点是不适合弯管的更换；在旧管线埋深较浅或在不可压密的地层中会引起地面隆起；可能引起相邻管线的损坏；分支管的连接需开挖进行。按照爆管工具的不同，又可将爆管分为气动爆管、液动爆管、切割爆管三种。

气动或液动爆管法一般适用于管径小于 1200mm、由脆性材料制成的管，如陶土管、混凝土管、铸铁管等，新管可以是聚乙烯（PE）管、聚丙烯（PP）管、陶土管和玻璃钢管等。新管的直径可以与旧管的直径相同或更大，视地层条件的不同，最大可比旧管大 50%。

切割爆管法主要用于更新钢管。这种爆管工具由爆管头和扩张器组成，爆管头上有若干盘片，由它在旧管内划痕，随后扩张器上的刀片将旧管切开，同时将切开后的旧管撑开，以便将新管拉入。切割爆管法适用于管径 50~150mm、长度 150m 以内的钢管，新管多用 PE 管。

（2）破管顶进

如果管道处于较坚硬的土层，旧管破碎后外挤存在困难，此时可以考虑使用破管顶进法。该法是使用经改进的微型隧道施工设备或其他的水平钻机，以旧管为导向，将旧管连同周围的土层一起切削破碎，形成直径相同或更大直径的孔，同时将新管顶入，完成管线的更新，破碎后的旧管碎片和土由螺旋钻杆排出。

破管顶进法主要用于直径 100~900mm、长度 200m 以内、埋深较大（一般大于 4m）的陶土管、混凝土管或钢筋混凝土管，新管为球墨铸铁管、玻璃钢管、混凝土管或陶土管。该法的优点是对地表和土层无干扰；可在复杂的土层中施工，尤其是含水层；能够更换管线的走向和坡度已偏离的管道；基本不受地质条件限制。其缺点是需开挖两处工作井，地表需有足够大的工作空间。

2）局部修复

局部修复是对原有管道内的局部漏水、破损、腐蚀和坍塌等进行修复的方法，主要有密封法、补丁法、铰接管法、局部软衬法、灌浆法、机器人法等,用于管道内部的结构性破坏以及裂纹等的修复。

3)管道全断面修复

按照修复缺陷类型,修复方法可分为结构性和功能性修复。按管道结构形式可分为穿插法、改进穿插法、原位固化法、不锈钢内衬法、管片内衬法、机械制螺旋缠绕法和喷涂法。其中内衬法按内衬管形式可分为穿插法、折叠内衬法、缩径内衬法等类型。

(1)穿插法

穿插法是采用比原管道直径小或等径的化学建材管插入原管道内,在新、旧管之间的环形间隙内灌浆,予以固结,形成一种管中管的结构,从而使化学建材管的防腐性能和原管材的机械性能合二为一,改善工作性能(见图9.3-1)。此法施工简单、速度快、可适应大曲率半径的弯管,但存在管道断面受损失较大、环形间隙要求灌浆、一般用于圆形断面管道等缺点。化学建材管的管材主要有聚氯乙烯(PVC)、PE管等。

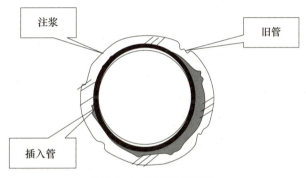

图 9.3-1 穿插法示意图

(2)折叠内衬法

折叠内衬法分为工厂折叠内衬和现场折叠内衬,是将圆形塑料管道进行折叠,置入原有管道,通过加热、加压的方法恢复原有形状形成管道内衬。小直径管道可在工厂折叠,直径大于450mm的管道宜在现场折叠。折叠内衬法施工简单,占地小,管道过流能力损失小,一次修复长度可达数千米,适用于各种重力流及压力管道的修复。

(3)缩径内衬法

缩径内衬法利用中、高密度PE材料的聚合链结构在没有达到屈服点之前材料结构临时变化不影响其性能的特点,通过径向均匀压缩和拉拔方式临时减小塑料管道直径,以便将其置入原有管道内。径向均匀压缩一般选用的内衬HDPE管的外径比修复管道的内径略大一些,穿插时,通过滚轮缩径机将内衬管直径缩小10%~20%。内衬HDPE管具有变形后能够自动回复原始物理形态的特性,内衬管与所修复管道形成过盈配合,可大幅提升管道的承压能力。缩径内衬法不需灌浆、施工速度快、过流断面损失小,一次修复距离长,适用于重力流和压力流圆形管道修复。

(4)原位固化法(CIPP)

原位固化法是采用翻转或牵拉方式将浸渍树脂的软管置入原有管道内,固化后形成管道内衬的修复方法。按软管进入管道的方式分为翻转式、拉入式两种工艺;按软管的固化工艺分为热水固化法、蒸汽固化法和紫外光固化法。原位固化法广泛应用于给水、排水、化学和工业管道的修复，可修复弯管、非圆管等不同形状管道，内衬管与原有管道紧密贴合，不需灌浆，施工速度快，内衬管连续、表面光滑，可减小流量损失。原位固化法的主要材料是软管和树脂，其中树脂是系统主要结构元素，通常分为不饱和聚酯树脂、乙烯树脂和环氧树脂三类。不饱和聚酯树脂具有良好的耐化学腐蚀性、物理性能和经济性，广泛应用于原位固化法（CIPP）内衬法修复技术。乙烯树脂和环氧树脂具有特殊的耐腐蚀能力、抗溶解性和高温稳定性，主要用于工业管道和压力管道。

软管由单层或多层聚酯纤维毡或同等性能的材料组成。玻璃纤维增强的纤维软管一般包含两层夹层，如图9.3-2所示。

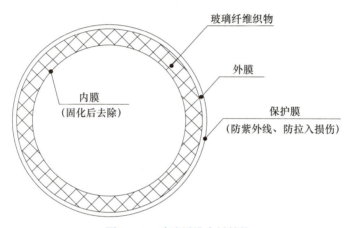

图 9.3-2　玻璃纤维内衬结构

（5）不锈钢内衬法

不锈钢内衬法是以不锈钢材料作为内衬进行管道修复的方法。主要用于给水管道的非开挖修复。旧管道内焊接拼制不锈钢衬管，在衬管与母管之间充填环氧树脂混合料并自然固化，使之成为一个具有不锈钢内壁的复合型整体管道，不锈钢内衬壁厚度为0.6～2.0mm。直径 $DN800$mm 以上管道人工进入管内将不锈钢管坯焊接成整体内衬层。不锈钢内衬法卫生性能高，对水质无污染，可有效解决管道渗漏问题，适用于钢管、铸铁管的半结构性或非结构性修复，不适用于严重破损管道修复。

（6）管片内衬法

管片内衬法是将片状塑料型材（管片）在原有管道内拼接成一条新管道，并对新管道与原有管道之间的间隙进行填充的管道修复方法。适用于大口径圆形、矩形和马蹄形钢筋混凝土管修复，但不适于压力管道修复。主要材料包括塑料模块（管片）和灌浆料。管片内衬法使用的塑料模块体积小，质量轻，抗腐蚀性强，施工方便。可进行弯道施工。

（7）机械制螺旋缠绕法

该工法是借助螺旋缠绕机，将塑料或聚乙烯等制成的、带连锁边的加筋条带缠绕在旧管内壁上形成一条连续的管状内衬层。通常，衬管与旧管直径的环形间隙需灌浆。其优点是可以长距离施工，施工速度快，适应大曲率半径的弯管和管径的变化。

（8）喷涂法

喷涂法是通过机械离心喷涂、人工喷涂、高压气体旋喷等方法，将水泥砂浆、环氧树脂等内衬浆液喷涂到管道内壁，形成内衬层的管道修复方法。喷涂法主要用于管道的防腐处理。其优点是过流断面损失小，可适应管径、断面形状及弯曲度的变化。

9.3.2 管网改造施工技术

1. 原有管道预处理

预处理前宜进行电视检测（CCTV）或管内目测，并制定合理的预处理方案。原有管道预处理可采用机械清洗、喷砂清洗、高压水射流清洗和管内修补等技术。管道内存在裂缝、接口错位和漏水、孔洞、变形、管壁材料脱落、锈蚀等局部缺陷时，可采用灌浆、机械打磨、点位加固、人工修补等管内修补方法进行处理。

原有管道预处理要求满足非开挖修复工法的要求。预处理后的原有管道内应无影响衬入的沉积、结垢、障碍物及尖锐凸起物，管内不应有积水；采用原位固化法进行管道修复时，原有管道内不应有渗水现象；管道内表面应洁净，应无影响衬入的附着物、尖锐毛刺、突起现象。不锈钢内衬法修复的现况管道内应无尖锐凸起物，管内保持干燥。

2. 主要施工技术要点

1）穿插法

内衬管道可通过牵拉、顶推或两者结合的方法置入原有管道中。在原有管道端口设置导滑口，在地面上安装滚轮架、工作坑中铺设防磨垫。对内衬管道的牵拉端或顶推端采取保护措施，防止划伤管道端口。管道的拉伸率不得大于1.5%，拉力不应大于内衬管道截面允许拉力的50%。

2）折叠内衬法

折叠内衬法修复施工气温不宜低于5℃。折叠管的压制应采用专用变形机，管道缠绕和折叠速度应保持同步，折叠管拉入过程中，管道不得被划伤，防止管道发生过度弯曲或起皱。折叠管复原采用注水或鼓入压缩空气加压方法，折叠管完全复原后，压力保持稳定时间不应少于8h。

3）缩径内衬法

缩径内衬法修复施工气温不宜低于5℃。径向缩径应均匀，PE管道直径的缩小量不应大于15%；缩径过程中应观察并记录牵拉设备牵拉力、PE管道缩径后周长，不得对管道造成损伤。拉入完毕后，管道采用自然复原时，时间不应少于24h；采用加热加压方式复原时，时间不应少于8h。

4）原位固化法

软管应按设计尺寸剪裁下料，软管的长度应大于原有管道的长度，软管直径的大小在固化后应与原有管道的内壁紧贴在一起。软管应在抽成真空状态下充分浸渍树脂。可采用水压或气压的方式将浸渍树脂的软管翻转置入原有管道；对软管可采用热水或热蒸汽进行固化，温度应均匀升高；软管内的水压或气压应使软管与原有管道保持紧密接触，该压力值应保持到固化结束；通过温度感应器监测的树脂放热曲线判定树脂固化的状况。固化完成后，内衬管道应缓慢冷却，热水固化宜冷却至38℃，蒸汽固化宜冷却至 45℃。

5）不锈钢内衬法

进行不锈钢内衬安装前，原有管道内部应保持严密、干燥，并应持续强制通风。不锈钢管材应采用专用卷管设备将板材卷制成筒状管坯，不锈钢内衬管道焊缝组对时，内壁应齐平；纵缝错开不应小于 100mm，且不得产生十字焊缝；原有管道端部内壁与不锈钢内衬管道进行满焊密封。管内焊缝进行无损检测。不锈钢内衬管道与原有管道的环状间隙宜注浆处理。

6）管片内衬法

管片拼装宜采用人工方法。当管片之间采用螺栓连接或焊接连接时，应在连接部位注入与管片材料相匹配的密封胶或胶粘剂。内衬管两端与原有管道间的环状空隙应进行密封处理。内衬管与原有管道间的环状空隙须进行注浆，注浆材料性能应具有抗离析、微膨胀、抗开裂等性能。

7）机械制螺旋缠绕法

机械制螺旋缠绕法内衬管的缠绕成型及推入过程应同步进行。螺旋缠绕作业应平稳、匀速进行，锁扣应嵌合、连接牢固。内衬管两端与原有管道间的环状空隙应进行密封处理，且密封材料应与内衬管道兼容。螺旋内衬管道贴合原有管道的环状空隙宜进行注浆处理。

8）喷涂法

水泥砂浆喷涂宜采用机械喷涂，管径大于 1000mm 时，可采用手工涂抹；弯头、三通等特殊管件和邻近闸阀的管段可采用手工喷涂。管道竖向最大变位不应大于设计规定值，且不得大于管径的 2%。养护期间管段内所有孔洞应严密封闭。达到养护期限后，应及时充水。

环氧树脂喷涂可采用离心喷涂或气体喷涂工艺。当管径为 200～600mm 时，可采用离心喷涂；当管径为 15～200mm 时，可采用气体喷涂。当环境温度低于 5℃或湿度大于 85% 时，不宜进行环氧树脂喷涂。应通过多次喷涂达到设计内衬厚度，第一道喷涂宜在喷砂除锈后 1h 内完成，每次喷涂应在前一次喷涂达到表面干燥后进行。环氧树脂喷涂后应先向管道内送入微风至涂膜初步硬化。初步硬化后，应进行自然固化或送入温风进行加温固化。当加温固化温度在 25℃时，固化时间应大于 4h；固化温度在 60℃时，固化时间应大于 3h。

3. 质量控制要点

非开挖修复更新工程完成后，应采用电视检测（CCTV）设备对管道内部进行表观检测。当管径大于等于 800mm 时，可采用管内目测。

修复更新管道应无明显渗水，无水珠、滴漏、线漏等现象。内衬管道线形和顺，接口平顺，特殊部位过渡平缓。不应出现裂缝、孔洞、褶皱、起泡、干斑、分层和软弱带等影响管道使用功能的缺陷。

内衬管道短期力学性能符合设计要求，折叠内衬管道、缩径内衬管道复原良好。不锈钢内衬法焊缝无损检测合格。水泥砂浆喷涂法强度可靠，水泥砂浆抗压强度符合设计要求，且不低于 30MPa，液体环氧涂料内衬管道表面应平整、光滑、无气泡、无划痕等，湿膜应无流淌现象。

内衬管安装完成、内衬管冷却至周围土体温度后,应进行管道严密性检验。局部修复管道可不进行闭气或闭水试验。

4. 施工安全控制要点

在管道检查、清通、更新、修复等施工过程中,项目部应执行有限空间作业的相关规定,加强管道通风、有毒有害气体检测和各项安全防护工作,做好现场各项防护措施,严格管理,确保作业安全。

(1)作业人员必须接受安全技术培训,考核合格后方可上岗。

(2)作业人员必要时可穿戴防毒面具、防水衣、防护靴、防护手套、安全帽、系有绳子的防护腰带,配备无线通信工具和安全灯等。

(3)针对管网可能产生的气体危害和病菌感染等危险源,在评估基础上,采取有效的安全防护措施和预防措施,作业区和地面设专人值守,确保人身安全。

第 10 章 施 工 测 量

10.1 施工测量主要内容与常用仪器

10.1.1 主要内容

第10章
看本章精讲课
做本章自测题

1. 作用与内容

施工测量以规划和设计为依据,是保障工程施工质量和安全的重要手段;施工测量的速度和质量对工程建设具有至关重要的影响,是工程施工管理的一项重要任务,在工程建设中起着重要的作用。

施工测量主要内容包括以下几个方面:

(1)交接桩及验线。
(2)内业计算与复核。
(3)施工控制网建立。
(4)定期复核。
(5)施工放线。
(6)外业测量。
(7)测量仪器管理。
(8)竣工测量。

施工测量是一项琐碎而细致的工作,作业人员应遵循"由整体到局部,先控制后细部"的原则,掌握工程测量的各种测量方法及相关标准,熟练使用测量器具正确作业,满足工程施工需要。

2. 准备工作

(1)施工前,建设单位应向施工单位和监理单位提供导线控制点、高程控制点的资料。各方签署交接桩文件纪要。

(2)接桩后,施工单位、监理单位对建设单位提供的导线控制点、高程控制点进行复测,确定合格的桩点,施工单位需要进行桩点保护,并定期或根据实际需求进行巡视和复测。

(3)施工测量前,应依据设计图纸、施工组织设计和施工方案,编制施工测量方案。

(4)定期对仪器进行检校,保证仪器满足规定的精度要求,所使用的仪器必须在检定周期之内,应具有足够的稳定性和精度,适于测量工作的需要。

(5)测量作业前、后均应采取不同数据采集人核对的方式,分别核对从图纸上采集的数据、实测数据的计算过程与计算结果,并据此判定测量成果的有效性。

3. 基本规定

(1)综合性的市政基础设施工程中,使用不同的设计文件时,施工控制网测设后,应进行相关的道路、桥梁、管道与各类构筑物的平面控制网联测。

(2)应核对工程占地、拆迁范围,在现场施工范围边线(征地线)布测标志桩(拨地钉桩),并标出占地范围内地下管线等构筑物的位置;根据已建立的平面、高程控制网进行施工布桩、放线测量；当工程规模较大或分期建设时，应设辅助平面测量基线与高程控制桩，以方便工程施工和验收使用。

（3）施工过程应根据分部（分项）工程要求布桩；中桩、中心桩等控制桩的恢复与校测应按施工需要及时进行，发现桩位偏移或丢失应及时补测、钉桩。

（4）每个关键部位的控制桩均应绘制桩位平面位置图，标出控制桩的编号，注明与桩相关的相应数据。一个工程的定位桩和相应结构的距离宜保持一致，不能保持一致时，必须在桩位上予以准确、清晰标明。

4. 作业要求

（1）从事施工测量的作业人员，应经专业培训、考核合格，持证上岗。

（2）施工测量用的控制桩要注意保护，经常校测，保持准确。雨后、冻融期或受到碰撞、遭遇损害后应及时校测。

（3）测量记录应按规定填写并按编号顺序保存。测量记录应做到表头完整、字迹清楚、规整，严禁擦改、涂改，必要时可斜线划掉改正，但不得转抄。

（4）应建立测量复核制度。

（5）工程测量应以中误差作为衡量测绘精度的标准，并应以2倍中误差作为极限误差。

10.1.2 常用仪器

市政公用工程常用的施工测量仪器主要有：全站仪、经纬仪、水准仪、平板仪、测距仪、激光准直（指向）仪、卫星定位仪器（如：GPS、BDS）及其配套器具、陀螺经纬仪、激光铅锤仪等。

1. 全站仪及经纬仪

（1）全站仪是一种采用红外线自动数字显示距离和角度的测量仪器，主要由接收筒、发射筒、照准头、振荡器、混频器、控制箱、电池、反射棱镜及专用三脚架等组成。全站仪主要应用于施工平面控制网的测量以及施工过程中测点间水平距离、水平角度的测量；在没有条件使用水准仪进行水准测量时，还可考虑利用全站仪进行三角高程测量来代替水准测量；在特定条件下，市政公用工程施工选用全站仪进行三角高程测量和三维坐标的测量。全站仪按照测角精度可分为0.5″、1″、2″等几个等级。

（2）常用的经纬仪主要有光学经纬仪和电子经纬仪，一般用来测量水平角和竖直角，目前常用的经纬仪精度一般为2″。

2. 水准仪

（1）常用的水准仪主要有光学水准仪、自动安平水准仪和电子水准仪，现场施工多用来测量构筑物标高和高程，适用于施工控制测量的控制网水准基准点的测设及施工过程中的高程测量。

（2）测量应用举例：

在进行施工测量时，经常要在地面上和空间设置一些给定高程的点，高程测设示意如图10.1-1所示；设B为待测点，其设计高程为H_B，A为水准点，已知其高程为H_A。为了将设计高程H_B测定于B，安置水准仪于A、B之间，先在A点立尺，读得后

视读数为 a，然后在 B 点立尺。为了使 B 点的标高等于设计高程 H_B，升高或降低 B 点上所立之尺，使前视尺之读数等于 b。b 可按式（10.1-1）计算。

$$b = H_A + a - H_B \qquad (10.1\text{-}1)$$

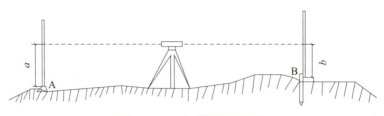

图 10.1-1 高程测设示意图

目前，用于施工现场的自动安平水准仪和数字水准仪较传统光学水准仪使用起来更加方便，自动安平水准仪观测时无须精确整平，而数字水准仪能自动观测和记录。常见的光学水准仪精度有 0.5mm、1mm、2mm 和 3mm。自动安平水准仪和数字水准仪精度有 0.2mm、0.3mm、0.4mm 和 0.7mm。

3. 激光准直（指向）仪

（1）激光准直（指向）仪主要由发射、接收与附件三大部分组成，现场施工测量用于角度测量和定向准直测量，适用于长距离、大直径隧道或桥梁墩柱、水塔、灯柱等高耸构筑物控制测量的点位坐标传递及同心度找正测量。

（2）测量应用举例：

将激光准直（指向）仪置于索（水）塔的塔身（钢架）底座中心点上，调整水准管使气泡居中，严格整平后，进行望远镜调焦，使激光光斑直径最小。这时向上射出激光束反映在相应平台的接收靶上，即可测出塔身各层平台的中心是否同心。若不同心，即说明平台有偏移，这时可以根据激光束测量出相应平台的偏移数值，然后及时进行纠偏。

4. 卫星定位仪器（GPS、BDS）

卫星定位 GPS（Global Position System）和 BDS（Bei Dou Navigation Satellite System）技术系统通过空间部分、地面控制部分与用户接收端之间的实时差分解算出待测点位的三维空间坐标；实时动态测量即 RTK（Real Time Kinematic）技术，随着 GPS（BDS）技术的发展，RTK 技术逐渐成为工程测量的常用技术，在市政公用工程中已得到充分应用。

该技术可实时获得测量点的空间三维坐标，适合管线、道路、桥隧、水厂等工程的施工测量，可直接进行现场实时放样、中桩测量和点位测量。定位精度可达厘米级。

5. 陀螺全站仪

陀螺全站仪是一种将陀螺仪和全站仪集成于一体的且具有全天候、全天时、快速高效独立的测定真北方位的精密测量仪器，其原理为：在地球自转作用下，高速旋转的陀螺转子之轴具有指向真北的性能，从而可以测量某一直线的真方位角，进而计算出这一直线的坐标方位角。在市政公用工程施工中经常用于地下隧道的中线方位校核，可有效提升隧道贯通测量的精度。陀螺全站仪定向的作业过程：

(1) 在地面已知边上测定仪器常数。
(2) 在隧道内定向边上测量陀螺方位角。
(3) 仪器上井后重新测定仪器常数。
(4) 计算子午线收敛角。
(5) 计算隧道内定向边的坐标方位角。

6. 激光铅垂仪

激光铅垂仪是由激光管、精密竖轴、发射望远镜、水准器、激光电源和基座组合而成的一种专供垂直定向的仪器，它可以用在高层建筑物施工过程中，取代挂垂线或经纬仪方法垂直测量，也可用于市政工程垂直定向以及地面向井下传递平面坐标和方向。

10.2 施工测量及竣工测量

10.2.1 施工测量

施工前应在施工现场范围内建立测量控制网，选择若干有控制意义的点（称为控制点），按一定的规律和要求构成网状几何图形（称为控制网）。控制网分为平面控制网和高程控制网。

1. 城镇道路施工测量

（1）道路工程的各类控制桩包括：起点，终点，转角点与平曲线、竖曲线的基本元素点及中桩，边线桩，里程桩，高程桩等。

（2）道路直线段范围内，各类桩间距一般为10～20m。平曲线和竖曲线范围内的各类桩间距宜控制在5～10m。

（3）道路中线确定后，利用中线桩点坐标，通过绘图软件，即可得到路线纵断面和各桩点的横断面。当需要进行现场断面测量时，也可采用实时北斗测量。基于北斗—RTK技术，可实现道路施工过程的点、直线、曲线放样等操作，通过定位三维坐标直接完成施工放样，精度较高，同时可提升施工效率。

（4）道路高程测量应采用附合水准测量。交叉路口、匝道出入口等不规则地段高程放线应采用方格网或等分圆网按结构分层测定。

（5）道路及其附属构筑物平面位置应以道路中心线为施工测量的控制基准，高程应以道路中心线部位的路面高程为基准。

（6）填方段路基应每填一层恢复一次中线、边线并进行高程测设，在距路床1.5m范围应按设计纵、横坡线控制。

（7）高填方或软土地基应按照设计要求进行沉降观测，并依据测量结果安排上部结构施工。

2. 城市桥梁施工测量

（1）依据现场条件设置桥梁工程的各类控制桩，包括桥梁中线桩及墩台的中心桩和定位桩等。

（2）桥梁放线应根据桥梁的形式、跨径、设计要求的施工精度及现场环境条件确定实施方法，以及是否需要重新布设或加密控制网点。

（3）当水准路线跨越河、湖等水域时，应采用跨河水准测量方法校核。视线离水面的高度不小于2m。

（4）桥梁基础、墩台与上部结构等各部位的平面、高程均应以桥梁中线位置及其相应的桥面高程为基准。

（5）施工前应测桥梁中线和各墩台的纵轴与横轴线定位桩，作为施工控制依据。

（6）支座（垫石）和梁（板）定位应以桥梁中线和盖梁中轴线为基准，依施工图尺寸进行平面施工测量，对支座（垫石）和梁（板）的高程以其顶部高程进行控制。

（7）桥梁施工过程应按照设计要求进行变形观测，并保护好基点和长期观测点。

3. 城市管道施工测量

（1）各类管道工程施工测量控制点包括起点、终点、折点、井室（支墩、支架）中心点、变坡点等特征控制点。重力流排水管道中线桩间距宜为10m，给水管道、燃气管道和供热管（沟）道的中心桩间距宜为15~20m。

（2）井室（支墩、支架）平面位置放线：矩形井室应以管道中心线及垂直管道中心线的井中心线为轴线进行放线；圆形、扇形井室应以井底圆心为基准进行放线；支墩、支架以轴线和中心为基准放线。

（3）排水管道工程高程应以管内底高程作为施工控制基准，给水等压力管道工程应以管道中心线高程作为施工控制基准。井室等附属构筑物应以内底高程作为控制基准，控制点高程测量应采用附合水准测量，明开管线沟槽一般采用坡度板法控制中心与高程。

（4）在挖槽见底前、施工砂石（混凝土）基础前、管道铺设或砌筑构筑物前，应校测管道及构筑物中心与高程。

（5）分段施工时，相邻施工段间的测点宜布设在施工分界点附近，施工测量时应对相邻已完成管道进行复核。

（6）管道施工控制桩点应与道路控制桩点进行复测与校核。

（7）管线施工应按照设计要求和规范规定，进行管线竣工测量。

4. 城市隧道工程与城市轨道交通工程施工测量

（1）城市隧道工程与城市轨道交通工程施工前应进行施工控制测量；按照先整体后局部的工作程序，先确定平面控制网和高程控制网，后以控制网为依据，进行各局部轴线的定位放线和高程放样。

（2）地面高程控制可视现场情况以三、四等水准或相应精度的三角高程测量布设。隧道有相向施工段时应进行贯通测量设计，根据相向开挖段的长度，按设计要求布设二、三等或四等三角网，或者布设相应精度的精密导线。

（3）基坑开挖过程中，为了防止超挖，应及时用水准仪测量开挖深度并测放出钢支撑位置线。

（4）施工过程中应及时进行联系测量，竖井联系测量的平面控制采用光学投点法、激光准直法、陀螺仪定向法或联系三角形法，竖井联系测量的高程控制采用悬挂钢尺或钢丝导入的水准测量方法。将地面坐标、方位和高程通过竖井、基坑或通道等适时传递到地下，形成地下平面、高程控制网。

（5）敷设洞内基本导线、施工导线和水准路线，并随施工进展而不断延伸；在开挖掌子面上放样，标出拱顶、边墙和起拱线位置，衬砌结构完成后应检测、复核隧道断面。

（6）盾构法施工测量包括盾构始发、掘进、接收的测量。盾构机拼装后应进行初始姿态测量，掘进过程中应进行实时姿态测量。盾构机姿态测量包括：平面偏差、高程偏差、俯仰角、方位角、旋转角及切口里程。盾构机姿态测量利用盾构机配置的导向系统实时测量的同时，还应采用人工测量方法对导向系统测量成果进行核验。当盾构施工遇到曲线段时，要进行洞内控制点加密，增加测量频次和测点设置，应采用全站仪极坐标法进行曲线要素点和加密的曲线点测设，做到勤测勤纠，有效控制轴线和地层变形。

（7）隧道贯通后应进行贯通测量，具体包括：隧道的纵横向贯通误差、方位误差和高程贯通误差。当贯通面一侧的隧道长度进入控制范围时，应提高定向测量精度，一般可采取在贯通距离约 1/2 处钻孔投测坐标点或加测陀螺方位角等方法。贯通测量应配合贯通施工，及时分配调整贯通误差，以免误差集中在贯通面上。

（8）在工程施工过程中，要及时测绘开挖和衬砌断面，在两侧衬砌边墙上须埋设一定数量的永久标志，并联测高程、里程等数据，作为竣工验收和运行管理的基本资料。

（9）测量主要采用全站仪、激光准直仪、激光铅垂仪、电子水准仪、光电断面测量仪、陀螺全站仪等仪器。

5. 厂站施工测量

（1）矩形建（构）筑物应根据其轴线平面图进行施工各阶段放线；圆形建（构）筑物应根据其圆心施放轴线、外轮廓线。

（2）沿构筑物轴线方向，根据主线成果表复核无误后，分别在构筑物两侧各算出控制点，用极坐标法精确放出此控制点，为了能够在距构筑物较近的地方进行施工放样，防止在构筑物施工中由于现场通视条件限制而无法进行构筑物轴线放样，在基坑上、下均应布设控制点。

（3）矩形水池依据四角桩设置池壁、变形缝、后浇带、立柱隔墙的施工控制网桩。对于水池各部轴线关系及各点的标高，应按照设计图事先完成内业工作，并绘制成轴线与标高关系图。

（4）圆形池按水厂总平面测量控制网，设定圆形池中心线、外轮廓线及轴向控制桩（呈十字形布置）；对于水池中心线及轴线各点的标高，应按照设计图事先完成内业工作，并绘制成轴线与标高关系图。

（5）明挖基坑需在适当距离外侧设置控制点（龙门桩）定位，以便随时检查开挖范围的正确性。

（6）为方便校核，应在池体中心位置搭设稳固的操作平台，并保证平台中心位置准确。

（7）为确保测量放线的精确，定期对所用基准桩点进行校核。

6. 城市综合管廊施工测量

（1）施工前应建立综合管廊的施工平面控制网和高程控制网。

（2）利用地面等级控制点测设现场施工控制点时，应在施工控制点上按照设计图纸放样线路中线桩，并应标注里程，利用水准测量方法测设高程时，应标注中线桩的开挖深度。

（3）管廊内坐标、方位角及高程可利用管廊两端的地面控制点按支导线和水准测量的方式分别进行传递。

（4）综合管廊主体测量在施工阶段进行，应分别测量干线综合管廊、支线综合管廊、缆线管廊的中线及高程。

（5）综合管廊施工应测量两端、坡度或走向变化处的内壁角点坐标和高程、横断面形状与尺寸、底部中线位置及高程。一般中线点位置及高程测量的间隔不宜大于30m。

（6）入廊管线测量可通过测量管线与综合管廊内壁的相对位置关系进行，并应调查入廊管线尺寸、电缆条数以及走向等。

（7）综合管廊两侧回填前，应测设结构外壁角点的坐标和高程。

10.2.2 竣工测量

市政公用工程施工过程中常会因现场情况变化致使设计变更，导致构筑物的竣工位置与设计位置存在偏差；市政公用工程竣工投入运行后，为了安全运行、方便维修及日后改（扩）建，需要保存完整的竣工资料。竣工测量主要任务是对施工过程中设计更改部分、直接在现场指定施工部分以及资料不完整无法查对部分，根据施工控制网进行现场实测或补测。竣工测量工作内容包括控制测量、细部测量、竣工图编绘等。

竣工图的比例尺，厂区宜选用1∶500，线状工程宜选用1∶2000；坐标系统、高程基准、图幅大小、图上注记、线条规格应与原设计图一致，图例符号应符合《总图制图标准》GB/T 50103—2010的规定。

竣工测量应按规范规定补设控制网。受条件制约无法补设测量控制网时，可考虑以施工有效的测量控制网点为依据进行测量，但应在条件允许的范围内对重复利用的施工控制网点进行校核。

凡按设计坐标定位施工的工程，应以测量定位资料为依据，按设计坐标（或相对尺寸）和标高编绘。若原设计变更，则应根据设计变更资料编绘。

在市政公用工程施工过程中，在每一个单位（体）工程完成后，应该及时进行竣工测量，并提出其竣工测量成果。

凡有竣工测量资料的工程，若竣工测量成果与设计值之间相差未超过规定的定位允许偏差时，按设计值编绘；否则应按竣工测量资料编绘。

为了全面反映竣工成果，便于运行管理、维修和日后改（扩）建，下列与竣工图有关的一切资料，应分类装订成册，作为竣工图的附件保存：

（1）地下管线、地下隧道竣工纵断面图。

（2）道路、桥梁、水工构筑物竣工纵断面图。工程完工以后，应进行路面（沿中心线）水准测量，以编绘竣工纵断面图。

（3）建筑场地及其附近的测量控制点布置图及坐标与高程一览表。

（4）建筑物或构筑物沉降及变形观测资料。

(5)工程定位、检查及竣工测量的资料。
(6)设计变更文件。
(7)建设场地原始地形图。

第 11 章 施 工 监 测

11.1 施工监测主要内容、常用仪器与方法

11.1.1 主要内容

1. 目的和意义

施工监测是指在建（构）筑物施工过程中，采用监测仪器进行监测的技术手段。开展监测工作能及时掌握工程自身及周边环境风险动态，通过分析和预测工程结构及周边环境的安全状态与发展趋势，为优化调整设计参数和施工参数提供数据支撑；实现信息化施工的同时积累监测资料和经验，为今后的同类工程施工提供类比资料。

2. 主要内容

施工监测按照监测内容可分为施工变形监测和力学监测两个方面。其中变形监测包括：竖向位移监测、水平位移监测、倾斜监测、深层水平位移监测、基坑底回弹监测、地下水位监测、净空收敛监测、裂缝监测等。力学监测包括：土压力监测、水压力监测、钢支撑轴力监测、锚索（锚杆）应力监测、钢管柱应力监测、混凝土支撑应力监测等。

施工监测按照监测单位的不同可分为施工单位自行监测以及建设单位委托具备相应资质的第三方单位监测。

施工监测工作主要包括以下内容：

（1）收集、分析相关资料，现场踏勘。
（2）编制监测方案。
（3）埋设与保护监测基准点和监测点。
（4）校验仪器设备，标定元器件，测定监测点初始值。
（5）外业采集监测数据和现场巡视。
（6）内业处理和分析监测数据。
（7）提交监测日报、警情快报、阶段性监测报告等。
（8）监测工作结束后，提交监测工作总结报告及相应的成果资料。

监测作业前，应收集相关水文地质资料、岩土工程勘察报告、周边环境调查报告、安全风险评估报告、设计文件和施工方案等资料，并应根据岩土工程地质条件、工程类型、工程规模、基础埋深、建筑结构和施工方法等因素，进行监测方案设计。方案设计应根据工程的施工特点，在分析研究工程风险及影响工程安全的关键部位和关键工序基础上，有针对性地进行编制。监测方案应包括下列内容：

（1）工程概况。
（2）建设场地地质条件、周边环境条件及工程风险特点。
（3）监测目的和依据。
（4）监测范围和工程监测等级。
（5）监测对象及项目。

（6）基准点、监测点的布设方法与保护要求，监测点布置图。
（7）监测方法和精度。
（8）监测频率。
（9）监测控制值、预警等级、预警标准及异常情况下的监测措施。
（10）监测信息的采集、分析和处理要求。
（11）监测信息反馈制度。
（12）监测仪器设备、元器件及人员的配备。
（13）质量管理、安全管理及其他管理制度。

观测前，应对所使用的仪器和设备进行检查、校正，并应做好记录。每期观测结束后，应将观测数据转存至计算机，并应进行处理。

11.1.2 常用仪器与方法

市政公用工程施工监测常用的仪器主要有：全站仪、水准仪、测斜仪、地下水位计、钢尺收敛计、分层位移计、卷尺、测距仪和监测相应的传感器。施工监测可分为人工监测和自动化监测。自动化监测相较人工监测具有实时、高效、全天候、安全可靠等优点，它是通过前端传感设备与后台软件系统的有效连接，采用传感器对信号收集、预处理，按照预设频率传输到系统平台，最终实现监测自动化。其实现的关键是可靠的通信技术，这一技术又分为有线通信技术和无线通信技术。

11.2 监测技术与监测报告

市政工程中道路工程、桥梁工程、管道工程、隧道工程、综合管廊工程等均涉及基坑施工，监测项目详见本书 11.2.1 中 1. 与 2. 的相关内容，各专业中不再赘述。

11.2.1 监测技术

1. 基坑施工监测

（1）基坑的监测应根据工程特点、监测项目控制值、当地施工经验等确定监测预警等级和预警标准。支护结构监测项目控制值应根据工程监测等级、支护结构特点及设计计算结果等进行确定。周边环境监测项目控制值应根据环境对象的类型与特点、结构形式、变形特征、已有变形、正常使用条件及国家现行有关标准的规定，并结合环境对象的重要性、易损性及相关单位的要求等进行确定。对重要的、特殊的或风险等级较高的环境对象的监测项目控制值，应在现状调查与监测的基础上，通过分析计算或专项评估加以确定。基坑工程监测项目见表 11.2-1。

表 11.2-1 基坑工程监测项目

监测项目	工程监测等级		
	一级	二级	三级
支护桩（墙）、边坡顶部水平位移	应测	应测	应测
支护桩（墙）、边坡顶部竖向位移	应测	应测	应测

续表

监测项目	工程监测等级		
	一级	二级	三级
支护桩（墙）体水平位移	应测	应测	选测
支护桩（墙）结构应力	选测	选测	选测
立柱结构竖向位移	应测	应测	选测
立柱结构水平位移	应测	应测	选测
立柱结构应力	选测	选测	选测
支撑轴力	应测	应测	应测
顶板应力	选测	选测	选测
锚杆拉力	应测	应测	应测
土钉拉力	选测	选测	选测
地表沉降	应测	应测	应测
竖井井壁支护结构净空收敛	应测	应测	应测
土体深层水平位移	选测	选测	选测
土体分层竖向位移	选测	选测	选测
坑底隆起（回弹）	选测	选测	选测
支护桩（墙）侧向土压力	选测	选测	选测
地下水位	应测	应测	应测
孔隙水压力	选测	选测	选测

（2）当开挖基坑存在以下情况时，需实施基坑监测：

① 基坑设计安全等级为一、二级的基坑。

② 开挖深度大于或等于5m的下列基坑：土质基坑、极软岩基坑、破碎的软岩基坑、极破碎的岩体基坑；上部为土体，下部为极软岩、破碎的软岩、极破碎的岩体构成的土岩组合基坑。

③ 开挖深度小于5m但现场地质情况和周围环境较复杂的基坑。

（3）基坑工程施工前，由建设方委托具备相应资质的第三方对基坑工程实施现场监测。监测单位编制监测方案，并经建设方、设计方等认可，必要时与基坑周边环境涉及的有关管理单位协商一致后方可实施。

（4）基坑工程监测范围根据基坑设计深度、地质条件、周边环境情况以及支护结构类型、施工工法等综合确定；采用施工降水时，需考虑降水及地面沉降的影响范围；采用爆破开挖时，爆破振动的监测范围应根据《爆破安全规程》GB 6722—2014（经2016年修订）的相关规定结合工程实际情况，通过爆破试验确定。

（5）现场监测对象包括：支护结构；基坑及周围岩土体；地下水；周边环境中的被保护对象（包括周边建筑、管线、轨道交通、铁路及重要的道路等）；其他应监测的对象等。

（6）基坑变形监测周期应根据施工进程确定；当开挖速度或降水速度加快引起变

形速率增大时，应增加观测次数；当变形量接近预警值或有事故征兆时，应持续观测。

（7）当下列基坑工程的监测变形量接近预警值时，需进行专项论证：

① 邻近重要建筑、设施、管线等破坏后果很严重的基坑工程。

② 工程地质、水文地质条件复杂的基坑工程。

③ 已发生严重事故，重新组织施工的基坑工程。

④ 采用新技术、新工艺、新材料、新设备的一、二级基坑工程。

⑤ 其他需要论证的基坑工程。

（8）当基坑工程设计或施工有重大变更时，监测单位需要与建设方及相关单位研究并及时调整监测方案。

（9）变形监测出现下列情况之一时，必须通知建设单位，加大监测频率或增加监测内容：

① 变形量或变形速率达到变形预警值或接近允许值。

② 变形量或变形速率变化异常。

③ 建（构）筑物的裂缝或地表的裂缝快速扩大。

2. 环境监测

环境监测项目见表11.2-2。

表11.2-2 环境监测项目

	项目监测对象		累计值（mm）	变化速率（mm/d）	备注
1	地下水位变化		1000	500	—
2	管线位移	刚性管道 压力	10～30	1～3	直接观察点数据
		刚性管道 非压力	10～40	3～5	
		柔性管线	10～40	3～5	
3	邻近建（构）筑物		10～30	1～3	
4	裂缝宽度	建筑	0.1～3	持续发展	
		地表	10～15	持续发展	—

3. 道路工程施工监测

（1）道路监测项目主要有路面和路基的竖向位移监测、道路挡墙竖向位移监测和道路挡墙倾斜监测等。需进行基坑开挖且满足基坑工程监测的参见本书11.2.1中1.的相关内容；采用施工降水时，应考虑降水及地面沉降的影响范围。

（2）监测点布设时应结合路面实际情况设置监测点和监测断面，监测断面的布设应反映监测对象的变化规律以及不同监测对象之间的内在变化规律，对于重要道路，应增加监测断面数量。

（3）监测时应按监测方案实施监测，当工程设计或施工有重大变更时，应及时调整监测方案。

（4）道路挡墙竖向位移监测点宜沿挡墙走向布设，倾斜监测点应根据挡墙的结构形式选择监测断面布设。

（5）监测期间应做好监测设施的保护，及时处理、分析监测数据，并将监测结果和评价及时反馈。

（6）高填方路基还应进行施工过程中和施工之后的沉降监测。

4. 桥梁监测

（1）桥梁监测项目主要有：基坑监测及环境监测、模架监测、桥梁墩台的竖向位移监测、桥梁墩柱的倾斜监测、桥梁结构应力监测和桥梁裂缝宽度监测等。

（2）基坑监测及环境监测参见本书11.2.1中1.与2.的相关内容。

（3）桥梁墩台竖向位移监测点应布设在墩柱或承台上，每个墩柱和承台的监测点不应少于1个，群桩承台可适当增加监测点。

（4）桥梁墩柱倾斜可采用全站仪或者倾斜仪监测，采用全站仪监测时，监测点应沿墩柱顶、底部上下对应按组布设，每个墩柱的监测点不应少于1组，每组的监测点不宜少于两个。采用倾斜仪监测时，监测点不应少于1个。

（5）桥梁结构应力监测点宜布设在桥梁梁板结构中部或应力变化较大部位。

（6）桥梁裂缝宽度监测应根据裂缝的分布位置、走向、长度、错台等参数，分析裂缝的性质、产生的原因及发展趋势，选取应力或应力变化较大部位的裂缝或宽度较大的裂缝进行监测。

（7）裂缝宽度监测点宜在裂缝的最宽处及裂缝首、末端按组布设，每组应布设两个监测点，并应分别布设在裂缝两端，其连线应垂直于裂缝走向。

（8）采用模架法施工时，应重点监测模板平面尺寸、高程、预拱度，保证其误差控制在容许范围之内。

（9）采用悬臂浇筑法时，应重点监测挂篮前端的垂直变形、预拱度、已浇段实际标高，必要时对结构物的变形值、应力也应进行监测，保证结构的强度和稳定。

5. 管道工程施工监测

（1）开槽施工时基坑及环境监测参见本书11.2.1中1.与2.的相关内容。

（2）顶管法施工、水平定向钻施工监测项目主要针对管线下穿建（构）筑物、管线等工况进行，参见本书11.2.1中2.的相关内容。

（3）浅埋暗挖法施工监测详见本书11.2.1中6.的相关内容。

6. 城市隧道工程和城市轨道交通工程施工监测

城市隧道工程明挖法施工时，监测项目参见本书11.2.1中1.与2.的相关内容。

（1）采用浅埋暗挖法施工时，监测点的布设形式、位置和数量应根据工程特点和工程需要来确定。

（2）浅埋暗挖法施工监测项目有：初期支护结构拱顶沉降、初支结构底板隆起、初支结构净空收敛、初支结构应力、中柱结构竖向位移、中柱结构应力等。周围环境监测项目参见本书11.2.1中2.的相关内容。

（3）初期支护监测点宜在隧道拱顶、两侧拱脚处（全断面开挖时）或拱腰处（半断面开挖时）布设。监测点应在初期支护结构完成后及时布设。

（4）在隧道周围岩土体存在软弱土层时，应布设隧道拱脚竖向位移监测点。隧道拱脚竖向位移监测点与初期支护结构拱顶沉降监测点共同组成监测断面。

（5）盾构法隧道除了主要监测项目外，有的还需要进行管片结构应力、管片连接螺栓应力、管片围岩压力、孔隙水压力、土体深层水平位移、土体分层竖向位移监测。

矿山法隧道除了主要监测项目外，有的还需要进行底板竖向位移、围岩压力、初支及二次衬砌应力、隧道拱脚竖向位移监测。

（6）盾构法隧道在始发与接收段，联络通道附近，左右线交叠或邻近段，小半径曲线段等区段，存在地层偏压、围岩软硬不均、地下水位较高等地质条件复杂区段，下穿或邻近重要建（构）筑物、地下管线、河流湖泊等周边环境条件复杂区段应布设监测断面。

7. 巡视检查

在工程项目施工和使用期内，每天均应由专人进行巡视检查。工程巡视检查宜包括该工程所对应的施工工况、支护结构以及周边环境所需要进行巡查的主要对象和内容。巡查信息应与仪器监测数据进行对比分析，发现异常或险情时，应按规定程序及时通知建设方及相关单位。

11.2.2 监测报告

1. 监测报告编制

监测报告统称为监测成果，可分类为监测日报，警情快报，阶段（月、季、年）性报告和总结报告。每种类型都有一定的内容要求、格式的规定和报送程序，应依据合同约定和有关规定进行编制，并及时向相关单位报送。

监测报告应完整、清晰、签字齐全，监测成果应包括现场监测资料、计算分析资料、图表、曲线、文字报告等，表达应直观、明确。

现场监测资料宜包括外业观测记录、现场巡查记录、记事项目以及仪器、视频等电子数据资料。外业观测记录、现场巡查记录和记事项目应在现场直接记录于正式的监测记录表格中，监测记录表格中应有相应的工况描述。

取得现场监测资料后，应及时对监测资料进行整理、分析和校对。监测数据出现异常时，应分析原因，必要时应进行现场核对或复测。

监测成果应及时计算累计变化值、变化速率值，并绘制时程曲线，必要时绘制断面曲线图、等值线图等，并应根据施工工况、地质条件和环境条件分析监测数据的变化原因和变化规律，预测其发展趋势，发现影响工程及周边环境安全的异常情况时，必须立即报告。

监测报告应标明工程名称、监测单位、报告的起止日期、报告编号，还应有监测单位用章及项目负责人、审核人、审批人签字。

监测报告主要内容包括：

1）日报

（1）工程施工概况。

（2）现场巡查信息：巡查照片、记录等。

（3）监测项目日报表：仪器型号、监测日期、观测时间、天气情况、监测项目的累计变化值、变化速率值、控制值、监测点平面位置图等。

（4）监测数据、现场巡查信息的分析与说明。

（5）结论与建议。

2）警情快报

（1）警情发生的时间、地点、情况描述、严重程度、施工工况等。

（2）现场巡查信息：巡查照片、记录等。

（3）监测数据图表：监测项目的累计变化值、变化速率值、监测点平面位置图。

（4）警情原因初步分析。

（5）警情处理措施建议。

3）阶段性报告

（1）工程概况及施工进度。

（2）现场巡查信息：巡查照片、记录等。

（3）监测数据图表：监测项目的累计变化值、变化速率值、时程曲线、必要的断面曲线图、等值线图、监测点平面位置图等。

（4）监测数据、巡查信息的分析与说明。

（5）结论与建议。

4）总结报告

（1）工程概况。

（2）监测目的、监测项目和监测依据。

（3）监测点布设。

（4）采用的仪器型号、规格和元器件标定等资料。

（5）监测数据采集和观测方法。

（6）现场巡查信息：巡查照片、记录等。

（7）监测数据图表：监测值、累计变化值、变化速率值、时程曲线、必要的断面曲线图、等值线图、监测点平面位置图等。

（8）监测数据、巡查信息的分析与说明。

（9）结论与建议。

2. 监测信息反馈

监测数据的处理与信息反馈宜利用专门的工程监测数据处理与信息管理系统软件，实现数据采集、处理、分析、查询和管理的一体化以及监测成果的可视化。

监测预警是施工监测的一项重要工作，通过预警能够使相关各方对异常情况及时作出反应，并采取相应措施，控制和避免工程自身和周边环境等安全事故的发生。工程监测预警等级及划分标准要与工程建设城市的工程特点、施工经验、管理水平及应急能力相适应。

监测数据达到预警标准时，应立即向施工单位项目负责人、监理单位、建设单位和其他相关单位报告，并应加密现场监测和巡查的频率。

施工单位根据设计单位提出的监测控制值，将施工过程中监测点的预警状态按严重程度分为三级，三级预警根据变化量和变化速率来确定，具体见表11.2-3。

施工现场应建立监测信息反馈体系，根据变形体变形程度和可能产生的安全隐患，规范监测信息的等级以及不同等级监测信息的反馈渠道，对上报的各等级监测信息及时处理，并制定相应的应急预案。当遇到近接施工、穿越工程以及工程施工遭遇突发情况时，应增加现场监测频率以及巡查频率，保障现场施工安全。

表 11.2-3　监测预警判定

预警级别	预警状态描述
黄色监测预警	"双控"指标（变化量、变化速率）均超过监测控制值（极限值）的 70% 时，或"双控"指标之一超过监测控制值的 85% 时
橙色监测预警	"双控"指标均超过监测控制值的 85% 时，或"双控"指标之一超过监测控制值时
红色监测预警	"双控"指标均超过监测控制值，且实测变化速率出现急剧增长时

第2篇　市政公用工程相关法规与标准

第12章　相　关　法　规

12.1　工程总承包相关规定

12.1.1　相关法律规定

第12章
看本章精讲课
做本章自测题

1.《中华人民共和国民法典》相关规定

（1）发包人可以与总承包人订立建设工程合同，也可以分别与勘察人、设计人、施工人订立勘察、设计、施工承包合同。发包人不得将应当由一个承包人完成的建设工程肢解成若干部分发包给数个承包人。

（2）总承包人或者勘察、设计、施工承包人经发包人同意，可以将自己承包的部分工作交由第三人完成。第三人就其完成的工作成果与总承包人或者勘察、设计、施工承包人向发包人承担连带责任。承包人不得将其承包的全部建设工程转包给第三人或者将其承包的全部建设工程肢解以后以分包的名义分别转包给第三人。

（3）发包人提供的主要建筑材料、建筑构配件和设备不符合强制性标准或者不履行协助义务，致使承包人无法施工，经催告后在合理期限内仍未履行相应义务的，承包人可以解除合同。

2.《中华人民共和国建筑法》相关规定

（1）提倡对建筑工程实行总承包，禁止将建筑工程肢解发包。

（2）禁止建筑施工企业超越本企业资质等级许可的业务范围或者以任何形式用其他建筑施工企业的名义承揽工程。禁止建筑施工企业以任何形式允许其他单位或者个人使用本企业的资质证书、营业执照，以本企业的名义承揽工程。

（3）禁止承包单位将其承包的全部建筑工程转包给他人，禁止承包单位将其承包的全部建筑工程肢解后以分包的名义分别转包给他人。

（4）建筑工程总承包单位可以将承包工程中的部分工程发包给具有相应资质条件的分包单位；但是，除总承包合同中约定的分包外，必须经建设单位认可。施工总承包的，建筑工程主体结构的施工必须由总承包单位自行完成。

（5）建筑工程总承包单位按照总承包合同的约定对建设单位负责；分包单位按照分包合同的约定对总承包单位负责。总承包单位和分包单位就分包工程对建设单位承担连带责任。

（6）禁止总承包单位将工程分包给不具备相应资质条件的单位。禁止分包单位将其承包的工程再分包。

（7）施工现场安全由建筑施工企业负责。实行施工总承包的，由总承包单位负责。分包单位向总承包单位负责，服从总承包单位对施工现场的安全生产管理。

（8）建筑工程实行总承包的，工程质量由工程总承包单位负责，总承包单位将建筑工程分包给其他单位的，应当对分包工程的质量与分包单位承担连带责任。分包单位应当接受总承包单位的质量管理。

12.1.2 相关法规规定

1.《建设工程质量管理条例》（由中华人民共和国国务院令第279号发布，2019年4月23日第二次修订）相关规定

（1）建设工程实行总承包的，总承包单位应当对全部建设工程质量负责；建设工程勘察、设计、施工、设备采购的一项或者多项实行总承包的，总承包单位应当对其承包的建设工程或者采购的设备的质量负责。

（2）总承包单位依法将建设工程分包给其他单位的，分包单位应当按照分包合同的约定对其分包工程的质量向总承包单位负责，总承包单位与分包单位对分包工程的质量承担连带责任。

2.《房屋建筑和市政基础设施工程施工招标投标管理办法》（由中华人民共和国建设部令第89号发布，经中华人民共和国住房和城乡建设部令第47号第二次修订）相关规定

（1）全部使用国有资金投资或者国有资金投资占控股或者主导地位，依法必须进行施工招标的工程项目，应当进入有形建筑市场进行招标投标活动。

（2）依法必须进行施工公开招标的工程项目，应当在国家或者地方指定的报刊、信息网络或者其他媒介上发布招标公告，并同时在中国工程建设和建筑业信息网上发布招标公告。

（3）投标人应当具备相应的施工企业资质，并在工程业绩、技术能力、项目经理资格条件、财务状况等方面满足招标文件提出的要求。

（4）投标人应当按照招标文件的要求编制投标文件，对招标文件提出的实质性要求和条件作出响应。

3.《房屋建筑和市政基础设施项目工程总承包管理办法》（由建市规〔2019〕12号发布）相关规定

（1）工程总承包单位应当同时具有与工程规模相适应的工程设计资质和施工资质，或者由具有相应资质的设计单位和施工单位组成联合体。工程总承包单位应当具有相应的项目管理体系和项目管理能力、财务和风险承担能力，以及与发包工程相类似的设计、施工或者工程总承包业绩。

（2）企业投资项目的工程总承包宜采用总价合同，政府投资项目的工程总承包应当合理确定合同价格形式。采用总价合同的，除合同约定可以调整的情形外，合同总价一般不予调整。

建设单位和工程总承包单位可以在合同中约定工程总承包计量规则和计价方法。

（3）工程总承包单位应当设立项目管理机构，设置项目经理，配备相应管理人员，加强设计、采购与施工的协调，完善和优化设计，改进施工方案，实现对工程总承包项目的有效管理控制。

（4）工程总承包单位、工程总承包项目经理依法承担质量终身责任。

（5）工程总承包单位对承包范围内工程的安全生产负总责。分包单位应当服从工程总承包单位的安全生产管理，分包单位不服从管理导致生产安全事故的，由分包单位承担主要责任，分包不免除工程总承包单位的安全责任。

（6）工程总承包单位应当依据合同对工期全面负责，对项目总进度和各阶段的进度进行控制管理，确保工程按期竣工。

12.2 城市道路管理的有关规定

《城市道路管理条例》（由中华人民共和国国务院令第198号发布，经中华人民共和国国务院令第710号第三次修订）。

12.2.1 建设原则

（1）城市供水、排水、燃气、热力、供电、通信、消防等依附于城市道路的各种管线、杆线等设施的建设计划，应当与城市道路发展规划和年度建设计划相协调，坚持先地下、后地上的施工原则，与城市道路同步建设。

（2）依附于城市道路建设的各种管线、杆线等设施，应当经市政工程行政主管部门批准，方可建设。

12.2.2 相关城市道路管理的规定

（1）未经市政工程行政主管部门和公安交通管理部门批准，任何单位或者个人不得占用或者挖掘城市道路。

（2）因特殊情况需要临时占用城市道路的，须经市政工程行政主管部门和公安交通管理部门批准，方可按照规定占用。

经批准临时占用城市道路的，不得损坏城市道路；占用期满后，应当及时清理占用现场，恢复城市道路原状；损坏城市道路的，应当修复或者给予赔偿。

（3）因工程建设需要挖掘城市道路的，应当提交城市规划部门批准签发的文件和有关设计文件，经市政工程行政主管部门和公安交通管理部门批准，方可按照规定挖掘。

（4）埋设在城市道路下的管线发生故障需要紧急抢修的，可以先行破路抢修，并同时通知市政工程行政主管部门和公安交通管理部门，在24h内按照规定补办批准手续。

（5）经批准挖掘城市道路的，应当在施工现场设置明显标志和安全防围设施；竣工后，应当及时清理现场，通知市政工程行政主管部门检查验收。

（6）经批准占用或者挖掘城市道路的，应当按照批准的位置、面积、期限占用或者挖掘。需要移动位置、扩大面积、延长时间的，应当提前办理变更审批手续。

12.3 城镇排水和污水处理管理的有关规定

《城镇排水与污水处理条例》（由中华人民共和国国务院令第641号发布）。

12.3.1 建设原则

（1）国家鼓励城镇污水处理再生利用，工业生产、城市绿化、道路清扫、车辆冲洗、建筑施工以及生态景观等应当优先使用再生水。

（2）除干旱地区外，新区建设应当实行雨水、污水分流；对实行雨水、污水合流的地区，应当按照城镇排水与污水处理规划要求，进行雨水、污水分流改造。雨水、污水分流改造可以结合旧城区改建和道路建设同步进行。

在雨水、污水分流地区，新区建设和旧城区改建不得将雨水管网、污水管网相互混接。

在有条件的地区，应当逐步推进初期雨水收集与处理，合理确定截流倍数，通过设置初期雨水贮存池、建设截流干管等方式，加强对初期雨水的排放调控和污染防治。

（3）城镇排水设施覆盖范围内的排水单位和个人，应当按照国家有关规定将污水排入城镇排水设施。

在雨水、污水分流地区，不得将污水排入雨水管网。

（4）从事工业、建筑、餐饮、医疗等活动的企业事业单位、个体工商户（以下称排水户）向城镇排水设施排放污水的，应当向城镇排水主管部门申请领取污水排入排水管网许可证。城镇排水主管部门应当按照国家有关标准，重点对影响城镇排水与污水处理设施安全运行的事项进行审查。

排水户应当按照污水排入排水管网许可证的要求排放污水。

（5）排水户申请领取污水排入排水管网许可证应当具备下列条件：

① 排放口的设置符合城镇排水与污水处理规划的要求。

② 按照国家有关规定建设相应的预处理设施和水质、水量检测设施。

③ 排放的污水符合国家或者地方规定的有关排放标准。

④ 法律、法规规定的其他条件。

符合本书 12.3.1 中（5）①～④所引用条件的[①]，由城镇排水主管部门核发污水排入排水管网许可证。

12.3.2 相关城镇排水和污水处理管理的规定

（1）设置于机动车道路上的窨井，应当按照国家有关规定进行建设，保证其承载力和稳定性等符合相关要求。排水管网窨井盖应当具备防坠落和防盗窃功能，满足结构强度要求。

（2）从事管网维护、应急排水、井下及有限空间作业的，设施维护运营单位应当安排专门人员进行现场安全管理，设置醒目警示标志，采取有效措施避免人员坠落、车辆陷落，并及时复原窨井盖，确保操作规程的遵守和安全措施的落实。相关特种作业人员应当按照国家有关规定取得相应的资格证书。

（3）在保护范围内，有关单位从事爆破、钻探、打桩、顶进、挖掘、取土等可能

---

① 此句话所指引用内容出自《城镇排水与污水处理条例》（由中华人民共和国国务院令第641号发布）第二十二条。

影响城镇排水与污水处理设施安全的活动的,应当与设施维护运营单位等共同制定设施保护方案,并采取相应的安全防护措施。

(4)禁止向城镇排水与污水处理设施倾倒垃圾、渣土、施工泥浆等废弃物。

(5)新建、改建、扩建工程,不得影响城镇排水与污水处理设施安全。

(6)城镇排水与污水处理设施建设工程竣工后,建设单位应当依法组织竣工验收。竣工验收合格的,方可交付使用,并自竣工验收合格之日起15d内,将竣工验收报告及相关资料报城镇排水主管部门备案。

12.4 城镇燃气管理的有关规定

《城镇燃气管理条例》(由中华人民共和国国务院令第583号发布,经中华人民共和国国务院令第666号修订)。

12.4.1 建设原则

进行新区建设、旧区改造,应当按照城乡规划和燃气发展规划配套建设燃气设施或者预留燃气设施建设用地。

12.4.2 相关城镇燃气管理的规定

(1)在燃气设施保护范围内,禁止从事下列危及燃气设施安全的活动:
① 建设占压地下燃气管线的建筑物、构筑物或者其他设施。
② 进行爆破、取土等作业或者动用明火。
③ 倾倒、排放腐蚀性物质。
④ 放置易燃易爆危险物品或者种植深根植物。
⑤ 其他危及燃气设施安全的活动。

(2)在燃气设施保护范围内,有关单位从事敷设管道、打桩、顶进、挖掘、钻探等可能影响燃气设施安全活动的,应当与燃气经营者共同制定燃气设施保护方案,并采取相应的安全保护措施。

(3)新建、扩建、改建建设工程,不得影响燃气设施安全。

(4)燃气设施建设工程竣工后,建设单位应当依法组织竣工验收,并自竣工验收合格之日起15d内,将竣工验收情况报燃气管理部门备案。

第13章 相 关 标 准

13.1 相关强制性标准的规定

13.1.1 各专业相关强制性规定

1.《城市道路交通工程项目规范》GB 55011—2021有关规定

第13章
看本章精讲课
做本章自测题

（1）路基填筑应按不同性质的土进行分类分层压实；路基高边坡施工应制定专项施工方案。

（2）路面施工应符合下列规定：

① 热拌普通沥青混合料施工环境温度不应低于5℃，热拌改性沥青混合料施工环境温度不应低于10℃。沥青混合料分层摊铺时，应避免层间污染。

② 水泥混凝土路面抗弯拉强度应达到设计强度，并应在填缝完成后开放交通。

（3）当桥梁基础的基坑施工，存在危及施工安全和周围建筑安全风险时，应制定基坑围护设计、施工、监测方案及应急预案。

（4）水中设墩的桥梁汛期施工时，应制定度汛措施及应急预案。

（5）当运输和安装桥梁长大构件影响道路交通安全时，应制定专项施工方案。

（6）隧道施工应根据地质条件、隧道主体结构以及周边环境等因素，针对技术难点和质量安全风险点编制专项施工方案、监测方案和应急预案，并应实施全过程动态管理。

2.《城市给水工程项目规范》GB 55026—2022有关规定

（1）给水管道竣工验收前应进行水压试验。生活饮用水管道运行前应冲洗、消毒，经检验水质合格后，方可并网通水投入运行。

（2）给水管网及与水接触的设备经改造、修复后，以及水质受到污染后，应进行清洗消毒，水质检验合格后，方可投入使用。

3.《城乡排水工程项目规范》GB 55027—2022有关规定

（1）排水工程中管道非开挖施工、跨越或穿越江河等特殊作业应制定专项施工方案。

（2）排水工程的贮水构筑物施工完毕应进行满水试验，试验合格后方可投入运行。

（3）湿陷性黄土、膨胀土和流砂地区雨水管渠及其附属构筑物应经严密性试验合格后方可投入运行。

（4）工程建设施工降水不应排入市政污水管道。

（5）污水管道及其附属构筑物应经严密性试验合格后方可投入运行。

4.《燃气工程项目规范》GB 55009—2021有关规定

（1）埋地输配管道应根据冻土层、路面荷载等条件确定其埋设深度。车行道下输配管道的最小直埋深度不应小于0.9m，人行道及田地下输配管道的最小直埋深度不应小于0.6m。

（2）输配管道安装结束后，必须进行管道清扫、强度试验和严密性试验，并应合格。

（3）输配管道进行强度试验和严密性试验时，所发现的缺陷必须待试验压力降至大气压后方可进行处理，处理后应重新进行试验。

5.《供热工程项目规范》GB 55010—2021有关规定

（1）进入管沟和检查室等有限空间内作业前，应检查有害气体浓度、氧含量和环境温度，确认安全后方可进入。作业应在专人监护条件下进行。

（2）供热管沟内不得有燃气管道穿过。当供热管沟与燃气管道交叉的垂直净距小于300mm时，应采取防止燃气泄漏进入管沟的措施。

（3）供热管道施工前，应核实沿线相关建（构）筑物和地下管线，当受供热管道施工影响时，应制定相应的保护、加固或拆移等专项施工方案，不得影响其他建（构）筑物及地下管线的正常使用功能和结构安全。

（4）供热管道非开挖结构施工时应对邻近的地上、地下建（构）筑物和管线进行沉降监测。

6.《特殊设施工程项目规范》GB 55028—2022有关规定

干线综合管廊、支线综合管廊应采取防止漏水的措施，结构内表面总湿渍面积不应大于总防水面积的1/1000；任意100m^{2}防水面积上的湿渍不应超过两处，且单个湿渍的面积不应大于0.1m^2。

7.《生活垃圾处理处置工程项目规范》GB 55012—2021有关规定

（1）防渗系统铺设和施工应符合下列规定：

① HDPE膜铺设过程中必须进行搭接宽度和焊缝质量控制，并按要求做好焊接和检验记录。

② 防渗系统工程施工完成后，在填埋垃圾前，应对防渗系统进行全面的渗漏检测，并确认合格方可投入使用。

（2）建筑垃圾应按照工程渣土、工程泥浆、工程垃圾、拆除垃圾和装修垃圾等从源头分类收集、分类运输、分类处理处置。

13.1.2 施工质量控制相关强制性规定

1.《建筑与市政地基基础通用规范》GB 55003—2021有关规定

（1）地基基础工程施工应采取措施控制振动、噪声、扬尘、废水、废弃物以及有毒有害物质对工程场地、周边环境和人身健康的危害。

（2）地基基础工程施工前，应编制施工组织设计或专项施工方案，其内容应包括：基础施工技术参数、基础施工工艺流程、基础施工方法、基础施工安全技术措施、应急预案、工程监测要求等。

（3）地基基础工程施工应采取保证工程安全、人身安全、周边环境安全与劳动防护、绿色施工的技术措施与管理措施。

（4）地基基础工程施工应根据设计要求或工程施工安全的需要，对涉及施工安全、周边环境安全，以及可能对人身财产安全造成危害的对象或被保护对象进行工程监测。

（5）桩基工程施工验收检验，应符合下列规定：

① 施工完成后的工程桩应进行竖向承载力检验，承受水平力较大的桩应进行水平

承载力检验，抗拔桩应进行抗拔承载力检验。

② 灌注桩应对孔深、桩径、桩位偏差、桩身完整性进行检验，嵌岩桩应对桩端的岩性进行检验，灌注桩混凝土强度检验的试件应在施工现场随机留取。

③ 混凝土预制桩应对桩位偏差、桩身完整性进行检验。

④ 钢桩应对桩位偏差、断面尺寸、桩长和矢高进行检验。

⑤ 单柱单桩的大直径嵌岩桩，应视岩性检验孔底下3倍桩身直径或5m深度范围内有无溶洞、破碎带或软弱夹层等不良地质条件。

（6）基坑开挖和回填施工，应符合下列规定：

① 基坑土方开挖的顺序应与设计工况相一致，严禁超挖；基坑开挖应分层进行，内支撑结构基坑开挖应均衡进行；基坑开挖不得损坏支护结构、降水设施和工程桩等。

② 基坑周边施工材料、设施或车辆荷载严禁超过设计要求的地面荷载限值。

③ 基坑开挖至坑底标高时，应及时进行坑底封闭，并采取防止水浸、暴露和扰动基底原状土的措施。

④ 基坑回填应排除积水，清除虚土和建筑垃圾，填土应按设计要求选料，分层填筑压实，对称进行，且压实系数应满足设计要求。

（7）挡墙支护施工时应设置排水系统；挡墙的换填地基应分层铺筑、夯实。

（8）喷锚支护施工的坡体泄水孔及截水、排水沟的设置应采取防渗措施。锚杆张拉和锁定合格后，对永久锚杆的锚头应进行密封和防腐处理。

2.《混凝土结构通用规范》GB 55008—2021有关规定

（1）模板拆除、预制构件起吊、预应力筋张拉和放张时，同条件养护的混凝土试件应达到规定强度。

（2）混凝土结构的外观质量不应有严重缺陷及影响结构性能和使用功能的尺寸偏差。

（3）应对涉及混凝土结构安全的代表性部位进行实体质量检验。

（4）模板及支架应根据施工过程中的各种控制工况进行设计，并应满足承载力、刚度和整体稳固性要求。

（5）模板及支架应保证混凝土结构和构件各部分形状、尺寸及位置准确。

（6）钢筋机械连接或焊接连接接头试件应从完成的实体中截取，并应按规定进行性能检验。

（7）混凝土运输、输送、浇筑过程中严禁加水；运输、输送、浇筑过程中散落的混凝土严禁用于结构浇筑。

（8）结构混凝土浇筑应密实，浇筑后应及时进行养护。

（9）大体积混凝土施工应采取混凝土内外温差控制措施。

3.《钢结构通用规范》GB 55006—2021有关规定

（1）构件工厂加工制作应采用机械化与自动化等工业化方式，并应采用信息化管理。

（2）钢结构安装方法和顺序应根据结构特点、施工现场情况等确定，安装时应形成稳固的空间刚度单元。测量、校正时应考虑温度、日照和焊接变形等对结构变形的影响。

（3）钢结构吊装作业必须在起重设备的额定起重量范围内进行。用于吊装的钢丝绳、吊装带、卸扣、吊钩等吊具应经检验合格，并应在其额定许用荷载范围内使用。

4.《建筑与市政工程防水通用规范》GB 55030—2022有关规定

（1）防水施工前应依据设计文件编制防水专项施工方案。

（2）雨天、雪天或5级以上（含5级）大风环境下，不应进行露天防水施工。

（3）防水混凝土施工应符合下列规定：

① 运输与浇筑过程中严禁加水。

② 应及时进行保湿养护，养护期不应少于14d。

③ 后浇带部位的混凝土施工前，交界面应做糙面处理，并应清除积水和杂物。

（4）防水层施工完成后，应采取成品保护措施。

5.《建筑与市政工程抗震通用规范》GB 55002—2021有关规定

（1）结构应按照设计文件施工。施工过程应采取保证施工质量和施工安全的技术措施和管理措施。

（2）城市桥梁结构应采用有效的防坠落措施，且梁端至墩、台帽或盖梁边缘的搭接长度，设防烈度6度时不应小于（400＋0.005L）mm，设防烈度7度及以上时不应小于（700＋0.005L）mm，其中L为梁的计算跨径（单位为mm）。

（3）城镇给水排水和燃气热力工程中，管道穿过建（构）筑物的墙体或基础时，应符合下列规定：

① 在穿管的墙体或基础上应设置套管，穿管与套管之间的间隙应用柔性防腐、防水材料密封。

② 当穿越的管道与墙体或基础嵌固时，应在穿越的管道上就近设置柔性连接装置。

6.《砌体结构通用规范》GB 55007—2021有关规定

（1）砌体结构不应采用非蒸压硅酸盐砖、非蒸压硅酸盐砌块及非蒸压加气混凝土制品。

（2）砌体结构中的钢筋应采用热轧钢筋或余热处理钢筋。

（3）砌体结构中应推广采用以废弃砖瓦、混凝土块、渣土等废弃物为主要材料制作的块体。

（4）砌体挡土墙泄水孔应满足泄排水要求。

7.《建筑与市政工程施工质量控制通用规范》GB 55032—2022有关规定

（1）基坑、基槽、沟槽开挖后，建设单位应会同勘察、设计、施工和监理单位实地验槽，并应会签验槽记录。

（2）隧道工程施工应对线路中线、高程进行检核，隧道的衬砌结构不得侵入建筑限界。

（3）工程施工前应制定工程试验及检测方案，并应经监理单位审核通过后实施。

（4）施工过程质量检测试样，除确定工艺参数可制作模拟试样外，均应从现场相应的施工部位制取。

13.2 技术安全标准
13.2.1 技术标准

1. 城镇道路工程施工与质量验收的有关规定

《城镇道路工程施工与质量验收规范》CJJ 1—2008

工程开工前,施工单位应根据合同文件、设计文件和有关的法规、标准、规范、规程,并根据建设单位提供的施工界域内地下管线等构筑物资料、工程水文地质资料等踏勘施工现场,依据工程特点编制施工组织设计,并按其管理程序进行审批。

与道路同期施工,敷设于城镇道路下的新管线等构筑物,应按先深后浅的原则与道路配合施工。施工中应保护好既有及新建地上杆线、地下管线等构筑物。

单位工程完成后,施工单位应进行自检,并在自检合格的基础上,将竣工资料、自检结果报监理工程师,申请预验收。监理工程师应在预验收合格后报建设单位申请正式验收。建设单位应依照相关规定及时组织相关单位进行工程竣工验收,并应在规定时间内报建设行政主管部门备案。

2. 城市桥梁工程施工与质量验收的有关规定

《城市桥梁工程施工与质量验收规范》CJJ 2—2008

开工前,建设单位应组织设计、勘测单位向施工单位移交现场测量控制桩、水准点,并形成文件。施工单位应结合实际情况,制定施工测量方案,建立测量控制网。

施工单位应根据建设单位提供的资料,组织有关施工技术管理人员对施工现场进行全面、详尽、深入的调查,掌握现场地形、地貌环境条件;掌握水、电、劳动力、设备等资源供应情况。并应核实施工影响范围内的管线、建(构)筑物、河湖、绿化、杆线、文物古迹等情况。

施工单位应根据施工文件的要求,依据国家现行标准的有关规定,做好原材料的检验、水泥混凝土的试配与有关量具、器具的检定工作。

验收后的桥梁工程,应结构坚固、表面平整、色泽均匀、棱角分明、线条直顺、轮廓清晰,满足城市景观要求。

3. 城市轨道交通工程施工及验收的有关规定

1)《地下铁道工程施工标准》GB/T 51310—2018

(1)开工前应按照相关规定进行施工风险评估并制定安全应急预案。

(2)施工单位在施工前应对风险工程进行再分析与评价,并应编制危险性较大的分部或分项工程安全专项施工方案。

2)《地下铁道工程施工质量验收标准》GB/T 50299—2018

(1)盾构机在现场组装完成后,应进行各系统调试和整机联调,调试完成后应进行盾构现场验收并签认现场验收报告,验收合格后方可进行始发施工。

(2)竣工质量验收应符合下列规定:

① 项目工程质量验收中提出的问题应整改完成。

② 应已完成至少 3 个月的空载试运行。

③ 空载试运行过程中发现的问题应整改完成,并应有试运行总结报告。

④ 应完成全部专项验收。

4. 给水排水构筑物施工及验收的有关规定

《给水排水构筑物工程施工及验收规范》GB 50141—2008

（1）给水排水构筑物施工时，应按"先地下后地上、先深后浅"的顺序施工，并应防止各构筑物交叉施工相互干扰。

（2）对建在地表水水体中、岸边及地下水位以下的构筑物，其主体结构宜在枯水期施工；抗渗混凝土宜避开低温及高温季节施工。

5. 城市管道工程施工及验收的有关规定

1)《给水排水管道工程施工及验收规范》GB 50268—2008

（1）施工单位应按照合同文件、设计文件和有关规范、标准要求，根据建设单位提供的施工界域内地下管线等建（构）筑物资料、工程水文地质资料，组织有关施工技术管理人员深入沿线调查，掌握现场实际情况，做好施工准备工作。

（2）所用管节、半成品、构（配）件等在运输、保管和施工过程中，必须采取有效措施防止其损坏、锈蚀或变质。

（3）管道附属设备安装前应对有关设备基础、预埋件、预留孔的位置、高程、尺寸等进行复核。

2)《城镇燃气输配工程施工及验收标准》GB/T 51455—2023

（1）对于受施工影响的建(构)筑物及地下管线等设施，应与有关单位协商制定相应的拆移、保护或加固方案，并应及时实施。

（2）设备、材料等应按产品要求分类储存，堆放应整齐、牢固。

（3）工程施工应按规定进行竣工验收，竣工验收合格且调试正常后，燃气设施方可使用。

（4）对于验收合格后超过半年未投入运行且未进行保压的管道，钢质管道应重新进行吹扫和严密性试验；聚乙烯管道应重新进行严密性试验。

3)《城镇供热管网工程施工及验收规范》CJJ 28—2014

（1）施工前应对工程影响范围内的障碍物进行现场核查，并应逐项查清障碍物构造情况及与拟建工程的相对位置。

（2）对工程施工影响范围内的各种既有设施应采取保护措施，不得影响地下管线及建（构）筑物的正常使用功能和结构安全。

（3）供热管网工程的竣工验收应在单位工程验收和试运行合格后进行。

（4）工程验收后，保修期不应少于两个采暖期。

6. 城市综合管廊工程的有关规定

1)《城市综合管廊工程技术规范》GB 50838—2015

（1）给水、雨水、污水、再生水、天然气、热力、电力、通信等城市工程管线可纳入综合管廊。

（2）城市新区主干路下的管线宜纳入综合管廊，综合管廊应与主干路同步建设。城市老（旧）城区综合管廊建设宜结合地下空间开发、旧城改造、道路改造、地下主要管线改造等项目同步进行。

（3）综合管廊应同步建设消防、供电、照明、监控与报警、通风、排水、标识等设施。

（4）现浇混凝土结构的底板和顶板，应连续浇筑不得留置施工缝。设计有变形缝时，应按变形缝分仓浇筑。

2)《城市地下综合管廊运行维护及安全技术标准》GB 51354—2019

（1）综合管廊应设置安全控制区，安全控制区外边线距主体结构外边线不宜小于15m，采用盾构法施工的综合管廊安全控制区外边线距主体结构外边线不宜小于50m。

（2）在安全控制区内从事深基坑开挖、降水、爆破、桩基施工、地下挖掘、顶进及灌浆作业等可能影响综合管廊安全运行的限制行为，应进行事前安全评估，对涉及的管廊主体及可能影响的管线应进行监测，并采取安全保护控制措施。

13.2.2 安全标准

1. 通用安全规定

《建筑与市政施工现场安全卫生与职业健康通用规范》GB 55034—2022

（1）工程项目应根据工程特点制定各项安全生产管理制度，建立健全安全生产管理体系。

（2）施工现场应合理设置安全生产宣传标语和标牌，标牌设置应牢固可靠。应在主要施工部位、作业层面、危险区域以及主要通道口设置安全警示标识。

（3）施工现场应根据安全事故类型采取防护措施。对存在的安全问题和隐患，应定人、定时间、定措施组织整改。

（4）不得在外电架空线路正下方施工、吊装、搭设作业棚及建造生活设施或堆放构件、架具、材料及其他杂物等。

2. 基坑开挖安全规定

1)《建筑施工土石方工程安全技术规范》JGJ 180—2009

基坑工程应按《建筑基坑支护技术规程》JGJ 120—2012进行设计；必须遵循先设计后施工的原则，应按设计和施工方案要求，分层、分段、均衡开挖。

2)《建筑深基坑工程施工安全技术规范》JGJ 311—2013

（1）建筑深基坑工程施工应根据深基坑工程地质条件、水文地质条件、周边环境保护要求、支护结构类型及使用年限、施工季节等因素，注重地区经验、因地制宜、精心组织，确保安全。建筑深基坑工程施工安全等级划分应根据《建筑地基基础设计规范》GB 50007—2011规定的地基基础设计等级，结合基坑本体安全、工程桩基与地基施工安全、基坑侧壁土层与荷载条件、环境安全等因素确定。

（2）基坑工程设计施工图必须按有关规定通过专家评审，基坑工程施工组织设计必须按有关规定通过专家论证；对施工安全等级为一级的基坑工程，应进行基坑安全监测方案的专家评审。

（3）当基坑施工过程中发现地质情况或环境条件与原地质报告、环境调查报告不符，或环境条件发生变化时，应暂停施工，及时会同相关设计、勘察单位经过补充勘察、设计验算或设计修改后方可恢复施工。对涉及方案选型等重大设计修改的基坑工程，应重新组织评审和论证。

（4）在支护结构未达到设计强度前进行基坑开挖时，严禁在设计预计的滑（破）裂面范围内堆载；临时土石方的堆放应进行包括自身稳定性、邻近建筑物地基承载力、变形、稳定性和基坑稳定性验算。

（5）膨胀土、冻胀土、高灵敏土等场地深基坑工程的施工安全应符合相关规定，湿陷性黄土基坑工程应符合《湿陷性黄土地区建筑基坑工程安全技术规程》JGJ 167—2009 的规定。

3. 脚手架施工安全规定

《施工脚手架通用规范》GB 55023—2022

（1）脚手架应满足承载力设计要求，不应发生影响正常使用的变形，应满足使用要求，并应具有安全防护功能；附着或支承在工程结构上的脚手架，不应使所附着的工程结构或支承脚手架的工程结构受到损害。

（2）脚手架应根据使用功能和环境进行设计。

（3）脚手架搭设和拆除作业前，应根据工程特点编制脚手架专项施工方案，并应经审批后实施。

（4）脚手架搭设和拆除作业前，应将脚手架专项施工方案向施工现场管理人员及作业人员进行安全技术交底。

（5）脚手架使用过程中，不应改变其结构体系。

（6）当脚手架专项施工方案需要修改时，修改后的方案应经审批后实施。

4. 临时用电安全规定

《建筑与市政工程施工现场临时用电安全技术标准》JGJ/T 46—2024

（1）施工现场临时用电工程专用的电源中性点直接接地的 220V/380V 三相四线制低压电力系统，应符合下列规定：

① 应采用三级配电系统。

② 应采用 TN-S 系统。

③ 应采用二级剩余电流动作保护系统。

（2）临时用电工程组织设计编制及变更时，应按照《危险性较大的分部分项工程安全管理规定》（由中华人民共和国住房和城乡建设部令第 37 号发布，经中华人民共和国住房和城乡建设部令第 47 号修正）的要求，履行"编制、审核、审批"程序。变更临时用电工程组织设计时，应补充有关图纸资料。

（3）临时用电工程应经总承包单位和分包单位共同验收，合格后方可使用。

5. 起重吊装安全规定

《建筑施工起重吊装工程安全技术规范》JGJ 276—2012

（1）起重吊装作业前，必须编制吊装作业的专项施工方案并应进行安全技术措施交底；作业中，未经技术负责人批准，不得随意更改。

（2）起重机操作人员、起重信号工、司索工等特种作业人员必须持特种作业资格证书上岗。严禁非起重机驾驶人员驾驶、操作起重机。

（3）大雨、雾、大雪及 6 级以上大风等恶劣天气应停止吊装作业。

（4）自行式起重机工作时的停放位置应按施工方案与沟渠、基坑保持安全距离，且作业时不得停放在斜坡上。作业前应将支腿全部伸出，并应支垫牢固。

6. 施工机械安全规定

《建筑机械使用安全技术规程》JGJ 33—2012

（1）特种设备操作人员应经过专业培训、考核合格取得建设行政主管部门颁发的操作证，并经过安全技术交底后持证上岗。

（2）机械必须按出厂使用说明书规定的技术性能、承载能力和使用条件，正确操作，合理使用，严禁超载、超速作业或任意扩大使用范围。

（3）机械上的各种安全防护和保险装置及各种安全信息装置必须齐全有效。

（4）作业前，必须查明施工场地内明、暗铺设的各类管线等设施，并应采用明显记号标识。严禁在离地下管线、承压管道1m距离以内进行大型机械作业。

（5）地下施工机械选型和功能应满足施工地质条件和环境安全要求。

（6）作业前，应充分了解施工作业周边环境，对邻近建（构）筑物、地下管网等应进行监测，并应制定对建（构）筑物地下管线保护的专项安全技术方案。

7. 消防安全规定

《建设工程施工现场消防安全技术规范》GB 50720—2011

（1）施工单位应建立健全各项消防安全制度，落实消防安全责任制，完善火灾扑救和应急疏散预案，按规定配备消防设施、器材；加强防火安全检查，及时纠正违法、违章行为，发现并消除火灾隐患。

（2）施工现场的消防安全管理应由施工单位负责。实行施工总承包的，由总承包单位负责。分包单位应向总承包单位负责，并应服从总承包单位的管理，同时应承担国家法律、法规规定的消防责任和义务。

（3）施工单位应根据建设项目规模、现场消防安全管理的重点，在施工现场建立消防安全管理组织机构及义务消防组织，并应确定消防安全负责人和消防安全管理人员，同时应落实相关人员的消防安全管理责任。

（4）施工单位应编制施工现场灭火及应急疏散预案。

（5）施工现场用火应符合下列要求：

① 动火作业应办理动火许可证；动火许可证的签发人收到动火申请后，应前往现场查验并确认动火作业的防火措施落实后，再签发动火许可证。

② 动火操作人员应具有相应资格。

③ 焊接、切割、烘烤或加热等动火作业前，应对作业现场的可燃物进行清理；作业现场及其附近无法移走的可燃物应采用不燃材料覆盖或隔离。

④ 施工作业安排时，宜将动火作业安排在使用可燃建筑材料的施工作业前进行。确需在使用可燃建筑材料施工作业之后进行动火作业的，应采取可靠的防火措施。

⑤ 裸露的可燃材料上严禁直接进行动火作业。

⑥ 焊接、切割、烘烤或加热等动火作业应配备灭火器材，并应设置动火监护人进行现场监护，每个动火作业点均应设置一个监护人。

⑦ 动火作业后，应对现场进行检查，动火操作人员应在确认无火灾危险后方可离开。

⑧ 具有火灾、爆炸危险的场所严禁明火。

（6）用于在建工程的保温、防水、装饰及防腐等材料的燃烧性能等级应符合设计要求。

（7）室内使用油漆及其有机溶剂、乙二胺、冷底子油等易挥发产生易燃气体的物资作业时,应保持良好通风,作业场所严禁明火,并应避免产生静电。

8. 安全防护规定

1)《建筑施工作业劳动防护用品配备及使用标准》JGJ 184—2009

(1)从事施工作业的人员必须配备符合国家现行有关标准的劳动防护用品,并应按规定正确使用。

(2)劳动防护用品的配备,应按照"谁用工,谁负责"的原则,由用人单位为作业人员按作业工种配备。

(3)进入施工现场的人员必须佩戴安全帽。作业人员必须戴安全帽、穿工作鞋和工作服;应按作业要求正确使用劳动防护用品。在 2m 及以上的无可靠安全防护设施的高处、悬崖和陡坡作业时,必须系挂安全带。

2)《建筑施工高处作业安全技术规范》JGJ 80—2016

(1)建筑施工中凡涉及临边与洞口作业、攀登与悬空作业操作平台、交叉作业及安全网搭设的,应在施工组织设计或施工方案中制定高处作业安全技术措施。

(2)高处作业施工前,应按类别对安全防护设施进行检查、验收,验收合格后方可进行作业,并应作验收记录。验收可分层或分阶段进行。

(3)高处作业施工前,应对作业人员进行安全技术交底,并应记录。应对初次作业人员进行培训。

(4)应根据要求将各类安全警示标志悬挂于施工现场各相应部位,夜间应设红灯警示。高处作业施工前,应检查高处作业的安全标志、工具、仪表、电气设施和设备,确认其完好后,方可进行施工。

第3篇 市政公用工程项目管理实务

第14章 市政公用工程企业资质与施工组织

14.1 市政公用工程企业资质

14.1.1 设计企业资质

市政公用工程设计企业资质包含工程设计综合资质甲级资质、工程设计行业资质（设有甲级、乙级资质）、工程设计专业资质（设有甲级、乙级资质）。

业务范围

1）工程设计综合甲级资质

具有工程设计综合资质的企业，可承担各行业建设工程项目的设计业务，其规模不受限制；在承担工程项目设计时，须满足与工程项目对应的设计类型对专业技术人员配置的要求。

2）工程设计行业资质

（1）甲级资质可承担市政公用工程行业建设工程项目主体工程及其配套工程的设计业务，其规模不受限制。

（2）乙级资质可承担市政公用工程行业中、小型建设工程项目的主体工程及其配套工程的设计业务。

3）工程设计专业资质

（1）甲级资质可承担市政公用工程本专业建设工程项目主体工程及其配套工程的设计业务，其规模不受限制。

（2）乙级资质可承担市政公用工程本专业中、小型建设工程项目的主体工程及其配套工程的设计业务。

14.1.2 施工企业资质

本条主要介绍市政公用工程施工总承包资质的分类标准以及承接工程范围。市政公用工程施工总承包企业资质分为特级、一级、二级。

1. 施工企业资质标准（见表14.1-1）

2. 承包工程范围

（1）特级资质可承担本类别各等级工程施工总承包、设计及开展工程总承包和项目管理业务。

（2）一级资质可承担除要求特级资质以外各类市政公用工程的施工。

（3）二级资质可承担下列市政公用工程的施工：

① 各类城市道路；单跨 45m 以下的城市桥梁。

表 14.1-1 施工企业资质标准

特级资质标准			
企业资信能力	企业主要管理人员和专业技术人员要求	代表工程业绩（近十年承担过下列 7 项中的 4 项市政公用工程的施工总承包或主体工程承包，工程质量合格）	科技进步水平
特级资质	企业注册资本金 3 亿元以上、企业净资产 3.6 亿元以上、企业近三年上缴建筑业营业税均在 5000 万元以上、企业银行授信额度近三年均在 5 亿元以上	（1）法定代表人。 （2）企业经理具有 10 年以上从事工程管理工作经历。 （3）技术负责人具有 15 年以上从事工程技术管理工作经历，且具有工程序列高级职称及一级注册建造师或注册工程师执业资格，主持完成过两项及以上施工总承包一级资质要求的代表工程的技术工作或甲级设计资质要求的代表工程或合同额 2 亿元以上的工程总包项目： ① 累计修建城市主干道 25km 以上；或累计修建城市次干道以上道路面积 150 万 m² 以上；或累计修建城市广场硬质铺装面积 10 万 m² 以上。 ② 累计修建城市桥梁面积 10 万 m² 以上；或累计修建单跨 40m 以上的城市桥梁 3 座。 ③ 累计修建直径 1m 以上的排水管道（含净宽 1m 以上方沟）工程 20km 以上；或累计修建直径 0.6m 以上供水、中水管道工程 20km 以上；或累计修建直径 0.3m 以上的中压燃气管道工程 20km 以上；或累计修建直径 0.5m 以上的热力管道工程 20km 以上。 ④ 修建 8 万 t/d 以上的污水处理厂或 10 万 t/d 以上的供水厂工程两项；或修建 20 万 t/d 以上的给水泵站、10 万 t/d 以上的排水泵站 4 座。 ⑤ 修建 500t/d 以上的城市生活垃圾处理工程两项。 ⑥ 累计修建断面 20m² 以上的城市隧道工程 3km 以上。 ⑦ 单项合同额 3000 万元以上的市政综合工程项目两项。 （4）财务负责人具有高级会计师职称及注册会计师资格。 （5）企业具有注册一级建造师（一级项目经理）50 人以上，市政公用工程专业一级注册建造师不少于 12 人。 （6）企业具有本类别相关的行业工程设计甲级资质标准要求的专业技术人员	（1）累计修建城市道路（含城市主干道、城市快速路、城市环路，不含城际公路）长度 30km 以上；或累计修建城市道路面积 200 万 m² 以上。 （2）累计修建直径 1m 以上的供水、排水、中水管道（含净宽 1m 以上方沟）工程 30km 以上，或累计修建直径 0.3m 以上的中、高压燃气管道 30km 以上，或累计修建直径 0.5m 以上的热力管道工程 30km 以上。 （3）累计修建内径 5m 以上地铁隧道工程 5km 以上，或累计修建地下交通工程 3 万 m² 以上，或修建合同额 6000 万元以上的地铁车站工程 3 项以上。 （4）累计修建城市桥梁工程的桥梁面积 15 万 m² 以上；或累计修建单跨 40m 以上的城市桥梁 5 座以上。 （5）修建日处理 30 万 t 以上的污水处理厂工程 3 座以上，或日供水 50 万 t 以上的供水厂工程两座以上。 （6）修建合同额 5000 万元以上的城市生活垃圾处理工程 3 项以上。 （7）合同额 8000 万元以上的市政综合工程（含城市道路、桥梁，及供水、排水、中水、燃气、热力、电力、通信等管线）总承包项目 5 项以上，或合同额为 2000 万美元以上的国（境）外市政公用工程项目 1 项以上	（1）企业具有省部级及以上的企业技术中心。 （2）企业近三年科技活动经费支出平均达到营业额的 0.5% 以上。 （3）企业具有国家级工法 3 项以上；近五年具有与工程建设相关的，能够推动企业技术进步的专利 3 项以上，累计有效专利 8 项以上，其中至少有一项发明专利。 （4）企业近十年获得过国家级科技进步奖项或主编过工程建设国家或行业标准。 （5）企业已建立内部局域网或管理信息平台，实现了内部办公、信息发布、数据交换的网络化；已建立并开通了企业外部网站；使用了综合项目管理信息系统和人事管理系统、工程设计相关软件，实现了档案管理和设计文档管理

第14章 市政公用工程企业资质与施工组织　411

续表

一级、二级资质标准				
	净资产要求	主要人员要求	业绩要求	技术装备要求
一级资质	1亿元以上	（1）市政公用工程专业一级注册建造师不少于12人。 （2）技术负责人具有10年以上从事工程施工技术管理工作经历，且具有市政工程相关专业高级职称；市政工程相关专业中级以上职称人员不少于30人，且专业齐全（注：市政工程相关专业职称包括道路与桥梁、给水排水、结构、机电、燃气等专业职称）。 （3）经考核或培训合格的中级工以上技术工人不少于150人	企业工程业绩要求近十年承担过下列7类工程中的4类工程的施工，其中至少有第1类所列工程，工程质量合格。 （1）累计修建城市主干道25km以上；或累计修建城市次干道以上道路面积150万m^2以上；或累计修建城市广场硬质铺装面积10万m^2以上。 （2）累计修建城市桥梁面积10万m^2以上；或累计修建单跨40m以上的城市桥梁3座。 （3）累计修建直径1m以上的排水管道（含净宽1m以上方沟）工程20km以上；或累计修建直径0.6m以上供水、中水管道工程20km以上；或累计修建直径0.3m以上的中压燃气管道工程20km以上；或累计修建直径0.5m以上的热力管道工程20km以上。 （4）修建8万t/d以上的污水处理厂或10万t/d以上的供水厂工程两项；或修建20万t/d以上的给水泵站、10万t/d以上的排水泵站4座。 （5）修建500t/d以上的城市生活垃圾处理工程两项。 （6）累计修建断面20m^2以上的城市隧道工程3km以上。 （7）单项合同额3000万元以上的市政综合工程项目两项	技术装备要求具有下列3项中的两项机械设备： （1）摊铺宽度8m以上沥青混凝土摊铺设备两台。 （2）100kW以上平地机两台。 （3）直径1.2m以上顶管设备两台
二级资质	4000万元以上	（1）市政公用工程专业注册建造师不少于5人。 （2）技术负责人具有8年以上从事工程施工技术管理工作的经历，且具有市政工程相关专业高级职称或市政公用工程一级注册建造师执业资格；市政工程相关专业中级以上职称人员不少于8人，且专业齐全。	企业工程业绩要求近十年承担过下列7类中的4类工程的施工，其中至少有第1类所列工程，工程质量合格。 （1）累计修建城市道路10km以上；或累计修建城市道路面积50万m^2以上。 （2）累计修建城市桥梁面积5万m^2以上；或修建单跨20m以上的城市桥梁两座。	—

续表

一级、二级资质标准			
	净资产要求	主要人员要求	业绩要求	技术装备要求
二级资质	4000万元以上	（3）经考核或培训合格的中级工以上技术工人不少于30人。 （4）技术负责人（或注册建造师）主持完成过本类别资质二级以上标准要求的工程业绩不少于两项	（3）累计修建排水管道工程10km以上；或累计修建供水、中水管道工程10km以上；或累计修建燃气管道工程10km以上；或累计修建热力管道工程10km以上。 （4）修建4万t/d以上的污水处理厂或5万t/d以上的供水厂工程两项；或修建5万t/d以上的给水泵站、排水泵站4座。 （5）修建200t/d以上的城市生活垃圾处理工程两项。 （6）累计修建城市隧道工程1.5km以上。 （7）单项合同额2000万元以上的市政综合工程项目两项	—

② 15万t/d以下的供水工程；10万t/d以下的污水处理工程；25万t/d以下的给水泵站、15万t/d以下的污水泵站、雨水泵站；各类给水排水及中水管道工程。

③ 中压以下燃气管道、调压站；供热面积150万 m^2 以下热力工程和各类热力管道工程。

④ 各类城市生活垃圾处理工程。

⑤ 断面 $25m^2$ 以下隧道工程和地下交通工程。

⑥ 各类城市广场、地面停车场硬质铺装。

⑦ 单项合同额4000万元以下的市政综合工程。

3. 压力管道资质

压力管道主要分为4个大类，其中包括：GA类（长输管道）、GB类（公用管道）、GC类（工业管道）、GD类（动力管道）。

市政工程燃气和热力管道施工需要具备GB类压力管道资质。GB类公用管道是指城市或乡镇范围内的用于公用事业或民用的燃气管道和热力管道，划分为GB1级和GB2级。其中GB1级是指城镇燃气管道，GB2级是指城镇热力管道。

4. 专业承包资质

《建筑业企业资质标准》（建市〔2014〕159号）中明确将建筑企业资质分为三个序列：施工总承包资质（12项）、专业承包资质（36项）、劳务分包资质（不分等级），与市政工程相关的专业承包资质主要有：

（1）地基基础工程专业承包企业资质。

（2）起重设备安装工程专业承包企业资质。

（3）预拌混凝土专业承包企业资质。

（4）电子与智能化工程专业承包企业资质。

(5)消防设施工程专业承包企业资质。
(6)防水防腐保温工程专业承包企业资质。
(7)桥梁工程专业承包企业资质。
(8)隧道工程专业承包企业资质。
(9)钢结构工程专业承包企业资质。
(10)模板脚手架专业承包企业资质。
(11)城市及道路照明工程专业承包企业资质。

14.2 施工项目管理机构

14.2.1 工程总承包项目管理机构

1. 工程总承包项目一般管理规定

(1)工程总承包企业应建立与工程总承包项目相适应的项目管理组织,并行使项目管理职能,实行项目经理负责制。

(2)工程总承包企业宜采用项目管理目标责任书的形式,并明确项目目标和项目经理的职责、权限和利益。

(3)工程总承包企业应在工程总承包合同生效后,任命项目经理,并由工程总承包企业法定代表人签发书面授权委托书。

(4)项目经理应根据工程总承包企业法定代表人授权的范围、时间和项目管理目标责任书中规定的内容,对工程总承包项目,从项目启动到项目收尾,实行全过程管理。

(5)工程总承包企业承担建设项目工程总承包时,宜采用矩阵式管理。项目部应由项目经理领导,并接受工程总承包企业职能部门指导、监督、检查和考核。

(6)项目部在项目收尾完成后应由工程总承包企业批准解散。

2. 工程总承包项目管理机构设置

根据工程总承包合同范围和工程总承包企业的有关管理规定,项目部可在项目经理以下设置前期策划部、工程部、设计部、采购部、技术质量部、HSE 管理部(职业健康、安全、环境管理部)、商务管理部、计划合同控制部、财务部、信息文控部、综合管理部等职能部门以及策划经理、控制经理、施工经理、设计经理、采购经理、质量经理、安全经理、商务经理、计划合同控制经理、财务经理等职能经理管理岗位。根据项目具体情况,相关岗位可进行调整。工程总承包项目管理机构组织架构如图 14.2-1 所示。

3. 工程总承包项目部主要岗位职责

项目部的岗位设置,需满足项目需要,并明确各岗位的职责、权限和考核标准。项目部主要岗位的职责需符合下列要求:

1)项目经理

项目经理是工程总承包项目的负责人,经授权代表工程总承包企业负责履行项目合同,负责项目的计划、组织、领导和控制,对项目的质量、安全、费用、进度等负责。

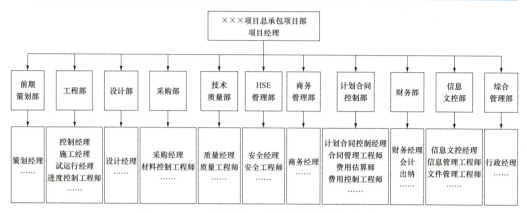

图 14.2-1　工程总承包项目管理机构组织架构图

2）控制经理

根据合同要求，协助项目经理制定项目总进度计划及费用管理计划。协调其他职能经理组织编制设计、采购、施工和试运行的进度计划。对项目的进度、费用以及设备、材料进行综合管理和控制，并指导和管理项目控制专业人员的工作，审查相关输出文件。

3）设计经理

根据合同要求，执行项目设计执行计划，负责组织、指导和协调项目的设计工作，按合同要求组织开展设计工作，对工程设计进度、质量、费用和安全等进行管理与控制。

4）施工经理

根据合同要求，执行项目施工执行计划，负责项目的施工管理，对施工质量、安全、费用和进度进行监控。负责对项目分包人的协调、监督和管理工作。

5）财务经理

负责项目的财务管理和会计核算工作。

6）质量经理

负责组织建立项目质量管理体系，并保证有效运行。

7）安全经理

负责组织建立项目职业健康安全管理体系和环境管理体系，并保证有效运行。

8）商务经理

协助项目经理，负责组织项目合同的签订和项目合同管理。

14.2.2　施工总承包项目管理机构

1. 施工总承包项目管理机构的组成

项目部在项目经理的领导下，作为施工项目的管理机构，全面负责本项目施工全过程的技术管理、施工成本管理、施工质量管理、施工安全管理、施工进度管理、文明施工等工作。

项目管理机构主要包含：项目经理、项目副经理、项目总工程师、项目总经济师、项目安全总监、技术质量部、工程管理部、经营管理部、物资设备部、安全保卫部、综合办公室等，根据项目具体情况，相关部门可进行调整。施工总承包项目管理机构组织架构如图 14.2-2 所示。

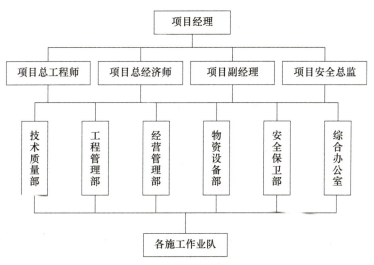

图 14.2-2　施工总承包项目管理机构组织架构图

2. 施工总承包项目主要管理人员职责

1）项目经理职责

（1）项目经理是施工企业法人的代理人，代表企业对工程项目全面负责。

（2）项目经理是项目质量与安全生产第一责任人，对项目的安全生产工作负全面责任。

（3）遵守国家和地方政府的政策、法规，执行有关规章制度和上级指令，代表企业履行与业主签订的工程承包合同。

（4）组织和调配精干高效的项目管理团队，确定项目部各管理人员、班组长及作业人员的岗位职责和权限。

（5）组织制定切实可行的施工组织设计及专项施工方案，建立项目成本、进度、质量、安全、文明施工保证体系，主持制定项目总体进度计划和季、月度施工进度计划。

（6）组织制定项目费用开支计划，审批项目财务开支。

（7）建立项目安全生产责任制，与项目管理人员签订安全生产责任书，组织对项目管理人员的安全生产责任考核。

（8）组织并参加施工现场定期的质量、安全生产检查，发现施工生产中的质量、安全问题，组织制定措施，及时解决。

（9）负责安全生产措施费用的足额投入，有效实施。

（10）组织应急预案的编制、评审及演练。

（11）发生质量安全事故，要做好现场保护与抢救工作，及时上报，配合事故的调查和处理，认真落实制定的防范措施，吸取事故教训。

2）项目副经理职责

（1）组织项目施工生产，对项目的安全生产负主要领导责任。

（2）参加本项目安全生产计划的编制工作，并组织实施。

（3）协助项目经理组织制定本项目的安全生产管理制度。

（4）配合项目经理组织安全生产检查，对发现的问题落实整改。

（5）参加安全生产周例会，组织安全生产日例会。

（6）组织工人月度安全教育、季节性安全教育、节假日安全教育等。

（7）协助项目经理保证安全生产措施费的足额投入，做到专款专用，优先保证现场安全防护和安全隐患整改的资金及时到位。

3）项目总工程师职责

（1）认真贯彻执行国家有关技术标准、规范、规程及上级技术管理制度，对项目施工技术工作全面负责。

（2）负责现场技术人员的管理工作。组织技术人员学习、熟知合同文件和施工图纸。

（3）负责组织编制施工组织设计、方案。

（4）对项目工程生产中的安全生产负技术领导责任。

（5）贯彻落实安全生产方针、政策，严格执行安全技术规程、规范和标准。结合项目工程特点，主持项目工程的安全技术交底。

（6）参与对危险性较大分部分项工程的验收。

（7）负责组织编制项目竣工文件、施工技术总结，做好项目竣工验收的相关工作。

（8）指导施工技术人员严格按设计图纸、施工规范、操作规程组织施工，并进行质量、安全、进度控制。

（9）负责项目质量管理工作和工程质量创优计划的制定，并组织实施，负责技术质量事故的调查和处理，并及时报告。

（10）负责推广工程项目"四新技术"应用。

4）项目安全总监职责

（1）认真贯彻《建设工程安全生产管理条例》（由中华人民共和国国务院令第393号发布）及有关安全技术劳动保护法规。对项目的安全生产、职业健康监督工作负领导责任。

（2）协助项目经理建立健全环境、职业健康安全保证体系和监督管理体系。

（3）负责审定项目环境、职业健康安全费用投入计划，监督环境、职业健康安全费用投入的有效实施。

（4）参与制定项目安全生产管理制度和安全生产操作规程，编制生产安全事故应急救援预案及演练计划，并参加演练。

（5）参加各类安全交底、验收、危险作业审批及安全生产例会。

（6）参加安全生产和职业健康检查，组织日巡查，督促隐患整改。对存在重大安全隐患的分部分项工程，有下达停工整改的权力，并有直接向上级单位报告的权力。

（7）组织作业人员进场安全教育，监督特种作业人员持证上岗，组织开展班前、班后及日常安全教育活动。

（8）发生事故应立即向项目经理、公司安全总监报告，并立即参与抢险。

5）项目总经济师职责

（1）在项目经理领导下，完成项目的各项经营管理工作。

（2）负责贯彻、落实公司的相关管理办法，组织项目经营人员培训工作。

（3）负责项目成本管理，组织编制施工预算和落实成本控制措施，组织成本核算和分析总结。

（4）负责施工队伍选择、管理及评价工作，协调、处理生产经营合同经济纠纷。

（5）负责变更索赔相关工作；组织工程计量与支付、工程结算等工作。

（6）负责项目合同管理，对施工合同、分包合同、设备租赁合同、材料采购合同及其他类合同全过程监管。

14.3　施工组织设计

14.3.1　施工组织设计编制与管理

市政公用工程施工组织设计，是市政公用工程项目在投标、施工阶段必须提交的技术文件。是以市政工程项目为编制对象并用以指导施工的技术、经济和管理的综合性文件。

1. 施工组织设计的编制

1）施工组织设计的编制原则

（1）符合施工合同有关工程进度、质量、安全、环境保护及文明施工等方面的要求。

（2）优化施工方案，达到合理的技术经济指标，并具有先进性和可实施性。

（3）结合工程特点推广应用新技术、新工艺、新材料、新设备。

（4）推广应用绿色施工技术，实现节能、节地、节水、节材和环境保护。

（5）市政公用工程项目的施工组织设计是市政公用工程施工项目管理的重要内容，应经现场踏勘、调研，且在施工前编制。大中型市政公用工程项目还应编制分部、分阶段的施工组织设计。

（6）施工组织设计应由项目负责人主持编制，且必须经企业技术负责人批准，并加盖企业公章后方可实施，有变更时要及时办理变更审批。

（7）施工组织设计中关于工期、进度、人员、材料设备的调度，施工工艺的水平以及采用的各项技术安全措施等项的设计将直接影响工程的顺利实施和工程成本。要想保证工程施工顺利进行，工程质量达到预期目标，降低工程成本，使企业获得应有的利润，施工组织设计就必须做到科学合理、技术先进、费用经济。

2）施工组织设计的编制依据

（1）与工程建设有关的法律、法规、规章和规范性文件。

（2）国家现行标准和技术经济指标。

（3）工程施工合同文件。

（4）工程设计文件。

（5）地域条件和工程特点，工程施工范围内及周边的现场条件，气象、工程地质及水文地质等自然条件。

（6）与工程有关的资源供应情况。

（7）企业的生产能力、施工机具状况、经济技术水平等。

3) 施工组织设计应包括的内容

工程概况、施工总体部署、施工现场平面布置、施工准备、施工技术方案、主要施工保证措施等基本内容。

4) 施工组织设计编制程序

（1）掌握设计意图和确认现场条件

编制施工组织设计应在现场踏勘、调研基础上，做好设计交底和图纸会审等技术准备工作后进行。

（2）计算工程量和计划施工进度

根据合同和定额资料，采用工程量清单中的工程量，准确计算劳动力和资源需要量；按照工期要求、工作面的情况、工程结构对分层分段的影响以及其他因素，决定劳动力和机械设备的具体需要量以及各工序的作业时间，合理组织分层分段流水作业，编制网络计划安排施工进度。

（3）确定施工技术方案

按照进度计划，需要研究确定主要分部、分项工程的施工方法（工艺）和施工机械设备的选择，制定整个单位工程的施工流程，具体安排施工顺序和划分流水作业段，设置围挡和疏导交通。

（4）计算各种资源的需要量和确定供应计划

依据采用的劳动定额和工程量及进度计划确定劳动量（以工日为单位）和每日的工人需要量。依据有关定额和工程量及进度计划，来计算确定材料和预制品的主要种类与数量及供应计划。

（5）平衡劳动力、材料物资和施工机械的需要量并修正进度计划

根据对劳动力和材料物资的计算可以绘制出相应的曲线以检查其平衡状况。如果发现有过大的高峰或低谷，即应将进度计划作适当调整与修改，使其尽可能趋于平衡，以便使劳动力的利用和物资的供应更为合理。

（6）绘制施工平面布置图

设计施工平面布置图，应使生产要素在空间上的位置合理、互不干扰，以便加快施工速度。

（7）确定施工质量保证体系和组织保证措施

建立质量保证体系和控制流程，制定质量管理制度及岗位责任制；落实质量管理组织机构，明确质量责任。确定重点、难点及技术复杂的分部、分项工程质量控制点和控制措施。

（8）确定施工安全保证体系和组织保证措施

建立安全施工组织，制定施工安全制度及岗位责任制、消防保卫措施、不安全因素监控措施、安全生产教育措施、安全技术措施。

（9）确定施工环境保护体系和组织保证措施

建立环境保护、文明施工的组织及责任制，针对环境要求和作业时限，制定落实技术措施。

（10）其他有关方面措施

视工程具体情况制定与各协作单位配合完成服务承诺、成品保护及工程交验后服

务等措施。

2. 施工组织设计的主要内容

1）工程概况

工程概况应包括工程主要情况及现场施工条件等内容。

（1）工程主要情况包括工程地理位置、承包范围、各专业工程结构形式、主要工程量、合同要求等。

（2）现场施工条件应包括下列内容：

① 气象、工程地质和水文地质状况。

② 影响施工的建（构）筑物情况。

③ 周边主要单位（居民区）、交通道路及交通情况。

④ 可利用的资源分布等其他应说明的情况。

2）施工总体部署

施工总体部署应包括主要工程目标、总体组织安排、总体施工安排、施工进度计划及总体资源配置等。

（1）主要工程目标应包括安全、质量、进度和环境保护等目标。

（2）总体组织安排应确定项目经理部的组织机构及管理层级，明确各层级的责任分工，宜采用框图的形式辅助说明。

（3）总体施工安排应根据工程特点，确定施工顺序、空间组织，并对施工作业的衔接进行总体安排。

（4）划分施工阶段，确定施工进度计划及施工进度关键节点。施工进度计划宜采用网络图或横道图及进度计划表等形式编制，并附必要说明。

（5）总体资源配置应确定主要资源配置计划，主要资源配置计划包括下列内容：

① 确定总用工量、各工种用工量及工程施工过程各阶段的各工种劳动力投入计划。

② 确定主要施工材料、构配件和机械设备进场计划，并明确规格、数量、进场时间等。

③ 确定主要施工机具进场计划，并明确型号、数量、进出场时间等。

（6）确定专业工程分包的施工安排。

3）施工现场平面布置

（1）施工现场平面布置应符合下列原则：

① 占地面积少，平面布置合理。

② 总体策划满足工程分阶段管理需要。

③ 充分利用既有道路、建（构）筑物，降低临时设施费用。

④ 符合安全、消防、文明施工、环境保护及水土保持等相关要求。

⑤ 符合当地主管部门、建设单位及其他部门的相关规定。

（2）施工现场平面布置安排应包括下列内容：

① 生产区、生活区、办公区等各类设施建设方式及动态布置安排。

② 确定临时便道、便桥的位置及结构形式，并对现场交通组织形式进行简要说明。

③ 根据工程量和总体施工安排，确定加工厂、材料堆放场、拌合站、机械停放场等辅助施工生产区域并说明位置、面积及结构形式和运输路径。

④ 确定施工现场临时用水、临时用电布置安排，并进行相应的计算和说明。

⑤ 确定现场消防设施的配置并进行简要说明。

（3）依据工程项目施工影响范围内的地形、地貌、地物及拟建工程主体等，绘制施工现场总平面布置图。

4）施工准备

（1）施工准备应根据施工总体部署确定。

（2）施工准备应包括技术准备、现场准备、资金准备等：

① 技术准备包括技术资料准备及工程测量方案等。

② 现场准备包括现场生产、生活、办公等临时设施的安排与计划。

③ 资金准备包括资金使用计划及筹资计划等，并结合图表形式辅助说明。

5）施工技术方案

（1）各专业工程应通过技术、经济比较编制施工技术方案。

（2）施工技术方案应包括施工工艺流程及施工方法，并满足下列要求：

① 结合工程特点、现行标准、工程图纸和现有的资源，明确施工起点、流向和施工顺序，确定各分部（分项）工程施工工艺流程，宜采用流程图的形式表示。

② 确定各分部（分项）工程的施工方法，并结合工程图表形式等进行辅助说明。

6）主要施工保证措施

应根据工程特点编写主要施工保证措施，并可根据工程特点和复杂程度对季节性施工保证措施、交通组织措施、成本控制措施、建（构）筑物及文物保护措施等加以取舍。

（1）进度保证措施

进度保证措施应包括管理措施、技术措施等。

① 管理措施应包括下列内容：

a. 资源保证措施。

b. 资金保障措施。

c. 沟通协调措施等。

② 技术措施应包括下列内容：

a. 分析影响施工进度的关键工作，制定关键节点控制措施。

b. 充分考虑影响进度的各种因素，进行动态管理，制定必要的纠偏措施。

（2）质量保证措施

质量保证措施应包括管理措施、技术措施等。

① 管理措施应包括下列内容：

a. 建立质量管理组织机构，明确职责和权限。

b. 建立质量管理制度。

c. 制定对资源供方及分包人的质量管理措施等。

② 技术措施应包括下列内容：

a. 施工测量误差控制措施。

b. 建筑材料、构配件和设备、施工机具、成品（半成品）进场检验措施。
c. 重点部位及关键工序的保证措施。
d. 建筑材料、构配件和设备、成品（半成品）保护措施。
e. 质量通病预防和控制措施。
f. 工程检测保证措施。

（3）安全管理措施

① 根据工程特点，项目经理部应建立安全施工管理组织机构，明确职责和权限。

② 应根据工程特点建立安全施工管理制度。

③ 应根据危险源辨识和评价的结果，按工程内容和岗位职责对安全目标进行分解，并制定必要的控制措施。

④ 应根据工程特点和施工方法编制专项施工方案目录及需要专家论证的专项施工方案目录。

⑤ 确定安全施工管理资源配置计划。

（4）绿色施工及环境保护措施

① 根据工程特点，建立绿色施工及环境保护管理组织机构，明确职责和权限。

② 建立绿色施工及环境保护检查制度。

③ 绿色施工措施主要包括"四节一环保"相关内容：

a. 节材与材料利用。
b. 节水与水资源利用。
c. 节能与能源利用。
d. 节地与土地资源利用。
e. 施工现场环境保护：扬尘控制措施、有害气体排放控制措施、水土污染控制措施、噪声污染控制措施、光污染控制措施、建筑垃圾控制措施等。

④ 施工现场文明施工管理措施应包括下列内容：

a. 封闭管理措施。
b. 办公、生活、生产、辅助设施等临时设施管理措施。
c. 施工机具管理措施。
d. 建筑材料、构配件和设备管理措施。
e. 卫生管理措施。
f. 便民措施等。

⑤ 确定环境保护及文明施工资源配置计划。

（5）成本控制措施

① 应建立成本控制体系，对成本控制目标进行分解。

② 应根据工程规模和特点进行技术经济分析并制定管理和技术措施，控制人工费、材料费、机械费、管理费等成本。

（6）季节性施工保证措施

① 依据当地气候、水文地质和工程地质条件、施工进度计划等，制定雨期、低（高）温及其他季节性施工保证措施。

② 针对雨期对分部（分项）工程施工的影响，应制定雨期施工保证措施，并编制

施工资源配置计划。

③ 针对低（高）温对分部（分项）工程施工的影响，应制定低（高）温施工保证措施，并编制施工资源配置计划。

④ 制定其他季节性施工保证措施。

（7）交通组织措施

应针对施工作业区域特点及周边交通情况编制交通组织措施。交通组织措施应包括交通现状情况、交通组织安排等。交通现状情况应包括施工作业区域内及周边的主要道路、交通流量及其他影响因素。交通组织安排应包括下列内容：

① 依据总体施工安排划分交通组织实施阶段，并确定各实施阶段的交通组织形式及人员配置。绘制各实施阶段交通组织平面示意图，交通组织平面示意图应包括下列内容：

a. 施工作业区域内及周边的现状道路。

b. 围挡布置、施工临时便道及便桥设置。

c. 车辆及行人通行路线。

d. 现场临时交通标志、交通设施的设置。

e. 图例及说明。

f. 其他应说明的相关内容。

② 确定施工作业影响范围内的主要交通路口及重点区域的交通疏导方式，并绘制交通疏导示意图，交通疏导示意图应包括下列内容：

a. 车辆及行人通行路线。

b. 围挡布置及施工区域出入口设置。

c. 现场临时交通标志，交通设施的设置。

d. 图例及说明。

e. 其他应说明的相关内容。

③ 有通航要求的工程，应制定通航保障措施。

（8）建（构）筑物及文物保护措施

① 应对施工影响范围内的建（构）筑物及地表文物进行调查。调查情况宜采用文字、表格或平面布置图等形式说明。

② 分析工程施工作业对施工影响范围内建（构）筑物的影响，并制定保护、监测和管理措施。

③ 应制定建（构）筑物发生意外情况时的应急处理措施。

④ 针对施工过程中发现的文物制定现场保护措施。

（9）应急措施

① 应急措施应针对施工过程中可能发生事故的紧急情况编制。

② 应急措施应包括下列内容：

a. 建立应急救援组织机构，组建应急救援队伍，并明确职责和权限。

b. 分析评价事故可能发生的地点和可能造成的后果，制定事故应急处置程序、现场应急处置措施及定期演练计划。

c. 应急物资和装备保障。

3. 施工组织设计的管理

1) 施工组织设计的编制与管理

由项目负责人主持编制，项目技术负责人参与编制，并负责对施工组织设计的编制、审批、实施等环节进行管理。

2) 施工组织设计的审批

（1）施工组织设计可根据需要分阶段审批。

（2）施工组织设计应经项目负责人审核，经施工单位技术负责人审批并加盖企业公章。

3) 施工组织设计的动态管理

（1）施工作业过程中发生下列情况之一时，施工组织设计应及时修改或补充：

① 工程设计有重大变更。
② 有关法律、法规、规范和标准实施、修订和废止。
③ 主要施工方法有重大调整。
④ 主要施工资源配置有重大调整。
⑤ 施工环境有重大改变。

（2）经修改或补充的施工组织设计应按审批权限重新履行审批程序。

（3）项目施工前应进行施工组织设计逐级交底。

（4）具备条件的施工企业可采用信息化手段对施工组织设计进行动态管理。

4) 施工组织设计交底

（1）施工组织设计经审批后，由施工单位项目负责人组织进行交底，项目技术负责人对其中的施工技术方案、新技术应用和重要部位技术措施等进行交底。项目部相关管理人员、专业分包单位施工主要管理人员均应接受交底，交底应形成记录。

（2）施工组织设计变更须经原审批部门批准，批准后项目技术负责人应对变更内容交底。

【案例 14.3-1】

1. 背景

甲公司中标某市地铁工程，并签订了施工承包合同。该合同标段主要包括 1.2km 双向平行区间隧道 C_1 和 C_2；隧道上方有 1800mm 污水干管各一条，管顶埋深约 6m。为确保工期，甲公司决定将 C_1、C_2 两条隧道工程分别分包给乙公司和丙公司，并签订了两个分包合同。

施工前，甲公司批准了由项目部组织乙、丙两公司分别编制 C_1、C_2 隧道的施工组织设计、安全质量保证措施等，并组织施工。施工过程中 C_1 隧道顶部发生围岩坍塌，导致隧道上方的污水管折断，污水冲刷加重了隧道塌方。

2. 问题

（1）甲公司将隧道工程分包给乙、丙公司的做法对吗？为什么？

（2）项目部组织乙、丙公司编制施工组织设计、安全质量保证措施存在什么问题？

（3）甲公司应对塌方事故负有什么责任？

3. 参考答案

（1）甲公司将隧道 C_1、C_2 分包出去的做法是错的。工程主体结构的施工必须由总承包单位自行完成。

（2）项目部组织乙、丙两公司分别编制 C_1、C_2 隧道的施工组织设计和安全质量保证措施违反了《市政工程施工组织设计规范》GB/T 50903—2013 中的要求，施工组织设计应由项目负责人主持编制，且必须经企业（总承包单位）技术负责人批准，并加盖企业（总承包单位）公章后方可实施。

（3）甲公司应对塌方事故承担连带责任。

14.3.2 施工方案编制与管理

施工方案是以市政工程中各专业工程的分部（分项）工程为主要对象单独编制的施工组织与技术方案，用以具体指导施工过程。

1. 一般要求

分部（分项）工程施工前应根据施工组织设计单独编制施工方案，并符合下列要求：

（1）施工方案应包括工程概况、施工安排、施工准备、施工方法及主要施工保证措施等基本内容。

（2）危险性较大的分部（分项）工程施工前，应根据施工组织设计单独编制专项施工方案。

2. 编制施工方案的原则

（1）制定切实可行的施工方案。首先必须从实际出发，选定的方案在人力、物力、财力、技术上所提出的要求应该是当前已具备条件或在一定的时期内有可能争取到的。这就要求在制定方案之前，深入细致地作好调查研究，进行反复的分析比较。

（2）施工期限满足规定要求。保证工程特别是重点工程按期或提前完成，迅速发挥投资的效益，有重大的经济意义。因此，在确定施工方案时，要在施工组织上统筹安排，均衡施工，并尽可能运用先进的施工经验和技术，力争提高机械化和装配化的程度。

（3）确保工程"质量第一，安全生产"。在制定方案时，要充分考虑到工程的质量和安全。在提出施工方案的同时，要有保证工程质量和安全的技术组织措施，使方案完全符合技术规范与安全规程的要求。

（4）施工费用最低。施工方案在满足其他条件的同时，还必须使方案经济合理以提高生产效益。制定方案时，尽量采用降低成本的有效措施，从人力、材料、机械（具）和项目管理费等方面进行盈亏分析，使工料消耗和施工费用降到最低。

以上几点是统一的整体，制定施工方案时应作通盘考虑。由于现代施工技术的进步及组织经验的积累，每个工程都有不同的方法来完成，存在着多种可能的方案。在确定施工方案时，要以上述几点作为衡量标准，经技术经济分析比选，全面权衡，选出最优方案。

3. 施工方案主要内容

包括施工方法的确定、施工机具的选择、施工顺序的确定，还应包括季节性措施、"四新"（新技术、新工艺、新材料、新设备）技术措施以及结合市政公用工程特点和由施工组织设计确定的、针对工程需要所应采取的相应方法与技术措施等方面的内容。重点分项工程、关键工序、季节施工还应制定专项施工方案。

1）施工方法

施工方法（工艺）是施工方案的核心内容，具有决定性作用。施工方法应明确工艺流程、工艺要求及质量检验标准，并根据相关技术要求进行必要的核算。施工方法（工艺）一经确定，机具设备和材料的选择就只能以满足它的要求为基本依据，施工组织也是在这个基础上进行的。

2）施工机具

确定施工方法和选择施工机具是合理组织施工的关键，两者关系紧密。施工方法在技术上必须满足保证施工质量、提高劳动生产率、加快施工进度及充分利用机具的要求，做到技术先进、经济合理。因此，施工机具选择得好与坏很大程度上决定了施工方法的优劣。

3）施工组织

施工组织是研究施工过程中各种资源合理调配的科学。施工项目是通过施工活动完成的，进行这种活动，需要大量各种各样的建筑材料、施工机具和具有一定生产经验及劳动技能的劳动者（如特殊工种），并且要把这些资源按照施工技术规律与组织规律，以及设计文件的要求，在空间上按照一定的位置，在时间上按照先后顺序，在数量上按照不同的比例，合理组织起来，让劳动者在统一的指挥下行动，由不同劳动者运用不同机具以不同的方式对不同建筑材料进行加工并开展施工生产活动。

4）施工顺序

施工顺序安排是编制施工方案的重要内容之一，施工顺序安排得好，可以加快施工进度，减少人工和机具的停歇时间，并能充分利用工作面，避免施工干扰，达到均衡、连续施工的目的；科学组织施工，可以达成不增加资源、加快工期、降低施工成本的效果。

5）现场平面布置

科学布置现场可以减少材料的二次搬运和频繁移动施工机具产生的现场搬运费用，从而节省开支。同时也有利于现场文明施工及安全管理，包括现场的进出口位置选择、围挡布局及围挡各阶段调整、安全用电、降尘措施、污水排放等。

6）技术组织措施

技术组织是保证选择的施工方案得以实施的保证措施，包括加快施工进度，保证工程质量和施工安全，降低施工成本的各种技术措施，如采用新材料、新工艺、先进技术，建立安全质量保证体系及责任制，编写作业指导书，实行标准化作业，采用数字化、信息化技术（如BIM、OA等）编制施工进度计划等。

7）应急预案

应急预案可以保证施工现场在出现紧急情况时，能够迅速、有效地开展应急救援工作，起到控制紧急事件的发展态势并尽可能消除事故影响的作用，并将事故对人、财产和环境的损失减少到最低限度。

4. 施工方案的管理

1）施工方案的编制与审批

（1）施工方案应由项目负责人主持编制。

（2）由专业承包单位施工的分部（分项）工程，施工方案应由专业承包单位的项目负责人主持编制。

（3）施工方案由项目负责人审批。重点、难点分部（分项）工程的施工方案由总承包单位技术负责人审批。

（4）施工方案应报送项目总监理工程师，没有实行监理的项目报送建设单位的项目负责人或企业技术负责人；由总监理工程师、建设单位项目负责人或建设单位企业负责人批准后签字并实施。

（5）由专业承包单位施工的分部（分项）工程，施工方案应由专业承包单位的技术负责人审批，并由总承包单位项目技术负责人核准备案。

2）施工方案的变更

（1）施工方案更改后需要重新报审。

（2）变更流程：

① 提出工程变更申请报告。

② 填写变更因素、有关图纸和变更工程量、造价等。

③ 监理公司审查核验工程变更必要性和可行性，审查核验工程变更造价合理性及变更对工期的影响，并签署审查核验意见；设计单位审查核验工程变更图纸，并签署审查核验意见。

④ 建设单位按有关规定的审批权限进行申报或批复。

3）施工方案的交底

施工方案实施前，编制人员或者项目技术负责人应当向施工现场管理人员进行方案交底。施工现场管理人员应当向作业人员进行安全技术交底，并由双方和项目专职安全生产管理人员共同签字确认。

【案例 14.3-2】

1. 背景

某公司承建一项 $DN500$mm 的给水管道工程，长度为 1100m，共设闸井 11 座；管道沿城区主干道侧分带敷设，与现况雨水、污水、供热管道交叉部位多；与社会交通相互干扰多。合同工期为 90 个日历天，政府指令性工期 83 个日历天。鉴于工期缩短，项目部拿到图纸并踏勘完现场后就组织开工。

2. 问题

（1）根据背景资料所述，项目部获取图纸并踏勘现场后即组织开工的做法是否正确？请说明理由。

（2）该工程施工方案应注意哪些关键环节？

（3）本工程施工需解决哪些主要问题？

3. 参考答案

（1）不正确。项目部应做好开工准备工作，满足开工条件后向监理工程师提交开工申请报告，由监理工程师审查，下达开工令，项目部按监理工程师的指令组织开工。

（2）施工方案的确定必须建立在摸清既有管道标高、位置、走向的基础上；该工程施工方案的关键环节有：① 管线交叉施工方案与保护措施；② 管道焊接和防腐；③ 交通组织方案；④ 工期保证措施。

（3）本工程需解决的主要问题：

① 主城区施工管理要求高，需要做好安全文明施工及环境保护工作。

② 管线交叉部位多，应积极协调各类管线产权单位，做好各类管线保护措施。

③ 交通相互干扰多，应及时与交通管理部门沟通，编制交通组织方案，按照交通管理部门审批后的方案组织施工。

④ 做好给水管道与入户管道接驳施工协调工作。

5. 危险性较大的分部分项工程安全专项施工方案编制与论证

危险性较大的分部分项工程安全专项施工方案，是在编制施工组织设计的基础上，针对危险性较大的分部分项工程单独编制的专项施工方案。

1）危险性较大的分部分项工程范围

《危险性较大的分部分项工程安全管理规定》（由中华人民共和国住房和城乡建设部令第37号发布，经中华人民共和国住房和城乡建设部令第47号修正）和《住房城乡建设部办公厅关于实施〈危险性较大的分部分项工程安全管理规定〉有关问题的通知》（建办质〔2018〕31号）规定：

（1）危险性较大的分部分项工程（以下简称"危大工程"），是指房屋建筑和市政基础设施工程在施工过程中，容易导致人员群死群伤或者造成重大经济损失的分部分项工程。施工单位应当在危险性较大的分部分项工程施工前编制专项施工方案；对于超过一定规模的危险性较大的分部分项工程，施工单位应当组织专家对专项施工方案进行论证。

① 基坑工程：

a. 开挖深度超过3m（含3m）的基坑（槽）的土方开挖、支护、降水工程。

b. 开挖深度虽未超过3m，但地质条件、周围环境和地下管线复杂，或影响毗邻建（构）筑物安全的基坑（槽）的土方开挖、支护、降水工程。

② 模板工程及支撑体系：

a. 各类工具式模板工程：包括滑模、爬模、飞模、隧道模等工程。

b. 混凝土模板支撑工程：搭设高度5m及以上，或搭设跨度10m及以上，或施工总荷载（荷载效应基本组合的设计值，以下简称设计值）10kN/m^2及以上，或集中线荷载（设计值）15kN/m及以上，或高度大于支撑水平投影宽度且相对独立无联系构件的混凝土模板支撑工程。

c. 承重支撑体系：用于钢结构安装等满堂支撑体系。

③ 起重吊装及起重机械安装拆卸工程：

a. 采用非常规起重设备、方法，且单件起吊重量在10kN及以上的起重吊装工程。

b. 采用起重机械进行安装的工程。

c. 起重机械安装和拆卸工程。

④ 脚手架工程：

a. 搭设高度24m及以上的落地式钢管脚手架工程（包括采光井、电梯井脚手架）。

b. 附着式升降脚手架工程。

c. 悬挑式脚手架工程。

d. 高处作业吊篮。

e. 卸料平台、操作平台工程。

f. 异型脚手架工程。

⑤ 拆除工程：

可能影响行人、交通、电力设施、通讯设施或其他建（构）筑物安全的拆除工程。

⑥ 暗挖工程：

采用矿山法、盾构法、顶管法施工的隧道、洞室工程。

⑦ 其他：

a. 建筑幕墙安装工程。

b. 钢结构、网架和索膜结构安装工程。

c. 人工挖孔桩工程。

d. 水下作业工程。

e. 装配式建筑混凝土预制构件安装工程。

f. 采用新技术、新工艺、新材料、新设备可能影响工程施工安全，尚无国家、行业及地方技术标准的分部分项工程。

（2）超过一定规模的危大工程范围：

① 深基坑工程：开挖深度超过5m（含5m）的基坑（槽）的土方开挖、支护、降水工程。

② 模板工程及支撑体系：

a. 各类工具式模板工程：包括滑模、爬模、飞模、隧道模等工程。

b. 混凝土模板支撑工程：搭设高度8m及以上，或搭设跨度18m及以上，或施工总荷载（设计值）15kN/m^2及以上，或集中线荷载（设计值）20kN/m及以上。

c. 承重支撑体系：用于钢结构安装等满堂支撑体系，承受单点集中荷载7kN及以上。

③ 起重吊装及起重机械安装拆卸工程：

a. 采用非常规起重设备、方法，且单件起吊重量在100kN及以上的起重吊装工程。

b. 起重量300kN及以上，或搭设总高度200m及以上，或搭设基础标高在200m及以上的起重机械安装和拆卸工程。

④ 脚手架工程：

a. 搭设高度50m及以上的落地式钢管脚手架工程。

b. 提升高度在150m及以上的附着式升降脚手架工程或附着式升降操作平台工程。

c. 分段架体搭设高度20m及以上的悬挑式脚手架工程。

⑤ 拆除工程：

a. 码头、桥梁、高架、烟囱、水塔或拆除中容易引起有毒有害气（液）体或粉尘扩散、易燃易爆事故发生的特殊建（构）筑物的拆除工程。

b. 文物保护建筑、优秀历史建筑或历史文化风貌区影响范围内的拆除工程。

⑥ 暗挖工程：

采用矿山法、盾构法、顶管法施工的隧道、洞室工程。

⑦ 其他：

a. 施工高度 50m 及以上的建筑幕墙安装工程。

b. 跨度 36m 及以上的钢结构安装工程，或跨度 60m 及以上的网架和索膜结构安装工程。

c. 开挖深度 16m 及以上的人工挖孔桩工程。

d. 水下作业工程。

e. 重量 1000kN 及以上的大型结构整体顶升、平移、转体等施工工艺。

f. 采用新技术、新工艺、新材料、新设备可能影响工程施工安全，尚无国家、行业及地方技术标准的分部分项工程。

2）专项方案的编制与审核

（1）专项方案的编制与审核应符合以下要求

① 施工单位应当在危大工程施工前组织工程技术人员编制专项施工方案。实行施工总承包的，专项施工方案应当由施工总承包单位组织编制。危大工程实行分包的，专项施工方案可以由相关专业分包单位组织编制。

② 专项施工方案应当由施工单位技术负责人审核签字、加盖单位公章，并由总监理工程师审查签字、加盖执业印章后方可实施。

③ 危大工程实行分包并由分包单位编制专项施工方案的，专项施工方案应当由总承包单位技术负责人及分包单位技术负责人共同审核签字并加盖单位公章。

（2）专项方案编制应当包括以下内容

① 工程概况：危大工程概况和特点、施工平面布置、施工要求和技术保证条件。

② 编制依据：相关法律、法规、规范性文件、标准、规范及施工图设计文件、施工组织设计等。

③ 施工计划：施工进度计划、材料与设备计划。

④ 施工工艺技术：技术参数、工艺流程、施工方法、操作要求、检查要求等。

⑤ 施工安全保证措施：组织保障措施、技术措施、监测监控措施等。

⑥ 施工管理及作业人员配备和分工：施工管理人员、专职安全生产管理人员、特种作业人员、其他作业人员等。

⑦ 验收要求：验收标准、验收程序、验收内容、验收人员等。

⑧ 应急处置措施。

⑨ 计算书及相关施工图纸。

3）专项方案的专家论证

对于超过一定规模的危大工程，施工单位应当组织专家对专项施工方案进行论证。实行施工总承包的，由施工总承包单位组织召开专家论证会。专家论证前专项施工方案应当通过施工单位审核和总监理工程师审查。

（1）专家论证会的参会人员

应当包括：

① 专家。
② 建设单位项目负责人。
③ 有关勘察、设计单位项目技术负责人及相关人员。
④ 总承包单位和分包单位技术负责人或授权委派的专业技术人员、项目负责人、项目技术负责人、专项施工方案编制人员、项目专职安全生产管理人员及相关人员。
⑤ 监理单位项目总监理工程师及专业监理工程师。

（2）专家组构成

专家应当从地方人民政府住房城乡建设主管部门建立的专家库中选取，符合专业要求且人数不得少于5名。与本工程有利害关系的人员不得以专家身份参加专家论证会。

（3）专家论证的主要内容
① 专项施工方案内容是否完整、可行。
② 专项施工方案计算书和验算依据、施工图是否符合有关标准规范。
③ 专项施工方案是否满足现场实际情况，并能够确保施工安全。

（4）论证报告
① 专项论证会后，应当形成论证报告，对论证的内容提出明确的意见，对专项施工方案提出通过、修改后通过或者不通过的一致意见。专家对论证报告负责并签字确认。
② 专项施工方案经论证需修改后通过的，施工单位应当根据论证报告修改完善后，重新履行审核程序。参见本书14.3.2中5.2)（1）的相关内容。
③ 专项施工方案经论证后不通过的，施工单位应当按照论证报告修改，并重新组织专家进行论证。

【案例14.3-3】

1. 背景

某公司中标轨道交通暗挖工程，区间隧道全长550m，沿线地下敷设有给水、雨水、污水、电信、电力、路灯及燃气等管线，地下障碍物较多，地面分布有民房、道路和电线杆等建（构）筑物。

该公司批准了施工组织设计及危险性较大分部分项工程专项施工方案，组织了专家论证，从专家库中选取4名专业符合的专家，其中1名为本项目监理公司技术负责人，结论为修改后通过。

专家修改意见：
（1）对隧道顶部土层进行加固。
（2）对隧道上方既有刚性接口污水管加强监控。

专项施工方案按专家意见修改，经该公司主管部门负责人签批后组织实施；受地面交通和其他因素影响，现场未能完全实施专家给出的建议。在进行隧道暗挖施工过程中地层发生了变形导致污水管泄漏与路面塌方。经调查得知，隧道顶部土层并未全部加固；事故发生前的两期监测报告中已出现数据异常情况却没引起施工单位重视，施工单位未及时采取措施。

2. 问题

（1）本工程专项施工方案审批程序对吗，为什么？

（2）请指出专家组成员人数是否满足要求，对抽选的专家有何要求？

（3）污水管泄漏与路面塌方反映出施工管理方面哪些不足？

3. 参考答案

（1）不对。按专家意见修改后的专项施工方案应当由该施工单位技术负责人审核签字、加盖单位公章，并由总监理工程师审查签字、加盖执业印章后方可实施。

（2）不满足。对抽选专家的要求：

① 专家应当从地方人民政府住房城乡建设主管部门建立的专家库中抽取，符合专业要求且人数不得少于 5 名。

② 与本工程有利害关系的人员不得以专家身份参加专家论证会。

（3）污水管泄漏与路面塌方反映出施工管理方面的不足包括：

① 项目部未按照专家意见对隧道顶部土层全部加固，即进行隧道暗挖施工导致施工过程中地层变形造成事故。

② 监理部监管不到位，没有履行对危大工程的管理职责。

③ 监测数据异常时，施工单位未停止施工并采取相应的应急处置措施。

第 15 章 工程招标投标与合同管理

15.1 工程招标投标

15.1.1 招标方式与程序

1. 工程招标原则

工程招标投标活动应当遵循公开、公平、公正和诚实信用的原则。任何单位和个人不得将依法必须进行招标的项目化整为零或者以其他任何方式规避招标。

依法必须招标的工程项目，其招标活动依法由招标人负责。

依法必须进行招标的项目，其招标投标活动不受地区或者部门的限制。

任何单位和个人不得违法限制或者排斥本地区、本系统以外的法人或者其他组织参加投标，不得以任何方式非法干涉招标投标活动。

2. 工程招标方式

招标分为公开招标和邀请招标：

采用公开招标方式的，招标人应当发布招标公告，邀请不特定的法人或者其他组织投标。依法必须进行施工招标项目的招标公告，应当在国家指定的报刊和信息网络上发布。

采用邀请招标方式的，招标人应当向三家以上具备承担施工招标项目能力、资信良好的特定法人或者其他组织发出投标邀请书。

符合公开招标条件，有下列情形之一的，经批准可以进行邀请招标：

（1）项目技术复杂或有特殊要求，只有少量几家潜在投标人可供选择的。

（2）受自然地域环境限制的。

（3）涉及国家安全、国家秘密或者抢险救灾，适宜招标但不宜公开招标的。

（4）拟公开招标的费用与项目的价值相比，不值得的。

（5）法律、法规规定不宜公开招标的。

国家重点建设项目的邀请招标，应当经国务院相关部门批准；地方重点建设项目的邀请招标，应当经各省、自治区、直辖市人民政府批准。

3. 工程施工招标程序

1）招标文件编制

（1）介绍招标项目的工程概况、说明招标标段的划分、确定合同的主要内容与计价方式、明确材料（设备）的供应方式。

（2）编制招标清单及工程控制价：

依据工程设计图纸及相关工程量计算规则，计算工程量，编制招标工程量清单文件。

（3）确定开、竣工日期：

根据项目总工期的需求和工程实施总计划、各分项、各阶段的衔接要求，确定项目的开、竣工日期以及各分包项目的起始和结束时间。

（4）确定工程的技术要求和质量标准：

根据对工程技术、设计要求及有关规范的要求，确定项目执行的技术规范标准和质量验收标准。

（5）拟定合同主要条款：

一般施工合同包括合同协议书、通用条款、专用条款三部分，招标文件应对专用条款中的主要内容作出实质性规定，使投标方能够作出正确的响应。

（6）确定招标工作日程：

按照有关规定，合理制定发标、投标、开标、评标、定标日期。发标和投标时间间隔根据需要制定；最短时间间隔不得少于《中华人民共和国招标投标法》中规定的20d。

（7）分包项目招标文件的编制要求：

招标文件要求内容完整、用词规范，充分表达招标方的意愿和要求，使投标方能够对招标文件作出相应正确的响应。

2）发布招标公告

依法必须进行招标的项目的招标公告，应当在指定的媒体、行业或当地政府规定的招标信息网发布。在不同媒介发布的同一招标项目的招标公告的内容应当一致。

招标人或其委托的招标代理机构应当保证招标公告内容的真实、准确和完整。

依法必须招标的项目的招标公告和公示信息应当根据招标投标法律法规以及中华人民共和国国家发展改革委员会同有关部门制定的标准文件编制，实现标准化、格式化。

3）发售招标文件

招标人应当按招标公告在指定的平台或者政府采购的官网上发售招标文件。自招标文件出售之日起至停止出售之日止，最短不得少于5d。招标文件售出后，不予退还。除不可抗力原因外，招标人在发布招标公告后或者售出招标文件后不得终止招标。

4）踏勘现场

根据招标文件要求，组织或要求投标人自行踏勘现场。招标人不得组织单个或者部分潜在投标人踏勘现场。

5）澄清招标文件和答疑

招标人根据投标人提出的问题进行必要的澄清和补充，招标人也可以主动对招标文件进行修改，澄清和答疑文件应当在招标文件要求提交投标文件截止时间15d前，以书面形式通知所有投标人。

6）编制投标文件

投标人在足够了解项目情况和充分研究招标文件后组织编制投标文件。投标文件的编制主要包括技术标的编制和经济标的编制。

7）投标文件的递交，提交投标保证金

8）开标

投标人提交投标文件后，招标人依据招标文件规定的时间和地点，开启投标人提交的投标文件，公开宣布投标人的名称、投标价格及其他主要内容。开标以公开的方式进行。开标时间与投标截止时间应为同一时间。

9）评标

① 评标活动遵循公平、公正、科学和择优的原则。

② 评标专家的选择应在评标专家库采用计算机随机抽取并采用严格的保密措施和回避制度，以保证评委产生的随机性、公正性、保密性。评标委员会中招标人的代表应当具备评标专家的相应条件，工程项目主管部门人员和行政监督部门人员不得作为专家和评标委员会的成员参与评标。

③ 招标人应根据项目的复杂程度、工程造价、投标人数量，合理确定评标时间，以保证评标质量。应按照评审时间、评委的技术职称、工作职责等合理确定评标专家评审费用。

④ 采用综合评估的方法，但不能任意提升技术部分的评分比重，一般技术部分的分值权重不得高于40%，报价和商务部分的分值权重不得低于60%。

⑤ 评标活动必须按照招标文件中载明的评标标准和方法进行，要求表达清晰、含义明确。

⑥ 在量化评分中，评标专家只有发现问题才可扣分，并书面写明扣分原因。对于评委评分明显偏高或偏低的，可要求该评委当面说明原因。

⑦ 对于技术较为复杂工程项目的技术标书，应采用暗标制作文件，进行暗标评审。

10）评标公示

① 评标委员会完成评标后应向招标人提出书面评标报告。

② 评标报告由评标委员会全体成员签字。

11）定标

① 评标委员会根据各家投标文件评分高低，推荐不超过三个中标候选人，并标明排序，应当确定排名第一的中标候选人为中标人。如排名第一的中标候选人放弃其中标资格或未遵循招标文件要求被取消中标资格，招标人可以按照评标委员会提出的中标候选人名单排序依次确定其他中标候选人为中标人，也可以重新招标。

② 如果出现中标候选人均放弃中标资格或未遵循招标文件要求被取消中标资格的，招标人应重新组织招标。

③ 国务院对中标人的确定另有约定的，从其约定。

12）订立合同

① 招标人应在接到评标委员会的书面评标报告并公示期满后5d内，依据推荐结果确定排名第一的中标人，并发出中标通知书。

② 招标人不承诺将合同授予报价最低的投标人。

③ 中标通知书发出30d内双方签订合同文件。

4. 电子招标投标

电子招标投标是以数据电子文件形式完成的招标投标活动，部分或全部抛弃纸质文件，借助计算机和网络完成招标投标活动。2019年7月26日，财政部发出了《关于促进政府采购公平竞争优化营商环境的通知》(财库〔2019〕38号)，要求加快推进电子化政府采购，实现在线发布采购公告、提供采购文件、提交投标（响应）文件，实行电子开标、电子评审，提升供应商参与政府采购活动的便利程度。如今，电子招标投标已基本取代传统纸质招标投标。

1）电子招标投标的特点

（1）一定程度上保证投标的公正性。电子招标投标系统可以记录所有招标过程和交流信息，电子标书智能化审核，通过智能化的评标系统，非常容易识别围标、串标的行为。

（2）减少资源的浪费。电子招标投标无需对招标文件进行打印装订，且无需指派专人将投标文件送至开标地点，节省了大量的时间和人力，减少不必要的浪费。

（3）安全可靠。使用CA加密技术对投标文件进行加密，有效防止投标文件的泄密。

（4）有一定的技术门槛。对于一些不擅长计算机和网络的投标人员来说，会有一定的困难。

（5）存在网络安全问题。技术不过关的电子招标投标系统会存在一定的安全风险，如黑客入侵、网络攻击等。

2）建设工程电子招标投标与传统纸质招标投标的不同之处

（1）招标文件网上下载：投标单位在网上获取招标信息，对照自身条件，满足招标文件对投标单位的资格要求后，可自行从网上下载招标文件，不再需要从招标人或招标代理单位报名或购买招标文件。

（2）现场踏勘：招标单位不再组织现场踏勘，投标单位可以根据招标文件上标明的项目地址，去拟投标项目的现场自行踏勘。

（3）取消了现场答疑环节：投标单位对招标文件的疑问或在自行踏勘后对项目现场的疑问可以在网上向招标方提出问题，招标单位将以补遗招标文件形式在网上发布，投标单位须重新下载招标补遗文件。

（4）投标文件的提交：在招标文件规定的投标截止时间前，按照招标文件的要求在线上提交投标文件。不再需要以纸质文件的形式提交（除特殊递交方式外）。

（5）投标保证金：电子招标中投标保证金主要由投标保函的形式体现。开具投标保函的有效期与投标有效期一致并满足招标文件要求；投标保函的开具银行要满足招标文件中的要求。

（6）开标：电子招标投标采取线上远程开标，投标人只需要在开标截止前上传好投标文件，在规定的开标截止时间后，按照正确的开标流程用本单位的密钥，在规定的解密时间内解密本单位的投标文件。开标会可以远程观看、参与。招标人或招标代理机构、公证处、监管人需到场参加。

特别说明：在政府采购建设项目或邀请招标投标过程中，开标也在线下进行。

（7）评标：评标工作在线上进行，无纸质文件翻阅，故投标文件必须根据投标模块对照招标文件否决评审条款，逐条仔细编制，以避免违反否决条款规定致使投标文件不能通过初步评审。

15.1.2 合同计价方式

建设工程施工合同根据合同计价方式的不同，一般情况下分为总价合同、单价合同和成本加酬金合同。

1. 总价合同

总价合同（Lump Sum Contract）是指根据合同规定的工程施工内容和有关条件，业主应付给承包商的款额是一个规定的金额，即明确的总价。总价合同也称作总价包干合同。总价合同又分固定总价合同和变动总价合同两种。

1）固定总价合同

固定总价合同的价格计算是以图纸及规定、规范为基础，工程任务和内容明确，业主的要求和条件清楚，合同总价一次包死，固定不变，即不再因为环境的变化和工程量的增减而变化。

对业主而言，在合同签订时就可以基本确定项目的总投资额，对投资控制有利；在双方都无法预测的风险条件下和可能有工程变更的情况下，承包商承担了较大的风险，业主的风险较小。

当然，在固定总价合同中还可以约定，在发生重大工程变更、累计工程变更超过一定幅度或者其他特殊条件下可以对合同价格进行调整。因此，需要定义重大工程变更的含义、累计工程变更的幅度及什么样的特殊条件才能调整合同价格，以及如何调整合同价格等。

固定总价合同适用于以下情况：

（1）工程量小、工期短，估计在施工过程中环境因素变化小，工程条件稳定并合理。

（2）工程设计详细，图纸完整、清楚，工程任务和范围明确。

（3）工程结构和技术简单，风险小。

（4）投标期相对宽裕，投标人可以有充分的时间详细考察现场、复核工程量、分析招标文件、拟订施工计划。

2）变动总价合同

变动总价合同又称为可调总价合同，合同价格是以图纸及规定、规范为基础，按照时价（Current Price）进行计算，得到包括全部工程任务和内容的暂定合同价格。它是一种相对固定的价格，在合同执行过程中，由于通货膨胀等原因而使所用的工、料成本增加时，可以按照合同约定对合同总价进行相应的调整。当然，一般由于设计变更、工程量变化和其他工程条件变化所引起的费用变化也可以进行调整。因此，通货膨胀等不可预见因素的风险由业主承担，对承包商而言，其风险相对较小，但对业主而言，不利于其进行投资控制，突破投资的风险就增大了。

（1）根据《建设工程施工合同（示范文本）》（GF—2017—0201），合同双方可约定，在以下条件下可对合同价款进行调整：

① 法律、行政法规和国家有关政策变化影响合同价款。

② 工程造价管理部门公布的价格调整。

③ 一周内非承包人原因停水、停电、停气造成的停工累计超过 8h。

④ 双方约定的其他因素。

（2）在工程施工承包招标时，施工期限一年左右的项目一般实行固定总价合同，但是对建设周期一年半以上的工程项目，则应考虑下列因素引起的价格变化问题：

① 劳务工资以及材料费用的上涨。

② 其他影响工程造价的因素，如运输费、燃料费、电力等价格的变化。

③ 外汇汇率的不稳定。

④ 国家或者省、市立法的改变引起的工程费用的上涨。

2. 单价合同

当施工发包的工程内容和工程量一时尚不能十分明确时，则可以采用单价合同（Unit Price Contract）形式，即根据计划工程内容和估算工程量，在合同中明确每项工程内容的单位价格，实际支付时则根据每一个子项的实际完成工程量乘以该子项的合同单价计算该项工作的应付工程款。

由于单价合同允许随工程量变化而调整工程总价，业主和承包商都不存在工程量方面的风险，因此对合同双方都比较公平。另外，在招标前，发包单位无需对工程范围作出完整、详尽的规定，可以缩短招标准备时间，投标人也只需对所列工程内容报出自己的单价，从而缩短投标时间。

采用单价合同对业主的不足之处是，业主需要安排专门力量来核实已经完成的工程量，需要在施工过程中花费不少精力，协调工作量大。另外，用于计算应付工程款的实际工程量可能超过预测的工程量，即实际投资容易超过计划投资，对投资控制不利。

3. 成本加酬金合同

成本加酬金合同也称为成本补偿合同，这是与固定总价合同正好相反的合同，工程施工的最终合同价格将按照工程的实际成本再加上一定的酬金进行计算。采用这种合同，承包商不承担任何价格变化或工程量变化的风险，这些风险主要由业主承担，对业主的投资控制很不利。而承包商则缺乏控制成本的积极性，往往不愿意控制成本，甚至还会期望提高成本以提高自己的经济效益，因此这种合同容易被承包商滥用，从而损害工程的整体效益。应该尽量避免采用这种合同。

成本加酬金合同通常用于如下情况：

（1）工程特别复杂，工程技术、结构方案不能预先确定，或者尽管可以确定工程技术和结构方案，但是不可能进行竞争性的招标活动并以总价合同或单价合同的形式确定承包商，如研究开发性质的工程项目。

（2）时间特别紧迫，如抢险、救灾工程，来不及进行详细的计划和商谈。

对业主而言，这种合同形式也有一定优点，如：

（1）可以通过分段施工缩短工期，而不必等待所有施工图完成才开始招标和施工。

（2）可以减少承包商的对立情绪，承包商对工程变更和不可预见条件的反应会比较积极和快捷。

（3）可以利用承包商的施工技术专家，帮助改进或弥补设计中的不足。

（4）业主可以根据自身力量和需要，较深入地介入和控制工程施工和管理。

（5）可以通过确定最大保证价格约束工程成本不超过某一限值，从而转移一部分风险。

对承包商来说，这种合同比固定总价的风险低，利润比较有保证，因而比较有积极性。其缺点是合同的不确定性，由于设计未完成，无法准确确定合同的工程内容、工程量以及合同的终止时间，有时难以对工程计划进行合理安排。

4. 三种合同计价方式的选择

不同的合同计价方式具有不同的特点、应用范围，对设计深度的要求也是不同的，其比较见表 15.1-1。

表 15.1-1 三种合同计价方式比较

一	总价合同	单价合同	成本加酬金合同
应用范围	广泛	工程量暂不确定的工程	紧急工程、保密工程等
业主的投资控制工作	容易	工作量较大	难度大
业主的风险	较小	较小	很大
承包商的风险	大	较大	无
设计深度要求	施工图设计	初步设计或施工图设计	各设计阶段

15.1.3 工程总承包投标

工程总承包，即 EPC：是一种将设计（Engineering）、采购（Procurement）、施工（Construction）等任务进行综合，发包给一家工程总承包单位的模式，工程总承包单位应当同时具有与工程规模相适应的工程设计资质和施工资质，或者由具备相应资质的设计单位和施工单位组成联合体。

工程总承包投标是投标人获取 EPC 项目总承包资格的过程和手段。

1. 工程总承包项目投标工作流程

工程总承包投标的工作流程主要分三个阶段：前期准备、标书编写、完善与递交标书。在投标的每一阶段，工程总承包投标人工作的重点和应对技巧都有所不同。

1）前期准备

前期准备阶段是指投标人对招标文件进行认真研究和准备投标的阶段。投标人应认真研究招标文件、决定投标的总体实施方案、勘察现场等，了解工程的情况和要求后，才能更好的编制投标文件，确定投标计划和投标策略等。

2）标书编写

编写标书是投标过程最为关键的阶段，投标人主要完成以下工作：

（1）标书总体规划。
（2）设计规划与管理计划。
（3）设计方案、项目管理方案、施工方案及采购方案的准备与制定。
（4）总承包管理计划、组织与协调。
（5）总承包管理控制。
（6）分包策略。
（7）总承包经验策略（若有）。
（8）商务方案准备。

3）完善与递交标书

（1）检查与修改标书。
（2）办理投标保函/投标保证金业务。
（3）呈递标书。

2. 工程总承包项目投标资格审查

根据招标公告及招标文件要求编制资格审查文件，按照规定的时间提交资格审查资料，资料内容必须完整、真实有效，投标人的设计资质和施工资质必须同时满足资格审查文件要求。

3. 工程总承包技术标编制

技术标是 EPC 工程总承包投标文件重要的组成部分，包含设计方案、项目管理方案和采购方案。在编制过程中要结合招标文件，分析其合理性，并根据投标人的情况和经验编制切实可行的方案。

1）设计方案编制

设计方案是技术措施的重要组成部分。通过项目的可行性研究报告、初步设计和概算以及项目建设的必要性等方面对项目的各专业工程特点进行分析，而项目的规划、功能定位、服务对象、总体规模等是把握项目总体设计方案的关键。

设计方案的总体布置应充分考虑工程的功能特点——建设标准与功能定位相适应，与工程服务对象相协调。采用新材料、新工艺、新技术、新理念，合理确定建设规模，使工程方案充分体现合理性、适用性、可行性、环保性、经济性。

2）项目管理方案

在投标过程中，项目管理方案的编制能够向招标人反映出投标人的建设工程经验、组织协调能力等，通过施工技术手段来实现设计方案中的构想。

项目管理方案中所采用的各项工艺、指标、措施等，是业主方管理的主要内容之一，因此对后续施工中的各项投入会直接影响项目的成本计算和利润指标。所以在投标项目管理方案中要结合设计方案文件，在符合招标文件要求的前提下，合理选择施工工艺、造价指标、施工措施。

3）采购方案

制定采购方案是工程总承包投标的重要工作，尤其是工艺比较复杂和技术难度较大的项目，设备的采购数量较多，设备采购造价占单位工程的造价比重较大，因此需要结合项目的工期、质量和成本等多方面因素，制定详细完整的材料设备采购方案。

制定合理的采购方案，提升采购管理水平，不仅可以保证总承包单位的生产能力，而且在一定的程度上节约了项目成本，提升了企业的利润空间。

4. 工程总承包经济标的编制

经济标是投标文件中最重要的组成部分，在评标过程中，经济标报价的高低直接影响投标人能否中标，工程总承包经济标包含工程设计费、工程施工费和工程采购费等。

工程总承包项目的经济标一般采用以下几种计价方式：

（1）对于企业投资的工程总承包项目，宜采用总价合同形式。

（2）政府投资的工程总承包项目应当合理确定合同价格形式。

当采用总价合同的，除合同约定可以调整的情形外，合同总价一般不予调整。

计价方式由投标人根据招标文件确定，结合初步设计图纸计算工程量进行项目成本测算，结合自身各项优势和投标期望选择合理报价。报价时应综合考虑项目的实施周期、材料及设备价格受市场行情波动的影响。

经济标的投标报价不能高于招标文件中的招标控制价，否则会导致投标文件无效。

5. 递交投标文件

投标文件的递交一定要严格按照招标文件中规定的递交地点、递交时间、递交份数、包装和密封等要求执行，不然很容易废标。如果采用的是电子招标投标方式，必须

6. 开标

投标人应在投标截止时间前提交投标文件并积极参加开标会议，招标人将投标截止时间前收到的所有投标文件当众予以拆封、宣读。开标过程应当记录，并存档备查。电子投标应在规定的开标截止时间后，按照正确的开标流程，用本单位的密钥，在规定的解密时间内解密本单位的投标文件。

7. 订立书面合同

中标人确定后，招标人应当向中标人发出中标通知书，并同时将中标结果通知所有未中标的投标人。招标人和中标人应当自中标通知书发出之日 30d 内，按照招标文件和中标人的投标文件订立书面合同。招标人和中标人不得再另行订立背离合同实质性内容的其他协议。

15.1.4 施工总承包投标

施工总承包是指业主方委托一个施工单位或由多个施工单位组成的施工联合体或施工合作体作为施工总承包单位，经业主同意，施工总承包单位可以根据需要将施工任务的一部分分包给其他符合资质的分包商。

施工总承包投标是投标人获取施工总承包资格的过程和手段，类似于传统项目的招标投标。

1. 施工总承包投标的工作流程

（1）获取招标公告后，确定投标项目的资格审查方式。若该项目是资格预审，需要在招标文件发售之前提交资格审查文件，通过资格审查后才能购买招标文件。

（2）投标人研究招标文件和设计图纸后，对招标文件存在异议的，在投标截止时间 10d 前提出，并将异议问题进行汇总，提交给招标人或者招标代理机构。

（3）技术标的编制。根据招标文件要求、招标人提供的图纸、国家及地方相关标准规范及现场踏勘情况编制投标施工组织设计。施工组织设计是工程施工的总体规划，通过对复杂施工过程科学、经济、合理的规划安排使建设项目能够实现连续、均衡、协调而有节奏地施工，以满足建设项目对工期、质量及投资方面的各项要求。因此如何在设计或施工阶段，根据建设项目不同的特点编制相应的施工组织设计是工程建设项目管理的重要环节。

（4）商务标的编制。根据招标图纸、招标工程量清单及相关计价方式，计算图纸工程量，结合市场的人工、材料、机械价格，测算项目的成本，根据项目成本价格和企业的生产能力合理地进行报价。

（5）按照招标文件要求，提交投标保证金/保函。

（6）提交投标文件。投标文件必须在开标截止时间前送至招标文件规定的地点或上传投标文件。

（7）开标。开标由招标人主持，邀请所有投标人参加，开标时先检查投标文件的密封情况，经确认无误后当众拆封、宣读所有投标人的投标文件的内容。电子投标应登录招标文件指定的网络平台，通过投标单位的密钥电子解密投标文件。

（8）订立合同。招标人和中标人按照相关法律法规的要求，订立书面合同。

2. 施工总承包模式与工程总承包模式投标比较

施工总承包与工程总承包的投标模式在投标主体、报价方式等多方面有着很多的共同点与很大的区别。

两者都是建设工程项目的采购模式，都可以由两个以上法人或者其他组织组成联合体进行投标活动，两者的投标方式和投标程序相同，都有利于造价的控制。但两者投标模式的区别也比较明显，两者的投标区别见表15.1-2。

表15.1-2 施工总承包与工程总承包投标的区别

内容	施工总承包	工程总承包
招标时间及条件	招标应在施工图设计审查通过后进行，其招标条件不仅具有EPC模式招标的条件，还须工程设计文件和技术资料完备	招标时间可在项目核准或备案后，但原则上政府投资项目要在完成初步方案设计批准之后进行。招标条件为项目通过立项审批，办理建设用地手续，取得建设规划许可证，建设资金来源已落实
招标周期	设计、施工分别招标，招标投标周期较长	设计施工由一家总包单位完成，无需分开招标，招标投标周期短
投标人的资质	应当具有与工程规模相适应的工程施工总承包资质，如果是联合体投标的，要求最低等级资质满足招标文件要求	应当同时具有与工程规模相适应的工程设计资质和施工资质，或由具备相应资质的设计单位和施工单位组成联合体
投标主体	一家施工单位、由多家施工单位组成的施工联合体或施工合作体	一家同时具有施工资质和设计资质的总承包单位、由施工单位和设计单位组成的联合体
评审因素	仅注重施工阶段，因此招标的评审因素主要为施工组织设计以及投标报价等因素	评审因素不仅关系到投标报价、施工组织设计，还要增加建筑或工艺设计方案、设备材料采购、设计与施工的配合方案，以及投资、进度、质量、成本和安全、文明、环保等全面控制措施等因素
投标报价方式	根据招标文件提供的工程量清单进行报价	EPC工程总承包常见的五种报价方式： ① 投标报价时只有一个总价，没有分部分项等费用明细组成。 ② 投标人只承诺一个投标优惠率。 ③ 投标人在投标时根据自己的初步方案编制清单和报价。 ④ 按招标人提供的概算清单进行报价。 ⑤ 按招标人提供的模拟工程量清单进行报价
设计主导型	难以发挥，存在设计单位与施工总承包单位衔接不通畅	充分发挥设计优势，设计、施工、无缝衔接

15.2 工程合同管理

15.2.1 工程总承包合同管理

1. 工程总承包合同示范文本

为促进建设项目工程总承包的健康发展，规范工程总承包合同当事人的市场行为，中华人民共和国住房和城乡建设部、中华人民共和国国家工商行政管理总局[①]于2011年

---

① 中华人民共和国国家工商行政管理总局的职能现已整合到中华人民共和国国家市场监督管理总局和中华人民共和国国家知识产权局，该机构不再保留。

联合制定了《建设项目工程总承包合同示范文本（试行）》（GF—2011—0216），并于2020年修订，形成了正式版的《建设项目工程总承包合同（示范文本）》（GF—2020—0216），以下简称"《示范文本》"。

1)《示范文本》的组成

示范文本由合同协议书、通用合同条件和专用合同条件三部分组成。

（1）合同协议书

《示范文本》合同协议书共计11条，主要包括：工程概况、合同工期、质量标准、签约合同价与合同价格形式、工程总承包项目经理、合同文件构成、承诺、订立时间、订立地点、合同生效与合同份数，集中约定了合同当事人基本的权利义务。

（2）通用合同条件

通用合同条件是合同当事人根据《中华人民共和国民法典》《中华人民共和国建筑法》等法律法规的规定，就工程总承包项目的实施及相关事项，对合同当事人的权利义务作出的原则性约定。通用合同条件共计20条，条款安排既考虑了现行法律法规对工程总承包活动的有关要求，也考虑了工程总承包项目管理的实际需要。

（3）专用合同条件

专用合同条件是合同双方当事人根据不同建设项目合同执行过程中可能出现的具体情况，通过谈判、协商对相应通用合同条件的原则性约定细化、完善、补充、修改或另行约定的合同条件。

2)《示范文本》的适用范围

《示范文本》适用于房屋建筑和市政基础设施项目工程总承包的承发包活动。

3)《示范文本》的性质

《示范文本》为推荐使用的非强制性使用文本。合同当事人可结合建设工程具体情况，参照《示范文本》订立合同，并按照法律法规与合同约定承担相应的法律责任及合同权利义务。

2. 工程总承包合同的重点关注内容

建设项目工程总承包与施工承包的最大不同之处在于，承包商要负责全部或部分的设计，并负责物资设备的采购。因此，在建设项目工程总承包合同条款中，要重点关注以下几个方面的内容。

1）工程总承包的任务

工程总承包的任务应该明确规定。从时间范围上，可包括从工程立项到交付使用的工程建设全过程，具体可包括：勘察设计、设备采购、施工、试车（或交付使用）等内容。从具体的工程承包范围看，可包括所有的主体和附属工程、工艺、设备等。

2）开展工程总承包的依据

工程总承包合同中应该将建设单位对工程项目的各种要求描述清楚，承包商可以据此开展设计、采购和施工，开展工程总承包的依据可能包括建设单位的功能要求；建设单位提供的部分设计图纸；建设单位自行采购设备清单及采购界面；建设单位采用的工程技术标准和各种工程技术要求；工程所在地有关工程建设的国家标准、地方标准或者行业标准。

15.2.2 施工总承包合同管理

建设工程施工合同有施工总承包合同与施工分包合同之分。施工总承包合同的发包人是建设工程的建设单位或取得建设工程总承包资格的工程总承包单位,在合同中一般称为业主或发包人。施工总承包合同的承包人是承包单位,在合同中一般称为承包人。

1. 施工总承包合同示范文本

中华人民共和国住房和城乡建设部与中华人民共和国国家工商行政管理总局(该部门,职能整合到中华人民共和国国家市场监督管理总局与中华人民共和国国家知识产权局)于2017年颁发了修改的《建设工程施工合同(示范文本)》(GF—2017—0201),自2017年10月1日起执行,以下简称《示范文本》。

1)《示范文本》的组成

《示范文本》由合同协议书、通用合同条款和专用合同条款三部分组成。

(1)合同协议书

《示范文本》合同协议书共计13条,主要包括:工程概况、合同工期、质量标准、签约合同价和合同价格形式、项目经理、合同文件构成、承诺以及合同生效条件等重要内容,集中约定了合同当事人基本的合同权利义务。

(2)通用合同条款

通用合同条款是合同当事人根据《中华人民共和国建筑法》《中华人民共和国民法典》等法律法规的规定,就工程建设的实施及相关事项,对合同当事人的权利义务作出的原则性约定。通用合同条款共计20条,条款安排既考虑了现行法律法规对工程建设的有关要求,也考虑了建设工程施工管理的特殊需要。

(3)专用合同条款

专用合同条款是对通用合同条款原则性约定的细化、完善、补充、修改或另行约定的条款。合同当事人可以根据不同建设工程的特点及具体情况,通过双方的谈判、协商对相应的专用合同条款进行修改补充。

2)《示范文本》的适用范围

《示范文本》适用于房屋建筑工程、土木工程、线路管道和设备安装工程、装修工程等建设工程的施工承发包活动。

3)《示范文本》的性质

《示范文本》为非强制性使用文本。合同当事人可结合建设工程具体情况,根据《示范文本》订立合同,并按照法律法规规定和合同约定承担相应的法律责任及合同权利义务。

2. 施工总承包合同文件

(1)构成施工合同文件的组成部分,除了协议书、通用条款和专用条款以外,一般还应该包括:中标通知书、投标书及其附件、有关的标准、规范及技术文件、图纸、工程量清单、工程报价单或预算书等。

(2)作为施工合同文件组成部分的上述各个文件,其优先顺序是不同的,解释合同文件优先顺序的规定一般在合同通用条款内,可以根据项目的具体情况在专用条款内进行调整。原则上应把文件签署日期在后的以及内容重要的排在前面，即更加优先。以下是《建设工程施工合同（示范文本）》（GF—2017—0201）通用条款规定的优先顺序：

① 合同协议书。
② 中标通知书（如果有）。
③ 投标函及其附录（如果有）。
④ 专用合同条款及其附件。
⑤ 通用合同条款。
⑥ 技术标准和要求。
⑦ 图纸。
⑧ 已标价工程量清单或预算书。
⑨ 其他合同文件。

15.2.3 专业分包与劳务分包合同管理

1. 专业分包合同管理

专业工程分包，是指施工总承包单位根据总承包合同的约定或者经建设单位的允许，将其所承包工程中的专业工程发包给具有相应资质的其他建筑业企业完成的活动。

针对各种工程中普遍存在专业工程分包的实际情况，为了规范管理，减少或避免纠纷，中华人民共和国建设部（现称中华人民共和国住房和城乡建设部）和中华人民共和国国家工商行政管理总局（该部门职能整合到中华人民共和国国家市场监督管理总局与中华人民共和国国家知识产权局）于2003年以建市〔2003〕168号文件形式发布了《建设工程施工专业分包合同（示范文本）》（GF—2003—0213）和《建设工程施工劳务分包合同（示范文本）》（GF—2003—0214）。

1）专业工程分包合同的主要内容

专业工程分包合同示范文本的结构、主要条款和内容与施工承包合同相似，包括词语定义与解释，双方的一般权利和义务，分包工程的施工进度控制、质量控制、费用控制，分包合同的监督与管理，信息管理，组织与协调，施工安全管理与风险管理等。

分包合同内容的特点是，既要保持与主合同条件中相关分包工程部分的规定的一致性，又要区分负责实施分包工程的当事人变更后的两个合同之间的差异。分包合同所采用的语言文字和适用的法律、行政法规及工程建设标准一般应与主合同相同。

2）专业分包的范围

专业分包单位需要具备专业承包资质，与市政工程相关的专业承包资质参见本书14.1.2 中 4. 的相关内容。

市政工程中除主体结构以外的部分可以进行专业分包。

3）专业分包合同管理要求

（1）分包人不得将其承包的分包工程转包给他人，也不得将其承包的分包工程的全部或部分再分包给他人，否则将被视为违约，并承担违约责任。

（2）分包人经承包人同意可以将劳务作业再分包给具有相应劳务分包资质的劳务分包企业。

（3）分包人应对再分包的劳务作业的质量等相关事宜进行督促和检查，并承担相关连带责任。

2. 劳务分包合同管理

劳务作业分包，是指施工承包单位或者专业分包单位（均可作为劳务作业的发包人）将其承包工程中的劳务作业发包给劳务分包单位（即劳务作业承包人）完成的活动。

1）劳务分包合同的重要条款

劳务分包合同不同于专业分包合同，重要条款详细见《建设工程施工劳务分包合同（示范文本）》（GF—2003—0214）。

2）劳务报酬

劳务报酬可以采用固定劳务报酬（含管理费）；约定不同工种劳务的计时单价（含管理费），按确认的工时计算；约定不同工作成果的计件单价（含管理费），按确认的工程量计算。也可以采用固定价格或变动价格。采用固定价格，则除合同约定或法律政策变化导致劳务价格变化以外，均为一次包死，不再调整。

3）工时及工程量的确认

（1）采用固定劳务报酬方式的，施工过程中不计算工时和工程量。

（2）采用按确定的工时计算劳务报酬的，由劳务分包人每日将提供劳务的人数报给承包人并由承包人确认。

（3）采用按确认的工程量计算劳务报酬的，由劳务分包人按月（或旬、日）将完成的工程量报给承包人并由承包人确认。对劳务分包人未经承包人认可，超出设计图纸范围和因劳务分包人原因造成返工的工程量，承包人不予计量。

15.2.4 材料设备采购合同管理

工程建设过程中的物资包括建筑材料（含构配件）和设备等。材料和设备的供应一般需要经过订货、生产（加工）、运输、储存、使用（安装）等诸多环节，是一个非常复杂的过程。

物资采购合同分建筑材料采购合同和设备采购合同，其合同当事人为供货方和采购方。供货方一般为物资供应单位或建筑材料和设备的生产厂家，采购方为建设单位（业主）、工程总承包单位或施工承包单位。供货方应对其生产或供应的产品质量负责，而采购方则应根据合同的规定进行验收。

1. 材料采购合同的主要内容

1）标的

主要包括购销物资的名称（注明牌号、商标）、品种、型号、规格、等级、花色、技术标准或质量要求等。合同中标的物应按照行业主管部门颁布的产品规定正确填写，不能用习惯名称或自行命名，以免产生差错。订购特定产品，最好还要注明其用途，以免产生不必要的纠纷。

标的物的质量要求应该符合国家或者行业现行有关质量标准和设计要求，且应该符合以产品采用标准、说明、实物样品等方式表明的质量状况。

合同内必须写明执行的质量标准代号、编号和标准名称，明确各类材料的技术要求、试验项目、试验方法、试验频率等。采购成套产品时，合同内也需要规定附件的质量要求。

2）数量

合同中应该明确所采用的计量方法，并明确计量单位。凡国家、行业或地方规定有计量标准的产品，合同中应按照统一标准注明计量单位，没有规定的，可由当事人协商执行，不可用含混不清的计量单位。应当注意的是，若建筑材料或产品有计量换算问题，则应该按照标准计量单位确定订购数量。

3）验收

合同中应该明确货物的验收依据和验收方式。验收方式有驻厂验收、提运验收、接运验收和入库验收等方式。

4）交货期限

应明确具体的交货时间。如果分批交货，要注明各个批次的交货时间。

交货日期的确定可以按照下列方式：

（1）供货方负责送货的，以采购方收货戳记的日期为准。

（2）采购方提货的，以供货方按合同规定通知的提货日期为准。

（3）凡委托运输部门或单位运输、送货或代运的产品，一般以供货方发运产品时承运单位签发的日期为准，不是以向承运单位提出申请的日期为准。

2. 设备采购合同的主要内容

成套设备供应合同的一般条款可参照建筑材料供应合同的一般条款，包括：产品（设备）的名称、品种、型号、规格、等级、技术标准或技术性能指标，数量和计量单位，包装标准及包装物的供应与回收，交货单位、交货方式、运输方式、交货地点、提货单位、交（提）货期限，验收方式，产品价格，结算方式，违约责任等。此外，还需要注意以下几个方面：

1）设备价格与支付

设备采购合同通常采用固定总价合同，在合同交货期内价格不进行调整。应该明确合同价格所包括的设备名称、套数，以及是否包括附件、配件、工具和损耗品的费用，是否包括调试、保修服务的费用等。合同价内应该包括设备的税费、运杂费、保险费等与合同有关的其他费用。

2）设备数量

明确设备名称、套数、随主机的辅机、附件、易损耗备用品、配件和安装修理工具等，应于合同中列出详细清单。

3）验收和保修

成套设备安装后一般应进行试车调试，双方应该共同参加启动试车的检验工作。试验合格后，双方在验收文件上签字，正式移交采购方进行生产运行。若检验不合格，属于设备质量原因，由供货方负责修理、更换并承担全部费用；如果由于工程施工质量问题，由安装单位负责拆除后纠正缺陷。

合同中还应明确成套设备的验收办法以及是否保修、保修期限、费用分担等。

15.3 建设工程承包风险管理及担保保险

15.3.1 工程总承包风险管理

工程总承包可以是全过程的承包,也可以是分阶段的承包。工程总承包的范围、承包方式、责权利等由合同约定。

项目部是工程总承包企业为履行项目合同而临时组建的项目管理组织,由项目经理负责组建。项目部在项目经理领导下负责工程总承包项目的计划、组织、实施、控制和收尾等工作。项目部是一次性组织,随着项目启动而建立,随着项目结束而解散。项目部从履行项目合同的角度对工程总承包项目实行全过程的管理,其中风险管理是重要的管理方向之一。

1. 风险管理的一般规定

(1)工程总承包企业应制定风险管理规定,明确风险管理职责与要求。

(2)项目部应编制项目风险管理程序,明确项目风险管理职责,负责项目风险管理的组织与协调。

(3)项目部应制定项目风险管理计划,确定项目风险管理目标。

(4)项目风险管理应贯穿于项目实施全过程,宜分阶段进行动态管理。

(5)项目风险管理宜采用适用的方法和工具。

(6)工程总承包企业通过汇总已发生的项目风险事件,可建立并完善项目风险数据库和项目风险损失事件库。

2. 风险识别

(1)项目部应在项目策划的基础上,依据合同约定对设计、采购、施工和试运行阶段的风险进行识别,形成项目风险识别清单,输出项目风险识别结果。

(2)项目风险识别过程宜包括下列主要内容:

① 识别项目风险,一般采用专家调查法、初始清单法、风险调查法、经验数据法和图解法等方法。

② 对项目风险进行分类。

③ 输出项目风险识别结果。

3. 风险控制

(1)项目部应根据项目风险识别和评估结果,制定项目风险应对措施或专项方案。对项目重大风险应制定应急预案。

(2)项目风险控制过程宜包括下列主要内容:

① 确定项目风险控制指标。

② 选择适用的风险控制方法和工具,一般采用审核检查法、费用偏差分析法和风险图表表示法等方法。

③ 对风险进行动态监测,并更新风险防范级别。

④ 识别和评估新的风险,提出应对措施和方法。

⑤ 风险预警。

⑥ 组织实施应对措施、专项方案或应急预案。

⑦ 评估和统计风险损失。

（3）项目部应对项目风险管理实施动态跟踪和监控。
（4）项目部应对项目风险控制效果进行评估和持续改进。

15.3.2 施工总承包风险管理

1. 风险管理的主要内容

（1）在合同签订前对风险作全面分析和预测。主要考虑工程实施中可能出现的风险种类；风险发生的可能性，可能发生的时间；风险的影响（即风险如果发生，对施工、工期和成本有哪些影响）。

（2）对风险采取有效的对策和计划，即考虑如果风险发生应采取什么措施予以防止，或降低它的不利影响，为风险作组织、技术、资金等方面的准备。

（3）在合同实施中对可能发生，或已经发生的风险进行有效的控制。采取措施防止或避免风险的发生；有效地转移风险，降低风险的不利影响，减少已方的损失；在风险发生的情况下对工程施工进行有效的控制，保证工程项目的顺利实施。

2. 合同风险的管理与防范

（1）合同风险管理与防范应从递交投标文件、合同谈判阶段开始，到工程合同实施完成为止。

（2）管理与防范措施：

① 合同风险的规避：充分利用合同条款；增设保值条款；增设风险合同条款；增设有关支付条款；外汇风险的回避；减少承包人资金、设备的投入；加强索赔管理，进行合理索赔。

② 风险的分散和转移：向保险公司投保；向分包人转移部分风险。

③ 确定和控制风险费：工程项目部必须加强成本控制，制定成本控制目标和保证措施。编制成本控制计划时，每一类费用及总成本计划都应适当留有余地。

15.3.3 工程担保及保险

1. 工程担保

常见的担保方式有五种：保证担保（第三方担保）、抵押、质押、留置和定金。

工程担保中大量采用的是第三方担保，即保证担保。建设工程中经常采用的担保种类有：投标担保、履约担保、预付款担保、支付担保、工程保修担保等。

2. 工程保险

1）保险概述

保险是指投保人根据合同约定向保险人支付保险费，保险人对合同约定的可能发生的事故所造成的损失承担赔偿保险金责任，或者当被保险人死亡、伤残、疾病或者达到合同约定的年龄、期限时承担给付保险金责任的商业保险行为。

2）工程保险的概念

工程保险是对以工程建设过程中所涉及的财产、人身和建设各方当事人之间权利义务关系为对象的保险的总称；是对建筑工程项目、安装工程项目及工程中的施工机具、设备所面临的各种风险提供的经济保障；是业主和承包商为了工程项目的顺利实施，以建设工程项目，包括建设工程本身、工程设备和施工机具以及与之有关联的人作为保险对象，向保险人支付保险费，由保险人根据合同约定对建设过程中遭受自然灾害或意外事故所造成的财产和人身伤害承担赔偿保险金责任的一种保险形式。投保人将威胁自己的工程风险通过按约缴纳保险费的办法转移给保险人（保险公司）。如果事故发生，投保人可以通过保险公司取得损失补偿，以保证自身免受或少受损失。其好处是付出一定量的保险费，换得遭受大量损失时得到补偿的保障，从而增强抵御风险的能力。

需要注意的是，业主和承包商投保后仍须预防灾害和事故，尽量避免和减少风险危害。工程保险并不能解决所有的风险问题，只是转移了部分重大风险可能带来的损害，业主和承包商仍然要采取各种有力措施防止事故和灾害发生，并阻止事故的扩大。

3）工程保险种类

按照国际惯例以及国内合同范本的要求，施工合同的通用条款对于易发生重大风险事件的投保范围作了明确规定，投保范围包括工程一切险、第三者责任险、人身意外伤害险、承包人设备保险、执（职）业责任险。

第16章 施工进度管理

16.1 工程进度影响因素与计划管理

16.1.1 工程进度影响因素

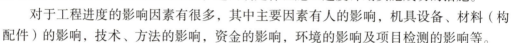

由于工程项目的施工特点,尤其是较大和复杂的施工项目工期较长,影响进度的因素较多,在编制、执行和控制施工进度计划时,必须充分认识和估计到这些因素,才能克服影响,使施工进度尽可能按计划进行。当出现偏差时,应考虑有关因素,分析产生偏差的原因,进而制定保证施工进度计划实施成功的措施。

对于工程进度的影响因素有很多,其中主要因素有人的影响,机具设备、材料(构配件)的影响,技术、方法的影响,资金的影响,环境的影响及项目检测的影响等。

1. 人的影响

人是项目完成的根本保障,对工程施工项目进度影响的主要人员有:

1)项目经理

项目经理是施工进度管理的主要责任人,负责项目部对外各协作单位的施工进度的进展,负责组织各种施工项目资源;识别、分解施工项目的各项任务,组织编制施工项目进度计划;管理和控制施工项目进度。因此项目经理的专业素养和管理能力是施工项目顺利进展的关键。

2)管理人员

施工项目部的管理人员是为了工程项目顺利进行而组建的一组具有与施工项目任务能力要求相匹配的专业工作人员,他们承担着每项工作的执行和实现。施工项目部内各组成人员的责任心和专业能力决定了其所担负任务的完成,施工项目部的个人作为会影响整个施工项目的进度。所以整个施工项目部的协助配合作业相当重要。

3)具体实施人员

施工项目具体工作需要有利益相关的一组具有一定技术能力的、熟练的操作人员,他们对工程项目的具体工作态度和支持程度,决定了整个工程项目能够获得的资源状态,而良好的资源配备,是工程项目施工进度顺利实现的可靠保证,反之也会给工程项目施工进度的顺利实现带来负面影响。

2. 机具设备、材料(构配件)的影响

(1)现代化施工过程中需要大量的符合施工要求的机具设备,从而满足工程施工需求,降低施工人员的操作强度,倘若机具设备无法满足,会极大延误工程项目进展及工程进度。

(2)施工过程中需要大量的材料(构配件),如果不能及时运抵施工现场或者运抵施工现场后发现质量不符合有关规定、规范的要求,都会对施工进度产生影响。

3. 技术、方法的影响

(1)技术的保证是施工质量的必要措施,如果施工过程中具有新技术或生僻技术,必然会对施工进度产生影响,所以必须不断学习新技术,研究生僻技术,从而提升技术操作能力,减少施工过程中的质量问题,避免对施工进度造成影响。

（2）正确的、先进的施工方法会对施工进度产生促进作用，保证施工项目顺利实现。

4. 资金的影响

施工项目建设需要足够的资金作为保障，既关系到工程项目所有人的利益所在，又是保证工程施工项目顺利进行的必然要求，可以激励参与的所有人开展有效工作，使得工程施工项目正常开展，确保进度计划顺利实施。

5. 环境的影响

由于市政公用工程所处的地理环境，一旦遭遇到天气、水文、地质等不利因素，必然会影响到施工进度，项目管理人员必须提前对地理环境出现的不利因素作出预判，正确制定应急预案，从而减少对施工进度的影响，保证施工顺利进行。

6. 项目检测的影响

各分项工程（检验批）完工后，及时进行质量自检，并利用信息技术同时通知监理工程师进行检测，避免由于检测的延后影响下道工序的正常施工，干扰施工进度。

16.1.2 工程进度计划管理

1. 工程进度计划管理措施

1）技术措施

（1）规划：确定项目的总进度目标和分进度目标。

（2）控制：在项目进展的全过程中，进行计划进度与实际进度比较，发现偏差及时采取措施纠正。

（3）协调：协调参与工程项目各单位之间的进度关系，协调外部关系，处理好扰民和民扰。

① 会议协调：利用到会的参建各方所拥有的信息，协调各方之间的进度关系和行动，促使进度目标实现。在各会上（如工地例会、专项协调会、施工进度推进会），根据总目标逐一排查工序时间节点，确定关键线路，缩短工期（加班、增加人员、增加设备、多付加急费用），保证如期完工。

② 技术支持：项目部利用自身专业优势，协调技术问题，解决施工中的难题，以此加快工程进度。

2）合同措施

（1）施工机具设备、材料（构配件）供应合同中应加紧对工期的控制，要有拖期违约金方面的约束条件。

（2）督促建设方资金（材料）到位，并做到及时拨付分包工程款。

（3）如因发包人原因导致工期延误，应及时向发包人索赔工期，此条款应放进承包合同里。

3）进度计划优化措施

（1）运用网络计划技术编制科学、合理的工程总体工期控制计划，并依据工程总体工期控制计划细化材料、设备、加工订货采购计划，专业分包招标计划，进场计划及分阶段进度计划。

（2）运用网络计划技术进行工期优化，费用优化，资源优化。其中最常用的是工期优化,其原理是通过压缩关键工序的持续时间满足工期缩短要求,其主要的步骤是通过网络计划确定关键线路。

(3)运用网络计划技术进行实施中的检验与调整。

(4)审查承包方施工组织中技术方面的各项措施,重点审查资源配备,采用先进工艺和方法。

2. 工程进度计划管理的控制措施

工程进度计划管理对工程进度控制的主要措施分为事前、事中和事后三个方面。

1)工程进度管理事前控制

编制本工程施工总进度计划,同时以总工期为依据,编制工程进度分阶段实施计划,包括施工准备计划,劳动力进场计划,施工材料、设备、机具进场计划,分包单位进场计划。对关键过程或特殊过程编制相应的施工进度计划,制定相应的节点,编制节点控制计划,编制施工节点实施细则,明确搭接和流水节拍。

2)工程进度管理事中控制

审核施工(供货、配合)单位进度计划、季度计划、月度计划,并监督施工单位按照已制定的施工进度计划加以实施。

每周定期与分包单位召开一次协调会,协调生产过程中产生的矛盾和存在的问题,按总承包方的每周施工进度要求检查完成情况,并落实下周施工生产进度。

在施工高峰时,每日施工结束前,召开一次碰头会,协商解决当天生产过程中和第二天生产中将会发生的问题。根据施工现场实际情况,及时修改和调整施工进度并定期向建设单位(发包方、开发商)、监理和设计单位通报施工过程进展情况。

3)工程进度管理事后控制

根据施工进度计划,及时组织有关部门进行分项工程施工验收。定期整理有关施工进度资料,汇总编目,建立相关档案,加强工程项目竣工管理。

16.1.3 工程进度风险管理

1. 工程进度风险的来源

在工程施工进度计划的执行中,实际的进度和计划的进度存在一定的差异,这种差异就是工程进度风险的来源。

2. 工程进度风险产生的原因

市政工程施工过程中,工程进度风险产生的原因可归纳为:人的因素、机械设备的因素、材料的因素、施工方法与施工技术的因素、水文地质与气象因素、其他社会因素及不可抗力。

其中主要原因为人的因素。包括施工单位本身的原因、业主的原因、设计或勘察单位的原因、监理单位的原因、有关地方主管部门或相关单位的原因等。

常见的产生工程进度风险的原因有:

(1)工程设计变更。

(2)业主提供的工程施工场地不能准时交付或无法满足工程施工需要。

(3)勘察资料不准确,暂缓施工。

(4)图纸提供不及时、不准确、有错误。

（5）材料、构配件、机械设备等供应不及时。
（6）施工组织设计不完善，无法指导具体施工。
（7）外界环境影响，如：交通导改问题、水电供应条件不具备等。
（8）社会干扰，如：周边居民协调不当、交通管制等。
（9）业主单位资金筹措与付款不及时。
（10）突发事件或不可抗力影响（如：恶劣天气、自然灾害、战争等）。

3. 工程进度风险的管理

工程进度风险的管理是动态的，是根据实际进度和计划进度的差异实时采取的进度管控措施，按照实际进度和计划进度的对应关系，可以分为以下五种情况。

（1）实际进度超前于计划进度。该情况是由于施工进度过快造成了施工质量失控、施工安全管理失控，应及时找到进度超前的工作，放缓施工进度。

（2）实际进度滞后于计划进度，且出现滞后的是关键工作。该情况会造成整体工程进度延误，这种影响最大，需要对原定的施工计划进行调整。

（3）实际进度滞后于计划进度，且出现滞后的是非关键工作，但是滞后时间超过了总时差。该情况会导致后续最早开工时间滞后，造成整体计划工期延长，应采取措施进行进度计划调整。

（4）实际进度滞后于计划进度，且出现滞后的是非关键工作，但是滞后时间超过了自由时差却没有超过总时差。该情况会导致后续最早开工时间滞后，但不会给整体计划的工期造成太大影响，一般不会对原定计划进行调整。

（5）实际进度滞后于计划进度，且出现滞后的是非关键工作，但是滞后时间没有超过其自由时差。该情况既不会给后续工作的最早开工时间造成影响，也不会对总工期造成影响，不必对原定计划进行调整。

16.2 施工进度计划编制与调整

16.2.1 施工进度计划编制

施工进度计划是项目施工组织设计的重要组成部分，对工程履约起着主导作用。编制施工总进度计划的基本要求是：保证工程施工在合同规定的期限内完成；迅速发挥投资效益；保证施工的连续性和均衡性；节约费用、实现成本目标。

1. 施工进度计划编制原则

1）符合有关规定

（1）符合国家政策、法律法规和工程项目管理的有关规定。
（2）符合合同条款有关进度的要求。
（3）兑现投标书的承诺。

2）先进可行

（1）满足企业对工程项目要求的施工进度目标。
（2）结合项目部的施工能力，切合实际地安排施工进度。
（3）应用网络计划技术编制施工进度计划，力求科学化，尽量在不增加资源的条件下，缩短工期。

(4) 能有效调动施工人员的积极性和主动性,保证施工过程中施工的连续性、协调性、均衡性和经济性。

(5) 有利于节约施工成本,保证施工质量和施工安全。

2. 施工进度计划编制

1) 编制依据

(1) 以合同工期为依据安排开、竣工时间。

(2) 设计图纸、材料定额、机械台班定额、工期定额、劳动定额等。

(3) 机具设备和主要材料的供应及到货情况。

(4) 项目部可能投入的施工力量及到货情况。

(5) 工程项目所在地的水文、地质及其他方面自然情况。

(6) 工程项目所在地资源可利用情况。

(7) 影响施工的经济条件和技术条件。

(8) 工程项目的外部条件等。

2) 编制流程

(1) 首先要落实施工组织;其次为实现进度目标,应注意分析影响工程进度的风险,并在分析的基础上采取风险管理的措施;最后采取必要的技术措施,对各种施工方案进行论证,选择既经济又能缩短工期的施工方案。

(2) 施工进度计划应准确、全面地表示施工项目中各个单位工程或各分部、分项工程的施工顺序、施工时间及相互衔接关系。施工进度计划的编制应根据各施工阶段的工作内容、工作程序、持续时间和衔接关系,以及进度总目标,按照资源优化配置的原则进行。在计划实施过程中应严格检查各工程环节的实际进度,及时纠正偏差或调整计划,跟踪实施,如此循环、推进,直至工程竣工验收。

(3) 施工总进度计划是以工程项目群体工程为对象,对整个工地的所有工程施工活动提出时间安排表;其作用是确定分部、分项工程及关键工序准备、实施期限、开工和完工的日期;确定人力资源、材料、成品、半成品、施工机具的需要量和调配方案,为项目经理确定现场临时设施、水、电、交通的需要数量和需要时间提供依据。因此,正确地编制施工总进度计划是保证工程施工按合同期交付使用、充分发挥投资效益、降低工程成本的重要基础。

(4) 规定各工程的施工顺序和开、竣工时间,以此为依据确定各项施工作业所必需的劳动力、机具设备和各种物资的供应计划。

3) 工程进度编制方法

常用的表达工程进度计划的方法有横道图和网络计划图两种形式。

(1) 采用横道图的形式表达单位工程施工进度计划,可比较直观地反映出施工资源的需求及工程持续时间。

(2) 网络计划又分双代号网络计划与单代号网络计划。采用网络图的形式表达单位工程施工进度计划,能充分揭示各项工作之间相互制约和相互依赖关系,并能明确反映出进度计划中的主要矛盾;可采用计算软件进行计算、优化和调整,使施工进度计划更加科学,也使进度计划的编制更能满足进度控制工作的要求。我国的施工企业多采用这种网络计划。

① 时间坐标网络计划：以时间坐标为尺度绘制的网络计划，每项工作箭线的水平投影长度与其持续时间成正比。

② 非时间坐标网络计划：又称标注时间网络计划，是不按时间坐标绘制的网络计划，每项工作箭线长度与持续时间无关，通常绘制的网络计划都是非时间坐标网络计划。

（3）横道图和网络计划图表示：

① 某基础工程、施工段、工作天数一览表见表16.2-1，图16.2-1是用横道图表示的施工进度计划。该基础工程的施工过程是：挖基槽→做垫层→做基础→回填土，两个施工段，工作天数均为3d。

表16.2-1　某基础工程、施工段、工作天数一览表

	工序	施工段与工作天数（d）	
		①	②
基础工程	挖基槽	3	3
	做垫层	3	3
	做基础	3	3
	回填土	3	3

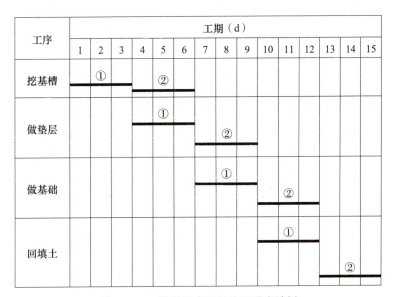

图16.2-1　横道图表示的施工进度计划

② 图16.2-2是用双代号时间坐标网络计划（简称时标网络计划）表示的施工进度计划。

③ 图16.2-3是用双代号标注时间网络计划（简称标时网络计划，又称非时标网络计划）表示的施工进度计划。

④ 图16.2-4为用单代号网络计划表示的施工进度计划。

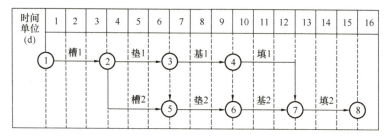

图 16.2-2 双代号时间坐标网络计划表示的施工进度计划

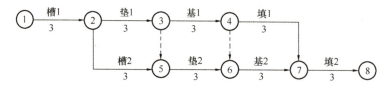

图 16.2-3 双代号标注时间网络计划表示的施工进度计划（单位：d）

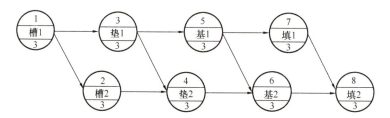

图 16.2-4 单代号网络计划表示的施工进度计划（单位：d）

4）工程进度计划编制示例

【示例 16.2-1】

某项目部承接的一项城镇道路工程，根据工程项目的施工特点、工艺流程、资源利用、平面或空间布置等要求，在组织施工时，可采用顺序作业法（依次作业法）、平行作业法和流水作业法三种方式：

（1）顺序作业法指当有若干任务时，作业队按照工艺流程和施工先后顺序依次进行操作，完成一项任务后，再去完成另一项任务，直到完成全部任务为止的作业方法。

（2）平行作业法指当有若干任务时，若干个作业队分别按照工艺顺序，同时开工，同时完成各项任务的作业方法。

（3）流水作业法指当有若干任务时，将各项任务划分为若干工序，各工序由专业队进行操作，相同的工序依次进行，不同的工序平行进行的作业方法。

流水作业法可以科学地利用工作面，实现不同专业作业队间平行作业。

为了说明三种施工方式，首先将拟建项目的城镇道路工程划分为工程量基本相同的三段道路（三个施工段），编号分别为Ⅰ、Ⅱ、Ⅲ，各段道路均可分解为路基、基层、面层三个施工过程，分别由相应的专业队按施工工艺要求依次完成，每个专业队在每段道路上的施工时间均为 5 周，各专业队的人数分别为 10 人、16 人和 8 人。三段道路工程施工的不同作业方法如图 16.2-5 所示。

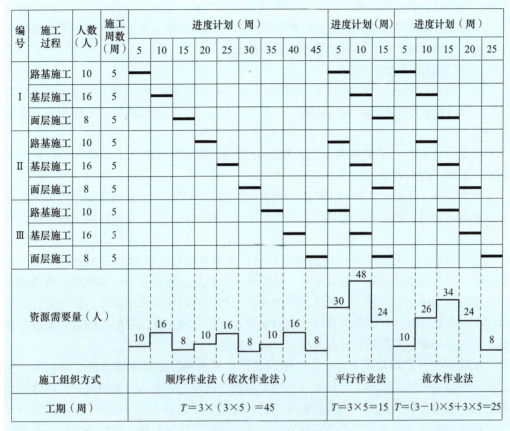

图 16.2-5 施工方式比较图

16.2.2 施工进度调整

1. 施工进度调整方法

跟踪进度计划的实施并进行监督，当发现进度计划执行受到干扰时，应及时采取调整计划的措施。

施工进度调整的方法主要有两种：

1）改变某些工作间的逻辑关系

当工程项目实施中产生的进度偏差影响到总工期，且有关工作的逻辑关系允许改变时，可以通过改变关键线路和超过计划工期的非关键线路上的有关工作之间的逻辑关系，达到缩短工期的目的。例如，将顺序进行的工作改为平行作业、搭接作业以及分段组织的流水作业等，都可以有效地缩短工期。

在施工进度计划调整中，工作关系的调整主要是指施工顺序的局部改变或作业过程相互协作方式的重新确认，目的在于充分利用施工的时间和空间进行合理交叉衔接，从而达到控制进度计划的目的。

2）缩短某些工作的持续时间

这种方法是不改变工程项目中各项工作之间逻辑关系，而通过增加资源投入（比如说利用早晚增加一些工作时间）、提高劳动效率等措施缩短某些工作的持续时间，使工程进度加快，保证按计划工期完成工程项目。这些被压缩持续时间的工作是位于关键线路和超过计划工期的非关键线路上的有关工作。这些工作又是持续时间可被压缩的工作，这种调整方法通常可以在网络图上直接进行。

2. 施工进度调整的内容

施工进度计划在实施过程中进行的必要调整必须依据施工进度计划检查审核结果进行。调整的内容应包括：施工内容、工程量、起止时间、持续时间、工作关系、资源供应等。

调整方式包括：单纯调整工期；资源有限—工期最短调整；工期固定—资源均衡调整；工期—成本调整。

单纯调整（压缩）工期——只能利用关键线路上的工作，并且要注意三点：一是该工作要有充足的资源供应；二是该工作增加的费用相对较少；三是不影响工程质量、安全和环境。

资源有限—工期最短——是指通过优化，使单位时间内资源的最大需用量小于资源限量，而为此需延长的工期又最少，使工期相对最短。资源有限—工期最短的优化必须在网络计划编制后进行。这种优化不改变各工作之间的先后顺序关系，只是通过调整时间计划得以实现。在资源调整时，应对资源冲突的各项工作的开始和结束时间进行调整，其选择标准是工期延长时间最少。

工期固定—资源均衡调整——工期固定是指要求项目在国家颁布的工期定额、甲乙双方签订的合同工期或上级机关下达的工期指标范围内完成。一般情况下，网络计划的工期不能超过这些规定。资源均衡问题是在可用资源数量充足并保持工期不变的前提下，通过调整部分非关键工作进度的方法，使资源的需用量随着时间的变化趋于平稳的过程。

工期—成本调整——要选好调整对象。调整的原则是：调整的对象必须是关键工作，该工作有压缩的潜力，并且与其他可压缩对象相比，赶工费是最低的。

3. 施工进度调整的步骤

分析施工进度计划检查结果→确定调整的对象和目标→选择适当的调整方法→编制调整方案→对调整方案进行评价和决策→调整→确定调整后付诸实施的施工进度计划。

4. 工程进度报告

1）目的

（1）工程施工进度计划检查完成后，项目部应向企业及有关方面提供施工进度检查报告。

（2）根据施工进度计划的检查审核结果，研究分析存在的问题，制定调整方案及相应措施，以保证工程施工合同的有效执行。

2）主要内容

（1）工程项目进度执行情况的综合描述。主要内容是：报告的起止期，当地气象及晴雨天数统计；施工计划的原定目标及实际完成情况，报告计划期内现场的主要大事记（如停水、停电、事故处理情况，收到建设单位、监理工程师、设计单位等指令文件情况）。

（2）实际施工进度图。
（3）工程变更、价格调整、索赔及工程款收支情况。
（4）进度偏差的状况和导致偏差的原因分析。
（5）解决问题的措施。
（6）计划调整意见和建议。

第 17 章 施工质量管理

项目质量管理应体现全员参与、全过程管理、管理对象及方法全面性的思想。采用质量策划、质量控制、质量保证、质量改进的 PDCA 循环质量管理原理,其中质量策划是龙头,质量保证是贯穿于产品形成全过程的活动。

17.1 质量策划

工程项目开工前应进行质量策划,确定质量目标和要求、质量管理组织体系及管理职责、质量管理与协调的程序、质量控制点、质量风险、实施质量目标的控制措施,并应根据工程进展实施动态管理。

17.1.1 质量目标确定

(1)贯彻执行国家相关法规、规范、标准及企业质量目标及创优目标。
(2)兑现合同约定的质量承诺。
(3)明确施工组织设计中的质量目标并将质量目标分解到人、到岗。

17.1.2 质量策划及实施

1. 质量策划基本要求

(1)质量策划应在项目策划阶段编制,应充分识别项目存在的质量风险,并根据项目实施过程中的质量控制点及特殊过程制定有效针对措施,还应保持与现行质量文件要求的一致性。

(2)质量策划应由施工项目负责人主持编制,项目技术负责人负责审核并报企业相关管理部门及企业技术负责人批准并得到监理单位认可后实施。

(3)项目质量策划应明确涉及的质量活动,并对其责任和权限进行分配,同时应考虑相互间的协调性和可操作性。

(4)质量策划应积极开展质量领域技术、管理、制度创新,增强质量发展创新动能。优先推行节能环保技术,实现施工现场绿色建造。

(5)质量策划应体现施工过程中从检验批、分项工程、分部工程到单位工程的过程控制,且应体现从资源投入、质量风险控制、特殊过程控制到完成工程施工质量最终检验试验的全过程控制。

(6)质量策划应实施动态管理,及时调整相关文件并监督实施,使其成为对外质量保证和对内质量控制的依据。

2. 质量策划内容

1)项目质量目标确定

2)项目质量管理体系与组织机构

(1)建立以项目负责人为首的质量保证体系与组织机构,实行质量管理岗位责任制。
(2)确定质量保证体系框图及质量控制流程图。

（3）明确项目部质量管理职责与分工。
（4）制定项目部人员及资源配置计划。
（5）制定项目部人员培训计划。

3）项目质量控制流程

（1）实施班组自检、工序或工种间互检、专业检查的"三检制"流程。
（2）明确施工项目部内、外部（监理）验收及隐蔽工程验收程序。
（3）明确试验检测质量控制程序。
（4）确定分包工程的质量控制流程。
（5）确定更改和完善质量保证计划的程序。
（6）确定评估、持续改进流程。

4）项目质量控制点

（1）影响施工质量的关键部位、关键环节。
（2）影响结构安全和使用功能的关键部位、关键环节。
（3）采用新技术、新工艺、新材料、新设备的部位和环节。
（4）隐蔽工程验收。

5）项目质量风险及特殊过程的识别

（1）对自身存在的质量风险进行辨识，并依据国家和地方相关的法律、法规、标准、规范及有关规程对质量风险进行合规性评价。
（2）识别施工全周期中的特殊过程。

6）项目质量管理控制措施

（1）针对工程的关键工序和特殊过程，编制专项质量技术标准、保证措施及作业指导书。
（2）根据工程实际情况，按分项工程项目制定具体的质量保证技术措施，并配备工程所需的各类技术人员。
（3）确定主要分项工程项目质量标准和成品保护措施。
（4）明确与施工阶段相适应的检验、试验、测量、验证要求。
（5）对于特殊过程，应对其连续监控。作业人员持证上岗，并制定相应的措施和规定。
（6）明确材料、设备物资等质量管理规定。

除去上述内容，质量策划中还应包括质量策划的编制依据、资源的需求和配置、工程部署规划、进度控制措施、质量突发事件的应急措施及对违规事件的报告和处理。

3. 质量策划实施

（1）质量策划实施的目的是确保施工质量满足工程施工技术标准和工程施工合同的要求，有效规避施工中存在的质量风险。
（2）市政公用工程经常面临专业工程多、地上地下障碍物多、专业之间及社会之间配合工作多、干扰多的问题导致施工中变化多。项目部进场后应由技术负责人组织对工程现场和周围环境的调研及详勘。
（3）在调研和详勘基础上，针对工程项目不确定因素、实体质量及质量管理影响因素，进行质量影响识别、分析和质量风险评估，指定风险响应及控制措施，减少风险源的存在，降低风险事故发生的概率，减少风险事故对项目质量造成的损害。

（4）在质量影响分析和质量风险评估基础上编制实施性施工组织设计和质量策划。

（5）项目管理人员应按照岗位责任分工，控制质量策划的实施。项目负责人对质量控制负责，质量管理由每一道工序和各岗位的责任人负责，并按规定保存控制记录。

（6）总承包单位就工程施工质量和质量保修工作向发包单位负责。分包工程的质量由分包单位向总承包单位负责。总承包单位就分包单位的工程质量向发包单位承担连带责任。分包单位应接受总承包单位的质量管理。

（7）质量控制应实行质量样板制和首段验收制。施工过程均应按要求进行自检、互检和专检。施工中，前一分项工程未经验收合格严禁进行后一分项工程施工。

（8）项目技术负责人应定期组织项目管理人员进行内部质量审核，验证质量策划的实施效果，当存在问题或隐患时，应提出解决措施。针对质量管理中关键问题和薄弱环节积极开展质量管理小组活动（QC小组），达到提升质量、降低消耗、提高人的积极性和创造性、提高经济效益的目的。

（9）施工项目部应建立质量责任制和考核评价办法。对于重复出现的不合格质量问题，责任人应按规定承担责任，并应依据验证评价的结果进行处罚。

17.2 施工质量控制

施工质量控制应贯彻全面、全员、全过程质量管理的思想，运用动态控制原理，进行质量的施工准备阶段、施工阶段及保修阶段质量控制。其中，施工准备阶段质量控制重点为质量策划和技术准备；施工阶段质量控制重点随着工程进度、施工条件变化确定；保修阶段做好工程回访与跟踪。

项目各阶段施工质量控制影响因素主要包括与施工质量有关的人员、施工机具、建筑材料、构配件和设备、施工方法、环境因素。

17.2.1 施工准备质量控制

1. 组织准备

（1）建立以项目经理为第一责任人的质量管理体系并保持其有效运行，配备与工程规模和技术难度相适应的施工管理人员和专业技术人员，明确各部门及主要人员质量责任。

（2）建立质量责任追溯制度、质量管理标准化制度，制定质量管理标准化方案，方案应明确人员管理、技术管理、材料管理、分包管理、施工管理、资料管理和验收管理等要求。

（3）在满足施工质量和进度的前提下合理组织、安排施工队伍，合同中应明确具体质量标准、各方质量控制的权利与责任。

（4）项目部应根据工程情况和培训需求组织施工管理人员和现场作业人员进行全员岗前、岗中质量培训，并应考核合格。质量培训应保留培训记录，应对人员教育培训情况实行动态管理。

（5）应根据项目特点及合同约定，制定技能工人配备方案，配备方案应报监理单位审查后实施。

2. 技术准备

（1）建设单位负责提供完整的通过审查的施工图纸、地质勘察报告等相关技术资料，施工项目部收集整理，指定专人管理并公布合格有效文件资料及清单。

（2）图纸会审前，项目技术负责人组织项目技术、质量、施工、试验、测量、物资、经营、分包单位等有关人员认真审查图纸，了解设计意图及施工达到标准，整理汇总相关问题形成图纸审查记录。

（3）项目负责人和项目技术负责人参加由建设单位组织的设计交底和图纸会审会议，形成各专业图纸会审记录及设计交底文件。

（4）图纸会审记录和设计交底文件应由建设单位、设计单位、监理单位和施工单位项目负责人确认。项目部收到后应核对图纸有效性，及时发放给相关部门及人员，做好收发台账。

（5）工程施工前编制施工组织设计、专项施工方案、质量策划方案、质量标准化方案、单位工程、分部分项工程和检验批的划分方案、试验检验及设备调试工作计划等技术质量文件，并按要求进行审批，超规模专项施工方案按规定组织专家论证。

（6）项目开工前应组织技术、质量、试验、施工、分包等工程质量相关人员进行质量管理专项交底，明确质量目标，签订质量责任书，并留存交底记录。

3. 物资准备

（1）项目负责人按质量策划中关于工程分包和物资采购的规定，经招标程序选择并评价分包人和供应商，保存评价记录。

（2）采用的主要材料、半成品、成品、构配件、器具和设备应具有质量合格证明资料并经进场检验，经监理工程师检查认可，不合格不准使用。

（3）机具设备根据施工组织设计进场，性能检验应符合施工需求。

（4）施工现场的材料、半成品、成品、构配件、器具和设备，在运输和储存时应采取确保其质量和性能不受影响的储存及防护措施。

4. 现场准备

（1）工程施工前，完成场地整平、施工路由通畅，并由建设单位提供给水水源、排水口位置、电源、通信等。

（2）做好设计、勘测的交桩和交线工作，建立施工控制网并测量放样。

（3）施工前对施工平面控制网和高程控制点进行复测，其复测成果应经监理单位查验合格，并应对控制网进行定期校核。

（4）建设符合国家及地方标准要求的现场试验室。

（5）按照交通疏导（行）方案修建临时施工便线、导行临时交通。

（6）根据现场施工条件及实际需要，搭建现场生产、生活、办公等临时设施。

17.2.2 施工实施阶段质量控制

1. 施工质量因素控制

1）施工人员控制

（1）项目部管理人员保持相对稳定，按照项目职能分工配备具有相应技能的人员。

（2）作业人员满足施工进度计划需求，关键岗位工种符合要求。

（3）建立绩效考核制度，依据职能分工定期对项目管理人员考核并记录。

（4）劳务人员实行实名制管理。

2）材料的质量控制

（1）工程采用的主要材料、半成品、成品、构配件、器具和设备应进行进场检验，验收合格的材料方能使用。涉及安全、节能、环境保护和主要使用功能的重要材料、产品应按各专业相关规定进行复验，并应经监理工程师检查认可。

（2）现场建立标准化材料存放区、加工区，对原材料、半成品、构配件区分标识，材料的搬运和储存按照相关规定进行。

（3）未经检验和已经检验为不合格的材料、半成品、构配件，必须按规定进行复验或退场处理。建立材料管理制度，采用限额领料制度，由施工人员签发限额领料单，库管员按单发货。

3）机具（械）设备的质量控制

（1）应按设备进场计划进行施工设备的调配。

（2）进场的施工机具（械）应经检测合格，满足施工需要。

（3）应对机具（械）设备操作人员的资格进行确认，无证或资格不符合者，严禁上岗。定期对机具（械）进行维修保养，并留有记录备查。

（4）应对测量与计量设备、仪器进行计量检定、校准合格，并确保在有效期内。计量人员应按规定控制计量器具的使用、保管、维修和验证，计量器具应符合有关规定，并应建立台账。

2. 施工过程质量控制

1）分项工程（工序）控制

（1）施工前应对施工管理人员和作业人员进行书面技术交底，交底的内容应包括施工作业条件、施工方法、技术措施、质量标准以及安全与环保措施等，并应保留相关记录。

（2）在施工过程中，施工方案、技术措施及设计变更实施前，项目技术负责人应对执行人员进行书面交底。

（3）分项工程施工，应实施样板示范制度，以多种形式直观展示关键部位、关键工序的做法与要求。

（4）施工管理人员应记录工程施工的情况，包括日期、天气、施工部位、施工质量、安全、进度情况及人员调配等相关内容。

2）质量检测

（1）建设单位应委托具备相应资质的第三方检测机构进行工程质量检测，检测项目和数量应符合抽样检验要求。非建设单位委托的检测机构出具的检测报告不得作为工程质量验收依据。检测机构严禁出具虚假检测报告。

（2）对涉及结构安全、节能、环境保护和主要使用功能的试块、试件及材料，应按规定进行见证检验。见证检验应在建设单位或者监理单位的监督下现场取样、送检，检测试样应具有真实性和代表性。

（3）分项工程（工序）的检验和试验应符合过程检验和试验的规定，对查出的质量缺陷应按不合格控制程序及时处置。

3）特殊过程控制

（1）依据一般过程质量控制要求编制针对性作业指导书。

（2）编制的作业指导书，应经项目部或企业技术负责人审批后执行。

4）不合格产品控制

（1）控制不合格品进入项目施工现场。

（2）对发现的不合格产品和过程，应按规定进行鉴别、标识、记录、评价和处置。

（3）不合格处置应根据不合格程度，按返工、返修，让步接收，降级使用，拒收（报废）四种情况进行处理。构成等级质量事故不合格的，应按国家法律、行政法规进行处理。

（4）对返修或返工后的产品，应按规定重新进行检验和试验，并应保存记录。

（5）进行不合格让步接收时，工程施工项目部应向发包人提出书面让步接收申请，记录不合格程度和返修的情况，双方签字确认让步接收协议和接收标准。

（6）对影响建筑主体结构安全和使用功能不合格的产品，应邀请发包人代表或监理工程师、设计人，共同确定处理方案，报工程所在地建设主管部门批准。

（7）检验人员必须按规定保存不合格控制的记录。

3. 施工质量事故预防与处理

1）施工质量事故分类

（1）工程质量事故是指由于建设、勘察、设计、施工、监理等单位违反工程质量有关法律法规和工程建设标准，使工程产生结构安全、重要使用功能等方面的质量缺陷，造成人员伤亡或者重大经济损失的事故。

（2）事故等级划分：

根据工程质量事故造成的人员伤亡或者直接经济损失，工程质量事故分为四个等级（本等级划分所称的"以上"包括本数，所称的"以下"不包括本数）：

① 特别重大事故，是指造成30人以上死亡，或者100人以上重伤，或者1亿元以上直接经济损失的事故。

② 重大事故，是指造成10人以上30人以下死亡，或者50人以上100人以下重伤，或者5000万元以上1亿元以下直接经济损失的事故。

③ 较大事故，是指造成3人以上10人以下死亡，或者10人以上50人以下重伤，或者1000万元以上5000万元以下直接经济损失的事故。

④ 一般事故，是指造成3人以下死亡，或者10人以下重伤，或者100万元以上1000万元以下直接经济损失的事故。

2）施工质量事故预防与控制

（1）质量事故预防：

① 施工现场应具有健全的质量管理体系，遵守相应的施工技术和质量检验标准。

② 工程施工质量控制应符合下列规定：

a. 工程采用的主要材料、半成品、成品、构配件应进行进场检验，对涉及结构安全和主要使用功能的试块及材料，应按规定进行见证检验。

b. 施工过程中每道施工工序完成后，应按施工技术标准进行质量控制，经验收符合规定后，进行下道工序。

c. 对涉及结构安全、节能、环境保护和使用功能的重要分部工程，应按规定进行抽样检验。

d. 工程质量验收应符合工程勘察设计文件要求，符合验收标准和规范规定。

（2）质量验收不合格的处理：

① 经返工返修或经更换材料、构件、设备等的检验批，应重新进行验收。

② 经有相应资质的检测单位检测鉴定能够达到设计要求的检验批，应予以验收。

③ 经有相应资质的检测单位检测鉴定达不到设计要求，但经原设计单位核算认可能够满足结构安全和使用功能要求的检验批，可予以验收。

④ 经返修或加固处理的分项工程、分部（子分部）工程，虽然改变外形尺寸但仍能满足结构安全和使用功能要求，可按技术处理方案文件和协商文件进行验收。

⑤ 通过返修或加固处理仍不能满足结构安全或使用功能要求的分部（子分部）工程、单位（子单位）工程，严禁验收。

⑥ 工程质量控制资料应齐全完整。当部分资料缺失时，应委托有资质的检测机构按有关标准进行相应的实体检验或者抽样试验。

（3）质量事故控制：

① 事故发生地住房城乡建设主管部门接到事故报告后，其负责人应立即赶赴事故现场，组织事故救援。

② 发生一般及以上事故，或者领导有批示要求的，设区的市级住房城乡建设主管部门应派员赶赴现场了解事故有关情况。

③ 发生较大及以上事故，或者领导有批示要求的，省级住房城乡建设主管部门应派员赶赴现场了解事故有关情况。

④ 发生重大及以上事故，或者领导有批示要求的，国务院住房城乡建设主管部门应根据相关规定派员赶赴现场了解事故有关情况。

3）事故报告和调查处理

（1）事故报告程序：

① 工程质量事故发生后，事故现场有关人员应当立即向工程建设单位负责人报告；工程建设单位负责人接到报告后，应于 1h 内向事故发生地县级以上人民政府住房城乡建设主管部门及有关部门报告。

情况紧急时，事故现场有关人员可直接向事故发生地县级以上人民政府住房城乡建设主管部门报告。

② 住房城乡建设主管部门接到事故报告后，应当依照下列规定上报事故情况，并同时通知公安、监察机关等有关部门：

a. 较大、重大及特别重大事故逐级上报至国务院住房城乡建设主管部门，一般事故逐级上报至省级人民政府住房城乡建设主管部门，必要时可以越级上报事故情况。

b. 住房城乡建设主管部门上报事故情况，应当同时报告本级人民政府；国务院住房城乡建设主管部门接到重大和特别重大事故的报告后，应当立即报告国务院。

c. 住房城乡建设主管部门逐级上报事故情况时，每级上报时间不得超过 2h。

（2）事故报告应包括下列内容：

① 事故发生的时间、地点、工程项目名称及项目负责人姓名、工程各参建单位名称及单位法定代表人姓名。

② 事故发生的简要经过、伤亡人数（包括下落不明的人数）和初步估计的直接经济损失。

③ 事故的初步原因。

④ 事故发生后采取的措施及事故控制情况。

⑤ 事故报告单位、联系人及联系方式。

⑥ 其他应当报告的情况。

（3）事故报告后出现新情况，以及事故发生之日起30d内伤亡人数发生变化的，应当及时补报。

（4）事故调查：

住房城乡建设主管部门要按照有关规定，积极组织或积极参与事故调查组，对质量事故、质量问题进行认真调查，核实情况，查清原因，认定责任，提出对责任单位和责任人员的处理意见或建议。调查组应自质量事故质量问题发生之日起60d内提交调查报告。特殊情况的，经负责调查的主管部门主要领导批准，提交调查报告的期限可以适当延长，但延长的期限最长不超过60d。

（5）事故处理：

① 住房城乡建设主管部门应当依据有关人民政府对事故调查报告的批复和有关法律法规的规定，对事故相关责任者实施行政处罚。处罚权限不属本级住房城乡建设主管部门的，应当在收到事故调查报告批复后15个工作日内，将事故调查报告（附具有关证据材料）、结案批复、本级住房城乡建设主管部门对有关责任者的处理建议等转送有权限的住房城乡建设主管部门。

② 住房城乡建设主管部门应当依据有关法律法规的规定，对事故负有责任的建设、勘察、设计、施工、监理等单位和施工图审查、质量检测等有关单位分别给予罚款、停业整顿、降低资质等级、吊销资质证书中一项或多项处罚，对事故负有责任的注册执业人员分别给予罚款、停止执业、吊销执业资格证书、终身不予注册中一项或多项处罚。

（6）质量事故质量问题通报：

各级住房城乡建设主管部门要及时通报质量事故质量问题，通报内容应包括工程项目名称，质量事故质量问题基本情况，各参建单位名称、法定代表人及项目负责人姓名，对于质量事故质量问题的查处结果，以及对相关责任单位和责任人的处罚情况。通报要通过网络、报纸等媒体向社会公布，特别是要向建筑市场、工程招标投标管理部门通报，以切实起到警示教育效果。

4. 项目质量改进

1）预防与策划

（1）施工项目部应定期召开质量分析会，对影响工程质量的潜在原因，采取预防措施。

（2）对可能出现的不合格产品，应制定预防措施并组织实施。

（3）对质量通病应采取防治措施。

（4）对潜在的严重不合格产品，应实施预防措施控制程序。

（5）施工项目部应定期评价预防措施的有效性。

2）纠正

（1）对发包方、监理方、设计方或质量监督部门提出的质量问题，应分析原因，制定纠正措施。

（2）对已发生或潜在的不合格信息，应分析并记录处理结果。

（3）对检查发现的工程质量问题或不合格报告提出的问题，应由工程施工项目技术负责人组织有关人员判定不合格程度，制定纠正措施。

（4）对严重不合格或重大质量事故，必须实施纠正方案及措施。

（5）实施纠正措施的结果应由施工项目技术负责人验证并记录；对严重不合格或等级质量事故的纠正措施和实施效果应验证，并应上报企业管理层。

（6）施工项目部或责任单位应定期评价纠正措施的有效性，进行分析、总结。

3）检查、验证

（1）项目部应对项目质量策划执行情况组织检查、内部审核及考核评价，验证实施效果。

（2）项目负责人应依据质量控制中出现的问题、缺陷或不合格情况，召开有关专业人员参加的质量分析会进行总结，并制定改进措施。

17.2.3　施工质量检查验收

1. 基本要求

（1）单位工程、分部工程、分项工程和检验批的划分方案是组织工程质量验收、整理施工技术资料的重要依据，与材料复检、见证检验、实体检验等密切相关，应在开工前由施工单位根据工程特点、施工进度、专业组成等因素制定。划分方案应包括工程概况、划分情况和划分示意图等内容，并由监理单位审核通过。

（2）施工质量验收应按照单位工程、分部工程、分项工程和检验批的划分方案，在施工过程中进行逐级检查验收，以便及时发现和处理施工中出现的质量问题，并应符合下列规定：

① 检验批应根据施工组织、质量控制和专业验收需要，按工程量、施工段划分，检验批抽样数量应符合有关专业验收规范的规定。

② 分项工程应根据工种、材料、施工工艺、设备类别划分。

③ 分部工程应根据专业性质、工程部位划分，市政公用工程涵盖了多种工程类别，工程特点、规模、工程量等差异较大，具体划分方式应按相关专业验收规范执行。

④ 单位工程应为具备独立使用功能的建筑物或构筑物；对市政道路、桥梁、管道、轨道交通、综合管廊等，应根据合同段并结合使用功能划分单位工程。

2. 验收程序

（1）检验批应由专业监理工程师组织施工单位项目专业质量检查员、专业工长等进行验收。

（2）分项工程应由专业监理工程师组织施工单位项目专业技术负责人等进行验收。

（3）分部工程应由总监理工程师组织施工单位项目负责人和项目技术负责人等进

行验收。勘察、设计单位项目负责人和施工单位技术、质量部门负责人应参加地基与基础分部工程的验收，设计单位项目负责人和施工单位技术、质量部门负责人应参加主体结构、节能分部工程的验收。

（4）单位工程完工后，施工单位应组织有关人员进行自检，总监理工程师应组织各专业监理工程师对工程质量进行竣工预验收，对存在的问题，应由施工单位及时整改。整改完毕后，由施工单位向建设单位提交工程竣工报告，申请工程竣工验收。

（5）单位工程中的分包工程完工后，分包单位应对所承包的工程项目进行自检，并应按标准规定的程序进行验收。验收时，总包单位应派人参加。分包单位应将所分包工程的质量控制资料整理完整后，移交总包单位，并应由总包单位统一归入工程竣工档案。

（6）建设单位收到工程竣工报告后，应由建设单位（项目）负责人组织施工（含分包单位）、设计、勘察、监理等单位（项目）负责人进行单位工程验收。

3. 验收合格依据

（1）检验批质量应按主控项目和一般项目验收，并应符合下列规定：

① 主控项目和一般项目的确定应符合国家现行强制性工程建设规范和现行相关标准的规定。

② 主控项目的质量经抽样检验应全部合格。

③ 一般项目的质量应符合国家现行相关标准的规定。

④ 主要工程材料的进场验收和复验合格，试块、试件检验合格。

⑤ 主要工程材料的质量保证资料以及相关试验检测资料齐全、正确；具有完整的施工操作依据和质量检查记录。

（2）分项工程质量验收合格应符合下列规定：

① 所含检验批的质量应验收合格。

② 所含检验批的质量验收记录应完整、真实。

（3）分部工程质量验收合格应符合下列规定：

① 所含分项工程的质量应验收合格。

② 质量控制资料应完整、真实。

③ 有关安全、节能、环境保护和主要使用功能的抽样检验结果应符合要求。

④ 外观质量验收应符合要求。

（4）单位（子单位）工程质量验收合格应符合下列规定：

① 单位（子单位）工程所含分部（子分部）工程的质量验收全部合格。

② 质量控制资料应完整。

③ 单位（子单位）工程所含分部（子分部）工程有关安全及使用功能的检测资料应完整。

④ 主体结构试验检测、抽查结果以及使用功能试验应符合相关规范规定。

⑤ 外观质量验收应符合要求。

4. 质量验收不合格的处理

（1）经返工返修或经更换材料、构件、设备等的检验批，应重新进行验收。

（2）经有相应资质的检测单位检测鉴定能够达到设计要求的检验批，应予以验收。

（3）经有相应资质的检测单位检测鉴定达不到设计要求，但经原设计单位核算认可能够满足结构安全和使用功能要求的检验批，可予以验收。

（4）经返修或加固处理的分项工程、分部（子分部）工程，虽然改变外形尺寸但仍能满足结构安全和使用功能要求，可按技术处理方案文件和协商文件进行验收。

（5）通过返修或加固处理仍不能满足结构安全或使用功能要求的分部（子分部）工程、单位（子单位）工程，严禁验收。

17.2.4 竣工后试运行阶段质量管理措施

1. 试运行阶段质量基本要求

工程应编制工程使用说明书，并应包括下列内容：

（1）工程概况。

（2）工程设计合理使用年限、性能指标及保修期限。

（3）主体结构位置示意图、管道线路布置示意图及复杂设备的使用说明。

（4）使用维护注意事项。

2. 试运行阶段质量保修管理

（1）工程施工单位应履行保修义务，并应与建设单位签署施工质量保修书，施工质量保修书中应明确保修范围、保修期限和保修责任。

（2）当工程在保修期内出现一般质量缺陷时，建设单位应向施工单位发出保修通知，施工单位应进行现场勘察、制定保修方案，并及时进行修复。

（3）当工程在保修期内出现涉及结构安全或影响使用功能的严重质量缺陷时，应由原设计单位或相应资质等级的设计单位提出保修设计方案，施工单位实施保修。保修完成后，工程应符合原设计要求。

（4）施工单位在保修期内应明确保修和质量投诉受理部门、人员及联系方式，并建立相关工作记录文件。

3. 项目质量改进

1）预防与策划

（1）施工项目部应定期召开质量分析会，对影响工程质量的潜在原因，采取预防措施。

（2）对可能出现的不合格产品，应制定预防措施并组织实施。

（3）对质量通病应采取防治措施。

（4）对潜在的严重不合格产品，应实施预防措施控制程序。

（5）施工项目部应定期评价预防措施的有效性。

2）纠正

（1）对发包人、监理方、设计方或质量监督部门提出的质量问题，应分析原因，制定纠正措施。

（2）对已发生或潜在的不合格信息，应分析并记录处理结果。

（3）对检查发现的工程质量问题或不合格报告提出的问题，应由工程施工项目技术负责人组织有关人员判定不合格程度，制定纠正措施。

（4）对严重不合格或重大质量事故，必须实施纠正方案及措施。

（5）实施纠正措施的结果应由施工项目技术负责人验证并记录；对严重不合格或等级质量事故的纠正措施和实施效果应验证，并应上报企业管理层。

（6）施工项目部或责任单位应定期评价纠正措施的有效性，进行分析、总结。

3）检查、验证

（1）项目部应对项目质量策划执行情况组织检查、内部审核和考核评价，验证实施效果。

（2）项目负责人应依据质量控制中出现的问题、缺陷或不合格情况，召开有关专业人员参加的质量分析会进行总结，并制定改进措施。

17.3 竣工验收管理

17.3.1 竣工验收要求

1. 竣工验收要求

（1）完成工程设计与合同约定的各项内容。

（2）施工单位在工程完工后对工程质量进行了检查，确认工程质量符合有关法律、法规和工程建设强制性标准，符合设计文件及合同要求，并提出工程竣工报告。工程竣工报告应经项目经理和施工单位有关负责人审核签字。

（3）对于委托监理的工程项目，监理单位对工程进行了质量评估，具有完整的监理资料，并提出工程质量评估报告。工程质量评估报告应经总监理工程师和监理单位有关负责人审核签字。

（4）勘察、设计单位对勘察、设计文件及施工过程中由设计单位签署的设计变更通知书进行了检查，并提出质量检查报告。质量检查报告应经该项目勘察、设计负责人和勘察、设计单位有关负责人审核签字。

（5）有完整的技术档案和施工管理资料。

（6）有工程使用的主要建筑材料、建筑构配件和设备的进场试验报告，以及工程质量检测和功能性试验资料。

（7）建设单位已按合同约定支付工程款。

（8）有施工单位签署的工程质量保修书。

（9）建设主管部门及工程质量监督机构责令整改的问题全部整改完毕。

（10）法律、法规规定的其他条件。

2. 竣工验收和工程竣工备案程序

（1）县级以上地方人民政府建设主管部门负责本行政区域内工程竣工验收的监督管理，具体工作可以委托所属的工程质量监督机构实施。负责监督该工程的工程质量监督机构应当对工程竣工验收的组织形式、验收程序、执行验收标准等情况进行现场监督，发现有违反建设工程质量管理规定行为的，责令改正，并将对工程竣工验收的监督情况作为工程质量监督报告的重要内容。

（2）工程竣工验收由建设单位负责组织实施。

（3）工程竣工验收与竣工备案程序：

① 勘察单位应编制勘察工程质量检查报告，按规定程序审批后向建设单位提交。

② 设计单位应对设计文件及施工过程的设计变更进行检查，并应编制设计工程质量检查报告，按规定程序审批后向建设单位提交。

③ 施工单位应自检合格，并应编制工程竣工报告，按规定程序审批后向建设单位提交。

④ 监理单位应在自检合格后组织工程竣工预验收，预验收合格后应编制工程质量评估报告，按规定程序审批后向建设单位提交。

⑤ 建设单位应在竣工预验收合格后组织监理、施工、设计、勘察等相关单位项目负责人进行工程竣工验收。

⑥ 建设单位必须在竣工验收7个工作日前将验收的时间、地点及验收组名单书面通知负责监督该工程的监督管理部门。

⑦ 建设单位应当自建设工程竣工验收合格之日起15d内，向工程所在地的县级以上人民政府建设主管部门（备案机关）备案。

⑧ 列入城建档案管理机构接收范围的工程，城建档案管理机构应按照建设工程竣工联合验收的规定对工程档案进行验收。

17.3.2 工程档案管理

1. 工程资料管理

1) 基本要求

（1）工程资料的形成应符合国家相关法律、法规、工程质量验收标准和规范、工程合同规定及设计文件要求。

（2）归档的纸质工程文件应为原件，应随工程进度同步收集、整理并按规定移交。

（3）工程资料应实行分级管理，分别由建设、监理、施工单位主管负责人组织本单位工程资料的全过程管理工作。

（4）工程文件内容应真实、准确，应与工程实际相符合。工程文件应字迹清楚，图样清晰，图表整洁，签字盖章手续应完备。

2) 分类与主要内容

（1）工程准备阶段文件（A类）：立项文件，建设规划用地、拆迁文件，勘察、设计文件，招标投标文件，开工审批文件、工程造价文件，工程建设基本信息等。

（2）监理文件（B类）：监理管理资料，进度控制文件，质量控制文件，造价控制文件，工期管理文件，监理验收文件等。

（3）施工文件（C类）：施工管理文件，施工技术文件，进度造价文件，施工物资文件，施工记录文件，施工试验记录及检测文件，施工质量验收文件，施工验收文件等。

（4）竣工图（D类）。

（5）工程竣工文件（E类）：竣工验收与备案文件，竣工决算文件，工程声像文件，其他工程文件等。

2. 施工资料管理

（1）施工合同中应对工程档案编制套数、质量要求、编制费用及承担单位、移交时间等内容作出明确规定。

（2）施工资料应由施工单位编制，按相关规范规定进行编制和保存，其中部分资料应移交建设单位、城建档案馆分别保存。

（3）总承包工程项目，由总承包单位负责收集、汇总各分包单位形成的工程档案，并及时向建设单位移交；各分包单位应将本单位形成的工程文件整理、立卷后及时移交总包单位。

（4）施工资料应随施工进度同步形成，及时整理，不得事后补编。

（5）施工资料，特别是需注册建造师签章的，应严格按有关法规规定签字、盖章。

（6）列入城建档案馆档案接收范围的工程，城建档案管理机构按照建设工程竣工联合验收的规定对工程档案进行验收。

3. 城市建设工程档案管理要求

（1）列入城建档案馆档案接收范围的工程，城建档案管理机构应对工程文件的立卷归档工作进行监督、检查、指导，并按照建设工程竣工联合验收的规定对工程档案进行验收。

（2）当地城建档案管理机构负责接收、保管和使用城市建设工程档案等日常管理工作。

（3）列入城建档案管理机构接收范围的工程，建设单位在工程竣工验收备案前，必须向城建档案管理机构移交一套符合规定的工程档案。

停建、缓建建设工程的档案，可暂由建设单位保管。

撤销单位的建设工程档案，应当向上级主管机关或者城建档案馆移交。

（4）对改建、扩建和维修工程，建设单位应组织设计、施工单位对改变部位据实编制新的工程档案，并应在工程竣工验收备案前向城建档案管理机构移交。

（5）当建设单位向城建档案管理机构移交工程档案时，应提交移交案卷目录，办理移交手续，双方签字、盖章后方可交接。

（6）城建档案的管理应当逐步采用新技术，实现管理现代化。每项建设工程应编制一套电子档案，随纸质档案一并移交城建档案管理机构。

（7）归档的纸质工程文件应为原件。声像资料的归档范围和质量要求应符合《城建档案业务管理规范》CJJ/T 158—2011 的要求。

第 18 章 施工成本管理

18.1 工程造价管理

第18章
看本章精讲课
做本章自测题

在项目管理中,工程造价管理是项目管理的一项重要内容,占有核心位置。工程造价与项目进度、质量、安全、物资、人力资源、机械设备、财务等紧密关联,涉及项目管理的诸多方面。

18.1.1 工程造价管理的范围

就项目阶段而言,工程造价管理是全寿命周期管理,贯穿于项目立项、设计、招标投标、项目实施、结算管理、运营管理全过程。根据工程建设的阶段不同,工程造价可分为估算、概算、预算、最高投标限价、投标价、合同价、结算价、决算价。

对投资项目,要进行投资效益测算,评估项目的可行性;对设计—采购—施工总承包(EPC)项目,要对不同设计方案进行经济比选;对投标项目,要计算项目的预算价格、成本价格,分析发包人的期望价格、竞争对手的价格,还要根据评分办法制定不同的投标报价策略。

18.1.2 投资估算、设计概算、施工图预算的应用

1. 建设项目投资估算的概念及其编制内容

投资估算是指在项目投资决策过程中,依据现有的资源和一定的方法,对建设项目将要发生的所有费用进行估算和预测。它是项目建设前期编制建议书和可行性研究报告的重要组成部分,是项目决策的重要依据之一。因此,投资估算的准确性应达到规定的要求,否则,必将影响项目建设前期的投资决策,而且也直接关系到下一阶段初步设计概算、施工图预算的编制及项目建设期的造价管理与控制。

1)投资估算的作用

投资估算作为论证项目建设前期的重要经济文件,既是项目决策的重要依据,又是项目建设前期实施阶段投资控制的最高限额。它对于建设项目的前期投资决策、工程造价控制、资金筹集等方面的工作都具有举足轻重的作用。

投资估算是建设项目前期决策的重要依据,投资估算是建设工程造价控制的重要依据,投资估算是建设工程设计招标的重要依据,投资估算是项目资金筹措及制定贷款计划的依据。

2)投资估算的内容

投资估算按照编制估算的工程对象划分,包括建设项目投资估算、单项工程投资估算和单位工程投资估算等。投资估算文件一般由封面、签署页、编制说明、投资估算分析、总投资估算表、单项工程估算表、主要技术经济指标等内容组成。

(1)专业构成内容

一个完整的建设项目,其工程估算内容分为建筑工程投资估算、安装工程投资估算、设备购置投资估算和工程建设其他费用估算四大类。

① 建筑工程投资估算：

建筑工程投资估算是指对各种厂房（车间）、仓库、住宅、宿舍、病房、影剧院商厦教学楼等建筑物和矿井、铁路、公路、桥涵、港口、码头等构筑物的土木建筑、各种管道、电气、照明线路敷设、设备基础、炉窑砌筑、金属结构工程以及水利工程进行新建或扩建时所需费用的计算。

② 安装工程投资估算：

安装工程投资估算是指对需要安装的机器设备进行组装、装配和安装所需全部费用的计算。包括生产、动力、起重、运输、传动、医疗、试验以及体育等设备，与设备相连的工作台、梯子、栏杆以及附属于被安装设备的管线敷设工程和被安装设备的绝缘保温、刷油等工程。

上述两类工程在基本建设过程中是必须兴工动料的工程，它通过施工活动才能实现，属于创造物质财富的生产性活动，是基本建设工作的重要组成部分。因此，其也是工程估算内容的重要组成部分。

③ 设备购置投资估算：

设备购置投资估算是指对生产、动力、起重、运输、传动、试验、医疗和体育等设备的订购采购估算工作。设备购置费在工业建设中，其投资费用占总投资的40%～55%。

④ 工程建设其他费用估算：

该项费用的估算一般有规定的指标，依据建设项目的有关条件主要有土地转让费、与工程建设有关的其他费用、建设单位费用、总预算费用、建设期贷款利息等。

（2）费用构成内容

① 建设项目投资估算的费用构成包括该项目从筹建、设计、施工直至竣工投资所需的全部费用，其分为固定资产投资和铺底流动资金两部分。

② 固定资产投资估算的内容包括建筑安装工程费、设备及工器具购置费、工程建设其他费用、基本预备费、涨价预备费、建设期贷款利息和固定资产投资方向调节税。固定资产投资可分为静态部分和动态部分。涨价预备费、建设期贷款利息和固定资产投资方向调节税构成动态投资部分，其余费用构成静态投资部分。

③ 铺底流动资金是指生产经营性项目投产后，用于购买原材料、燃料、支付工资及其他经营费用等所需的周转资金。

3）投资估算的编制依据

建设项目投资估算应做到方法科学、依据充分。其主要依据有：拟建工程的项目特征，类似工程的价格资料，项目所在地区状况，有关法规、政策规定等。

2. 建设项目设计概算的概念及其编制内容

工程设计概算是初步设计或扩大初步设计阶段，由设计单位按设计内容概略算出该工程从立项开始到交付使用之间全过程发生的建设费用文件。设计单位根据初步设计或扩大初步设计的图纸及说明，利用国家或地区颁发的概算指标、概算定额或综合指标预算定额、设备材料预算价格等资料，按照设计要求，概略地计算建筑物或构筑物的造价文件。其特点是编制工作较为简单，在精度上没有施工预算准确。采用两阶段设计的建设项目，初步设计阶段必须编制设计概算；采用三阶段设计的，扩大初步设计阶段必须编制修正概算。

1）设计概算作用

建设项目设计概算是设计文件的重要组成部分，是确定和控制建设项目全部投资的文件，是编制固定资产投资计划、实行建设项目投资包干、签订承发包合同的依据，是签订贷款合同、项目实施全过程造价控制管理以及考核项目经济合理性的依据。

2）设计概算分级

通常可分为单位工程概算、单项工程综合概算、建设工程总概算三级。

（1）单位工程概算：市政公用工程的单位工程往往包括多个专业的建设内容，如道路、桥梁、给水、排水、供热、燃气、垃圾填埋等专业工程，其单位工程概算包含这些有关专业的工程概算，同时还包含与之配套的设备及安装工程的概算。

（2）单项工程综合概算：是确定单项工程所需建设费用的文件，由各单位工程概算汇编而成。当不编制建设项目总概算时，单项工程综合概算除应包括各单位工程概算外，还应列出工程建设其他费用概算。

（3）建设工程总概算：是确定整个建设工程从立项到竣工验收所需建设费用的文件。它由各单项工程综合概算、工程建设其他费用以及预备费用概算汇总编制而成。

3）设计概算应包括的主要内容

（1）编制说明

① 项目概况：简述建设项目的建设地点、设计规模、建设性质（新建、扩建或改建）、工程类别、建设期（年限）、主要工程内容、主要工程量、主要工艺设备及数量等。

② 主要技术经济指标：项目概算总投资（有引进的给出所需外汇额度）及主要分项投资、主要技术经济指标（主要单位投资指标）等。

③ 资金来源：按资金来源不同渠道分别说明，发生资产租赁的说明租赁方式及租金。

④ 编制依据。

⑤ 其他需要说明的问题。

⑥ 总说明附表：建筑、安装工程工程费用计算程序表，引进设备材料清单及从属费用计算表，具体建设项目概算要求的其他附表及附件。

（2）概算总投资

① 概算总投资由工程费用、其他费用、预备费及应列入项目概算总投资中几项费用组成。

工程费用（第一部分费用）按单项工程综合概算组成编制，采用二级编制的按单位工程概算组成编制。市政公用建设项目一般排列顺序为：主体建（构）筑物、辅助建（构）筑物、配套系统；工业建设项目一般排列顺序为：主要工艺生产装置、辅助工艺生产装置、公用工程、总图运输、生产管理服务性工程、生活福利工程、厂外工程。

预备费包括基本预备费和价差预备费。应列入项目概算总投资中的几项费用，一般包括建设期利息、铺底流动资金、固定资产投资方向调节税（暂停征收）等。

② 综合概算以单项工程所属的单位工程概算为基础，采用"综合概算表"进行编

制,分别按各单位工程概算汇总成若干个单项工程综合概算。对单一的、具有独立性的单项工程建设项目,按二级编制形式编制,直接编制总概算。

(3)单位工程概算编制

① 单位工程概算是编制单项工程综合概算(或项目总概算)的依据,单位工程概算项目根据单项工程中所属的每个单体按专业分别编制。单位工程概算一般分建筑工程、设备及安装工程两大类。

② 建筑工程概算采用"建筑工程概算表"编制,按构成单位工程的主要分部分项工程编制,根据初步设计工程量按工程所在省、市、自治区颁发的概算定额(指标)或行业概算定额(指标),以及工程费用定额计算。

③ 设备及安装工程概算费用由设备购置费和安装工程费组成,其中,定型或成套设备购置费计算方法见式(18.1-1)。

$$定型或成套设备购置费 = 设备出厂价格 + 运输费 + 采购保管费 \qquad (18.1\text{-}1)$$

引进设备费用分外币和人民币两种支付方式,外币部分按美元或其他国际主要流通货币计算。

非标准设备原价有多种不同的计算方法,如综合单价法、成本计算估价法、系列设备插入估价法、分部组合估价法、定额估价法等。一般采用不同种类设备综合单价法计算,计算方法见式(18.1-2)。

$$设备费 = \sum 综合单价(元/t) \times 设备单重(t) \qquad (18.1\text{-}2)$$

工具、器具及生产家具购置费一般以设备购置费为计算基数,按照部门或行业规定的工具、器具及生产家具费率计算。

(4)概算调整

① 设计概算批准后,一般不得调整。由于下列原因需要调整概算时,由建设单位调查分析变更原因,报主管部门审批同意后,由原设计单位核实编制调整概算,并按有关审批程序报批。调整概算的原因:

a. 超出原设计范围的重大变更。

b. 超出基本预备费规定范围不可抗拒的重大自然灾害引起的工程变动和费用增加。

c. 超出工程造价调整预备费的国家重大政策性调整。

② 影响工程概算的主要因素已经清楚,工程量完成了一定量后方可进行调整,一个工程项目只允许调整一次概算。

③ 调整概算编制深度与要求、文件组成及表格形式同原设计概算,调整概算还应对工程概算调整的原因作出详尽分析说明,所调整的内容在调整概算总说明中要逐项与原批准概算对比,并编制调整前后概算对比表,分析主要变更原因。

④ 在上报调整概算时,应同时提供有关文件和调整依据。

4)概算文件的编审程序和质量控制

(1)设计概算文件编制的有关单位应当一起制定编制原则、方法,以及确定合理的概算投资水平,对设计概算的编制质量、投资水平负责。

(2)项目设计负责人和概算负责人对全部设计概算的质量负责;概算文件编制人员应参与设计方案的讨论;设计人员要树立以经济效益为中心的观念,严格按照批准的工程内容及投资额度设计,提出满足概算文件编制深度的技术资料;概算文件编制人员对投资的合理性负责。

（3）概算文件需经编制单位自审，建设单位（项目业主）复审，工程造价主管部门审批。

（4）概算文件的编制与审查人员必须具有国家注册造价工程师资格，或者具有省、市建设行政主管机关或行业协会颁发的造价员资格证，并根据工程项目大小按持证专业承担相应的编审工作。

（5）各造价协会（或者行业协会）、造价主管部门可根据所主管的工程特点制定概算编制质量的管理办法，并对编制人员采取相应的措施进行考核。

3. 建设项目施工图预算的概念及其编制内容

建设项目施工图预算（以下简称施工图预算）是建设工程项目招标投标和控制施工成本的重要依据。

1）施工图预算的作用

（1）施工图预算对建设单位的作用

① 施工图预算是施工图设计阶段确定建设工程项目造价的依据，是设计文件的组成部分。

② 施工图预算是建设单位在施工期间安排建设资金计划和使用建设资金的依据。

③ 施工图预算是招标投标的重要基础，既是工程量清单的编制依据，也是标底编制的依据。

④ 施工图预算是拨付进度款及办理结算的依据。

（2）施工图预算对施工单位的作用

① 施工图预算是确定投标报价的依据。

② 施工图预算是施工单位进行施工准备的依据，是施工单位在施工前组织材料、机具、设备及劳动力供应的重要参考，是施工单位编制进度计划、统计完成工作量、进行经济核算的参考依据。

③ 施工图预算是项目二次预算测算、控制项目成本及项目精细化管理的依据。

2）施工图预算编制形式与组成

（1）当建设项目只有一个单项工程时，应采用二级预算编制形式，二级预算编制形式由建设项目总预算和单位工程预算组成。

（2）当建设项目有多个单项工程时，应采用三级预算编制形式，三级预算编制形式由建设项目总预算、单项工程预算、单位工程预算组成。

建设项目总预算是反映施工图设计阶段建设项目投资总额的造价文件，是施工图预算文件的主要组成部分，由组成建设项目的各个单项工程预算和相关费用组成。

单项工程预算是反映施工图设计阶段一个单项工程（设计单元）造价的文件，是总预算的组成部分，由构成该单项工程的各个单位工程施工图预算组成。

单位工程预算是依据单位工程施工图设计文件、现行预算定额以及人工、材料和施工机具台班价格等，按照规定的计价方法编制的工程造价文件。市政公用工程施工图预算包括各专业工程预算和通用安装工程预算。市政公用工程施工图预算是城市功能各专业单位工程施工图预算的总称。

3）施工图预算的编制方法

（1）施工图预算的计价模式

① 传统计价模式，又称为定额计价模式，是采用国家主管部门或地方统一规定的定额和取费标准进行工程计价来编制施工图预算的方法。市政公用工程多年来一直使用定额计价模式，取费标准依据《全国统一市政工程预算定额》和地方统一的市政工程预算定额。一些大型企业还自行编制企业内部的施工定额，以提升企业的管理水准。

② 工程量清单计价模式是指按照国家统一的工程量计算规则，工程数量采用综合单价的形式计算工程造价的方法。计价主要依据是市场价格和企业的定额水平，与传统计价模式相比，计价基础比较统一，在很大程度上给了企业自主报价的空间。

（2）施工图预算编制方法

① 工料单价法是指以分部分项工程单价为直接工程费单价，直接工程费汇总后另加其他费用，形成工程预算价。具体可分成预算单价法、实物法。预算单价法取费依据是《全国统一市政工程预算定额》和地方统一的市政工程预算定额；实物法是依据施工图纸和预算定额的项目划分及工程量计算规则，先计算出分部分项工程量，然后套用预算定额（实物量定额）编制施工图预算的方法，但分部分项工程中工料单价应依据市场价格计价。

② 综合单价法是指分部分项工程单价综合了直接工程费以外的多项费用，依据综合内容不同，还可分为全费用综合单价和部分费用综合单价。我国目前推行的建设工程工程量清单计价其实就是部分费用综合单价，单价中未包括措施项目费、规费和税金，所以在工程施工图预算编制中必须考虑这部分费用在计价、组价中存在的风险。

4）施工图预算的应用

（1）招标投标阶段

① 施工图预算是招标单位编制标底的依据，也是工程量清单编制依据。

② 施工图预算造价是施工单位投标报价的依据。投标报价时应在分析企业自身优势和劣势的基础上进行报价，以便在激烈的市场竞争中赢得工程项目。

（2）工程实施阶段

① 施工图预算为施工单位进行工程项目施工准备和编制实施性施工组织设计提供重要的参考。

② 施工图预算是施工单位进行成本控制的依据，也是项目部进行成本目标控制的主要依据。

③ 施工图预算也是工程费用调整的依据。工程预算批准后，一般情况下不得调整。在出现重大设计变更、政策性调整及不可抗力等情况时可以调整。调整预算编制深度与要求、文件组成及表格形式同原施工图预算。调整预算还应对工程预算调整的原因作详尽分析说明，所调整的内容在调整预算总说明中要逐项与原批准预算对比，并编制调整前后预算对比表，分析主要变更原因。在上报调整预算时，应同时提供有关文件和调整依据。

18.2 施工成本管理

工程项目施工成本管理，是从工程投标报价到竣工结算完成整个阶段的管理过程。项目施工成本管理是项目部项目经理接受企业法人委托履约的重要指标之一。施工项目成本管理是运用必要的技术与管理手段对直接成本和间接成本进行严格组织和监督的一个系统过程，其目的在于控制预算的变化（降低项目成本、提高经济效益、增加工程结算收入），为项目部负责人的管理提供与成本有关的用于决策的信息。项目负责人应对项目实施过程中所消耗的人力、物资和各种费用支出，采取一系列措施进行严格的监督与控制，及时纠偏，总结经验，保证企业所下达施工成本目标的实现。

18.2.1 施工成本管理的不同阶段

施工项目成本管理应贯穿于施工项目从投标阶段开始直到项目竣工验收结算的全过程，它是企业全面成本管理的重要环节，可分为事前管理、事中管理、事后管理。

1. 施工前期的成本管理

在投标阶段通过成本预测，提出投标决策意见，中标后以合同为依据确定项目成本控制目标。在施工准备阶段，制定施工项目管理规划，编制具体的成本计划，为成本控制实施做好准备。在施工前期，还应根据项目建设时间的长短和参加建设人数的多少，编制间接费用预算，并对上述预算进行明细分解，以项目经理部有关部门责任成本的形式落实，为成本控制和绩效考评提供依据。

2. 施工期间的成本管理

施工期间的成本管理应抓住以下环节：

（1）加强施工任务单和限额领料单的管理，落实执行降低成本的各项措施，做好施工任务单的验收和限额领料单的结算。

（2）将施工任务单和限额领料单的结算资料进行对比，计算分部分项工程的成本差异，分析差异产生的原因，并采取有效的纠偏措施。

（3）做好月度成本原始资料的收集和整理，正确计算月度成本，分析月度预算成本和实际成本的差异，充分注意不利差异，认真分析有利差异的原因，特别重视盈亏比例异常现象的原因分析，并采取措施尽快加以纠正。

（4）在月度成本核算的基础上实行责任成本核算。即利用原有会计核算的资料，重新按责任部门或责任者归集成本费用，每月结算一次，并与责任成本进行对比，由责任者自行分析成本差异和产生差异的原因，自行采取纠正措施，为全面实施责任成本创造条件。

（5）经常检查对外合同履约情况，防止发生经济损失。

（6）加强施工项目成本计划执行情况的检查与协调。

3. 竣工验收、结算和保修阶段的成本管理

（1）精心安排、干净利落地完成竣工扫尾工作，把竣工扫尾时间缩短到最低。

（2）重视竣工验收工作，顺利交付使用，取得竣工验收证明。

（3）及时办理工程结算，包括对建设单位的结算和对内部分包方、供应商的结算，进行成本封账。

（4）工程保修期间，应由项目经理指定保修工作的责任者，根据实际情况提出保修计划，以此作为控制保修费用的依据。

18.2.2 施工成本管理的组织和分工

施工成本管理必须依赖于高效的组织机构。企业和项目部应根据施工成本管理实际的要求，确定管理职责。建立责权分明、全员参与、全程控制、工作规范的成本管理体系和制度来加强施工项目的成本管理。施工成本管理不仅是专业成本管理人员的工作，各级项目管理人员都应负有成本控制责任。管理的组织机构设置应符合下列要求：

1. 高效精干

施工成本管理组织机构设置的根本目的是实现施工成本管理总目标。施工成本管理组织机构的人员设置，应以能实现施工成本管理目标所要求的工作任务为原则。

2. 分层统一

施工项目的成本管理组织是企业施工成本管理组织的有机组成部分，从管理的角度看，施工企业是施工项目的母体。而施工项目成本管理实际上是施工企业成本管理的载体。施工项目成本管理要从施工作业班组开始，各负其责，上下协调统一，才能发挥管理组织的整体优势。

3. 业务系统化

施工项目成本管理和企业施工成本管理在组织上必须防止职能分工权限和信息沟通等方面的矛盾或重叠，各部门（系统）之间必须形成互相制约、互相联系的有机整体，以便发挥管理组织的整体优势。

4. 适应变化

市政公用工程施工项目具有多变性、流动性、阶段性等特点，这就要求成本管理工作和成本管理组织机构随之进行相应调整，以使组织机构适应施工项目的变化。

国内外有许多施工成本管理方法，企业和施工项目部应依据自身情况和实际需求进行选用，选用时应遵循以下原则：

（1）实用性原则——施工成本管理方法具有时效性、针对性，首先应对成本管理环境进行调查分析，以判断成本管理方法应用的可行性以及可能产生的干扰和效果。

（2）坚定性原则——施工成本管理通常会遇到各种干扰，人们的习惯性、传统心理会对新方法产生抵触，认为老方法用着顺手。应用某些新方法时可能受许多条件限制，产生干扰或制约等。这时，成本管理人员就应该有坚定性，克服困难，力争取得预期效果。

（3）灵活性原则——影响成本管理的因素多且不确定，必须灵活运用各种有效的成本管理方法（根据变化后的内部、外部情况，灵活运用，防止盲目套用）。

（4）开拓性原则——施工成本管理方法的创新，既要创造新方法，又要对成熟方法的应用方式进行创新。

18.2.3 施工项目目标成本的确定

施工项目成本计划是工程项目成本管理的一个重要环节，是在成本预测的基础上根据确定的成本目标值编制的实施计划,用来确定施工单位在计划期内完成一定数量的施工任务及所需支出的各项费用,是项目经理部对项目施工成本进行计划管理的工具。一般来说,施工项目成本计划应包括从开工到竣工所必需的施工成本,它是该施工项目控制施工生产耗费、开展增产节约的依据。成本计划是目标成本的一种形式。

1. 目标成本的概念

所谓目标成本是项目(或企业)对未来产品成本所规定的奋斗目标,它比已经达到的实际成本要低,但又是经过努力可以达到的。目标成本管理是现代化企业经营管理的重要组成部分,它是市场竞争的需要,是企业挖掘内部潜力,不断降低产品成本,提升整体工作质量的需要,是衡量企业实际成本节约或开支,考核企业在一定时期内成本管理水平高低的依据。

一个施工项目成本应包括从开工到竣工所必需的施工成本。项目管理的最终目标是低成本、高质量、短工期,而低成本是这三大目标的核心和基础;施工项目成本管理实质就是一种目标管理。

2. 目标成本的确定

确定目标成本,以施工图为基础,以本企业制定的项目施工组织设计及技术方案为依据,以实际价格和计划的物资、材料、人工、机械等消耗量为基准,估算工程项目的实际成本费用,据以确定成本目标。

一般而言,目标成本的计算方法如式(18.2-1)~式(18.2-3)所示:

$$项目目标成本=预计结算收入-税金-项目目标利润 \quad (18.2-1)$$
$$目标成本降低额=项目预算成本-项目目标成本 \quad (18.2-2)$$
$$目标成本降低率=目标成本降低额/项目预算成本 \quad (18.2-3)$$

3. 施工项目成本计划的类型

施工项目成本计划是计划期内的生产费用、成本水平、成本降低率以及为降低成本所采取的主要措施和规划的书面方案,它是建立施工项目成本管理责任制、开展成本控制与核算的基础,也是施工项目降低成本的指导文件。

按其形成作用可分为以下三种类型:

1)竞争性成本计划

竞争性成本计划是工程项目投标及签订合同阶段的估算成本计划。

2)指导性成本计划

指导性成本计划是选派项目经理阶段的预算成本计划,是项目经理的责任成本目标。

3)实施性成本计划

实施性成本计划是项目施工准备阶段的施工预算成本计划,利用企业的施工定额编制施工预算所形成的实施性施工成本计划。

施工项目成本计划要根据一定依据,对施工项目目标成本进行合理分解,在预测和确定施工项目计划成本的基础上进行编制。

18.2.4 施工成本控制

成本控制是通过预结算管理、合同及索赔管理、劳务分包管理、专业分包管理、材料机械管理、临时设施及现场经费管理、工程结算和资金管理等来实现。

1. 施工成本控制主要依据

1）工程承包合同

施工成本控制要以工程承包合同为依据，围绕降低施工成本的目标，从预算收入和实际成本两方面，努力挖掘增收、节支潜力，以求获得最大的经济效益。

2）施工成本计划

企业通过编制工程成本计划来分析中标合同收入同预算成本之间的差异，找到有待加强和控制的成本项目并提出改进措施，以便指导和控制工程项目实际成本的支出。

3）进度报告

进度报告提供了时限内工程实际完成量以及施工成本实际支付情况等重要信息。施工成本控制工作就是通过实际情况与施工成本计划相比较，找出两者之间的差别，分析偏差产生的原因，从而采取措施加以改进。

4）工程变更

在工程实施过程中，由于各方面的原因，工程变更很难避免。工程变更一般包括设计变更、进度计划变更、施工条件变更、技术规范与标准变更、施工顺序变更、工程数量变更等。一旦出现变更，工程量、工期、成本都将发生变化，从而使得施工成本控制变得复杂和困难。项目施工成本管理人员应通过对变更要求中各类数据的计算、分析，随时掌握变更情况，包括已发生工程量、将要发生工程量、工期是否拖延、支付情况等重要信息，判断变更以及变更可能带来的索赔额度等。

2. 施工成本控制理论方法

施工成本控制理论方法有制度控制、定额控制、指标控制、价值工程和挣值法等。

其中挣值法主要是支持项目绩效管理，最核心的目的就是比较项目实际与计划的差异，关注的是实际中的各个项目任务在内容、时间、质量、成本等方面与计划的差异情况，然后根据这些差异，可以对项目中剩余的任务进行预测和调整。

3. 施工成本控制重点

1）劳务分包管理和控制

（1）建立劳务分包队伍的注册与考核制度。

（2）做好劳务分包队伍的选择与分包合同签订工作：

① 合理选择施工队伍，以合理低价选择优秀的劳务队伍。

② 劳务费单价的范围应该在合同中明确规定。

③ 做好劳务分包队伍进场和退场管理工作：

外部施工队伍入场前要进行入场及安全教育，施工过程中进行指导、培训与监督。特殊工种培训上岗。退场时，项目部按合同检查分包工程质量，清点劳务分包方退还的证件、工具、材料等，在劳务分包方按计划退场后，办理劳务分包结算及履约手续的退还。

④ 优化对整建制队伍的管理，防止以包代管。

⑤ 规范劳务分包的结算：

在工程施工过程中，项目部按劳务分包合同规定与劳务分包人办理进度款结算，劳务分包工程完工后，项目部与劳务分包人办理劳务分包工程最终结算。

2）材料费的控制

(1) 供应商管理。供应商应该经过资格预审、供应商考察、供应商评审、供应商考核等管理环节。项目部对项目实施过程中所使用物资的供应商建立数据库，以满足物资管理及工程保修要求。

(2) 对材料价格进行控制。实行买家控制，在保质保量的前提下，货比三家，择优购料。可以对大宗材料采购实行竞标制，也可与大型供应商签订长期供货合同。材料管理人员须经常关注材料价格的变动，并积累系统的市场信息。

(3) 对材料消耗量的控制。按照成本计划中该项目月度或分部分项施工所需要的材料消耗量，实行限额领料制度。超出限额领料，要分析原因，及时采取纠正措施。加强材料的计量控制，认真计量验收，余料回收，降低料耗水平。此外，采取加强现场材料管理，减少材料运输和储存过程中的损耗，控制工序施工质量一次合格，避免返修和增加材料损耗等措施控制材料消耗量。

(4) 支架、脚手架、模板等周转材料的控制：

周转材料重复使用的次数越多，投入量越小，对降低成本所起的作用越大。周转材料应该配置合理，避免积压或数量不够影响工期。使用完毕后，及时做到退场退料。

(5) 对建设方提供物资的管理：

项目部对建设方物资要做好质量、样品、价格签证确认手续。组织物资进场、验收检验、储存、使用管理及不合格物资管理。项目部对建设方提供物资定期清理，按合同规定对账，办理相应的结算手续。

3）施工机械使用费的控制

施工项目机械设备包括两类：一类是租赁设备，另一类是自有设备。

(1) 租赁设备机械费的管理主要是控制好租赁合同价格。租赁合同一般在结算期内不变动，关键问题是控制实际用量。对设备电费等问题要在合同单价条款中加以明确。

(2) 自有机械设备的管理。对自有或融资租赁设备，应根据施工组织设计和施工方案中要求配备的数量，结合工程结构特点和工期要求，合理选择机械的型号规格，充分发挥机械的效能。加强平时的机械维护保养，保证机械完好，提高机械利用率，减少机械成本。

(3) 做好机械设备进退场管理。对设备的完好状态、安全及环保性能进行验收。

(4) 机械费控制要点：

① 优化施工方案，通过合理的施工组织、机械调配，提高机械设备的利用率和完好率。

② 及时掌握市场信息，充分利用社会闲置机械资源，从不同角度降低机械台班价格。

③ 加强现场设备的维修、保养工作，降低大修、经常性修理等各项费用的开支。

④ 项目部设备工程师按机械设备管理规程对设备日常运转进行监督管理。对在用

设备的使用台班进行统计。

18.2.5 施工成本核算

施工成本核算是按照规定的成本开支范围，对施工实际发生费用所做的总计；是对核算对象计算施工的总成本和单位成本。成本核算是对成本计划是否得到实现的检验，它对成本控制、成本分析和成本考核、降低成本、提高效益有重要的积极意义。

1. 项目施工成本核算的对象

施工成本核算的对象是指在计算工程成本中，确定归集和分配产生费用的具体对象，即产生费用承担的客体。成本计算对象的确定，是设立工程成本明细分类账户、归集和分配产生费用以及正确计算工程成本的前提。

单位工程是合同签约、编制工程预算和工程成本计划、结算工程价款的计算单位。按照分批（订单）原则，施工成本一般应以每一独立编制施工图预算的单位工程为成本核算对象，但也可以按照承包工程的规模、工期、结构类型、施工组织和施工现场等情况，结合成本管理要求，灵活划分成本核算对象。一般而言，划分成本核算对象有以下几种：

（1）一个单位工程由多个施工单位共同施工时，各个施工单位均以同一单位工程为成本核算对象，各自核算自行完成的部分。

（2）规模大、工期长的单位工程，可以按工程分阶段或分部位作为成本核算对象。

（3）同一"建设项目合同"内的多项单位工程或主体工程和附属工程可列为同一成本核算对象。

（4）改建、扩建的零星工程，可把开竣工时间相近的一批工程，合为一个成本核算对象。

（5）土石方工程、桩基工程，可按实际情况与管理需要，以一个单位工程或合并若干单位工程为成本核算对象。

2. 项目施工成本核算的内容

进行成本核算时，能够直接计入有关成本核算对象的，直接计入；不能直接计入的，采用一定的分配方法分配计入各成本核算对象成本，然后计算出工程项目的实际成本。

（1）人工费。包括在施工过程中直接从事建筑安装施工工人的工资、奖金、津贴、劳动保险费、劳动保护费等。人工费计入成本的方法，一般应根据企业实行的具体工资制度而定。在实行计件工资制度时，所支付的工资一般能分清受益对象，应根据"工程任务单"和"工资计算汇总表"将归集的工资直接计入成本核算对象的人工费成本项目中。实行计时工资制度时，在唯一一个成本核算对象内进行核算或者所发生的工资在各个成本核算对象之间进行分配，再分别计入。

（2）材料费。包括在施工生产过程中耗用的构成工程实体的原材料、辅助材料、机械零配件等，以及周转材料等的摊销和租赁费。工程项目耗用的材料，应根据限额领料单、退料单、报损报耗单，大堆材料耗用计算单等计入工程项目成本。凡领料时能点清数量、分清成本核算对象的，应在有关领料凭证（如限额领料单）上注明成本核算对象名称，据以计入成本核算对象。领料时虽能点清数量，但需集中配料或统一下料的，则由材料管理人员或领用部门，结合材料消耗定额将材料费分配计入各成本核算对象。领料时不能点清数量和分清成本核算对象的，由材料管理人员或施工现场保管员保管，月末实地盘点结存数量，结合月初结存数量和本月购进数量，倒推出本月实际消耗量，再结合材料耗用定额，编制"大堆材料耗用计算表"，据以计入各成本核算对象的成本。

（3）施工机械使用费。指在施工生产过程中使用的自有施工机械所发生的折旧费、租用外单位施工机械所发生的租赁费、施工机械安装费、拆卸和进出厂费用。从外单位或本企业内部独立核算的机械厂租入施工机械支付的租赁费，直接计入成本核算对象的机械使用费。自有机械费用应按各个成本核算对象实际使用的机械台班数计算所分摊的机械使用费，分别计入不同的成本核算对象成本中。

此外，还有专业分包费、其他直接费、项目部管理费等费用需要直接或者分配计入成本核算对象。

3. 项目施工成本核算的方法

1）表格核算法

建立在内部各项成本核算的基础上，由各要素部门与核算单位定期采集信息，按相关规定填制表格，完成数据比较、考核与简单核算，形成项目施工成本核算体系，作为支撑项目施工成本核算的平台。由于表格核算法具有便于操作和表格格式自由的特点，可以根据企业管理方式和要求设置各种表格，因而对项目内各岗位成本的责任核算比较实用。

2）会计核算法

建立在会计核算的基础上，利用会计核算所独有的借贷记账法和收支全面核算的综合特点，按照项目施工成本内容与收支范围，组织项目施工成本核算。其优点是核算严密、逻辑性强、人为调校因素较小、核算范围较大；但对核算人员的专业水平要求很高。

总的说来，用表格核算法进行项目施工各个岗位成本的责任核算与控制以及用会计核算法进行项目成本核算，两者互补，可以确保项目施工成本核算工作的质量。

18.2.6 施工成本分析

施工成本分析，就是根据成本核算提供的资料，对成本形成过程和影响成本升降的因素进行分析，以寻求进一步降低成本的途径，包括成本中有利偏差的挖掘和不利偏差的纠正；通过成本分析，可以透过账簿、报表反映的成本现象看到成本实质，从而增强成本的透明度和可控性，为加强成本控制，实现成本目标创造条件。

1. 施工成本分析的任务

（1）正确计算成本计划的执行结果，计算产生的差异。
（2）找出产生差异的原因。
（3）对成本计划的执行情况进行正确评价。
（4）提出进一步降低成本的措施和方案。

2. 施工成本分析的形式

施工成本分析的内容一般包括以下形式:

(1) 按施工进展进行的成本分析

包括:分部分项工程分析、月(季)度成本分析、年度成本分析、竣工成本分析。

(2) 按成本项目进行的成本分析

包括:人工费分析、材料费分析、机械使用费分析、专业分包费分析、项目管理费分析。

(3) 针对特定问题和与成本有关事项的分析

包括:施工索赔分析、成本盈亏异常分析、工期成本分析、资金成本分析、技术组织措施节约效果分析、其他有利因素和不利因素对成本影响的分析。

3. 施工成本分析的方法

由于工程成本涉及的范围很广,需要分析的内容很多,应该在不同的情况下采取不同的分析方法。

1) 比较法

比较法又称指标对比分析法,是通过技术经济指标的对比,检查目标的完成情况,分析产生差异的原因,进而挖掘内部潜力的方法。这种方法具有通俗易懂、简单易行、便于掌握的特点,因而得到广泛的应用,但在应用时必须注意各项技术经济指标的可比性。比较法的应用形式有:实际指标与目标指标对比;本期实际指标与上期实际指标对比;实际指标与本行业平均水平或先进水平对比。

2) 因素分析法

因素分析法又称连锁置换法或连环替代法。可用这种方法分析各种因素对成本形成的影响程度。在进行分析时,首先要假定众多因素中的一个因素发生了变化,而其他因素则不变,然后逐个替换,并分别比较其计算结果,以确定各个因素变化对成本的影响程度。

3) 差额计算法

差额计算法是因素分析法的一种简化形式,是利用各个因素的目标值与实际值的差额计算对成本的影响程度。

4) 比率法

比率法是用两个以上指标的比例进行分析的方法。常用的比率法有相关比率、构成比率和动态比率三种。

【案例 18.2-1】

1. 背景

某公司中标承建一条城镇道路工程,原设计是水泥混凝土路面,因拆迁延期,严重影响了工程进度,为满足按期竣工通车要求,建设方将水泥混凝土路面改为沥青混合料路面。对这一重大变更,施工项目部在成本管理方面拟采取如下应对措施:

措施一:依据施工图,根据国家统一定额、取费标准编制施工图预算,然后依据施工图预算打八折,作为沥青混合料路面工程承包价与建设方签订补充合同;以施工图预算的七折作为沥青混合料路面工程目标成本。

措施二：要求工程技术人员的成本管理责任如下：落实质量成本降低额及合理化建议产生的成本降低额。

措施三：要求材料人员控制好以下成本管理环节：① 计量验收；② 降低采购成本；③ 限额领料；④ 及时供货；⑤ 减少资金占用；⑥ 旧料回收利用。

措施四：要求测量人员按技术规程和设计文件要求，对路面宽度和厚度实施精确测量控制。

2. 问题

（1）对材料管理人员的成本管理责任要求是否全面？如果不全面请补充。

（2）对工程技术人员成本管理责任要求是否全面？如果不全面请补充。

（3）沥青路面工程承包价和目标成本的确定方法是否正确？原因是什么？

（4）请说明测量人员对路面宽度和厚度实施精确测量控制与成本控制的关系。

3. 参考答案

（1）不全面。应补充：① 材料采购和构件加工，要择优选择；② 要减少采购过程中的管理损耗。

（2）不全面。应补充：① 根据现场实际情况，科学合理地布置施工现场平面，为文明施工、绿色施工创造条件，减少浪费；② 严格执行技术安全方案，减少一般事故，消灭重大安全事故和质量事故，将事故成本降到最低。

（3）不正确。原因：① 计算承包价时要根据必需的资料，依据招标文件、设计图纸、施工组织设计、市场价格、相关定额及计价方法进行仔细的计算；② 计算目标成本（即计划成本）时要根据国家统一定额或企业定额编制施工预算。项目部的做法会增加成本风险。

（4）项目经理要求测量人员对路面宽度和厚度实施精确测量，一方面保证施工质量；另一方面也是控制施工成本的措施。因为沥青混合料每层的配合比不同，价格差较大（越到上面层价格越贵）；只有精确控制路面宽度、高度（实际上是每层厚度），才能减少不应有的消耗和支出，严格按成本目标控制成本。

18.3　工程结算管理

18.3.1　工程结算

工程价款结算是指对建设工程的发、承包合同价款进行约定和依据合同约定进行工程预付款、工程进度款、工程竣工价款结算的活动。

工程结算是反映工程进度的主要指标，是业主对承包商工作的认可。工程结算是加速资金周转的重要环节，是考核经济效益的重要指标。

18.3.2　工程计量

工程计量是发、承包双方根据合同约定，对承包人完成合同工程的数量进行的计算和确认。对承包人已经完成的合格工程进行计量并予以确认，是发包人支付工程价款的前提工作。因此，工程计量不仅是发包人控制施工阶段工程造价的关键环节，也是约束承包人履行合同义务的重要手段。

1. 工程计量的概念

所谓工程计量，就是发、承包双方根据合同约定，对承包人完成合同工程的数量进行的计算和确认。具体地说，就是双方根据设计图纸、技术规范以及施工合同约定的计量方式和计算方法，对承包人已经完成的质量合格的工程实体数量进行测量与计算，并以物理计量单位或自然计量单位进行表示、确认的过程。

招标工程量清单中所列的数量通常是根据设计图纸计算的数量，是对合同工程的估计工程量。工程施工过程中，通常会由于一些原因导致承包人实际完成工程量与工程量清单中所列工程量不一致（比如：招标工程量清单缺项、漏项或项目特征描述与实际不符；工程变更；现场施工条件的变化；现场签证；暂列金额中的专业工程发包等），因此，在工程合同价款结算前，必须对承包人履行合同义务所完成的实际工程进行准确计量。

2. 工程计量的方法

工程量必须按照相关工程现行国家计量规范规定的工程量计算规则计算。工程计量可选择按月或按工程形象进度分段计量，具体计量周期应在合同中约定。因承包人原因造成的超出合同工程范围施工或返工的工程量，发包人不予计量。通常区分单价合同和总价合同规定不同的计量方法。

1）单价合同计量

工程量必须以承包人完成合同工程应予计量的工程量确定。

施工中进行工程计量，若发现招标工程量清单中出现缺项、工程量偏差，或因工程变更引起工程量的增减，应按承包人在履行合同义务中完成的工程量计算。

承包人完成已标价工程量清单中每个项目的工程量并经发包人核实无误后，发、承包双方应对每个项目的历次计量报表进行汇总，以核实最终结算工程量，并应在汇总表上签字确认。

2）总价合同计量

采用工程量清单方式招标形成的总价合同，工程量应按照与单价合同相同的方式计算。采用经审定批准的施工图纸及其预算方式发包形成的总价合同，除按照工程变更规定引起的工程量增减外，总价合同各项目的工程量应是承包人用于结算的最终工程量。

18.3.3 工程预付款结算

工程预付款由发包人按照合同约定，在正式开工前由发包人预先支付给承包人，用于购买工程施工所需要的材料与组织施工机械和人员进场的价款。

工程预付款主要是保证施工所需材料和构件的正常储备，具体数值没有统一的规定，确定方法主要有百分比法和公式计算法，具体确定方法需要在合同中约定。

1. 百分比法

百分比法是指发包人根据工程的特点、工期长短、市场行情、供求规律等因素，招标时在合同条件中约定工程预付款的百分比。包工包料工程的预付款支付比例不得低于签约合同价（扣除暂列金额）的10%，不宜高于签约合同价（扣除暂列金额）的30%。

2. 公式计算法

公式计算法是指根据主要材料（包括预制构件）占年度承包工程总价的比重、材料储备定额天数和年度施工天数等因素，通过公式计算预付款额度的一种方法。计算方法见式（18.3-1）：

工程预付款数额＝[年底工程总价×材料比例(%)/年度施工天数]×材料储备定额天数

(18.3-1)

其中材料储备定额天数由当地材料供应的在途天数、加工天数、整理天数、供应间隔天数、保险天数等因素决定。

18.3.4 工程进度款结算

工程进度款是指发包人在合同工程施工过程中，按照合同约定对付款周期内承包人完成的合同价款给予支付的款项，属于合同价款期中结算支付。发、承包双方应按照合同约定的时间、程序和方法，根据工程计量结果办理期中价款结算、支付进度款。同工程计量周期一致。

1. 已完工程的结算价款

已标价工程量清单中的单价项目，承包人应按工程计量确认的工程量与综合单价计算；综合单价发生调整的，以发、承包双方确认调整的综合单价计算进度款。

已标价工程量清单中的总价项目，承包人应按合同中约定的进度款支付分解，分别列入进度款支付申请中的安全文明施工费和本周期应支付的总价项目的金额中。

2. 结算价款的调整

承包人现场签证和得到发包人确认的索赔金额应列入本周期应增加的金额中。由发包人提供的材料、工程设备金额，应按照发包人签约提供的单价和数量从进度款支付中扣除，列入本周期应扣减的金额中。

18.3.5 工程竣工结算

工程竣工结算是指工程项目完工并经竣工验收合格后，发、承包双方按照施工合同的约定对所完成的工程项目进行的工程价款的计算、调整和确认。工程竣工结算分为单位工程竣工结算、单项工程竣工结算和建设项目竣工总结算。

1. 工程竣工结算的编制依据

工程竣工结算由承包人或受其委托具有相应资质的工程造价咨询机构编制，由发包人或受其委托具有相应资质的工程造价咨询机构核对。

工程竣工结算编制的主要依据有：清单计价规范，工程合同，发、承包双方实施过程中已确认的工程量及其结算的合同价款，发、承包双方实施过程中已确认调整后追加（减）的合同价款等。

2. 工程竣工结算的计价原则

在采用工程量清单计价的方式下，工程竣工结算的编制应当遵循的计价原则主要包括以下几项：

（1）分项工程和措施项目应依据发、承包双方确认的工程量与已标价工程量清单的综合单价计算；发生调整的，应以发、承包双方确认调整的综合单价计算。

（2）措施项目中的总价项目应依据已标价工程量清单的项目和金额计算；发生调整的，应以发、承包双方确认调整的金额计算，其中安全文明施工费必须按照国家或省级、行业建设主管部门的规定计算。

此外，发、承包双方在合同工程实施过程中已经确认的工程计量结果与合同价款，在竣工结算办理中应直接进入结算。

采用总价合同的，应在合同总价基础上，对合同约定调整的内容及超过合同约定的风险因素进行调整；采用单价合同的，在合同约定风险范围内的综合单价应固定不变，并按合同约定进行计量，且按实际完成的工程量进行计量。

第 19 章　施工安全管理

19.1　常见施工安全事故及预防

19.1.1　常见施工安全事故类型

第19章
看本章精讲课
做本章自测题

按照《企业职工伤亡事故分类》GB 6441—1986，我国将职业伤害事故分成 20 类，其中高处坠落、触电、物体打击、起重伤害、机械伤害、坍塌、中毒和窒息、火灾是市政公用工程施工项目中常见的职业伤害事故。

（1）高处坠落是在高处作业过程中人员坠落而造成的伤害。

凡在坠落高度基准面 2m 以上（含 2m）有可能坠落的高处进行的作业，均称为高处作业。市政公用工程高处作业主要有以下四类：

① 临边作业：在工作面边沿无围护或围护设施高度低于 800mm 的高处作业，例如在基坑周边、支架平台边、桥梁结构旁边的高处作业。

② 洞口作业：在地面、桥面等有可能使人和物料坠落，其坠落高度大于或等于 2m 的洞口处的高处作业，例如在桩孔、井口、结构施工洞口旁边的高处作业。

③ 攀登作业：借助登高用具或登高设施进行的高处作业，例如搭拆脚手架、装拆塔机、借助梯子等登高设施进行的高处作业。

④ 悬空作业：在周边无任何防护设施或防护设施不能满足防护要求的临空状态下进行的高处作业，例如构件吊装、管道安装、利用吊篮进行外涂装等周边临空状态下的高处作业。

（2）触电通常是指人体直接触及电源或高压电经过空气或其他导电介质传递电流通过人体时引起的组织损伤和功能障碍，重者会发生心跳和呼吸骤停。

常见的触电事故主要有三种情形：一是直接触碰带电体造成的触电；二是触碰因绝缘故障而带电的可导电部分造成的触电；三是高压防护不当而造成电弧或跨步电压触电。

（3）物体打击是由失控物体的惯性力造成人身伤亡的事故，交叉作业时常有发生。

下方作业处于上方作业坠落半径之内的作业状态时，上方作业人员不慎碰掉物料、失手掉下工具砸伤下方作业人员。

（4）起重伤害是指各种起重作业以及起重机械安拆、检修、试验过程中发生的挤压、撞击、坠落、坠物打击及起重机械倾覆等造成的伤害事故。

常见的起重伤害事故有：起重机械安全装置失效、吊（索）具不合规、吊物捆绑不当，导致吊物坠落伤人；地面承载力不足、起重机械支腿未伸展到位、超载起吊、歪拉斜吊导致起重机械倾覆；指挥、操作失误，导致起重机械碰撞或挤压作业人。

（5）机械伤害是指各类施工机械设备和工具直接与人体接触造成伤亡的事故。

机械伤害常见于施工机具带病作业、安全装置设置不到位、人机配合不协调、未保持安全距离导致作业人员遭到机械切割、挤压伤亡。

（6）坍塌是指建筑物、构筑物、土石方、基坑（槽）边坡、脚手架、模板和承重支架等倒塌引起的事故。

常见的坍塌事故有：

① 基坑、隧道支护不到位或地下水控制不到位导致坍塌。

② 基坑、边坡、隧道违规开挖、超挖导致坍塌。

③ 基坑、边坡、桩孔周边违规堆物堆载导致坍塌。

④ 脚手架、模板支架地基处理不当、架体承载力和整体稳固性不足、架体超载、混凝土浇筑和架体拆除顺序错误导致坍塌。

⑤ 施工现场物料堆放超高导致失稳坍塌。

（7）中毒和窒息是指有毒物进入人体引起危及生命的急性中毒，以及在缺氧条件下发生的窒息。常见于有限空间作业。

常见的中毒和窒息事故有：隧道施工、人工挖孔桩施工、地下结构拆模作业、桥梁箱室拆模作业、管沟和井室设备安装、防水施工等有限空间作业中，作业人员因作业环境氧气含量不足导致窒息，或因硫化氢等有毒有害气体浓度超过安全标准导致中毒。

（8）火灾是指在时间和空间上失去控制的燃烧，造成人身伤亡的事故。

常见的火灾事故有：

① 临时用房防火性能不符合安全标准要求，办公区、生活区违规用火、用电导致火灾。

② 施工现场动火作业未严格执行动火审批、未派专人监护、未对动火区域可燃物进行隔离、作业人员违规动火导致火灾。

③ 室内使用油漆等易挥发产生易燃气体的有机溶剂作业时，未保持良好通风，违规进行动火作业导致火灾。

19.1.2　常见施工安全事故预防措施

1. 常见事故预防通用措施

（1）市政工程施工应符合安全生产条件要求，应组建安全生产领导小组，并应建立健全安全生产责任制和安全生产管理制度；根据项目规模，应足额配备具备相应资格的专职安全生产管理人员。

（2）施工前应对施工过程存在的危险源进行辨识，对危险源可能导致的事故进行分析，并应进行危险源风险评估，编制风险评估报告，制定控制措施。

（3）施工前应进行现场调查，依据风险评估报告在施工组织设计中编制预防潜在事故的安全技术措施，对于危险性较大的分部分项工程应编制专项施工方案，附图纸和安全验算结果，并应进行论证、审查。

（4）在危险性较大的分部分项工程的施工过程中，应指定专人在施工现场进行施工过程中的安全监督。

（5）进入施工现场的作业人员应逐级进行入场安全教育及岗位能力培训，经考核合格后方可上岗。特种作业人员应符合从业准入条件，持证上岗。

（6）施工前应逐级进行安全技术交底，交底应包括工程概况、安全技术要求、风险状况、控制措施和应急处置措施等内容。

（7）施工单位应为现场作业人员配备合格的安全防护用品和用具，并应定期检查。

作业人员应正确使用安全防护用品和用具。

（8）施工现场出入口、施工起重机械、临时用电设施以及脚手架、模板支撑架等施工临时设施、临边与洞口等危险部位，应设置明显的安全警示标志和必要的安全防护设施，并经验收合格方可使用。临时拆除或变动安全防护设施时，应按程序审批，经验收合格方可使用。

（9）施工现场在危险作业场所应设置警戒区，在警戒区周边应设置警戒线及警戒标识，并应设置安全防护和逃生设施，作业期间应有安全警戒人员在现场值守。

（10）机具设备、临时用电设施、施工临时设施、临时建筑及安全防护设施等的主要材料、设备、构配件及防护用品应进行进场验收，用于施工临时设施中的主要受力构件和周转材料，使用前应进行复验。施工临时设施、临时建筑应验收合格方可投入使用。

（11）复工前应全面检查施工现场、机具设备、临时用电设施、施工临时设施、临时建筑及安全防护设施等，符合要求后方可复工。

（12）特种设备进场应有许可文件和产品合格证，使用前应办理相关手续，使用单位应建立特种设备安全技术档案。

（13）施工现场应根据危险性较大的分部分项工程类别及特征进行监测。

（14）施工现场应熟悉并掌握综合应急预案、专项应急预案和现场应急处置方案，配备应急物资，并应定期组织相关人员进行应急培训和演练。

（15）工程项目的工期应根据工程质量、施工安全确定，严禁随意改变合理工期。

2. 高处坠落事故预防措施

（1）开挖深度超过 2m 的基坑和基槽的周边、边坡的坡顶、支架平台周边、桥梁结构周边等临边作业场所，应设置符合相关规范要求的安全防护栏杆。

（2）桩孔、井口、结构施工洞口等作业场所应采取盖板、防护栏杆、警示标志等符合安全标准的防高处坠落措施。

（3）借助登高用具或登高设施进行的高处作业，应确保攀登设施安全可靠，搭设脚手架时应正确佩戴安全带。

（4）进行构件吊装、管道安装等悬空作业时，应设置牢固的操作平台、脚手架或吊篮作为落脚点。凡在 2m 以上悬空作业的人员，应佩戴安全带，安全带应符合《坠落防护 安全带》GB 6095—2021 的规定，作业人员应正确使用安全带。

（5）临边防护栏杆应张挂密目式安全网，非竖向洞口短边边长或直径大于或等于 1500mm 时，洞口应采用水平安全网封闭，脚手架作业层下方应按要求设置水平安全网。安全网质量应符合《安全网》GB 5725—2009 规定，安装和使用安全网应符合规定。

（6）高处作业应设置专门的上下通道，攀登作业人员应从专门通道上下。上下通道应根据现场情况选用钢斜梯、钢直梯、人行塔梯等，各类梯道安装应牢固可靠并正确使用。

（7）作业场地应有采光照明设施。

（8）遇有冰、霜、雨、雪等天气的高处作业，应采取防滑措施。

3. 触电事故预防措施

（1）施工现场临时用电设备在 5 台及以上或设备总容量在 50kW 及以上时，应编制施工现场临时用电组织设计，并应经审核和批准。

（2）施工现场临时用电设备和线路的安装、巡检、维修或拆除，应由电工完成。电工应经考核合格后，持证上岗工作；其他用电人员应通过相关安全教育培训和技术交底，经考核合格后方可上岗工作。

（3）各类用电人员应掌握安全用电基本知识和所用设备的性能，严格按照安全操作规程作业。

（4）施工现场临时配电线路应采用三相四线制电力系统，并采用 TN-S 接零保护系统，配电电缆应采用符合要求的五芯电缆，不得沿地面明设，不得架设在树木、脚手架及其他设施上。配电线路应有短路保护和过载保护。

（5）配电系统应设置配电柜或总配电箱、分配电箱、开关箱，实行三级配电，除应在末级开关箱内加漏电保护器外，还应在总配电箱再加装一级漏电保护器，总体形成两级保护。

配电柜应装设隔离开关及短路、过载、漏电保护器，配电箱、开关箱应选用专业厂家定型、合格产品，并应使用 3C 认证的成套配电箱技术，额定漏电动作电流和额定漏电动作时间应符合要求。

（6）每台用电设备应有各自专用的开关箱，不得用同一个开关箱直接控制两台及以上用电设备（含插座）。

（7）塔式起重机、施工升降机、滑升模板的金属操作平台、需设置避雷装置的物料提升机及其他高耸临时设施，除应连接 PE 线外，还应进行重复接地。

（8）施工照明应根据作业环境条件选择适应的照明器具，特殊场所应使用安全特低电压照明器。

（9）施工现场脚手架、起重机械与架空线路的安全距离应符合相关标准要求，当不满足要求时，应采取有效的绝缘隔离防护措施。

4. 物体打击事故预防措施

（1）交叉作业时，下层作业位置应处于上层作业的坠落半径之外，在坠落半径内时，必须设置安全防护棚或其他隔离措施。

（2）安全防护棚宜采用型钢和钢板搭设或采用双层木质板搭设，并应能承受高空坠物的冲击。防护棚的覆盖范围应大于上方施工可能坠落物件的影响范围。

（3）邻近边坡的作业面、通行道路，当上方边坡的地质条件较差，或采用爆破方法施工边坡土石方时，应在边坡上设置阻拦网、插打锚杆或覆盖钢丝网进行防护。

（4）拆除或拆卸作业下方不得有其他人员；不得上下同时拆除；拆除或拆卸作业应设置警戒区域，并应由专人负责监护警戒。

5. 起重伤害事故预防措施

（1）起重机械安装拆卸工、起重机械司机、信号工、司索工应经专业机构培训，并应取得相应的特种作业人员从业资格，持证上岗。起重司机操作证应与操作机型相符，并应按操作规程进行操作。起重机作业应设专职信号指挥和司索人员，一人不得同时兼顾信号指挥和司索作业。

（2）从事建筑起重机械安装、拆卸活动的单位应具有相应资质和建筑施工企业安全生产许可证，并在其资质许可范围内承揽建筑起重机械安装、拆卸工程。

（3）起重机械安拆、吊装作业应编制专项施工方案，超过一定规模的起重吊装及安装拆卸工程，其专项施工方案应组织专家论证。起重机械作业前，施工技术人员应向操作人员进行安全技术交底。操作人员应熟悉作业环境和施工条件。

（4）纳入特种设备目录的起重机械进入施工现场，应具有特种设备制造许可证、产品合格证、备案证明和安装使用说明书。起重机械进场组装后应履行验收程序，填写安装验收表，并经责任人签字，在验收前应经具备相应资质的检验检测机构监督检验合格。

（5）起重机作业前应了解地面的承压能力，现场地面承载力应符合起重机产品说明书要求，起重机械应与沟渠、基坑保持安全距离，起重机械支腿应全部伸出。

（6）起重机械的安全保护装置、吊（索）具、辅助构件、附墙件等附件应符合安全要求。

（7）在风力超过5级（含5级）或大雨、大雪、大雾等恶劣天气时，严禁进行起重机械的安装拆卸。在风力超过6级（含6级）或大雨、大雪、大雾等恶劣天气时，应停止露天的起重吊装作业。

（8）雨雪后进行吊装时，应清理积水、积雪，并应采取防护措施，作业前应先试吊。

6. 机械伤害事故预防措施

（1）施工现场应制定施工机械安全技术操作规程，建立设备安全技术档案。

（2）机械应按出厂使用说明书规定的技术性能、承载能力和使用条件正确操作，合理使用，严禁超载、超速作业或任意扩大使用范围。

（3）机械设备上的各种安全防护和保险装置及各种安全信息装置应齐全有效。

（4）施工机械进场前应查验机械设备证件、性能和状况，并应进行试运转。作业前，施工技术人员应向操作人员进行安全技术交底。操作人员应熟悉作业环境和施工条件，并应听从指挥，遵守现场安全管理规定。

（5）大型机械设备的地基基础承载力应满足安全使用要求，其安装、试机、拆卸应按使用说明书的要求进行，使用前应经专业技术人员验收合格。

（6）操作人员应根据机械保养规定进行机械例行保养，使机械处于完好状态，并应作维修保养记录。机械不得带病运转，检修前应悬挂"禁止合闸、有人工作"的警示牌。

（7）多班作业的机械应执行交接班制度，填写交接班记录，接班人员上岗前应进行检查。

（8）多台机械在同一区域作业时，前后、左右应保持安全距离。

（9）停用1个月以上或封存的机械设备，应进行停用或封存前的保养工作，并应采取预防大风、碰撞等措施。

7. 坍塌事故预防措施

（1）施工现场物料堆放应整齐稳固，严禁超高，堆积物应采取固定措施。

（2）建筑施工临时结构应遵循先设计后施工的原则，并应进行安全技术分析，保证其在设计规定的使用工况下保持整体稳定性。

（3）结构物上堆放建筑材料、模板、小型施工机具或其他物料时，应控制堆放数量、重量，严禁超过原设计荷载，必要时可进行加固。

（4）边坡、基坑、挖孔桩等地下作业过程中，土石方开挖和支护结构施工应采用信息施工法配合设计单位动态设计，及时根据实际情况调整施工方法及预防风险措施。

（5）施工现场应做好施工区域内临时排水系统规划，临时排水不得破坏挖填土方的边坡。在地形、地质条件复杂，可能发生滑坡、坍塌的地段挖方时，应确定排水方案。场地周围出现地表水汇流、排泄或地下水管渗漏时，应采取有组织的堵水、排水和疏水工作，并应对基坑采取保护措施。

（6）当开挖低于地下水位的基坑和桩孔时，应合理选用降水措施降低地下水位，并应编制降水专项施工方案。

（7）施工现场物料不宜堆置在基坑边缘、边坡坡顶、桩孔边，当需堆置时，堆置的重量和距离应符合设计规定。各类施工机械与基坑边缘、边坡坡顶、桩孔边的距离，应根据设备重量、支护结构、土质情况按设计要求进行确定，并不宜小于1.5m。

（8）隧道施工前应根据工程地质、覆盖层厚度、结构断面、地面环境等，确定开挖方法与程序，支护方法与程序，编制监测方案、局部不良地质情况的处理预案和相应的安全技术措施等。在自稳能力较差的围岩中施工时应按防坍塌、防位移超限的"管超前、严注浆、短开挖、强支护、快封闭、勤量测"原则进行。

（9）隧道的变断面、两隧道交叉等处开挖时应采取加强措施。同一隧道内相对开挖（非爆破方法）的两开挖面距离为两倍洞径且不小于10m时，一端应停止掘进，并保持开挖面稳定。两条平行隧道（含导洞）相距小于1倍洞径时，其开挖面前后错开距离不得小于15m。

（10）隧道施工中应按监测方案要求布设监测点，设专人进行观测，监测发现异常应及时处理。

8. 中毒和窒息事故预防措施

（1）有限空间作业前，必须严格执行"先通风、再检测、后作业"的原则，根据施工现场有限空间作业实际情况，对有限空间内部可能存在的危害因素进行检测，未经检测或检测不合格的，严禁作业人员进入有限空间施工作业。

（2）气体检测应按照氧气含量、可燃性气体、有毒有害气体顺序进行，检测内容至少应当包括氧气、可燃气、硫化氢、一氧化碳。有限空间氧气含量低于19.5%或者超过23.5%，以及含有可燃性气体、有毒有害气体、易燃易爆气体超过安全标准的，必须按照规定采取相应措施。

（3）严禁使用纯氧对有限空间进行通风换气。

（4）有限空间作业应有专人监护。无关人员不得进入有限空间，并应在醒目位置设置警示标志。作业人员进入有限空间前和离开时应准确清点人数。

（5）有限空间作业应按规定配备气体检测、通风、照明、呼吸防护、应急救援等设备。

（6）当进行钻探、挖掘隧道等作业时，应用试钻等方法进行预测调查。当发现有硫化氢、二氧化碳或甲烷等有害气体逸出时，应先确定处理方法，调整作业方案，再进行作业。

9. 火灾事故预防措施

（1）临时用房、临时设施的布置应满足现场防火、灭火及人员安全疏散的要求。

（2）临时用房和在建工程应采取可靠的防火分隔和安全疏散等防火技术措施。

（3）施工现场应设置灭火器、临时消防给水系统和应急照明等临时消防设施。临时消防设施应与在建工程的施工同步设置。施工现场的消火栓泵应采用专用消防配电线路。

（4）施工单位应建立健全各项消防安全制度，落实消防安全责任制，完善火灾扑救和应急疏散预案，按规定配备消防设施、器材；加强防火安全检查，及时纠正违法、违章行为，发现并消除火灾隐患。

（5）电、气焊作业人员应持证上岗，动火作业前应对可燃物进行清理，作业现场及其附近无法移走的可燃物应采用不燃材料对其覆盖或隔离，并备足灭火器材和灭火用水，设专人看护，作业后必须确认无火源后方可离去。

（6）具有火灾、爆炸危险的场所严禁明火，施工现场不应采用明火取暖。

19.2　施工安全管理要点

19.2.1　施工安全管理策划及实施

1. 安全生产管理体系

（1）企业应当设置独立的安全生产管理机构，配备专职安全生产管理人员。工程项目应建立以项目负责人为组长的安全生产领导小组；实行施工总承包的，安全生产领导小组由总承包企业、专业承包企业和劳务分包企业的项目经理、技术负责人、专职安全生产管理人员组成。

（2）土木工程、线路管道、设备安装工程总承包单位按照工程合同价配备项目专职安全生产管理人员：

① 5000万元以下的工程不少于1人。

② 5000万～1亿元的工程不少于2人。

③ 1亿元及以上的工程不少于3人，且按专业配备专职安全生产管理人员。

（3）分包单位配备项目专职安全生产管理人员应当满足下列要求：

① 专业承包单位应当配置至少1人，并根据所承担的分部分项工程的工程量和施工危险程度增加。

② 劳务分包队伍施工人员在50人以下的，应当配备1名专职安全生产管理人员；50～200人的，应当配备2名专职安全生产管理人员；200人及以上的，应当配备3名及以上专职安全生产管理人员，并根据所承担的分部分项工程施工危险实际情况增加，不得少于工程施工人员总人数的5‰。

③ 采用新技术、新工艺、新材料或致害因素多、施工作业难度大的工程项目，项目专职安全生产管理人员的数量应当根据施工实际情况，在配备标准上增加。

④ 施工作业班组可以设置兼职安全巡查员，对本班组的作业场所进行安全监督检

查。建筑施工企业应当定期对兼职安全巡查员进行安全教育培训。

2. 安全生产目标与责任

1）安全生产目标管理

（1）工程项目应制定安全管理目标，应包括生产安全事故控制指标、安全生产及文明施工管理目标。

（2）安全管理目标应分解到项目管理层及相关职能部门和岗位，并应定期进行考核。

（3）项目管理层及相关职能部门和岗位应根据分解的安全管理目标，配置相应的资源，并进行有效管理。

2）安全生产责任

（1）安全生产责任制是规定企业各级领导、各个部门、各类人员在施工生产中应负的安全职责的制度。安全生产责任制是各项安全制度中最基本的一项制度，是保证安全生产的重要组织手段，体现了"管生产经营必须管安全""管业务必须管安全"和"一岗双责"的原则。

（2）企业安全生产管理机构主要负责落实国家有关安全生产的法律、法规和工程建设强制性标准，监督安全生产措施的落实，组织企业内部的安全生产检查活动，及时整改各种安全事故隐患及日常安全检查。

（3）项目部应建立安全生产责任制，逐级全员签约，将安全责任落实到每一个人、每一个岗位，并建立安全生产责任制考核制度，定期进行考核。

① 项目负责人：是项目工程安全生产第一责任人，负全面领导责任。

② 项目生产安全负责人：对项目的安全生产负直接领导责任，协助项目负责人落实各项安全生产法规、规范、标准和项目中的各项安全生产管理制度，组织各项安全生产措施的实施。

③ 项目技术负责人：对项目的安全生产负技术责任。

④ 专职安全员：负责安全生产，并进行现场监督检查；发现安全事故隐患，应当及时向项目负责人和安全生产管理机构报告；对于违章指挥、违章作业的，应当立即制止。

⑤ 施工员（工长）：是所管辖区域范围内安全生产第一负责人，对辖区的安全生产负直接领导责任。向班组、施工队进行书面安全技术交底，履行签字手续；对规程、措施、交底要求的执行情况经常检查，随时纠正违章作业；经常检查辖区内作业环境、设备、安全防护设施以及重点特殊部位施工的安全状况，发现问题及时纠正解决。

⑥ 其他岗位：对岗位业务所涉及的安全工作负责，落实"管业务必须管安全"的要求。

⑦ 分包单位负责人：是本单位安全生产第一责任人，对本单位安全生产负全面领导责任，负责执行总承包单位安全管理规定和国家有关法规，组织本单位安全生产。

⑧ 班组长：是本班组安全生产第一责任人，负责执行安全生产规章制度及安全技术操作规程，合理安排班组人员工作，对本班组人员在施工生产中的安全和健康负直接责任。

3. 安全生产教育培训

（1）安全培训教育是项目安全管理工作的重要环节，是提高全员安全素质，提高项目安全管理水平，防止事故发生，实现安全生产的重要手段。项目安全培训教育率应实现 100%。

（2）项目应建立安全培训教育制度，对管理人员和作业人员的安全培训教育情况记入档案。安全培训教育考核不合格的人员，不得上岗。

（3）项目经理、专职安全员和特种作业人员，必须经行业主管部门培训考核合格，取得相应资格证书，方可上岗作业，并按规定年限进行延期审核。除取得岗位合格证书并持证上岗外，每年还必须接受安全专业技术业务培训。

（4）新入职的职工，待岗、转岗、换岗的职工，在重新上岗前，必须接受安全培训。

（5）新进场的工人，必须接受公司、项目、班组的三级安全培训教育，经考核合格后，方能上岗：

① 公司安全培训教育的主要内容是：国家和地方有关安全生产的方针、政策、法规、标准、规范、规程和企业的安全规章制度等。培训教育的时间不得少于 15 学时。

② 项目安全培训教育的主要内容是：工地安全制度、施工现场环境、工程施工特点及可能存在的不安全因素等。培训教育的时间不得少于 15 学时。

③ 班组安全培训教育的主要内容是：本工种的安全操作规程、事故案例剖析、劳动纪律和岗位讲评等。培训教育的时间不得少于 20 学时。

（6）其他安全培训教育：

① 班前安全活动交底：各作业班组长在每班开工前对本班组人员进行班前安全活动交底，留存交底内容，全员签名。

② 季节性施工安全教育：在雨期、冬期施工前，现场施工负责人组织分包队伍管理人员、操作人员进行季节性安全技术教育。

③ 节假日安全教育：一般在节假日前进行，以稳定人员思想情绪，预防事故发生。

④ 特殊情况安全教育：当实施重大安全技术措施、采用"四新"技术、发生重大伤亡事故、安全生产环境发生重大变化和安全技术操作规程因故发生改变时，由项目经理组织有关部门对施工人员进行安全生产教育。

4. 安全生产制度

安全生产管理制度主要包括：安全生产费用提取和使用制度、安全生产值班制度、安全生产例会制度、安全生产检查制度、安全生产验收制度、安全生产奖罚制度、安全生产事故隐患排查治理制度、安全事故报告制度等。

1）安全生产费用提取和使用制度

明确项目安全费用提取和使用的程序、职责及权限，按照标准提取安全生产费用在成本中列支，编制安全费用提取和使用计划，专门用于完善和改进项目安全生产条件，在相关法律法规规定的范围使用，并建立使用台账。

2）安全生产值班制度

施工现场必须保证每班有领导值班，专职安全员在现场，值班领导应认真做好安全值班记录。

3）安全生产例会制度

解决处理施工过程中的安全问题，并定期进行各项专业安全监督检查。项目负责人应亲自主持例会和定期安全检查，协调、解决生产、安全之间的矛盾和问题。

4）安全生产检查制度

是企业和项目对安全检查形式、方法、时间、内容、组织的具体要求、职责权限和工作程序的规定。

5）安全生产验收制度

为保证安全技术方案和安全技术措施的实施和落实，必须严格坚持"验收合格方准使用"的原则，对各项安全技术措施和安全生产设备（如起重机械等设备、临时用电）、设施（如脚手架、模板）和防护用品在使用前进行安全检查，确认合格后签字验收，进行安全交底后方可使用。

6）安全生产奖罚制度

是为加强项目安全管理工作，增强员工的安全责任感，提高员工遵章守纪的自觉性，维护正常的生产工作秩序，保证员工的安全与健康，而对相关责任人员进行的奖励和处罚。

7）安全生产事故隐患排查治理制度

是项目建立安全生产事故隐患排查治理长效机制，强化安全生产主体责任，加强事故隐患监督管理，防止和减少事故，保障职工生命和公司财产安全，对事故隐患排查、整改、复查，建立隐患台账进行统计分析，持续改进提高的具体规定。

8）安全事故报告制度

当施工现场发生生产安全事故时，施工单位应按规定及时报告，并按规定进行调查，按规定对生产安全事故进行调查分析、处理、制定预防和防范措施，建立事故档案。应依法为施工作业人员办理保险。重伤以上事故，按国家有关调查处理规定进行登记建档。

5. 安全技术管理

（1）根据工程施工和现场危险源辨识与评价，制定安全技术措施，对危险性较大分部分项工程，编制专项安全施工方案。方案签字审批齐全。

（2）项目负责人、生产负责人、技术负责人和专职安全员应按分工负责安全技术措施和专项方案交底、过程监督、验收、检查、改进等工作内容。

（3）施工负责人在分派施工任务时，应对相关管理人员、施工作业人员进行书面安全技术交底。安全技术交底应符合下列规定：

① 安全技术交底应按施工工序、施工部位、分部分项工程进行。

② 安全技术交底应结合施工作业场所状况、特点、工序，对危险因素、施工方案、规范标准、操作规程和应急措施进行交底。

③ 安全技术交底是法定管理程序，必须在施工作业前进行。安全技术交底应留有书面材料，由交底人、被交底人、专职安全员进行签字确认。

④ 安全技术交底主要包括三个方面：一是按工程部位分部分项进行交底；二是对施工作业相对固定，与工程施工部位没有直接关系的工种（如起重机械、钢筋加工等）单独进行交底；三是对工程项目的各级管理人员，进行以安全施工方案为主要内容的

交底。

⑤ 以施工方案为依据进行的安全技术交底，应按设计图纸、国家有关规范标准及施工方案将具体要求进一步细化和补充，使交底内容更加翔实，更具有针对性、可操作性。方案实施前，编制人员或项目负责人应当向现场管理人员和作业人员进行安全技术交底。

⑥ 分包单位应根据每天工作任务的不同特点，对施工作业人员进行班前安全交底。

6. 施工安全风险分级管控

1）施工安全风险

安全风险是指施工过程中危害事件发生的可能性及其引发后果严重性的组合。

危害事件指可能带来人员伤亡、职业病、财产损失或者作业环境破坏的根源或状态的事件；从本质上讲，就是存在能量、有害物质和能量、有害物质失去控制而导致的意外释放或有害物质的泄漏、散发的危险和有害因素。

危险和有害因素是对人造成伤亡、影响人的身体健康甚至导致疾病的因素，也是引起或增加安全风险事件发生的机会或扩大损失幅度的原因和条件。

2）安全风险识别与分析

安全风险识别与分析是对项目存在的主要危害事件、危险和有害因素进行识别和分析，并建立项目的安全风险清单。

（1）安全风险识别前应收集的相关资料

① 国家和地方法律法规、标准规范和相关文件。

② 项目组织机构、岗位、人员、职责设置和各项规章制度。

③ 项目执行的标准、操作规程、工艺流程。

④ 项目主要施工机械、设备、设施、物资。

⑤ 项目勘察文件、设计文件、合同文件、施工组织设计（方案）。

⑥ 项目周边环境资料、现场勘察资料。

⑦ 其他相关资料。

（2）安全风险识别

参照《生产过程危险和有害因素分类与代码》GB/T 13861—2022，对项目存在的各种主要危险和有害因素进行识别；参照《企业职工伤亡事故分类》GB 6441—1986 对各种主要危险和有害因素可能导致的事故类型进行识别。

（3）风险分析

风险分析方法可采用专家调查法、故障树分析法、项目工作分解结构—风险分解结构分析法等。可采用定性分析、定量分析、综合分析（即定性分析和定量分析相结合）某一种方法或组合方法进行风险识别。

（4）建立安全风险因素清单

根据分析确定项目存在的各类安全风险因素，形成项目的安全风险因素清单。

3）安全风险等级评价

安全风险等级由安全风险发生概率等级和安全风险损失等级间的关系矩阵确定（见表 19.2-1）。

表 19.2-1　风险等级矩阵表

风险等级		损失等级			
		1	2	3	4
概率等级	1	Ⅰ级	Ⅰ级	Ⅱ级	Ⅱ级
	2	Ⅰ级	Ⅱ级	Ⅱ级	Ⅲ级
	3	Ⅱ级	Ⅱ级	Ⅲ级	Ⅲ级
	4	Ⅱ级	Ⅲ级	Ⅲ级	Ⅳ级

Ⅰ级风险——风险等级最高，风险后果是灾难性的，并造成恶劣的社会影响和政治影响。

Ⅱ级风险——风险等级较高，风险后果严重，可能在较大范围内造成破坏或人员伤亡。

Ⅲ级风险——风险等级一般，风险后果一般，可能造成破坏的范围较小。

Ⅳ级风险——风险等级较低，风险后果在一定条件下可以忽略，对工程本身以及人员等不会造成较大损失。

4）安全风险分级管控原则

（1）施工安全风险管控应遵循风险级别越高，管控层级越高的原则，并符合下列要求：

①对于Ⅰ级风险（重大风险）和Ⅱ级风险（较大风险）应重点进行管控。

②上一级负责管控的施工安全风险，下一级必须同时负责具体管控，并逐级落实具体措施。

（2）管控层级可进行增加或提级：

施工单位应根据风险管控原则和组织机构设置情况，合理确定各级风险的管控层级，可分为企业层、项目层，也可结合本单位实际，对风险管控层级进行增加。

5）项目部应对已识别的施工安全风险进行公告

（1）应在施工现场大门内及危险区域设置施工安全风险公告牌。

（2）安全风险公告内容应包括主要安全风险、可能引发的事故类别、事故后果、管控措施、应急措施及报告方式等。

（3）存在重大安全风险的工作场所和岗位应设置明显的安全标志，并强化风险源监测和预警。

6）安全风险预防措施

（1）安全风险预防措施主要从技术措施、管理措施、应急措施等方面制定并实施：

①技术措施主要包括科学先进的施工技术、施工工艺、操作规程、设备设施、材料配件、信息化技术、监测技术等。

②管理措施主要包括合理的施工组织、严谨的管理制度等。

③应急措施主要包括编制应急救援预案、建立健全应急救援体系、建立应急抢险队伍、储备应急物资、进行有针对性的应急演练等。

（2）对企业层管控的风险，项目部应编制专项施工方案上报企业审批，施工过程中项目部应严格组织落实，企业应监督落实。

（3）对项目层管控的风险，项目部应编制施工方案，明确管控措施，施工过程中项目部应严格组织落实。

（4）项目部应通过安全教育培训、班前讲话、安全技术交底等方式告知各岗位人员本岗位存在的安全风险及应采取的措施，使其掌握规避风险的方法并落实到位。

7）持续改进

当出现以下情况时，应及时调整施工安全风险管控措施：

（1）国家、地方和行业相关法律、法规、标准和规范发生变更。

（2）施工现场内外部环境发生变化，形成新的较大及以上安全风险的。

（3）施工工艺和技术措施发生变化的。

（4）施工现场应急资源发生重大变化的。

（5）发生生产安全事故的。

（6）已有的安全风险管控措施失效的。

（7）项目组织机构发生重大调整的。

（8）其他需要调整的情况。

7. 隐患排查治理

（1）工程项目部应落实隐患排查治理工作制度，制定工程项目事故隐患排查治理工作计划，对施工现场事故隐患进行排查，对排查出的隐患明确责任人、整改措施、整改时限。

（2）对于排查出的一般事故隐患，整改完成后由施工单位项目部专职安全管理人员组织相关人员复查并经项目负责人审批确认，隐患消除后进行下一道工序或恢复施工。

（3）对于排查出的重大事故隐患，应及时向本单位上级管理部门和监理单位、建设单位报告，在保证施工安全的前提下实施整改，整改完成后经施工单位安全生产管理部门组织相关技术、质量、安全、生产管理等人员进行复查，复查合格后经施工单位主要负责人审批确认后报项目总监理工程师、建设单位项目负责人进行核查，核查合格后方可进入下一道工序施工或恢复施工。重大事故隐患消除前或者消除过程中无法保证安全的，应当暂停局部或者全部施工作业或者停止使用相关设施设备。

（4）对于施工现场无法及时消除并可能危及公共安全的、需要其他相关单位（部门）协调处理的事故隐患，工程参建单位应立即向工程所在区住房城乡建设部门报告。事故隐患消除前或者消除过程中无法保证安全的，应局部或全部暂停施工作业或者停止使用相关设施设备，从危险区域内撤出作业人员，疏散可能危及的人员并设置警示标志。报告内容应包括事故隐患现状、可能产生的危害后果和可能影响范围等情况。

8. 安全检查

1）安全检查的一般要求

项目安全检查应由项目负责人组织，专职安全员和相关专业人员参加，定期进行并填写检查记录。发现事故隐患下达隐患通知书，定人、定时间、定措施进行整改，事故隐患整改后，应由相关部门组织复查。对施工中存在的不安全行为和隐患，项目部应分析原因，制定相应的整改防范措施。认真、详细地做好有关安全问题和隐患记录，安全检查后，对检查记录进行系统分析、评价，根据评价结果，进行整改并加强管理。

2）安全检查主要内容

项目部应根据施工过程的特点和安全目标要求，确定安全检查内容，其内容包括：安全生产责任制、安全保证计划、安全组织机构、安全保证措施、安全技术交底、安全教育、安全持证上岗、安全设施、安全标识、操作行为、违规管理、安全记录等。

3）安全检查的形式

项目部安全检查可分为定期检查、日常性检查、专项检查、季节性检查等多种形式。

（1）定期检查

是由项目负责人每周组织专职安全员、相关管理人员对施工现场进行联合检查。总承包工程项目部应组织各分包单位每周进行安全检查。

（2）日常性检查

由项目专职安全员对施工现场进行每日巡检，包括：项目安全员或安全值班人员对工地进行的巡回安全生产检查及班组在班前、班后进行的安全检查等。

（3）专项检查

主要由项目专业人员开展施工机具、临时用电、防护设施、消防设施等专项安全检查。专项检查应结合工程项目进行，如沟槽、基坑土方的开挖、脚手架、施工用电、吊装设备专业分包、劳务用工等安全问题均应进行专项检查，专业性较强的安全问题应由项目负责人组织专业技术人员、专项作业负责人和相关专职部门进行。

企业、项目部每月应对工程项目施工现场安全职责落实情况至少进行一次检查，并针对检查中发现的倾向性问题、安全生产状况较差的工程项目，组织专项检查。

（4）季节性检查

季节性安全检查是针对施工所在地气候特点，可能给施工带来的危害而组织的安全检查，如雨期的防汛、冬期的防冻等。主要是项目部结合冬期、雨期的施工特点开展的安全检查。

4）安全检查标准

（1）可结合工程的类别、特点，依据国家、行业或地方颁布的标准要求执行。

（2）依据本单位在安全管理及生产中的有关经验，制定本企业的安全生产检查标准。

5）安全检查方法

（1）常规检查

通常是由专职安全员作为检查工作的主体，到作业场所的现场，通过感观或辅助一定的简单工具、仪表等，对作业人员的行为、作业场所的环境条件、生产设备设施等进行的定性检查。

（2）安全检查表法

安全检查表（SCL）是事先将系统加以剖析，列出各层次的不安全因素，确定检查项目，并将检查项目按系统的组成顺序编制成表，以便进行检查或评审。

（3）仪器检查法

机器、设备内部的缺陷及作业环境条件的真实信息或定量数据，只能通过仪器检查法来进行定量化的检验与测量，唯有如此才能发现安全隐患，从而为后续整改提供信息。

6）安全检查评价

安全检查后，要进行认真分析，进行安全评价。具体分析哪些项目没有达标，存在哪些需要整改的问题，填写安全检查评分表、事故隐患通知书、违章处罚通知书或停工通知等。

存在隐患的单位必须按照检查人员提出的隐患整改意见和要求落实整改。检查人员对整改落实情况进行复查，获得整改效果的信息，以实现安全检查工作的闭环。

对安全检查中发现的问题和隐患，应定人、定时间、定措施组织整改，并跟踪复查。企业和项目部应依据安全检查结果定期组织实施考核，落实奖罚，以促进安全生产管理。

7）安全检查资料与记录

施工现场检查评分表、违章处理记录等相关资料应随工程进度同步收集、整理，并保存到工程竣工。

9. 施工安全事故应急预案

（1）实行施工总承包的由总承包单位统一组织编制建设工程生产安全事故应急预案。

（2）应急预案分为综合应急预案、专项应急预案和现场处置方案：

综合应急预案——是指生产经营单位为应对各种生产安全事故而制定的综合性工作方案，是本单位应对生产安全事故的总体工作程序、措施和应急预案体系的总纲。

专项应急预案——是指生产经营单位为应对某一种或者多种类型生产安全事故，或者针对重要生产设施、重大危险源、重大活动为防止生产安全事故而制定的专项工作方案。

当专项应急预案与综合应急预案中的应急组织机构、应急响应程序相近时，可不编写专项应急预案。

现场处置方案——是指生产经营单位根据不同生产安全事故类型，针对具体场所、装置或者设施所制定的应急处置措施。现场处置方案重点规范事故风险描述、应急工作职责、应急处置措施和注意事项，应体现自救互救、信息报告和先期处置的特点。事故风险单一、危险性小的生产经营单位，可只编制现场处置方案。

（3）编制应急预案前，应当进行事故风险辨识、评估和应急资源调查：

事故风险辨识评估是指针对不同事故种类及特点，识别存在的危险危害因素，分析事故可能产生的直接后果以及次生、衍生后果，评估各种后果的危害程度和影响范围，提出防范和控制事故风险措施的过程。

应急资源调查是指全面调查本地区、本单位第一时间可以调用的应急资源状况及合作区域内可以请求援助的应急资源状况，并结合事故风险辨识评估结论制定应急措施的过程。

（4）应急预案的编制：

项目部应急预案的编制应当遵循以人为本、依法依规、符合实际、注重实效的原则，以应急处置为核心，体现自救互救和先期处置的特点，做到职责明确、程序规范、措施科学，尽可能简明化、图表化、流程化。

结合本项目职能和分工,成立以项目有关负责人为组长,项目相关部门人员(如生产、技术、设备、安全、行政、人事、财务人员)参加的应急预案编制工作组,明确工作职责和任务分工,制定工作计划,组织开展应急预案编制工作。预案编制工作组中应邀请相关救援队伍以及周边相关企业、单位或社区代表参加。

应急预案的编制应当符合下列基本要求:

① 有关法律、法规、规章和标准的规定。
② 本地区、本单位、本项目的安全生产实际情况。
③ 本地区、本单位、本项目的危险性分析情况。
④ 应急组织和人员的职责分工明确,并有具体的落实措施。
⑤ 有明确、具体的应急程序和处置措施,并与其应急能力相适应。
⑥ 有明确的应急保障措施,满足本地区、本单位、本项目的应急工作需要。
⑦ 应急预案基本要素齐全、完整,应急预案附件提供的信息准确。
⑧ 应急预案内容与相关应急预案相互衔接。

(5)应急预案自公布之日起20个工作日内,按照分级属地原则,向上级单位和属地应急管理部门及其他负有安全生产监督管理职责的部门进行备案。

(6)应当组织开展应急预案、应急知识、自救互救和避险逃生技能的培训活动,使有关人员了解应急预案内容,熟悉应急职责、应急处置程序和措施。应急培训的时间、地点、内容、师资、参加人员与考核结果等情况应当如实记入安全生产教育和培训档案。

(7)应制定应急预案演练计划,根据事故风险特点,每年至少组织一次综合应急预案演练或者专项应急预案演练,每半年至少组织一次现场处置方案演练。应急预案演练结束后,应对应急预案演练效果进行评估,撰写应急预案演练评估报告,分析存在的问题,并对应急预案提出修订意见。

(8)应按照应急预案的规定,落实应急指挥体系、应急救援队伍、应急物资及装备,建立应急物资、装备配备及其使用档案,并对应急物资、装备进行定期检测和维护,使其处于适用状态。

(9)发生事故时,应当第一时间启动应急响应,组织有关力量进行救援,并按照规定将事故信息及应急响应启动情况报告上级单位和属地应急管理部门及其他负有安全生产监督管理职责的部门。

19.2.2 基坑开挖安全管理要点

1. 一般要求

(1)基坑工程施工前应编制专项施工方案,基坑支护结构应经设计确定。

(2)基坑工程若涉及危险性较大的分部分项工程,施工方案的编制、审批、专家论证及实施、验收等应符合《危险性较大的分部分项工程安全管理规定》(由中华人民共和国住房和城乡建设部令第37号发布,经中华人民共和国住房和城乡建设部令第47号修订)和《住房城乡建设部办公厅关于实施〈危险性较大的分部分项工程安全管理规定〉有关问题的通知》(建办质〔2018〕31号)的相关规定。

(3)专项施工方案实施前,应将专项施工方案向施工现场管理人员及作业人员进行安全技术交底。

（4）开挖深度超过 2m 的基坑周边必须安装防护栏杆。

（5）基坑内需设置供施工人员上下的梯道。梯道应设扶手栏杆，梯道宽度不应小于 1m。

（6）同一垂直作业面的上下层不宜同时作业，需同时作业时，上下层之间应采取隔离防护措施。

（7）在电力管线、通信管线、燃气管线 2m 范围内及上下水管线 1m 范围内挖土时，应有专人监护。

2. 安全管理要点
1）施工前管线及地质探测

开工前应详细核查施工区域周边地下管线情况，做好废弃管线排查并与管线产权单位会签确认。施工过程中应随时检查地下管线渗漏水情况，发现地面出现沉降、开裂、渗涌水等情况应及时启动应急预案并协调会商相关部门妥善处理。

采用探地雷达法等先进适用方法对施工影响范围内的地下空洞及疏松体、管线渗漏等进行探测，由专业工程师对探测结果进行分析、验证、评估。

2）基坑边坡和支护结构的确定

根据土的分类和力学指标、开挖深度等确定边坡坡度（放坡开挖时），或根据土质、地下水情况及开挖深度等确定支护结构方法（采用支护开挖时）。

基坑工程施工，首先要保证基坑的稳定。放坡开挖时，基坑的坡度要满足抗滑稳定要求；采用支护开挖时，支护结构类型的选择，既要保证整个支护结构在施工过程中的安全，又要能控制支护结构及周围土体的变形，以保证基坑周围建筑物和地下设施的安全。

3）基坑周围堆放物品的规定

（1）支护结构施工与基坑开挖期间，支护结构达到设计强度要求前，严禁在设计预计的滑裂面范围内堆载；临时土石方的堆放应进行自身稳定性、邻近建筑物地基和基坑稳定性的验算。

（2）支撑结构上不应堆放材料和运行施工机械，当需要利用支撑结构兼做施工平台或栈桥时，应进行专门设计。

（3）材料堆放、开挖顺序、开挖方法等应减少对周边环境、支护结构、工程桩等的不利影响。

（4）基坑开挖的土方不应在邻近建筑及基坑周边影响范围内堆放，并应及时外运。

（5）基坑周边必须进行有效防护，并设置明显的警示标志；基坑周边要设置堆放物料的限重牌，严禁堆放大量物料。

（6）建筑基坑周围 6m 以内不得放阻碍排水的物品或垃圾，保持排水畅通。

（7）开挖料运至指定地点堆放。

4）制定好降水措施，确保基坑开挖期间的稳定

当场地内有地下水时，应根据场地及周边区域的工程地质条件、水文地质条件、周边环境情况和支护结构与基础形式等因素，确定地下水控制方法。当场地周围有地表水汇流、排泄或地下水管渗漏时，应对基坑采取保护措施。

地下水的控制方法主要有降水、截水和回灌等几种形式，这几种形式可以单独使

用也可以组合使用。降水会引起基坑周围土体沉降，当基坑邻近有建筑物时，宜采用截水或回灌方法。

5）控制好边坡

无支撑放坡开挖的基坑要控制好边坡坡度，有支撑基坑开挖时要控制好纵向放坡坡度。基坑采用无支撑放坡开挖时，应随挖随修整边坡且不得挖反坡。有支撑基坑在开挖过程的临时放坡也应重视，防止在开挖过程中边坡失稳或滑坡酿成事故。

6）进行施工前安全条件核查

基坑开挖前应组织开展关键节点施工前安全条件核查，包括钻孔、成槽等动土作业和土方开挖施工，重点核查可能出现渗漏的围护体系施工质量。未经安全条件核查或条件核查不合格的不得开挖。

7）严格按设计要求开挖和支护

基坑开挖应根据支护结构设计、降水排水要求确定开挖方案。开挖范围及开挖、支护顺序均应与支护结构设计工况相一致。挖土要严格按照施工组织设计规定进行。土方开挖时严格遵循自上而下分层、分段的原则进行，严格控制开挖与支撑之间的时间、空间间隔，严禁超挖；软弱地层支撑应采用钢筋混凝土支撑等加强措施；应先撑后挖，采用换撑方案时应先撑后拆；支撑不到位严禁开挖土体；严格换撑、拆撑验收，严禁支撑架设滞后、违规换撑、拆撑。发生异常情况时，应立即停止挖土，并应立即查清原因且采取措施，正常后方能继续挖土。基坑开挖过程中，必须采取措施防止碰撞支撑、围护桩或扰动基底原状土。

软土地区基坑开挖还受到时间效应和空间效应的作用，因此，在制定开挖方案时，要尽量缩短基坑开挖卸荷的尺寸及无支护暴露时间，减少开挖过程中的土体扰动范围，采用分层、分块的开挖方式，且使开挖空间尺寸和开挖支护时限能最大程度地限制围护结构变形及坑周土体的位移与沉降。

8）及时分析监测数据，做到信息化施工

基坑失稳破坏一般都有前兆，具体表现为监测数据的急剧变化或突然发展。因此，进行系统监测，并对监测数据进行及时分析，发现工程隐患后及时修改施工方案，做到信息化施工，对保证基坑安全有重要意义。

3. 应急措施

1）应急预案

（1）制定具有可操作性的基坑坍塌、淹埋事故的应急预案可以防患于未然，并且最大限度地降低事故发生概率，防止事态恶化，减轻事故后果。

（2）建立应急组织体系，配备足够的袋装水泥、土袋草包、临时支护材料、堵漏材料和设备以及抽水设备等抢险物资，准备一支具备丰富经验的应急抢险队伍，保证在紧急状态下可以快速调动人员、物资和设备，并根据现场实际情况进行应急演练。

（3）加强监测的信息化管理，及早发现坍塌、淹埋和管线破坏事故的征兆。基坑即将坍塌、淹埋时，应以人身安全为第一要务，及早撤离现场。

（4）应通过组织演练检验和评价应急预案的适用性和可操作性。

2）基坑开挖应急措施

（1）基坑变形超过报警值时，应调整分层、分段土方开挖等施工方案，并宜在坑

内回填反压后增加临时支撑、锚杆等措施。

（2）周围地表或建筑物变形速率急剧加大，基坑有失稳趋势时，宜采取卸载、局部或全部回填反压措施，待稳定后再进行加固处理。

（3）坑底隆起变形过大时，应采取坑内加载反压、调整分区、分步开挖、及时浇筑快硬混凝土垫层等措施。

（4）坑外地下水位下降速率过快引起周边建筑物与地下管线沉降速率超过警戒值时，应调整抽水速度减缓地下水位下降速度或采用回灌措施。

（5）围护结构渗水、流土，可采用坑内引流、封堵或坑外快速注浆的方式进行堵漏；情况严重时应立即回填，再进行处理。

（6）开挖底面出现流砂、管涌时，应立即停止挖土施工，根据情况采取回填、降水法降低水头差、设置反滤层封堵流土点等方式进行处理。

3）基坑工程施工引起邻近建筑物开裂及倾斜事故的应急措施

（1）立即停止基坑开挖，回填反压。

（2）增设锚杆或支撑。

（3）采取回灌、降水等措施调整降深。

（4）在建筑物基础周围采用注浆加固土体。

（5）制定建筑物的纠偏方案并组织实施。

（6）情况紧急时应及时疏散人员。

4）邻近地下管线破裂应急措施

（1）立即关闭危险管道阀门，采取措施防止火灾、爆炸、冲刷、渗流破坏等安全事故发生。

（2）停止基坑开挖，回填反压、基坑侧壁卸载。

（3）及时加固、修复或更换破裂管线。

5）基坑工程变形监测数据超过报警值，或出现基坑、周边建（构）筑物、管线失稳破坏征兆的应急措施

应立即停止施工作业，撤离人员，待险情排除后方可恢复施工。

19.2.3 脚手架施工管理要点

脚手架是建筑施工中必不可少的临时设施，它由杆件或结构单元、配件通过可靠连接组成，能承受相应荷载，具有安全防护功能，是为建筑施工提供作业条件的结构架体，包括作业脚手架和模板支撑架。

1. 一般要求

（1）脚手架应根据使用功能和环境进行设计。架体搭设和拆除作业之前，应根据工程特点编制专项施工方案，并应经审批后实施。若涉及危险性较大的分部分项工程，专项施工方案的编制、审批、专家论证及实施、验收等应符合《危险性较大的分部分项工程安全管理规定》（由中华人民共和国住房和城乡建设部令第37号发布，经中华人民共和国住房城乡建设部令第47号修订）和《住房城乡建设部办公厅关于实施〈危险性较大的分部分项工程安全管理规定〉有关问题的通知》（建办质〔2018〕31号）的相关规定。

（2）专项施工方案实施前，应将专项施工方案向施工现场管理人员与作业人员进行安全技术交底。

（3）脚手架搭设和拆除作业应由专业架子工担任，并应持证上岗。操作人员应佩戴个人防护用品，穿防滑鞋。

（4）脚手架材料与构配件的性能指标应满足脚手架使用的需要，质量应符合国家现行相关标准的规定。脚手架材料与构配件应有产品质量合格证明文件。

2. 安全管理要点

（1）脚手架的搭设场地应平整、坚实，场地排水应顺畅，不应有积水。脚手架附着于建筑结构处的混凝土强度应满足安全承载要求。

（2）脚手架应按顺序搭设，剪刀撑、斜撑杆等加固杆件应随架体同步搭设，不得滞后安装；每搭设完一步架体后，应按规定校正立杆间距、步距、垂直度及水平杆的水平度。脚手架安全防护网和防护栏杆等防护设施应随架体搭设同步安装到位。

（3）雷雨天气、风力超过6级（含6级）应停止架上作业。

（4）严禁将支撑脚手架、缆风绳、混凝土输送泵管、卸料平台及大型设备的支承件等固定在作业脚手架上。严禁在作业脚手架上悬挂起重设备。

（5）脚手架在使用过程中，应定期进行检查并形成记录，脚手架工作状态应符合规定。

（6）遇有风力超过6级（含6级）、大雨及以上降水等情况时，应对脚手架进行检查并应形成记录，确认安全后方可继续使用。

（7）脚手架在使用过程中出现安全隐患时，应及时排除；当出现脚手架部分结构失去平衡、地基部分失去继续承载的能力等情况时，应立即撤离作业人员，并应及时组织检查处置。

（8）脚手架使用期间，严禁在脚手架立杆基础下方及附近实施挖掘作业。

（9）承插型盘扣式钢管作业脚手架构造应符合下列要求：

① 作业架的高宽比宜控制在3以内；当作业架高宽比大于3时，应设置抛撑或缆风绳等抗倾覆措施。

② 双排作业架的外侧立面上应设置竖向斜杆；在脚手架的转角处、开口型脚手架端部应由架体底部至顶部连续设置斜杆；应每隔不大于4跨设置一道竖向或斜向连续斜杆；当架体搭设高度在24m以上时，应每隔不大于3跨设置一道竖向斜杆；竖向斜杆应在双排作业架外侧相邻立杆间由底至顶连续设置。

（10）承插型盘扣式钢管模板支撑架构造应符合下列要求：

① 支撑架的高宽比宜控制在3以内，高宽比大于3的支撑架应采取与既有结构刚性连接等抗倾覆措施。

② 当支撑架搭设高度大于16m时，顶层步距内应每跨布置竖向斜杆。

③ 支撑架可调托撑伸出顶层水平杆或双槽托梁中心线的悬臂长度不应超过650mm，且丝杆外露长度不应超过400mm，可调托撑插入立杆或双槽托梁长度不得小于150mm。

④ 支撑架可调底座丝杆插入立杆长度不得小于150mm，丝杆外露长度不宜大于300mm，作为扫地杆的最底层水平杆中心线距离可调底座的底板不应大于550mm。

⑤ 当支撑架搭设高度超过8m、周围有既有建筑结构时，应沿高度每间隔4~6个

标准步距与周围已建成的结构进行可靠拉结。

⑥ 支撑架应沿高度每间隔 4～6 个标准步距设置水平剪刀撑。

⑦ 当以独立塔架形式搭设支撑架时，应沿高度每间隔 2～4 个标准步距与相邻的独立塔架水平拉结。

（11）脚手架拆除前，应清除作业层上的堆放物。架体拆除应按自上而下的顺序按步逐层进行，不应上下同时作业。同层杆件和构配件应按先外后内的顺序拆除；剪刀撑、斜撑杆等加固杆件应在拆卸至该部位杆件时拆除；作业脚手架连墙件应随架体逐层、同步拆除，不应先将连墙件整层或数层拆除后再拆架体；架体拆除作业应统一组织，并应设专人指挥，不得交叉作业；严禁高空抛掷拆除后的脚手架材料与构配件。

3. 应急措施

（1）脚手架坍塌事故发生时，立即报告并组织专业救援，安排专人及时切断有关闸门、电源，封锁周围危险区域，对未坍塌部位进行抢修、加固或者拆除，防止进一步坍塌。

（2）要迅速确定事故发生的准确位置、发生事故的初步原因、可能波及的范围、坍塌范围、核准人员数量、人员伤亡情况等。

（3）事故现场周围应设警戒线，严禁与应急抢险无关的人员进入。

（4）迅速核实脚手架上作业人数，如有人员被坍塌的脚手架压在下面，要立即采取可靠措施加固四周，然后拆除或切割压住伤者的杆件，将伤员移出。如脚手架太重可用吊车将架体缓缓抬起，以便救人。

（5）当施工人员发生身体伤害时，若是脊柱骨折，不得弯曲、扭动患者的颈部和身体，不得接触患者的伤口，要使患者身体放松，尽量将患者放到担架或平板上进行搬运。

（6）抢救机械设备和救助人员应严格执行安全操作规程，配齐安全设施和防护工具，加强自我保护，确保抢救行动过程中的人身安全和财产安全。

19.2.4　临时用电安全管理要点

1. 一般要求

（1）施工现场临时用电设备在 5 台及以上或设备总容量在 50kW 及以上，应编制用电组织设计，并进行审核、审批、监理审查。临时用电组织设计由电气工程技术人员编制，经安全、技术、设备、施工、材料等相关部门审核，企业技术负责人批准后进行报验；如果有变更，应及时补充有关的图纸资料。

（2）施工现场临时用电必须采用 TN-S 系统。

（3）施工现场临时用电必须建立安全技术档案，临时用电应定期检查，应履行复查验收手续，并保存相关记录。

（4）电工必须经过按国家现行标准考核合格后，持证上岗；其他用电人员必须通过相关安全教育培训和技术交底，考核合格后方可上岗工作。安装、巡查、维修或拆除临时用电设备与线路必须由电工完成。

2. 安全管理要点

（1）施工现场应采用三级配电系统，应遵循"分级分路、动力照明分设、压缩配电间距"的原则；从三级开关箱向用电设备配电不得分路，实行"一机一闸"制，每一台用电设备必须有其独立专用的开关箱，每一开关箱只能连接控制一台与其相关的用电设备。

（2）当施工现场与外电线路共用同一供电系统时，电气设备的保护接地、保护接零应与原系统保持一致。不得一部分设备做保护接零，另一部分设备做保护接地。

（3）在施工现场基本供配电系统的总配电箱和开关箱首、末二级配电装置中，设置漏电保护器。漏电保护器极数和线数必须与负荷侧的相数和线数保持一致。漏电保护器的电源进线类别（相线或零线）必须与其进线端标记相对应，不允许交叉混接，标有电源侧和负荷侧的漏电保护器不得接反。

（4）当施工现场及周边存在架空线路时，应保证施工机械、外脚手架和人员与电力线路的安全距离。当不能保证最小安全距离时，为了确保施工安全，必须采取设置防护性遮栏、栅栏，以及悬挂警告标志牌等防护措施。

（5）施工现场内的起重机、井字架、龙门架等机械设备，以及钢管脚手架和正在施工的在建工程等的金属结构，当在相邻建筑物、构筑物等设施的防雷装置接闪器的保护范围以外时，应按地区年平均雷暴日安装避雷装置。

（6）临时用电配电线路应采用绝缘导线或电缆。绝缘导线应按照规范要求采取架空、穿导管或线槽等敷设方式；电缆线路宜埋地敷设，当沿建（构）筑物敷设时应采取绝缘隔离措施，沿地面明敷设时，必须采取可靠的保护措施。

（7）隧道、人防工程、高温、有导电灰尘或灯具离地面高度低于2.5m等场所的照明，电源电压不应大于36V。移动式照明器（如行灯）的照明电源电压不得大于36V。

3. 应急措施

（1）发现有人触电，首先要尽快使触电者脱离电源，然后根据触电者的具体症状进行对症施救。脱离电源越快、抢救越及时，触电者救活的可能性就越大。

（2）如果开关箱在附近，可立即拉下开关或拔掉插头，断开电源；如距离电源开关较远，应迅速用绝缘良好的电工钳或有干燥木柄的利器砍断电线，或用干燥的木棒、竹竿、硬塑料管等迅速将电线拨离触电者。

（3）对高压触电，应迅速拉下开关或由有经验的人员采取特殊措施切断电源。

（4）对触电后神志不清者，派专人照顾、观察，情况稳定后方可正常活动。对轻度昏迷或者呼吸微弱者，可针刺或掐人中穴，并送医救治。

（5）对触电后无呼吸但心脏有跳动者应立即进行人工呼吸，对有呼吸但心脏停止跳动者，应立即进行胸外按压抢救。

（6）如触电者心跳和呼吸均已停止，抢救时需人工呼吸和俯卧压背法（仰卧压胸法）、心脏按压法等措施交替进行。

19.2.5 起重吊装安全管理要点

1. 一般要求

（1）起重吊装作业前，必须编制吊装作业的专项施工方案。若涉及危险性较大的分部分项工程，专项施工方案的编制、审批、专家论证及实施、验收等应符合《危险性较大的分部分项工程安全管理规定》（由中华人民共和国住房和城乡建设部令第37号发布，经中华人民共和国住房和城乡建设部令第47号修订）和《住房城乡建设部关于实施〈危险性较大的分部分项工程安全管理规定〉有关问题的通知》（建办质〔2018〕31号）的相关规定。

（2）作业前应进行安全技术交底，起重机操作人员、起重信号工、司索工等特种作业人员必须持特种作业资格证书上岗。严禁非起重机驾驶人员驾驶、操作起重机。

（3）起重吊装作业前，应检查所使用的机械、滑轮、吊具和地锚等，必须符合安全要求。

（4）起重设备的通行道路应平整，承载力应满足设备通行要求。吊装作业区域四周应设置明显标志，严禁非操作人员入内。夜间不宜作业，当确需夜间作业时，应有足够的照明。

2. 安全管理要点

（1）起重机械的变幅限位器、力矩限制器、起重量限制器、防坠安全器、各种行程限位开关以及滑轮和卷筒的钢丝绳防脱装置、吊钩防脱钩装置等安全保护装置，应齐全有效，严禁随意调整或拆除。

（2）汽车起重机应在平坦坚实的地面上作业、行走和停放。在正常作业时，坡度不得大于3°，并应与沟渠、基坑保持安全距离。

开动油泵前先使发动机低速运转一段时间。调节支腿，务必按规定顺序打好完全伸出的支腿，使起重机呈水平状态，调整机体使回转支承面的倾斜度在无载荷时不大于1/1000（水准泡居中）。

工作地点的地面应能承受起重机支腿压力，注意地基是否松软，如较松软，必须给支腿垫好能承载的木板或木块。支腿不应靠近地基挖方地段。

汽车起重机自由降落作业只能在下降吊钩时或所吊载荷小于许用载荷的30%时使用，禁止在自由下落中紧急制动。

两台起重机共同起吊一货物时，必须有专人统一指挥，两台起重机性能、速度应相同，各自分担的载荷值应小于一台起重机额定总起重量的80%；起重物的重量不得超过两机起重量总和的75%。

（3）门式起重机应设置夹轨器和轨道限位器。大车、小车运行机构均须安装缓冲器及端部止挡。

门式起重机在没有障碍物的线路上运行时，吊钩或吊具以及吊物底面，必须离地面2m以上。越过障碍物时，须超过障碍物高度0.5m。吊运小于额定起重量50%的物件，允许两个机构同时动作；吊运大于额定起重量50%的物件，则只可以一个机构动作。

（4）在风力超过5级（含5级）或大雨、大雪、大雾等恶劣天气时，严禁进行起重机械的安装拆卸作业。在风力超过6级（含6级）或大雨、大雪、大雾等恶劣天气时，应停止露天的起重吊装作业。

3. 应急措施

（1）起重机械发生倾覆时，应划定警戒区域，研判事故严重程度，查看起重机司机是否被困在操作室,检查有无其他作业人员被砸伤或掩埋;如有人员被困,调用其他起重设备将倾覆设备缓慢拉起,顶升稳固后再组织抢救人员。

(2)吊装构件滑落砸伤人员时,首先确认无继续坠物风险,将受伤人员转移至安全、平坦地带,并进行紧急处置。

19.2.6　机械施工安全管理要点

1. 一般要求

(1)建筑施工中各类建筑机械的使用与管理,应符合《建筑机械使用安全技术规程》JGJ 33—2012 和国家现行有关标准的规定,保障建筑机械的正确使用,发挥机械效能,确保安全生产。

(2)特种设备操作人员应经过专业培训、考核合格取得建设行政主管部门颁发的操作证,并应经过安全技术交底后持证上岗。

(3)机械必须按出厂使用说明书规定的技术性能、承载能力和使用条件,正确操作,合理使用,严禁超载、超速作业或任意扩大使用范围。

(4)机械上的各种安全防护和保险装置及各种安全信息装置必须齐全有效。

(5)机械作业前,施工技术人员应向操作人员进行安全技术交底。操作人员应熟悉作业环境和施工条件,并应听从指挥,遵守现场安全管理规定。

2. 安全管理要点

(1)机械进入现场前,应查明行驶路线上的桥梁、涵洞的上部净空和下部承载能力,确保机械安全通过。

(2)机械通过桥梁时,应采用低速挡慢行,在桥面上不得转向或制动。

(3)作业前,必须查明施工场地内明、暗铺设的各类管线等设施,并应采用明显记号标识。严禁在离地下管线、承压管道 1m 距离以内进行大型机械作业。

(4)机械回转作业时,配合人员必须在机械回转半径以外工作。当需在回转半径以内工作时,必须将机械停止回转并制动。

(5)运输机械不得人货混装,运输过程中,料斗内不得载人。装载的物品应捆绑稳固牢靠,整车重心高度应控制在规定范围内,轮式机具和圆形物件装运时应采取防止滚动的措施。

运输超限物件时,应事先勘察路线,了解空中、地面上、地下障碍以及道路、桥梁等通过能力,并应制定运输方案,应按规定办理通行手续。在规定时间内按规定路线行驶。

(6)桩工机械作业区应有明显标志或围栏,非工作人员不得进入。桩锤在施打过程中,操作人员必须在距离桩锤中心 5m 以外监视。严禁吊桩、吊锤、回转或行走等动作同时进行。打桩机在吊有桩和锤的情况下操作人员不得离开岗位。

(7)强夯机械作业时,夯锤落下后,在吊钩尚未降至夯锤吊环附近前,操作人员不得提前下坑挂钩。从坑中提夯锤时,严禁挂钩人员站在夯锤上随夯锤提升。

(8)焊接设备应有完整的防护外壳,一、二次接线柱处应有保护罩。电焊机导线和接地线不得搭在易燃、易爆、带有热源或有油的物品上;不得将建(构)筑物的金属结构、管道、轨道或其他金属物体搭接起来形成焊接回路,且不得将电焊机和工件双重接地。

（9）夯土机械的操作手柄必须采取绝缘措施。操作人员必须穿戴绝缘胶鞋和绝缘手套，两人操作，一人扶夯，一人负责整理电缆。夯土机械必须装设防溅型漏电保护器。其额定漏电动作电流小于15mA，额定漏电动作时间小于0.1s。

（10）木工机械应按照"有轮必有罩、有轴必有套"的原则，对各种木工机械配置相应的安全防护装置。

木工机械的刀轴与电气应有安全联控装置，在安装、更换刀具及机械维修时，能切断电源并保持断开位置，以防误触电源开关或突然供电启动机械导致人身伤害事故。在装设正常启动和停机操纵装置的同时，还应专门设置遇事故需紧急停机的安全控制装置。

3. 应急措施

（1）事故发生后，附近人员及时切断电源，停止机器运转。

（2）发生机械倾倒压伤事故，应将机械抬起或吊离，并注意在移动机械时不会对伤者造成擦搓或二次压伤，在机械未抬起或吊离之前严禁对伤者拖、拉、推、拔，以免加重伤情。

（3）发生机械切割的伤害事故，应视情况采取有效的止血，防止休克，包扎伤口、固定、保存好断离器官或组织，预防感染、止痛等措施。

（4）发生机械皮带、齿轮、滚筒夹缠、拖带伤害事故，应要求具备机械检修知识的人员在场，采取人工反转放松机械夹缠或将个别机械零部件撤除、切割等手段使伤员尽快脱离危害源。

（5）机械伤害人员严重创伤时，有可能因为失血过多或剧烈疼痛引起昏迷或休克，在这种情况下，应能够使伤员安静、保暖、平卧、少动，并将伤员下肢抬高，及时止血、包扎、固定伤肢，尽快送医院进行抢救。

19.2.7 消防安全管理要点

1. 一般要求

（1）施工单位应建立健全各项消防安全制度，落实消防安全责任制，完善火灾扑救和应急疏散预案，按规定配备消防设施、器材；加强防火安全检查，及时纠正违法、违章行为，发现并消除火灾隐患。

（2）施工单位应根据建设项目规模、现场消防安全管理的重点，在施工现场建立消防安全管理组织机构及义务消防组织，并应确定消防安全负责人和消防安全管理人员，同时应落实相关人员的消防安全管理责任。

（3）施工单位应编制施工现场防火技术方案，并应根据现场情况变化及时对其修改、完善。

（4）施工人员进场时，施工现场的消防安全管理人员应向施工人员进行消防安全教育和培训。施工作业前，施工管理人员应向作业人员进行消防安全技术交底。

（5）施工单位应依据灭火和应急疏散预案，每半年组织1次灭火和应急疏散演练。

2. 安全管理要点

（1）易燃易爆危险品库房与在建工程的防火间距不应小于15m，可燃材料堆场及其加工场、固定动火作业场与在建工程的防火间距不应小于 10m，其他临时用房、临时设施与在建工程的防火间距不应小于 6m。

（2）宿舍、生活区建筑构件的燃烧性能等级应为 A 级。建筑物层数为 3 层或每层建筑面积大于 $200m^2$ 时，应设置至少两部疏散楼梯，房间疏散门至疏散楼梯的最大距离不应大于 25m。宿舍、办公用房不应与厨房操作间、锅炉房、变配电间等组合建造。

（3）施工现场的消火栓泵应采用专用消防配电线路。专用消防配电线路应自施工现场总配电箱的总断路器上端接入，且应保持不间断供电。

（4）易燃易爆危险品存放及使用场所、动火作业场所、可燃材料存放、加工及使用场所、厨房操作间、锅炉房、发电机房、变配电房、设备用房、办公用房、宿舍等临时用房和其他具有火灾危险的场所应配置灭火器，灭火器配置数量应按有关规定确定，且每个场所的灭火器数量不应少于两具。

（5）变配电室应为独立的单层建筑，变配电室内及周边不应堆放可燃物。

（6）施工蓄电设备集中停放充电区应选在空旷、便于机械设备进出的区域，按规定配备消防器材。

（7）动火动焊作业应办理用火作业审批表，电、气焊作业人员应持有特种作业操作证。

（8）动火动焊作业前应对可燃物进行清理，作业现场及其附近无法移走的可燃物应采用不燃材料对其进行覆盖或隔离，并配备消防器材，设专人看护。作业后应确认无遗留火种后方可离去。

在高处进行焊接作业时，应在焊接部位下方设置阻燃托盘。

（9）动火作业地点与氧气瓶、乙炔瓶等危险物品的距离不得小于 10m，与易燃易爆物品的距离不得小于 30m。乙炔瓶和氧气瓶使用时两者的距离不得小于 5m。氧气瓶、乙炔瓶等焊割设备上的安全附件应完整而有效，否则严禁使用。

（10）风力超过 5 级（含 5 级）时，应停止焊接、切割等室外动火作业。确需动火作业时，应采取可靠的挡风措施。

（11）使用油漆及其有机溶液、乙二胺、冷底子油等易挥发产生易燃气体的材料作业时，应保持良好通风，作业场所不应有明火，并采取防静电措施。

（12）燃油设备应在停机后加注燃油。

（13）木工操作间内严禁吸烟和明火作业，每班作业结束后拉闸断电，清理刨花、锯末，确认无火险后方可离开。

3. 应急措施

（1）火情确认后，应立即启动灭火及应急疏散预案，进行人员疏散和初期火灾扑救。

（2）现场火势刚起时，要立即组织现场人员进行扑救，救火方法要得当，灭火前必须先切断蔓延材料，判断火灾类型，针对不同类型，采用正确的灭火方法：

① 如遇动火作业或遗留火种引燃竹木等固体可燃物而诱发火灾，可用冷却灭火方法，将水、泡沫灭火剂或干粉灭火剂（ABC 型）直接喷射在燃烧的物体上，使燃烧物的温度降低至燃点以下或与空气隔绝，使燃烧中断，达到灭火效果。

② 如遇电气设备火灾，应立即关闭电源，采取窒息灭火法，将不导电的灭火剂

（如：二氧化碳灭火器、干粉灭火器等）直接喷射在燃烧的电气设备上，阻止火与空气接触，中断燃烧，达到灭火的效果。

③ 如遇油类火灾，同样可采用窒息灭火方法，用泡沫灭火器、二氧化碳灭火器、干粉灭火器等直接喷射在燃烧物体的着火位置，阻止火与空气接触，中断燃烧，起到灭火效果。严禁用水扑救。

④ 如焊渣引燃贵重仪器设备、档案、文档，可采取窒息灭火方法，将二氧化碳等气体灭火器直接喷射在燃烧物上，或用毛毡、衣服、干麻袋等覆盖，中断燃烧，达到灭火效果。严禁用水、泡沫灭火器、干粉灭火器等扑救。

（3）应立即拨打火警电话报警，报警时应说明起火地点、起火部位、着火物种类、火势大小、报警人姓名和联系方式，并保持与消防救援队伍的沟通联络直至其到达施工现场开展救援。

（4）如有人员被烧伤，轻度烧伤可即时包扎处理，中、重度烧伤马上送医院治疗。

19.2.8 安全防护管理要点

1. 一般要求

（1）施工单位应为从业人员配备符合安全和职业健康要求的劳动防护用品。

（2）各类安全防护措施设置过程中，作业人员应采取必要措施保证安全，且必须设专人监护。

（3）安全防护设施应经验收合格后方可使用。对需临时拆除或变动的安全防护设施，应采取其他可靠、安全措施并在作业后应立即恢复。

（4）施工现场入口处及主要施工区域、危险部位应设置相应的安全警示标志牌；施工起重机械、临时用电设施、脚手架、出入通道口、孔洞口、桥梁口、隧道口、基坑边沿、爆破物及有害危险气体和液体存放处等属于危险部位，应当设置明显的安全警示标志；对夜间施工或人员经常通行的危险区域、设施，应安装灯光示警标志。

（5）按照安全风险辨识的情况，施工现场应设置安全风险源公示牌和危险性较大分部分项工程安全控制要点。

2. 安全管理要点

（1）在坠落高度距离基准面 2m 及以上的基坑周边、支架平台边、桥梁结构旁边等作业面进行临边作业时，应在临空一侧设置防护栏杆，并应采用密目式安全立网或工具式栏板封闭。

（2）临边作业的防护栏杆应由横杆、立杆及高度不低于 180mm 的挡脚板组成。防护栏杆应为两道横杆，上杆距地面高度应为 1200mm，下杆应在上杆和挡脚板中间设置。当防护栏杆高度大于 1200mm 时，应增设横杆，横杆间距不应大于 600mm，防护栏杆立柱间距不应大于 2000mm。防护栏杆的整体构造，应使栏杆上杆能承受来自任何方向的 1000N 的外力。

（3）在桩孔、井口、结构施工洞口旁边等有可能使人和物料坠落处作业，当坠落高度大于或等于 2m 时，应采取防坠落措施：

① 当非竖向洞口短边边长为 25～500mm 时，应采用承载力满足使用要求的盖板覆盖，盖板四周搁置应均衡，且应防止盖板移位。

② 当非竖向洞口短边边长为 500～1500mm 时，应采用盖板覆盖或防护栏杆等措施并应固定牢固。

③ 当非竖向洞口短边边长大于或等于 1500mm 时，应在洞口作业侧设置高度不小于 1.2m 的防护栏杆，洞口应采用安全平网封闭。

（4）借助登高用具或登高设施进行攀登作业时，应符合下列要求：

① 在施工组织设计中应确定用于现场施工的登高和攀登设施。

② 攀登作业设施和用具应牢固可靠，当采用梯子攀爬时，踏面荷载不应大于 1.1kN；当梯面上有特殊作业时，应按实际情况进行专项设计。

③ 同一梯子上不得两人同时作业。在通道处使用梯子作业时，应有专人监护或设置围栏。脚手架操作层上严禁架设梯子作业。

④ 使用单梯时梯应与水平面呈 75° 夹角，踏步不得缺失，梯格间距宜为 300mm，不得垫高使用。

⑤ 使用固定式直梯攀登作业，当攀登高度超过 3m 时，宜加设护笼；当攀登高度超过 8m 时，应设置梯间平台。

⑥ 深基坑施工应设置梯、人坑踏及专用载人设备道等设施。采用斜道时应加设间距不大于 400mm 的防滑条等防滑措施。作业人员严禁沿坑壁、支撑或乘坐运土工具上下。

（5）构件吊装、管道安装、利用吊篮进行外涂装等周边临空状态下进行悬空作业时，立足处设置应牢固，并应配置登高和防坠落装置与设施。悬空作业所使用的锁具、吊具应验收合格后方可使用。严禁在无固定、无防护的构件及安装中的管道上作业或通行。

（6）在 2m 以上高处绑扎柱钢筋、搭设与拆除柱模板、浇筑高度 2m 以上的混凝土结构构件时，应设置脚手架或操作平台。

（7）操作平台的临边应设置防护栏杆，单独设置的操作平台应设置供人上下、踏步间距不大于 400mm 的扶梯。操作平台投入使用时应在平台的内侧设置标明允许负载值的限载牌；物料应及时转运，不得超重与超高堆放。

（8）有限空间作业应明确作业负责人、作业人员、监护人员职责，提供符合要求的通风、检测、防护、照明等安全防护设施和个人防护用品，落实有限空间作业的各项安全要求。

（9）有限空间作业前应充分识别有限空间存在位置和主要危险因素：

① 市政工程施工现场常见的有限空间有：地下管廊、隧道、施工竖井、人工挖孔桩、桥梁箱室、污水池、沼气池、化粪池、雨污水井和电力井等各类井室。

② 引发有限空间作业中毒风险的典型物质有：硫化氢、一氧化碳、苯和苯系物、氰化氢、磷化氢等。

③ 有限空间内缺氧主要有两种情形：一是由于生物的呼吸作用或物质的氧化作用，有限空间内的氧气被消耗导致缺氧；二是有限空间内存在二氧化碳、甲烷、氮气、氩气、水蒸气和六氟化硫等单纯性窒息气体，排挤氧空间，使空气中氧含量降低，氧含量低于 19.5% 时就是缺氧。

氧气含量过高将增大爆炸可能性，适宜进行有限空间作业的氧气含量（体积分数）

应在 19.5%～23.5%。

④ 有限空间中积聚的易燃易爆物质与空气混合形成爆炸性混合物,若混合物浓度达到爆炸极限,遇明火、化学反应放热、撞击或摩擦火花、电气火花、静电火花等点火源时,就会发生燃爆事故。

有限空间作业中常见的易燃易爆物质有甲烷、氢气等可燃性气体。

⑤ 对于中毒、缺氧窒息和气体燃爆风险,使用气体检测报警仪进行针对性检测是最直接有效的办法。

(10)凡进入有限空间进行施工、检修、清理作业的,施工单位应实施作业审批。未经作业负责人审批,任何人不得进入有限空间作业,不得在没有监护人的情况下作业。有限空间作业必须遵循"先通风,再检测,后作业"原则:

① 在作业人员进入有限空间前,应对作业场所内的气体进行检测,以判断其内部环境是否适合人员进入。

② 在作业过程中,还应通过实时检测,及时了解气体浓度变化,为作业中危险有害因素评估提供数据支持。

③ 不论气体检测合格与否,对有限空间作业都必须进行通风换气,严禁使用纯氧通风。

④ 使用风机强制通风时,若检测结果显示处于易燃易爆环境中,必须使用防爆型风机。

3. 应急措施

(1)发生高处坠落事故,应当观察是否还存在坠落人员和物体的风险,并立即采取措施,防止救援过程中再次发生伤害。

(2)应马上组织抢救伤者,首先观察伤者的受伤情况、部位、伤害性质:

① 如伤员发生休克,应先处理休克。遇呼吸、心跳停止者,应立刻进行人工呼吸、胸外心脏按压,处于休克状态的伤员要让其安静、保暖、平卧、少动,并将下肢抬高约 20° 左右,尽快送医院进行抢救。

② 出现颅脑损伤,必须维持呼吸道通畅,昏迷者应平卧,面部转向一侧,以防舌根下坠把分泌物、呕吐物吸入,导致喉阻塞;遇有凹陷骨折,严重的颅底骨折及严重脑损伤的,创伤处用消毒的纱布或清洁的布等覆盖伤口,用绷带或布条包扎后,及时送就近的医院治疗。

③ 发现脊椎受伤者,创伤处用消毒的纱布或清洁的布等覆盖伤口,用绷带或布条包扎后,及时送就近的医院治疗。在搬运过程中,应将伤者平卧放在帆布担架或硬板上,以免受伤的脊椎移位、断裂导致截瘫、死亡。脊椎受伤者在转运过程中,严禁只抬伤者的两肩与两脚或单肩背运。

④ 发现伤者手足骨折,不要盲目搬动。应在骨折部位用夹板临时固定,使断处不再移位或刺伤肌肉、神经、血管。固定方法:以固定骨折处上下关节为原则,可就地取材,用木板、竹杆等材料包扎固定。在无材料的情况下,受伤上肢可固定在身侧,受伤下肢与另侧完好下肢缚在一起。

⑤ 遇有创伤性出血的伤员,应迅速包扎止血,并注意保暖,迅速在现场止血处理后送医院治疗。

（3）发生有限空间作业事故应立即报告项目负责人，在分析事发有限空间环境危害控制情况、应急救援装备配置情况以及现场救援能力等因素的基础上，判断可否自主救援以及采取何种救援方式。

若现场具备自主救援条件，应根据实际情况采取非进入式或进入式救援，并确保救援人员人身安全；若现场不具备自主救援条件，应及时拨打火警和急救电话，依靠专业救援力量开展救援工作，决不允许强行施救。

① 当作业过程中出现异常情况时，作业人员在还具有自主意识的情况下，应采取积极主动的自救措施。作业人员可使用隔绝式紧急逃生呼吸器等救援逃生设备，提高自救成功效率。

② 如果作业人员自救逃生失败，应根据实际情况采取非进入式救援或进入式救援方式：

a. 非进入式救援是指救援人员在有限空间外，借助相关设备与器材，安全快速地将有限空间内受困人员移出有限空间的一种救援方式。

b. 进入式救援是一种风险很大的救援方式，一旦救援人员防护不当，极易伤亡扩大。救援人员应经过专门的有限空间救援培训和演练，能够熟练使用正压式空气呼吸器等应急救援装备，确保能在自身安全的前提下成功施救。若救援人员未得到足够防护，不能保障自身安全，则不得进入有限空间实施救援。

③ 受困人员脱离有限空间后，应迅速转移至安全且空气新鲜处，进行胸外按压、人工呼吸等正确、有效的现场救护，以挽救生命，减轻伤害。

第 20 章 绿色建造及施工现场环境管理

20.1 绿色建造

20.1.1 绿色建造基本内容

绿色建造是为确保工程项目符合预定的绿色目标要求而开展的,涵盖建设工程的规划、勘察、设计、施工、监理、调试、运营等各个阶段的策划、组织、协调、控制及管理行为。

1. 绿色建造前期管理

绿色建造前期管理指包含项目规划、立项、绿色目标制定、工程可行性研究、决策等绿色建造前期阶段的管理活动。

工程项目前期管理阶段一般包括编制初步可行性研究报告(项目建议书)、可行性研究报告和项目评估及决策等。工程项目前期管理阶段应在分析项目所处区域的自然、社会、技术水平、建设条件、建设成本和收益等因素的基础上制定项目绿色总目标。

2. 绿色建造勘测管理

绿色建造勘测是指运用先进的勘测手段、方法、设备,节约资源,实施勘测过程环境影响最小化,最大限度减少对生态环境的扰动和污染物排放,补偿或恢复受扰动的生态环境,控制污染物使其达标排放的勘测方式。

应将绿色发展理念贯穿于勘察测量活动中,减少对生态环境与水土资源的扰动或破坏,减少占地和环境污染物排放。

3. 绿色建造设计管理

绿色建造设计管理指在项目整个生命周期内,以项目前期管理阶段制定的绿色目标为设计目标,在满足绿色目标要求的同时,保证项目应有的功能、使用寿命、质量等要求的管理活动。

在满足绿色建造前期策划制定的绿色建造总目标、明确提出相应施工目标要求的同时,应充分考虑绿色设计方案的可建造性及可施工性。对于与自然地质、建设条件、施工方法紧密相关的工程项目(如:特大桥梁、长大隧道等),在完成施工图设计之前应同步完成指导性施工方案设计。应从安全耐久、资源环境、创新协调、科学发展、舒适便捷、综合效益等方面,努力提高设计的绿色水平。

4. 绿色建造施工管理

绿色建造施工管理指工程建设中,在保证安全、质量等基本要求的前提下,通过科学管理和技术进步,最大限度地节约资源与减少对环境有负面影响的施工活动。

5. 绿色建造运营管理

绿色建造运营管理指运营单位按照可持续发展的要求,把节约资源、保护和改善生态与环境、有益于公众身心健康的理念,贯穿于运营管理过程各个方面,以达到经济效益、社会效益和环保效益有机统一。

20.1.2 市政工程绿色建造

市政工程绿色建造包含多个专业，应结合专业特点，制定绿色建造科研计划、实施、研究及推广应用的管理体系、制度和方法，开展有关绿色建造方面新技术、新工艺、新材料、新设备的开发和推广应用的研究。采用 BIM、物联网、大数据、机器人等智能建造技术以及"建筑业 10 项新技术"[由《住房城乡建设部关于做好〈建筑业 10 项新技术（2017 版）〉推广应用的通知》（建质函〔2017〕268 号）发布]，实现与提高绿色建造过程施工的各项指标。

1. 道路工程绿色建造

道路工程强调土地的集约化利用，总体方案布置合理、因地制宜，道路建设不宜侵占生态区域保护红线。

（1）在进行道路施工建造时，鼓励采用功能性的路面，以提升路面服务品质，如透水路面、排水降噪路面或降温路面等。

（2）鼓励采用路面再生、材料温拌及智能压实等环保智能技术，以降低道路施工对环境的不利影响，同时提升道路施工质量与效率。

（3）鼓励采用复合式路面、倒装式路面、全厚式或永久性等长寿命路面结构，并基于有限元或力学分析软件依据实际荷载情况进行路面厚度的优化。

（4）鼓励采用功能性铺装、固废利用、温拌工艺等环保施工工艺。

（5）道路绿化应同时考虑绿化植物功能及交通碳排放情况，结合排水系统布置特点对绿化景观进行设计，绿地应配置合理，达到局部环境内保持水土、调节气候、降低污染和隔绝噪声的目的。

（6）推广采用雨水回渗、透水铺装等海绵城市措施，以维持土壤水生态系统的平衡。

（7）应优先种植乡土植物、耐候性强的植物，减少日常维护的费用。

（8）喷洒路面、绿化浇灌采用非市政自来水水源。

（9）路侧采用 LED 环保节能灯等环保节能设施。

2. 桥梁工程绿色建造

桥梁设计时应收集桥位区域生态环境、社会环境及地质、气象、水文、通航、地震等建设条件和基础资料，分析评估项目建设对环境的影响（如社会环境、生态环境、水环境、环境空气、声环境、水土流失等），提出相应的环保对策和工程保护方案。在地基基础方案、结构体系、构件选型、抗震措施等方面得到优化。

（1）在混凝土方面，普通混凝土高性能化发展趋势明显，通过优化配合比、使用适当的添加剂、掺入钢纤维等方式，使混凝土满足特定的性能需求（如：低收缩、抗裂等）；超高性能混凝土（UHPC）是具有创新性和实用性的水泥基复合材料，满足轻质高强、快速架设、经久耐用的桥梁工程需求。目前超高性能混凝土（UHPC）已逐渐开始用于桥梁工程中，包括主梁、拱圈、华夫板、桥梁接缝、旧桥加固等多方面。

（2）在钢材方面，高强度钢材（如：牌号 Q420、Q500）已大量应用于桥梁工程；大尺寸、高强度型钢便于桥梁结构应用，能有效减少桥梁钢结构焊接工作量；纵向变厚度钢板可根据桥梁受力状况定制钢板厚度尺寸，具有节省钢材、减少焊缝等优点；耐候钢技术不断成熟，可节省涂装和后期维护费用；桥梁拉索钢材强度从1670MPa发展到1860MPa，正向2100MPa迈进，高强度钢材应用能显著减少拉索钢材用量。

（3）采用装配式施工技术（如在桥梁墩柱、盖梁、主梁等部位使用预制装配式施工），采用模块化设计及预制装配（流水化作业程度高）可缩短工期、提升质量；减少桥梁施工的现场作业，将对城市交通流的影响降到最低；节约模板用材及施工场地，避免现场施工对环境的污染；降低施工噪声，减少现场物料堆放等。

（4）BIM技术进行多专业协同设计，基于BIM进行多专业模型整合、碰撞检查、综合协调、性能模拟分析、工程量统计、施工图编制等应用。

3. 给水排水工程绿色建造

给水排水工程属于城市生命线工程，体现厂站网一体化的系统过程，需要从城镇规划、水源条件、地形地貌、能耗分析和工程投资等方面综合分析，如：

（1）开发利用地下空间、采用新型结构体系与轻质高强材料、提升构筑物的空间使用率。

（2）采用雨水回渗等海绵城市措施，净（污）水厂和泵站的设计体现"海绵厂站"的要求，维持土壤水生态系统的平衡，合理规划地表与屋顶雨水径流途径，最大限度减少地表径流，采用多种渗透措施增加雨水的渗透量。

（3）合理规划雨水径流，对雨水系统进行优化布局。

（4）按高质高用、低质低用的原则，生活用水、景观用水和绿化用水等按用水水质要求分别提供、梯级处理回用。

（5）在给水排水工程中，生产废水处理工艺合理。

（6）污泥处置符合环保要求；尾水满足当地排放要求。

（7）利用先进的信息化技术和BIM等现代化工具，可以打通设计、施工和运维之间的壁垒，实现全寿命周期的绿色生态。

4. 城市轨道交通工程绿色建造

贯彻绿色、可持续发展设计理念，以最终节能效果为准则，制定场段、车站、线路、供电等全面节能优化设计方案，以驱动后序施工工法、设备选型、测试验收等达到预期节能效果。

（1）运用建筑信息模型（BIM）等手段，推广装配式建造技术，采用高强低耗建筑材料，整体提升建造信息化、建材低碳化水平，进一步构建适合轨道交通的装配式建造结构构件系统、围护构件系统、装饰装修及设备管线等系统以及部品部件生产、装饰装修、质量验收全产业链的关键技术集成。

（2）将智慧建造技术、建筑机器人技术引入轨道交通建设全过程，通过智慧化手段降低轨道交通工程施工难度，保障工程质量与安全。

（3）全力实现施工机械电动化、清洁化，鼓励采用电网取电、插电混合动力、动力电池、燃料电池等电动工程机械装备，以"电"代"油"实现降噪、无尾气、智能化效果。

20.1.3 绿色建造施工管理

1. 施工组织与策划

1）实施原则与组织

组织管理包括以下方面：

（1）建立绿色管理体系及管理制度，明确管理职责。

（2）规范专业分包绿色管理制度，参建各方（建设单位、施工总承包单位、设计单位、监理单位、分包单位等）明确各级岗位权责。

2）策划与实施

策划与实施管理包括以下方面：

（1）结合前期策划制定的绿色总目标制定绿色建造施工目标。

（2）编制绿色建造策划实施方案，包括对碳排放相关要求的控制措施。

（3）应建立绿色管控过程交底、培训制度，并有实施记录。

（4）根据绿色建造施工过程要求，应进行图纸会审、深化设计与合理化建议，制定优化设计、方案优化措施，并有实施记录。

（5）应根据工程特点制定绿色科研计划。

2. 制度体系建立

应建立必要的管理制度，如教育培训制度、检查评估制度、资源消耗统计制度、奖惩制度、卫生防疫管理制度、职业健康管理制度等，并建立相应的书面记录表格。

3. 施工现场资源节约与循环利用

1）节地与土地资源保护

（1）施工场地布置应合理并应实施动态管理。

（2）施工临时用地应有审批用地手续。

（3）施工单位应充分了解施工现场及毗邻区域内人文景观保护要求、工程地质情况及基础设施管线分布情况，制定相应保护措施，并应报请相关方核准。

（4）节约用地应符合下列规定：

① 施工总平面根据功能分区集中布置。

② 应在经批准的临时用地范围内组织施工。

③ 应根据现场条件，合理设计场内交通道路。

④ 施工现场临时道路布置应与原有道路及永久道路兼顾考虑，并应充分利用拟建道路为施工服务。

⑤ 应采用预拌混凝土。

（5）保护用地应符合下列规定：

① 采取措施，防止施工现场土壤侵蚀、水土流失。

② 应充分利用山地、荒地作为取、弃土场的用地。

③ 优化土石方工程施工方案，减少土方开挖和回填量。

④ 危险品、化学品存放处采取隔离措施。

⑤ 污水排放管道不得渗漏。

⑥ 对机用废油、涂料等有害液体进行回收，不得随意排放。

⑦ 工程施工完成后，进行地貌和植被复原。

2）节材与材料资源利用

（1）应根据就地取材的原则进行材料选择并有实施记录。

（2）应有健全的机械保养、限额领料、建筑垃圾再生利用等制度。

（3）材料的选择应符合下列规定：

① 施工应选用绿色、环保材料。

② 应利用粉煤灰、矿渣、外加剂等新材料降低混凝土和砂浆中的水泥用量。

（4）材料节约应符合下列规定：

① 编制材料计划，合理使用材料。利用建筑信息模型（BIM）等信息技术，深化设计、优化方案，减少用材、降低损耗。

② 采用管件合一的脚手架和支撑体系。

③ 采用高周转率的新型模架体系。

④ 采用钢或钢木组合龙骨。

⑤ 利用粉煤灰、矿渣、外加剂及新材料，减少水泥用量。

⑥ 现场使用预拌混凝土、预拌砂浆。

⑦ 钢筋连接采用对接、机械等低损耗连接方式。

⑧ 对工程成品采取保护措施。

（5）资源再生利用应符合下列规定：

① 建筑余料应合理使用。

② 板材、块材等下脚料和撒落混凝土及砂浆应科学利用。

③ 临建设施应充分利用既有建筑物、市政设施和周边道路。

④ 现场办公用纸应分类摆放，纸张应两面使用，废纸应回收。

⑤ 建筑材料包装物回收率应达到100%。

3）节水与水资源利用

（1）节约用水应符合下列规定：

① 制定用水、用能消耗指标，办公区、生活区、生产区用水、用能单独计量，并建立台账。

② 施工现场供、排水系统应合理且适用。

③ 混凝土养护采用覆膜、喷淋设备、养护液等节水工艺。

④ 管道打压采用循环水。

⑤ 施工废水与生活废水有收集管网、处理设施和利用措施。

⑥ 雨水和基坑降水产生的地下水有收集管网、处理设施和利用措施。

⑦ 喷洒路面、绿化浇灌采用非传统水源。

⑧ 现场冲洗机具、设备和车辆采用非传统水源。

⑨ 非传统水源经过处理和检验合格后作为施工、生活（非饮用）用水。

⑩ 采用非传统水源，并建立使用台账。

（2）水资源保护包括下列内容：

① 采用基坑封闭降水施工技术。

② 基坑抽水采用动态管理技术，减少地下水开采量。

③ 不得向水体倾倒有毒有害物品及垃圾。

④ 制定水上和水下机械作业方案，并采取安全和防污染措施。

4）节能与能源利用

（1）对施工现场的生产、生活、办公设备和主要耗能施工设备应设有节能控制措施。

（2）国家行业、地方政府明令淘汰的施工设备、机具和产品不应使用。

（3）临时用电设施应符合下列规定：

① 应采用节能型设施。

② 临时用电应设置合理，管理制度应齐全并应落实到位。

③ 现场照明设计应符合《建筑与市政工程施工现场临时用电安全技术标准》JGJ/T 46—2024 的规定。

④ 临时用电设备应采用自动控制装置。

⑤ 使用的施工设备和机具应符合国家、行业有关节能、高效、环保的规定。

⑥ 办公、生活和施工现场用电应分别计量。

（4）机械设备应符合下列规定：

① 合理安排施工工序和施工进度，共享施工机具资源，减少垂直运输设备能耗，避免集中使用大功率设备。

② 建立机械设备管理档案，定期检查保养。

③ 高能耗设备单独配置计量仪器，定期监控能源利用情况，并有记录。

（5）临时设施应包括下列内容：

① 采用多层、可周转装配式临时办公及生活用房。

② 临时用房围护结构满足节能指标，外窗有遮阳设施。

③ 合理规划设计临时用电线路铺设、配电箱配置和照明布局。

④ 办公区和生活区节能照明灯具配置率达到100%。

⑤ 合理设计临时用水系统，供水管线及末端无渗漏。

⑥ 临时用水系统节水器具配置率达到100%。

⑦ 采用可周转装配式场界围挡和临时路面。

⑧ 采用标准化、可周转装配式作业工棚、试验用房及安全防护设施。

⑨ 利用既有建筑物、市政设施和周边道路。

⑩ 采用永临结合技术。

⑪ 使用再生建筑材料建设临时设施。

⑫ 根据当地气候和自然资源条件，合理利用太阳能或其他可再生能源。

（6）材料运输与施工应符合下列规定：

① 建筑材料及设备的选用应符合就近原则，500km 以内生产的建筑材料及设备重量占比大于 70%。

② 应采用能耗少的施工工艺。

③ 合理布置施工总平面图，避免现场二次搬运。

④ 应合理安排施工工序和施工进度。

⑤ 减少夜间作业、冬期施工和雨天施工时间。

20.2 施工现场环境管理

20.2.1 施工现场环境管理要求

施工单位应根据实际情况做好施工范围内的现场环境管理、扬尘控制、有害气体排放控制、污水排放控制、噪声污染控制、光污染控制、建筑垃圾控制等环境保护工作。施工现场应实施工地周边围挡、物料堆放覆盖、土方开挖湿法作业、路面硬化、出入车辆清洗、渣土车辆密闭运输等措施。

1. 现场环境管理

（1）现场施工标牌应包括环境保护内容。

（2）施工现场应在醒目位置设环境保护标识。

（3）施工现场的文物古迹和古树名木应采取有效保护措施。

（4）施工现场应设置连续、密闭能有效隔绝各类污染的围挡。

（5）施工中，开挖土方应合理回填利用。

（6）施工作业面应设置隔声设施。

（7）施工应采取基坑封闭降水措施。

（8）建筑垃圾回收利用率应达到30%。

（9）工程污水应采取去泥沙、除油污、分解有机物、沉淀过滤、酸碱中和等处理方式，实现达标排放。

（10）特殊环境条件下施工，有防止高温、高湿、高盐、沙尘暴等恶劣气候条件及野生动植物伤害的措施和应急预案。

（11）现场有防暑防寒设施。

（12）现场有应急疏散、逃生标志、应急照明等设施。

（13）施工作业区、生活区和办公区分开布置，生活设施远离有毒有害物质。

（14）生活区、办公区、生产区有专人负责环境卫生；生活区、办公区设置可回收与不可回收垃圾桶，餐厨垃圾单独回收处理，并定期清运。

（15）施工现场人员应实行实名制管理。

2. 扬尘控制

扬尘控制应符合下列规定：

（1）现场应建立洒水清扫制度，配备洒水设备，并应有专人负责。

（2）对裸露地面、集中堆放的土方应采取抑尘措施。

（3）现场运送土石方、弃渣及易引起扬尘的材料时，车辆采取封闭或遮盖措施。

（4）现场进出口应设冲洗池和吸湿垫，应保持进出现场车辆清洁。

（5）易飞扬和细颗粒建筑材料应封闭存放，余料应及时回收。

（6）拆除、爆破、开挖、回填及易产生扬尘的施工作业有抑尘措施。

（7）高空垃圾清运应采用封闭式管道或垂直运输机械完成。

（8）现场使用散装水泥、预拌砂浆应有密闭防尘措施。

（9）遇有六级及以上大风天气时，停止土方开挖、回填、转运及其他可能产生扬尘污染的施工活动。

（10）弃土场封闭，并进行临时性绿化。

（11）现场搅拌设有密闭和防尘措施。
（12）现场采用清洁燃料。

3. 废气排放

废气排放控制应符合下列规定：

（1）进出场车辆及机械设备废气排放符合国家年检要求。
（2）现场厨房烟气净化后排放。
（3）在环境敏感区域内的施工现场进行喷漆作业时，设有防挥发物扩散措施。

4. 污水排放

污水排放应符合下列规定：

（1）现场道路和材料堆放场地周边设置排水沟。
（2）工程污水和试验室养护用水处理合格后，排入市政污水管道，检测频率不少于1次/月。
（3）现场厕所设置化粪池，化粪池定期清理。
（4）工地厨房设置隔油池，定期清理。
（5）雨水、污水应分流排放。工地生活污水、预制场和搅拌站等施工污水达标排放与利用。
（6）钻孔桩、顶管或盾构法作业采用泥浆循环利用系统，不得外溢漫流。

5. 噪声控制

噪声控制应符合下列规定：

（1）针对现场噪声源，采取隔声、吸声、消声等降噪措施。
（2）采用低噪声施工设备。
（3）噪声较大的机械设备远离现场办公区、生活区和周边敏感区。
（4）混凝土输送泵、电锯等机械设备设置吸声降噪屏或其他降噪措施。
（5）施工作业面设置降噪设施。
（6）材料装卸设置降噪垫层，轻拿轻放，控制材料撞击噪声。
（7）施工场界声强限值昼间不大于70dB（A），夜间不大于55dB（A）。

6. 光污染控制

光污染应符合下列规定：

（1）施工现场采取限时施工、遮光或封闭等防治光污染措施。
（2）焊接作业时，采取挡光措施。
（3）施工场区照明采取防止光线外泄措施。

7. 建筑垃圾控制

建筑垃圾处置应符合下列规定：

（1）制定建筑垃圾减量化专项方案，明确减量化、资源化具体指标及各项措施。
（2）现场垃圾分类、封闭、集中堆放。
（3）装配式建筑施工的垃圾排放量不大于200t/万m^2，非装配式建筑施工的垃圾排放量不大于300t/万m^2。
（4）建筑垃圾回收利用率达到30%，建筑材料包装物回收利用率达到100%。
（5）办理施工渣土、建筑废弃物等排放手续，按指定地点排放。

（6）碎石和土石方类等建筑垃圾用作地基和路基。

（7）土方回填不采用有毒有害废弃物。

（8）施工现场办公用纸两面使用，废纸回收，废电池、废硒鼓、废墨盒、剩油漆、剩涂料等有毒有害的废弃物封闭分类存放，设置醒目标志，并由符合要求的专业机构消纳处置。

（9）施工选用绿色、环保材料。

20.2.2 施工现场文明施工管理

文明施工是企业环境管理体系的一个重要部分，项目文明施工管理应与当地的社区文化、民族特点及风土人情有机结合，树立项目管理良好的社会形象。

1. 主要内容

（1）抓好项目文化建设。

（2）规范场容，保持作业环境整洁卫生。

（3）创造文明有序、安全生产的条件。

（4）减少对居民和环境的不利影响。

2. 基本要求

（1）有整套的施工组织设计或施工方案，施工总平面布置紧凑，施工场地规划合理，符合环保、市容、卫生的要求。

（2）有健全的施工组织管理机构和指挥系统，岗位分工明确；工序交叉合理，交接责任明确。

（3）有严格的成品保护措施和制度，临时设施和各种材料构件、半成品按平面布置要求堆放整齐。

（4）施工场地平整、道路畅通、排水设施得当、水电线路整齐、机具设备状况良好、使用合理、施工作业符合消防及安全要求。

（5）搞好环境卫生管理，包括施工区、生活区环境卫生和食堂卫生管理。

（6）文明施工应贯穿施工结束后的清场。

3. 控制要点

（1）施工平面布置：

施工总平面图是现场管理、实现文明施工的依据。施工总平面图应对施工机械设备、材料和构配件的堆场、现场加工场地、现场临时运输道路、临时供水供电线路和其他临时设施进行合理布置，并随工程实施的不同阶段进行场地布置和调整。

（2）现场围挡、标牌：

① 施工现场必须实行封闭管理，设置进出口大门，制定门卫制度，严格执行外来人员进场登记制度。沿工地四周连续设置围挡，市区主要路段和其他涉及市容景观路段的工地设置围挡的高度不低于2.5m，其他工地的围挡高度不低于1.8m，围挡材料要求坚固、稳定、统一、整洁、美观。

② 施工现场必须设有"五牌一图"，即工程概况牌、管理人员名单及监督电话牌、消防保卫（防火责任）牌、安全生产牌、文明施工牌和施工现场总平面图。

③ 施工现场应合理悬挂安全生产宣传和警示牌，标牌悬挂牢固可靠，特别是主要施

工部位、作业点和危险区域以及主要通道口都必须有针对性地悬挂醒目的安全警示牌。

（3）施工场地：

① 施工现场应积极推行硬地坪施工，作业区、生活区主干道地面必须用一定厚度的混凝土硬化，场内其他道路地面也应硬化处理。

② 施工现场道路畅通、平坦、整洁，无散落物。

③ 施工现场设置排水系统，排水畅通，不积水。

④ 严禁泥浆、污水、废水外流或未经允许排入河道，严禁堵塞排水管道与排水河道。

⑤ 施工现场适当地方设置吸烟处，作业区内禁止随意吸烟。

⑥ 积极美化施工现场环境，根据季节变化，适当进行绿化布置。

（4）材料堆放、周转设备管理：

① 建筑材料、构配件、料具必须按施工现场总平面布置图堆放，布置合理。

② 建筑材料、构配件及其他料具等必须做到安全、整齐堆放（存放），不得超高。堆料分门别类，悬挂标牌，标牌应统一制作，标明名称、品种、规格数量等。

③ 建立材料收发管理制度，仓库、工具间材料堆放整齐，易燃易爆物品分类堆放，专人负责，确保安全。

④ 施工现场建立清扫制度，落实到人，做到工完料尽场地清，车辆进出场应有防泥带出措施。建筑垃圾及时清运，临时存放现场的也应集中堆放整齐、悬挂标牌。不用的施工机具和设备应及时出场。

⑤ 施工设施、大模板等，集中堆放整齐；大模板成对放稳，角度正确。钢模、零配件及脚手扣件分类分规格，集中存放。竹木杂料，分类堆放、规则成方、不散不乱、不作他用。

（5）现场生活设施：

① 施工现场作业区与办公、生活区必须明显划分，确因场地狭窄不能划分的，要有可靠的隔离栏防护措施。

② 生活区设置满足施工人员使用的盥洗设施；生活区中的垃圾堆放区域、卫生设施、排水沟及阴暗潮湿地带应定期消毒。

③ 宿舍内应确保主体结构安全，设施完好。宿舍周围环境应保持整洁、安全。现场宿舍人均使用面积不得小于 $2.5m^2$，并设置可开启式外窗；宿舍设置消防报警、防火等安全装置。

④ 宿舍内应有保暖、消暑、防煤气中毒、防蚊虫叮咬等措施。严禁使用煤气灶、煤油炉、电饭煲、热得快、电炒锅、电炉等器具。

⑤ 现场食堂应有卫生许可证，炊事员应持有效健康证明；制定食堂管理制度，建立熟食留样台账；食堂有良好的通风和洁卫措施，食堂各类器具清洁，个人卫生、操作行为应规范。

⑥ 建立现场卫生责任制，设卫生保洁员。

⑦ 施工现场应设固定的男、女简易淋浴室和厕所，并要保证结构稳定、牢固、防风雨，且安排专人管理、及时清扫，保持整洁；要有防止蚊蝇滋生措施。

（6）人员健康符合下列要求：

① 制定职业病预防措施，定期对高原地区施工人员、从事有职业病危害作业的人员进行体检。

② 施工现场人员按规定要求持证上岗，从事有毒、有害、有刺激性气味和强光、强噪声施工的人员应佩戴与其相应的防护器具。现场危险设备、地段、有毒物品存放地应配置醒目安全标志，施工应采取有效防毒、防污、防尘、防潮、通风等措施，加强人员健康管理。

③ 现场设置医务室，有人员健康应急预案；施工现场应按规定配备消防、防疫、医务、安全、健康等设施和用品。

（7）劳动保护符合下列要求：

① 建立合理的休息、休假、加班及女职工特殊保护等管理制度。

② 减少夜间、雨天、严寒和高温天作业时间。

③ 施工现场危险地段、设备、有毒有害物品存放处等设置醒目的安全标志，并配备相应的应急设施。

④ 在有毒、有害、有刺激性气味、强光和强噪声环境施工的人员，佩戴相应的防护器具和劳动保护用品。

⑤ 从事深井、密闭环境、防水和室内装修施工时，设置通风设施。

⑥ 水上作业时穿救生衣。

⑦ 施工现场人车分流，并有隔离措施。

⑧ 模板脱模剂、涂料等采用水性材料。

（8）现场消防、防火的管理：

① 现场建立消防管理制度，建立消防领导小组，落实消防责任制和责任人员，做到思想重视、措施跟上、管理到位。

② 定期对有关人员进行消防教育，落实消防措施。

③ 现场必须有消防平面布置图，临时设施按消防条例有关规定搭设，做到标准规范。

④ 易燃易爆物品堆放间、油漆间、木工间、总配电室等消防防火重点部位要按规定设置灭火器和消防沙箱，并有专人负责，对违反消防条例的有关人员进行严肃处理。

（9）医疗急救的管理：

展开卫生防病教育，准备必要的医疗设施，配备经过培训的急救人员，有急救措施、急救器材和保健医药箱。在现场办公室的显著位置张贴急救车和有关医院的电话号码等。

（10）社区服务的管理：

建立施工不扰民的措施，建立与施工周边居民沟通机制，保持沟通顺畅。

（11）治安管理：

① 建立现场治安保卫领导小组，有专人管理。

② 新入场的人员做到及时登记，做到合法用工。

③ 按照治安管理相关法规和施工现场的治安管理规定搞好各项管理工作。

④ 建立门卫值班管理制度，严禁无证人员和其他闲杂人员进入施工现场，避免安全事故和失盗事件的发生。

一、全国一级建造师执业资格考试说明

为了帮助广大应考人员了解和熟悉一级建造师执业资格考试内容和要求，现对考试有关问题说明如下：

（一）考试目的

建造师是以专业技术为依托、以工程项目管理为主的懂管理、懂技术、懂经济、懂法规，综合素质较高的专业人才。一级建造师既要具备一定的理论水平，也要有一定的实践经验和组织管理能力。一级建造师执业资格考试是为了检验工程总承包及施工管理岗位人员的知识和能力是否达到以上要求。

（二）考试性质

建造师执业资格考试属于《国家职业资格目录》中的准入类考试。通过全国统一考试，成绩合格者，由人力资源和社会保障部颁发统一印制人力资源和社会保障部、住房和城乡建设部共同用印的《中华人民共和国一级建造师执业资格证书》，经注册后，可以建造师的名义担任建设工程总承包或施工管理的项目经理，可从事其他施工活动的管理，也可从事法律、行政法规或国务院建设行政主管部门规定的其他业务。

（三）考试组织与考试时间

一级建造师执业资格考试实行统一大纲、统一命题、统一组织的考试制度，由人力资源和社会保障部、住房和城乡建设部共同组织实施，原则上每年举行一次。

全国一级建造师执业资格考试时间一般设定在每年9月，考试时间分为4个半天，以纸笔作答方式进行。详细安排如下表所示：

序号	科目名称	考试时长	
1	建设工程经济	2小时	9:00-11:00
2	建设工程法规及相关知识	3小时	14:00-17:00
3	建设工程项目管理	3小时	9:00-12:00
4	专业工程管理与实务	4小时	14:00-18:00

二、考试题型、评分标准与合格条件

（一）各科目考试题型

一级建造师执业资格考试分综合考试和专业考试。综合考试包括《建设工程经济》《建设工程项目管理》《建设工程法规及相关知识》三个统考科目。专业考试为《专业工程管理与实务》，该科目分建筑工程、公路工程、铁路工程、民航机场工程、港口与航道工程、水利水电工程、矿业工程、机电工程、市政公用工程、通信与广电工程10个专业，考生在报名时根据工作需要和自身条件选择一个专业进行考试。

各科目的考试题型与分值如下表所示：

序号	科目名称	考试题型	满分
1	建设工程经济	单项选择题60道　共计60分 多项选择题20道　共计40分	100
2	建设工程法规及相关知识	单项选择题70道　共计70分 多项选择题30道　共计60分	130
3	建设工程项目管理	单项选择题70道　共计70分 多项选择题30道　共计60分	130
4	专业工程管理与实务	单项选择题20道　共计20分 多项选择题10道　共计20分 实务操作与案例分析题5道　共计120分	160

（二）评分规则

（1）单项选择题：每题1分。每题的备选项中，只有1个最符合题意，选择正确则得分。

（2）多项选择题：每题2分。每题的备选项中，有2个或2个以上符合题意，至少有1个错项。在选项中，如果有错选，则本题不得分；如果少选，所选的每个选项得0.5分。

（3）案例题：每题20～30分。每题通常有4～5个提问，每个提问中会涉及几个需回答的子项，总分会分摊到每个需回答的子项中。

（三）合格标准

一般情况下，每科目达到该科目总分值的60%即可通过该科目考试。

考试成绩实行周期为2年的滚动管理，参加4个科目考试的人员必须在连续2个考试年度内通过4个应试科目，方能获得《中华人民共和国一级建造师执业资格证书》。

三、全国一级建造师执业资格报考条件

凡遵守国家法律、法规，具备下列条件之一者，可以申请参加一级建造师执业资格考试：

（一）取得工程类或工程经济类专业大学专科学历，从事建设工程项目施工管理工作满4年。

（二）取得工学门类、管理科学与工程类专业大学本科学历，从事建设工程项目施工管理工作满3年。

（三）取得工学门类、管理科学与工程类专业硕士学位，从事建设工程项目施工管理工作满2年。

（四）取得工学门类、管理科学与工程类专业博士学位，从事建设工程项目施工管理工作满1年。

哪些专业可以报考？

大专学历：工程类或工程经济类共有18类45个专业，而这些专业也各自有不同的叫法，范围其实比想象的要广，详细内容可以在"建工社微课程"公众号上查看《备考指导附件——专业对照表》或咨询"建工社微课程"公众号上的客服或老师。

本科学历及以上：在2021年及以前，本科及以上学历也只有工程类或工程经济类专业可以报考，但自2022年2月21日人力资源和社会保障部发布《关于降低或取消部分准入类职业资格考试工作年限要求有关事项的通知》之后，即2022年一级建造师职业资格考试开始，本科及以上学历的可报考专业扩大为"工学门类、管理科学与工程类"。

对于不了解自己是否符合报考条件和对考试有疑问的考生，可以扫描下方二维码关注公众号,点击弹出的"1V1咨询通道"与审核老师进行单独咨询。

四、考试大纲与教材修订

自2004年举行第一次全国一级建造师执业资格考试以来,全国一级建造师考试共进行了20次。全国一级建造师实行全国统一大纲、统一考试用书。

一级建造师考试大纲一般4~5年修订一次,2024年大纲已全新改版并于2024年1月1日起执行。新大纲编码启用了新体系,更加清晰实用;内容上各科目均充实了工程项目目标管理理论方法;增加了无障碍环境建设、抗震管理相关法律法规;充分体现了建筑业向绿色化、信息化、数字化、智能化的发展趋势。在后续备考中,考生应重点对2024版大纲进行分析学习,以便能够更快、更好地把握应试方向。

2025版考试用书严格按照2024版考试大纲进行编写,保证考试用书与考试大纲完全一致;严格按照新颁布或新修订的法律法规、标准规范相关的内容进行编写,保证考试用书内容的权威、可靠;2025版考试用书重新修订了部分内容,更加贴合实际工程,建议读者以新出版的2025年版考试用书为准。

五、往年各科目重难点分布及学习方法

(一)《建设工程法规及相关知识》科目往年章节重难点分布

《建设工程法规及相关知识》作为一级建造师必考公共科目,分析近三年考察内容,各章节分值及重难点分布如下表:

章	近三年考察平均分值	学习难度	考试重要性
第1章 建设工程基本法律知识	20	★★★★★	★★★★★
第2章 建筑市场主体制度	12	★★★	★★★★
第3章 建设工程许可法律制度	4	★★	★★
第4章 建设工程发承包法律制度	11	★★★	★★★
第5章 建设工程合同法律制度	15	★★★★★	★★★★★
第6章 建设工程安全生产法律制度	21	★★★★	★★★★
第7章 建设工程质量法律制度	17	★★★	★★★★★
第8章 建设工程环境保护和历史文化遗产保护法律制度	7	★★	★★
第9章 建设工程劳动保障法律制度	8	★★★	★★★★
第10章 建设工程争议解决法律制度	15	★★★★★	★★★★

【注意】以上《建设工程法规及相关知识》科目往年章节重难点分布表仅供参考。与2025版考试用书相对应的科目章节重难点分布情况,可通过**扫描教材封面二维码兑换建工社官方增值服务包**,并**查看《2025版科目重难点手册》**获得。

(二)《建设工程项目管理》科目往年章节重难点分布

《建设工程项目管理》作为一级建造师考试必考公共科目,分析近三年考察内容,各章节分值及重难点分布如下表:

章	近三年考察平均分值	学习难度	考试重要性
第1章 建设工程项目组织、规划与控制	19	★★	★★★
第2章 建设工程项目管理相关体系标准	11	★★★	★★
第3章 建设工程招标投标与合同管理	23	★★	★★★
第4章 建设工程进度管理	16	★★★	★★★
第5章 建设工程质量管理	17	★★	★★★
第6章 建设工程成本管理	12	★★	★★
第7章 建设工程施工安全管理	14	★★	★★
第8章 绿色建造及施工现场环境管理	8	★★	★★
第9章 国际工程承包管理	8	★★	★★
第10章 建设工程项目管理智能化	2	★	★

【注意】以上《建设工程项目管理》科目往年章节重难点分布表仅供参考。与2025版考试用书相对应的科目章节重难点分布情况,可通过**扫描教材封面二维码兑换建工社官方增值服务包**,并**查看《2025版科目重难点手册》**获得。

（三）《建设工程经济》科目往年章节重难点分布

《建设工程经济》作为一级建造师必考公共科目，分析近三年考察内容，各章节分值及重难点分布如下表：

章	近三年考察平均分值	学习难度	考试重要性
第1章 资金时间价值计算及应用	5	★★★★★	★★
第2章 经济效果评价	6	★★★★★	★★★★
第3章 不确定性分析	4	★★★	★★★★
第4章 设备更新分析	4	★★	★★★
第5章 价值工程	3	★★★★	★★★
第6章 财务会计基础	3	★★	★★★
第7章 费用与成本	5	★★★	★★★
第8章 收入	4	★★	★★★
第9章 利润与所得税费用	2	★★	★★
第10章 财务分析	5	★★★★	★★★★
第11章 筹资管理	5	★★★★	★★★★
第12章 营运资金管理	4	★★	★★★
第13章 建设项目总投资构成及计算	8	★★★	★★★★★
第14章 工程计价依据	4	★★	★★★
第15章 设计概算与施工图预算	6	★★★	★★★★
第16章 工程量清单计价	12	★★★	★★★★★
第17章 工程计量与支付	13	★★	★★★★★
第18章 工程总承包计价	4	★★	★★★
第19章 国际工程投标报价	2	★	★★
第20章 工程计价数字化与智能化	1	★	★

【注意】以上《建设工程经济》科目往年章节重难点分布表仅供参考。与2025版考试用书相对应的科目章节重难点分布情况，可通过**扫描教材封面二维码兑换建工社官方增值服务包**，并**查看《2025版科目重难点手册》**获得。

(四)《专业工程管理与实务》科目章节重难点分布

由于《专业工程管理与实务》分为建筑工程、公路工程、铁路工程、民航机场工程、港口与航道工程、水利水电工程、矿业工程、机电工程、市政公用工程、通信与广电工程10个专业,每个专业的重难点分布情况与学习建议皆不相同,因此,在此无法一一列举。

大家可以通过兑换《考试用书》封面上的增值服务包,或者扫描下方二维码联系客服老师获取各专业工程管理与实务科目的《科目重难点与学习规划手册》。

注意

第一步:微信关注公众号

第二步:刮开教材封面兑换码

第三步:免费兑换【导学课】、【精讲课】、【科目重难点与学习规划手册】

六、样题、练习方式与答题技巧

练题效果取决于质量而不是数量。

观察一级建造师考试历年考试的方式,已不是过去以背为主、强调死记硬背的时代。法规科目近些年来越来越细节化,出题老师尤其喜欢在关键字词上下功夫,本来这道题考察的知识点我会,但是没有注意到有些主体的变化和关键词的变动而导致选错,最终没能通过考试。考后再翻书时,发现考点就是基础知识,如此的简单,虽然自己会,但没有注意到关键字词的变化。

因此,大家一定要在认真学习同时,多利用各类试题进行训练。训练过程中需要着重注意每个选项的表述,把握细节字词的变化及陷阱,顺利通过考试。

【样题】

一、单项选择题(每题1分。每题的备选项中,只有1个最符合题意)

1.关于招标方式的说法,正确的是( )。
A. 邀请招标必须向5个以上潜在投标人发出邀请
B. 公开招标是招标人以招标公告的方式邀请不特定的法人或者其他组织投标
C. 邀请招标是招标人以投标邀请书的方式邀请不特定的法人或者其他组织投标
D. 省、自治区、直辖市人民政府确定的地方重点项目,均可以进行邀请招标

【答案】B

【解析】选项A,邀请招标必须向三个以上的潜在投标人发出邀请。选项C,邀请招标,是指招标人以投标邀请书的方式邀请特定的法人或者其他组织投标。选项D,《招标投标法》规定,国务院发展计划部门确定的国家重点项目和省、自治区、直辖市人民政府确定的地方重点项目不适宜公开招

标的,经国务院发展计划部门或者省、自治区、直辖市人民政府批准,可以进行邀请招标。

2. 固定资产投资项目资本金是指在项目总投资中的( )。
A. 建筑安装工程费用与设备工器具费用总和
B. 铺底流动资金
C. 建筑安装工程费用
D. 投资者认缴的出资额
【答案】D
【解析】项目资本金是指在项目总投资中由投资者认缴的出资额。这里的总投资,是指投资项目的固定资产投资与铺底流动资金之和。

3. 某企业有一台原值30万元的设备,预计使用年限10年,净残值3万元,年折旧2.7万元,已计折旧6年。现在以10万元价格售出,该设备的沉没成本( )万元。
A. 0.8
B. 3.0
C. 13.8
D. 3.8
【答案】D
【解析】沉没成本=(旧日设备原值-历年折旧费)-当前市场价值=(30-2.7×6)-10=3.8(万元)。

二、多项选择题(每题2分。每题的备选项中,有2个或2个以上符合题意,至少有1个错项。错选,本题不得分;少选,所选的每个选项得0.5分)

1. 根据《无障碍环境建设法》,关于无障碍环境建设监督管理的说法,正确的有( )。
A. 对违反《无障碍环境建设法》规定,损害社会公共利益的行为,人民检察院可以提起公益诉讼
B. 乡镇人民政府街道办事处应当协助有关部门做好无障碍环境建设

工作

C. 无障碍环境建设应当发挥企业主导作用，调动市场主体积极性，引导社会组织和公众广泛参与

D. 县级以上人民政府建立无障碍环境建设信息公示制度，不定期发布无障碍环境建设情况

E. 新闻媒体可以对无障碍环境建设情况开展舆论监督

【答案】ABE

【解析】A选项正确：无障碍环境建设法第63条规定："对违反本法规定损害社会公共利益的行为，人民检察院可以提出检察建议或者提起公益诉讼。B选项正确，乡镇人民政府、街道办事处应当协助有关部门做好无障碍环境建设工作。C选项错误：发挥政府主导作用，调动市场主体积极性，引导社会组织和公众广泛参与，推动全社会共建共治共享。D选项错误：县级以上人民政府建立无障碍环境建设信息公示制度，定期发布无障碍环境建设情况。E选项正确：新闻媒体可以对无障碍环境建设情况开展舆论监督。

2. 工程质量监督机构参加竣工验收时，对现场验收宜重点监督的内容有（　　）。

A. 验收组织形式

B. 验收方法

C. 验收程序

D. 标准规定的执行情况

E. 观感质量检查

【答案】ACD

【解析】工程质量监督机构应参加建设单位组织的工程竣工验收，并对现场验收的组织形式、验收程序、执行标准规定等进行重点监督，发现有违反验收规定的行为，应令改正。工程竣工验收工作结束后，工程质量监督机构应出具工程质量监督报告。

3. 编制人工定额时，下列工人工作时间中，属于必需消耗的时间有（　　）。

A. 偶然的多余工作时间

B. 基本工作时间

C. 辅助工作时间
D. 准备与结束工作时间
E. 不可避免的中断时间

【答案】BCDE

【解析】工人工作时间中必需消耗的时间有：有效工作时间（基本、辅助、准备与结束）、休息时间、不可避免的中断时间。

三、实务操作和案例分析题（每题20～30分。（一）（二）（三）题，每题20分，（四）（五）题，每题30分。每题通常有4～5个提问，每个提问中会涉及几个需回答的子项，总分会分摊到每个需回答的子项中）

【案例背景】

A公司承接某生物医药车间的机电工程项目，其中空调工程包含洁净度等级为N4的洁净室。开工前，组织了设计交底和图纸会审，将图纸中的质量隐患与问题消灭在施工之前。

A公司项目部编制净化空调系统施工方案（见表1）报监理单位审批，监理工程师指出风系统施工流程中存在顺序错误、风管制作存在错误项、调试内容有缺少项等问题并退回，经项目部修改后通过审核。

洁净室安装完工后，项目部检测人员进行洁净度检测（见图1），被监理工程师制止，检测人员按规定重新进行了检测，通过验收。

项目竣工验收后，A公司负责生物医药车间的低碳运维管理工作，建立提高能源资源利用效率、减少碳排放的运行管理目标，依托碳排放监测平台对车间碳排放进行采集和统计，其中净化空调系统的碳排放计算中包含了冷源及热源能耗。第一年运行后统计数据，该车间碳排放量达到了目标。

表1 净化空调系统施工方案（部分）

序号	项目内容	技术方案
1	风系统施工流程	风管系统制作与安装→风机与净化空调机组安装→消声器等设备安装→高效过滤器安装→新风过滤器安装→风管与设备绝热→系统严密性检验→系统清理→系统调试检测

（续表）

2	风管制作技术方案	A	风管尺寸	边长范围 250～1250mm
		B	风管材料	采用镀锌层厚度为 80g/m² 的镀锌钢板
		C	风管加工	铆钉孔的间距为 60～80mm
		D	风管加固	边长大于 900mm 的风管，风管内设置分布均匀的加固筋
		E	风管连接	采用按扣式咬口连接方案
		F	风管清洗	风管制作完毕后，用无腐蚀性清洗液清洗干净
3	调试检测内容	风量测定调整、过滤器检漏、洁净度检测、温湿度检测、噪声检测		

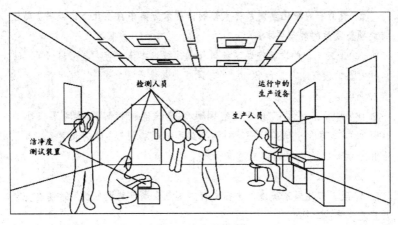

图1 洁净度检测

【问题】

1. 本项目设计交底应由哪个单位组织？设计交底分哪几种？哪些单位必须要正确贯彻设计意图？

2. 表1中的净化空调系统风管制作技术方案中存在几个错误项？写出

错误项整改后的规范要求。

3. 表1中的风系统施工流程中存在哪几个顺序错误？新风过滤器安装后应空吹多少时间？

4. 图1中存在哪些不符合规定的情况？表1中的调试内容还缺少哪些检测项目？

5. A公司运维管理人员应如何进行低碳运行管理？净化空调系统的碳排放计算还应包括哪些能耗？

【参考答案】

1. 本项目设计交底应由哪个单位组织？设计交底分哪几种？哪些单位必须要正确贯彻设计意图？

（1）本项目设计交底应由建设单位组织。

（2）设计交底分为图纸设计交底和施工设计交底两种。

（3）施工单位和监理单位必须要正确贯彻设计意图。

2. 表1中的净化空调系统风管制作技术方案中存在几个错误项？写出错误项整改后的规范要求。

（1）表1中的净化空调系统风管制作技术方案中存在3个错误项：①风管材料的镀锌层厚度为 $80g/m^2$。②风管内部设置了加强筋。③风管采用按扣式咬口。

（2）规范要求：①净化空调风管镀锌钢板镀锌层厚度不应小于 $100g/m^2$。②净化空调风管内不得设有加固框或加固筋。③净度等级 N4 级净化空调系统的风管不得采用按扣式咬口连接。

3. 表1中的风系统施工流程中存在哪几个顺序错误？新风过滤器安装后应空吹多少时间？

（1）①高效过滤器在新风过滤器前安装错误，正确做法：高效过滤器应在新风过滤器之后安装。

②严密性试验在风管与设备绝热后安装错误，正确做法：严密性试验合格后方可进行风管与设备绝热。

（2）新风过滤器安装后需空吹 12～24h。

4. 图1中存在哪些不符合规定的情况？表1中的调试内容还缺少哪些检测项目？

（1）图1中存在不符合规定的情况：

①检测的人数过多，不得超过3人。
②洁净空调检测应在空态或静态下进行，不应有设备运转。
③其中一名检测人员没有穿着洁净工作服。
④检测时生产人员不得进入洁净室。

（2）表1中的调试内容还缺少的检测项目：洁净净室（区）与相邻房间和室外的静压差；含菌量和压差；风速和换气次数。

5. A公司运维管理人员应如何进行低碳运行管理？净化空调系统的碳排放计算还应包括哪些能耗？

（1）A公司运维管理人员进行低碳运行管理应：

①掌握系统的实际能耗状况；②并应接受相关部门的能源审计；③应定期调查能耗分布状况，分析节能潜力；④并应提出节能运行和改造建议。

（2）净化空调系统的碳排放计算还应包括：输配系统及末端空气处理设备能耗。

七、合理的学习方法

2025年沿用2024版《一级建造师执业资格考试大纲》，教材章节、考试内容、学习侧重点都与往年有所不同。2025年有规划、有节奏地学习会更有利于快速掌握，消化吸收。我们通过深度研究，发现将建造师分为4个阶段进行分层次学习会更加高效。

三轮复习，四个阶段

阶段一：夯实基础阶段（即日起至2025年4月30日）

学习方式：第一遍对教材进行精读，记忆式学习，若遇上难点可以跳过，留待后续学习。

考试常见的习题中，有五成以上都是可以用记忆完成学习的，基础强弱及知识点掌握程度直接影响应对考试时的难易程度。因此第一个阶段，首先建议复习《考试用书》，同时结合《章节刷题》进行章节训练。

由于学习时间不一定连续，可以各章节分开学习。建议考生先结合精讲视频课程把考试用书各章节过一遍，对该章节考试用书上涉及的知识点进行基础学习。不要尝试去记住考试用书上的原话，一来太浪费时间和脑力，再者这句话会不会考查也是无法确定的，死记硬背是效率最低的方式。

在复习考试用书时，建议配合建工社的【精讲课】和【考点全析直播课】学习，能够帮助大家系统梳理知识框架，挑出重要知识点，学习效果将会事半功倍。

推荐课程：【精讲课】、【考点全析直播课】。

【精讲课】：将陆续上线，正版教材可免费兑换，购视频课程系列亦可赠送。兑换方式：微信扫描封面二维码－添加建工社企业微信客服老师－获取兑换链接－点击兑换－刮开封面兑换码－输入正版教材封面上的12位兑换码进行兑换；或者关注建工社微课程公众号，点击【我的】－【兑换增值服务】，输入正版教材封面上的12位兑换码进行兑换。

【考点全析直播课】：正在开课，全程35～40小时，内容包括30～35小时考点全覆盖精析解读视频+5小时习题课，边学边练。

阶段二：难点突破阶段（5月1日至6月30日）

学习方式：第二遍对教材进行重难点突破，着重学习第一轮学习过程中未能理解的部分，同时使用真题等各类试题进行训练，检验实战能力。

考试常见的习题中，有三成的题目需要考生对题目提供的信息进行理解，题目的答案需要通过理解、计算、判断等各种方式得出。此阶段我们以题代点，着重练习。在做题时，一定要开卷。每道题所考核的知识点一定会在考试用书上有所对应（案例题至少有一问来自考试用书所在章节的知识点），在解题的过程中一定要搞清楚该题考的是书上哪一个知识点。因为有第一阶段打基础，对照着考试用书，就能迅速做好标记。凡是有标记的地方，也就证明这句话是关键考察点。随着做题速度的加快，针对部分知识点还可以怎么出题，你也会有一定的体会。

同时，一定要注意练习真题，真题的意义非常重大，当年的考点往往在之前的5年真题内都会多次体现。而且历年真题的命题水平要比其他模拟试题高，在此阶段，可通过【强化提升直播课】、【五年真题课】及【高频易错题突破课】与【名师精选案例突破课】进行学习，举一反三，一举多得。

推荐课程：【五年真题课】、【强化提升直播课】、【高频易错题突破课】、【名师精选案例突破课】、【必会100题直播课】、【必会案例强化直播课】。

【五年真题课】：已上线，通过五年真题解析，带你了解考试，剖析考点。

【强化提升直播课】：全程40~45小时，内容包括35~40小时考点全覆盖全面强化提升视频+5小时习题课，边学边强化提升。

【高频易错题突破课】：2025年5月上线，课程旨在6小时内对公共科目进行重难点突破。通过复盘数千道习题精选而出的经典，以题带点，非常适用于公共课《经济》《管理》与《法规》的重难点学习。

【名师精选案例突破课】：2025年5月上线，6小时案例突破，突破攻克实务案例难点。用于考试拦路虎《实务》科目的案例题型训练讲解。

【必会100题直播课】：大数据分析筛选，凝练必会100题，帮学员找对强化方向，事半功倍，努力不白费。

【必会案例强化直播课】：聚焦案例专项强化，时长更长、针对性更强、讲解更透彻。

阶段三：冲刺提升阶段（7月1日至8月20日）

学习方式：第三遍对教材进行冲刺学习，将所有知识点再过一遍强化记忆，已经学会的部分就跳过，重点在于查漏补缺，为考试做准备。

任何知识点都应该展现在考题上才算真正掌握。很多考生做模拟试卷或历年真题时，直接翻到后面的"答案及解析"部分，每道题看起来都是如此的浅显易懂，但一合上书就头脑一片空白。这种情况下到考场，肯定是无从下笔，因为没有理清楚分析的思路，也就不会有成熟的答题方法。因此，在冲刺阶段可以全盘回顾知识点，仔细研究解题思路、答题方式、知识点考核标准，并对未理解的知识点进行强化学习，大家可以选择多做几套试卷，并通过【高频知识点透析课】、【冲刺课】与【冲刺抢分直播课】进行冲刺学习。

推荐课程：【高频知识点透析课】、【冲刺课】、【冲刺抢分直播课】。

【高频知识点透析课】：2025年7月上旬上线，通过分析近10年真题，找出每年大概率考察的高频考点，精准高效。

【冲刺课】：预计2025年7月下旬上线，6小时冲刺重难点，归纳总结，快速拔高。

【冲刺抢分直播课】：预计2025年7月起，以月考模式进行直播，4次月考共计10小时，习题精讲，强化冲刺。

阶段四：临考强化阶段（8月20日~9月考试前）

学习方式：将老师总结的重难点再看一遍，记忆一下，并且做几套模拟题培养一下题感，找一下考场状态，准备应对考试。

离考试不过一周时间，此时再去进行基础学习已无大用。对考试方向的把握、考试技巧的掌握、针对性专项提升与准备才是最重要的。建议大家根据之前的学习，找出自己的弱项，有针对性地查漏补缺。重点看考试用书上相应章节和自己标识的知识点。当然，考前一周，我们还会有两次课程，帮助大家把全书标识的重要知识点过一遍，并传授大家相应的答题技巧，这样一来大家通过考试肯定更有信心。

推荐课程：【考前集中直播课】、【考前小灶直播课】、【突破点睛课】、【考前压轴直播课】。

【考前集中直播课】：考前一周开课，精细化梳理考点，强化突击。每科目一天，进行6小时集中复习，学练测立体结合，临考加油站，就在这里。

【考前小灶直播课】：配合考前小灶卷进行考前摸底测试，三张试卷，三套精华，三次摸底，考前突击。

【突破点睛课】：考前一周开课，仅2小时，总结教材重要考点，传授解题思路，考前一周为大家进行一次助力，帮助大家更高效的提升。

【考前压轴直播课】：考前一周开课，仅2小时，考前压轴直播。

结语

至此,相信大家也应该对考试有了一定了解。《荀子·劝学》中有云:"吾尝终日而思矣,不如须臾之所学也;吾尝跂而望矣,不如登高之博见也。登高而招,臂非加长也,而见者远;顺风而呼,声非加疾也,而闻者彰。假舆马者,非利足也,而致千里;假舟楫者,非能水也,而绝江河。君子生非异也,善假于物也。"

听视频课程学习远比埋头自学速度更快,效果更好。大家一定要记得兑换正版《考试用书》封面上的增值服务包,听配套赠送的【导学课】、【精讲课】进行学习。

另外,再次推荐大家关注"建工社微课程"公众号,我们还在公众号上准备了多份题库、资料、模拟卷供大家使用,并每月开设免费直播课,帮助大家更快地进行学习,备考事半功倍。

[建工社微课程]
建工社官方
建造师知识服务平台

如果对考试还有疑问,也欢迎大家随时在公众号左下角小键盘打字提问,或致电 4008188688 进行咨询。

希望 2025 年,大家都能在建工社多位课程讲师的带领下轻松学习,顺利通过考试。